VOYAGE

ASTRONOMIQUE

ET GEOGRAPHIQUE.

7564

VOYAGE

ASTRONOMIQUE ET GEOGRAPHIQUE,

DANS L'ÉTAT DE L'EGLISE,

ENTREPRIS PAR L'ORDRE ET SOUS LES AUSPICES

DU PAPE BENOIT XIV,

POUR mesurer deux dégrés du méridien, & corriger la Carte de l'Etat ecclésiastique,

Par les PP. MAIRE & BOSCOVICH de la Compagnie de Jesus,

TRADUIT DU LATIN,

AUGMENTÉ de Notes & d'extraits de nouvelles mesures de dégrés faites en Italie, en Allemagne, en Hongrie & en Amérique.

Avec une nouvelle Carte des Etats du Pape levée géométriquement.

A PARIS,

Chez N. M. TILLIARD, Libraire, Quai des Augustins, à S. Benoît.

M. DCC. LXX.

AVEC APPROBATION, ET PRIVILEGE DU ROI.

AVERTISSEMENT.

LE Livre dont on donne la traduction fut imprimé à *Rome* en 1755, & dédié au Pape *Benoît XIV*, fous les aufpices duquel la mefure des dégrés du méridien de *Rome* avoit été entreprife, à la perfuafion & fous la protection fpéciale du Cardinal *Valenti*, fon premier Miniftre. C'eft l'ouvrage de deux habiles Mathématiciens, déja affez connus dans la république des Lettres.

Prefque tout ce qui a été écrit depuis près d'un fiecle fur la figure de la Terre, a été écrit en françois. La mefure réitérée de 9 ou 10 dégrés en France, celle de trois dégrés du méridien fous l'équateur, d'un dégré fous le cercle polaire, de deux dégrés au Cap de Bonne Efpérance, font le fujet d'autant d'ouvrages françois ; l'ouvrage même efpagnol, compófé fur cette matiere, a été traduit en françois : celui ci ne devoit point être excepté de la loi commune ; il renferme des chofes trop intéreffantes, & pour le progrès de l'Aftronomie, & pour l'honneur de notre nation ; & l'on ne fera pas fâché de le voir placé à côté de ceux de MM. *de Maupertuis, Clairaut, Bouguer, de la Condamine, Caffini de Thury, de la Caille*, & de plufieurs autres Auteurs François qui ont confacré leurs veilles & leurs travaux académiques à la réfolution d'une queftion également néceffaire à la navigation, la Géographie, la Phyfique & l'Aftronomie. D'ailleurs ces fortes d'ouvrages ne peuvent que gagner à être traduits en françois : un grand nombre d'inftrumens, & d'additions aux inftrumens d'Aftronomie, ont des noms en françois, & ne fe peuvent rendre en latin

que par des expreſſions équivoques , ou des périphraſes ;
ce qui n'a pas donné peu de peine au P. *Boſcovich*,
comme il le témoigne lui-même au commencement du
quatrieme Livre , où il donne la deſcription des inſtrumens qui ont ſervi à ſa meſure. De plus , l'expérience
prouve que , quoiqu'on entende bien le latin ; quand
on n'eſt pas dans une habitude continuelle de le lire ,
les inverſions de la langue latine fatiguent l'attention ;
ce qui doit arriver ſur-tout dans les ouvrages de Mathématique qui demandent déja par eux-mêmes une attention ſuivie. Enfin ce qui rend cette traduction plus néceſſaire , c'eſt que la plupart des exemplaires de l'original
ſont renfermés à *Rome* dans la Calchographie ou Impri-
merie papale ; qu'ils ne ſe débitent que là ; qu'on n'en
a envoyé à aucun Libraire étranger , & qu'il n'y en a
qu'un petit nombre en France , où ils devroient être le
plus répandus.

L'ouvrage eſt diviſé en cinq Livres : le premier , le
quatrieme & le cinquieme ſont du P. *Boſcovich* ; les
deux autres du P. *Maire*. Le premier contient la relation de ce qu'on a fait pour découvrir la figure de la
Terre , & l'hiſtoire de ce voyage en particulier hiſtoire ,
plus variée que ne ſembloit le promettre un ſi court trajet dans le pays du monde le plus connu. Le ſecond
donne avec une élégante préciſion la meſure du dégré.
Le troiſieme réforme la Carte géographique de l'État
de l'Egliſe qui étoit fort défectueuſe , & contient des
remarques très utiles. Ce Livre eſt preſque l'unique Traité
que nous ayons d'Aſtronomie pratique : on y trouvera
pluſieurs choſes d'une invention nouvelle , pour la perfection des inſtrumens d'Aſtronomie , entre autres un

excellent micrometre, ou inftrument de vérification,
dont l'ufage ne peut devenir trop tôt univerfel. Le cinquieme traite de la figure de la Terre, déduite de l'é-
quilibre & de la mefure des dégrés. Il faut avoir lu ce
Livre pour en fentir tout le mérite : on n'y emploie que
la plus fimple Géométrie pour réfoudre quantité de
problêmes qu'on n'avoit cru jufqu'à préfent acceffibles
qu'aux nouvelles méthodes.

Un grand nombre d'Académiciens de l'Académie
royale des Sciences font nommés & cités dans cet ouvrage : on y voit raffemblées, comme fous un point de
vue, leurs plus fubtiles recherches. C'eft un honneur
pour cette Compagnie de voir des Souverains Pontifes
travailler fur fon plan à la perfection de l'Aftronomie &
de la Géographie.

On a ajouté quelques Notes pour plus grand éclairciffement du texte. Les dernieres Notes du cinquieme
Livre contiennent les mefures de dégrés nouvellement
faites dans l'Autriche, la Moravie, la Stirie, la Hongrie, le Piémont & l'Amérique feptentrionale ; la comparaifon de ces dégrés avec ceux dont on avoit déja la
mefure ; & le réfultat de cette comparaifon pour l'ellipticité, la denfité, la grandeur & la figure de la Terre,
tel que le P. *Bofcovich* l'a tiré lui-même.

On propofe de plus la Table fuivante, calculée fur les
rapports marqués au Livre IV, n°. 373, du palme, &
du pas romain à la toife & au pied de *Paris*.

TABLE

POUR réduire les pas & les palmes romains en toiſes & pieds de Paris.

pas	toiſes	pieds	pouces	lignes	palmes	toiſes	pieds	pouces	lignes
1	0	4	7	0.2222	1	0	0	8	3.0333
2	1	3	2	0.444	2	0	1	4	6.0666
3	2	1	9	0.666	3	0	2	0	9.0999
4	3	0	4	0 888	4	0	2	9	0.1333
5	3	4	11	1.111	5	0	3	5	3.1666
6	4	3	6	1.333	6	0	4	1	6.1999
7	5	2	1	1.555	7	0	4	9	9.2333
8	6	0	8	1.777	8	0	5	6	0.2666
9	6	5	3	1.999	9	1	0	2	3.2999
10	7	3	10	2.222	10	1	0	10	6.3333
20	15	1	8	4.444	20	2	1	9	0.6666
30	22	5	6	6.656	30	3	2	7	6.999
40	30	3	4	8.888	40	4	3	6	1.333
50	38	1	2	11.11	50	5	4	4	7.666
60	45	5	1	1.332	60	6	5	3	1.999
70	53	2	11	3.554	70	8	0	1	8.333
80	61	0	9	5.776	80	9	1	0	2.666
90	63	4	7	7.998	90	10	1	10	8.999
100	76	2	4	2.222	100	11	2	9	3.333
200	152	4	8	4.444	200	22	5	6	6.666
300	229	1	0	6.666	300	34	2	3	9.999
400	305	3	4	8.888	400	45	5	1	1.332
500	381	5	8	11.	500	57	1	10	4.666
600	458	2	1	1.332	600	68	4	7	7.999
700	534	4	5	3.444	700	80	1	4	11.333
800	610	6	9	5.776	800	91	4	2	2.666
900	687	3	1	7.998	900	103	0	11	5.999
1000	763	5	5	10.	1000	14	3	8	9.333

PRÉFACE.

Du P. Bofcovich *Editeur , & l'un des deux Auteurs*
de l'Ouvrage latin.

AU LECTEUR.

Nous avons terminé, le P. *Maire* & moi, le voyage
entrepris par les ordres, fous les aufpices, & aux frais de
Sa Sainteté le Pape *Benoît* XIV. Je vous propofe ici à ce fujet,
mon cher Lecteur, un Recueil de divers Opufcules ou Livres,
dont les uns font du P. *Maire*, les autres m'appartiennent:
vous y verrez le but, la fuite, le réfultat de nos opérations,
& les avantages qui en reviennent à l'Aftronomie, à la Phyfique & à la Géographie.

Le premier Opufcule eft une Introduction hiftorique &
phyfique du voyage littéraire dans l'Etat de l'Eglife : je fuis
Auteur de ce Livre.

Le fecond, qui eft du P. *Maire*, contient la détermination de la valeur du dégré, déduite de nos communes obfervations, & qu'il s'eft donné la peine de calculer lui-même.

Le troifieme, qui eft encore du P. *Maire*, traite de la
réformation de la Carte géographique. L'Auteur a lui-même
deffiné avec beaucoup de foin & d'exactitude la nouvelle
Carte, fur les obfervations que nous avons faites enfemble.

Le quatrieme, dont je fuis l'Auteur, traite de la defcription & de l'ufage des inftrumens qui nous ont fervi dans ce
voyage.

Le cinquieme, qui m'appartient également, contient la
détermination de la figure de la Terre par l'équilibre & la
mefure des dégrés.

 P R É F A C E.

Dans le premier Livre je me suis efforcé de me mettre à la portée de toute sorte de Lecteurs , de ceux même qui ont peu de connoissance de la Géométrie & du calcul, ou qui ne se sentent pas de goût pour cette science. Je m'y étudie sur-tout à bien faire connoître l'idée d'une telle entreprise ; & je rappelle à ce sujet le souvenir des efforts redoublés qu'on a faits dans presque tous les âges du monde pour découvrir la figure de la Terre , qui faisoit le premier objet de nos recherches.

Pour cela je donne dans le premier article une notice abrégée de ce qui s'est fait avant nous en ce genre : mais je me contente pour l'ordinaire d'effleurer la matiere ; car il faudroit un gros volume pour la traiter à fond. Je propose ensuite mes réflexions sur ce travail , & les motifs qui ont déterminé à faire cette opération en Italie , & à nous confier le soin de l'entreprise. Le second article est une relation de notre voyage : on y parle des lieux que nous avons choisis pour nos stations , & même de la forme des instrumens, de la maniere d'observer , & de l'usage des observations , autant que cela se peut faire sans le secours des figures. Pour varier, on mêle quelques remarques de physique au récit de nos travaux , & des dangers que nous avons courus plus d'une fois de perdre la vie.

Les deux Livres suivans ont été écrits par le P. *Maire* avec une briéveté & une précision qui fera fort du goût des Astronomes déja instruits par l'usage & les réflexions, & qui possedent à fond ces matieres. L'Auteur y rapporte toutes les observations nécessaires pour résoudre la question , avec le résultat de ses calculs. J'ai fait moi-même plusieurs de ces calculs, qui se sont trouvés parfaitement conformes aux siens: mais son exactitude en ce point, & sa constance à soutenir un travail si rebutant , me sont si connues, que je m'en fie plus

à lui qu'à moi-même. Le Lecteur curieux y trouvera beaucoup de choses tendantes à la perfection de la Géographie.

L'Auteur touche dans le second Livre, mais d'une maniere
très succinte, quelques points concernant les motifs & l'his-
toire de notre voyage; ce qui fait que je les ai traités plus au
long dans le premier Livre. Il touche aussi, mais avec le même
laconisme, ce qui regarde la forme des instrumens, & la maniere de les vérifier: ce qui m'a pareillement engagé à traiter
cette matiere à fond dans le quatrieme Livre, où je donne
la figure gravée de nos instrumens, & où j'entre dans beaucoup de détails d'Astronomie-pratique, & d'autant plus volontiers, que les instrumens que j'ai fait construire ont beaucoup de choses nouvelles, dont je juge que la description faite
avec soin ne doit être ni inutile, ni désagréable aux Astronomes.

Dans le troisieme Livre, le même Auteur parle de la réformation de la Carte géographique : il rend compte des
observations que nous avons faites à ce sujet, de celles que
nous avons été obligés d'emprunter, des sources où nous
avons puisé, & du dégré de confiance que mérite chaque observation en particulier. Pour assurer aux nôtres celle qui leur
est due, le P. *Maire* commence par exposer en détail les obstacles que nous avons eu à surmonter, les erreurs auxquelles
nous avons pu être exposés, & ce qu'il y auroit à ajouter à
notre travail, pour avoir une Carte topographique dans toute
l'exactitude possible; d'où quelques personnes, peu versées
dans ces matieres, jugeront peut-être que la Carte que nous
publions est très imparfaite, & que ce que nous avons fait en
ce point se réduit à très peu de chose. Mais si on fait attention
à la liste des villes & autres lieux principaux, placée à la fin
de ce Livre, avec leurs longitudes & latitudes, dans lesquelles
nous ne croyons pas qu'il se trouve une seule erreur d'une

minute ; on verra que nous avons fait tout ce qu'il falloit pour atteindre à notre but, à ſavoir la correction de la Carte géographique. Si de plus on jette les yeux, tant ſur cette Carte même que nous propoſons, & qui étoit trop grande pour pouvoir être inſérée dans ce volume (1), que ſur la petite Préface qu'on y a ajoutée, & fait graver en même tems (2), & qu'on liſe avec ſoin cet Opuſcule du P. *Maire*, on verra encore en combien de points nous avons perfectionné la topographie même de l'Etat de l'Egliſe.

A l'égard de la liſte dont on vient de parler, nous avons ſuivi l'uſage, qui eſt de commencer à compter les longitudes depuis l'iſle de *Fer :* mais nos obſervations ne nous ont donné immédiatement que les différences de longitudes des divers lieux à celle du dôme de *Saint Pierre* de *Rome*. Quant aux latitudes, nous les avons déduites des obſervations aſtronomiques, que nous avons faites avec notre grand ſecteur, ſoit à *Rome*, ſoit à *Rimini*. Il eſt à obſerver que quoique dans une même ville la longitude & la latitude changent de pluſieurs ſecondes, quelquefois même de plus d'une minute, d'un quartier à l'autre ; nous avons marqué en minutes & ſecondes la longitude & la latitude du lieu de la ville, où nous avons immédiatement obſervé ; & ce lieu étoit toujours un des plus élevés, très ſouvent la plus haute tour de la ville, & ordinairement vers le point du milieu.

---

(1) Pour pouvoir l'inſérer dans la traduction, on a réduit l'échelle à un tiers, en n'omettant que quelques villages.

(2) Cette Préface eſt un abrégé de ce qu'on verra dans l'ouvrage même ſur l'incertitude de la poſition de quelques lieux ; incertitude ſur laquelle on peut ſe raſſurer depuis que M. le Baron *de Saint Odil*, Envoyé de Toſcane à *Rome*, & qui a parcouru tout l'Etat de l'Egliſe, a déclaré avoir vu chaque lieu dans la poſition où il eſt marqué ſur la Carte.

Le quatrieme Livre donne la defcription & l'ufage des inftrumens qui ont fervi à notre mefure. J'entre à ce fujet dans
un détail qui pourra paroître long & ennuyeux à ceux qui
font au fait de toutes ces chofes ; mais il ne fera pas inutile
à ceux qui s'adonnent à la pratique de l'Aftronomie, & qui
fe plaignent de ne trouver cette pratique décrite nulle part.
J'efpere que ceux même qui font exercés dans l'art d'obferver,
y trouveront quelque chofe de nouveau qu'ils ne défaprouve-
ront pas. Le chapitre premier traite de ce qui a rapport aux
obfervations aftronomiques , & à la détermination de l'amplitude de l'arc célefte, compris entre les deux termes extrêmes de nos mefures : le fecond, de ce qui concerne les mefures géodéfiques, tant pour la réfolution du polygone formé
par nos triangles, que pour la réformation de la Carte ; & le
troifieme, de ce qui a rapport à la mefure actuelle des bafes.
On donne au commencement de chaque chapitre une defcription exacte des inftrumens, nommément du fecteur, du
quart de cercle, des perches ou regles qui ont fervi à la mefure des bafes, des fuppôts ou trépieds, & de tout ce qui concerne la conftruction & rectification de ces inftrumens, le
tout expliqué par des figures. Enfuite on traite de l'ufage de
ces mêmes inftrumens, de la maniere de les pointer, de les
caler, de les difpofer : on évalue les erreurs que l'on peut
commettre ; on propofe des théorèmes généraux pour connoître ces erreurs, & les corriger au befoin : enfin on applique toute cette théorie à nos obfervations , à l'égard def-
quelles je détermine exactement les limites des erreurs poffi-
bles. Le but de toutes ces opérations eft la mefure de deux
dégrés du méridien pris entre *Rome* & *Rimini*.

Comme cette mefure même étoit le premier objet de notre
voyage, & qu'elle fert à déterminer la figure & la grandeur
de la Terre , j'ai ajouté un cinquieme Livre qui traite de cette
figure, & où j'ai voulu éprouver la force de la Géométrie ;

car j'y donne par la feule Géométrie la folution de plufieurs problêmes, qui ont rapport à ce fujet, & dans lefquels il fembleroit qu'on ne pût abfolument fe paffer du calcul.

Ce Livre eft divifé en deux chapitres: dans le premier on cherche la figure de la Terre par l'équilibre des fluides; dans le fecond, par la mefure des dégrés. A l'égard du premier, on détermine par la feule Géométrie la figure d'un folide engendré par la révolution d'une courbe autour de fon axe, premierement dans l'hypothefe d'une gravité quelconque donnée relativement aux diftances, & dirigée à un centre unique; fecondement dans l'hypothefe de la gravité newtonienne, tant pour l'hypothefe d'homogénéité, que pour celle d'un noyau fphérique, d'une denfité égale à égales diftances du centre, & variable fuivant la différence des diftances. On a ajouté plufieurs remarques fur l'hétérogénéité, & le tiffu irrégulier des parties de la Terre, fur-tout proche la fuperficie. Dès l'année 1738, j'en infinuai déja quelque chofe dans plufieurs Differtations: j'en traite ici plus au long, parceque je crois ces remarques très utiles pour les recherches qui font l'objet du préfent ouvrage. A la fin de ce chapitre on compare les obfervations faites jufqu'à ce jour fur la longueur des pendules ifochrones, & l'on cherche par diverfes combinaifons la figure qui en réfulte.

Le fecond chapitre contient la folution des problêmes où il eft queftion de trouver la figure de la Terre par la mefure des dégrés. A l'égard des problêmes qui concernent l'ellipfoïde, & dans lefquels étant donnés deux dégrés, foit de cercles paralleles à l'équateur, foit du méridien, ou un du méridien & un d'un parallele, on demande l'ellipticité; j'en donne deux folutions, dont la derniere, qui eft beaucoup plus fimple & plus facile que l'autre, ne s'eft préfentée à moi qu'après que tout le refte a été imprimé: on la trouvera à la fin du Livre. Après avoir épuifé les combinaifons de tous les

dégrés, dont nous avons jufqu'ici la mefure, & après beaucoup de remarques fur l'irrégularité de la courbe de l'équilibre, j'expofe mon opinion fur le tout. Je penfe donc qu'il
eft très probable que la Terre eft applatie vers fes pôles, mais
qu'on n'a point encore découvert la quantité de cet applatiffement, & que la recherche qu'on en fait, loin d'être finie, eft à peine commencée. Du refte j'emploie par-tout la
méthode géométrique ; & la feule fois que je fais ufage du
calcul intégral, & même du plus fimple, ce n'eft que pour
fervir de confirmation à un réfultat tiré par la fimple Géométrie. Quant au calcul ordinaire, je n'emploie prefque jamais que les transformations les plus connues des formules
qu'on trouve à l'aide de la Géométrie par l'addition, la fouf-
traction, la multiplication, & la divifion des termes fimples.
J'efpere que ce Livre fera bien reçu des Phyficiens & des Géometres (1).

Il y a une méprife, Liv. V, n°. 246 ; j'y affure que M. l'Abbé
de la Caille s'eft fervi, pour obferver la gravité au Cap de
Bonne Efpérance, du même pendule qui a fervi à M. *de la*
Condamine, tant dans fes obfervations d'Amérique, que dans
celles qu'il a faites avec moi à *Rome* : on me l'avoit dit auffi.
J'ai appris depuis que c'étoit feulement un pendule femblable,
& tellement fait, qu'il devenoit ifochrone. Mais cela ne peut
nuire à nos calculs, puifque je n'y ai point employé les obfervations faites avec ce pendule, lefquelles ne m'étoient point
encore fuffifamment connues, comme je l'infinue là-même.

---

(1) On fupprime ici la recommandation de l'Auteur au fujet des fautes
d'impreffion, parcequ'on s'eft donné le foin de les corriger dans la traduction. Le P. *Bofcovich* n'ayant pu veiller par lui-même à l'impreffion de fon
Livre, il y a beaucoup de fautes d'impreffion ; plufieurs même qui ne font
point marquées dans l'*errata* ; on en verra un ou deux exemples dans les
notes.

Si l'on retire quelque avantage de notre travail, on se sou-
viendra que c'est le fruit du zele de M. le Cardinal *Valenti*
pour le progrès des sciences, comme de la sagesse & de la
munificence du Souverain Pontife *Benoît* XIV. L'un par ses
conseils en a été le promoteur : l'autre l'a honoré de sa protection & de ses libéralités.

TABLE DES DIVISIONS.

LIVRE I.

VOYAGE

VOYAGE

ASTRONOMIQUE ET GÉOGRAPHIQUE

DANS L'ÉTAT DE L'ÉGLISE.

LIVRE PREMIER.

Relation hiſtorique & phyſique du Voyage.

CHAPITRE PREMIER.

Projet de ce Voyage : but qu'on s'y eſt propoſé.

1. NOTRE VOYAGE avoit deux objets ; le premier, de déterminer la grandeur & la figure de la Terre ; le ſecond, de rectifier la Carte géographique des Etats du Pape. Je m'attacherai davantage au premier, comme au principal : mais pour en donner une juſte idée, il faut reprendre la choſe de plus haut, & commencer par un récit abrégé des tentatives qu'on a faites juſqu'ici pour déterminer la grandeur & la figure de la Terre. Je n'en rappellerai que les

Deux ob-
jets du Voya-
ge. La me-
ſure du dégré,
& la Carte du
Pays.

A

principales ; elles suffiront pour faire connoître l'importance & la difficulté d'une pareille entreprise.

Combien il importe de reconnoître la figure de la Terre.

2. Pour peu qu'on soit initié dans les Lettres, on ne peut ignorer les efforts qu'on fit autrefois, moins encore ceux qu'on a faits dans ces derniers tems, pour connoître la grandeur & la figure de la Terre ; par combien de travaux, & avec quelle dépense, on s'est appliqué à faire cette recherche.

Sentiments absurdes des Anciens sur ce point.

3. À l'égard de la figure, quelques Philosophes de la plus haute antiquité ont eu les opinions les plus absurdes : *Anaximandre* lui donnoit la figure d'une colonne ; *Cléantes*, celle d'un cône ; *Leucippe*, celle d'un ylindre : *Héraclite* faisoit de la Terre un hémisphère concave ; *Démocrite*, un disque creux ; *Anaximène*, & *Empédocle*, une table unie ; *Xénophane* & *Colophon* lui donnoient un nombre prodigieux de racines pour la fixer. Toutes ces opinions sont rapportées par *Riccioli* (1), savant Jésuite du siecle passé, observateur exact, Auteur célebre par son érudition, & par sa connoissance des inventions & découvertes faites jusqu'à son tems.

Deux méthodes pour reconnoître la figure de la Terre.

4. Mais l'absurdité de ces mêmes opinions a été reconnue par les plus célebres des anciens Philosophes : ils se sont accordés presque d'une commune voix à donner à la Terre la forme d'un globe. On a employé deux sortes de preuves pour lui donner cette figure. La premiere est tirée des loix de l'équilibre ; & la seconde, des observations qui décelent sa courbure, & la mettent pour ainsi dire sous les yeux.

Preuves des Anciens pour établir la sphéricité de la Terre.

5. Des loix de l'équilibre on déduit la sphéricité des mers, dans l'hypothese que les graves soient dirigés à un seul centre, & que la Terre soit immobile : c'est de-là qu'*Archimede* entre autres en tire la preuve. Car si cette masse, composée de terre & d'eau, étoit toute fluide, & qu'elle prît la forme d'une sphere, dont le point du milieu fût le centre de gravité de toutes ses parties, il est clair que toutes les colonnes d'eau qui aboutiroient du centre à la surface, peseroient également sur le centre, c'est-à-dire, qu'il y auroit équilibre : d'où il s'ensuit que les parties du globe devroient être immobiles, & la figure constamment la même. Supposons

---

(1) Almageste, liv. 1. chap. 1.

maintenant qu'une bonne partie de ce globe devienne folide ; cette folidité ne changera rien à la pofition des autres parties, qui par-là même feront encore en équilibre. Si après cela cette partie folide devient plus ou moins denfe, fuivant un rapport quelconque ; fi on ajoute des montagnes, ou de nouvelles couches à fa furface, pourvu qu'on obferve de charger également le centre en tout fens ; cette partie folide ne changera point fa premiere pofition ; elle foutiendra de la même façon la partie fluide ; celle-ci n'aura aucun mouvement, & par conféquent fa furface fera toujours fphérique. C'eft ainfi que des loix de l'équilibre, on déduifoit la fphéricité des mers. Et comme les mers fe communiquent l'une à l'autre, & que les montagnes, eu égard à la groffeur du globe, n'ont pas une élevation fenfible (1) au-deffus de la furface des mers ; il s'enfuivoit, des fuppofitions précédentes, que la maffe entiere de la Terre étoit fenfiblement fphérique.

6. Des loix de l'équilibre on paffoit aux obfervations. Pour fe convaincre de la courbure des mers, il fuffifoit de voir arriver un vaiffeau. Un homme, placé fur le rivage, découvroit d'abord les voiles qui paroiffoient fortir de la mer, le refte étant encore caché par la courbure ; puis il découvroit le corps même du navire. D'un autre côté, ceux qui étoient dans le navire découvroient fucceffivement des montagnes, des collines, des tours, des toits de maifons, des portes, & le rivage enfin. De plus, on remarquoit fur terre, comme fur mer, qu'à mefure qu'on avançoit vers le pôle, les étoiles, qui en font voifines, paroiffoient s'élever de plus en plus fur l'horizon, & qu'on voyoit fucceffivement paffer fur fa tête, ou au zénith, des étoiles toujours plus voifines du pôle : on remarquoit encore, en avançant vers l'orient, que le Soleil & les autres aftres fe levoient plutôt, & fe couchoient de même.

7. Mais ces raifonnemens, & ces obfervations groffieres,

Obfervations qui prouvent la courbure de la Terre,

Mais non fa fphéricité.

(1) Chimboraço, la plus haute montagne de la Cordeliere des Andes au Pérou, & de toutes les montagnes connues, n'a que 3220 toifes au-deffus du niveau de la mer : (*mefure des trois premiers dégrés du méridien. Louvre* 1752, *p.* 56) ce qui ne fait pas la deux millieme partie du demi diametre terreftre.							A ij

prouvoient feulement que la Terre étoit courbe, & nullement qu'elle fût une fphere parfaite, pas même un globe tel quel ; & ce n'eft que depuis environ trois cents ans qu'on a reconnu, par obfervation immédiate, que fa figure rentre en elle-même d'orient en occident, lorfqu'après la découverte de l'Amérique on a commencé à faire le tour du monde : ce qu'ont fait depuis un grand nombre de voyageurs, en naviguant vers l'occident, & revenant par l'orient.

Les éclipfes de Lune femblent la prouver.

8. Un autre phénomene, qui, tout éloigné qu'il eft de la Terre, lui appartient très particulierement, prouvoit encore plus exactement fa fphéricité au moins approchee ; c'eft l'ombre même de la Terre dans les éclipfes de Lune. Perfonne n'ignore que ces éclipfes ne font autre chofe que l'entrée de la Lune dans l'ombre de la Terre, ou plutôt de l'atmofphère qui l'environne. De plus, on conçoit aifément que l'ombre d'un corps fphérique, de quelque côté que fe faffe fa projection, doit être de figure circulaire, & d'une courbure égale en tout fens : ce qui ne convient généralement qu'à la fphère. Or, on remarquoit dans toutes les éclipfes de Lune, en quelqu'endroit du ciel qu'elles fe fiffent, [& il s'en fait de tous côtés, d'orient en occident, & dans un vafte efpace entre le nord & le fud] que l'ombre de la Terre étoit terminée par un cercle dont la courbure étoit fenfiblement la même : d'où l'on concluoit que l'atmofphere avoit une figure fphérique ; & parceque l'atmofphere s'éleve affez peu, & prefque également au deffus de la Terre, comme on le voit par la durée des crépufcules, on en concluoit auffi que la Terre étoit une fphere.

Mais non une fphéricité parfaite.

9. Mais c'étoit trop conclure, & ce phénomene ne prouvoit point encore que la figure de la Terre fût abfolument fphérique. Car le cercle de l'ombre eft beaucoup plus grand que la Lune ; & il ne tombe fur la Lune qu'une très petite portion de la circonférence de ce cercle : de plus, il n'eft pas aifé de diftinguer l'ombre de la pénombre : d'où il s'enfuit qu'on ne peut exactement déterminer fa courbure. Ajoutez que l'ombre de la Terre fe *projectant* en forme de cône, le diametre de cette ombre, à même diftance de la Lune, eft **plus ou moins grand**, felon que la Terre eft plus ou moins

éloignée du Soleil, & que la Lune, fuivant fes différentes diftances de la Terre, traverfe une plus ou moins grande épaiſſeur du cône qui va en fe rétreciſſant ; enforte que la courbure de l'ombre n'eſt pas toujours égale, même dans la fuppofition que la Terre fût exactement fphérique.

10. Cependant comme cette courbure paroiſſoit fenfible-ment la même ; qu'on étoit porté à croire que la nature re-cherchoit la figure fphérique, comme la plus parfaite ; & qu'enfin la loi de l'équilibre, dont nous avons parlé, aſſu-roit à la mer une rondeur uniforme, les Philofophes ont été fortement perfuadés, & pendant plufieurs fiecles, que, fauf les inégalités des montagnes & des vallées, qu'on peut comp-ter pour rien par comparaifon à la groſſeur totale du globe (1), la Terre avoit exactement la figure d'une fphère ; & ce n'eſt que depuis environ quatre-vingts ans qu'on a commencé à for-mer quelques doutes là-deſſus, à l'occafion que nous allons dire.

On l'a ju-gée telle pen-dant long-tems.

11. M. *Richer* fut envoyé fur la fin de 1671 en l'Ifle de Cayenne proche l'équateur, par l'Académie royale des Scien-ces, pour y faire des obfervations aftronomiques : il avoit porté avec lui une horloge qu'il avoit réglée à *Paris*, & lorf-qu'il voulut s'en fervir pour obferver, il remarqua qu'elle re-tardoit chaque jour de deux minutes & demie : furpris d'un tel phénomene, qu'il ne croyoit devoir attribuer, ni à au-cun changement arrivé dans l'horloge, ni à fa fufpenfion, il foupçonna que la gravité étoit moindre vers l'équateur qu'en Europe (2): ce qui devoit rendre plus lentes les ofcilla-tions du pendule, d'où dépend tout le mouvement de la machi-ne, & occafionner par-là même ce retardement de l'horloge.

Une obfer-vation de M. *Richer* donne lieu d'en dou-ter.

12 Afin de s'en mieux convaincre, M. *Richer* obferva exactement la longueur du pendule fimple à fecondes (3),

---

(1) Voyez la note du n°. 5.

(2) Voyez *Hiſt. de l'Acad. des Sciences* par M. de *Mairan*, pour l'année 1742. pag. 88 & 89, & la mefure de M. *Picart*, art. IV.

(3) On nomme *pendule fimple à fecondes* un poids mis en mouvement, & fufpendu à l'extrémité d'un fil de la longueur requife pour que ce poids faſſe des ofcillations qui durent précifément une feconde. On le nomme fimple, pour le diftinguer des pendules compofés de verges de métal, chargées d'un ou de plufieurs poids.

Inégalité dans la pesanteur, reconnue par celle des pendules isochrones,

& la grava sur la verge du balancier de son horloge, pour pouvoir, à son retour en France, répéter l'observation & comparer les deux mesures. Car il est certain qu'à pesanteur égale, le plus long pendule doit faire des oscillations plus lentes, & le plus court de plus promptes, & qu'à longueur égale, le pendule oscillera plus ou moins vite, selon le plus ou le moins de force de la pesanteur : d'où il s'ensuit que si deux pendules inégaux achevent leurs vibrations dans le même tems , ce qu'on appelle pour cette raison pendules isochrones, le plus long doit être sollicité par une gravité plus grande en raison de sa longueur. L'expérience vérifia la conjecture. M. *Richer*, de retour à *Paris*, trouva tant de différence dans la longueur du pendule, qu'il ne lui resta plus de doute sur l'inégalité de la pesanteur dans les diverses régions de la Terre.

D'abord contestée , puis reconnue par un grand nombre d'observations.

13. Ce phénomene frappa & mit en grande rumeur tout le monde savant (1). Quelques-uns l'attribuerent d'abord à l'inexactitude de l'observation ; d'autres à la dilatation des métaux , produite par la chaleur : il y en eut même qui, après avoir fait en différentes contrées de l'Europe des observations du pendule, déclarerent qu'ils avoient trouvé partout une gravité égale : & il n'est pas étonnant qu'ayant observé à de légeres distances , ils n'aient pas apperçu les petites différences qui y répondent : les méthodes dont on se servoit pour lors dans ces sortes d'observations, n'étant pas encore au point de perfection où nous les voyons aujourd'hui. On fit depuis, avec de meilleurs instrumens, des observations beaucoup plus exactes, & dans des lieux fort éloignés les uns des autres ; & elles s'accorderent à prouver que la gravité n'est point par-tout la même, mais qu'elle va presque toujours en augmentant de l'équateur au pôle. Je dis presque toujours ; car lorsqu'il n'est question que d'un court intervalle, on trouve quelquefois de petites anomalies qui disparoissent à de plus grandes distances : de sorte que

---

(1) Cependant le fait avoit été prévu à l'Académie des Sciences avant le voyage de M. Richer. Voy. *Mes. de la Terre de M. Picart ,* Art. IV , & *Hist. de l'Acad. des Sc.* pour 1742 , p. 88 & 89.

si l'on prend deux endroits, dont l'un soit beaucoup plus loin de l'équateur que l'autre, la gravité sera toujours moindre dans celui-ci que dans le premier.

14. Cette différence de gravité une fois connue, la preuve qu'on tiroit autrefois de l'équilibre, pour la sphéricité de la Terre, n'a plus de force; car si les graves se dirigeoient également de toutes parts à un même centre, & qu'il en résultât une sphere, il est évident que la gravité seroit la même à chaque point de la surface: ce qui est contredit par l'expérience. A l'égard des observations défectueuses & incertaines des anciens, elles prouvoient uniquement que la Terre étoit courbe, & qu'elle avoit à peu près la figure d'un globe. Il a donc fallu recourir à une nouvelle théorie, & à de nouvelles observations, pour déterminer exactement la figure de la Terre.

15. Mais on n'attendit pas que l'opinion d'une gravité inégale fût constatée par des observations multipliées: à peine M. *Richer* eut-il fait le rapport de son expérience, que MM. *Huygens* & *Newton*, l'un par son seul systême des forces centrifuges, l'autre en y ajoutant sa loi de la gravitation générale, conclurent que la gravité devoit toujours aller en augmentant de l'équateur aux pôles; que la Terre devoit être applatie vers les pôles, & renflée sous l'équateur; & que la figure devoit être celle d'un sphéroïde applati, semblable à celle d'un oignon.

16. On sait que tout mouvement circulaire donne au mobile une certaine force, qu'on appelle force centrifuge. M. *Huygens* en a inventé la théorie pour le cercle: *Newton* a appliqué cette théorie à toutes les courbes. Pour se convaincre de l'existence de cette force, il suffit de faire tourner une pierre dans une fronde: la fronde est tendue; & elle se rompra même si le mouvement est fort, & la corde foible. De même si l'on jette de l'eau sur une roue qui se meut avec vitesse, elle la rejette bien loin. De plus, il est également démontré, & par la théorie, & par l'expérience, que si des cercles inégaux sont parcourus en tems égaux, la force centrifuge est proportionnelle aux diametres des cercles; c'est-à-dire, que si un diametre est double ou triple, la force

centrifuge fera double ou triple. On fait auſſi que la force centrifuge tend à écarter le mobile du centre du mouvement; comme le fait aſſez entendre ce nom même de *force centrifuge.*

Directement contraire à la gravité ſous l'équateur;

17. Jettons maintenant les yeux ſur un globe qui tourne ſur ſon axe: les parties les plus voiſines des pôles par où paſſe cet axe, parcourent de très petits cercles, tandis que les autres parties en parcourent de plus grands qui augmentent à meſure qu'elles s'éloignent des pôles; tellement que le plus grand de tous eſt celui qui ſe trouve à égale diſtance des deux pôles, & qu'on appelle équateur. C'eſt-là que la force centrifuge doit être la plus grande; & elle diminue par dégrés, à meſure qu'on ſe rapproche des pôles. *Huygens & Newton* appliquerent toute cette théorie au mouvement diurne de la Terre, & jugerent que la force centrifuge devoit être la plus grande ſous l'équateur, la plus petite proche les pôles, & nulle ſous les pôles mêmes. Ils remarquerent de plus que ſous l'équateur, la force centrifuge eſt directement oppoſée à celle de la peſanteur, ou qu'elle ſe dirigeoit d'un côté oppoſé à celui du centre de la Terre, qui eſt auſſi le centre de l'équateur; & que dans les autres lieux elle ſe dirige du côté oppoſé au point de l'axe, qui eſt le centre de ce mouvement, ou de ce cercle; & que ce point eſt d'autant plus éloigné du centre de la Terre, que ce cercle eſt lui-même plus éloigné de l'équateur, & plus proche de l'un des pôles: d'où ils conclurent que la gravité étant dirigée ſenſiblement vers le milieu de la Terre, la force cen-trifuge étoit plus directement oppoſée à la gravité ſous l'é-quateur que vers les pôles.

D'où il s'en-ſuit que la gravité eſt i-négale en dif-férens lieux, & que la Ter-re eſt applatie vers les pôles.

18. Ces deux raiſons firent juger que la gravité primitive étoit conſidérablement diminuée ſous l'équateur, & qu'elle l'étoit moins à meſure qu'on approchoit des pôles. D'où s'en-ſuivoit la différence de la gravité abſolue (1), & l'applatiſſe-ment de la Terre: car ce qui eſt dit ici de la ſurface, peut s'entendre auſſi de toutes les couches ſphériques, cachées dans l'intérieur de la Terre, & qui ont le même centre; enſorte

---

(1) La gravité abſolue eſt préciſément ce que nous nommons en françois la peſanteur, c'eſt-à-dire, la gravité primitive modifiée par la force centrifuge.

que

que les colonnes du fluide, qui aboutissent du centre à la
surface, péseront moins sous l'équateur que sous les pôles ;
& qu'il ne pourra y avoir d'équilibre, à moins que leur défaut de pesanteur ne soit compensé par le renflement des
mers à l'équateur. On considéroit de plus, que la gravité,
telle que nous l'éprouvons à la surface de la Terre, devoit
être composée de cette gravité primitive, qui, dans la sphere,
se dirige toute à un seul centre, & de la force centrifuge qui
suit une autre direction : d'où on concluoit que la gravité
résultante devoit pousser les mers de côté, & non dans une
direction perpendiculaire à la surface de la sphere ; & par
une conséquence ultérieure, qu'il étoit impossible de trouver
l'équilibre dans une surface sphérique, & que la Terre devoit
pour ainsi dire aller en pente de l'équateur au pôle, pour que
cette gravité composée fût par-tout perpendiculaire à la surface de la Terre.

19. *Huygens* envisageoit la gravité de la même façon que
Galilée, c'est-à-dire, qu'il supposoit une gravité uniforme
.& dirigée à un centre unique : mais *Newton*, qui avoit expliqué le systême du monde, en supposant que toutes les parties de la matiere s'attirent mutuellement, se servit encore
de cette hypothese pour déterminer la figure de la Terre.
Selon lui, la gravité n'est pas dirigée à un point fixe, qui
lui serve de centre ; mais elle est composée de la détermination mutuelle des parties de la matiere, qui tendent à se rapprocher les unes des autres : ce qu'il appelle encore attraction
mutuelle. Or, la loi de cette attraction est telle, que des
parties égales, à distances égales, tendent également les
unes vers les autres : mais que la force de leur tendance
change avec la distance ; ensorte qu'à de plus grandes distances, la gravité diminue en raison inverse des quarrés des
distances, pour parler en termes de géométrie ; c'est-à-dire,
par exemple, que si la distance est double, triple, décuple,
la gravité sera quatre fois, neuf fois, cent fois moindre : car
le quarré de deux est quatre, celui de trois est neuf, & celui
de dix est cent.

20. Dans cette hypothese de gravité, dès-lors que pour
conserver l'équilibre, la figure sphérique se change en ellip-

D'où s'en-
fuit une nou-
velle inégali-
té dans la gra-
vité , & un
plus grand ap-
platissement
de la Terre
vers les pôles.

tique , ce changement occasionne une nouvelle différence dans la gravité , & cette différence même doit entrer pour quelque chose dans la détermination de la figure de la Terre. En effet, une particule de matiere , placée successivement en divers points de la surface d'un sphéroïde elliptique, ne regarde point de la même façon les autres parties du sphéroïde , & n'a à leur égard , ni la même position respective, ni les mêmes relations de distances. De-là il arrive que la gravité, composée de toutes ces gravités, n'a point par-tout la même force , ni la même direction ; & *Newton* a démontré en particulier, que dans un sphéroïde homogêne & applati, la gravité est plus grande aux pôles qu'à l'équateur : d'où il s'enfuit que dans son systême , la différence de la gravité & l'applatissement de la Terre doivent être beaucoup plus considérables que dans celui de la gravité uniforme de M. *Huygens*.

Quantité de l'applatisse-ment, suivant Huygens.

21. L'un & l'autre Auteur a cherché, par la Géométrie & le calcul, la figure qui résulte de son hypothese de gravité, & du mouvement diurne de la Terre. *Huygens* n'avoit pas beaucoup de chemin à faire : il a démontré que la gravité étoit moindre de $\frac{1}{289}$ sous l'équateur que sous les pôles ; que la Terre étoit applatie vers les pôles , & qu'elle s'élevoit sous l'équateur d'environ 7000 pas géométriques : différence peu sensible , eu égard à la grandeur du diametre de la Terre : & il ne s'est pas contenté d'avoir trouvé la quantité de cet applatissement ; il a déterminé toute la courbure.

Quantité de l'applatisse-ment dans le systême de l'attraction newtonienne.

22. *Newton* avoit à résoudre un problême beaucoup plus difficile : car dans son systême, la pesanteur de chaque partie de la matiere dépend de la figure de la Terre , & cette figure dépend de la pesanteur des parties ; de sorte que la figure & la gravité doivent se déterminer réciproquement l'une par l'autre. De plus, connoissant même la figure , il n'étoit pas aisé , à beaucoup près , de déterminer généralement , pour un point quelconque de la masse , la force qui résulte de la gravitation sur toutes ses parties. Ainsi la figure a échappé à ses recherches, & il n'a pu parvenir à la solution du problême, qu'en supposant une figure ovale ou elliptique, qui est une des sections coniques. D'abord il a trouvé une méthode

pour déterminer la gravité au pôle & à l'équateur, dans un
fphéroïde elliptique : de-là, par une méthode de fauffe pofition , il a trouvé la figure du fphéroïde, requife par les
loix de l'équilibre, en tenant compte de la force centrifuge , & de l'attraction de toutes les parties ; & il a déterminé le rayon de la Terre, fous l'équateur, de $\frac{1}{230}$ plus long
que fous le pôle, c'eft-a-dire, de 17 milles romains ; & la
gravité plus petite fous l'équateur que fous le pôle, de $\frac{1}{230}$ de
celle du pôle.

23. *Newton* en étoit refté là : M. *Mac-Laurin* eft parvenu
avec une dextérité admirable où *Newton* n'avoit pas atteint.
Ce grand homme a donné encore plus d'étendue au problême de *Newton* , & l'a réfolu avec autant de précifion que
de bonheur. Il a trouvé que la figure d'une maffe fluide &
homogêne , dont toutes les parties s'attirent en raifon inverfe
des quarrés des diftances , & font de plus pouffées vers un
centre donné , par une force proportionnelle à la diftance à
ce centre , & par une autre force dirigée du côté oppofé à
un plan donné qui paffe par le centre même , & proportionnelle aux diftances à ce plan , eft celle d'un fphéroïde elliptique, ayant pour centre ce même centre donné. Il a déterminé exactement dans cette hypothefe la figure de cette maffe
fluide , fon élévation fous l'équateur, ainfi que la différence
de la gravité dans les différens points ; & il a trouvé les
mêmes réfultats que *Newton*. C'eft par la folution de ce
beau problême , qu'il eft parvenu à expliquer de plus ce
qui concerne le flux & le reflux de la mer.

Solution du
problême par
M. Mac-Lau-
rin.

24. Tandis qu'*Huygens* & *Newton* déterminoient par les
loix de l'équilibre la figure de la Terre & fon applatiffement
vers les pôles, quelques obfervations de M. *Caffini* fur la mefure du dégré d'un méridien terreftre , comparées à celles
qu'avoit faites avant lui M. *Picart*, fembloient plutôt faire
de la Terre un fphéroïde allongé vers fes pôles, & femblable
à un œuf. Pour détailler ce fait, il faut reprendre les chofes
d'un peu plus haut ; expliquer en peu de mots ce que c'eft
qu'un dégré du méridien , & les tentatives que les Anciens
ont faites, & celles qu'on a faites de nos jours pour en avoir
la mefure.

Conclufion
contraire, ti-
rée de la me-
fure d'un dé-
gré terreftre
par M. Caffini.

Ce que c'est
qu'un dégré,
& la mesure
dans le Ciel.

25. Les Géometres divisent le cercle en 360 parties égales, qu'ils appellent dégrés ; chaque dégré en 60 minutes ; chaque minute en 60 secondes ; chaque seconde en 60 tierces ; & ainsi de suite. Ces dégrés, minutes, secondes, &c. mesurent l'angle formé par la rencontre de deux lignes droites. Connoissant donc un dégré d'un cercle particulier, on a toute sa circonférence. De plus, on pourra connoître le nombre de dégrés contenus dans un arc du cercle, fût-il à la plus grande distance, comme d'un cercle tracé dans le Ciel, en prenant l'angle que forment à son centre deux lignes droites, dirigées aux deux extrémités de cet arc. Par exemple : la Terre, en comparaison du Ciel, n'étant qu'un point qu'on peut prendre pour le centre du monde ; si l'une des lignes est dirigée au zénith, l'autre à une étoile, on connoîtra par l'inclinaison des lignes, c'est-à-dire, par l'angle qu'elles forment, de combien de dégrés cette étoile est éloignée du zénith.

Ce que c'est
qu'un dégré
du méridien
sur la Terre.

26. Dans la Terre supposée sphérique, on conçoit aisément ce que c'est qu'un dégré d'un grand cercle quelconque de cette sphere, ou un dégré d'un méridien. On appelle grand cercle dans une sphere, celui qui la coupe en deux parties égales, & passe par son centre. Le méridien est le cercle qui va directement du Midi au Nord, & passe par les deux poles. La trois cent soixantieme partie de la circonférence de ce cercle, est ce qu'on appelle un dégré du méridien. Si deux lignes tirées du centre de cette sphere, sont dirigées à deux points du Ciel, qui terminent un dégré céleste, l'arc, intercepté par ces deux lignes sur la surface de la Terre, contiendra un dégré terrestre. De là vient qu'on tire ordinairement du Ciel, ou de l'observation des astres, la mesure des dégrés terrestres.

Mesures d'E-
ratosthène,
de Posidonius
& des Arabes.

Aussi tandis qu'on a cru la Terre sphérique, les anciens Philosophes se sont attachés pendant plusieurs siecles à mesurer un dégré d'un grand cercle de la Terre, pour en déduire la circonférence entiere & le diametre. Ils ont employé pour cela diverses méthodes. *Eratosthênes*, ayant appris que dans la Ville de *Syene* (en Egypte) on avoit à midi le Soleil à plomb sur la tête le jour du solstice, de sorte que ses rayons éclairoient le bas des puits les plus profonds ; & de plus, qu’on avoit midi à *Syene* au même moment qu’à *Alexandrie*, où il réfidoit pour lors, vu que ces deux Villes étoient fous le même méridien ; il mefura l’ombre que *projectoit* le Soleil à midi, & trouva la diftance au zénith égale à la cinquantieme partie d’un grand cercle du Ciel, ou de 7 dégrés 12 minutes ; il en conclut qu’il y avoit autant de dégrés & de minutes terreftres entre ces deux Villes, dont l’une avoit le Soleil à fon zénith, & l’autre répondoit à un point du Ciel, éloigné du Soleil de ce même nombre de dégrés : fachant d’ailleurs par le rapport des Voyageurs, que ces deux Villes étoient éloignées l’une de l’autre de 5000 ftades, il en déduifit, pour le dégré, la valeur d’environ 694 ftades, ou de 87 milles, le mille étant de 8 ftades. *Poffidonius* croyant voir l’Etoile Canopus rafer l’horifon de Rhodes, tandis qu’à *Alexandrie* elle lui paroiffoit élevée de 7 dégrés & demi au-deffus de l’horifon ; fachant de plus que la diftance d’*Alexandrie* à Rhodes étoit d’environ 5000 ftades, il conclut 667 ftades, ou à peu près 83 milles, pour la mefure du dégré. Les Arabes, fous le regne, & par ordre de leur Roi *Maiman*, s’étant avancés dans les plaines de *Fingar*, dans la direction du Nord, jufqu’à ce que le pôle fût d’un dégré plus élevé fur l’horifon que dans le lieu d’où ils étoient partis, ils trouverent dans le dégré terreftre, qui répondoit à ce dégré du Ciel, environ 56 de leurs milles. C’eft ainfi que les Anciens, par diverfes méthodes, dont les unes fe trouvent décrites imparfaitement, & par d’autres dont la mémoire ne s’eft pas confervée, déterminerent le dégré du méridien terreftre.

28. Leurs mefures different beaucoup, ainfi que toutes les autres obfervations aftronomiques qu’ils nous ont laiffées : ce qui provient en grande partie de l’imperfection de leurs méthodes & de leurs inftrumens, comme auffi de la différence des mefures dont ils fe font fervis ; car les ftades & les milles n’étoient point par-tout les mêmes, & nous ne connoiffons pas bien exactement aucune de ces mefures. Ainfi dès qu’on a commencé, dans ces derniers tems, à cultiver avec plus de foin l’Aftronomie, on a pris auffi, avec plus de pré-

caution, la mesure du dégré : telles sont les mesures de *Norwood* en Angleterre, de *Snellius* en Hollande, de *Fernel* en France, de *Riccioli* en Italie. Mais ces mesures mêmes sont encore trop incertaines, ou plutôt trop peu exactes. L'Astronomie n'étoit point assez perfectionnée : les instrumens, la maniere d'observer, n'avoient pas atteint leur point de perfection.

Mesures de M. Picart & de MM. Cassini pere & fils.

29. Une plus grande précision étoit réservée au siecle de Louis le Grand. M. *Picart*, de l'Académie royale des Sciences, mesura, par ordre de Sa Majesté, un dégré du méridien : ce qu'il fit avec plus de soin, & avec des instrumens plus parfaits, qu'aucun des Astronomes qui l'avoient précédé. M. *Picart* est le premier qui ait appliqué une lunette aux instrumens astronomiques, qui n'étoient jusqu'à lui garnis que de pinules, & l'on ne peut dire combien cette heureuse invention a contribué à l'avancement & à la perfection de l'Astronomie. Le dégré qu'il mesura étoit dans la partie septentrionale de France, (de Paris à Amiens) & il en trouva la longueur de 57060 toises, dont chacune contient six pieds de Paris. Quelques années après, sa méridienne fut prolongée dans la partie méridionale de France, depuis *Paris* jusqu'aux Pyrénées, par Jean Dominique *Cassini*, que le Roi avoit fait venir d'Italie pour lui confier le soin de l'Observatoire nouvellement construit à *Paris*. M. *Cassini* mesura ce nouvel arc du méridien avec toute l'exactitude possible, & il en trouva le moyen dégré de quelques toises plus long que celui de M. *Picart*. Après sa mort, M. Jacques *Cassini* son fils, aujourd'hui vivant (1), répéta la même mesure, & continua la méridienne au Nord de Paris jusqu'au Port de *Dunkerque* : il trouva pareillement que le dégré méridional étoit le plus long.

Conséquences qu'on en tire.

30. Comme ces dégrés avoient été mesurés avec un soin extrême, il ne parut pas à M. *Cassini* qu'on pût rejetter la différence qu'il trouvoit, sur l'inexactitude des observations ; & il en conclut aussi-tôt que puisque tous les dégrés d'une

---

(1) Cet ouvrage du P. Boscovich a été imprimé en 1755 ; & M. Jacques Cassini, fils de Jean Dominique, n'est mort qu'en 1756. Voyez son Eloge, *Hist. de l'Acad. des Sciences pour l'année* 1756.

fphere font égaux, la figure de la Terre n'étoit point abfolument fphérique. De plus, il lui fembla d'abord que l'excès
du dégré méridional fur le feptentrional prouvoit que la
Terre étoit applatie vers les pôles, & élevée fous l'équateur,
comme le paroiffoit exiger auffi le mouvement diurne de la
Terre fur fon axe : mais en y regardant de plus près, on
reconnut bientôt qu'au contraire cette augmentation des dégrés du Nord au Midi, fuppofoit la Terre applatie fous l'é-
quateur, & allongée vers les pôles ; c'eft-à-dire, d'une figure femblable à celle d'un œuf (1).

31. Pour rendre cette conféquence plus fenfible, il faut
expliquer ce que c'eft qu'un dégré du méridien dans une
Terre qui ne foit point fphérique, & dont le méridien ne
foit point un cercle exact ; & de quelle maniere on détermine ce dégré. Suppofons la Terre fans aucune de ces inégalités qui font à fa furface, *& unie comme la mer* (2) : c'eft
la figure qu'elle auroit alors qu'il s'agit de déterminer ; car
ces inégalités qui frappent nos yeux, doivent être comptées
pour rien. Si donc on divife cette Terre en deux, par un
plan qui paffe par les pôles & le centre, la courbe qui termine cette fection, eft ce qu'on appelle un méridien terreftre. Maintenant en quelque endroit de ce méridien qu'un
homme fe trouve placé, il y aura un point du Ciel qui répondra directement fur fa tête. S'il avance au Nord, le long
de ce méridien, fa ligne verticale changera de direction, à
caufe de la courbure de la Terre, fur laquelle nous le fuppofons de bout, & il aura fur la tête un autre point, ou un
autre zénith : & s'il a avancé fuffifamment, pour que ces
deux points foient éloignés entre eux de l'intervalle d'un dégré célefte, on dit qu'il a parcouru un dégré terreftre. Le

Différence
des dégrés
dans une Ter-
re qui n'eft
pas fphéri-
que.

-----

(1) M. des Roubiis, Ingénieur chargé de pofer les fignaux, donna
dans un Journal de Hollande, la démonftration, que les dégrés dé-
croiffans vers le pôle, faifoient la terre allongée.

(2) Cette fuppofition ne change rien à la queftion de la figure de la
Terre : les plus hautes montagnes changent moins la figure de la Terre
qu'un grain de poufliere ne changeroit la figure d'une boule de fix pouces
de diametre.

dégré du méridien terreftre eft donc un arc de ce méridien dont les points extrêmes ont pour zéniths deux points du Ciel, diftans l'un de l'autre de la valeur d'un dégré, ou des extrémités duquel abaiffant deux lignes à plomb, jufqu'à ce qu'elles fe rencontrent quelque part au-dedans de la Terre, ce qui ne peut manquer d'arriver à caufe de fa courbure, il fe forme à leur point de concours un angle d'un dégré. Le plus haut point du Ciel, ou le zénith, eft défigné par un fil à plomb, chargé d'un poids. Qu'on fufpende ce fil à l'extrémité d'une regle, à laquelle eft adoffée une lunette, & qu'on dirige cette lunette fur quelque étoile au moment de fon paffage au méridien : fi la regle fe trouve pour lors partagée également par le fil, c'eft une preuve que l'étoile eft au zénith : mais fi le fil fe trouve écarté du milieu de la regle, cette diftance marquera l'inclinaifon de la lunette, & la diftance de l'étoile au zénith. C'eft par ce moyen qu'on connoît de quelle quantité a changé le zénith, tandis qu'on parcouroit un arc du méridien terreftre.

Que le dégré eft plus grand, où la courbure eft moindre.

32. On voit que fi la Terre eft une fpere & le méridien un cercle, & qu'on parcoure des arcs égaux, le zénith changera toujours de la même quantité : d'où il fuit que tous les dégrés de tous les méridiens feront égaux, & que les lignes perpendiculaires à la furface fe rencontreront au centre. Mais fi la Terre eft, ou applatie, ou allongée vers les pôles, le méridien n'a plus une figure circulaire, ni fa courbure n'eft plus par-tout la même ; & le changement du zénith fera d'autant plus prompt, la mefure du dégré d'autant plus petite, & le concours des deux perpendiculaires d'autant plus proche de la furface de la Terre, que la courbure fera plus fenfible.

Que la Terre eft allongée vers les pôles, fi la courbure y eft plus grande.

33. Si donc la Terre a une figure allongée vers les pôles, & femblable à celle d'un œuf, il eft clair que fa courbure fera plus grande fous les pôles & moindre fous l'équateur ; fi au contraire la Terre eft applatie, & fi fa figure reffemble à celle d'un oignon, fa courbure fera plus grande fous l'équateur & moindre fous les pôles, & elle ira toujours en décroiffant de l'équateur au pôle, dans ce fecond cas, tandis que les dégrés iront toujours en augmentant ; & tout au contraire

dans

dans le premier cas où la courbure augmente à mesure qu'on s'éloigne de l'équateur, & qu'on s'approche du pôle, tandis que la longueur des dégrés diminue dans la même proportion ; [de forte que le plus petit est fous le pôle, & le plus grand fous l'équateur]. Donc, puifque les dégrés de France, mefurés par M. *Caffini*, paroiffoient aller en diminuant du Midi au Nord, il s'enfuivoit que la Terre étoit allongée & non applatie vers les pôles : ce qui étoit contraire à ce que *Huygens* & *Newton* avoient déduit de leur théorie de l'équilibre.

34. Ceci donna lieu à de grandes difputes parmi les Phyficiens. Les uns, fans faire attention aux théories de *Newton* & d'*Huygens*, faifoient valoir les obfervations de MM. *Caffini* & *Picart*, qui, felon eux, décidoient la queftion fans appel, & prouvoient inconteftablement l'allongement de la Terre vers les pôles : d'autres qui faifoient plus de fond fur cette théorie, remarquoient que la longueur de la France étoit une trop petite partie de la circonférence de la Terre, & la différence entre des dégrés fi voifins, trop imperceptible pour pouvoir échapper aux erreurs inévitables dans les obfervations : erreurs qui pouvoient même furpaffer la différence dont on cherchoit à s'affurer.

Difputes entre les Savans.

35. Pendant le cours de ces difputes affez vives, on approfondit les théories d'*Huygens* & de *Newton* ; on perfectionna les inftrumens ; l'Aftronomie fpéculative & pratique firent de grands progrès. A l'égard de la théorie, M. de *Mairan* imagina une loi de gravité, telle, que le fphéroïde allongé, comme l'applati, & une différence plus grande ou plus petite dans la longueur des dégrés, pouvoient fe concilier avec une différence quelconque de gravité, fans déranger l'équilibre ; & il conclut que ce n'étoit que par des obfervations exactes qu'on pouvoit déterminer la mefure des dégrés, & la figure du méridien. Pour ce qui concerne l'Aftronomie, *Bradley* trouva dans les étoiles deux mouvemens inconnus jufqu'alors, & qui, quoique petits, ne laiffent pas d'influer notablement dans la mefure du dégré : car lorfqu'on veut déterminer cette mefure par la pofition des étoiles fixes, on obferve aux deux extrémités de la méridienne la diftance

L'Aftronomie perfectionnée.

de la fixe au zénith ; & comme c'eſt ordinairement le même Obſervateur qui opere dans les deux ſtations, il s'écoule pluſieurs jours, quelquefois même pluſieurs mois d'une obſervation à l'autre. Or, on a découvert pluſieurs mouvemens dans les étoiles : le premier, qui eſt connu de tout le monde, eſt le mouvement diurne qui ſe fait d'orient en occident : s'il étoit unique, les obſervations n'en ſouffriroient pas, pourvu qu'on faiſît le moment du paſſage de l'étoile au méridien, qui ſeroit toujours traverſé par l'étoile à même diſtance du pôle & du zénith de l'obſervateur : le ſecond mouvement eſt celui de la préceſſion des équinoxes, par lequel les étoiles s'approchent ou s'éloignent continuellement du zénith d'un lieu quelconque : ce mouvement eſt très lent, & il étoit déja connu des anciens Aſtronomes : les deux derniers ſont beaucoup moindres, & n'ont été découverts que depuis trente ans (1) par *Bradley* : l'un eſt l'effet de l'aberration de la lumiere ; l'autre d'une certaine nutation dans l'axe de la Terre : tous les deux font varier continuellement la diſtance d'une étoile au zénith.

Néceſſité de connoître les variations obſervées par M. Bradley aujourd'hui conſtatées.

36. Si ces mouvemens ne ſont pas bien connus de l'obſervateur, enſorte qu'il ne puiſſe déduire de ſa théorie la quantité dont l'étoile s'eſt approchée ou éloignée du zénith pendant le tems qui s'eſt écoulé entre ſes deux obſervations, il eſt clair qu'il ne pourra conclure ſûrement la vraie meſure du dégré. Or, ni M. *Picart*, ni M. *Caſſini* pere & fils, n'ont eu (lors de leur meſure des dégrés) aucune connoiſſance des mouvemens découverts de nos jours par M. *Bradley* ; au lieu qu'aujourd'hui, qu'ils ſont parfaitement connus, il ſuffit d'en tenir compte pour trouver le lieu où une étoile, une fois obſervée, doit ſe trouver en quelque tems que ce ſoit ; de ſorte que ſi l'on emploie des inſtrumens convenables, on ne ſe trompera jamais de deux ſecondes ; ce qui a été ſuffiſamment conſtaté par une infinité d'obſervations, tant de *Bradley* même, que d'un grand nombre d'Aſtronomes célebres qui ont obſervé depuis lui. Ainſi il n'y a plus lieu de craindre que la meſure

---

(1) En 1725. Voy. *Tranſaɗ. philoſophiques.*

du dégré puiſſe être troublée par aucun mouvement fecret ou inconnu des étoiles.

37. Un autre objet dû aux nouveaux progrès de l'Aſtronomie, c'eſt la connoiſſance beaucoup plus exacte de ce qu'on appelle les réfractions. Lorſque le rayon de lumiere paſſe d'un milieu raréfié dans un air plus groſſier, comme de l'éther dans l'atmoſphere, il ſe détourne de ſon chemin direct : ce détour, cette inflexion, eſt ce que les Phyſiciens appellent réfraction. Son effet eſt d'élever les aſtres, ou de les faire paroître plus haut qu'ils ne ſont; & cette différence eſt très conſidérable près de l'horizon, où elle ſurpaſſe un demi degré ; mais elle décroît inſenſiblement, & d'autant plus, que l'aſtre approche de plus près du zénith. Les anciens Aſtronomes l'ont, ou totalement ignorée, ou peu connue ; elle a nui en particulier aux obſervations de *Riccioli* : aujourd'hui on la connoît ſi bien, qu'on n'a lieu d'en appréhender aucune erreur ſenſible, du moins lorſqu'il n'eſt queſtion que d'une petite diſtance au zénith : car alors la différence n'eſt que d'environ une ſeconde par dégré ; de ſorte que lorſqu'on n'a beſoin d'obſerver que des étoiles voiſines du zénith, on n'a point d'erreur à craindre de la part de la réfraction.

38. Enfin l'on a encore beaucoup perfectionné les inſtrumens d'Aſtronomie : *Graham* ſur-tout, célebre Artiſte Anglois, a donné à ce ſujet des preuves de ſon adreſſe & de ſon induſtrie, tandis que tous les Aſtronomes s'exerçoient à l'envi ſur l'uſage des inſtrumens, ſur les loix de l'optique, ſur l'examen des diviſions, & ſur tout ce qui y a rapport, afin qu'il ne manquât rien de tout ce qui pourroit contribuer à la perfection des obſervations. Finalement l'on convint d'une meſure fixe, qui devoit ſervir de modele à toutes les autres, & prévenir toutes les erreurs qu'auroit pu produire dans la comparaiſon des dégrés l'inégalité des meſures (1).

Théorie des réfractions, non moins néceſſaire, aujourd'hui connue.

Inſtrumens d'Aſtronomie perfectionnés

----

(1) On fit faire à Paris une regle de fer qu'on ajuſta le mieux qu'il fut poſſible ſur l'étalon conſervé au Châtelet de Paris, d'une toiſe réformée en 1666. (Voyez Traité de M. Picart *de menſuris*, anc. Mém. de l'Acad. Tom. 6). On en fit faire une ſeconde égale à la premiere :

Projet d'un voyage à l'équateur & au cercle polaire.

39. L'Académie royale des Sciences forma dès 1733 (1) le deſſein de déterminer avec beaucoup plus d'exactitude qu'on n'avoit encore fait, la figure de la Terre. Elle expoſa à **M.** le Comte de *Maurepas*, Secrétaire d'Etat qui avoit le département des Académies, l'importance de cette recherche, & les avantages qui en reviendroient non ſeulement à la Phyſique & à l'Aſtronomie, mais à la Géographie & à la navigation, qui contribuent en tant de manieres aux uſages & aux commodités de la vie : elle repréſenta qu'un navire dont on auroit eſtimé le chemin ſuivant la figure de la Terre qui réſultoit des obſervations de MM. *Caſſini*, pouvoit ſe briſer contre un écueil, dont elle paſſeroit à plus de trente lieues (2) ſi la Terre avoit la figure que lui donnoit *Newton* ; que le plus ſûr moyen de décider la queſtion de la ſphéricité, de l'allongement ou de l'applatiſſement de la Terre vers les pôles, étoit de meſurer deux dégrés du méridien aux plus grandes diſtances poſſibles, & par conſéquent de pénétrer, d'une part, le plus avant qu'on pourroit vers le nord, & de ſe tranſporter, de l'autre, ſous l'équateur (3), puiſque ſi la Terre eſt elliptique (4), ces deux dégrés ſuffiſent ſeuls pour déterminer ſa figure & ſa grandeur ; qu'enfin une entrepriſe ſi utile ſeroit à la fois plus glorieuſe au Roi & à la Nation, que ne le fut à la Grece la fameuſe expédition des Argonautes, ſi vantée par la fabuleuſe antiquité.

40. Le projet fut goûté : deux Troupes d'Académiciens,

l'une reſta en dépôt à l'Académie ; l'autre fut emportée par les Académiciens nommés pour le voyage de l'équateur, & ſervit à toutes leurs meſures. (Voy. *Meſ. des trois premiers ..ég du mérid.* Art. **XXV.**

(1) La premiere propoſition du voyage de l'équateur fut faite verbalement à l'Académie en 1733 par M. de la Condamine ; mais le projet n'en fut agréé par le miniſtere qu'en 1734.

(2) Voyez Préface de la fig. de la Terre & des élémens de Géographie de M. de *Maupertuis*.

(3) Le voyage à l'équateur fut réſolu dès 1734, & les paſſeports demandés à l'Eſpagne : mais ce ne fut qu'après le départ des trois Académiciens pour *Quito*, au mois de Mai 735, que le projet du cercle polaire fut formé par M. de Maupertuis.

(4) Comme il réſulte de toutes les hypotheſes ſur la peſanteur.

ayant à leur tête MM. *Godin* & de *Maupertuis*, partent, les uns pour l'Amérique, les autres pour la Laponie (1). Ceux-ci ayant trouvé proche de la riviere de *Tornea* (au nord du golfe de Bothnie) un terrein propre à leurs opérations, eurent bientôt fini leur mefure. Ils déterminerent la longueur du dégré du méridien qui coupe le cercle polaire ; & M de *Maupertuis* l'ayant trouvé plus long d'environ 500 toifes que celui de M. *Picart* en France, après avoir diminué celui-ci par les corrections néceffaires tant pour l'aberration de la lumiere, la nutation de l'axe de la Terre, en conféquence des découvertes de M. *Bradley*, que pour les réfractions (2), publia en 1737 (à fon retour de Laponie) un ouvrage intitulé *Figure de la Terre*, où il prétend en effet que ces deux dégrés fuffifent non feulement pour prouver l'applatiffement de la Terre vers les pôles, mais pour déterminer fa figure & fa grandeur.

41. Mais comme il en réfultoit un applatiffement beaucoup plus confidérable que celui qu'on trouve par la théorie d'*Huygens*, & même par celle de *Newton*, M. *de Maupertuis* (aidé des Académiciens fes compagnons de voyage)

Applatiffement de la Terre vers le pôle, annoncé par M. de Maupertuis, envoyé au cercle polaire.

Corrections diverfes d'dégré mefuré par M. Picart.

---

(1) La Troupe académique de l'équateur étoit compofée de MM. *Godin*, *Bouguer*, & de la *Condamine* : celle du cercle polaire, de MM. *de Maupertuis*, *Clairaut*, *Camus*, & *le Monier*.

(2) Sources d'erreurs, dont les deux premieres étoient inconnues, & la derniere mal connue du tems de M. *Picart*. M. de *Maupertuis* & fes compagnons de voyage, firent une autre correction au dégré de M. *Picart*, en vérifiant en 1739, par de nouvelles obfervations, l'amplitude de l'arc du méridien, intercepté entres les paralleles de *Paris* & *Amiens*. Voy. *dég. du mérid.* entre Paris & Amiens. *Paris* 1740, in-8°. & *Mém. de l'Acad.* Il reftoit encore la mefure géodéfique, ou la diftance de *Paris* à *Amiens*, déterminée par M. *Picart*, à vérifier ; & fur-tout fa bafe mefurée par lui fur le terrein de *Villejuifve* à *Juvifi*, laquelle avoit fervi de fondement à toutes fes mefures, & qui n'avoit jamais été foupçonnée d'erreurs. MM. Jacques *Caffini* & l'Abbé *de la Caille* reconnurent cependant en 1740 que M. *Picart* avoit fuppofé cette bafe trop longue de près d'une toife par mille. Voyez *Méridienne de Paris vérifiée*, impreffion du Louvre, pag. 37 : ce qui'a depuis été vérifié en 1740 par quatre Commiffaires de l'Académie. Voyez *Mém. de l'Acad.* 1740, pag. 281.

répéta peu après , (en 1739) avec l'excellent Secteur de *Graham* , qui lui avoit servi en Laponie , les observations *astronomiques* de M. *Picart* en France , en conservant les distances des lieux déterminées par ce Mathématicien ; & les nouvelles observations ayant donné la longueur du dégré plus grande , M. *de Maupertuis* trouva la différence entre les dégrés (du méridien , mesurés en France & en Laponie) moindre presque de moitié : ce qui fut cause qu'il diminua beaucoup l'applatissement qu'il avoit d'abord donné à la Terre. Cependant on commença d'avoir quelque scrupule sur les opérations même géodésiques de M. *Picart* , (qui n'avoient pas encore été soupçonnées d'erreur,) & M. *Jacques Cassini* , fils de *Dominique* , s'étant enfin déterminé à les vérifier avec M. l'Abbé *de la Caille* , ils y trouverent une erreur très sensible (de près d'une toise d'excès par mille :) mais par un évenement des plus singuliers , les erreurs astronomiques & géographiques de M. *Picart* s'étoient presque réciproquement compensées ; & en tenant compte des unes & des autres , on revenoit à peu près à sa mesure. MM. *Cassini* , *de Thury* , & *de la Caille* parcoururent toute la France avec leurs instrumens , & surtout le terrein traversé par la méridienne de Paris dans toute sa longueur : ils y firent un grand nombre d'observations , & mesurerent chaque dégré avec tant de précautions , qu'on ne peut raisonnablement former aucun doute sur la vraie mesure des dégrés du méridien dans toute l'étendue de la France : & bien que ces dégrés croissent en allant du midi au nord , leur différence est beaucoup moindre qu'on ne la concluroit par la seule théorie.

Mesure du dégré du méridien , voisin de l'équateur.

42. Sur ces entrefaites , M. *Bouguer* & M. *de la Condamine* arrivent d'Amérique (en 1744 & 1745 ,) après avoir déterminé , par dix ans de travaux & de peines incroyables dans le vallon de *Quito* , la mesure de trois dégrés du méridien les plus voisins de l'équateur. Chacun d'eux a publié séparément ses observations (1). Leurs résultats sur la mesure

____

(1) Fig. de la Terre, déterminée par les observations de MM. *Bouguer* & *de la Condamine* , in-4°. Paris 1749. par M. Bouguer. Mesure des trois premiers dégrés du méridien dans l'hémisphere austral par M. de la

du dégré voifin de l'équateur, s'accordent très bien entre eux, & different peu de celui qu'avoient publié un peu auparavant les deux Mathématiciens (1) envoyés par le Roi d'Efpagne, pour accompagner les Académiciens François, & qui avoient obfervé conjointement avec M. *Godin*, féparément de MM. *Bouguer* & *de la Condamine*. Si les différends qui fe font élevés entre tous ces Obfervateurs, ont été un peu vifs, ils ont du moins fervi à conftater avec la derniere évidence leur exactitude fcrupuleufe à éviter toute efpece d'erreur, & leur détermination de la mefure du dégré n'en devient elle-même que plus évidente.

43. Or, leur dégré, confidérablement moindre que celui du nord, & que celui de France corrigé par les nouvelles obfervations (de 1739 & 1740,) donne à la vérité une nouvelle preuve de l'applatiffement de la Terre, mais ne s'accorde pas avec la théorie par laquelle, fuppofant au méridien une figure elliptique, on en déduit la quantité de cet applatiffement. Si l'on compare entre eux les dégrés d'Amérique & de Laponie; puis l'un & l'autre féparément à celui de France, il en réfulte trois différens rapports de l'axe de la Terre au diametre de l'équateur (2); & cette différence eft fi confidérable, qu'onne peut abfolument l'attribuer, ni à la négligence des Aftronomes, ni aux défauts des inftrumens dont ils nous ont donné une defcription fort exacte. De plus, les obfervations faites très foigneufement par les Académiciens du nord, & par ceux de l'équateur fur la longueur du pendule à fecondes, prouvent bien que la gravité eft plus grande en Laponie qu'à *Paris*, & à *Paris* qu'à *Quito*; mais cette inégalité n'eft pas abfolument celle qu'avoit trouvée

Différences qui réfultent de la comparaifon des dégrés.

Condamine, Imp. royale 1750, in-4°. Voyez auffi *Mém. de l'Acad. des Sciences* 1746.

(1) Dom George Juan, Commandeur de l'Ordre de Malthe, & Dom Antoine de Ulloa, alors Lieutenant de vaiffeaux de S. M. C., aujourd'hui l'un Chef d'Efcadre, Commandant des Gardes de la Marine, & Ambaffadeur à Maroc, l'autre Gouverneur de la Louifiane.

(2) Voyez tous ces différens rapports dans la *Mefure des trois premiers dégrés du Méridien* de M. *de la Condamine*, pag. 258 & fuiv. ou *Mém. de l'Acad. roy. des Sciences* pour 1746, pag. 686 & 687.

Newton, ni celle qu'une ellipfe déterminée par tels qu'on voudra de ces dégrés, pris deux à deux, femble requérir pour conferver l'équilibre.

Efforts que l'on fait pour les concilier.

44. Ainfi dans le tems même où l'on croyoit la queftion décidée par les nouvelles mefures, & que la figure de la Terre & la quantité de fon applatiffement paroiffoient déterminés avec le plus de précifion, on fe trouva replongé dans de nouvelles incertitudes. M. *Bouguer* combina les trois dégrés mefurés, l'un en Amérique, l'autre en France, le troifieme en Laponie; & après les avoir comparés entre eux, & avec un dégré du parallele mefuré en dernier lieu par MM. de l'Académie royale des Sciences (1), il trouva qu'ils pouvoient tous fe concilier avec une forte de régularité dans le méridien, en fuppofant que les dégrés du méridien qui croiffent de l'équateur au pôle, felon la loi de la gravité newtonienne, pour une Terre homogène, en raifon des quarrés des finus de latitude, pour parler le langage des Mathématiciens, augmentaffent dans la nouvelle figure imaginée par M. *Bouguer*, en raifon des quarrés-quarrés de ces finus. Mais cette figure même ne peut fe concilier avec les autres dégrés mefurés en France par M. *Caffini*; d'ailleurs nous n'avons point de théorie qui exige cette courbure plutôt qu'une autre : enfin puifqu'après avoir mefuré deux dégrés, & les avoir fait convenir avec une ellipfe, déja déduite elle-même d'une théorie qui explique parfaitement tant de phénomenes céleftes, il s'en eft trouvé un troifieme qui ne pouvoit compatir avec cette ellipfe, il y avoit tout lieu de craindre que fi l'on en mefuroit quelque part un quatrieme, il ne s'accordât pas mieux avec l'hypothefe de M. *Bouguer*, & ne dérangeât la loi qui concilie les trois autres (2). M. *Clairaut*, affocié à M. *de Maupertuis* dans l'expédition du nord, ayant approfondi la théorie de l'équilibre (3), conclut qu'il falloit

---

(1) Le dégré du parallele entre le 43ᵉ. & le 44ᵉ. dégré de latitude, mefuré en 1740 par MM. *Caffini de Thury & de la Caille*. Voy. *Méridienne de Paris vérifiée*, pag. 105 & 106.

(2) C'eft ce qui eft arrivé par la mefure d'un dégré en Afrique.

(3) Cet ouvrage de M. *Clairaut* a paru en 1743, in-8°. un ou deux

recourir

recourir à une différence de denſité dans les différentes couches de la Terre, qu'il fait néanmoins varier ſuivant une
certaine loi, en approchant du centre. Il a concilié très élé-
gamment cette variation avec la figure de la Terre & la
différence de la gravité ; & il a cru qu'au moyen de cette loi,
qui n'eſt contredite par aucun phénomene, on pouvoit rendre
raiſon de la grandeur de certains dégrés, & de la longueur
des pendules à différentes latitudes.

45. Pour moi, après avoir lu l'ouvrage de M. *de Mau-*
pertuis, qui parut le premier, & réfléchi ſur les méthodes
d'obſerver, & ſur tout ce qui a rapport à cette matiere, il
me vint une penſée que je n'ai pu depuis m'ôter de l'eſprit,
ſavoir, que l'anomalie des dégrés & des pendules iſochrones,
venoit en grande partie d'une tiſſure inégale & irréguliere des
parties internes de la Terre, telle que ſi cette inégalité avoit
lieu proche la ſuperficie, elle dérangeroit la proportion des dégrés ; que ſi elle étoit enfoncée plus avant, elle altéreroit la
figure même de la Terre ; j'entends cette figure qu'elle auroit
ſi on retranchoit toutes les inégalités extérieures qui ſont à ſa
ſurface. Je propoſai pluſieurs réflexions à ce ſujet, dans une
Diſſertation ſur la figure de la Terre, qui parut dès l'an
1738 ; d'autres en l'année 1741, dans une Diſſertation ſur la
différence de la gravité dans les différentes parties de la Terre ;
d'autres enfin dans une Diſſertation ſur les obſervations aſtronomiques, publiée en 1742 ; & ſi ma conjecture eſt vraie,
il n'y a plus lieu de s'étonner que la différence, tant des
dégrés de la Terre que de la gravité, ne ſuive exactement
aucune proportion réguliere.

46. Car pour ce qui eſt des inégalités voiſines de la ſurface, repréſentons-nous une Terre homogêne & preſque
ſphérique, & mettons à ſa ſurface un autre globe homogêne à cette Terre ; le fil à plomb ſera ſollicité, dans le ſyſ-
tême de la gravitation univerſelle, par deux forces, dont
l'une dirigera le plomb vers la maſſe de la Terre, l'autre
vers ce globe qui eſt à ſa ſurface ; & ces forces feront en

Sentiment de l'Auteur ſur l'irrégularité de tiſſure des parties de la Terre.

Cauſe de la déviation du fil à plomb dans les obſer-vations aſtro-nomiques.

---

ans avant le retour des Académiciens de l'équateur, ſous le titre de
Théorie de la figure de la Terre. Paris 1743.

D

raiſon du demi diametre de la Terre au demi diametre du globe (1). Ainſi cette ſeconde force détournera le fil à plomb de la direction qu'il auroit ſans le globe; & j'ai démontré par un calcul fort ſimple, que cette déviation du fil à plomb ſur un globe voiſin, étoit d'une minute pour un globe d'un mille de rayon, & par conſéquent de 15 ſecondes, ſi le rayon du globe eſt d'un quart de mille, (ou de 250 pas géométriques); & que ſi le globe eſt éloigné, cette aberration n'eſt point ſenſible, & peut être regardée comme nulle.

Grand déran-
gement dans
la meſure des
dégrés, cauſé
par d'aſſez pe-
tits moles.

47. De-là une montagne, au pied de laquelle ſe feroit l'obſervation, & dont l'action ſeroit équivalente à celle d'un globe de 250 pas de rayon, feroit dévier de 15 ſecondes le fil à plomb dont on ſe ſert pour déterminer la diſtance des étoiles au zénith : & ſi une telle déviation ſe faiſoit en ſens contraire aux deux extrémités d'un dégré, l'erreur du dégré ſeroit d'une demi-minute, c'eſt-à-dire, de près de 500 toiſes : différence preſque égale à celle des dégrés meſurés au nord & à l'équateur (2), ou des dégrés juſqu'ici les plus inégaux. Que ſi l'on meſure un arc de pluſieurs dégrés, l'erreur ſe répartit ſur le nombre total, & devient d'autant moindre, qu'il y a plus de dégrés : mais elle eſt toujours bien

---

(1) En effet, ces forces ſont en raiſon directe des maſſes, & en raiſon inverſe des quarrés des diſtances. Soit donc le demi diametre de la Terre $= a$, celui du globe $= 1$; le rapport des maſſes ſera égal à $\frac{a^3}{1}$; & parceque ces globes agiſſent comme ſi toute leur maſſe étoit compénétrée au centre, la raiſon inverſe des quarrés des diſtances ſera $\frac{1}{aa}$. Donc la raiſon compoſée de la directe & de l'inverſe, ſera $\frac{a^3}{aa}$ ou $\frac{a}{1}$ c'eſt-à-dire, celle du demi diametre de la Terre au demi diametre du globe.

(2) Le dégré du méridien, voiſin de l'équateur, étant, ſuivant la meſure des Académiciens, d'environ 56750 toiſes, & celui qui coupe le cercle polaire, de 57438, la différence eſt de 688 toiſes, & ne ſera même que de 672, ſi on retranche 16 toiſes pour l'erreur qu'a cauſé la réfraction négligée par M. de Maupertuis dans cette évaluation du dégré. Voy. *Meſ. des trois premiers dég. du mérid.*

plus que fuffifante, pour déranger toute progreffion réguliere, dans la différence des dégrés.

48. Or, on trouve fouvent des montagnes plus groffes ; & fi elles ne cachent point de concavités, telles qu'il y en eut probablement dans *Chimboraço,* cette énorme montagne du Pérou, qui, fuivant les obfervations de MM. *Bouguer* & *de la Condamine,* n'a produit qu'une déviation de 7 fecondes (1) ; fi, dis-je, elles font affez compactes pour égaler la moyenne denfité de la Terre, elles produiront des erreurs encore plus confidérables. Mais ce que fait une montagne placée fur la furface de la Terre, une différence de denfité dans les parties qui font au-deffous de la furface, d'un côté ou d'autre, peut également le produire ; de même qu'une grande cavité fouterraine qui fe trouveroit voifine du lieu de l'obfervation. Il eft vrai que ces erreurs diminuent dans le cas où la denfité feroit plus grande vers le centre qu'à la furface ; mais elles augmentent auffi dans le cas où la denfité feroit plus petite, & beaucoup plus encore fi la Terre reffembloit plus à une croute, ou à une coque vuide, qu'à un globe folide.

49. Maintenant, puifqu'il y a tant d'inégalités fur la furface de la Terre, & que de fi petites différences produifent de fi grandes déviations dans le fil à plomb, n'eft-il pas naturel de penfer qu'il y a de femblables inégalités répandues dans l'intérieur de la Terre, & capables du moins d'occafionner une déviation de quelques fecondes ? N'eft-il pas vifible au moins qu'on peut, qu'on doit même les foupçonner à jufte titre ? M. *de Maupertuis* fait mention dans fes élémens de Géographie, compofés en 1740, qu'on lui objecte la déviation caufée par les montagnes, (& je fais que ma Differtation étoit dès-lors entre fes mains,) & il répond qu'on n'a pas coutume de faire des obfervations aftronomiques au pied d'une montagne de cette hauteur, & capable de produire un fi grand effet : mais cette réponfe ne fatisfait point à l'objection tirée tant de l'irrégularité de tiffure dans les parties qui

---

(1) Voyez *Fig. de la Terre* de M. Bouguer.

font au-deſſous de la ſurface, que des concavités profondes : circonſtances que je n'avois pas omiſes dans mon objection. Or, il n'en eſt pas de ces inégalités ſouterraines comme de celles des montagnes : un Obſervateur ne les voit point, ne les connoît point ; comment les éviteroit-il ? A l'égard de la conſtitution des parties internes, on pourroit peut-être haſarder quelques conjectures ; mais ſans qu'on puiſſe eſpérer d'en avoir jamais de connoiſſance certaine.

Effet des inégalités intérieures de la Terre.

50. Que ſeroit-ce ſi ce noyau ſolide de la Terre que les mers environnent, avoit dans ſa plus grande profondeur des inégalités plus grandes encore, & tout à fait irrégulieres ? Cette ſeule raiſon ne ſuffiroit elle pas, ſuivant les loix de l'équilibre, pour que les mers fuſſent alors plus renflées en certains endroits, en d'autres plus applaties ; enſorte que la différence des dégrés ne ſuivît point, ou du moins que de fort loin, une progreſſion réguliere ? Car l'hypotheſe d'où l'on part pour trouver par l'équilibre la figure de la Terre, & qui conſiſte à ſuppoſer que le globe n'étoit d'abord qu'un fluide, & qu'il s'eſt durci en partie, après avoir trouvé l'équilibre ; cette hypotheſe, dis-je, n'eſt appuyée ſur aucune preuve, pas même ſur la plus légere conjecture : & quoique le ſentiment qui ſuppoſe la Terre compacte au point que demande l'équilibre, (ce que des Architectes un peu inſtruits obſervent d'ordinaire dans la conſtruction des voutes,) ne manque pas abſolument de vraiſemblance, s'il eſt queſtion d'une grande différence à l'état que demande l'équilibre ; il n'en a plus aucune, lorſqu'il ne s'agit que d'une petite différence : car dans ces voutes mêmes, les plus habiles Architectes ſe mettent peu en peine d'avoir un équilibre parfait, perſuadés que la cohéſion des parties peut y ſuppléer : c'eſt ainſi que nous voyons pluſieurs maſſes de montagnes & d'iſles ſe ſoutenir ſans apparence d'équilibre par leur propre ſolidité : pourquoi ne pourroit-il pas arriver quelque choſe de ſemblable dans l'intérieur de la Terre, de ſorte que le centre de figure ne concourût point avec celui de la maſſe & de la gravité, autour duquel les parties ſont en équilibre ; ou que la denſité fût fort inégale, à égales diſtances du centre en tout ſens, & qu'il y eût de grandes cavités ſemées ſans ordre ſur toute l'étendue de la maſſe ?

51. M. *de Maupertuis* lui-même, ayant pesé avec plus de soin toutes ces raisons, en sentit sans doute toute la force ; & dans la Lettre qu'il publia quelques années après sur le progrès des sciences, (en 1752) il fait si peu de fond sur sa mesure du dégré, & sur toutes les autres, qu'il assure même qu'il est à craindre que les deux hémispheres, quoiqu'appuyés sur la même base, ne se ressemblent point pour la figure (1) ; & M. *de la Condamine*, après avoir rendu compte de la mesure des dégrés, qu'il a déterminée conjointement avec M. *Bouguer*, traite avec élégance, quoiqu'assez en détail, des effets que peuvent produire ces inégalités & ces irrégularités de tissure (2).

52. L'analogie ou le procédé ordinaire de la nature, peut déja nous faire soupçonner plutôt quelque irrégularité, qu'une loi fixe & constante dans la figure de la Terre. Que d'inégalités dans ses autres productions, dans les feuilles d'arbres, les fruits, les concrétions des mines de sel, les membres des animaux ! Il y en a jusques dans le mouvement des astres ; & celles-ci, pour être moins sensibles, n'en sont pas moins réelles, & n'en ont pas moins donné la torture aux Astronomes, sur-tout quand il a été question de déterminer le cours de la Lune, de Jupiter & de Saturne. Certainement s'il est permis de raisonner ici par analogie, nous conclurons plutôt pour la figure irréguliere, que pour une courbure uniforme. Le préjugé de régularité & de simplicité, est une source d'erreurs, qui n'a que trop souvent infecté la philosophie. On a cru pendant plusieurs siecles, que les astres avoient un mouvement circulaire & uniforme ; que la Terre étoit exactement sphérique, & cent choses de cette espece, au grand préjudice du progrès des sciences ; & ces préjugés sont cause qu'on a si long-temps négligé de faire les observations les plus propres à décider la question.

53. Ceci m'a conduit à une autre réflexion. On regardoit autrefois la Terre comme sphérique, & sa courbure étoit

---

(1) Pag. 73 & 74.
(2) Voy. *Mesure des trois premiers dégrés du méridien,* Imp. royale 1751, Art. 30 & 31.

Doute de l'Auteur , fi les paralleles font exacte- ment circulai- res .

cenfée circulaire en tout fens. Deux mefures actuelles de dégrés du méridien à différentes diftances de l'équateur , ont prouvé que les méridiens ne font pas des cercles , & que la Terre n'a pas , d'un pôle à l'autre , la figure circulaire. Une troifieme mefure ne laiffe pas même aux méridiens la figure elliptique que la théorie leur avoit confervée, quelle que foit la caufe inconnue jufqu'ici de cette différence ; mais on croit encore la courbure circulaire autour du pôle , c'eft-à-dire , qu'on prend les paralleles pour des cercles ; comme fi la Terre, fans être fphérique , étoit à cela près comme faite au tour , & de la figure d'un œuf ou d'un oignon, en un mot , un folide de circonvolution, engendré par la révolution d'un méridien autour de l'axe. C'eft pour cela que quoique les dégrés dont on a la mefure , aient été pris fur des méridiens fort différens, & placés à de très grandes diftances les uns des autres, néanmoins lorfqu'il eft queftion d'en conclure la figure de la Terre , on les regarde tous comme fi c'étoient les dégrés d'un même méridien : on n'a point encore examiné fi la courbure ne s'écarteroit pas auffi en ce fens de la circulaire. Il faut , fi les paralleles font des cercles , qu'à égales diftances de l'équateur tous les dégrés foient égaux ; & au contraire, qu'ils foient inégaux , fi les paralleles ne font pas circulaires. Pourquoi donc ne pas mefurer à peu près par la même latitude, ou fous le même parallele, & à différentes longitudes , deux dégrés du méridien , pour s'affurer s'ils font réellement égaux ? Car les Aftronomes favent qu'il eft beaucoup plus difficile d'avoir une mefure exacte des dégrés des paralleles que de ceux des méridiens. Celui qui exécuteroit avec fuccès la mefure de quelque dégré d'un parallele , ne feroit pas feulement une chofe nouvelle , mais une chofe utile & néceffaire (1).

54. Il y avoit plufieurs années que je m'occupois de ces

----

(1) Il y a eu deux dégrés de longitude mefurés en Provence en 1740. Voy. *Méridienne de Paris vérifiée* , pag 99 & fuiv. Voy. auffi *Mémoires de l'Acad. royale des Sciences* 1735 , pag. 1 & fuiv. Voy. enfin la Note pag. 39 du *Journal hiftorique du voyage à l'équateur* par M. de la Condamine , & l'extrait de fon *Voyage d'Italie* , Mém. de l'Acad. des Sciences de 1757 , pag. 398.

différentes idées, lorfque m'entretenant un jour avec M. le Cardinal *Valenti*, Miniftre de Sa Sainteté le Pape Benoît XIV, lequel ayant confervé le goût des Lettres & des Sciences, qu'il a cultivées dans fa jeuneffe, aime à fe délaffer de fes importantes occupations par des converfations favantes ; je fis tomber le difcours fur cette matiere. Sa pénétration lui fit, à la premiere ouverture, fentir le prix d'une telle recherche : il me demanda s'il y avoit moyen d'exécuter une pareille entreprife dans les Etats du Pape : ma réponfe fut que les Etats de S. S. s'étendoient depuis *Rome* vers le nord, au-delà de deux dégrés ; que dans cet intervalle il y avoit des montagnes qui fe voyoient les unes des autres, des plaines & des plages unies, aifées à mefurer à la perche, ce qui fembloit promettre un heureux fuccès ; que la partie feptentrionale de ce trajet étoit fous le même parallele que la partie méridionale de France, où paffe le méridien de *Paris*, & à une affez grande diftance vers l'orient, pour qu'on pût comparer utilement le dégré du méridien de Rome à celui du méridien de Paris, par la même latitude.

Projet d'une nouvelle mefure de dégrés en Italie.

55. Son Eminence ayant fait ce rapport à Sa Sainteté, dont on connoît le goût pour toute forte de littérature, me chargea par fon ordre de décrire géométriquement la méridienne de *Rome*, jufqu'à l'extrémité feptentrionale de l'Etat eccléfiaftique, & de déterminer la valeur du dégré du méridien. Nous avions alors à *Rome* le P. Chriftophe *Maire*, Jéfuite Anglois, excellent Littérateur, mais furtout cultivant par goût l'Aftronomie & la Géographie, & d'ailleurs d'une fanté capable de fupporter les fatigues du voyage. Je n'eus pas de peine à obtenir de M. le Cardinal *Valenti* de nous affocier le P. Maire & moi pour un ouvrage que deux Obfervateurs peuvent exécuter avec plus de facilité & d'exactitude qu'un feul. Le P. *Maire*, de fon côté, confentit à tout, & ouvrit un avis important fur la réformation de la Carte géographique. Il obferva que puifqu'il nous falloit tranfporter un grand quart de cercle fur de hautes montagnes, pour déterminer la direction de la méridienne, & la mefure du dégré par la pofition de nos fignaux, nous pourrions en même tems relever plufieurs autres points, & parcourir enfuite avec un petit quart de

Projet pour la réformation de la Carte géographique.

cercle tout l'Etat eccléfiaftique, déterminer la longitude &
la latitude des Villes, & autres lieux principaux, & corriger
la Carte qui fourmilloit d'erreurs ; qu'il n'y avoit point de
particulier qui ne voulût avoir la topographie de fes terres, &
qu'il étoit bien plus important à un Souverain d'avoir une defcription exacte des Pays foumis à fa domination.

56. L'avis fut adopté fans délai, & nous reçumes au mois
de Juillet 1750 des ordres relatifs à ce double objet du voyage,
dont je donne un récit abrégé dans le Chapitre fuivant. Ce
que j'ai dit fuffit pour faire connoître le projet, l'objet & le
double but de notre entreprife, que j'expofe dans le titre même
de cet ouvrage ; l'un, de déterminer la courbure de la Terre
dans les Etats du Pape, en la tirant de la mefure même des
dégrés ; l'autre, de réformer la Carte géographique. Nous
avons mefuré un intervalle d'un peu plus de deux dégrés,
d'où nous avons conclu la valeur du dégré moyen, & déterminé la courbure de la furface de la Terre pour cette contrée. La détermination de cette courbure fert à la recherche
de la figure totale de la Terre ; mais la mefure d'un dégré ne
donne la courbure que pour le lieu où s'eft faite la mefure. Il
faut enfuite comparer cette courbure à celle qu'on a trouvée
ailleurs, pour en tirer les conféquences fur la figure & la grandeur de la Terre.

Le dégré du méridien re- connu plus pe- tit, prouve que les paral- leles ne font pas circulai- res.

57. Or, nous avons trouvé par nos mefures une courbure
beaucoup plus forte (1) que celle du dégré méridional de
France, mefuré par MM. de l'Académie royale des Sciences,
& prefque par la même latitude ; car à 43 dégrés de latitude,
nous avons trouvé le dégré de 56979 toifes (2), tandis que
MM. *Caffini de Thury* & *de la Caille* l'ont trouvé de 57048
par 43 dégrés & demi, ce qui femble prouver que les paralleles mêmes ne font pas exempts d'irrégularités & d'inégalités,

---

(1) Il y a dans le texte *multò minor* ; mais c'eft évidemment une
faute d'impreffion, puifque la courbure eft d'autant plus forte, que le
dégré eft plus petit, voyez n°. 33, & que le dégré d'Italie, de 56979
toifes, s'eft trouvé plus petit de près de 80 toifes que le dégré méridional
de France de 57048 toifes, comme l'Auteur l'expofe deux lignes plus bas.

(2) Il faut ôter 4 toifes, fuivant la Note du n°. 75, Liv. 1.

comme

comme je m'en étois douté dès le commencement Du reste, quoique notre dégré soit beaucoup plus petit que celui que M. *Caſſini* a meſuré dans la partie méridionale de France, il eſt encore de 18 toiſes plus grand qu'il ne devroit être, ſuivant la théorie de M. *Bouguer*, qui donne pour cette latitude 56961 toiſes.

58. Tandis que nous meſurions un dégré en Italie, M. *de la Caille*, Académicien de *Paris*, qui avoit été envoyé au Cap de *Bonne-Eſpérance* pour faire des obſervations aſtronomiques dans l'hémiſphere auſtral, ayant rencontré un terrein propre à meſurer un dégré par la latitude de 33. d. 18 m. & demie, trouva ce dégré de 57037 toiſes, c'eſt-à-dire, plus grand que le nôtre, au lieu qu'il auroit du être beaucoup plus petit: il ne s'accorde guere mieux avec le dégré méridional de France, auquel il eſt preſque égal ; & il ſurpaſſe de près de 200 toiſes celui que M. *Bouguer* déduit de ſa théorie pour cette latitude. Ainſi il paroît non ſeulement que les paralleles s'écartent de la figure circulaire, mais que ſuivant la conjecture de M. *de Maupertuis*, dans cette Lettre ſur le progrès des ſciences (n°. 51. L. I.), les deux hémiſpheres ne ſe reſſemblent point.

La meſure de M. *de la Caille* en Afrique, donne une plus grande inégalité dans la figure de la Terre :

59. Je ne voudrois pas cependant en conclure ce que M. *de Maupertuis* ſemble vouloir faire entendre au même endroit, & ce que la plupart concluront d'une différence beaucoup plus conſidérable, trouvée depuis par M. *de la Caille ;* ſavoir, qu'il faut renoncer à l'eſpérance de pouvoir déterminer la figure de la Terre par la meſure des dégrés, & qu'il vaut mieux avoir recours aux parallaxes de la Lune, propoſées autrefois par M. *Manfredi* à l'Académie royale des Sciences, comme un moyen très propre à ces ſortes de recherches; & que M. *de Maupertuis*, par une méthode auſſi élégante qu'exacte, a appliqué à la détermination de la figure de la Terre (1).

Ce qui ne doit pas faire abandonner cette méthode.

60. Cette méthode même dépend preſque entierement des mouvemens de la Lune ; & je doute que les mouvemens de

---

(1) Voyez *Parallaxe de la Lune*, Œuvres de M. de Maupertuis.

Méthode
pour détermi-
ner la figure
de la Terre
par les paral-
laxes de la
Lune.

la Lune puiſſent être aſſez exactement connus, ſoit par la théorie, ſoit par les obſervations, pour qu'il n'y ait pas quelques erreurs à craindre dans la méthode, qui ſeroit d'ailleurs très utile, ſi l'on pouvoit une fois être bien aſſuré de toutes les anomalies de la Lune, & répondre de quelques ſecondes dans une obſervation.

Qu'il faut
meſurer piu-
ſieurs dégrés,
même voiſins
les uns des au-
tres ;

61. Quant à la meſure des dégrés, on doit bien plutôt s'efforcer d'entretenir l'émulation parmi les Aſtronomes, & d'exciter la magnificence des Souverains, pour multiplier ces meſures en différens endroits de la Terre : ce qui ſeroit, à mon avis, très utile pour en déterminer la figure; car puiſque les différences produites par les inégalités de tiſſure & de denſité, ſoit immédiatement au-deſſus de ſa ſurface, comme les montagnes & les collines, ſoit au-deſſous de ſa ſuperficie, ne ſuivent point elles-mêmes une progreſſion réguliere ; elles feront paroître néceſſairement les dégrés en certains endroits trop longs, en d'autres, trop courts. Donc prenant un milieu entre la plupart des dégrés qui ſe touchent, comme cela ſe pratique dans toutes les obſervations aſtronomiques, les erreurs ſe corrigeront réciproquement; & comparant enſuite ces dégrés moyens, on s'aſſure de la courbure en pluſieurs lieux éloignés les uns des autres, & par-là même de la configuration de la ſurface de la Terre dans ces mêmes lieux: ce qui eſt déja un grand avantage. Si de plus on trouve quelque loi qui repréſente toutes ces courbures de la ſurface, on en pourra déduire la conſtitution des parties intérieures. Ce n'eſt que par la multiplicité des obſervations qu'on peut parvenir à perfectionner toute la Phyſique, particulierement l'Aſtronomie & la Géographie.

Que l'irré-
gularité de tiſ-
ſure eſt preſ-
que tout au-
deſſus de la
ſurface ;

62. Or je croirois volontiers, & ce ſoupçon n'eſt pas appuyé ſur une légere conjecture, que toute l'inégalité & l'irrégularité ſe trouve, non dans l'intérieur le plus profond, ou fort avant dans la Terre, mais proche de la ſurface, & qu'elle vient ſurtout des parties qui s'élevent au-deſſus de cette ſurface même, auprès de laquelle il arrive ſouvent des changemens conſidérables. Car on peut démontrer aiſément que les inégalités de denſité, voiſines de la ſurface, produiſent de grandes différences dans la meſure des dégrés, tandis qu'elles

n'en produifent que de très petites dans la longueur du pendule à fecondes, dont on fe fert pour mefurer la gravité ; comme au contraire, que des inégalités, placées à une grande profondeur, lefquelles, pour agir avec la même force, doivent être beaucoup plus confidérables, dérangent notablement le pendule, & fort peu le dégré. En effet, une montagne, au pied de laquelle fe feroit l'obfervation, & qui équivaudroit à une fphere de 250 pas de diametre, ou un quart de mille, produiroit, comme nous l'avons dit, une déviation d'environ 15 fecondes dans le fil à plomb, & le double de cette déviation entraîneroit une erreur de près de 500 toifes dans la mefure d'un dégré. Or, cette même montagne attirant obliquement, & toujours avec une force égale le pendule à fecondes, elle n'apportera dans fon mouvement, ni par conféquent dans fa longueur, aucune différence fenfible. Mais fi pareille maffe étoit placée au-deffous de la fuperficie de la Terre, enforte qu'elle augmentât directement la gravité, elle ne cauferoit dans le fil à plomb aucune déviation fenfible ; mais elle augmenteroit la longueur du pendule à fecondes d'environ un quart de ligne : ce qui fait une différence confidérable. Que fi la maffe fuppofée étoit enfoncée fort avant dans la Terre, en la fuppofant même placée de côté, elle n'attireroit qu'obliquement le fil à plomb, & par-là même ne le feroit que très peu dévier ; mais elle ne laifferoit pas d'agir avec le refte de la maffe terreftre fur le pendule à fecondes qu'elle feroit allonger (1) à proportion qu'elle augmenteroit la force de fon poids. Cependant, comme nous l'avons déja remarqué, pour le cas d'une grande profondeur, ou d'une grande diftance, il faut une maffe beaucoup plus confidérable pour produire ces deux effets.

63. Maintenant fi nous comparons entre elles les longueurs obfervées du pendule, nous trouverons qu'elles s'écartent beaucoup moins de la loi qu'elles doivent fuivre de l'équateur au pôle fuivant la théorie, que les dégrés dont nous

---

(1) Pour favoir pourquoi on eft obligé, quand la gravité eft moindre, de raccourcir le pendule à fecondes, & de l'allonger quand elle eft plus grande, il fuffit de fe rappeller ce qui a été dit n°. 11 & 12 de ce Ier Liv.

avons la mefure : ce qui femble indiquer que les inégalités, voifines de la furface de la Terre, font dévier de quelques fecondes le fil à plomb ; mais qu'elles n'augmentent ni ne diminuent fenfiblement la gravité, ou ne l'alterent que fuivant une loi conftante.

La mefure des dégrés de France & des nôtres, s'accorde avec cette conjecture. 64. C'eft ce qu'on peut encore conclure vraifemblablement de la comparaifon de notre dégré avec ceux de France. Nos obfervations aftronomiques ont été faites à *Rome* & à *Rimini* ; & outre que l'*Apennin* fe trouve entre deux, le fol s'éleve tout à coup : ce qui doit produire une déviation dans le fil à plomb, & augmenter l'amplitude de l'arc célefte, compris entre le zénith de ces deux Villes, & par-là même donner aux dégrés de cet arc un moindre nombre de toifes. Les pyrénées peuvent avoir produit en France un effet tout contraire ; car leur pofition tendoit à diminuer l'amplitude de l'arc obfervé : ce qui a pu allonger le dégré méridional. D'autres caufes de cette nature ont répandu quelques anomalies fur les autres dégrés de France : il ne faudroit cependant pas leur faire, non plus qu'au nôtre, ni à ceux du Pérou & de Laponie, beaucoup de violence, pour les plier à une loi uniforme & réguliere ; il fuffiroit de faire un petit changement aux dégrés de France, furtout en diminuant un peu les plus méridionaux, & en augmentant un peu la longueur du nôtre.

Utilité de ces expéditions. 65. Tout ceci ne peut être bien éclairci que par des obfervations multipliées en diverfes contrées de la Terre : ce qui fait voir l'utilité, la néceffité même de ces fortes de mefures pour le progrès de l'Aftronomie, de la Géographie, & de toute la Phyfique (1).

---

(1) Le P. *Bofcovich* a fupplié l'Impératrice Reine de donner des ordres pour mefurer des dégrés dans la Moravie, l'Autriche & la Stirie, pays remplis de montagnes, & dans les plaines de Hongrie. Il a prié auffi le Roi de Sardaigne d'en faire mefurer un dans le Piémont, où le plat pays fe trouve entre l'Apennin & les Alpes, tout au contraire de ce qui fe voit dans fon propre dégré, où l'Apennin eft entre deux plaines. Enfin dans fon voyage en Angleterre, il a repréfenté à la Société Royale l'avantage qu'il y auroit de faire mefurer un dégré en Amérique, avec d'autant plus à raifon, que depuis que l'Aftronomie eft perfectionnée, l'Angleterre n'avoit rien fait pour connoître la figure de la Terre. Toutes

CHAPITRE II.

Relation historique du Voyage : utilité qu'on en a retirée.

66. CE fut au commencement de Juillet 1750 que nous reçumes des ordres relatifs à notre voyage ; & notre premier soin fut dès-lors de préparer les instrumens nécessaires à la mesure du dégré : c'étoit le premier objet de notre commission, & je dois en rendre compte. Quant à la correction de la Carte, elle ne demandoit pas de grands préparatifs ; un petit quart de cercle pouvoit suffire, du moment surtout qu'avec un instrument d'un plus grand rayon, nous aurions déterminé la direction de notre méridienne, & la position de nos principales stations. Le P. *Maire* avoit un petit quart de cercle d'un pied de rayon, qui pouvoit se transporter sans peine d'un lieu à un autre, & qui étoit tellement construit, & déja vérifié par un si grand nombre d'observations, qu'avec une attention médiocre nous n'avions pas même à craindre une minute d'erreur. Cet instrument nous a été d'un grand usage pour déterminer la position des lieux divers qui devoient entrer dans la Carte géographique.

67. La direction de la méridienne & la détermination du dégré demandoient plus d'appareil. L'une & l'autre opération exigeoit des mesures géodésiques, & des observations astronomiques d'une grande délicatesse. A l'égard des mesures géodésiques, il nous falloit une base rectiligne de plusieurs milles, & actuellement mesurée dans un terrein uni. Pour cela il

1750.
Juillet.

Préparation
des instrumens pour la
mesure des dégrés & la Carte ;

La mesure
en exige de
plus grands.

---

ces demandes du P. *Boscovich* ont eu un heureux succès. On voit déja dans le cinquante-huitieme volume des Transactions philosophiques, années 1768 , page 327, la mesure du dégré du Piémont, faite par le célebre P. *Beccaria ;* celle du premier dégré du P. *Liesganig* ; celle du dégré de Pensilvanie, faite par MM. *Masson & Dixon :* le P. *Liesganig* mesure actuellement son second dégré en Hongrie. Quand on aura le détail des mesures des PP. *Liesganig & Beccaria,* on verra avec la derniere évidence l'action des montagnes sur le fil à plomb Le lecteur judicieux sentira les obligations que l'on a au P. *Boscovich ,* d'avoir sollicité ces mesures.

eſt néceſſaire d'avoir une meſure fixe, dont le rapport avec les meſures qui ont ſervi dans les autres opérations de cette eſpece, par exemple, avec la toiſe de *Paris*, ſoit ſûrement & exactement connu. De plus, on doit avoir de longues perches ou regles ſolides, exactement rapportées à cette meſure, avec quelques autres uſtenſiles propres à donner aux perches une poſition convenable, ſurtout un niveau, des trépieds ou ſupports, dont nous aurons encore occaſion de parler.

68. Il nous falloit encore pour nos meſures géodéſiques un quart de cercle d'un aſſez grand rayon, tel, que nous puſ-ſions répondre, à quelques ſecondes près, de la meſure des angles d'une ſuite ou chaîne de grands triangles, qui doit s'étendre d'une extrémité de la méridienne à l'autre, & à peu près dans la même direction: & pour connoître plus exac-tement cette direction, il eſt néceſſaire de comparer un des côtés du polygone formé par cette ſuite de triangles, avec le Soleil levant ou couchant. Outre cela, comme on place or-dinairement ſes ſtations ſur de hautes montagnes, on doit déterminer auſſi avec une exactitude ſuffiſante, les hauteurs & les abaiſſemens reſpectifs des ſignaux: (autant d'opérations auxquelles un petit quart de cercle ne pourroit ſuffire). Enfin les ſignaux qu'on place dans chaque ſtation, doivent être tels, qu'on puiſſe les appercevoir à une très grande diſtance, & pointer ſur eux des ſtations voiſines, comme étant les points où ſe terminent les triangles.

69. Tout ceci eſt néceſſaire pour déterminer avec préci-ſion la direction de la méridienne, réduire les diſtances des ſignaux à un même niveau, ou à une ſurface parallele à la Terre, & avoir ſur cette ſurface la longueur de l'arc terreſtre du méridien, intercepté par les paralleles des lieux choiſis pour faire les obſervations aſtronomiques, aux deux extré-mités de cet arc, & déterminer par ces obſervations l'ampli-tude de l'arc céleſte correſpondant, ou le nombre de dégrés & de minutes contenu dans l'arc terreſtre: ce qui ſe fait en obſervant de part & d'autre la diſtance d'une étoile au zénith dans le moment de ſon paſſage au méridien ; d'où l'on tire, comme nous l'avons déja inſinué, en dégrés & minutes la

diſtance d'un zénith à l'autre. Car on voit que pour avoir le nombre de toiſes qui convient à un dégré moyen, il ſuffit de connoître, d'une part, le nombre de toiſes contenues dans l'arc terreſtre meſuré, & de l'autre, le nombre de dégrés & de minutes que comprend le même arc.

70. Or, la détermination de la diſtance d'une étoile au zénith, eſt ici une opération ſi délicate, qu'on doit abſolument y éviter juſqu'à l'erreur d'une, ou au plus de deux ſecondes. Car ſi l'on ne meſure qu'un dégré, chaque ſeconde d'erreur en entraîne une de ſeize toiſes. Cependant ſi l'on meſure un arc de pluſieurs dégrés, l'erreur ſe partage, & devient d'autant moindre, que le nombre de dégrés meſurés eſt plus grand. Mais la nature des lieux, comme dans le cas où nous nous trouvions (bornés par la mer), ne permet pas toujours de meſurer un arc d'un grand nombre de dégrés; & il n'eſt pas même à propos d'en renfermer un ſi grand nombre dans la meſure, de crainte qu'une trop grande diſtance de l'étoile au zénith ne ſoit une nouvelle ſource d'erreur par l'incertitude de la réfraction. Ainſi on ne doit rien oublier pour rendre les obſervations aſtronomiques les plus exactes qu'il ſera poſſible, & y éviter l'erreur d'une, ou au moins de deux ſecondes.

Elles doivent être exactes, à une ou deux ſecondes près.

71. Il eſt donc évident que dans ces ſortes d'opérations, on doit ſe ſervir d'un inſtrument d'un rayon beaucoup plus grand que les quarts de cercle ordinaires, & ſuſceptible d'une bien plus grande préciſion. Du reſte, comme on ne l'emploie communément qu'à meſurer un aſſez petit arc du méridien, on ſe contente de tracer ſur l'inſtrument un arc de quelques dégrés; ce qui lui fait donner le nom de ſecteur. Or, on peut, au lieu d'un arc, n'y tracer qu'une ligne droite, ainſi que je l'ai fait; auquel cas il tient plus de la figure d'une croix, ou d'un triangle iſocele, que de celle d'un ſecteur; cependant comme il eſt employé au même uſage qu'un ſecteur pour meſurer de petits angles, nous lui en conſerverons le nom.

Néceſſité d'employer un ſecteur de peu de dégrés & d'un grand rayon.

72. Notre commiſſion pour la meſure du dégré, embraſſoit donc trois objets; 1°. la meſure d'une baſe; 2°. celle d'une ſuite de triangles formant un polygone; 3°. la diſtance de l'étoile au zénith à obſerver aux deux extrémités de la méri-

Trois ſortes d'inſtrumens néceſſaires.

dienne. Chacune de ces trois opérations exigeoit des inſtrumens particuliers ; nous devions commencer par nous en
pourvoir.

Perches, ſup-
ports, &c. Né-
ceſſité de faire
venir une toi-
ſe de *Paris*.

73. A l'égard de la meſure de la baſe, il n'étoit pas difficile
de trouver ici des perches ou regles, un niveau, des trépieds,
& autres choſes ſemblables. Quant à la toiſe, nous ne pouvions
nous diſpenſer d'en faire venir une de France, n'étant pas
poſſible d'y ſuppléer par une meſure de ſix pieds, tirée du pied
de *Paris*, nommé vulgairement pied-de-Roi, gravé ſur les
inſtrumens ordinaires, qui fait la ſixieme partie de la toiſe.
En effet, ſuppoſons que l'Artiſte ſe fût trompé ſur le pied,
ſeulement de la dixieme partie d'une ligne, dont il y en a
12 dans le pouce & 144 dans le pied ; & l'on ſait que le commun des Artiſtes commet des erreurs beaucoup plus conſidérables ; l'erreur du pied ſera $\frac{1}{1440}$ de pied : donc celle du dégré,
lequel eſt environ de 57000 toiſes, ou 342000 pieds, ſera
preſque de 40 toiſes ; erreur trop exceſſive.

Meſure de
la toiſe de *Pa-
ris*, demandée
à M. *de Mai-
ran* :

74. J'écrivis donc à M. de *Mairan*, illuſtre membre de
l'Académie des Sciences de *Paris*, que cette Compagnie m'a-
voit elle-même déſigné depuis quelques années pour correſpondant, en m'accordant ce même titre ; & après lui avoir
fait part des ordres que j'avois reçus de Sa Sainteté, je le priai
de faire conſtruire par un habile ouvrier une regle de fer ſur
laquelle fût gravée exactement une toiſe, & de me l'envoyer
pour la meſure de ma baſe. M. le Cardinal *Valenti* qui n'ou-
blioit rien pour faire réuſſir notre expédition, & à qui tout
le ſuccès en eſt du, écrivit en même temps à M. le Nonce à
Paris, pour lui recommander de prendre ſoin de cette affaire,
d'où dépendoit la certitude de notre meſure, & de faire tranſporter la toiſe à *Rome* le plus promptement qu'il ſe pourroit,
dès qu'il l'auroit reçue des mains de M. *de Mairan*.

Précautions
priſes pour l'a-
voir exacte,
& pour le
tranſport.

75. Perſonne ne s'eſt plus étudié que M. de *Mairan* à fixer
la vraie longueur de la toiſe : il avoit fait conſtruire pour ſon
uſage une regle de fer, ajuſtée ſur le même étalon que les
deux qui ont ſervi aux Académiciens du Nord & du Pérou, les
unes & les autres de la façon du ſieur *Langlois*, fameux Artiſte, qui conſerve chez lui l'étalon de ces trois regles, dont
un autre étalon étoit dépoſé chez M. de Mairan. Ce Savant
eut

eut la bonté de m'en envoyer à *Rome* une de la même main, & étalonnée fur le même modele: elle étoit également gravée fur une regle de fer, avec des divifions en pieds, pouces, lignes & parties de lignes, exprimées par des tranfverfales. Et afin qu'il ne me reftât aucun doute fur la juftefle de cette regle, M. *de Mairan* m'écrivit avec fa politefle & fon exactitude ordinaire, qu'il l'avoit foigneufément comparée à la fienne, en fe fervant pour cela d'une loupe, & qu'il l'avoit réduite à une parfaite égalité (1).

76. Elle partit de *Paris* d'affez bonne heure; mais comme elle venoit par mer, fur un bâtiment qui s'arrêta dans plufieurs ports, elle ne nous parvint à *Rome* que plufieurs mois après, & le tems prefloit de mefurer la bafe: d'ailleurs nous craignîmes, en la portant avec nous, de l'expofer aux accidens du voyage, & à l'humidité de l'air. Ainfi d'un commun confentement nous préparâmes une autre regle de fer, fur laquelle nous gravâmes deux points très fins, à l'intervalle de neuf palmes romains, pris fur l'étalon public, gravé fur la pierre, & confervé au Capitole, mais dont les divifions très grofliercment gravées, ne donnent pas la longueur du palme avec affez de précifion. Nous nous réfervions de comparer dans la fuite, cette mefure à la toife de fix pieds de *Paris*, pour connoître plus exactement le rapport du pied de roi au

On fe fe.. en attendant d'une mefure de 9 palmes romains.

---

(1) La toife de M. *de Mairan*, fur laquelle il a fixé celle des RR. PP. *Maire & Bofcovich*, eft plus petite de $\frac{8}{75}$ de ligne que celle qui a fervi à mefurer le dégré du Pérou. Ainfi il faut ôter 7 toifes du dégré d'Italie pour le comparer à celui qui a été mefuré fous l'équateur: de même il faut ôter 4 toifes pour le comparer à celui du Nord, parceque la toife du Nord eft plus petite de $\frac{1}{20}$ de ligne que celle du Pérou. (*Expofition du calcul aftronomique par M.* de Lalande, p. 198. *Mém. de l'Acad. des Sciences* 1754, p. 178.) On ôtera aufli 4 toifes pour le comparer à celui de France, mefuré par M. *Caffini*, puifque la toife dont M. *Caffini* s'eft fervi dans la méridienne vérifiée en 1740, ne différoit pas fenfiblement de la toife du Nord employée à cette vérification; la mefure de l'ancienne bafe de M. *Picart*, de *Villejuifve* à *Juvifi*, vérifiée par les Commiffaires de l'Académie en 1756 avec la toife du Nord, s'étant trouvée de 5748 toifes 7 pouces $\frac{1}{2}$, la même à un demi pied près que l'avoient trouvée M. *Caffini* pere, & M. l'Abbé *de la Caille* en 1740. *Méridienne de Paris vérifiée*, pag. 36. *Mém. de l'Acad. des Sciences* 1754, pag. 182.

F

palme romain. Nous favions déja que neuf palmes devoient faire un peu plus de fix pieds, ou d'une toife ; mais quelle que fût fa longueur, fût-elle même arbitraire, elle pouvoit également nous fervir, pourvu que nous euffions un moyen certain de connoître affez exactement fon rapport à la toife. Or, nous avons trouvé ce rapport par deux méthodes, que j'expliquerai en détail dans le quatrieme Livre : nous avons répété plufieurs fois cet examen toujours avec un fuccès égal, & un accord parfait, fans qu'il nous puiffe refter aucun rifque d'erreur qui influe d'une maniere fenfible fur la mefure du dégré.

Perches tirées d'un vieux mât de navire.

77. Voilà pour ce qui concerne la mefure originale, à laquelle nous avons rapporté toutes nos mefures. Quant aux trois perches qui devoient contenir chacune trois de ces mefures, ou 27 palmes romains, je les ai tirées, tant à *Rome* qu'à *Rimini* (car nous avons mefuré deux bafes fur le terrein, une dans le voifinage de chacune de ces deux Villes, comme je l'ai infinué dans le Chapitre premier), de deux vieilles pieces de bois qui avoient long-tems fervi de mât de navire: précaution néceffaire pour qu'elles fuffent moins expofées à changer de longueur par les variations de la température de l'air. Je ne dis rien ici, ni des fupports à trois pieds, fur lefquels nous pofions ces perches en mefurant nos bafes, ni des lames de métal que nous y avons ajoutées, ni des moyens que nous avons employés pour mettre les perches de niveau, ni de la méthode dont nous nous fommes fervis pour les comparer plufieurs fois le jour à notre regle de fer, & pour connoître leur allongement, leur raccourciffement, & la petite courbure qu'y produifoient l'humidité ou les alternatives de température de l'air : tout cela fe trouve expliqué dans le quatrieme Livre, où je donne plus en détail la defcription & l'ufage des inftrumens.

Du fecteur & du grand quart de cercle. Eloge de M. Wood Anglois,

78. Nous avions plus d'inquiétude au fujet du fecteur & du grand quart de cercle, ne trouvant point à *Rome* d'ouvrier affez habile pour y travailler. Le célebre Artifte Dominique *Lufverg* n'étoit plus ; & il a été plus aifé d'hériter de fes biens que de fon induftrie. Perfonne n'eût été plus propre à nous confoler de fa perte, que M. *Wood*, Gentilhomme

Anglois , mon ami particulier , attaché à M. le Cardinal *Valenti* , & dont la mort prématurée vient de répandre le deuil dans toute la Ville; homme d'un esprit supérieur, dont le talent, l'adresse incroyable dans la construction des machines de tout genre & les plus compliquées , qu'il travailloit, qu'il finissoit de ses propres mains , l'égaloient aux plus habiles Maîtres de l'Europe : notre amitié me mettoit en droit de lui demander ces instrumens , & il n'auroit pu les refuser à M. le Cardinal; mais je le voyois occupé de soins plus importans; divers ouvrages commencés depuis long-tems , & qui ne pouvoient plus s'interrompre, épuisoient toute son attention.

79. Nous avions de plus à *Rome*, & nous y possédons encore M. *Rufo* Prêtre, natif de *Vérone*, habile dans les ouvrages d'optique, lunettes, télescopes, microscopes, & autres instrumens de Physique expérimentale, qu'il s'entend également à construire & à réparer. On lui avoit confié depuis peu le cabinet de méchanique du grand College *Romain* pour le mettre en ordre & l'augmenter de nouvelles machines; mais il n'avoit jamais travaillé de quart de cercle; il n'avoit jamais vu de secteur.

Remplacé par M Rufo de Vérone,

80. Cependant comme son talent & son adresse nous étoient connus; que nous pouvions d'ailleurs le visiter fréquemment, & conduire l'ouvrage de l'œil; qu'enfin il étoit le seul à qui on pût s'adresser , nous nous en rapportâmes à lui , & avec d'autant plus de raison, que je voulois faire construire un secteur d'une nouvelle invention , & à l'égard duquel tout Artiste devoit être novice : j'en donne une description fort détaillée dans le quatrieme Livre, ainsi que du quart de cercle dont le P. *Maire* a rendu la lunette fixe double (1): ce qui nous a été d'un grand secours, comme nous le verrons là même, surtout pour la vérification nécessaire dans le cas où l'on observe des hauteurs verticales, & pour faire cette vérification sans retourner l'instrument. M. *Rufo* a imaginé lui-même fort à propos plusieurs moyens pour faciliter l'usage du micrometre, & pour donner aisément au quart de cercle une position oblique

Dirigé par le Pere Maire & l'Auteur.

____

(1) Voyez Liv. IV , n°. 179.

en tout·fens; & après en avoir communiqué avec nous, il a également réuffi dans l'exécution. J'y ai fait ajouter une piece qui me paroît fort propre à vérifier les divifions du limbe, & qui, je crois, pourra être dans la fuite d'un grand ufage aux Obfervateurs. Mais je renvoie tout ceci au quatrieme Livre, où nous aurons lieu d'en traiter plus au long & plus à fa place. Au refte, les foins de M. *Rufo* ont fi bien réuffi, que rien n'a manqué aux deux inftrumens pour donner aux obfervations la plus grande exactitude : le feul micrometre de la lunette fixe du quart de cercle, n'ayant pas été à l'épreuve des accidens du voyage, s'eft dérangé en chemin ; & faute d'ouvriers en état d'y faire les réparations néceffaires, il n'a pu nous fervir qu'à une partie des ufages auxquels il étoit deftiné : nous avons fuppléé aux autres, de la maniere que je dirai dans le quatrieme Livre.

Projet des opérations dans le cours de l'année.

81. Etant donc convenu de tout avec notre Artifte, je comptois qu'il ne lui falloit que deux mois pour le quart de cercle, autant pour le fecteur, & qu'ainfi nous aurions dans peu tout ce qui étoit néceffaire pour la mefure du dégré. Dans cette fuppofition, nous devions avant l'hyver choifir toutes nos ftations, mefurer tous nos angles, & conduire la fuite de nos triangles jufqu'à *Rimini*, où devoit aboutir la méridienne de *Rome* prolongée au nord, fuivant les réfultats de M. *Manfredi*, tirés des obfervations géodéfiques de M. *Bianchini*, de diverfes conjectures, & de quelques obfervations aftronomiques. De plus, nous devions choifir aux environs de *Rimini* un terrein propre à une bafe, & la mefurer en attendant l'arrivée de notre fecteur. Le fecteur venu, nous devions faire à *Rimini* nos premieres obfervations aftronomiques, retourner inceffamment à *Rome* pour faire les correfpondantes, avec le moindre intervalle poffible, à l'autre extrémité de la meridienne, y choifir & y mefurer une bafe de vérification pour conftater la mefure du dégré. Ainfi je me flattois qu'au bout de quelques mois nous verrions la fin de nos opérations.

Retardemens furvenus.

82. Mais il y eut bien à rabattre de mes efpérances. Notre Artifte, occupé d'autres foins, nous fit attendre plus d'un an entier notre quart de cercle : la conftruction du fecteur fut la

matiere de nouveaux délais de plusieurs mois : ce qui ayant plusieurs fois dérangé tout le syftême de nos voyages, & toute la fuite de nos obfervations, nous a tenus deux ans & quelques mois en campagne. L'unique fruit que nous ayons retiré de fes lenteurs, a été de faire, en attendant, quelques excur-fions pour corriger la Carte, pour reconnoître la pofition des montagnes, & choifir à loifir toutes nos ftations avant que de procéder à la mefure des angles : choix que nous avons fait beaucoup plus commodément que nous n'euffions pu le faire dans le cours même de nos opérations.

Choix des ftations.

83. Nous partîmes donc de *Rome* le premier Octobre avec notre petit quart de cercle, pour reconnoître le terrein, fui-vant à peu près la direction de la méridienne; & étant entrés dans la Province de Sabine, nous arrivâmes à *Palombara*, petite Ville appartenant à la maifon *Borghefe*, fituée au pied d'une haute montagne nommée *Gennaro*, que nous avions vue de *Rome*, & qui dès-lors nous avoit paru fort propre à établir un pofte (1). Sa cime, terminée en pointe, pouvoit être apperçue de très loin, & fournir un point fixe, fans qu'il fût prefque befoin d'autre fignal. Le côté de la montagne qui re-garde *Rome*, s'éleve prefqu'à pic au-deffus d'une vafte plaine qui fe continue au fud-oueft au-delà de *Rome* jufqu'à la mer. La vue s'étend fort loin, d'un côté, dans la Tofcane, de l'autre, dans le Royaume de Naples, dont une croupe de l'*A-pennin* cache pourtant la partie la plus voifine.

1750.
Octobre.

Départ de *Rome*.

84. Nous efcaladons cette montagne le P. *Maire* & moi, accompagnés d'un homme de mérite, & d'un bon ami, M. *Tofio*; car pourquoi tairois-je le nom de ceux qui par pure ami-tié ont bien voulu nous accorder l'hofpitalité, fe donner la peine de nous fuivre jufqu'au fommet des plus hautes mon-tagnes, & joindre à nos obfervations un témoignage refpec-table (2)? Nous vîmes dès-lors que nous pouvions paffer le

Station du mont *Genna-ro*.

---

(1) L'auteur remarque ici que bien qu'il écrive en latin, il fe fervira le plus fouvent des noms vulgaires des lieux, furtout quand les noms latins feront inconnus ou fort douteux ; l'érudition néceffaire pour une plus ample recherche de ces noms, étant étrangere à cet ouvrage.

(2) Nous omettons ici & ailleurs quelques détails étrangers à l'objet

mont *Soracte* , quoique d'ailleurs fort propre aux obfervations, parceque nous découvrions plus loin une montagne qui
occupe tout le terrein entre *Soriano* & *Viterbe* , & dont l'une
des pointes conferve encore fon ancien nom de *Cimini*. Cette
montagne nous parut propre à terminer notre premier triangle, appuyé vers le fud au dome de la Bafilique de Saint Pierre
de *Rome*. Nous jugeâmes auffi qu'il feroit facile de trouver
vers le nord, aux environs de *Terni* , une troifieme montagne,
d'où l'on pût découvrir la pointe de *Cimini* , de *Soriano* , & le
mont *Gennaro* , & qui pût terminer notre fecond triangle.

Conftruction des fignaux.

85. Nous convînmes en même tems de prendre pour fignaux des efpeces de cabanes fort élevées, que nous ferions
conftruire avec des branches d'arbres fur les hauteurs: précaution néceffaire à l'égard des montagnes, dont le fommet a une
certaine étendue, & ne préfente aucun point fixe fur lequel
on puiffe pointer, & qui ne laiffoit pas d'être fort utile dans
celle où nous étions pour lors, quoique fa cime fût couverte
d'un amas de pierres qui a la forme d'une pyramide. Nous
donnâmes la préférence à cette efpece de fignaux , parceque la plupart de nos montagnes, & même les plus arides,
étoient prefque couvertes de bois jufqu'au fommet. Ces ba-
raques étoient tantôt quarrées , tantôt circulaires , fuivant
la difpofition du lieu. Nous commençions par faire plan-
ter une enceinte de longues branches, enfoncées de plufieurs
palmes dans la terre, & inclinées l'une vers l'autre par le haut;
elles étoient traverfées par d'autres branches qu'on y attachoit
avec des cordes & des clous, & qui les retenoient dans cette pofition: cela fait, on revêtoit le tout de feuillage. Le diametre
de l'édifice étoit d'environ 10 palmes (1): il y avoit ordinairement quelque chofe de plus en hauteur ; de forte que de
loin on l'auroit pris pour une tour.

86. Nous avons éprouvé que ces fortes de cabanes, placées
au fommet des montagnes, fe diftinguent aifément de loin,
même avec de petites lunettes, lorfqu'elles fe *projectent*, non

---

du voyage , dans lefquels la reconnoiffance engage l'Auteur , d'autant plus
que la plupart des noms omis feroient inconnus aux lecteurs François.
 (1) Près de 14 pieds.

fur d'autres montagnes, mais fur le ciel même ; car la montagne paroît alors terminée par une ligne qui n'eſt interrompue que par une tache noire, formée par la cabane : cette tache s'éleve un peu au-deſſus de la ligne, & ſe fait d'abord remarquer ; juſques-là, que quoique nous ayons eu quelquefois des triangles dont l'un des côtés étoit de 50 milles, nous ne laiſſions pas, avec les petites lunettes de notre quart de cercle, & par un tems peu ſerein, d'appercevoir très diſtinctement tous nos ſignaux. Mais s'il y avoit derriere le ſignal une montagne plus élevée que le ſignal même, ce qui nous eſt arrivé deux fois ſeulement, & dans une même ſtation, on ne le découvroit qu'avec beaucoup de peine ; encore falloit-il que le ciel fût bien pur : le meilleur tems pour cela eſt celui où le Soleil éclaire les vapeurs qui ſont entre ces deux montagnes ; ce qui fait comme une eſpece de nuée lumineuſe, ſur laquelle le ſignal ſe *projecte* par une tache noirâtre qui le décele. Mais ſi le ſignal étoit encore plus bas, on ne pourroit abſolument le diſtinguer à une ſi grande diſtance ; & il faudroit en ce cas raccourcir les triangles & couvrir les ſignaux de linceuls, ou d'autres choſes ſemblables, tirant plutôt ſur le blanc que ſur le noir. J'ai cru que cet avis pourroit être utile à ceux qui voudroient entreprendre un ouvrage ſemblable au nôtre, pour les diriger dans le choix de leurs ſtations, & ne pas les expoſer au danger de perdre leur tems en vaines tentatives

87. Revenus à *Rome*, nous prîmes la route de *Soriano*, petite Ville riche & peuplée, appartenant à la maiſon *Albani*. Notre premier ſoin, en arrivant, fut de nous tranſporter ſur la montagne voiſine ; nous reconnûmes que ſon ſommet & ſes flancs étoient entierement couverts d'arbres de haute futaie. Ainſi on ne jugea pas à propos d'y placer un ſignal : il eût fallu abattre trop de bois pour parvenir à le rendre viſible. Nous préférâmes de chercher à mi-côte quelque endroit découvert, & nous le trouvâmes au-deſſus du Bourg de *Caprarola*, proche une petite maiſon placée ſur une hauteur, d'où la vue s'étendoit au loin, & d'où l'on découvroit, d'une part, le dome de *Saint Pierre*, de l'autre, le *Gennaro*, & au nord ſur la rive gauche du Tibre, entre *Todi* & *Amélie*, une

montagne vis-à-vis de *Terni*, où il y avoit plusieurs pointes qui paroissoient propres à terminer notre troisieme triangle. Nous apperçûmes encore du côté de *Terni* une autre montagne à deux pointes, qui, avec la précédente & celle de *Gennaro*, sembloit pouvoir former un nouveau triangle.

88. Ayant donc passé le Tibre, nous allâmes d'abord à *Amélie*, puis à *Terni*. Nous montâmes sur la montagne voisine, à laquelle les habitans du lieu donnent le nom de *Turre-maggiore* (grande Tour). Son sommet est couvert des décombres d'une grande Forteresse, d'où nous découvrions les stations précédentes. Ainsi après avoir marqué le lieu où devoit être posé le signal, nous nous transportâmes sur la montagne qui est entre *Todi* & *Amélie*. Au sommet de celle-ci nous trouvâmes un grand arbre isolé, visible de fort loin, qui nous parut pouvoir tenir lieu de signal. De-là nous descendîmes à *Todi* pour nous rendre à *Pérouse*, située près du *Tefio*, ou *Tetio*, haute & large montagne, & qui nous parut dès-lors très propre à continuer nos triangles.

89. Le mois d'Octobre étoit avancé : le temps changea tout à coup : il tomba une si grande quantité de pluie & de grêle, les vents furent si impétueux, les orages si fréquens, que le bruit se répandit en plus d'un endroit parmi les gens de la campagne, qu'on avoit apperçu sur les montagnes voisines des hommes qui faisoient creuser la terre & abattre les arbres, sous prétexte de construire des cabanes, mais en effet pour découvrir des trésors confiés, disoient-ils, à la garde des mauvais Génies ; que c'étoit là la cause du mauvais tems, & que toutes les campagnes alloient être ravagées. De pareils bruits se répandirent aussi en plusieurs autres lieux, après que nous en fûmes partis, & devinrent quelquefois funestes à nos signaux. Celui que nous avions posé sur la montagne de *Terni*, tomba deux jours après, non sans aide, puisque les matériaux en furent dispersés. Rétabli par nos soins, il disparut une seconde fois. L'avidité des paysans & des Pâtres fut un nouveau motif de déclarer la guerre à nos signaux (1) : pour en avoir les

______

(1) On croiroit lire ici la relation de M. *de la Condamine*. Voyez son

clous,

Statior
le mont ?

ET GÉOGRAPHIQUE. 49

clous, ils coupoient quelquefois les branches, & renverfoient furtivement tout l'édifice. L'autorité publique put à peine arrêter cette licence ; elle n'y réuffit que par les plus féveres menaces : les Lettres-patentes qui nous avoient été expédiées par ordre de Sa Sainteté, enjoignoient à tous les Gouverneurs de favorifer le plus qu'il fe pourroit notre entreprife ; & ces Lettres, fecondées du pouvoir des Magiftrats, ne furent pas une précaution inutile pour notre propre fûreté.

90. Mais dès que nous fûmes arrivés fur la montagne de *Péroufe*, nous reconnûmes que nous n'aurions befoin ni de celle de *Terni*, ni de l'arbre que nous avions défigné pour fignal fur celle d'*Amélie*, & que les payfans, malgré toutes les défenfes, avoient abattu depuis notre départ ; car nous découvrions affez diftinctement par un tems clair, le mont *Soriano*, quoiqu'éloigné de ʓo milles ; & du côté de *Spolete*, à une médiocre diftance, une haute montagne qui fembloit même fe terminer en pointe, & dont la fituation étoit fi avantageufe, qu'il n'y avoit pas lieu de craindre qu'on ne pût delà appercevoir la pointe de *Cimini*, du *Soriano*, & le *Gennaro*, voifin de *Palombara*, & qu'ainfi cette montagne ne pût fervir de point d'appui pour terminer le troifieme triangle, comme celle de *Péroufe*, où nous étions, pour terminer le quatrieme. Par ce moyen on diminuoit confidérablement le nombre de triangles ; & il n'en devoit coûter pour cela que de faire un abattis de quelques arbres, ou feulement d'élaguer fur le *Soriano* les plus hautes branches, pour laiffer appercevoir le nouveau fignal qu'on y placeroit. Toutes les montagnes intermédiaires nous devenoient inutiles ; car malgré la grandeur de ce triangle, aucun de fes angles ne fembloit devoir être trop petit. Il y avoit encore tout lieu de préfumer qu'il fe trouveroit aux environs de *Nocéra* quelque pointe de la chaîne de l'*Apennin*, d'où l'on pourroit découvrir les montagnes de *Péroufe* & de *Spolete*, & former avec elles un cinquieme triangle.

Journal hiftorique du voyage à l'équateur, pages ʓɪ & ʓɪ. Croiroit-on trouver tant de reffemblance entre les payfans de l'*Apennin* & les Indiens des montagnes de *Quito* ?

91. Ainfi après avoir fait pofer un fignal fur notre montagne, nous partîmes de *Péroufe* pour aller à *Affife*, & de-là à *Nocéra*. Nous nous trouvions au pied d'une montagne fort efcarpée & très haute, que les habitans nomment particulierement *Apennino*, ou *Pennino*, & nous choisîmes fa pointe la plus élevée, d'où les mêmes habitans, & tous les gens de la campagne nous affuroient que la vue s'étendoit fort au loin fur la Marche d'Ancone & le Golfe de *Venife* d'une part, de l'autre fur les montagnes de *Péroufe* & de *Spolete*, & jufques fur celles qui font plus voifines de *Rome*. Nous nous mîmes en chemin pour aller reconnoître ce pofte avec quelques payfans dont nous avions befoin pour la conftruction du fignal (car à mefure que nous choififfions nos ftations, nous y faifions tout de fuite placer des fignaux pour mieux diftinguer de loin le pofte choifi), lorfque tout à coup le fommet de la montagne fe couvrit d'un nuage épais, le vent & l'orage le rendirent inacceffible, même à nos payfans, & nous fûmes obligés de revenir fans avoir rien fait. Comme le tems devenoit de jour en jour plus mauvais, & que cette montagne, fituée au milieu de l'*Apennin*, alloit dans peu fe couvrir de neige, nous nous contentâmes de marquer aux ouvriers le lieu où ils devoient placer le fignal, & que nous avions reconnu de *Nocéra* même, & la forme qu'ils devoient lui donner ; puis revenant fur nos pas, nous prîmes par *Foligno* la route de *Spolete* pour reconnoître plus fûrement la montagne que nous avions apperçue de *Péroufe*, dans la penfée que fi nous pouvions y établir un pofte, comme il y avoit tout lieu de l'efpérer, nous aurions avant l'hyver plus de la moitié de notre fuite de triangles arrêtée, avec des fignaux pofés dans chaque ftation.

92. Arrivés à *Spolete*, nous apprîmes de M. *Ancajani*, qui joint à l'éclat de la naiffance les charmes de la politeffe, que la montagne que nous cherchions ne pouvoit être que le *Fionchi* proche le village d'*Ancijano*, terre qui lui appartenoit, & qui a donné fon nom à fa famille. Je ne puis exprimer les obligations que nous avons à ce Seigneur : nous n'avions pas l'honneur d'être connus de lui ; fa politeffe, fon amour pour les Sciences y fuppléa : il voulut lui-même nous

fervir de guide jufqu'au fommet de *Fionchi* (1), par un chemin auſſi difficile que long, l'eſpace de pluſieurs milles. J'eus beau lui repréſenter l'incommodité de la faiſon, la longueur & la difficulté du chemin ; il ne voulut rien écouter. Au premier jour ſerein nous montâmes de compagnie ſur la montagne, dont la poſition nous parut favorable, car on découvroit de-là le *Gennaro*, le *Soriano*, avec les montagnes de *Péroufe* & de *Nocéra*. Il nous aida à déterminer avec le petit quart de cercle la poſition de ces montagnes, & de pluſieurs autres lieux : ce que nous avons pratiqué dans toutes les occaſions qui ſe font préſentées, tant dans cette excurſion que dans toutes celles qui l'ont ſuivie, montant tantôt ſur les tours & les clochers des villes & des villages où nous paſſions ; tantôt au fommet des montagnes. Nous établîmes notre ſignal ſur la pointe la plus haute d'une longue croupe très aiguë ; & M. *Ancajani* le fit faire ſi ſolide, que malgré la violence des vents & des pluies d'hiver, il a ſubſiſté en ſon entier pendant pluſieurs années.

93. Toute la matinée fut très belle : l'après-midi, comme je le craignois, ne lui reſſembla pas ; nous eûmes de la neige au ſommet, de la grêle dans la premiere deſcente, enſuite une pluie abondante jufqu'à la nuit. Je pris les devants à pied, trouvant moins de danger & plus de facilité à deſcendre à pied qu'à cheval : je fus long-tems arrêté par un torrent à l'entrée de la nuit. Je pris enfin mon parti, & mes compagnons de voyage ne me rejoignirent que lorſque je l'eus paſſé, ayant de l'eau jufqu'à la ceinture. Tout cela n'empêcha pas notre Hôte de nous accompagner ſur la même montagne les deux années ſuivantes, quand il nous y fallut retourner avec le grand quart de cercle, mais dans des circonſtances plus favorables & ſuivies d'un heureux ſuccès.

Deſcente dangereuſe de cette montagne par le mauvais tems

94. J'ai rappellé cet accident pour faire voir qu'il y a ſur nos montagnes même bien des incommodités à eſſuyer, & bien des riſques à courir, & que notre commiſſion, pour avoir été exécutée au cœur de l'Italie, n'en étoit ni moins difficile,

Danger de mort en allant d'*Aſſiſe* à *Nocera*.

---

(1) On retranche ici un plus long détail des attentions du Seigneur du lieu.

G ij

ni moins pénible. Si je voulois raconter tout ce qu'il nous en a couté de peines & de travaux, & les dangers même prochains de mort auxquels nous avons été expofés plus d'une fois, ayant fouvent à marcher fur le bord des précipices , par des fentiers étroits & difficiles à reconnoître, dans des tems pluvieux, & dans la faifon la plus incommode; il y auroit de quoi remplir un volume. Laiffant à part tous les autres événemens de ce genre, je ne me rappelle encore qu'en tremblant le jour où nous allâmes d'*Affife* à *Nocéra*. Nous prîmes par les montagnes, où le chemin eft trois fois plus court que par la grande route de *Foligno :* notre guide tut faifi à mi-chemin d'un mal qui lui prit fubitement, & qui l'obligea de s'arrêter dans une chaumine : il nous confeilla de continuer notre route, en nous affurant que le chemin étoit facile, & que nous ne pouvions nous tromper. Nous pourfuivîmes donc; mais au bout de quelque tems nous trouvâmes deux chemins au lieu d'un : celui que nous prîmes dégénéra bientôt en un fentier bordé d'un précipice, & pratiqué fur le bord efcarpé d'une montagne coupée prefqu'à pic fur un torrent qui en baigne le pied. Le fentier étoit fi étroit, que nous ne pouvions ni defcendre de cheval, ni tourner bride; & il étoit en quelques endroits tellement gâté par les pluies, que nos chevaux même n'avançoient qu'en tremblant. Nous marchâmes long-tems entre la crainte & l'efpérance, dans une inquiétude & une agitation difficiles à peindre. Enfin nous arrivâmes au fommet, où nous trouvâmes un homme que la Providence y avoit conduit, & qui, gagné par l'appas d'une bonne récompenfe , nous fit faire un long circuit par des chemins creux & efcarpés, pour nous conduire à un autre torrent, qu'il fallut paffer & repaffer cent & cent fois, à travers des roches & des gués dangereux, & pour nous remettre dans le grand chemin, à plufieurs milles de *Nocéra*, où nous n'arrivâmes qu'à nuit clofe. Je ne me permettrai que rarement de pareils récits : ils ont trop peu de rapport au but de notre voyage, & ce n'eft point là ce que nous y allions chercher.

95. Le tems devenoit de jour en jour plus mauvais, & les pluies fi abondantes, que pendant le cou s de cet hyver le *Tibre* fortit deux fois de fon lit, & inonda *Rome*. Nous rentrâmes

dans cette ville le 12 Novembre pour preſſer la conſtruction du ſecteur & du grand quart de cercle. J'écrivis à quelques amis qui étoient ſur les lieux, de nous choiſir encore quelques ſtations juſqu'à *Rimini*, & d'y faire placer des ſignaux : je leur en preſcrivois la forme, & leur indiquois la diſpoſition convenable des montagnes. Nous profitâmes des lumieres qu'ils nous communiquerent à ce ſujet ; & étant allés l'automne ſuivante juſqu'à *Rimini* pour reconnoître par nous-mêmes la ſituation des lieux, nous ajoutâmes à nos premieres ſtations deux montagnes & une colline, ſavoir le *Catria* au voiſinage de *Cantiano*, le mont *Carpegna* qui donne ſon nom à une illuſtre famille romaine, & au pied duquel le Cardinal Carpegna, le dernier de cette maiſon, a fait bâtir un palais qui peut le diſputer aux plus beaux de Rome ; enfin le petit mont *Luro*, voiſin de la mer adriatique, & ſur le ſommet duquel nous trouvâmes un ſeul clocher qui peut être reconnu & diſtingué de fort loin, tous les autres bâtimens étant tombés en ruine.

96. Le *Catria* forme avec le *Pennino* près *Nocéra*, & le *Téſio*, voiſin de *Pérouſe*, notre cinquieme triangle. Le polygone qui les renferme tous, paroît un peu incliné en cet endroit, parcequ'il y a quatre triangles appuyés ſur le *Téſio*, au lieu qu'il n'en aboutit que trois à chacune des autres ſtations. Le ſixieme triangle eſt appuyé ſur le mont *Carpegna*, le *Pennino*, & le *Catria* ; le ſeptieme ſur le mont *Luro*, le *Catria* & le *Carpegna* ; & le huitieme ſur le *Carpegna*, le *Luro*, & l'extrémité de la baſe meſurée ſur la plage de *Rimini*. Ainſi nous avions entre *Rome* & *Rimini* ſept ſtations intermédiaires, & huit triangles. Nous aurons encore occaſion de parler de ce même polygone, & des baſes, dans le détail des opérations de l'année ſuivante 1751.

97. Nous reſtâmes ſix jours à *Rome*, pendant leſquels nous nous occupâmes de divers détails concernant les inſtrumens ; & à la premiere apparence de beau tems nous nous remîmes en campagne pour lever la Carte du pays renfermé entre le grand chemin qui conduit de *Rome* à *Florence*, la Méditerranée, le *Tibre*, & la frontiere de Toſcane : ce qui faiſoit partie du ſecond objet de notre commiſſion. Nous avions

réfervé cette courfe pour l'hyver, qui eft affez doux dans les plaines voifines de la côte, au lieu que l'air y eft fort mal fain pendant l'Eté. Après avoir fuivi pendant quelque tems la grande route, nous détournâmes fur la gauche vers *Sutri*, ville ancienne, mais peu habitée. De-là nous fîmes quelques excurfions, & bon nombre d'obfervations, malgré les pluies qui recommencerent alors, & qui, cette année fur-tout, ne nous firent point de grace. De tous les poftes où nous avons obfervé, le plus avantageux pour les obfervations géographiques, eft une montagne conique, d'où la vue s'étend fort loin fur toute la plaine de la campagne de *Rome*, & fur une bonne partie de la côte; on l'appelle *Rocca Romana:* elle eft peu éloignée de *Sutri*, & domine l'ancien lac *Sabatin*, qui a pris le nom de lac *Bracciano* d'un Bourg voifin. Nous n'y avions pas encore fini nos obfervations, lorfque la pluie nous furprit : elle nous déroba d'abord la vue de l'horizon: bientôt après elle nous obligea de quitter la partie : mais le principal étoit fait. Nous continuâmes à avancer fur la gauche du côté de *Viterbe* jufqu'à *Tofcanella*, ville ancienne, autrefois fort peuplée, qui portoit le nom de *Tufcania ;* mais aujourd'hui le mauvais air en rend le féjour infupportable pendant les chaleurs : elle n'eft plus reconnoiffable; & toute la contrée voifine jufqu'à la mer, eft fi changée, que de près de cinquante, tant bourgs que villages fort peuplés, qui compofoient fon territoire, & dont nous avons vu les plans dans la Maifon de ville, il en refte à peine quatre ou cinq d'habités; encore n'y a-t-il que fort peu de monde.

Obfervati-ons à Monté-fiafcone, Ac-quapendente, Vétérano, &c

98. De *Tofcanella* nous allâmes à *Montefiafcone*, autrefois *Mont-falifque*, ville renommée pour fes vins : elle eft fur le grand chemin qui conduit de *Rome* en Tofcane : le dôme de l'Eglife principale fe voit des montagnes les plus éloignées : il nous a été d'un grand fecours pour déterminer plufieurs pofitions. Nous obfervâmes dans un lieu découvert, où il y avoit autrefois une fortereffe, à peu de diftance du dôme. Le Ciel étoit ferein; mais la terre étoit couverte de neige : ce qui ne nous empêcha pourtant pas de relever quantité de points, & de déterminer la pofition du lieu où fe faifoit l'obfervation, & fa diftance au dôme, où nous vifions des autres lieux :

opération néceſſaire en pareil cas , & que nous n'avons jamais négligée dans l'occaſion. Nous éprouvâmes cependant
alors une ſorte d'incommodité à laquelle nous avons été ſouvent expoſés ailleurs : les lieux maritimes qui ſe trouvoient
dans la même direction que le Soleil , ſe déroboient à notre
vue : ils étoient comme enſevelis dans une eſpece de nuage
qui les couvroit pour ainſi dire de ſon ombre : ce qui arrive
par-tout en hyver à l'égard des objets ſitués au midi ; & en
toute ſaiſon à l'égard des objets ſitués le matin au levant , &
le ſoir au couchant. Nous continuâmes notre marche, vers le
nord, juſqu'à *Acquo-pendente*, autrefois *Aquula*, en ſuivant
la grande route : c'eſt, de ce côté, la derniere Ville des
Etats du Pape, ſur les confins de la Toſcane : elle eſt comme
au fond d'un entonoir formé par les montagnes ; ainſi il n'eſt
pas aiſé d'en fixer la poſition : opération délicate, qui ne
fut terminée que dans un ſecond voyage par la poſition de
quelques lieux à droite & à gauche de la grande route de
Rome. Le lendemain nous revînmes un peu ſur nos pas, &
nous prîmes enſuite à droite pour aller par *Valentano* & *Ca-
nino* du côté de la mer.

1750.
Décembre.

99. Nous fîmes une ſtation à *Montalte* , autrefois *Gra-
viſci* , petite Ville réduite aujourd'hui preſqu'à rien : elle eſt
environ à une lieue de la mer, & ſur les confins de la Toſcane. Nos obſervations commencées le ſoir à notre arrivée ,
furent terminées le lendemain de grand matin. Nous nous remîmes en route, & nous cotoyâmes la mer juſqu'à *Corneto*,
dont l'air eſt très mal ſain, & qui eſt ſemée d'une ſi prodi-
gieuſe quantité de tours, qu'elle reſſemble de loin à une fo-
rêt de cyprès. On conçoit que ces tours ſont ſujettes à autant de parallaxes qu'elles ont d'aſpects différens ; qu'ainſi on
courroit riſque de prendre l'une pour l'autre, & que par conſéquent aucune ne peut ſervir de ſignal. Nous montâmes ſur
la très haute tour de la maiſon *Fani*, où nous obſervâmes
juſqu'à midi. Nous pourſuivîmes juſqu'à *Civita-Vecchia*, port
de mer célebre par ſes foires, où nous n'arrivâmes que de
nuit. Il y avoit cette nuit là même, qui fut celle du 12 au
13 Décembre, une éclipſe de Lune que nous ſouhaitions d'obſerver ; mais nous ne pûmes arriver à tems pour faire les

Retour à
Rome par Ci-
vita - vecchia
& Bracciano.

préparatifs néceſſaires, que d'ailleurs les nuages dont le Ciel fut couvert toute la nuit, euſſent rendu inutiles. Nous nous bornâmes donc à nos opérations géographiques; & après quelques courſes aux environs, nous quittâmes la mer pour les montagnes. Nous paſſâmes à *Tolfa*, anciennement le marché de *Claudius*; puis à *Bracciano*, dont il a déja été parlé, & nous revînmes le 19 Décembre à *Rome*.

Obſervations faites dans ce voyage. Recherche des Cartes dans le pays.

100. Je n'ai fait mention dans ce récit que des villes, des principaux bourgs, & de quelques autres lieux plus propres aux obſervations géographiques; j'en uſerai de même dans la ſuite. Cependant nous n'avons omis aucune occaſion d'obſerver; & dans tous les bourgs & villages de notre paſſage, nous montions d'abord au lieu le plus éminent, qui étoit ordinairement le clocher, de-là nous relevions tous les objets qui ſe préſentoient à notre vue. Nous nous ſervions pour cela d'un petit quart de cercle, ou d'autres eſpeces d'inſtrumens aiſés à manier, & de diverſes méthodes qui ſont d'uſage à de petites diſtances, & dont je pourrai dire un mot dans le quatrieme Livre. Sa Sainteté nous avoit fait remettre des ordres aux Magiſtrats des Provinces, ainſi qu'aux Evêques, & nous nous ſervions du crédit qu'ils nous procuroient pour faire la recherche de toutes les Cartes particulieres, & autres documens concernant la poſition des lieux, & ſurtout le cours des rivieres. Rarement avons-nous trouvé quelque choſe d'exact en ce genre; & l'on peut dire en général, que dans tout l'Etat eccléſiaſtique, rien de plus négligé que la Géographie.

Obſtacles de la part de deux Curés de villages.

101. Ces lettres revêtues de toute l'autorité pontificale, n'ont pas empêché que nous n'ayons eu bien des contradictions à eſſuyer, non ſeulement de la part des ruſtres & des montagnards, mais quelquefois même, quoique beaucoup plus rarement, dans des villages, & de la part de perſonnes qui avoient eu de l'éducation. Près du lac *Bolſéna*, ſur le grand chemin de *Rome*, eſt un petit village nommé *San Lorenzo*, où l'on change de chevaux de poſte: comme ce lieu ſe trouvoit ſur notre paſſage, nous priâmes le Curé de nous faire ouvrir le clocher de ſon Egliſe pour y obſerver: il fit tant de réſiſtance, qu'à peine il ſe rendit à la vue des ordres du Souverain, & à nos menaces de porter plaintes contre lui. On

lui

lui avoit fait croire, comme nous l'apprîmes bientôt de ſes paroiſſiens, qu'il y avoit dans ce clocher un tréſor anciennement caché, & que quelques jours auparavant il étoit venu des voyageurs pour le chercher. Nous fûmes traités ailleurs encore plus durement par un autre Curé. Nous nous étions préſentés de la maniere la plus reſpectueuſe, & il n'y répondit que par des bruſqueries réitérées : il n'eut égard ni à nos Lettres, ni au témoignage d'un illuſtre ami qui m'avoit connu à *Rome*, & qui ayant appris notre arrivée, vint nous offrir un hoſpice dans une belle maiſon que le lieu n'annonçoit pas, & où il nous dédommagea amplement de tous les rebuts que nous venions d'eſſuyer. Le Curé prit le parti de ſe retirer, tant pour ſe délivrer de nos inſtances, que pour ne pas s'expoſer au chagrin de nous voir monter malgré lui dans ſon clocher par l'autorité de quelqu'autre, comme il arriva en effet : il ſortit du village pour n'y rentrer qu'après notre départ ; & il ne reconnut ſon erreur qu'après avoir été appellé à *Rome* pour y être réprimandé : tant on étoit prévenu de je ne ſais quelles idées ſuperſtitieuſes au ſujet de notre voyage.

102. Nous demeurâmes un mois à *Rome*, où les pluies, qui ne diſcontinuoient point, ſembloient vouloir nous arrêter. Sur la fin de janvier 1751, nous fûmes envoyés à l'embouchure du Tibre : un mois auparavant ce fleuve avoit ébranlé toutes les digues qu'on lui oppoſe en cet endroit pour augmenter ſa viteſſe, écarter le ſable apporté par la mer, & donner entrée aux navires. Nous nous y portâmes avec zele, tant pour remédier à un déſordre qui interrompoit le commerce, que pour lever la carte des environs & celle de la côte, en déterminant la poſition des tours qui la bordent. A peine fûmes-nous arrivés, que les pluies recommençant, le Tibre ſe déborda derechef, inonda toutes les campagnes voiſines, & qu'on vit une ſeconde fois les bateaux aller & venir dans les carrefours de *Rome* (1). Nous étions à deux

1751.
Janvier.

Déborde
ment du Ti
bre.

---

(1) Le P. Boſcovich a décrit en fort beaux vers cette inondation dans ſon Poëme des éclipſes ; nous n'en citerons que quelques morceaux.

Ipſe pater Tibris, hinc pluvia, nivibuſque ſolutis

Turgidus, Hetruſcis retro inde repulſus ab undis,

H

milles de *Porto*, dans un lieu où il n'y a prefque d'autre bâtiment qu'une maifon baffe & étroite de la Chambre apoftolique, & une tour autrefois conftruite au bord de la mer pour défendre l'entrée de la riviere, que les fables, accumulés avec le tems, ont peu à peu éloignée du rivage. Du refte, on ne voit en ce pauvre lieu que quelques cabanes de pêcheurs, quelques chaumieres où demeurent environ trois cents tant pêcheurs que matelots & manœuvres employés par le miniftere public à garder le paffage & à réparer les digues.

103. Une fois que le Tibre fut forti de fon lit, il s'accrut au point d'inveftir toutes les chaumieres & toutes les cabanes du hameau : notre logis n'en fut pas exempt : bientôt le dégré fut inondé, & l'eau gagnoit l'étage fupérieur : quelques-uns même commençoient à craindre que nous ne fuffions fubmergés : ce qui, vu le voifinage & le niveau de la mer, ne paroiffoit poffible que dans le cas où la maifon fût renverfée par le choc des eaux (1). La faim nous menaçoit d'un danger plus preffant. Nous paffâmes dans cette trifte fituation huit jours entiers, pendant lefquels les vivres ne nous auroient pas manqués fi nous euffions été feuls ; mais il falloit en faire part à cette foule de malheureux qui n'avoient d'autre reffource. Nous dépêchâmes une barque à *Porto* pour en tirer du fecours : elle eut bien de la peine à furmonter le courant de la

Danger provenant du défaut de vivres.

Ventorumque furore gravi percuffus, ab imo
Jam toties indignatus caput extulit alveo,
Et vaftos latè campos vallefque profundas
Obruit : ipfa etiam magnæ per compita Romæ
Erupit, fine lege furens, miferofque Quirites
Terruit obfeffos mediis circum undique tectis,
    De Solis ac Lunæ defectibus. Londini 1760, page 195.

(1)   Me quoque namque illâ obfeffum regione repentè
    Exiguo inclufit tecto ; jamque ima tenebat
    Limina, perque gradus affurgens ardua vifus
    Velle minax tabulata domus confcendere ; meque
    Et focios tumidis rabidus demergere in undis : *ibid.*

riviere à travers la campagne inondée ; & à son arrivée elle ne trouva point de vivres. *Porto* est une ville ruinée, où l'on compte à peine vingt habitans : l'unique boulanger qui fournit aux villages voisins de l'embouchure du Tibre, pour se dérober aux poursuites de ses créanciers, s'étoit sauvé peu de jours auparavant, sans laisser ni bled ni farine. C'étoit un spectacle lamentable & qui arrachoit les larmes, que l'aspect de tant d'infortunés qui du haut de leurs masures & des mâts de leurs barques, la pâleur sur le front & tremblans d'effroi, imploroient du secours & demandoient du pain (1).

104. Le premier jour de l'inondation, comme je spéculois cette nouvelle mer, j'apperçus à l'aide de ma lunette un Pere Minime avec un jeune homme à la distance d'environ un mille : ils étoient sortis de *Porto* pour regagner leur bateau : l'eau les avoit gagnés au milieu de broussailles épaisses : ils tendoient les mains, ils appelloient du secours, & personne ne pouvoit, ni les voir, ni les entendre. Nous dépêchons à l'instant même une barque avec des gens intelligens ; nous les recueillons dans notre logis où ils demeurerent avec nous pendant la huitaine. Ce jeune homme étoit un Gentilhomme Suisse que sa mere envoyoit au royaume de *Naples* près de quelques parens qu'il avoit au service du Roi des deux Siciles : les voleurs ne lui avoient rien laissé, & il se voyoit hors d'état de poursuivre sa route : je le fis conduire à *Rome*, & delà à *Naples* à sa destination.

On sauve la vie à un Religieux & à un jeune homme de qualité.

105. Comme le mal alloit en augmentant, & que le Tibre paroissoit s'enfler chaque jour de plus en plus, nous pensâmes sérieusement à envoyer un exprès à *Rome* à travers ces campagnes submergées ; car pour le Tibre, il étoit trop rapide

On dépêche à Rome, d'où l'on envoie des provisions.

---

(1) Quæ facies rerum fuit illa ; è culmine summo
 Hinc pueri, & miseræ matres, ac rustica turba,
 Una omnis, nautæ è male tutis navibus inde,
 Cum macie obducti vultus & voce trementi
 Frugem inclamarent, frugem vicina sonarent
 Littora, & affusi fluctus, atque improbus imo
 Insultans frugem Tibris resonaret ab alveo. *ibid.*

H ij

pour pouvoir être remonté. La commiſſion étoit périlleuſe, & nous eûmes peine à trouver quelqu'un qui en voulût courir les riſques. Notre meſſager s'étant mis dans un canot avec deux rameurs, ils n'eurent pas trop de tout un jour pour atteindre, au bout de cinq milles, le pied des montagnes les plus voiſines, d'où notre exprès ſe rendit promptement à *Rome :* mais on y avoit déja penſé à nous, aux ſoldats gardes-côtes, & à tous nos compagnons d'infortune. Les Magiſtrats qui n'ignoroient pas le danger où nous nous trouvions, nous avoient envoyé par le Tibre un fort bâtiment, & d'abondantes proviſions : elles ne pouvoient arriver plus à propos pour des gens réduits à la derniere extrémité. Bientôt après l'inondation ceſſa, & le Tibre rentra dans ſon lit (1).

Dommages cauſés par l'inondation :

106. Pendant ces jours de calamité, les larges digues élevées de part & d'autre de l'embouchure du Tibre, avec leurs encaiſſemens, & qui dans la premiere inondation avoient été ſimplement endommagées, furent renverſées ſous nos yeux. Le courant en entraîna une partie dans la mer, après les avoir briſées ; le reſte fut ébranlé, renverſé & mis hors d'état de pouvoir ſervir. Peu s'en fallut qu'on ne vît périr en une ſeule nuit tous les bâtimens de charge qui étoient à l'embouchure du fleuve. Un des plus conſidérables, battu par les vagues, avoit déja commencé à arracher les pieux de la digue auxquels il étoit amarré, & à peine on y put remédier au milieu des ténébres (2).

-----

(1)   Ergo per undantes hinc campos fluctibus, atque hinc,
     Arboreas inter frondes, & ceſpite multo
     Denſa loca, exiguam bino cum remige contra
     Ire ratem libuit, colleſque exponere ad altos

     .   .   .   .

     Attamen interea, tanti haud ignara pericli,
     Subſidium jam Roma vigil ſummiſerat.   *ibid.*

(2)   Quin etiam adverſum quà ſe devolvit in æquor,
     Aggeribuſque amplis, valloque coercitus ora
     Stringitur, & vaſto delatas æquore merces
     Excipit, ac dominam dorſo tranſmittit in Urbem.

107. J'eus le loifir d'examiner attentivement la fituation des lieux, l'état des digues, & le dommage qui fe préfentoit à ma vue; & à mon retour à *Rome* je remis aux Magiftrats un mémoire où je propofois mes vues fur les caufes de cette inondation, & fur les moyens qu'on pouvoit employer pour empêcher que de tels débordemens ne fiffent une autre fois de pareils ravages. Du refte je ne penfe pas qu'on doive attribuer l'inondation à l'embouchure du fleuve, ni qu'on puiffe entierement la prévenir. Le P. Maire joignit à ma differtation une carte de l'ifle du Tibre, exactement deffinée. Dès que le fleuve fut rentré dans fon lit, nous revînmes à *Rome*, d'où nous repartîmes bientôt avec des experts pour examiner fur les lieux ce qu'il y avoit à faire. Ce fecond voyage ne fut pas long; mais il fallut près de deux ans & un grand nombre d'ouvriers pour réparer les défordres de l'inondation.

108. A notre retour nous penfâmes à mefurer une bafe dans le voifinage de *Rome*; & le terrein qui nous parut plus propre, fut le long de la voie Appienne, qui conduit de *Rome* à *Albe*. Cette bafe faifoit face au mont *Gennaro*, avec lequel elle pouvoit former un triangle convenable. Ce chemin eft depuis long-tems abandonné, & l'ancien pavé entierement rompu: la plupart des débris en ont été enlevés depuis environ vingt ans pour paver les rues de *Rome*; de forte qu'il n'y refte plus en quelques endroits que les plus grandes pierres qui bordoient autrefois la chauffée: on y a déja labouré & femé en plufieurs endroits. A droite & à gauche du chemin

Fræna furens morfu difrupit, & impete primo
Diffolvit compagem, ac dura repagula fregit;
Inde trabes fundo evulfas difjecit, apertos
Perque maris campos, vicinaque littora fparfit.
Vidi ego cum tenues per rimas infinuaret
Spumanti fefe fluctu, cum cornibus altis
Obnixus primos aditus fibi quæreret; inde
Dimotis victor trabibus jam corpore toto
Irrueret, vulfamque inferret in æquora molem. *ibid.*

Tout cet endroit mérite d'être lu dans l'ouvrage même.

font deux longues files de tombeaux antiques, qui ne préfentent plus aujourd'hui qu'un trifte amas de ruines & de mafures; mais qui n'ont pas laiffé, ainfi que les pierres latérales, de nous être fort utiles : car le chemin eft tiré au cordeau depuis *Rome* jufqu'à *Albe :* il s'éleve un peu proche l'Eglife Saint Sébaftien, où l'on voit le tombeau de *Métella*; c'eft un grand maufolée de pierre de forme circulaire, avec une ancienne infcription qui s'eft bien confervée, & qui eft connue de tous les antiquaires. De-là on retrouve une partie de l'ancien pavé, fur lequel, ayant avancé quelques pas, on découvre dans la direction du milieu du chemin, entre les deux files de tombeaux, une grande tour antique proche la porte d'*Albe :* ce qui prouve que la route eft parfaitement alignée.

Extrémités de la bafe.

109. Nous fixâmes une des extrémités de notre bafe au tombeau de *Métella*, je veux dire au point du chemin qui répond perpendiculairement au milieu de l'infcription ; & l'autre extrémité au-deffous de *Frattochie*, à trois milles d'*Albe*, & à l'endroit où le chemin eft interrompu par un clos d'arbres fruitiers appartenant à la maifon *Colonne*, & répondant à une de leurs maifons de campagne, placée de l'autre côté du chemin. Nous marquâmes ce terme de notre bafe par un gros quartier de pierre, que nous enterrâmes fur une éminence, un peu en-deçà du mur de l'enclos ; & pour mieux reconnoître l'endroit, nous plaçâmes à l'entour divers reperes. C'étoit un avantage pour nous que ce chemin ne fût point fréquenté ; nous n'avions point à craindre que notre mefure fût troublée par les paffans; mais peu s'en fallut un jour furtout que cette folitude même ne nous devînt funefte. J'allois, accompagné d'un feul homme, au lieu où nous avions interrompu l'ouvrage du jour précédent, lorfque je me vis affailli par huit gros chiens qui étoient fortis d'une cabane voifine, appartenante à des bergers. Nous montâmes fur une hauteur, & à coups de pierres nous tâchâmes de les écarter. Il y en eut un de bleffé, & les bergers qui étoient accourus de loin, rappellerent les autres. Nous commençâmes les premiers jours d'avril la mefure de cette bafe : les pluies qui ne difcontinuerent point, nous obligerent deux fois de l'interrompre, & nous ne pûmes la terminer qu'affez avant dans le mois de mai.

1751. Avril.

110. Voici quels étoient les instrumens qui nous ont servi dans cette mesure : nous avions trois perches équarrées, de 27 palmes chacune, marquées à un bout des chiffres 1, 2, 3, suivant l'ordre où elles devoient être placées. Chaque intervalle de 9 palmes étoit distingué par les lames de cuivre, marquées d'un petit point : ainsi il y avoit quatre lames sur chaque regle, savoir, deux aux extrémités, & deux vers le milieu, qui divisoient la perche en trois mesures égales. Outre une regle de fer, où nous avions gravé deux petits points à la distance de 9 palmes, nous en avions une autre de la même longueur, armée de deux pointes, l'une fixe, l'autre mobile qu'on arrêtoit au moyen d'une vis à telle ouverture qu'on vouloit ; c'est ce qu'on appelle communément compas fidele, à cause que ses pointes sont paralleles entre elles, & fortement attachées au corps de l'instrument : (cet instrument se nomme en françois compas à verge). Nous nous en servions plusieurs fois le jour pour prendre sur la premiere regle l'intervalle de 9 palmes, & le transporter sur les lames de cuivre des perches, afin de connoître les changemens qui y avoient été produits par les variations dans la température de l'air. On trouvera décrit dans le quatrieme livre le moyen dont nous nous servions pour reconnoître, par des transversales gravées sur de petites lames, jusqu'aux plus légeres différences d'allongement ou de raccourcissement de ces mêmes intervalles.

Instrumens nécessaires pour la mesure de la base.

111. Les trois perches portoient sur six planchettes ou tables, posées horizontalement sur une regle verticale, soutenue de trois pieds, avec une vis qui servoit à élever plus ou moins, & arrêter la regle à volonté. Des coins de bois assez larges, mais fort minces, placés sous les têtes des perches, leur donnoient le dégré d'élevation convenable. Les autres instrumens consistoient en un fil à plomb, un niveau ordinaire, composé d'un tube rempli de liqueur avec une bulle d'air, & un thermometre de *Réaumur*. Nous avions pris aussi quatre aides, & un domestique à nos ordres. Nous procédions à la mesure de la maniere qui suit.

Suite du même sujet.

112. On posoit d'abord les perches horizontalement sur les tables à trois pieds, & dans la direction de la base, savoir, la premiere sur deux tables, la seconde sur la 2e. & 3e. table,

Ordre observé dans la mesure de la base.

& la troisieme, fur la 3ᵉ. & 4ᵉ. table : cela·fait, on venoit reprendre la premiere perche pour la porter fur la 4ᵉ. & la 5ᵉ. table, & ainfi de fuite. Parmi nos aides, nous avions un maçon, homme adroit & intelligent, à qui nous avions donné le foin de placer les tables les unes après les autres, dans l'alignement des premieres, & à une jufte diftance : il mefuroit cette diftance avec un cordeau, dont un domeftique, ou l'un de nous, tenoit l'autre bout fur le milieu de la table précédente. Il devoit encore avoir foin que la table fût placée horizontalement : pour cela, il commençoit par la tenir lui-même dans cette pofition ; & fi le terrein étoit inégal, le domeftique mettoit des pierres ou des coins fous les deux pieds qui fe trouvoient alors élevés de terre. Enfin il élevoit cette table à la hauteur des autres, en vifant à la vue fimple, & l'arrêtoit avec la vis dans cette pofition.

Tranfport des perches ;

113. En même tems deux autres apportoient la nouvelle perche qu'ils tenoient chacun par un bout, & ils la plaçoient fur les deux dernieres tables, & on avoit la plus grande attention à empêcher que le bout de la perche fuivante ne heurtât contre la perche précédente, ou de caufer le moindre mouvement dans la table. On ne devoit pas même faire toucher les têtes des perches, mais feulement les rapprocher de fort près. Enfuite, avec deux coins placés en fens contraire, on achevoit de les mettre de niveau ; & de peur qu'on ne fut obligé pour cela de toucher à la perche précédente, la table devoit être plutôt inclinée vers la partie antérieure que vers la poftérieure de la bafe.

Moyen de les aligner ;

114. Pour placer la nouvelle piece dans la direction de la bafe, un de nous vifoit par les perches ou regles à la porte d'*Albe*, & indiquoit de la main le côté où devoit être portée la feconde tête de la derniere perche : les tombeaux feuls auroient pu fuffire pour diriger le coup d'œil. S'il arrivoit qu'un nuage, ou quelque hauteur, ce qui étoit rare, nous dérobât la vue de la porte d'*Albe*, nous marquions l'alignement avec des jallons plantés au milieu du chemin, dont les bords étoient trop bien marqués pour qu'on pût fe méprendre fur le point du milieu. Celui qui avoit difpofé la table étoit encore chargé d'aligner la perche ; & tandis qu'il en portoit la tête

à

à droite ou à gauche, un second aide la soulevoit par l'autre bout, de crainte que ce mouvement ne dérangeât la premiere table.

115. Le niveau d'eau posé sur la perche, indiquoit à celui qui avoit soin de disposer la table, à quel point il devoit l'élever pour trouver le niveau ; & tandis qu'il la mettoit à son point, ceux qui avoient apporté la perche, la soulevoient tant soit peu, tant pour lui faciliter cette opération, que pour prévenir tout dérangement dans la premiere table. Quelquefois aussi on mettoit les deux coins sous l'autre bout pour l'élever un peu, & corriger l'inclinaison de la table. Dès que nos aides furent un peu au fait de cette manipulation, tout s'exécutoit en peu de tems, & de façon à nous contenter. Nous portions les précautions jusqu'au scrupule, quoique la solidité des tables pût nous rassurer sur le danger de causer le moindre mouvement dans les premieres perches. Une fois seulement tout notre appareil fut renversé par un coup de vent ; ce qui nous obligea de revenir à l'endroit où le matin nous avions repris notre mesure.

116. La perche placée, comme les têtes ne joignoient point, nous prenions avec un compas l'intervalle des points gravés sur les lames, & nous les transportions sur l'échelle de *Tycho*. Cette valeur connue s'écrivoit sur le régiftre, où nous avions préparé des tables à quatre colonnes, dont la premiere contenoit le nombre des mesures, composées chacune de trois perches, la seconde l'intervalle entre la premiere perche de cette mesure & la derniere de la précédente, la troifieme & la quatrieme les deux autres intervalles des perches ; & au haut des colonnes étoit écrit *premier*, *second*, *troifieme* intervalle : ce qui prévenoit toute erreur sur le nombre des mesures. Car à chaque fois qu'on transportoit une perche, il falloit écrire un nouveau nombre à la place qui lui étoit préparée ; ainsi à moins d'en omettre trois de suite, on n'auroit pu se rencontrer avec les numéro gravés sur les têtes des perches pour les diftinguer. Par exemple, lorsqu'il est question de la troifieme perche, il faudroit, si l'on avoit omis un nombre, écrire l'intervalle qu'il laisse dans la colonne qui a pour titre *second intervalle*. Le P. Maire avoit préparé des tables d'une grande

I

propreté, & il y écrivoit tous les nombres avec une fcrupuleufe attention. Le plus fouvent nous répétions la mefure des
intervalles , quoique nous les euffions déja évalués féparément, en les portant fur l'échelle, pour comparer enfuite nos
réfultats.

117. Le quatrieme aide n'avoit d'autre emploi que de tranfporter les tables , & l'étui contenant la regle de fer, le compas à verge, & le thermometre. Cette caiffe repofoit à l'ombre,
& nous confultions de tems en tems le thermometre , pour
connoître au jufte , par le dégré de chaleur , la variation de
l'intervalle de 9 palmes gravé fur la regle de fer. Nous ne
crûmes pas devoir négliger cet examen , quoique eu égard à
la température du climat, & moyennant la précaution de n'expofer jamais la regle au Soleil, nous ne trouvaffions dans un
même jour que de légeres différences. Le dégré moyen de
chaleur, au tems de notre mefure, s'eft trouvé le dix-feptieme
au-deffus du terme de la glace, défigné par le nombre 1000.

118. Nous n'avions d'autres mefures à prendre tant que le
terrein étoit à peu près de niveau ; mais dès que ces inégalités nous obligeoient d'élever ou d'abaiffer confidérablement
nos tables , pour lors le dernier bout de la perche précédente,
au lieu d'appuyer fur le milieu de la table, la débordoit ; de
même le premier bout de la perche fuivante débordoit une
autre table, qu'on élevoit ou abaiffoit plus ou moins, fuivant
que le terrein l'exigeoit , pour donner à d'autres perches une
pofition horizontale : enfuite au moyen d'un fil à plomb, nous
faifions répondre ces deux bouts l'un à l'autre , ou bien nous
prenions avec un compas la diftance de la perche la plus baffe
au fil à plomb. Rarement avons-nous été obligés d'en venir
là ; car outre que le terrein étoit affez égal, nos tables pouvoient au befoin s'élever ou s'abaiffer d'une quantité fuffifante:
mais nous avions toujours préparé fix tables, deux pour chaque
perche , pour le cas où une pente plus roide nous auroit
obligés d'appliquer plufieurs fois de fuite le fil à plomb. Les
fix tables n'ont fervi enfemble qu'une feule fois, favoir à la
fin de notre bafe , que nous jugeâmes à propos de terminer
fur une éminence, pour pouvoir de-là découvrir l'autre extrémité , comme auffi le mont *Génarro*, premiere ftation, qui

devoit former avec la bafe notre premier triangle, fondement de toutes nos opérations.

119. Lorfqu'à l'entrée de la nuit, ou aux approches d'un orage, nous interrompions la mefure, nous marquions l'endroit où nous en étions, en faifant tomber le fil à plomb de l'extrémité de la derniere perche dans un creux, où nous enterrions une tuile marquée en travers d'une ligne répondant à l'extrémité du poids: nous rempliffions ce creux; & lorfque nous venions enfuite reprendre notre tâche, nous découvrions la tuile, & nous remettions la perche & le fil à plomb dans la fituation de la veille; ou bien nous nous contentions de placer une feconde perche, dont au moyen d'un fil à plomb, nous faifions répondre la tête perpendiculairement à la ligne gravée fur la tuile. Dans l'interruption, & la reprife de la mefure;

120. Par cette maniere de mefurer, nous étions difpenfés de nous traîner fur le fol, comme MM. *Bouguer* & *de la Condamine*, quand ils mefurerent leur bafe; & nous n'avions pas fujet de craindre aucun dérangement dans les perches: nous mefurions aifément fept à huit cents toifes par jour; enforte que huit à neuf jours auroient pu fuffire pour achever notre mefure, fi le mauvais tems & la force des pluies n'euffent fouvent interrompu notre ouvrage, & ne nous euffent même obligés par deux fois de revenir à *Rome*, pour ne pas perdre notre tems dans cette folitude, & n'y pas retenir des ouvriers oififs. Notre mefure nous occupa douze jours, & nous la terminâmes le 8 de mai. Nous n'avons pas jugé à propos de remefurer cette bafe, parcequ'elle ne devoit fervir qu'à vérifier nos mefures conclues, & que nous avions déja défigné pour notre bafe principale le rivage de *Rimini*, comme beaucoup plus égal & plus facile à mefurer deux fois que la voie Appienne. La bafe de vérification s'eft trouvée, après toutes les réductions, de $53562\frac{1}{2}$ palmes, qui réduites à la toife de Paris, font à très peu près $6139\frac{1}{2}$ toifes entre les termes précédemment défignés: car nous trouvâmes notre mefure de 9 palmes romains égale à $891\frac{32}{100}$ lignes, dont la toife de Paris contient 864; enforte que cette mefure eft à la toife comme 89130 à 86400, ou comme 2971 à 2880. Tems employé à cette mefure.

121. Cependant la congrégation générale, pour l'élection

Le P. Maire
député pour
l'élection du
Général.

d'un nouveau Général de notre Compagnie , indiquée pour
le 21 juin, approchoit ; & le P. Maire devoit s'y trouver ce
jour-là même , ayant été choiſi pour la ſeconde fois par ſa
province d'Angleterre en qualité de l'un de ſes députés élec-
teurs. Par cette raiſon, & parceque notre quart de cercle n'é-
toit pas encore achevé, nous ne pouvions profiter pour la
meſure de nos triangles de la ſaiſon de l'Eté, qui y eſt la plus
propre, le ciel étant preſque toujours ſerein, & la chaleur
moins grande ſur le ſommet des montagnes ; cette meſure,
pour être faite exactement, requérant le concours de deux
Obſervateurs. Nous mîmes le peu de tems qui nous reſtoit, à
parcourir cette partie du vieux Latium qu'on appelle aujour-
d'hui *Province maritime*, ou campagne de *Rome*, bornée, à
l'oueſt par le Tibre & la terre de Sabine, au nord par l'A-
pennin, à l'eſt par le royaume de *Naples*, & au ſud par la
mer de Toſcane, pour déterminer la ſituation des lieux, &
corriger la carte du pays.

1751.
Mai.

Voyage dans
la campagne
de *Rome*.

122. Nous partîmes donc de *Rome* le 17 mai avec notre
petit quart de cercle. Nous commençâmes nos obſervations
à *Caſtel-Gandolphe* dans le palais pontifical, d'où l'on découvre toute la côte maritime ; puis à *Albe* & à *Vélétri*. Arrivés
à l'ancien *Antium*, aujourd'hui *Anzo*, nous y logeâmes chez
S. E. M. le Cardinal *Corſini* qui y étoit pour lors avec toute
ſa famille ; & nous les eûmes tous pour témoins de nos obſervations, tant dans le palais du Cardinal, que dans la maiſon de campagne des *Coſtaguti*, qui eſt ſur une hauteur. De-
là parcourant la côte, nous allâmes au mont *Circello* & à
Terracine ; d'où reprenant la grande route, nous paſſâmes à
Piperno & à *Sezze* ; de *Sezze* nous fîmes une petite excurſion
qui nous conduiſit à *Sermonete* & à *Norma :* tous ces lieux
nous fournirent autant de ſtations, hors que nous ne pûmes
monter au ſommet de *Circello*, le ciel & la montagne étant
entierement couverts de nuages. Après avoir attendu inutilement pendant pluſieurs jours dans la tour de *Paula* au pied
de ce mont, que le ſommet ſe découvrît, nous allâmes obſerver du côté oppoſé dans un lieu élevé, nommé *San Felice :*
& ayant enfin perdu toute eſpérance d'aborder le ſommet de
Circello, nous abandonnâmes la partie ; mais j'y envoyai la

même année un jeune homme qui entend la Géométrie pratique, & qui étoit alors occupé à arpenter un terrein voisin : il découvrit de ce même point le mont *Véfuve*, qu'il reconnut à fa fumée, & le lia avec *Anzo*, & pluficurs autres lieux de la campagne de *Rome*.

123. De *Norma* nous revînmes fur nos pas, & ayant monté à un village fort élevé, & très bien fitué pour les obfervations géographiques, que les habitans nomment *Rocca fecca de Maffimi* ; nous nous rendîmes par une gorge de montagnes qui féparent la campagne de *Rome* de la Province maritime à *Frufinone*, & de-là à *Pofi* & à *Céprano*, bourg fitué fur la frontiere du royaume de *Naples*, par le chemin qui conduit de *Rome* au mont *Caffin* ; d'où nous allâmes au mont *Arfene* & à la ville de *Sora* : ces deux endroits font dans le royaume de *Naples*, mais fur la frontiere, & de-là on découvre une partie des Etats du Pape : c'en étoit affez pour nous engager à y aller ; d'autant plus que nous y avons un college de la Province romaine, où il nous convenoit d'aller paffer le faint jour de la Pentecôte. Nous y fuffions en effet arrivés à tems, fi la pluie & la grêle, dont la terre fut prefque en un inftant toute couverte, ne nous euffent retenus dans une miférable étable.

Voyage de *Norma* à *Sora* ;

124. Nous paffâmes deux jours à *Sora* ; & nos obfervations finies, nous rentrâmes dans l'Etat eccléfiaftique, & nous allâmes par *San Giovanni* & *Bauco*, à *Véroli* & à *Alatri*, & de-là à *Fumone*, qui domine toute la campagne de *Rome*, & où l'on pouvoit faire un grand nombre d'obfervations. Enfuite tournant à droite, nous nous engageâmes dans les montagnes jufqu'à *Trévi*, ville autrefois confidérable fous le nom de *Tréba* ; elle eft fituée dans une vallée étroite près du *Tévéron*, environ 4000 pas au-deffous de fa fource, & du bourg de *Félétino* ; les montagnes qui l'entourent de toutes parts, rendent fa pofition très difficile à déterminer : nous nous en tirâmes de notre mieux. Nous fuivîmes enfuite à travers des montagnes efcarpées le cours du *Tévéron* jufqu'à *Sublaque*, célèbre par le monaftere & la grote de *Saint Benoît*. De-là nous grimpâmes à *Civitella*, pofte avantageux, mais où nous ne pûmes obferver que le lendemain, tant à caufe des pluies, auffi extraordinaires dans le mois de juin qu'opiniâtres à nous pour-

De *Sora* à *Sublaque* ;

fuivre dans le cours de nos obfervations, que par le refus
groſſier que nous fit le Curé du lieu de nous ouvrir fon clocher : c'eſt l'aventure dont j'ai parlé plus haut au n°. 101.

*De Civitella
à Guadagnolo.*

125. De *Civitella* nous deſcendîmes à *Paliano*, célebre for-
tereſſe appartenante à la maiſon *Colonne*, & dont le faîte
nous fournit un poſte auſſi avantageux que commode. Nous
paſſâmes à *Anagnie*, ville célebre & opulente ; d'où laiſſant
entre *Anagnie* & *Fruſinone*, *Férentino*, dont nous avions déja
déterminé & vérifié la poſition, nous traverſâmes la vallée de
la campagne de *Rome*, & nous arrivâmes à *Segni* fituée à
mi-côte, où les pluies continuelles nous retinrent deux jours.
Le troiſieme, nos obſervations finies par un vent de nord très
piquant, qui nous fit trembler de froid au milieu de l'Eté,
nous arrivâmes avant midi à *Valmontone*, qui, felon quelques-
uns, eſt le vieux *Labicum* : nous y fîmes une ſtation, dans le
magnifique palais de la maiſon *Pamfili*, Seigneurs du lieu ;
enſuite, par la plus grande chaleur du jour, nous nous rendîmes à *Preneſte*, aujourd'hui *Paleſtrina* ; d'où après une ſtation de quelques heures qui nous réuſſit à fouhait, nous montâmes à un village fitué fur la montagne voiſine, à l'endroit
même où étoit autrefois la ville de *Preneſte* : fon clocher eſt
dans une poſition admirable ; on y découvre de tout côté
l'horizon à perte de vue : nous y paſſâmes le reſte du jour, &

1751.
Juin.

à nuit fermée nous deſcendîmes par des chemins fcabreux &
très incommodes, à un bourg fitué au pied du *Guadagnolo*,
haute montagne, au fommet de laquelle eſt un village du
même nom : *Poli* eſt le nom du bourg ; il appartient à l'illuſtre maiſon *de Conti*, & touche à leur magnifique maiſon
de campagne de *Catena*. Après quelques heures de repos,
dont nous avions grand befoin, nous montâmes à la pointe
du jour au fommet de la montagne, d'où la vue s'étend plus
au loin encore que du *Génarro*, qui n'en eſt éloigné que de
quelques milles : nous découvrions la vallée de *Sublaque*,
toute la campagne de *Rome*, & plus loin une partie du
royaume de *Naples* ; & la vue s'étendoit au-delà de *Rome*
juſqu'à la mer, & au-delà de *Cimini*, l'une des pointes de *Soriano*, juſqu'en Toſcane.

126. Nous établîmes notre ſtation fur le fommet de *Gua-*

dagnolo près d'un puits, & ensuite sur le revers de la montagne, proche la célebre chapelle de Notre-Dame de *Mentorella* sur une roche escarpée, où , suivant la tradition du lieu, *Saint Eustache* vit un cerf portant une croix au milieu de son bois, & où l'on a bâti une chapelle sous le nom du Saint, pour conserver la mémoire de cette apparition. Il nous fallut remonter au sommet pour retourner à *Poli*, d'où nous étions partis le matin. Le jour suivant nous traversâmes une large vallée, & nous arrivâmes sur les montagnes de *Frascati*, anciennement *Tusculum*. Le village de *Rocca priora* étoit à une assez grande hauteur pour mériter notre attention : nous y passâmes la nuit, & nous y commençâmes le lendemain une de nos journées des plus fatigantes. Après y avoir observé, nous traversâmes une vallée au pied de l'*Algide*, aujourd'hui *Rocca del Papa :* nous montâmes au sommet de la montagne de *Velétri* , où les Allemands étoient campés dans la derniere guerre , mais d'où ils furent bientôt chassés par les armées combinées d'Espagne & de Naples , qui occuperent long-tems ce poste. Nous y observâmes trois heures de suite, & dans la plus grande chaleur du jour, la station étant d'ailleurs des plus favorables. De-là nous descendîmes à *Cinthien*, aujourd'hui *Gensano* , petite ville peuplée & d'un agréable séjour, appartenante à la maison *Césarini*. Nous allâmes observer sur la colline voisine, au pied d'une tour à demi écroulée ; & le jour commençant à baisser , nous fîmes un grand tour par *Aricie* ou *Riccia* , *Castel-Gandolfe* & *Marino*, dont les *Colonnes* sont Seigneurs , & nous arrivâmes assez avant dans la nuit à *Frascati* dans la maison de campagne du college romain , d'où le lendemain 13 de juin nous revînmes à *Rome*, après avoir levé en moins d'un mois la carte de toute une grande Province.

127. La montagne d'*Albe* étoit encore des plus propres à notre dessein, car elle se voit de très loin & de tout côté ; mais outre que le P. *Maire* y avoit déja observé avant notre voyage, il nous étoit aisé d'y retourner, comme nous l'avons fait les années suivantes, de *Frascati* où nous allons communément passer les féries d'automne. Nous ne jugeâmes donc pas nécessaire de nous y arrêter pour cette fois ; mais je ne crois pas

devoir paſſer ſous ſilence une aventure, où nous courûmes le plus grand riſque de la vie, quoique nous en ayons couru un aſſez grand nombre, & ce récit ne ſera pas inutile à ceux qui auront à voyager ſur les bords de la mer.

128. Nous allions en chaiſe d'*Anzo* à *Circello*, en ſuivant la côte, & nous rencontrâmes ſur notre paſſage l'embouchure du lac *Fogliano*, qui fait partie des marais pontins. Jamais chaiſe n'avoit paſſé en cet endroit; mais on nous avoit aſſuré qu'il n'y avoit rien à craindre, au moins en Eté; que nous pouvions en toute ſûreté faire conduire notre voiture le long du rivage, juſqu'à *Circello*, & que nous trouverions un chemin également ſûr & commode. Nous arrivons à l'embouchure: le garde de la tour *Paula*, ſituée au pied de *Circello*, y avoit paſſé à cheval deux heures auparavant: notre voiturier pouſſe ſes chevaux dans l'eau à l'endroit même où il voyoit encore imprimés les pas du cheval qui nous précédoit, regardant cet endroit comme le plus ſûr. Heureuſement pour nous le garde n'étoit pas loin; il s'étoit arrêté à l'autre bord pour prendre du repos, & dans le moment même il remontoit à cheval pour finir ſa route. Dès qu'il nous eut apperçus, il ſe mit à crier de toutes ſes forces, & à nous faire ſigne de la main d'arrêter, de tourner à droite par la mer, & loin de l'embouchure. Sur cet avis nous fîmes un grand détour; & dès que nous fûmes arrivés auprès de lui, il dit qu'il ne pouvoit s'empêcher de reconnoître & d'admirer la Providence, de ce qu'elle avoit daigné ſe ſervir de lui pour nous garantir d'un ſi grand péril dans ce lieu ſolitaire; que connoiſſant ce paſſage, il n'y étoit entré qu'avec précaution pour ſonder le gué; que les eaux du lac enflées par les pluies des jours précédens, avoient fait un creux à l'embouchure de plus de deux fois la hauteur d'un homme; que ſi nos chevaux y fuſſent entrés, ils euſſent infailliblement entraîné la chaiſe dans le gouffre; lequel venant enſuite à ſe recouvrir de ſable, on n'auroit peut-être jamais pu ſavoir ce que nous fuſſions devenus. On eſt ſouvent expoſé à des dangers de cette eſpece aux embouchures des lacs & des petites rivieres; & il eſt incomparablement plus ſûr de faire un grand détour, ſoit à cheval, ſoit en voiture, en avançant dans le lit de la mer dont le fond

eſt

est plus solide, que de passer à l'embouchure même.

129. Nous fûmes arrêtés deux mois à *Rome*, pendant lesquels le P. *Maire* assista à la congrégation générale, & je m'occupai de mon côté à presser la construction du quart de cercle qui avançoit très lentement en notre absence, & surtout à mettre en bon état les deux lunettes & leurs micrometres. Notre instrument ne nous fut remis qu'au commencement d'août, & peu après nous le fîmes transporter à l'observatoire que M. le Cardinal *Valenti* a fait construire sur le rempart même de *Rome :* là nous prîmes plusieurs angles, tant pour connoître par le tour de l'horizon l'erreur de la division de l'instrument au point de 90 dégrés, que pour vérifier toutes les différentes parties de la division en les appliquant successivement à la mesure des mêmes intervalles. Mais cette méthode expose encore à des erreurs de plusieurs secondes ; & comme elle ne réussissoit pas à notre gré, & que nous voulions d'ailleurs profiter du tems pour parcourir nos stations, nous renvoyâmes l'examen des divisions après la mesure de tous nos angles. Nous fîmes encore à *Rimini* quelques tentatives, qui ne nous réussirent pas mieux ; jusqu'à ce qu'enfin revenus à *Rome* après toutes nos courses finies, j'imaginai une sorte d'instrument de vérification fort commode, que nous fîmes construire, & qui nous a beaucoup servi. J'en donne la description au quatrieme livre.

130. Cependant j'avois obtenu un ordre pour faire abattre les arbres au sommet de *Soriano*, à l'exception d'un seul qui devoit servir de signal. Cet abattis ne pouvoit être préjudiciable aux habitans du lieu, dont chacun avoit la liberté de faire du bois à discrétion. On n'avoit pas encore suffisamment nettoyé la place, surtout du côté qui regarde *Spolete ;* & au lieu d'un arbre, on en avoit laissé trois assez voisins, dont deux vus de *Rome* se projectoient l'un sur l'autre, en telle sorte que ces deux arbres & le troisieme sembloient de loin n'être que des branches écartées d'un seul : ce qui n'ayant été remarqué que lorsque nous nous transportâmes à cette station, jetta cette premiere année beaucoup de confusion dans nos premieres mesures. J'avois encore écrit pour faire placer des signaux sur le mont *Catria* & le *Carpegna*, & pour réparer

K

ceux des autres montagnes : moyennant ces précautions,
j'efpérois que la mefure des angles de notre fuite de triangles
depuis *Rome* jufqu'à *Rimini*, ne nous méneroit pas plus loin
que la fin de l'automne.

Signaux pla-
cés aux extré-
mités de la
bafe.

131. Pour procéder à cette mefure, nous commençâmes
par faire placer des fignaux aux extrémités de la bafe de *Rome*,
qui puffent être apperçus du fommet du mont *Genarro* à plus
de 24 milles de diftance : & comme vûs d'un lieu élevé, ils
ne pouvoient manquer de fe projecter fur le terrein, il falloit
de nouvelles précautions pour les rendre vifibles. Nous fîmes
donc dreffer trois folives, formant un angle droit, dont l'un
des côtés fuivoit la direction de la bafe, l'autre la coupoit
perpendiculairement. On lia leurs extrémités fupérieures par
des traverfes, & l'on revêtit deux faces du prifme depuis le
milieu jufqu'au haut d'une toile de chanvre enduite de chaux.
Nous en fîmes d'abord placer un fur le tombeau même de
Métella, & proche les creneaux qui font au-deffus de l'é-
pitaphe, avec un plancher fur lequel nous puffions trouver
place pour nous & pour notre grand quart de cercle, & d'où
la vue pût s'étendre jufqu'à l'extrémité de la bafe, & vers le
mont *Genarro* : l'autre fignal fut placé fur une éminence
proche l'extrémité orientale de la bafe. Le même jour nous
allâmes prendre les angles au premier fignal ; & peu s'en fallut
que notre quart de cercle, pour la premiere fois qu'il nous
fervoit, ne fût mis en pieces, & que nous ne périffions nous-
mêmes avec tous les ouvriers qui avoient conftruit notre
échaffaud.

Grand dan-
ger de mort.

132. Tout l'édifice portoit fur deux poutres horizontales,
dont l'une avoit été autrefois fciée prefque entierement & en
travers ; mais le trait de la fcie étoit tellement couvert de
pouffiere, qu'il n'étoit pas poffible de l'appercevoir. Nous
étions fur le plancher avec des maçons qui à force de bras y
montoient notre grand quart de cercle : dès que la poutre
eut fenti le poids de l'inftrument, elle commença à fléchir,
& fe rompit enfin tout à fait : une partie du plancher s'écroule,
le refte demeure incliné : le P *Maire* embraffa une poutre verticale, dont la folidité le mit hors de danger : ma pofition
étoit plus critique ; & fentant le plancher fe dérober fous mes

pieds, je fautai fur un rebord faillant du mur, & m'attachai des deux bras à l'un des creneaux : les ouvriers fauterent chacun de leur côté fur des roches, & d'affez haut pour qu'il y eût quelqu'un de bleffé. Si notre édifice eût été conftruit de l'autre côté du tombeau, où le mur eft fort élevé, c'étoit fait de nous : & fans rien changer à notre pofition, fi le quart de cercle eût déja été tranfporté fur le milieu de notre plancher, il étoit perdu fans remede.

133. Revenus de notre frayeur, **nous** donnâmes des ordres pour rétablir le plancher, & nous renvoyâmes les obfervations à un autre jour : un feul nous fuffit pour prendre nos angles aux deux extrémités de la bafe. Voici la méthode que nous avons fuivie alors, & depuis, dans le cours de toutes nos ftations. Le quart de cercle placé à peu près horizontalement, nous pointions les deux lunettes fur les fignaux, & nous vifions en même tems chacun de nous à un fignal, de crainte que dans l'intervalle il n'y eût quelque mouvement dans la machine : le quart de cercle reftant dans cette pofition, nous changions de lunette ; c'eft-à-dire que celui qui venoit d'obferver par la lunette fixe, paffoit à la lunette mobile : dès que nous étions affurés que les fignaux répondoient au centre des fils, nous eftimions l'un après l'autre l'angle indiqué par la lunette mobile ; en quoi nous différions rarement de 4 ou 5 fecondes, & alors même nous recommençions cet examen. J'expliquerai dans le quatrieme livre de quelle maniere nous eftimions les fractions des divifions tracées fur le limbe. Nous avions foin à chaque opération de vérifier la pofition de la lunette fixe à l'égard du point zéro, en dirigeant les deux lunettes au même point. L'angle mefuré, nous marquions exactement la diftance & la pofition du centre de l'inftrument, par rapport au centre du fignal : cette attention étoit abfolument néceffaire pour faire à l'angle obfervé une petite correction qu'exige la réduction au centre. Cette correction eft très aifée à pratiquer ; j'en pourrai dire un mot dans le quatrieme livre.

134. Après avoir pris les angles horizontaux, nous ôtions l'alidade & la lunette mobile ; nous placions verticalement le quart de cercle, & nous y appliquions le fil à plomb, pour

Maniere de prendre les angles.

Obfervations des hauteurs & dépreffions.

K ij

vérifier, au moyen de la double lunette fixe, la pofition de l'inftrument, (ce dont je renvoie le détail au quatrieme livre), & mefurer enfuite les hauteurs ou dépreffions des fignaux. Pour cela l'un de nous vifoit au fignal, tandis que l'autre examinoit le point du limbe auquel répondoit le fil à plomb. Nous plongions le poids dans l'eau, pour en arrêter le mouvement ; & s'il y avoit du vent, nous couvrions d'un garde-filet le fil à plomb.

Obfervations au dôme de St Pierre & fur le mont Genarro.

135. Les opérations finies aux deux extrémités de la bafe, nour fîmes tranfporter notre quart de cercle au-deffus du dôme de Saint Pierre : opération fort laborieufe, l'inftrument, fon pied, & la caiffe, que pour prévenir tout accident nous avions rendue fort folide, pefant près de 300 livres. Nous fîmes nos obfervations le 21 d'août ; mais fans avoir pu découvrir le fommet de *Soriano* qu'à travers un nuage. Le lendemain nous partîmes pour *Palombara* & le *Genarro*, où les nuages nous déroberent d'abord la vue de l'horizon : nous ne pûmes obferver que le lendemain, encore eûmes-nous beaucoup de peine à découvrir le fignal de *Frattochie*, le Soleil étant déja affez bas. Ce fut là que nous commençâmes à appercevoir trois arbres fur le *Soriano*, fans favoir lequel étoit le véritable fignal. Nous revînmes à *Rome*, & nous en repartîmes fur le champ pour *Soriano*, où nous vîmes qu'en effet on avoit laiffé trois arbres au lieu d'un, & de plus, qu'on n'en avoit pas affez abattu aux environs.

Obfervations fur un arbre à Soriano.

136. Le plus grand inconvénient étoit qu'une croupe de la montagne, quoique plus baffe, en fe prolongeant vers *Spolete*, couvroit la vue de ce côté là. Le meilleur parti à prendre eût été fans doute de faire abattre auffi-tôt tous les arbres qui étoient dans cette direction ; mais les habitans du lieu l'auroient vu avec peine, & ils nous affurerent qu'on pouvoit établir folidement un échaffaud fur les groffes branches d'un arbre, y tranfporter le quart de cercle, & découvrir de-là fort loin. Nous eûmes égard à leurs repréfentations : mais à peine le quart de cercle fut-il établi fur l'arbre, que le moindre vent faifoit trembler tout l'édifice & rendoit toute obfervation impraticable. Cet arbre étoit un des trois qu'on avoit laiffés pour fignal : nous le dépouillâmes de toutes fes feuilles, après quoi

nous n'éprouvâmes plus qu'un mouvement prefque imperceptible. Nous n'avions plus befoin que d'un jour ferein ; mais
pour le trouver il nous fallut monter au moins dix fois fur la
montagne, qui étoit à une heure & demie de chemin du bourg
de même nom : ce qui nous retint en ce lieu l'efpace de quinze
jours.

137. Après avoir entierement dépouillé cet arbre même de
fes menues branches, nous fîmes couper un des arbres qu'on
avoit laiffés pour fignal, de forte qu'il n'en reftoit plus qu'un
entier couvert de feuilles, qui ne pouvoit caufer d'équivoque.
Nous fortîmes de *Soriano* en fuivant la même route que l'année
précédente pour aller à *Amélie :* & fans paffer cette fois par
Terni, nous nous rendîmes à *Spolete* par un chemin détourné avec notre petit quart de cercle, pour lever la carte de
cette contrée : ce que nous avons toujours pratiqué dans la
fuite en allant d'une ftation à l'autre. Nous profitions auffi de
tout le tems qui nous reftoit dans nos ftations pour déterminer avec le grand quart de cercle la pofition des villes & autres
lieux principaux, quand ils n'étoient pas dérobés à notre vue
par l'oppofition du Soleil, ni par l'interpofition des nuages.

138. Nous fûmes plus heureux fur le mont *Fionchi :* dès le
premier jour l'horizon fut net, & nous découvrîmes très diftinctement les montagnes de *Palombara*, de *Soriano*, de *Péroufe* & de *Nocéra*. De-là nous prîmes la grande route de *Rome*,
& nous nous rendîmes par *Foligno* à *Nocéra*, dont le *Pennino*
n'eft éloigné que de cinq milles ; mais le chemin eft fi rude,
que nos chevaux eurent bien de la peine à le faire en cinq
heures, encore ne pûmes-nous retirer aucun fruit de ce premier voyage : le ciel étoit couvert de grands & de petits nuages
qui nous cachoient la plupart de nos fignaux. Après avoir attendu quelque tems inutilement, nous confiâmes notre quart
de cercle à des bergers, qui le mirent dans leur cabane fur la
montagne, & nous revînmes à *Nocéra* fans avoir rien fait.

139. Nous étions trop mal payés de nos peines pour nous
expofer à un fecond voyage auffi long & auffi inutile que le
premier. Ainfi nous nous établîmes dans une maifon de pay-
fan à *Mofciano*, petit village fituée fur le penchant de la montagne à deux ou trois heures de chemin du fommet, & célebre

Voyage à
Spolete.

Stations du
Fionchi & du
Pennino.

Miffion don-
née.

par les eaux très falutaires de *Nocéra* ; encore fallut-il y reſter neuf jours entiers : nous fûmes d'abord contrariés par les nuages qui rendirent les trois premiers voyages inutiles : les pluies furvinrent enfuite, & parurent vouloir nous retenir plus long-tems dans le village ; ce qui nous fit naître la penſée d'y donner une miſſion. Après avoir demandé les pouvoirs à M. l'Evêque de *Nocéra*, qui avoit eu la bonté de nous recevoir chez lui dans cette ville, nous nous mîmes à inſtruire, à prêcher & à confeſſer, ne croyant pouvoir mieux remplir que par des fonctions de zele le vuide de nos occupations géométriques.

Obſervations ſur le *Pennino*.

140. Enfin après une forte pluie, le vent de nord s'éleva le 21 feptembre, & nous montâmes incontinent ſur le *Pennina*. Les nuages en couvrirent encore le ſommet juſqu'après midi : ils ſe diſſiperent enfin, & nous commençâmes à appercevoir les montagnes de *Pérouſe* & de *Spolete* ; celle de *Catria* ſe découvrit un peu plus tard ; la biſe ayant augmenté ſur le ſoir, la fit ſortir des nuages, & nous achevâmes de prendre nos angles à l'entrée de la nuit. Je démontai les inſtrumens, & les remis en caiſſe par un froid ſi piquant, que j'en eus la main engourdie au point de ne pouvoir la fermer de pluſieurs mois.

Tremblemens de terre. Chute dangereuſe.

141. Un ſoir pendant notre ſéjour à *Moſciano*, la nuit étant aſſez avancée, nous ſentîmes un violent tremblement de terre, dont notre chaumine fut rudement ébranlée : un autre avoit renverſé peu de tems auparavant dans le même canton la petite ville de *Gualda*, & pluſieurs villages : j'écrivois alors à M. le Cardinal *Valenti* à qui je rendois compte deux fois la ſemaine de nos opérations. Mais le P. *Maire* courut ces jours-là même un danger bien plus grand, dont la Providence le ſauva. Dans l'un des voyages que nous fîmes au ſommet de la montagne, notre guide s'aviſa pour couper court, de nous mener par un ſentier preſque perpendiculaire : je ſentis le danger, & ayant aſſez de forces pour monter à pied, je deſcendis de cheval : le P. *Maire* plus âgé garda ſa monture ; mais la ſangle de ſon cheval s'étant caſſée tout à coup, le Pere gliſſa au même inſtant avec la ſelle ſur la croupe du cheval, & tomba à la renverſe entre des pointes de rochers. Tous mes ſens ſe glacerent de frayeur : jamais la protection de Dieu n'a

paru fur nous d'une maniere plus vifible : le P. *Maire* ne s'é-
toit point blefté : il fe releve de lui-même ; & la fangle attachée de nouveau, & plus étroitement ferrée, il remonte à
cheval, & arrive fain & fauf au fommet de la montagne.

142. *Le lendemain nous revînmes à* Nocéra, & prenant le
grand chemin de *Rome*, nous paffâmes à *Foligno* pour aller
à *Péroufe*. Dès le jour fuivant nous montâmes avec le grand
quart de cercle fur le *Téfio*, & le ciel étant ferein, nous fîmes
fans difficulté plufieurs obfervations ; mais nous ne pûmes
découvrir la montagne de *Carpegne* : elle devoit fe reconnoître à un fignal qu'on m'avoit promis pour le jour même,
& dont nous n'apperçûmes pas le moindre veftige avec nos
lunettes, & aucun de nos guides ni de nos aides ne connoif-
foit de vue cette montagne. Nous découvrîmes feulement celle
de *Sainte Marie*, & fur celle-ci une tour qui nous parut pouvoir former un nouveau triangle avec le *Catria* & quelqu'autre
montagne. Ainfi après avoir déterminé fa pofition, nous revînmes à *Péroufe*. Le même jour je reçois une lettre de l'ami
qui s'étoit chargé de pofer le fignal : il m'apprenoit que nous
ne pouvions abfolument nous paffer du mont de *Carpegne* ;
mais qu'il avoit été empêché d'y pofer le fignal par des foldats
tofcans, qui depuis quelques années avoient pris poffeffion
au nom de l'Empereur du bourg de *Carpegne*, du village de
Scavolino, & d'une grande partie de la montagne ; qu'on
étoit en conteftation fur les limites des deux états aux environs du lieu où il falloit placer le fignal ; que les foldats n'a-
voient pas permis qu'on mît la main à l'œuvre ; qu'il avoit eu
beau leur repréfenter qu'il s'agiffoit d'une opération géométrique & non militaire ; & qu'on défefpéroit de pouvoir leur
faire entendre raifon.

143. Cette nouvelle me furprit & m'affligea : c'étoit la premiere fois que j'entendois parler de pofer un fignal fur un
terrein en litige : fi j'en euffe eu le moindre foupçon, rien
n'eût été plus facile que de prévenir cet obftacle ; au lieu que
dans la circonftance il falloit écrire plufieurs lettres ; en attendant les réponfes, l'hyver qui s'avançoit à grands pas, devoit bientôt interrompre le cours de nos opérations. Après
avoir délibéré fur les moyens les plus prompts de lever cet

obstacle, nous crûmes devoir examiner en attendant si nous ne pourrions absolument nous passer du mont de *Carpegne* : pour cela nous fîmes transporter le quart de cercle à *Citta di Castello*, & de-là nous montâmes au sommet de l'Apennin, d'où nous descendîmes à *San Angélo in vado*, & à *Urbanie*, deux villes situées dans l'étroite vallée du *Métaro*. Après avoir examiné la situation des lieux, nous reconnûmes qu'en effet le mont de *Carpegne* nous étoit nécessaire, vu qu'on découvre de-là toute la côte de *Rimini*, & qu'il pouvoit terminer deux beaux triangles, l'un appuyé sur le *Catria* & le *Téfio*, l'autre sur le mont *Luro*. En conséquence nous écrivîmes à *Citta di Castello* d'envoyer notre quart de cercle à *Cantiano* situé au pied du *Catria*. En attendant nous allons à *Fossombrone*, à *Fano* & à *Pefaro*, & nous levons la carte de toute cette contrée avec le petit quart de cercle. Nous fûmes reçus à *Pefaro* par Mgr. François *Stoppani*, pour lors Evêque & Préfident d'*Urbin*, aujourd'hui Cardinal & Légat de cette Province, à qui M. le Cardinal *Valenti* nous avoit recommandé, & envers lequel les témoignages les plus expressifs de notre reconnoissance ne peuvent nous acquitter.

Voyage à *Rimini*.

————

1751.
Octobre.

144. Nous fîmes part à ce Prélat des mesures que nous avions prifes ; & en attendant que les difficultés s'applaniffent, nous allâmes chercher fur le rivage de *Rimini* un terrein mefurable à la perche, pour nous fervir de bafe. Il s'en étoit déja préfenté un près de *Fano*, qui au défaut d'autre, auroit pu fervir à cet ufage. Nous devions encore chercher un lieu propre à faire nos obfervations aftronomiques à l'extrémité de notre méridienne, & employer le refte du tems à faire quelques excurfions, pour la correction de la carte géographique, jufqu'à ce qu'il nous fût permis de conftruire une cabane fur le mont *Carpegne* pour nous fervir de fignal. Nous partîmes donc de *Pefaro* pour *Rimini* ; mais au lieu de fuivre la route qui borde la côte, nous détournâmes à gauche pour aller reconnoître le mont *Luro* : nous le trouvâmes tel qu'on nous l'avoit dépeint, c'eft-à-dire, très propre à placer un fignal ; car nous découvrions de-là le mont *Catria*, celui de *Carpegne*, & tout le rivage de la mer à quinze milles de diftance jufqu'à *Rimini*, où nous arrivâmes le 7 d'Octobre.

145.

Voyage à
San Marino.

145. C'étoit peu de voir sufpendre le cours de nos opérations: pour furcroît de malheur , il arriva par la négligence
des couriers, ou par je ne fais quelle fatalité, que les lettres
que M. le Cardinal *Valenti* m'adreffoit à *Rimini*, avec des
ordres d'où dépendoit toute la fuite de notre voyage, & d'autres
lettres que nous devions remettre nous-mêmes fur les lieux ,
fe perdirent toutes, fi bien qu'on ne put jamais favoir ce qu'elles
étoient devenues. Pendant que nous attendions la réponfe à
nos lettres, nous reconnûmes une plage qui s'étend de *Rimini*
vers *Pefaro* , très propre à mefurer fur le terrein , & à nous
fervir de bafe. Nous allâmes auffi à *Saint Marin* , petite ville,
mais fort célèbre par fon indépendance , & la liberté qu'elle
conferve depuis plufieurs fiecles : elle eft fituée fur une montagne qui fe termine en trois pointes fort élevées , & garnies
de tours , d'où la vue s'étend d'un côté fur la Marche d'Ancone , de l'autre fur les frontieres les plus reculées de l'Etat de
l'Eglife , & au-delà de *Commachio ;* mais fous un ciel pluvieux
& chargé de nuages, nous ne pûmes alors relever que les objets les plus voifins, dont nous fixâmes la pofition.

Obfervatoire établi à Rimini.

Eloge de M.
Garampi ;

146. Nous trouvâmes un lieu fort propre aux obfervations
aftronomiques dans la maifon de M. le Comte *Garampi* de
Rimini. Les termes me manquent pour exprimer toutes les obligations que nous avons à ce Seigneur. M. *Garampi* cultiva
dès fon enfance l'étude de l'Aftronomie, jufques-là que le célebre *Euftache Manfredi ,* dont il fut difciple à *Boulogne,* en
parle comme d'un compagnon de fes travaux. Nous obfervâmes
enfemble à *Rome* en 1736 dans ce college romain le paffage
de Mercure fur le Soleil, & liés dès-lors d'une étroite amitié ,
nous avons depuis ce tems-là entrenu un commerce de lettres.
De retour en fa patrie, il fit de fa maifon le palais d'Uranie;
il y traça une méridienne, & fit provifion d'inftrumens d'aftronomie, qui lui ont fervi à faire plufieurs obfervations , furtout
d'éclipfes. Il ne fe borne pas à l'étude des Mathématiques; & à
l'exemple de M. Jof. *Garampi* fon frere , Chanoine de Saint
Pierre de *Rome* , garde des archives du Vatican, connu dans
la république des lettres par plufieurs ouvrages fur les antiquités , remplis d'érudition , M. *Garampi* y joint l'étude des
médailles & la connoiffance des anciens manuferits.

I

Les services qu'il rend.

147. Comme il vit que nous n'avions dans notre college de *Rimini* aucun endroit propre à obferver les étoiles voifines du zénith, il nous conduifit chez lui, nous offrit fes inftrumens, & en particulier une pendule à fecondes, que nous n'euffions pu trouver ailleurs, & qui nous difpenfa d'en faire venir une de *Rome :* non content de cela, il voulut affifter à prefque toutes nos obfervations, à toutes fortes d'heures, à *Rimini* & à *Penna di Billi,* petite ville, chef lieu de la province, & fituée fur le mont *Férétrano,* où il nous reçut dans fa maifon avec magnificence : il nous fuivit depuis fur le mont de *Carpegne,* quand les difficultés furent levées ; il fit lui-même pour nous un bon nombre d'obfervations géographiques, qu'il nous envoya à *Rome :* il détermina en particulier la pofition de *Sarcina,* ville fituée au milieu des montagnes ; c'eft la feule ville de l'Etat de l'Eglife dont nous ayons omis de fixer la fituation par nos propres obfervations, n'ayant pas moins de confiance en celles de M. le Comte *Garampi* qu'aux nôtres.

148. Cette tâche finie, nous retournâmes à *Pefaro,* où nous logeâmes d'abord chez M. l'Evêque, puis chez M. *Olivieri,* l'ornement de l'Académie de cette ville, à qui nous avons eu toutes fortes d'obligations cette année & la fuivante : il nous conduifit à fa maifon de campagne de *Novilara* pour y travailler à la correction de la carte, & à fa terre de *Granarolo* à deux milles du mont *Luro :* il voulut être témoin des obfervations que nous fîmes avec le grand quart de cercle fur cette montagne même.

Signal pofé fur le mont de *Carpegne.*

149. Au retour de toutes nos courfes aux environs de *Pefaro,* je reçus enfin le 27 octobre la nouvelle que toutes les difficultés étoient levées ; que nous pouvions en toute fûreté faire conftruire une cabane pour nous fervir de fignal fur le mont de *Carpegne,* & y aller prendre nos angles. Nous partîmes dès le lendemain de *Pefaro,* & nous prîmes notre route par *Saint Marin* pour aller à *Penna,* & de-là à *Scavolino ;* d'où, tout étant concilié, le Commandant même des troupes tofcanes nous accompagna fur le fommet de la montagne. Nous y défignâmes la place de la cabane & la forme qu'on devoit lui donner. Nous étions partis de grand matin par un très beau rems ; nous avions trouvé le chemin efcarpé, & en partie

couvert de glace : à peine fûmes-nous au fommet, qu'il s'éleva tout à coup de la mer un amas de nuages blancs, dont notre montagne fut bientôt inveftie. Tandis que nous defcendions au bourg de *Carpegne*, & notre efcorte à *Scavolino*, un tourbillon de-neige forti du fein de la nue, & pouffé par un vent impétueux, nous enveloppa de toutes parts, & nous laiffa à peine affez de jour pour nous conduire. Cependant nous pourfuivîmes notre route fans accident, & le nuage étant diffipé, nous arrivâmes le même jour à *San Angelo in vado* à l'entrée de la nuit. Le lendemain nous paffâmes en diligence à *Acqualagna*, & à *Cagli*, ville entourée de montagnes qui rendent fa pofition difficile à déterminer : nous la déterminâmes de notre mieux, & nous arrivâmes encore de jour à *Cantiano*.

150. Notre quart de cercle nous y avoit devancé. Le jour fuivant à la pointe du jour nous montâmes fur le *Catria :* le tems étoit affez beau à notre départ ; mais nous n'étions pas encore à mi-côte, que tout le ciel fe couvrit de nuages, & ne nous annonça plus que des orages & des tempêtes : le fommet de la montagne y étoit déja plongé, & les vents mugiffoient avec fureur. Nous attendîmes plufieurs heures auprès du feu, pour voir fi le vent diffiperoit l'orage : il fallut revenir à notre gîte, & nous vîmes le lendemain matin notre fignal & le fommet de la montagne couverts de neige : en même tems tout le monde nous avertiffoit que ces montagnes étoient impraticables dans cette faifon ; que les payfans même des environs & les pâtres n'ofoient en approcher : ce qui nous fit perdre l'efpérance de pouvoir finir cette année la mefure de nos angles. Nous prîmes le parti de retourner à *Rimini* pour mefurer notre bafe, & de prendre notre route par *Urbin* pour placer cette ville & les lieux circonvoifins fur notre carte. Nous devions enfuite faire une excurfion géographique dans la Romagne, le Bolonois & le Ferrarois, en attendant notre fecteur, qu'on nous avoit promis pour ce tems-là. Le fecteur arrivé, nous nous propofions de faire au commencement du printems nos obfervations aftronomiques de *Rimini* ; &, pendant qu'on tranfportteoit l'inftrument à *Rome*, où nous devions en faire de femblables, de prendre en paffant les angles qui nous manquoient.

Tentative inutile. Nouvel ordre de marche.

1751.
Novembre.

Préparatifs
pour la mesu-
re de la base.

151. Arrivés à *Rimini* le 5 novembre , nous donnâmes d'abord nos soins à faire préparer les inſtrumens néceſſaires à la meſure de la baſe ; j'entends les perches avec leurs lames de métal , & les trépieds ; car pour la regle de fer , le ther- mometre & le compas à verge , nous les avions déja fait ve- nir de *Rome*. A notre départ de *Cantiano*, nous avions parti- culierement recommandé au Commandant du lieu de nous envoyer ſans délai notre quart de cercle ſur un cheval, non ſur un chariot, de crainte que quelque piece de l'inſtrument, quoique renfermé dans une bonne caiſſe, ne fût dérangée par les cahots de la voiture: précaution que nous avons toujours priſe ; & au défaut de cheval, nous faiſions porter le quart de cercle à bras ſur le ſommet des montagnes. Notre deſſein étoit, tandis qu'on prépareroit les uſtenſiles néceſſaires pour la me- ſure de la baſe , de vérifier les diviſions du quart de cercle ; mais il ſe fit attendre juſqu'à la fin du mois: d'un autre côté on ne procédoit qu'avec une extrême lenteur à préparer nos perches, & autres petits inſtrumens : toute l'autorité des Ma- giſtrats, jointe à la promeſſe d'une ample récompenſe , pu- rent à peine nous les procurer pour la fin de novembre.

Meſure de
la baſe de *Ri-
mini*.

Décembre.

152. Nous choisîmes pour notre baſe le rivage de la mer , depuis l'embouchure de l'*Auſa* près de *Rimini* , en tirant vers *Peſaro* , l'eſpace d'environ huit milles. Nous employâmes treize jours à faire cette meſure & à la répéter , non com- pris trois jours pendant leſquels les pluies nous obligerent de l'interrompre. Pendant tout ce tems, la température de l'air fut ſenſiblement la même ; le moyen dégré de chaleur étoit le cinquieme au-deſſus du terme de la glace: mais nous eûmes preſque toujours un brouillard ſi épais, que ſans la précau- tion que nous prîmes dès le premier jour de marquer l'ali- gnement de la baſe par des jallons plantés fort près les uns des autres , nous n'euſſions pu avancer en ligne droite: ainſi chaque fois que le brouillard s'éclairciſſoit ſuffiſamment les jours ſuivans pour laiſſer appercevoir les termes extrêmes de la baſe, nous continuions la même manœuvre.

Ferme de la
baſe ; ſa lon-
gueur.

153. Comme le rivage n'eſt point en ligne droite, & qu'en s'écartant de la plage les ſables accumulés par les vents for- ment des dunes & des creux, nous ne pûmes meſurer notre

bafe en ligne droite : elle étoit compofée de deux lignes, qui faifoient comme les côtés d'un triangle rectiligne, dans lequel, connoiffant ces deux côtés par leur mefure actuelle, avec un angle quelconque, il n'étoit pas difficile de déterminer le troifieme côté, ou la bafe rectiligne, & cela fans aucune erreur fenfible, eût-on commis dans l'angle une erreur d'une demi-minute: ce qui ne pouvoit arriver dans le cas préfent où nous nous fommes fervis du grand quart de cercle. Or l'angle formé par l'un des côtés connus avec la bafe rectiligne, s'eft trouvé de 9 dégrés, 7 minutes, 45 fecondes; d'où la bafe rectiligne a été conclue de 52674. 3 palmes romains, ou de 6037. 62 toifes.

154. Cette bafe fut mefurée de la même maniere que celle de *Rome* ; mais comme le brouillard de *Rimini* faifoit impreffion fur les perches, & les courboit tant foit peu, nous ne nous contentions pas de vérifier plufieurs fois le jour avec le compas à verge la longueur de nos perches, & de la comparer avec la regle de fer ; nous examinions de plus cette courbure même, au moyen d'un fil tendu, & de la maniere que j'expoferai au quatrieme livre. Cette courbure n'a pas produit dans la bafe une différence de fix pouces. Nous n'en avons point tenu compte dans la premiere bafe, parceque la différence étoit trop petite ; mais eût-elle été auffi grande qu'à *Rimini*, elle eût à peine produit une erreur de quatre pieds fur la mefure du dégré ; & en prenant un milieu entre les deux bafes, l'erreur n'eût pas monté au-delà de deux pieds.

Examen de la courbure des perches.

155. Nous eûmes trois obftacles à furmonter dans la mefure de la bafe de *Rimini*, favoir le paffage de l'*Amarano*, de petits efpaces de mer à traverfer quand la mer faifoit un coude, & quelques monceaux de fable & inégalités de terrein. L'*Amarano* eft un torrent qui, à fon embouchure, a un lit fort étroit, & un fond folide ; au lieu qu'à l'endroit où nous devions le paffer, le lit étoit large, & le terrein mouvant : nous déterminâmes cet intervalle par un triangle, en mefurant avec nos perches le long du bord un intervalle à peu près égal, & en prenant les angles avec une exactitude qui ne permet pas de foupçonner dans ce trajet une erreur d'un demi-pouce. La marée (affez fenfible dans le golfe de

Obftacles à furmonter.

Venife) empiétoit quelquefois fur notre bafe , dans les endroits où le rivage fe courbe en rentrant dans les terres : pour lors nos aides déja exercés par plufieurs jours de mefure , entroient dans l'eau jufqu'à mi-jambes , & mefuroient fous nos yeux : ils nous apportoient à diverfes reprifes la mefure de l'intervalle des perches , avec un compas ; & la conformité de leurs mefures nous répondoit de leur juftefle. Nous rencontrâmes à quelque diftance de la mer de grands monceaux de fables , & des creux, dans un affez long efpace : nous avions préparé deux nouvelles tables beaucoup plus hautes, pour les creux les plus profonds ; & nous faifions ébouler le fable des dunes, jufqu'à ce que les perches portant fur le fable même , fe trouvaflent de niveau.

156. Il eft encore digne de remarque, qu'en comparant les perches à la regle de fer, nous trouvions quelquefois que la même perche s'étoit allongée d'un côté & raccourcie de l'autre : ce qu'on ne peut attribuer qu'à l'irrégularité de tiffure des filamens, l'humidité produifant dans les uns un fimple raccourciffement , tandis que ce raccourciffement même faifoit peut-être éviter certains nœuds à d'autres filamens, qui par-là même fe lâchoient. Quelle qu'en foit la caufe, le fait eft certain.

157. J'obferverai enfin qu'ayant remefuré les deux côtés de notre bafe en revenant fur nos pas , nous n'avons trouvé entre la premiere & la feconde mefure qu'une différence de deux pouces : ce qui ne paroît nullement un effet du hafard ; mais celui de nos attentions & de nos foins en opérant : on peut en juger par l'expofé que j'ai fait des précautions que nous avons prifes : mais nous en avons une preuve encore plus fenfible ; c'eft qu'en remefurant nous trouvions rarement plus d'un pouce de différence dans la diftance des pierres & des briques que nous avions enterrées pour marquer le terme de chaque journée ; jufqu'à ce qu'ayant parcouru la moitié de la bafe , nous ne trouvâmes plus de bornes : elles avoient été écartées dans l'intervalle par les vagues pendant une tempête violente.

158. Aux deux extrémités de la bafe, comme aufli dans le point où elle faifoit un coude, nous avions enfoncé de force, & profondément dans le fable de gros pilotis, fur les têtes defquels, après les avoir applanies , nous avions tracé deux

1751.
Décembre.

Effet de l'humidité fur les perches.

Accord parfait entre les deux mefures.

Extrémités de la bafe marquées.

lignes profondes qui se croisoient, & dont l'interfection répondoit exactement aux termes extrêmes de nos deux lignes : nous les avions ensuite couverts de sable, & placé à l'entour quelques reperes, pour les retrouver plus aisément quand nous viendrions prendre nos angles.

159. Tandis que nous mesurions cette base, on nous écrivit de *Rome* qu'on ne pouvoit nous envoyer notre secteur, ni même le finir que nous ne fussions présens : ce qui nous obligea pour la seconde fois de changer l'ordre de notre marche, & de revenir à *Rome* vers la fin de décembre. Nous prîmes la grande route par *Pesaro, Fano, Sinigaglia, Ancone, Lorete, Recanati, Tolentin, Foligno, Spolete, Terni, Narni* & *Civita-Castellana*, autrefois *Fescennin* ; & dans tous ces lieux, comme dans toutes les autres villes de notre passage, nous ne manquâmes aucune occasion de travailler à la réformation de la carte; mais ces occasions ont été ici plus rares à cause de la saison.

160. Le secteur ne nous fut remis que vers la fin de février, & nous le plaçâmes dans le cabinet de *Kirker* au college romain : nous y avons une belle méridienne tracée sur un pavé de pierre, & une excellente pendule à secondes: le pavé porte sur une bonne voute, & le plafond est immédiatement au-dessous du toit, de sorte qu'il ne s'agissoit plus que de faire une petite ouverture au toit & au plafond, pour observer commodément les étoiles voisines du zénith.

161. On donnera en détail au quatrieme livre (n°. 3 & suiv.) la description du secteur, & l'explication de ses divers usages. Il suffit de remarquer ici que nous avons toujours eu grand soin de donner à notre secteur une situation verticale, en faisant raser le limbe au fil à plomb, & de placer le secteur exactement dans le plan du méridien. L'axe de la lunette étoit fixe dans notre secteur: il n'y avoit point de fil mobile dans la lunette (1); mais nous avions une lame mobile, placée sur le limbe ; on la faisoit avancer au moyen d'un micrometre, jusqu'à ce que le point le plus voisin de la division répondît au fil à plomb, pour pouvoir estimer la distance du fil à

Retour à *Rome.*

1752.
Janvier.
Février.

Observatoire de Rome.

Description du secteur.

____

(1) On pointoit la lunette sur l'étoile, en inclinant le secteur de la quantité nécessaire par le moyen d'une vis. Voyez liv. iv. n°. 14 & suiv.

plomb au milieu du limbe, & la valeur de l'angle. Nous avions eu foin de rendre l'axe de la lunette à peu près parallele au plan de l'inftrument, & le fecteur étoit tellement conftruit, qu'on pouvoit aifément approcher ou éloigner le centre de l'objectif du plan du fecteur, jufqu'à ce qu'on eût atteint le parallélifme : mais nous ne nous fommes nullement mis en peine de parvenir à un parallélifme rigoureux ; car en retournant alternativement le fecteur, on connoît d'abord de combien l'axe eft écarté du plan de l'inftrument ; & il n'eft befoin pour cela ni de prendre des hauteurs correfpondantes, ni même de régler la pendule, pourvu que fon mouvement foit uniforme : or cette déviation connue, il eft aifé de corriger, au befoin, l'erreur qui en réfulte ; je dis au befoin, car par exemple en Italie, à moins que la déviation ne foit confidérable, l'erreur n'eft plus fenfible.

Parallélifme de la lunette au plan de l'inftrument.

162. Cette méthode confifte à obferver trois jours de fuite la même étoile, le limbe tourné le premier jour à l'orient, le fecond à l'occident, le troifieme encore à l'orient, en confervant le limbe dans le plan du méridien. De la maniere que notre fecteur étoit fait, il ne falloit qu'un moment pour le retourner & le placer dans cette direction. Cela fuppofé, fi la lunette eft parallele, il s'écoulera autant de tems de la premiere obfervation à la feconde, que de la feconde à la troifieme : & ces intervalles feront inégaux, fi la lunette n'eft point parallele. Car fi à raifon de l'inclinaifon de l'axe, l'étoile arrive le premier jour au centre des fils avant que d'atteindre au méridien, elle arrivera le lendemain d'autant plus tard au centre des fils, & cette différence de tems fera double de celui qui répond à l'inclinaifon de l'axe : mais parceque le troifieme jour elle reparoîtra d'autant plutôt qu'elle a retardé la veille, la différence de ce fecond intervalle de tems fera encore double de l'erreur ; ainfi la fomme des différences des deux intervalles fera quadruple : ce qui donne cette analogie : l'efpace du tems marqué par la pendule, écoulé de la premiere à la troifieme obfervation, eft à la quatrieme partie de la différence de ces intervalles, comme deux cercles entiers à un quatrieme terme, lequel fera le nombre des minutes & fecondes du parallele de l'étoile fixe, qui répondent à l'inclinaifon de l'axe.

On

On réduira ce nombre de minutes & fecondes en arc de grand cercle par la méthode ordinaire, & l'on aura cette inclinaifon même, qu on corrigera fi on le juge à propos ; car lorfqu'elle eft petite, on peut n'en tenir compte dans notre latitude ; & obfervât-on même près du pôle, il eft incomparablement plus facile & plus court de corriger l'erreur qui en réfulte, que de s'obftiner à courir fcrupuleufement après le parallélifme, au rifque d'y perdre un tems confidérable. La différence des deux intervalles, dans l'une des pofitions de notre fecteur, s'eft trouvée de 32 fecondes ; d'où réfulte une inclinaifon de 8 fecondes, répondante à deux minutes du parallele de l'étoile fixe : inclinaifon légere, & qui diminua confidérablement encore lorfqu'on eut changé la pofition de l'objectif.

163. Nous avons obfervé pendant un intervalle de plus de quinze jours trois étoiles, favoir α du figne, μ de la grande ourfe, & β de la conftellation d'*auriga* ; & voici le procédé que nous fuivions : le fecteur tellement difpofé que l'étoile dût paffer dans la lunette, l'un de nous deux attendoit le moment du paffage, & dès qu'il la voyoit paroître, il tournoit une vis, qui faifoit incliner le fecteur plus ou moins, jufqu'à ce qu'il eût amené l'étoile fur le fil horizontal, & perpendiculaire au méridien ; & il attendoit le moment où elle atteignît le fil qui croifoit le premier dans le plan même du méridien, en remarquant l'heure de la pendule au moment de ce paffage. L'autre prenoit enfuite fa place, & voyoit fuivre à l'étoile le fil horizontal, qu'elle débordoit de nuit, & qui la couvroit entierement pendant le jour. On examinoit enfuite le point du limbe auquel répondoit le fil à plomb, en avançant, au moyen d'une vis, la lame mobile jufqu'à ce qu'une de fes divifions répondît au fil : nous faifions cet examen l'un après l'autre, & à plufieurs reprifes, & nous ne différions jamais de plus de deux ou trois parties de micrometre, dont il en faut trois pour une feconde. Souvent auffi nous retournions le fecteur d'un jour à l'autre ; & c'étoit pour nous, comme je l'ai dit, l'affaire d'un moment.

164. Les obfervations aftronomiques terminées à l'extrémité auftrale de la méridienne, nous partîmes de *Rome* avec notre fecteur, pour en aller faire de femblables à *Rimini*, &

Maniere d'obferver les étoiles voifines du zénith.

1752.
Mars.

Départ de Rome.

M

laiſſer le moindre intervalle poſſible entre les obſervations. Nous prîmes, pour aller à *Rimini*, la même route par laquelle nous en étions revenus l'année précédente ; & nous profitâmes de la belle ſaiſon pour déterminer la poſition des points que nous n'avions pu obſerver au cœur de l'hyver dans notre premier voyage, & il nous en manquoit preſque à chaque ſtation : tout nous réuſſit à ſouhait, le tems ayant preſque toujours été extrêmement favorable.

Avril.

Obſervations aſtronomiques à *Rimini.*

165. Arrivés à *Rimini*, nous fîmes dans la maiſon de M. le Comte *Garampi* tous les préparatifs néceſſaires aux obſervations aſtronomiques, en attendant notre ſecteur. L'inſtrument étoit renfermé dans une forte caiſſe, dont le fond étoit de planches épaiſſes & fort unies. Nous traçâmes une méridienne dans un lieu commode ſous le toit ; nous y plaçâmes la pendule, puis le ſecteur qui ſe trouva tout monté le 15 d'avril, & nous commençâmes à obſerver. Les nuages & les brouillards vinrent nous contrarier : ce qui fit que nos premieres obſervations s'accordoient peu ; de plus elles furent interrompues par un accident qui dérangea le ſecteur. Mais depuis les

Mai.

derniers jours d'avril juſqu'au 15 de mai, il y eut un aſſez bon nombre de jours ſereins : ils furent entremêlés d'autres jours, où la pluie & le mauvais tems ne nous laiſſoient appercevoir qu'une ſeule de nos étoiles, ou nous les cachoient toutes. Les obſervations que nous fîmes de β d'*auriga* furent en trop petit nombre, à cauſe de la proximité du Soleil, & trop peu ſûres pour qu'on puiſſe y compter ; mais l'accord de toutes les autres ne nous laiſſe aucun doute ſur la détermination de l'amplitude de l'arc. Pluſieurs amis du maître de la maiſon, & lui ſurtout, furent témoins de nos opérations, & partagerent nos travaux.

Examen des diviſions. Courſes géographiques.

166. Ces obſervations finies, nous employâmes quelques jours à l'examen des diviſions du ſecteur ; mais de retour à *Rome*, nous reprîmes & achevâmes cet examen avec plus de ſoin, & par diverſes méthodes. J'avois imaginé avant de quitter *Rimini*, un inſtrument commode pour la vérification des diviſions du quart de cercle ; mais je n'y pus trouver d'ouvrier en état de l'exécuter avec aſſez de préciſion. Après quelques tentatives, nous remîmes à faire cet examen à *Rome* même.

avec plus de loifir. Nous fîmes auffi pluficurs courfes géographiques, entre autres fur une colline très agréable, nommée *Corvignano*, couverte de maifons de plaifance de la nobleffe du pays, & dans une petite ville riche & peuplée, appellée *Saint Arcange*: & pour ne rien laiffer en arriere dans ce canton avant que d'achever de prendre nos angles, nous employâmes le refte du mois de mai & celui de juin à parcourir la Romagne, le Ferrarois & le Bolonois, remettant au commencement de juillet les voyages qui nous reftoient à faire fur les montagnes.

167. Nous partîmes de *Rimini* le 27 de mai, & nous arrivâmes à *Cefene*, où M. le Marquis *Michel Ange Romagnoli*, mon ami particulier, nous fit une magnifique réception. Il étoit venu au-devant de nous l'efpace de pluficurs milles; ce qu'il fit encore depuis: il nous mena vifiter un célebre monaftere de Bénédictins au voifinage de cette ville; il y affifta à un grand nombre d'obfervations, & à notre retour il voulut nous reconduire jufqu'à *Rimini*. Nous fûmes retenus à *Cefene* par une pluie qui dura vingt-quatre heures fans interruption.

Voyage à
Cefene;

168. De-là nous paffâmes à *Cervia la neuve*, ville fi petite, qu'elle ne mérite pas le nom de ville: le voifinage des falines a fait abandonner l'ancienne: l'air eft très mauvais dans la nouvelle. De *Cervia* nous allâmes à *Ravennes* qui conferve encore beaucoup de monumens de fon ancienne magnificence. Nous y fûmes reçus par le R. P. *Maure Sartio* de l'ordre des Camaldules, dont il eft aujourd'hui Abbé à *Rome*, connu par un grand nombre d'ouvrages, qui nous conduifit au célebre monaftere de *Claffé*; & par M. *François Cinnano*, jeune gentilhomme, grand amateur, qui nous accompagna fur des montagnes d'un accès également difficile & dangereux. De *Ravennes* nous nous rendîmes à *Comachio*, où nous féjournâmes pluficurs jours, mais avec moins de fruit que nous ne l'avions efpéré. La fituation de cette ville eft telle, que dans un tems ferein on découvre toutes les montagnes du Bolonois & de la Romagne, jufqu'aux forts de la ville *St Marin*. Les nuages nous déroberent en partie les avantages du pofte, n'ayant vu ces objets éloignés qu'une feule fois, & pendant quelques momens.

A *Ravennes*
& *Comachio*;

M ij

169. **De** *Comachio* nous allâmes à *Ferrare*, où nous reſtâmes huit jours. Nous fîmes des obſervations à pluſieurs repriſes ſur une haute tour de l'Egliſe principale avec le P. *Sivieri* Jéſuite, l'homme d'Italie qui poſſede le mieux la topographie du pays, & la ſcience de conduire les eaux. Comme le tems étoit toujours embrumé, les objets les plus éloignés ſe refuſoient à notre vue : le P. *Sivieri* y ſuppléa. Il avoit une collection abondante d'anciennes obſervations, ſur leſquelles il nous deſſina une carte comprenant le Ferrarois, le Bolonois d'en-deçà les monts, & les environs de *Ravennes*. Cette carte qu'il dédia au Pape Benoît XIV, & qu'il préſenta l'année derniere au Cardinal *Valenti*, nous a été d'un grand uſage : les lumieres que nous en avons tirées ont conſidérablement abregé notre travail.

170. **Nous** prîmes un peu à gauche pour faire quelques obſervations, en allant de *Ferrare* à *Boulogne*, où nous en fîmes pluſieurs, ſoit dans la fameuſe tour *Aſinelli*, ſoit dans notre maiſon de campagne de *Barbiano :* le ciel étoit cependant toujours fort embrumé. Nous nous trouvâmes dans cette ville au milieu d'une troupe de ſavans ; je ne nommerai que ceux dont j'avois déja l'honneur d'être connu, & qui en cette occaſion n'oublierent rien pour reſſerrer les nœuds de notre ancienne amitié. M. *François Zanotti*, Secrétaire de l'Inſtitut de *Boulogne*, dont j'ai l'honneur d'être membre depuis quelques années, nous en fit voir à loiſir toutes les riches collections, en particulier le cabinet d'hiſtoire naturelle. M. *Euſtache Zanotti* nous mit à portée d'examiner les inſtrumens aſtronomiques venus de *Londres*, & nous conduiſit à l'obſervatoire, où nous obſervâmes avec lui le ſolſtice. Le P. *Riccati* Jéſuite nous accompagna à la maiſon de campagne du college, d'où nous allâmes faire des obſervations ſur une haute montagne. Il nous mena enſuite en la compagnie de M. *Gabriel Manfredi*, voir le nouveau canal de *Boulogne*, dit *Benedettino* ; où nous paſſâmes quelques jours ; & un bras du vieux *Pô*, ſur la droite, dans lequel ſe décharge le canal : nous parcourûmes au même tems toutes les campagnes voiſines, par ordre de M. le Cardinal *Doria*, alors Légat à *Boulogne*, qui nous ayant déja reçus à notre arrivée en cette ville, voulut

encore nous loger , & fe tranfporta le dernier jour au lieu
même où nous obfervions. Les bontés que Son Eminence m'a
témoignées en particulier à *Boulogne*, & dont elle continue
à m'honorer à *Rome*, & les obligations que je lui ai, ne me
laiffent point de termes pour exprimer ma reconnoiffance &
mon dévouement.

171. Nous demeurâmes vingt jours tant à *Boulogne* que
dans ce voyage qui nous fournit auffi quantité de relevemens.
Nous nous étions propofé de faire une courfe dans les montagnes du Bolonois : c'étoit la partie de cette Province qui
en avoit le plus befoin, tout le plat pays ayant déja été reconnu par les plus habiles Géometres de *Boulogne*, qui en
avoient publié une carte à grands points : mais comme cette
partie même ne renfermoit aucune ville ou bourg un peu confidérable ; qu'elle étoit déja décrite dans une nouvelle carte
du Modenois ; & qu'enfin nous étions preffés d'aller achever
notre mefure trigonométrique, pour ne pas nous expofer une
feconde fois aux brouillards , aux nuages & aux neiges , en
laiffant paffer un tems favorable, nous jugeâmes à propos de
revenir par la grande route de *Rome*, en nous arrétant pour
obferver dans les villes & les gros bourgs qui s'y touchent de
près , & en négligeant le pays montueux & les lieux peu habités , dont nous pouvions tirer la pofition des meilleures cartes.
Nous montâmes donc par *Faenza*, *Imola* & *Forli* à *Bertinoro*,
petite ville fituée dans un lieu élevé, d'où nous relevâmes
quantité de points par un affez beau tems ; car la vue s'étend
de-là fort loin. Nous revînmes à *Cefene*, & enfuite à *Rimini*,
où nous arrivâmes le 11 juillet (1).

172. Notre premier foin à notre arrivée fut de faire les préparatifs pour prendre la mefure de notre fuite de triangles.
J'avois déja écrit pour faire rétablir les fignaux tombés ou
ébranlés pendant l'hyver ; & j'avois pris des précautious pour
empêcher que les garnifons de *Scavolino* & de *Carpegne* venant à être relevées, on ne nous fufcitât quelque nouvelle

1752.
Juin.
Juillet.

Retour à
Rimini par
Bertinoro.

Préparatifs
pour la me-
fure trigono-
métrique.

---

(1) Il y a dans le texte *le 11 mai* ; c'eft une faute d'impreffion. Voyez
n°. 165.

diﬁculté. Nous découvrions le mont *Luro* de notre obferva-toire.de *Rimini* ; nous commençâmes par obferver le gifement de cette montagne, en mefurant l'angle qu'elle formoit avec le Soleil levant, pour en conclure la poſition de toute notre chaîne de triangles par rapport à la ligne méridienne. Cette obfervation fut faite le 21 juillet, mais dans un lieu fort in-commode ; & indépendamment de ce qu'elle exigea pluſieurs réduétions, je compte beaucoup plus ſur celle que nous avons faite depuis à loiſir dans le college romain avec ma pendule dont j'étois ſûr : car pour une opération de cette efpece, le mouvement de l'horloge ne ſauroit être trop égal. Nous allâmes enfuite placer des ſignaux aux extrémités de notre baſe de *Rimini*, où j'ai dit que nous avions enterré de grands pilotis. Celui de l'*Aufa* ne ſe fit pas long-tems chercher ; il étoit tout près de l'embouchure : mais la violence des vents ayant ap-plani pluſieurs monticules de fable, nous fûmes pluſieurs heures fans rencontrer le fecond, quoique de pluſieurs reperes éloi-gnés nous euſſions fait tracer des ſillons à trois pieds de diſtance du pieu : nous commencions à perdre l'eſpérance, lorſqu'un de nos ouvriers le trouva par hazard enfoui à une grande profondeur. Auſſi-tôt nous plaçâmes aux deux extré-mités des ſignaux tout femblables à ceux de la baſe de *Rome*.

Phénomene ſingulier d'o-ptique.

173. Les ſignaux poſés, nous y allâmes prendre nos angles : ce qui fut fait en très peu de tems à l'embouchure de l'*Aufa* ; mais nous fûmes arrêtés à l'autre extrémité par un phénomene très ſingulier. La diſtance des ſignaux n'étoit que de huit milles, & pour les rendre plus faciles à appercevoir, ils étoient élevés de plus de 20 palmes au-deſſus du ſol. Du premier ſi-gnal nous avions très bien diſtingué le fecond au point du jour : arrivés à celui-ci peu après midi, nous eûmes beau pointer la lunette ſur le premier, dont le lieu nous étoit par-faitement connu, car il répondoit à l'endroit du port de *Ri-mini* le plus proche du Lazaret ; nous ne pûmes le découvrir, quoiqu'il ne pût être caché par la courbure de la mer, dont la hauteur, dans un efpace de huit milles, n'approche pas de 20 palmes nous ne découvrions que le toit de l'hôpital ; encore nous parut-il extrêmement rétreci : il en étoit de même des voiles des navires qui étoient dans le port, & dont pluſieurs

les avoient déployées; toutes nous parurent défigurées. Frappé de la nouveauté de ce spectacle, je dressai une échelle contre le signal, & ayant monté quelques échelons, je pointai la lunette, & je découvris la toile qui enveloppoit le signal de l'*Aufa*; mais ce n'étoit point par dégrés qu'elle s'élevoit de toute sa largeur au-dessus des eaux; je la découvris d'abord presque entiere, premierement comme à travers un nuage transparent, ensuite beaucoup plus distinctement, mais si étroite, qu'elle ne faisoit presque qu'une ligne: à mesure que je montois elle paroissoit s'élargir, & reprenoit, ainsi que les maisons & les voiles des navires, sa forme naturelle. Nous ne nous lassions point le P. *Maire* & moi de contempler ce phénomene, en nous élevant plus ou moins sur l'échelle, & en haussant & baissant alternativement la tête: mais l'après midi s'avançant, il fallut songer à prendre nos angles; & pour nous mettre à portée de voir le signal éloigné, nous profitâmes d'un chariot qui se trouva fort à propos: nous le plaçâmes à l'endroit où nous voulions observer; nous y établîmes le quart de cercle; & y étant montés, nous découvrîmes très distinctement notre signal, & nous terminâmes toutes nos observations.

174. Tandis que nous venions de l'autre extrémité de la base, il s'étoit levé un vent de midi dont la mer étoit un peu agitée; & j'ai souvent remarqué, tant sur le golfe de *Venise* que sur la mer de Toscane, que les vents de sud & de sud-est y donnoient occasion à un phénomene qui paroît être du même genre que le précédent: les pointes des caps ou des isles vues du bord de la mer, ou d'un endroit eloigné, tel que le rayon visuel rase la surface des flots, paroissent en l'air, comme suspendus au dessus des eaux. Mais dès qu'on regarde d'un endroit plus élevé par un rayon plus oblique, le phénomene disparoît, & on les voit dans leur état naturel. Les rayons qui partent de l'objet, & qui passent un peu au-dessus de la surface d'une mer agitée, sont détournés de côté, je ne sais par quelle cause, de sorte qu'ils resserrent l'image de l'objet, jusqu'à le rendre invisible, à moins qu'il ne soit très grand, & la resserrent d'autant plus, qu'ils sont plus près de la surface des eaux. Cela étant, on doit perdre absolument de vue la pointe la plus haute d'un cap, tandis que ses autres parties

Autre phénomene semblable.

1751.
Juillet.

élevées doivent paroître rentrer les unes dans les autres , &
être d'autant plus refferrées, qu'elles font plus hautes; enforte
qu'on ne voie plus que comme une pointe fufpendue au milieu des airs. Mais c'eft ici un point fort difficile à expliquer,
du moins à ce qu'il me paroît pour le préfent, & qui demanderoit une plus longue difcuffion, & un plus grand nombre d'expériences phyfiques, que je n'ai pu répéter dans un voyage
fait à la hâte. Mais fi j'ai occafion dans la fuite de paffer quelque tems fur une côte maritime, d'où l'on découvre fur la
mer quelques rochers & quelques promontoires, je repren-
drai la matiere, & je l'examinerai plus à loifir.

Autre phé-
nomene d'op-
tique.

175. En attendant, voici une autre remarque d'optique qui
a rapport aux réfractions. Du lieu le plus élevé de notre college de *Rimini* , nous regardions avec la lunette une tour
fituée dans le port de *Pefaro*, & fouvent elle nous paroiffoit
affez élevée au-deffus de la mer : d'autres fois, quoique le
ciel fût très ferein, & l'horizon très net, & qu'il régnât un
vent de nord, nous n'en découvrions pas le moindre veftige :
ce qui ne peut venir que de l'inégalité qui fe trouve dans les
réfractions horizontales. Au refte, le phénomene dont j'ai
parlé plus haut, n'a pu vicier les angles par lefquels nous avons
lié cette bafe à notre chaîne de triangles, puifque notre quart
de cercle étoit placé à une hauteur d'où nous découvrions parfaitement le fignal. Enfin nous prîmes alors aux deux extrémités de la bafe, & les deux jours fuivans à *Rimini*, tous les
angles qui étoient néceffaires pour lier notre obfervatoite de
Rimini à notre fuite de triangles, ou au fignal fitué à l'embouchure de l'*Aufa*.

Obfervati-
ons fur le
mont *Luro*.

176. La mefure de ces angles terminée, nous partîmes de
Rimini le 25 de juillet pour n'y plus revenir, & nous arrivâmes
à *Granarola* chez M. *Annibal Olivieri*, dont nous avons parlé
plus haut, & qui nous y attendoit. Le lendemain nous montâmes enfemble fur le mont *Luro* avec notre grand quart de
cercle, & nous y prîmes tous nos angles au pied d'un clocher.
Nous n'oubliâmes pas furtout de lier au fignal de l'*Aufa* la
fenêtre de la maifon de M. *Garampi*, d'où nous avions obfervé le lever du Soleil ; & de crainte de nous y méprendre,
nous avions fait fufpendre à cette fenêtre un drap blanc. Tandis
que

que nous faifions ces obfervations, il y eut un tremblement de terre affez confidérable, qui renverfa plufieurs édifices aux environs du mont *Nerone :* mais entierement occupés de notre ouvrage, nous ne nous en apperçûmes point.

177. De retour à *Granarola*, nous paffâmes trois jours chez M. *Olivieri*, pendant lefquels nous fîmes plufieurs excurfions dans le voifinage pour la réformation de la carte. Ayant enfuite envoyé notre grand quart de cercle en un lieu voifin du mont de *Carpegne*, nous prîmes notre route par *St Marin*, où nous fîmes pour la troifieme fois, & par un beau tems, un grand nombre d'obfervations géographiques, & nous nous rendîmes à *Penna.* Aux environs de *St Marin* nous avons eu l'honneur de rendre nos devoirs à Mgr *Bonajuti*, Evêque de *Montfeltro*, qui, l'année précédente, nous avoit reçus chez lui à *Penna :* par un excès d'attentions, il voulut fe charger du foin de faire tranfporter le quart de cercle au fommet du mont de *Carpegne*, & de nous faire préparer un hofpice au pied de cette montagne : il s'y trouva lui-même au jour marqué, & monta deux fois avec nous fur la montagne, où il affifta à toutes nos obfervations : de-là il nous conduifit à *Macerata*, petite ville aux extrémités de fon diocefe, & qu'il ne faut pas confondre avec une autre ville de même nom dans la Marche d'Ancone. On fent mieux que je ne pourrois l'exprimer, les obligations que nous avons à cet illuftre Prélat.

Voyage à Penna par St Marin.

178. En allant de *St Marin* à *Penna*, nous paffâmes à *San Leo*, où l'on voit un fort ou citadelle d'une fituation admirable, à la cime d'un rocher efcarpé : elle étoit autrefois aux Ducs d'*Urbin*, & fait aujourd'hui partie de l'Etat de l'Eglife. Il y a long-tems que cette ville difpute à *Penna* la primatie & le fiege de l'épifcopat ; mais c'eft prefque toujours en cette derniere ville que les Evêques réfident aujourd'hui. Nous eûmes l'honneur de diner chez M. le Commandant de la citadelle, de l'ancienne famille *Semproni* d'*Urbin*, de qui nous apprîmes un fait qui mérite attention. Affez près de la citadelle eft une petite maifon de payfans, située dans un fond ; des vieillards très dignes de foi, racontent que dans leur enfance l'ombre d'un des angles du fort atteignoit à midi, dans l'un des folftices, le feuil de la porte de cette maifon, & qu'avec le tems

Phénomene fuprenant.

elle s'en étoit écartée peu à peu, jusques-là que l'ombre d'un autre angle, fort éloigné du premier, parvenoit presqu'au même point, dans le même tems de l'année: ce qui ne peut être arrivé que par un changement de position, ou dans le sol de la maison, ou dans la roche sur laquelle est bâtie la citadelle. Ce n'est pas le seul fait de ce genre dont nous ayons eu connoissance; il y en a des exemples en plus d'un endroit : souvent des personnes nous ont assuré qu'on découvre aujourd'hui, & d'un assez grand espace de terrein, d'autres lieux qui, de leur vivant, ou du vivant de leurs peres, étoient couverts par une colline, quoiqu'il y ait sur cette colline des édifices : ce qui fait voir que le phénomene ne doit point s'attribuer à un éboulement des terres causé par le labourage & par les pluies. La terre s'éleve en certains endroits ; en d'autres elle s'affaisse peu à peu : c'est un fait connu, que l'on a vu quelquefois naître tout à coup des montagnes dans des plaines, & des isles sur la mer ; des couches de pierre ayant été soulevées par des feux souterreins : tant le lieu de notre séjour ressemble à notre vie! dans l'un comme dans l'autre, rien de fixe ni de permanent.

1752.
Août.

Observations sur le mont *Car egne*. Notre route jusqu'à *Cantiano*.

179. Après avoir fait nos observations dans cette ville, nous allâmes à *Penna*, puis à *Scavolino*, & au sommet du mont de *Carpegue*, où notre hôte obligeant, M. *Garampi*, qui nous y suivit le lendemain avec M. l'Evêque, assista deux fois à nos observations ; car elles ne purent être terminées le premier jour. De-là prenant la route de notre station du mont *Catria*, nous passâmes par *Macerata* pour aller à *Urbanea* ; mais comme nous eûmes occasion en chemin de faire un grand nombre d'observations, nous fûmes surpris par la nuit, & nous n'arrivâmes qu'à grande peine à une chapelle célebre en ce canton, sous le nom de *Crucifix de Bataille*, & desservie par des Prêtres séculiers chez qui nous passâmes la nuit. Le lendemain de grand matin nous nous rendîmes à *Urbanea*. Après y avoir observé, j'eus encore assez de jour pour faire une excursion à *San Angelo in vado*, qui n'en est pas fort éloigné. Le jour suivant nous arrivâmes par *Cagli* à *Cantiano*, même chemin qui nous y avoit déja conduits l'année précédente.

180. Nous montâmes le lendemain au sommet du *Catria*.

le ciel étoit beau & ferein, & nous ne pouvions defirer un tems plus favorable : mais nous eûmes beau chercher avec la lunette le fignal de *Pennino*, fitué près *Nocera*, nos recherches n'aboutirent qu'à nous convaincre qu'il n'y en avoit point, quoique j'euſſe écrit deux fois un mois auparavant au Maire de *Nocera* pour le faire rétablir. Il fallut donc s'en revenir fans avoir pu finir cette tâche, & dépêcher fur le champ un nouvel exprès au Maire pour le faire fouvenir de fa promeſſe. Nous n'en fûmes pas quittes pour attendre ; le tems changea, & le rétabliſſement du fignal ne nous rendit pas les beaux jours que nous avions perdus. Enfin ce fignal réparé, nous remontâmes fur la montagne ; nous y achevâmes de prendre nos angles, non fans beaucoup de peine ; après quoi nous y fûmes aſſaillis d'une pluie qui nous accompagna encore à notre retour.

Station du mont *Catria*.

181. Nous partîmes de *Cantiano* le 12 d'août pour *Peroufe*. Nous vîmes en paſſant les fameuſes tables de *Gubio*. Nous fixâmes la pofition de ce lieu du haut d'une montagne voifine. De *Peroufe* nous nous rendimes à *Antignolla*, village du domaine des *Oddi*, fitué au pied du *Tefio* : nous y étions invités par les Seigneurs du lieu, qui y attendoient leur parent M. le Cardinal *Oddi*, Evêque de *Viterbe*, lequel y devoit venir paſſer les vacances d'automne. Il avoit déja plu en abondance pendant plufieurs jours : nous profitâmes d'un tems équivoque pour monter au fommet de la montagne, où le quart de cercle, par une pente roide & difficile, ne put arriver auſſi-tôt que nous. En attendant nous obfervions avec le petit quart de cercle, lorfque tout à coup le ciel fe couvrit de nuages ; le tonnerre & les éclairs furent bientôt fuivis d'une pluie affreufe qui dura plufieurs heures : nous les paſſâmes dans une cabane où nous ne pouvions nous tenir de bout. La pluie étant devenue moins forte, nous montions à cheval pour nous en retourner, lorfque nous nous apperçûmes d'un accident qui, fans les précautions que nous avions prifes, eût anéanti dans un moment tout le fruit de nos travaux paſſés.

Voyage à *Peroufe* & fur le mont *Tefio*.

182. Nous avions un cahier contenant un recueil de toutes nos obfervations faites pendant deux ans, dans lefquelles nous avions déja corrigé toutes les erreurs provenantes de la divifion

Recueil d'obfervations perdu.

du petit quart de cercle: nous le confervions précieufement, fans jamais le porter fur les montagnes: malheureufement nous l'avions pris ce jour-là avec nous pour comparer nos nouvelles obfervations à celles de l'année précédente: il échappa fans doute dans le trouble où nous mit le commencement de l'orage. Dès qu'on s'en fut apperçu, je me mis à parcourir malgré la pluie tout le fommet de la montagne avec beaucoup de foin, mais inutilement. Le lendemain j'y menai une troupe de payfans pris à gages: je les rangeai par ordre, comme pour faire une battue, & nous reconnûmes furtout les endroits où le cahier avoit été ouvert: mais quoique le fommet de la montagne ne foit couvert que d'une herbe fort courte, nous ne pûmes rien trouver. Les gardes que nous y envoyâmes enfuite de *Peroufe,* avec une autre efcorte de payfans, ne furent pas plus heureux, malgré l'appas d'une grande récompenfe promife. Nous ne le cherchions avec tant de foin que pour n'être pas obligés de remettre en ordre, & de réduire de nouveau nos obfervations: ce qui devoit couter beaucoup de travail: mais ce foin même que nous prenions fit juger de la perte que nous avions faite, & le bruit s'en répandit au loin: quelques-uns même crurent & publierent partout, que nos obfervations étoient perdues fans reffource.

Cette perte eft réparée.   183. Mais le mal n'étoit pas fans remede: j'avois toutes les obfervations qui concernoient la mefure du dégré, tant dans les tablettes où elles avoient été écrites au tems même de l'obfervation, que dans une copie où elles avoient été mifes en ordre, parfaitement conforme en ce point à l'autre cahier, tiré de la même fource. A l'égard des obfervations géographiques, qui étoient en bien plus grand nombre, je les confervois avec foin dans ces mêmes tablettes, où elles avoient été d'abord écrites, & d'où on les avoit tranfportées dans le cahier perdu: j'avois avec moi celles du voyage que nous faifions alors; les autres étoient reftées à *Rome:* le P. *Maire* les avoit aufli pour la plupart dans fon porte-feuille; & la perte fe réduifit prefqu'uniquement à un très petit nombre d'obfervations de peu de conféquence, auxquelles nous fuppléâmes par d'autres obfervations de diverfes perfonnes, plus encore par celles que nous fîmes nous-mêmes. Je fuis entré dans ce détail pour qu'on ne s'imaginât pas que nous eussions eu assez peu de précaution pour confier à un recueil portatif unique le travail de plusieurs années, au risque de nous voir obligés de tout recommencer. Du reste nous terminâmes un autre jour, & par un tems plus favorable, cette laborieuse station; & dès que nous fûmes de retour à *Perouse*, on transcrivit de nouveau tout ce qui avoit rapport à la mesure du dégré: les autres observations furent aussi en peu de tems réduites & mises en ordre dans un nouveau journal.

184. On nous avoit écrit de *Nocera* que le signal de *Penino* avoit été rétabli précisément à la même place, où il avoit été construit l'année précédente. Pour nous assurer de ce fait, nous ne jugeâmes pas nécessaire de retourner à *Nocera*: par les dernieres observations du mont *Tesio*, nous venions de voir ce signal dans la même position; & il étoit aisé de nous en assurer davantage par une seconde direction, en répétant l'observation sur le *Fionchi*. Ce fut surtout par cette raison que nous nous déterminâmes à retourner à *Spolete*. Nous observâmes sur la route en divers lieux, surtout à *Spello* & à *Foligno*: & nous ne fûmes pas moins heureux sur le *Fionchi*, où nos observations se trouverent conformes à celles de l'année précédente. De-là nous envoyâmes notre quart de cercle à *Soriano*, bien résolus de n'y plus observer sur les arbres, mais sur un terrein solide; pour cela, de faire abattre tous les arbres qui nous déroberoient la vue de nos signaux, & de garder pour signal celui des trois qu'on avoit laissé sur pied. Nous fîmes encore plusieurs courses dans la vallée de *Spolete*, & sur les collines voisines pour la correction de la carte, accompagnés de MM. *Antoine Ancajani*, & *J. B. Pianciani*, mon illustre ami; après quoi nous allâmes de *Spolete* à *Soriano* par le même chemin que nous avions suivi l'année précédente en allant de *Soriano* à *Spolete*.

185. Arrivés au sommet de la montagne, nous fîmes un abattis comme pour ouvrir une grande route du côté qui regarde la montagne de *Spolete*: nous reconnûmes alors que le signal de *Fionchi* se projectoit sur d'autres montagnes, ainsi que le dôme de *St Pierre* sur le sol; & il nous fallut monter plusieurs fois sur le sommet du *Soriano*, avant que de les pouvoir

Station sur le *Fionchi.*

Septembre.

Station sur le *Soriano.*

découvrir diftinctement, d'autant plus que nous étions déja au mois de feptembre, tems où l'on fait des feux dans toute la campagne de *Rome* pour brûler le chaume & les mauvaifes herbes, & que les fumées obfcurciffent toute l'atmofphere. Enfin la bife s'étant levée le 14 feptembre, nous terminâmes nos obfervations ; & le lendemain nous arrivâmes à *Ronci-glione*, & de-là par le grand chemin à *Rome*, d'où nous étions partis fix mois auparavant.

Retour à Rome.

Répétition de quelques obfervations.

186. Il nous reftoit à répéter les obfervations que les trois arbres du *Soriano* avoient rendues douteufes l'année précédente, particulierement fur le *Genarro*, & dans lefquelles on ne pouvoit plus être expofé à aucune méprife depuis qu'on n'avoit laiffé qu'un feul arbre pour fignal. Nous avions enfuite à parcourir la terre de *Sabine*, le territoire de *Norcia*, & les montagnes voifines, pour defcendre de-là dans la Marche d'*Ancone*. Nous devions y ajouter la carte du petit pays qui eft entre *Peroufe* & la grande route de *Rome* à *Florence*, & qui fe trouve fur la frontiere de Tofcane. Mais comme nous avions eu peine à découvrir du *Genarro* le fignal de *Frattochie*, qui terminoit la bafe de *Rome*, ce qui rendoit cette obfervation fort incertaine ; nous commençâmes par faire placer aux deux extrémités de la bafe les mêmes fignaux que l'année précédente, & nous répétâmes de part & d'autre les obfervations pour les rendre plus fûres.

187. Cela fait, nous allâmes pour la troifieme fois à *Palombara* ; & après avoir répété par un beau tems nos obfervations fur le *Genarro*, nous renvoyâmes le grand quart de cercle à *Rome*, & nous commençâmes à parcourir la terre de *Sabine*. Un de nos premiers poftes fut le mont *Pennecchia*, voifin du *Genarro*, d'où nous paffâmes à *Monte Flavio*, c'eft un village de la maifon *Borghefe*, fitué fur une hauteur ; puis à *Scandriglia*, à *Fara* qui domine les environs de *Farfa*, & qui eft fitué fur une haute colline, & de là nous paffâmes à *Poggio Mirteto*, l'une des principales villes de cette province. Après avoir obfervé dans tous ces lieux, & les autres de notre paffage, nous dirigeâmes notre route à travers les montagnes pour aller à *Rieti*. Nous nous arrêtâmes plufieurs heures à mi-côte dans un hermitage abandonné : c'étoit un lieu des plus

Voyage dans la terre de Sabine.

propres aux obſervations à raiſon de ſa hauteur. Nous demeurâmes deux jours à *Rieti*, pendant leſquels nous fîmes quelques excurſions dans le voiſinage : après quoi nous entrâmes
dans une délicieuſe vallée, pour aller voir les caſcades du
Velino, où cette riviere, après avoir coulé tranquillement
le long du vallon, ſe précipite de fort haut dans le *Nar*, à
trois milles ou environ de *Terni*. De-là nous paſſâmes à un
bourg nommé *Pie di Lugo*, ſitué au bout de la vallée de *Rieti*,
& ſur le bord d'un lac très profond, auquel il donne ſon nom.
Nous montâmes enſuite au village de *Morro*, d'où nous nous
engageâmes dans des montagnes infeſtées par les ours, & arrivâmes de nuit à *Leoneſſa* ſur les frontieres du royaume de
Naples. Le lendemain nous revînmes à *Monte Leone* dans l'E-
tat de l'Egliſe.

188. Nous deſtinâmes cette journée à viſiter le ſommet
d'une montagne voiſine, d'où la vue s'étend dans les vallées
de l'Apennin, & dans tout le pays en-deçà de ce mont : ce
projet nous réuſſit heureuſement, & nous obſervâmes juſqu'à
la nuit. Le jour ſuivant nous allâmes à *Coſcia* & à *Norcia*,
qui ont été plus d'une fois renverſées par des tremblemens de
terre. De *Norcia* nous fîmes pluſieurs excurſions, & particulierement ſur une haute montagne, d'où nous déterminâmes
la poſition de la ville, & nous parcourûmes enſuite tout ſon
territoire. Au ſortir de-là nous paſſâmes par pluſieurs petites
villes & villages, du nombre deſquels eſt le *Preci*, dont les
habitans ſont renommés pour quelques opérations chirurgi-
cales, & en particulier pour celle de la taille ; & nous arrivâmes à *Viſſo*, ville opulente, mais dont la ſituation affreuſe
l'eſt encore moins que le chemin qui y conduit. Cette ville
eſt comme au fond d'un entonnoir : la montagne qui l'entoure de toutes parts, eſt ſillonnée en zigzag de cinq ravines
très étroites, & auſſi profondes que la montagne eſt haute :
ce ſont comme autant de rayons dont la ville eſt le centre,
& qui la font reſſembler à une étoile d'une monſtrueuſe groſſeur ; les trois premiers ſervent de lit à autant de rivieres qui
ne tariſſent jamais ; le quatrieme à un torrent : ces quatre
courans ſe réuniſſent dans le vallon reſſerré où eſt bâtie la ville,
& de-là coule le *Nar* par le cinquieme rayon : le lit de cette

Suite. Af-
freuſe ſitua-
tion de *Viſſo*.

riviere eſt étroit; ſes bords ſont un rocher taillé à pic; quelquefois même ils ſe rapprochent par le haut; & ſous l'un des ces côtés inclinés eſt un chemin taillé en partie dans le roc, où l'on ne peut entrer ſans être ſaiſi d'horreur. Il ne faut pas demander s'il y a de la vue dans cette ville : de quelque côté qu'on ſe tourne, on ne voit qu'une montagne eſcarpée; car pour les cinq rayons anguleux dont je viens de parler, on les perd bientôt de vue dans la deſcente; & en élevant la tête on ne découvre que la partie du ciel, voiſine du zénith.

Tentative inutile ſur une très haute montagne.

189. Ce n'étoit pas le lieu de faire des obſervations géographiques; il fallut pour cela recourir aux montagnes voiſines : celles qu'on nomme *des Sibilles* n'étoient qu'à quelques milles de *Viſſo* : elles forment une chaîne élevée, ſur laquelle pluſieurs pointes s'élevent encore davantage, & qui domine le pays de la Marche d'*Ancone* : le *Mont-rond* qui fait partie de cette chaîne, eſt un peu moins élevé que les pointes; on ne laiſſe pas de découvrir de-là l'Etat de l'Egliſe, preſque dans toute ſon étendue, juſqu'aux confins de la Toſcane, & ſur la droite toute la Marche d'*Ancone*. Nous mîmes au moins ſix heures à monter, quoiqu'à cheval, par un chemin fort incommode; & nous avions un ciel extrêmement pur, ſans le moindre ſouffle d'air : arrivés au ſommet, nous tirons le petit quart de cercle de ſon étui, & nous meſurons des yeux *Camerine*, les villes d'alentour, & celles de la Marche d'*Ancome* : nous étions prêts à relever tous ces points, lorſque nous nous trouvâmes tout à coup plongés dans un brouillard qui occupoit tout le ſommet de la montagne, & qui ſe convertit bientôt en une nuée noire. Jamais accident pareil ne m'a mortifié ſi ſenſiblement : un poſte ſi avantageux, & qui nous avoit tant couté à franchir, nous étoit enlevé au moment même où nous croyons en profiter. Nous eûmes aſſez de conſtance, ou pour mieux dire d'obſtination, pour reſter trois heures au milieu de cette nue, expoſés à un vent impétueux; le Soleil qui dardoit ſes rayons un peu au-deſſous de nous, & qui éclairoit les flancs de la montagne, nous donnoit quelque lueur d'eſpérance; mais la nue encore plus opiniâtre la fit enfin évanouir : cependant le jour baiſſoit, & il fallut ſonger à la retraite. A peine étions nous deſcendus un

peu

peu au-deſſous du ſommet de la montagne, que le Soleil reparut, & nous découvrit, tant que la vue pouvoit s'étendre, tout le pays ſitué à l'occident, mais en pure perte, ne pouvant plus le lier avec les objets de l'orient & du nord.

190. Comme la nuit approchoit & que nous eſpérions de pouvoir monter le lendemain au ſommet de la montagne, nous nous détournâmes un peu de notre route pour aller à l'égliſe de Notre-Dame de *Macereto*, à laquelle on a beaucoup de dévotion dans le pays. Les Prêtres qui deſſervent cette égliſe nous firent grand accueil ; leur maiſon eſt ample & commode ; nous y paſſâmes la nuit. Dès qu'il fut jour, le ſommet de toutes ces montagnes parut tout couvert de neige, & enveloppé d'épais nuages : ce qui nous obligea de renoncer à notre projet, & de retourner à *Viſſo*, d'où nous montâmes le lendemain avec beaucoup de peine ſur une aſſez haute montagne qui eſt du côté oppoſé. Nous avions pris avec nous un homme du pays pour nous indiquer les lieux voiſins ; & n'ayant pu lui trouver à tems un cheval, je lui cédai le mien : je montai à pied pendant trois heures, & j'arrivai au ſommet trempé de ſueur, dans le même état qu'un homme qui ſort du bain. Ce n'étoit pas là mon coup d'eſſai : un jour que nous devions monter ſur le *Genarro*, ma mule de louage s'étoit échappée pendant la nuit : en attendant qu'elle ſe retrouvât, je me mis en chemin avant le point du jour pour arriver au ſommet vers le lever du Soleil : j'en ai uſé de même en pluſieurs autres rencontres ; & je puis me rendre le témoignage de n'avoir jamais laiſſé échapper une occaſion favorable d'obſerver, dans la vue de m'épargner quelque incommodité.

191. De-là nous déterminâmes de notre mieux la poſition de *Viſſo* ; d'où nous partîmes le lendemain de grand matin. Nous entrâmes dans une large vallée qui reſſemble à une plaine, & dont le ſol eſt plus élevé que le ſommet de pluſieurs montagnes. Le tems étoit ſerein ; mais nous avions à notre gauche les montagnes de la Sibille, ſur leſquelles il tomboit de la neige, que les vents, malgré la diſtance, portoient juſqu'à nous. Nous allions à *Arquata*, ville autrefois riche & peuplée, en prenant notre route par un petit village qu'on nomme le *Caſtelluccio*, dont la plupart des habitans

Q

On eſt contraint de lui en ſubſtituer une autre.

Haute vallée. Hyver de Caſtelluccio.

1752.
Octobre.

paſſent l'hyver à la maniere des Lapons, comme on nous en aſſura dans l'endroit même. Pendant cette ſaiſon, les hommes en état de voyager conduiſent à *Rome* des chevaux chargés de charbon, préparé dans les forêts voiſines; ils vivent de ce commerce; tandis que les vieillards, femmes & enfans reſtent enſevelis dans leurs maiſons ſous la neige pendant pluſieurs jours, & quelquefois des mois entiers, ſans pouvoir mettre le pied dehors, & ſans autre boiſſon que de l'eau de neige fondue au feu : pour cela ils amaſſent une grande quantité de bois pendant l'automne, & font proviſion de farine pour tout l'hyver.

Danger dans une gorge de montagne.

192. Au bout de la vallée dont je viens de parler, nous tombâmes dans une gorge fort étroite, par laquelle on deſcend de la montagne de la Sibille dans la Marche d'*Ancone* : la petiteſſe du détroit augmentoit la force du vent, au point que les nuages portés par le vent contre le flanc de la montagne, s'élevoient en ſe briſant comme des vagues, & ſembloient jetter de l'écume; enſorte que nos chevaux avoient beaucoup de peine à avancer. On nous apprit que ce paſſage eſt ſouvent impraticable, & qu'il eſt arrivé plus d'une fois que des voyageurs, enlevés avec leurs chevaux par un vent impétueux, ont été jettés fort loin, & écraſés contre les rochers. Arrivés au côté oppoſé de la montagne, nous découvrîmes une grande partie de Marche d'*Ancone*, & la petite ville même d'*Arquata* reſſerrée ſur les bords du *Tronto*, & dans un fond extrêmement bas: car la côte, qui s'éleve peu à peu, & comme par dégrés, de la vallée du *Tibre* à celles de *Terni*, de *Rieti*, de *Norcia*, & à celle de *Viſſo* dont nous venons de parler, finit tout d'un coup en ce lieu, où elle eſt coupée preſque verticalement ſur la rive du *Tronto*. De ce point de vue *Arquata* offre le même aſpect qu'une petite place vue de la fenêtre d'un étage très élevé. Le ſpectacle du ciel couvert de nuages noirs, qui s'étendoient juſqu'à la mer, inſpiroit de l'horreur. La nuit étoit fermée quand nous tombâmes dans la ville: je dis que nous tombâmes, car la pente étoit ſi rapide, que nos chevaux, en roidiſſant les jambes, gliſſoient par leur propre poids, comme ſur un plan incliné. Alors nous fûmes accueillis d'une pluie horrible; &, ce que je n'avois vu nulle part, elle tomba

pendant trois jours & trois nuits fans interruption ; de forte que les terres furent toutes détrempées dans tout ce canton, & dans la province d’*Afcoli*, & qu’en partant d’*Arquata*, nous fûmes obligés pendant les deux premiers jours de notre marche de prendre de grands détours pour éviter les embarras du chemin, caufés par l’éboulement des terres qui le bordoient, & les boues encore fraîches dont on avoit fait de grands monceaux d’efpace en efpace.

193. Le vent de nord s’éleva fubitement le quatrieme jour, & nettoya tout l’horizon : nous vîmes alors la montagne entierement couverte de neige ; ainfi après avoir fixé la pofition de ce lieu, nous fuivîmes le cours du *Tronto*, à travers quantité de villages & de bourgs, jufqu’à l’endroit où les chemins n’étoient plus praticables. La riviere étoit extraordinairement enflée, & il y avoit long-tems que fon pont étoit tombé en ruine. Nous couchâmes à trois milles d’*Afcoli*, ne pouvant ni avancer, ni paffer la riviere. Le lendemain nous quittâmes le grand chemin, qui de-là jufqu’à la ville eft affez large, & même, en d’autres tems, commode pour les voitures ; mais qui rompu alors, n’étoit pas même bon pour des gens de pied. Nous prîmes des chemins de traverfe, par les montagnes, & nous ne pûmes arriver à *Afcoli* que fur le midi. L’après dinée nous allâmes obferver à la citadelle, & le lendemain fur le mont *Polefio*, qui tire fon nom d’un bourg adjacent, & d’où l’on découvre prefque toute la Marche d’*Ancone* : le tems étoit beau, & nous le mîmes à profit en faifant un très grand nombre d’obfervations. J’examinai en montant, & enfuite fur le fommet, la ftructure de cette montagne, qui, bien que fort éloignée de la mer, étant adoffée à l’Apennin, eft toute compofée de cailloux ronds & plats, polis par le frottement, que l’on nomme *galets*, tels qu’on en trouve au bord de la mer, & dans les lits des rivieres. Ces pierres étoient fort inégales pour la groffeur, & elles formoient différentes couches paralleles à la furface de la montagne : de forte que je n’ai aucun doute que des feux fouterreins n’aient fait fortir cette montagne de la mer, ou plutôt du lit de quelque riviere, car je n’y trouvai point de coquillages ; & je crois que telle eft l’origine de plufieurs montagnes & de plufieurs ifles.

Voyage dans la Marche d’*Ancone* Obfervations de phyfique.

O ij

194. Je remarquerai à cette occasion, qu'en obfervant les montagnes, partout je les ai trouvées d'une ftructure admirable : ce qui n'eft jamais plus fenfible que dans les endroits où elles font traverfées & minées de longue main par le cours des rivieres. J'ai vu au-deffous de *Magliano*, ville confidérable de la terre de Sabine, un banc continu, formé d'un amas prodigieux d'écailles d'huitres : mais c'eft la feule fois que j'aie trouvé des corps marins, ou autres indices de mer, dans un lieu éminent fort éloigné des côtes. La plupart des montagnes font compofées de couches de pierres, entre lefquelles il y a fouvent des couches de terre de différente épaiffeur, & à intervalles inégaux. Ces couches fuivent en plufieurs endroits la courbure de la montagne ; mais fouvent auffi elles s'élevent, & font plus ou moins inclinées fur fa furface : ce qui indique que le refte de la couche, dont elles faifoient partie, s'eft écroulé par quelque accident. Souvent encore on voit deux couches appuyées l'une contre l'autre par une de leurs extrémités, comme les deux faces d'un coin : elles femblent s'être prêté un mutuel fecours dans leur chute. On trouve quelquefois des montagnes compofées de rochers auffi différens pour la figure que pour la groffeur, & où l'on ne découvre aucune régularité dans la direction des couches. Dans la vallée de *Sublaque*, fur la route de *Tivoli*, on voit à gauche quantité de groffes pointes de montagne, de figure conique, les unes couchées au pied des autres, en telle forte qu'il eft aifé de voir de quel côté elles font tombées. C'eft ce qu'on reconnoît furtout au-deffous de la chapelle de *Mentorella*, & de maniere à ne laiffer aucun doute. J'ai remarqué fur le mont *Soriano*, ce que je n'ai vu nulle part ailleurs, qu'il ne s'y trouve aucune couche réguliere, aucun banc de roche : ce n'eft qu'un amas confus de groffes pierres faillantes, irrégulierement arrondies, dont la plupart ont dix à douze pieds de diametre : les habitants de *Soriano* en font voir une qui eft tellement en équilibre, qu'en montant deffus on l'ébranle par le moindre mouvement du corps, & on lui communique une forte de tremblement. Tout cela me porteroit à croire que le lac voifin, défigné par ces mots de Virgile, *& cimini cum monte lacus*, étoit autrefois un volcan,

dans le fein duquel ces maffes de pierre fe font arrondies par
de longs frottemens; qu'elles ont enfuite été lancées au dehors,
dans le tems des explofions, & fe font accumulées en cet endroit. Quoi qu'il en foit, plus je confidérois la furface de
notre globle, plus je découvrois de veftiges d'un bouleverfe-
ment immenfe, & comme un amas de ruines, au lieu de fa
tiffure primordiale. Je reprends la fuite de nos opérations.

Voyage à Montalte & autres Lieux.

195. Nous defcendîmes de l'autre côté de la montagne, &
nous arrivâmes fur le foir à *Montalte*, patrie de Sixte V, où
l'on voit encore plufieurs édifices commencés, par lefquels
ce grand Pape s'efforçoit de faire une ville d'un petit bourg:
mais une mort prématurée l'ayant enlevé, la ville eft aujour-
d'hui prefque déferte, & le Commandant & l'Evêque n'ont
à peu près pour toute compagnie que des payfans. Nous y
fîmes nos obfervations le lendemain matin, après lefquelles
nous nous rendîmes à travers plufieurs petites villes & bourgs
à *Cupra Montana*, aujourd'hui *Ripa Tranfone*, où nous fûmes
accueillis gracieufement par M *Recchi*, Evêque de cette ville,
perfonnage célebre par fon érudition en tout genre, ci-devant
Prépofé à la bibliotheque impériale, ainfi nommée à caufe
qu'elle a été fondée par le Cardinal *Impériali* : il nous pro-
cura une carte de la Marche d'*Ancone*, non encore publiée,
& deffinée autrefois par un habitant de cette ville : elle eft
plus exacte qu'aucune des cartes gravées que nous ayons pu
voir, quoique nos obfervations nous aient fait connoître
qu'elle avoit befoin de plufieurs corrections. Le jour fuivant
nous côtoyâmes de loin le golfe de *Venife :* nous arrivâmes
le foir à la petite ville de *Monte Robiano*, & le lendemain à
Fermo, où il y a beaucoup d'ancienne nobleffe, une Académie publique, & un riche archevêché. Nous y fîmes auffi-tôt,
ainfi que dans tous les lieux de notre paffage, nos obfervations géographiques ; & le jour fuivant nous paffàmes par
San Elpidio & *Civita nuova*, deux villes opulentes & peu-
plées, dont la derniere eft du domaine de la maifon *Cefa-
rini*. Nous arrivâmes fur le foir près de *Monte Santo* à la maifon de campagne des *Bonacorfi*, où toute la famille fe trouvoit alors raffemblée ; maifon dont la beauté & la magnificence répondent à l'opulence des maîtres : on y voit quantité de

ſtatues de marbre, d'allées & de berceaux de charmilles, de jets d'eau, de fontaines, dont les unes ſont à découveɾt & coulent continuellement, & d'autres ſemblent être placées en embuſcade pour tendre des pieges aux ſpectateurs curieux. Après avoir ſatisfait pendant quelque tems notre curioſité, nous nous retirâmes à notre college de *Monte Santo*, où nous n'arrivâmes qu'à nuit cloſe.

Voyage à Lorette, Oſi-mo, &c.

196. Le lendemain matin nous montâmes ſur une haute tour, d'où nous découvrîmes la montagne de *St Marin* près de *Rimini*. Le tems étoit très beau, & pendant tout notre voyage dans la Marche d'*Ancone* il n'a point ceſſé de nous être favorable. Ces obſervations finies, nous arrivâmes à *Lorette* & de là à la montagne d'*Ancone*, où, après avoir paſſé la nuit dans le monaſtere des Camaldules, nous montâmes à la pointe du jour au ſommet, où nous relevâmes quantité de points, & des plus importans. Nous découvrions la chaîne de l'Apennin, particulierement le *Catria* avec ſon ſignal. Quant à la montagne de *Nocera*, dont le ſignal trop négligemment conſtruit, étoit tombé peu après pour la troiſieme fois, nous ne pûmes le reconnoître: mais au point du jour nous découvrions très diſtinctement, même à la vue ſimple, les montagnes d'au-delà du golfe. Nous deſcendîmes & nous arrivâmes avant midi à *Oſimo*, où, tandis que nous obſervions dans un clocher, nous entendîmes la groſſe artillerie de la citadelle d'*Ancone*, à l'arrivée de M. Jean *Lambertini*, petit neveu de Sa Sainteté, jeune Prince de la plus grande eſpérance, qui ſe rendoit à *Rome* pour la premiere fois. La fumée du canon nous donna lieu de déterminer la poſition de cette citadelle, dont une montagne interpoſée nous déroboit la vue. Nous arrivâmes le même jour, quoique très tard, à *Macerata*, où nous avions déja obſervé deux fois à loiſir: nous en partîmes le lendemain à la premiere pointe du jour, & nous arrivâmes par *Tolentino* à *San Gineſio* ſur une hauteur, ville autrefois très célebre, aujourd'hui preſque déſerte. Après y avoir pris nos relevemens, le ſoir à notre arrivée, & le lendemain matin, nous rebrouſſâmes chemin, & nous revînmes par *Tolentin* à *Montemelone*, village placé ſur une éminence, où, ayant été retenus de force par M. le

Marquis *Ricci*, qui avec fa famille & quelques amis, y étoit venu prendre l'air de la campagne, nous obfervâmes à loifir ce jour-là & le jour fuivant. De-là nous nous rendîmes avant la nuit dans une ville beaucoup plus peuplée, appellée *Montecchio :* le pofte étoit des plus avantageux ; nous profitâmes du peu de jour qui nous reftoit pour y obferver ; & bien nous en prit, car dès le lendemain il recommença à pleuvoir à verfe ; & il plut fi long-tems, que nous n'euffions pu faire aucune obfervation en ce lieu.

197. Ceft-là le terme des voyages que j'ai faits avec le P. *Maire :* il étoit tems d'aller reprendre ma claffe de mathématique, pour laquelle on avoit été obligé de me donner fucceffivement deux Suppléans, les deux années précédentes : le P. *Maire* étoit plus libre. Il fut donc réfolu qu'après un petit détour, pour fixer la pofition de *San Severino*, qui nous étoit abfolument inconnue, j'irois prende la grande route pour m'en retourner à *Rome* par le plus court chemin, tandis que le P. Maire parcourroit le refte de la Marche d'*Ancone*, le long des montagnes, & pafferoit enfuite l'*Apennin* pour revenir à *Rome* par cette petite contrée, voifine de la Tofcane, dont nous n'avions encore pu lever la carte. Nous étions alors au 2 de novembre, & nous efpérions que l'ouvrage pourroit être terminé dans le courant du mois.

198. Notre efpérance fut encore trompée par une fuite conftante de mauvais tems, à laquelle il n'y avoit eu aucun lieu de s'attendre. La pluie me reconduifit de *Montecchio* à *San Severino*, où je profitai de quelques momens favorables pour obferver de deffus une hauteur : je m'étois à peine remis en route par des chemins de montagnes, qu'il recommença à pleuvoir, & il plut à verfe jufqu'à la nuit. Je n'étois pas à un mille de *Camerino*, & je ne pus le découvrir : enveloppé de brouillards épais, je voyois à peine à 20 pas. Comme j'étois déja tout percé, je crus que je ne rifquois plus rien de continuer ma route, & j'arrivai enfin par un chemin peu connu, & fort mauvais, furtout dans la faifon où nous étions alors, fur la grande route, près de *Seravalle*, bourg connu de tous les voyageurs ; d'où je me rendis promptement à *Rome* pour y reprendre mes fonctions interrompues.

Projet de féparation.

1752.
Novembre.

Retour de l'Auteur à *Rome*.

199. Le P. *Maire*, souvent contrarié par le mauvais tems, employa tout le mois de novembre & les premiers jours de décembre à exécuter une partie de ce qu'il avoit projetté; & n'espérant plus de pouvoir finir, il renvoya le reste à une saison plus commode. Je joins ici la relation qu'il a donnée lui-même de son travail.

Le P. *Maire* continue les observations géographiques.

» 200. J'arrivai (c'est le P. *Maire* qui parle) de *Montecchio* » à *Cingoli*, & je logeai chez M. *Raffaeli*, qui étoit pour » lors à sa maison de campagne de *Staffolo*, où il me fit aussi » l'honneur de m'inviter. Après deux jours passés à *Cingoli*, » presqu'en pure perte, je revins à *Staffolo*, où le tems s'étant » remis au beau, j'eus lieu d'être satisfait de mes observations. » De-là je me rendis à *Fabriano*, où je prolongeai mon sé- » jour jusqu'à ce que le tems, qui étoit fort variable, m'eût » permis de déterminer la position de cette ville, & celle de » *Mantelica*. Ensuite je suivis le cours de l'*Esino* jusqu'à *Jesi*, » par un chemin qui ne le cede en rien aux plus belles routes » de *Rome :* un brouillard épais ne me laissa qu'un moment » pour observer. Le lendemain matin j'allai à *Monte Rado*, » métairie du college germanique. L'observation fut encore » très courte à *Corinaldo*, par la même raison, & le tems fut » si obscur pendant six jours, qu'il me fut impossible de rien » faire : enfin le septieme jour j'allai relever quelques points » à *Mondolfo ;* & comme la saison étoit avancée, car nous » touchions déja à la fin de novembre, je laissai *Mondavio*, » où j'avois d'abord projetté de faire une station, & j'allai » droit à *Pergola*. Je déterminai un jour la position de *Saffo* » *Ferrato*, un autre jour celle de *Fenigli*, château ruiné sur » une hauteur : de celle-ci dépendoit la position même de » *Pergola*. De-là je me rendis à *Fossombrone*, puis à *Mon-* » *talte* qui n'en est éloignée que de trois milles : j'y relevai un » grand nombre de points, qu'un vent impétueux & un froid » piquant me firent acheter chérement. J'allai ensuite au » commencement de décembre à *Cantiano*, où je fus retenu » deux jours par une neige abondante qui m'avoit déja ac- » compagné pendant tout ce voyage; & ce ne fut pas sans » péril que j'arrivai le troisieme jour à *Gualdo*, d'où je revins » en droiture à *Rome*.

1751. Décembre.

» 201.

» 201. Il reſtoit à fixer la poſition de pluſieurs villes, entre
» autres de *Todi*, *Orviette*, *Citta della Pieve*, & *Camerino*.
» Ainſi au mois de mai de l'année ſuivante 1753, je me rendis
» à *Fiano*, & après en avoir déterminé la ſituation, j'attendis
» une occaſion pour monter ſur le mont *Soracte*, aujourd'hui
» *Sant Oreſte* : elle ſe préſenta deux jours après, & tandis
» que j'y étois à obſerver, il s'éleva un orage qui m'obligea
» à paſſer la nuit dans une maiſon de Bernardins, bâtie ſur
» cette montagne. Le lendemain, après avoir terminé cette
» ſtation, je revins à *Fiano*, d'où je paſſai à *Viterbe* & de-
» là à *Orviette*. Après avoir déterminé la poſition de cette
» ville, qui, bien que ſituée ſur une roche, eſt preſque ca-
» chée dans un fond, je me propoſai de faire deux excurſions,
» l'une à *Bagnarea* & ſur les bords du Tibre ; l'autre en ſui-
» vant preſque le cours du *Paglia*, à *Acquapendente*, juſqu'à
» *Proceno* ; d'où je revins par *Bolſena* à *Orviette*. J'avois re-
» mis à en faire une troiſieme ſur le mont *Peglia* en reve-
» nant à *Todi* : ce qui n'a point été effectué. D'*Orviette* je
» me rendis à *Citta della Pieve*, & de-là ſur le mont *Cetona*,
» où un brouillard m'enleva preſque tout le fruit de mon tra-
» vail. Je ne fus pas plus heureux au mont *Pratolenze*, d'où
» je ne pus relever que deux ou trois points voiſins, par l'i-
» gnorance du prétendu Pratique du pays, qui s'étoit fait
» fort de me les indiquer tous, & qui ne put m'en nommer
» davantage. Ces obſervations faites, je paſſai par *Perouſe* &
» je m'avançai juſqu'à *Citta di Caſtello*, & à *Apecchio* pour
» monter de-là ſur le *Nerone*, & en placer les environs ſur
» la carte. Nous étions alors au mois de juin. Parvenu au
» ſommet de la montagne par un chemin très rude, je me trou-
» vai tout à coup inveſti d'un brouillard épais : bientôt il fut
» ſuivi d'une forte pluie : je la ſupportai pendant trois heures,
» après leſquelles, voyant qu'elle ne ceſſoit point, je n'eus
» d'autre parti à prendre que de m'en retourner à *Apecchio*. Le
» lendemain le tems ne ſe rétabliſſant point, je revins à *Citta*
» *di Caſtello*, enſuite à *Perouſe*. Ma ſanté ſe trouvoit alors un
» peu altérée : ce qui fit que je ne montai point ſur le *Peglia*,
» ſuivant mon premier projet, & que j'allai en droiture à *Todi*.
» Je relevai quelques points aux environs de cette ville, en

1753.
Mai.

Nouvelle ex-
curſion pour
finir les obſer-
vations.

Juin.

» laiſſant ceux qui étoient au-delà du *Tibre*, étant preſſé de
» me rendre à *Camerino*: j'y fus gracieuſement accueilli par
» M. le Marquis *Bandini*, & j'y reſtai quelques jours pour
» lever avec lui la carte des environs. Enfin comme il reſtoit
» encore quelques points à déterminer dans la terre de *Sabine*,
» je paſſai par *Terni* & *Rieti*, d'où je revins à Rome » Ici
finit la relation du P. *Maire*.

202. Pendant le premier voyage du P. *Maire*, je montai
le ſecteur qu'on avoit rapporté de *Rimini* à *Rome* ; & les pluies
ayant un peu relâché ſur la fin de novembre, je commençai
à répéter les obſervations de nos deux étoiles, pour confirmer
de plus en plus celles de l'année précédente ; & le P. *Maire*
arrivant ſur ces entrefaites, les continua avec moi. Un grand
nombre d'obſervations parfaitement d'accord entre elles, &
réduites à la même époque, nous donna à peine une ſeconde
de différence pour le lieu de l'une de nos étoiles, comparé à
celui de l'année précédente, & deux ſecondes pour celui de
l'autre étoile ; ce qui confirme admirablement la théorie de
l'aberration annuelle de la lumiere, découverte par M. *Bradley*:
car dans l'intervalle du tems écoulé entre les premieres & les
dernieres obſervations, l'une de nos étoiles devoit ſe rapprocher, l'autre s'éloigner conſidérablement du pôle ; & il fut
prouvé par nos obſervations qu'il en étoit arrivé ainſi. Nous
nous en ſommes tenus aux obſervations de l'année précédente, parcequ'ayant été faites à un moindre intervalle de
tems, elles ſont moins ſujettes aux erreurs qu'on peut commettre dans la réduction des variations apparentes des étoiles
fixes : mais ſi nous nous ſervions des dernieres, ou que nous
priſſions un milieu, à peine trouveroit-on aucune différence
dans la meſure du dégré.

203. Pendant l'Eté de 1753, le P. *Maire* étant de retour
de ſon ſecond voyage, comme nous pouvions déſormais diſpoſer de notre tems, nous choiſîmes un des plus beaux jours
pour monter avec le grand quart de cercle ſur le dôme de *St*
Pierre, & lier ce dôme au mauſolée de *Metella* & à la montagne de *Soriano*. Nous prîmes les angles néceſſaires ; & de
plus l'angle formé par deux lignes tirées du dôme aux extrémités de la plate-forme du college romain, qui a près de

1751.
Novembre.

Obſervati-
ons aſtrono-
miques.

1753.
Juin.

Obſervati-
ons au dôme
de St Pierre.
Poſition du
polygone.

500 palmes (1) de longueur, & que nous mesurâmes depuis à la toise, en prenant ensuite à ses deux extrémités les angles que cette base forme avec le dôme ; ce qui nous a donné moyen de lier à la suite de nos grands triangles le dôme, la plate-forme, & le lieu de nos observations astronomiques. Il ne restoit plus que l'observation par laquelle nous devions déterminer la position des côtés de nos triangles, par rapport à la méridienne, d'une façon plus sûre & plus commode que nous ne l'avions pu faire à *Rimini* : c'est ce que nous exécutâmes à *Rome* au mois de septembre de cette année 1753, en mesurant l'angle que formoit l'arbre de *Soriano*, que nous découvrions de notre plate-forme entre deux grands palais, avec le Soleil couchant qui se trouvoit alors dans une position favorable : & nous répétâmes cette observation jusqu'à trois fois, toujours avec un parfait accord. Nous avions déja fait quelques tentatives pour mesurer l'angle entre le sommet du *Genarro* qu'on découvre aussi de la plate-forme, & le Soleil levant ; mais outre qu'il n'y avoit plus de signal sur le *Genarro*, le sommet de cette montagne ne forme qu'un angle de quelques dégrés avec le Soleil levant, au solstice d'Eté ; & pendant tout le reste de l'année le Soleil se leve derriere le mont *Quirinal* : ainsi le plan du quart de cercle étoit tellement incliné, que nous ne pouvions commodément pointer à la fois les deux lunettes au Soleil levant, & au sommet du *Genarro*. Enfin l'angle étant fort aigu, la plus petite différence de réfraction (dans la hauteur du Soleil) en auroit produit une fort considérable dans la réduction de cet angle à l'horizon. Toutes ces raisons nous obligerent à préférer l'angle entre le Soleil couchant & l'arbre de *Soriano*, qui subsiste encore, & qui subsistera, comme je l'espere, bien des années.

Septembre.

204. Toutes nos observations terminées, nous employâmes beaucoup de tems à vérifier les divisions du secteur & du quart de cercle, par diverses méthodes que j'expliquerai au quatrieme livre, jusqu'à ce que l'accord de plusieurs tentatives ne nous laissât plus aucun doute sur les corrections que nous devions faire : & après que toutes les observations eurent

Grandeur du dégré.

(1) Ou 57 toises 2 pieds.

été corrigées & réduites par de longs calculs, également pénibles & rebutans, nous pûmes enfin déterminer avec certitude la mesure du dégré. L'intervalle compris entre les paralleles qui paſſent par nos obſervatoires de *Rome* & de *Rimini*, c'eſt-à-dire par le milieu de la ſalle du Muſæum du college romain, & l'endroit de la maiſon de M. *Garampi* où nous nous étions établis à *Rimini* ; cet intervalle, dis-je, calculé ſur la baſe de *Rimini*, eſt de 161253.6 pas, ou de 123221.3 toiſes. Or par les premieres obſervations faites à *Rome* de l'étoile α du cigne, nous avons trouvé l'amplitude de l'arc intercepté de 2 d. 9′ 46″ $\frac{1}{10}$; par les premieres de μ de la grande ourſe 2 d. 9′ 47″.4 ; par les dernieres de α du cigne 2 d. 9′ 48″.8 ; de μ de l'ourſe 2 d. 9′ 46″ : le milieu entre les premieres, eſt 2 d. 9′ 46″.7 ; entre les dernieres 2 d. 9′ 47″.4 ; entre toutes les obſervations 2 d. 9′ 47″ : l'accord ne pouvoit être plus grand. Prenant donc un milieu entre toutes les obſervations, le dégré moyen ſe trouve de 56966.3 toiſes. Mais parceque la baſe de *Rome* eſt plus grande d'environ un pas par la meſure actuelle que par le calcul ; parceque le dernier côté de nos triangles, réduit à l'horizon, a été trouvé d'environ trois toiſes plus long par une méthode différente de celle par laquelle la ſuite entiere y a été réduite ; enfin parceque les premieres obſervations de *Rome* ſont les plus ſûres, ayant précédé de très peu celles de *Rimini*, & que celles de α du cigne ſont plus ſûres que celles de μ de l'ourſe ; nous avons ajouté au dégré près de 13 toiſes : ce qui le fait monter à 56979 toiſes pour une latitude de 42 d. 59 min., ou environ 43 d.

Ce dégré comparé à celui de France.

205. Par-là nous avons rempli le premier objet de notre miſſion, qui étoit de déterminer exactement la longueur d'un dégré du méridien dans l'Etat de l'égliſe : dégré qu'il faut enſuite comparer avec ceux que les Académiciens de *Paris* ont meſurés en divers lieux de la terre, comme je l'ai fait à la fin du Chapitre I, & comme je le ferai encore dans le cinquieme livre, ſurtout avec celui de M. *Caſſini*, meſuré en France par la latitude de 43 d. $\frac{1}{2}$, qui eſt de 57048 toiſes, c'eſt-à-dire de 69 toiſes plus grand que le nôtre (1), malgré

---

(1) Voyez la note du n°. 75.

l'addition que nous y avons faite de 13 toifes, qui étoit tout ce que nous pouvions y ajouter, au lieu que n'étant plus éloigné que le nôtre de l'équateur que d'un demi-dégré, il n'auroit dû être que de 8 toifes plus long.

206. Ce n'eft pas là l'unique fruit que nous ayons retiré de notre travail ; car il s'enfuit en premier lieu, que tous les méridiens ne fe reffemblent point, c'eft-à-dire qu'à égale diftance de l'équateur, leur courbure eft inégale, & que cette inégalité même, pour une différence de dix dégrés feulement en longitude, qui fe trouve entre les méridiens de *Paris* & de *Rome*, eft affez confidérable : c'eft un fait dont on n'avoit point encore de preuve avant notre mefure. De plus, comme il eft très probable que cette différence de courbure a été produite par l'action de l'Apennin fur le fil à plomb du fecteur, comme auffi par celle de tout le fol de l'Italie qui va en s'élevant depuis la mer jufqu'aux montagnes, & par une action femblable, mais en fens contraire, des monts pyrénées fur le fil à plomb du fecteur de M. *Caffini*, action qui change la direction des graves, & la pofition de la furface de l'équilibre ; il s'enfuit en fecond lieu que notre mefure confirme de nouveau la théorie de *Newton* fur la gravitation mutuelle des corps terreftres.

Caufe de leur différence.

207. Ajoutons que nous avons déterminé à *Rome* la hauteur du pôle avec plus de précifion & de certitude qu'on ne l'avoit encore fait, par la comparaifon de nos obfervations, furtout de celles de β d'*auriga*, avec celles de la même étoile faites à *Paris*. Nous avons trouvé pour la hauteur du pôle dans le mufæum du college romain 41 d. 53 min. 55 fec., & aux thermes de Dioclétien, 41 d. 54 min. 10 fec., c'eft-à-dire 17 fec. de moins que n'avoit trouvé M. *Bianchini*.

Hauteur du pôle à Rome.

208. Ajoutons encore que nos obfervations confirment admirablement la théorie de l'aberration de la lumiere : car elles font connoître, à une ou deux fecondes près, la quantité dont une de nos étoiles s'eft approchée, l'autre éloignée du pôle, depuis le mois de mars 1751 jufqu'au mois de décembre 1752 ; & cette quantité étoit affez confidérable : de forte qu'en appliquant aux premieres & aux dernieres obfervations la correction qui réfulte de cette théorie, & en prenant un milieu,

Théorie de Bradley confirmée.

on ne trouvera pour l'amplitude de l'arc célefte, déterminé par ces obfervations, qu'une différence d'une fraction de feconde ; & les deux étoiles donneront encore les mêmes réfultats ; au lieu que fi on négligeoit cette réduction, une étoile donneroit 20 fecondes de plus que l'autre pour l'amplitude de l'arc. Mais cette théorie même étoit déja prouvée par tant d'autres obfervations, qu'elle n'avoit pas befoin de cette nouvelle confirmation.

Inftrumens perfectionnés. 209. Ajoutons enfin qu'à l'occafion de cette mefure, on a imaginé quelque chofe de nouveau pour la conftruction & la rectification des inftrumens: c'eft ce que j'expliquerai dans le quatrieme livre; & j'efpere que ce morceau ne déplaira pas aux Aftronomes, & fera de quelque utilité.

Correction de la carte. 210. Je paffe fous filence plufieurs autres avantages que nous avons retirés de la mefure du dégré, premier objet de notre voyage. A l'égard du fecond, on a une nouvelle carte des Etats du Pape, beaucoup plus correcte que toutes celles qui ont paru jufqu'à ce jour. Le P. Maire en parlera plus au long dans le troifieme livre, & donnera en même tems une table des longitudes & latitudes de toutes les villes & autres lieux principaux, dans lefquelles il n'y a pas à craindre qu'il s'y trouve une minute d'erreur. Cette table eft le principal fruit que nous ayons retiré de cette partie comme acceffoire de notre entreprife: nous étions chargés uniquement de rectifier la carte géographique de l'Etat de l'églife, non de faire une carte topographique de chaque Province, où l'on pût reconnoître toutes les finuofités des chemins & du cours des rivieres, ou des torrens; la pofition exacte de toutes les montagnes, & des petits bourgs cachés au fond des vallées, & jufqu'aux plans des villes: détails qui font du reffort des Arpenteurs, & qui exigeroient un travail de plufieurs années. C'eft ce qu'ont fait les villes de *Peroufe*, de *Boulogne* & de *Camerine*, qui n'ont épargné ni tems, ni foins, ni dépenfe pour faire la topographie de leur pays. Si leur exemple étoit fuivi, on pourroit tirer de ces cartes particulieres des Provinces, ou des territoires de chaque ville, les détails qui manquent encore à notre carte, en rempliffant les intervalles de ce grand nombre de points dont nous avons fixé la pofition avec la plus grande exactitude par des inſtrumens d'un plus long rayon , & corriger même ces détails intermédiaires par nos propres obſervations : car la méthode dont ſe ſert le commun des Arpenteurs , peut bien ſuffire pour donner une deſcription exacte d'un petit terrein ; leur ſcience pour l'ordinaire ne va pas plus loin ; & dès qu'il eſt queſtion de tout un pays , les erreurs s'accumulent & deviennent trop ſenſibles pour qu'on puiſſe les négliger : mais pourvu que les Arpenteurs nous tracent des plans particuliers , à leur maniere , on pourra toujours s'en ſervir pour remplir les vuides de la carte générale , & en former une collection aſſez exacte de cartes topographiques.

Même ſujet.

111. En attendant , pour donner à la carte que nous publions avec cet ouvrage , toute l'exactitude dont elle étoit ſuſceptible , & ſuppléer de notre mieux aux obſervations que nous n'avons pas faites nous-mêmes , nous avons comparé ſoigneuſement tout ce que nous avons pu raſſembler de plans & de cartes particulieres , comme le P. *Maire* l'expoſera dans le troiſieme livre. De plus , pendant ces deux dernieres années que le P. *Maire* a conſacrées à d'immenſes calculs , ainſi qu'à la conſtruction & au deſſein de la carte , nous avons écrit de tous côtés , pour avoir des obſervations aiſées à faire , dans certains endroits que nous avons déſignés , propres à fixer , par les points que nous avions déterminés , la poſition des lieux circonvoiſins. Il ſuffit pour cela de porter dans un lieu élevé un ais , qu'on nomme *planchette* , ſur laquelle on étend une feuille de papier : on poſe cette planchette à peu près de niveau : on y applique enſuite une regle , le long de laquelle on viſe ſucceſſivement aux villages d'alentour , comme on viſeroit avec un fuſil : ces différentes poſitions de la regle ſont marquées par autant de lignes qui partent toutes d'un même point , & ſur chacune deſquelles on écrit le nom & la diſtance eſtimée du village , dont cette ligne déſigne la poſition. S'il y a quelque village qu'on ne puiſſe découvrir de ce lieu , il ſuffit , pourvu qu'il ſoit proche , de diriger la regle par eſtime à peu près vers cet endroit. En comparant entre elles pluſieurs obſervations de cette eſpece , on en tire la poſition des lieux qu'on marque ſur la carte générale ſans aucune erreur ſenſible ; car il n'arrivera guere que l'erreur puiſſe aller à un mille , & l'on

voit bien qu'un mille n'occupe guere d'efpace fur la carte d'une Province, même à grand point.

Ce qui manque encore à la perfection.

212. Nous avons reçu de divers lieux un grand nombre d'obfervations; mais il y a d'autres endroits, comme la petite ville de *Cafcia* entourée de montagnes, & les villages des environs, dont nous n'avons rien pu tirer, quoique j'aie écrit à plufieurs perfonnes, particulierement au Maire de cette ville : la chofe du monde la plus fimple & la plus facile leur paroiffoit hériffée de difficultés. Nous n'avons pas été mieux fervis en plufieurs endroits de la Romagne & du Bolonois, fitués dans les montagnes, & dans le Duché d'*Urbin* qui en eft tout couvert. Mais à l'égard de ce Duché, nous en aurons bientôt une topographie exacte, graces aux foins & à la libéralité de M. le Cardinal *Stoppani*, Légat d'*Urbin*, qui appelle actuellement auprès de lui le P. *Maire* pour la lever fur les lieux (1). La pofition de *Cagli* fera déterminée en même tems avec plus de précifion que nous n'avons encore pu le faire, cette ville étant enfevelie dans les montagnes, quoique les obfervations que nous avons faites aux environs, & la proximité de *Cantiano*, dont la diftance à *Cagli* eft affez connue, nous donnent lieu de croire que nous n'avons commis à cet égard aucune erreur tant foit peu fenfible.

Erreurs des anciennes cartes.

213. Un autre avantage confidérable que nous avons retiré de cette feconde partie de notre travail, a été de corriger les erreurs des anciennes cartes : celles même du célebre & favant *Bianchini* n'en font pas exemptes; fes inftrumens n'étoient pas d'un auffi grand rayon que les nôtres, & il n'avoit pas, comme nous, des fignaux fur les montagnes. Il a du moins le mérite d'avoir fait une premiere correction au méridien de *Rome*, qui en avoit grand befoin ; car fur les anciennes cartes, ce méridien, prolongé feulement jufqu'au golfe de *Venife*, s'écarte déja de la vraie direction de plus de 60 milles à l'orient ; & c'eft fur les obfervations de M. *Bianchini* que M. *Euftache Manfredi* rendit cette direction très approchante de la véritable, dans la carte qu'il a publiée

____

(1) En effet, le P. *Maire* a donné en 1757 une nouvelle carte de la légation d'*Urbin*.

avec

avec une collection posthume de ces mêmes observations. Si on se donne la peine de lire attentivement les notes que M. *Manfredi* a ajoutées sur les observations de M. *Bianchini*, on nous trouvera excusables de nous être quelquefois écartés du sentiment de ce grand homme.

214. Je ne dois pas oublier d'avertir que malgré le soin que nous avons pris de désigner tous les villages par leur vrai nom, nous ne pouvons nous répondre d'y avoir toujours réussi. Dès le commencement de notre expédition, M. le Cardinal *Valenti* fit écrire en italien à tous les Evêques, au nom de Sa Sainteté, d'envoyer à *Rome* une liste exacte de tous les lieux de leur diocese : les uns ont envoyé ces noms en italien, d'autres en latin ; mais par la négligence de ceux à qui ils en avoient confié le soin, nous avons trouvé plusieurs de ces noms défigurés, & tels que les prononce le vulgaire. La même chose nous est arrivée ; car lorsque dans les villes de notre passage nous nous informions des noms des villages voisins, on leur en donnoit de différens, & diversement corrompus. Il ne peut donc se faire qu'il ne se trouve dans notre carte quelques fautes de cette nature ; mais je ne puis croire qu'il y en ait beaucoup ; & je me flatte que pourvu qu'on puisse reconnoître sur la carte les divers lieux, & leur véritable position, on excusera volontiers quelques défauts d'orthographe dans les noms.

Erreurs à craindre sur les noms des lieux.

215. A l'égard de l'ancienne géographie, nous n'avons pas cru devoir nous y attacher : car les ruines des anciens édifices sont pour la plupart couvertes de bois, & tellement répandues sur le sol, qu'il n'est pas aisé de les découvrir du haut d'une tour ou d'une montagne, & d'en fixer la position. Une pareille entreprise, au lieu d'un voyage aussi rapide que le nôtre, exigeroit plusieurs années de travail, de longues recherches, & une étude profonde des anciens Auteurs.

De la géographie ancienne.

Fin du Livre I.

Q

LIVRE SECOND.

Mesure d'un dégré du Méridien entre Rome & Rimini, depuis le XLII dégré & demi jusqu'au XLIII & demi.

INTRODUCTION.

Sentimens divers sur la mesure du dé- gré;

1. AVANT l'usage des télescopes & des lunettes d'approche, qui ne furent inventés que dans le dernier siecle, tous les Astronomes, tant anciens que modernes, s'étoient servis à peu près des mêmes instrumens : il est étonnant qu'avec cela ils se soient si peu accordés sur la mesure du dégré. Au tems d'*Aristote* ils lui donnoient 1111 stades; *Eratostènes* le réduisit à 700, *Possidonius* à 666, & *Ptolomée* à 650 (1). Le sentiment de *Ptolomée* fut suivi, quelques siecles après, par les Arabes; ceux-ci assignerent au dégré terrestre la valeur d'environ 57000 de leurs pas : ce qui ne paroît pas s'éloigner beaucoup de 650 stades. Mais comme la valeur des pas & des stades nous est peu connue, & qu'elle a pu être fort différente, suivant les tems & les lieux, il n'est pas hors de vraisemblance qu'on ne pût rapprocher beaucoup des sentimens qui semblent d'abord si différens. Il est même à présumer que si les anciens Géometres ne nous ont rien laissé de précis sur cette matiere, c'est moins pour avoir pensé diversement, que pour n'avoir point assigné de mesure fixe.

____

(1) Voyez *Mém. de l'Acad.* 1702, pag. 19.

2. Je ne prétends pas donner à entendre par-là que tous les anciens se soient parfaitement rencontrés dans leurs opinions : on ne peut s'empêcher d'y reconnoître quelque différence, quoiqu'elle ne soit pas si grande à beaucoup près, que les nombres ci-dessus semblent d'abord l'indiquer ; & cette diversité d'opinions peut venir non seulement de la différence de leurs instrumens, mais bien plus encore de celle de leurs méthodes. *Riccioli*, cet observateur si exact, commit au siecle passé une erreur considérable dans la détermination du dégré, pour avoir cru faussement que la méthode dont il se servoit n'étoit point sujette aux erreurs de la réfraction. Avec combien plus de fondement pourrons - nous imputer les mêmes erreurs à d'anciens Géometres, qui n'avoient pas même l'idée de réfraction ? C'est en particulier le cas où se trouve *Eratostènes*, comme on en peut juger par ses écrits : il a fait le dégré trop grand, pour avoir négligé la réfraction, qui affectoit sa méthode, & la rendoit peu sûre. Car toute l'exactitude possible ne sert de rien, dès qu'on péche par le défaut de méthode, en omettant un principe capable de la rectifier, & qui en fait un des premiers élémens.

3. Quoi qu'il en soit, car on peut dire beaucoup de choses pour & contre sur cet article, ce qu'il y a de certain, c'est que les tentatives qui ont précédé immédiatement l'invention des lunettes, ou du moins leur application aux instrumens de géométrie, tentatives dans lesquelles on a employé des mesures géodésiques parfaitement connues, & nullement viciées par les réfractions, n'ont pas donné à beaucoup près les mêmes différences. Car *Fernel* & *Norvood*, le premier en France, le second en Angleterre, ont fort approché de la juste valeur du dégré ; & *Snellius* hollandois, qui a vécu entre l'un & l'autre, s'en seroit peut-être moins écarté, si, comme l'a remarqué M. *Muschenbroeck*, il n'avoit été trompé par la ressemblance de deux tours vues de loin : erreur bien excusable, même dans un Géometre. Concluons que si avant la mesure de M. *Picart*, il n'y a rien eu de certain touchant la grandeur de notre globe, cela vient en partie de ce qu'on a employé des mesures trop incertaines, en partie de ce qu'on ne connoissoit pas assez les réfractions ; puisqu'il n'est pas douteux

Q ij

qu'en renonçant même à faire uſage des lunettes, pourvu qu'on réduiſît à l'horizon les angles d'un polygone, dont le premier angle fût oppoſé à une baſe exactement connue par une meſure actuelle, on pourroit à peine ſe tromper de trois cents pas, jamais de quatre cents, ſur la meſure du dégré.

Difficulté de déterminer la figure de la Terre ;

4. Mais on avoit beſoin d'une meſure bien plus préciſe pour éclaircir le doute que quelques expériences du pendule avoient fait naître ſur la figure de la terre ; & il eſt arrivé heureuſement que dans le tems même qu'on commençoit à agiter cette queſtion, on s'eſt trouvé avoir en main des inſtrumens propres à la réſoudre. Ce n'étoit pas tout néanmoins ; les loix de la réfraction n'étoient point encore aſſez exactement connues, & l'on n'avoit pas d'ailleurs le moindre ſoupçon ſur l'aberration annuelle des étoiles fixes ; deux articles dont l'omiſſion eût expoſé à de grandes erreurs. A l'égard du premier, du moment qu'on a trouvé le ſecret d'appliquer des lunettes au quart de cercle, il eſt aiſé de déterminer les loix de la réfraction. Le ſecond étoit d'une toute autre difficulté : on découvroit bien, au moyen de la lunette, quelques mouvemens apparens dans les étoiles fixes ; mais ces mouvemens mêmes étoient ſi différens entre eux, & ſi prodigieuſement variés d'une étoile à l'autre, que le problême paroiſſoit inſoluble. Cependant il n'étoit pas poſſible, avant qu'on l'eût réſolu, de trouver la différence de latitude de deux lieux, à moins que deux obſervateurs, placés dans ces lieux différens, n'obſervaſſent en même tems la même étoile (1). Il n'eſt donc pas ſurprenant que les premieres tentatives n'aient abouti qu'à déterminer d'une maniere fort approchée la meſure du dégré, & qu'elles n'aient que très peu, ou plutôt qu'elles n'aient point ſervi à faire connoître l'augmentation ou la diminution des dégrés, d'où dépend la détermination de la figure de la Terre.

Sa ſolution.

5. Afin donc qu'il ne manquât aucun des préparatifs né-

----

(1) Et c'eſt auſſi ce qu'ont fait au Pérou MM. de la *Condamine & Bouguer*, voyez *Fig. de la Terre & Meſ. des 3. dég. du Méridien* 1749 & 1750, & ce qui prouve que la ſolution de ce problême n'étoit point néceſſaire à la meſure du dégré, quoiqu'on ne puiſſe diſconvenir qu'elle ne lui ſoit utile, pour les raiſons qu'on verra au Liv. IV, n°. 156.

ceſſaires, il falloit commencer par réſoudre cet important problême, & aſſigner la cauſe de ces mouvemens annuels des fixes, ſi différens les uns des autres, & en apparence ſi bizarres. L'ingénieux *Bradley* en vint heureuſement à bout : ce fameux Aſtronome avoit fait, avec un excellent inſtrument, un très grand nombre d'obſervations, qui furent pour lui la matiere des méditations les plus profondes : à force de réfléchir, il découvrit enfin que ce phénomene, qui depuis ſi long-tems mettoit à la torture l'eſprit de tous les Mathématiciens, étoit une ſuite naturelle de la propagation de la lumiere. Ce ſeul mot diſſipe toute l'obſcurité répandue ſur le problême : c'eſt comme le fil qui dirige nos pas dans les détours de ce labyrinthe. On peut aujourd'hui prédire avec certitude, & pour quelque tems que ce ſoit, le point du ciel où doit paroître une étoile. On a fait depuis quantité d'obſervations, qui toutes confirment cette heureuſe découverte ; & l'on n'a jamais vu plus de conformité entre les obſervations & la théorie. Pour revenir à la meſure du dégré, deux compagnies d'Académiciens envoyés par S. M. T. C. au Pérou & en Laponie, ont déterminé avec des fatigues incroyables, mais avec une extrême préciſion, l'inégalité des dégrés du méridien. Il ſuit des obſervations qu'ils ont faites à l'équateur, au cercle polaire, & en France même, que ces dégrés vont toujours en augmentant de l'équateur au pôle. Mais tous les méridiens ſe reſſemblent-ils ? ou, ce qui revient au même, la Terre a-t-elle une égale courbure à égales diſtances de l'équateur ? C'eſt ce qu'on n'avoit point encore examiné ; & Sa Sainteté le Pape Benoît XIV a voulu que, puiſqu'on avoit enfin toutes les connoiſſances préalablement requiſes pour cet examen, on en fît la premiere épreuve dans ſes Etats. Ce deſſein, digne d'un Pontife amateur des Lettres & des beaux Arts, lui avoit été ſuggéré par ſon Miniſtre M. le Cardinal *Valenti*, dont il ſeroit inutile de vanter le zele pour les ſciences, déja ſi connu de tous les Savans. Mais de quelle maniere a-t-on procédé à cet examen ? C'eſt ce qui va faire la matiere des articles ſuivans.

Article premier.

Description des Instrumens.

Un secteur & un quart de cercle sont les principaux instrumens qui nous aient servi dans notre mesure. Le quart de cercle avoit trois pieds (romains) de rayon (1); le secteur en avoit neuf, avec un limbe de la longueur d'un pied. Je vais donner une courte description de ces instrumens.

Du quart de cercle. 1. Notre quart de cercle n'a point été construit par un Artiste de profession : (les Artistes sont peu communs à *Rome* ;) mais par M. *Ruffo*, Prêtre de *Verone*, absolument neuf à manier des instrumens d'astronomie, mais d'une dextérité admirable dans tous les ouvrages de méchanique. Le point principal étoit de planer le limbe, & de le poser dans le plan de la platine du centre : il y réussît au mieux : il ne fut pas moins exact dans la division du limbe; car après un examen de plusieurs jours, nous trouvâmes qu'il ne manquoit à notre quart de cercle que 22 sec. pour parfaire les 90 d.; les autres erreurs alloient rarement à 30 sec., jamais à une minute. Ce n'étoit pas mal réussir pour un coup d'essai. Les minutes étoient marquées de dix en dix, sur le bord du limbe; & on avoit achevé la division à l'ordinaire par des transversales, & des cercles concentriques. Ces cercles concentriques, au nombre de onze, n'étoient point placés à égale distance les uns des autres; mais leur distance alloit en diminuant proportionnellement vers le centre, & cette distance étoit assez grande pour que dans l'estimation des angles il nous soit à peine arrivé de différer l'un de l'autre de cinq secondes.

De son pied. 2. A l'égard du pied du quart de cercle, de la facilité que nous avions à le mouvoir en tout sens, de l'alidade, & de la lunette mobile; comme cela se trouve à peu près dans tous les quarts de cercle, il seroit inutile de nous y arrêter. Quant à la lunette fixe, je me contente de remarquer qu'on y avoit

---

(1) Le pied romain est au pied de Paris ou pied de Roi, comme 2971 à 3240, ou de 11 pouces 0,0444 lignes du pied de Paris.

mis deux objectifs, un à chaque extrémité ; au moyen de quoi il suffisoit de transporter l'oculaire d'une extrémité du tube à l'autre, pour découvrir deux objets diamétralement opposés : il arrivoit de-là, qu'ayant ajusté le fil mobile du micrometre sur le fil fixe placé à l'autre extrémité du tube, ce qui se faisoit sans peine en retournant l'instrument, nous pouvions vérifier le quart de cercle de la même maniere que s'il y avoit eu de simples pinnules. Car les fils ainsi disposés, on pointe sur le même objet, en visant tantôt par le limbe, tantôt par le centre : on remarque les points du limbe auxquels répond le fil à plomb, dans ces deux situations de l'instrument ; & le point de milieu est le commencement de la graduation, ou le premier point de la division. Par-là on reconnoît l'erreur du quart de cercle, ou sa différence à 90 dégrés : mais pour cela même on ne s'étoit pas contenté de diviser l'instrument en 90 dégrés ; on en avoit encore marqué quelques-uns de part & d'autre, jusqu'aux extrémités du limbe.

3. Je viens au secteur, qui, comme je l'ai dit, avoit neuf pieds (romains) de rayon. Il étoit composé d'un rayon de fer terminé par une lame de même métal, perpendiculaire au rayon, sur laquelle on avoit appliqué une petite lame de laiton bien polie, & dont le plan passoit exactement par le centre. Cette lame de laiton étoit partagée par le milieu, dans toute sa longueur, pour recevoir une autre lame, que nous faisions mouvoir au moyen d'une vis, & dont la longueur, qui auroit du être d'un pied, (nous trouvâmes qu'il s'en manquoit un peu plus d'une deux-millieme partie du tout) étoit divisée en 72 parties égales. Ainsi lorsqu'il étoit question d'estimer un angle, nous tournions la vis jusqu'à ce que le fil à plomb répondît à l'un des points de la division, & nous comptions en même tems le nombre de tours & de parties du micrometre. Le micrometre étoit composé à l'ordinaire d'un cercle & d'un index, & le cercle étoit divisé en 180 parties égales. On voit que ces parties du micrometre répondoient à des parties égales de la tangente du secteur, non de sa circonférence ; or il en falloit 171 ½ pour faire une minute au point de contact : ainsi il en falloit presque trois pour une seconde. Une lunette de même longueur que le rayon, étoit adossée au secteur, & nous

Du secteur.

l'avions rendue à peu près parallele au plan de l'inſtrument.

De ſa ſuſ-
penſion.

4. Le ſecteur étoit ſuſpendu d'une maniere ſi ſolide, qu'il nous eſt arrivé plus d'une fois de le retrouver dans la même poſition où nous l'avions mis quelques heures auparavant, le fil à plomb répondant toujours au même point du limbe : trois vis & deux poids lui avoient acquis cette ſolidité. L'une des vis attachée par un bras à une poutre , & placée dans le plan du méridien, ſoutenoit le ſecteur de côté ; & on la tournoit pour amener l'étoile ſur le fil horizontal. Les deux autres étoient perpendiculaires à ce plan , & on les avançoit ou reculoit plus ou moins pour donner au ſecteur une ſituation verticale , que l'on connoiſſoit en examinant ſi le fil à plomb raſoit le limbe , ſans y appuyer. Les deux poids étoient deſtinés à repouſſer le ſecteur contre ces deux dernieres vis, pour l'aſſujettir & l'empêcher de s'écarter du côté oppoſé. Ces mêmes vis ſervoient à placer le ſecteur dans le plan du méridien; car pour peu qu'il s'en écartât, on n'avoit qu'à pouſſer ou retirer l'une des deux vis pour lui donner une poſition convenable. Nous avions tracé à cette fin, ſur le pavé de la chambre, une ligne parallele à la méridienne, laquelle repréſentoit la ſection du pavé & du plan du ſecteur, pointé dans le plan du méridien. Il étoit aiſé , en bornoyant le long du limbe , de connoître ſi ſon plan répondoit parfaitement à cette ſection.

ARTICLE II.

Examen des Diviſions.

Comment on
auroit pu vé-
rifier le ſec-
teur ;

5. On ſait qu'un Artiſte , quelqu'habile qu'on le ſuppoſe, ne peut jamais rendre un inſtrument parfait; quoiqu'avec de l'application & un long uſage, il puiſſe parvenir à n'y commettre que de légeres erreurs. Ce point méritoit d'autant plus d'attention dans le cas préſent, que notre Artiſte, M *Ruffo ,* ne s'étoit jamais exercé dans ces ſortes d'ouvrages. Ainſi il falloit corriger toutes les erreurs de la diviſion, tant du ſecteur que du quart de cercle. Par rapport au ſecteur, il eut ſuffit, pour notre meſure, de prendre les parties aliquotes du rayon , qui répondoient de plus près aux diſtances de nos

étoiles

étoiles au zénith, & de les tranfporter fur le limbe, de part & d'autre de fon point de milieu. C'eft la méthode que MM. *Bouguer* & de la *Condamine* avoient déja employée à l'équateur. Par exemple à *Rome* l'étoile α du cygne, au moment de fon paffage par le méridien, eft éloignée du zénith d'environ deux dégrés & demi : il falloit donc tranfporter, à droite & à gauche du milieu du limbe, la vingt-troifieme partie du rayon, égale à la tangente de 2 d. 29 min. 23 fec., ou environ : rien n'eût été enfuite plus aifé que de prendre en parties de micrometre la différence de cet intervalle à la vraie diftance de l'étoile. Mais la méthode, dont nous nous fommes fervis, révient au même, comme on va le voir.

6. Nous avons tracé fur un verre deux paralleles, à la diftance d'une partie aliquote du rayon, telle que le cas préfent fembloit la requérir. Ces lignes étoient fi déliées, qu'on ne les pouvoit bien appercevoir qu'avec une loupe. Le verre ainfi préparé, nous l'avons collé avec de la cire fur le limbe, en prenant bien garde que les lignes ne coupaffent pas obliquement la tangente ; ce qui eût un peu augmenté leur diftance (1). Cela fait, nous tournions la vis pour avoir, en parties de micrometre, la différence de la diftance de ces lignes à la partie aliquote, & à la diftance obfervée. Par ce moyen nous connoiflions la diftance obfervée, fans avoir fujet de craindre qu'il s'y fût gliffé aucune erreur fenfible : car le côté du verre qui étoit marqué de deux lignes, touchoit immédiatement la lame mobile ; ce qui prévenoit tout danger de parallaxe : d'ailleurs nous pouvions eftimer à peu de chofe près les points du limbe auxquels répondoient ces lignes, & il n'étoit pas à préfumer que nous puffions nous y tromper de deux parties de micrometre, dont il en faut prefque trois pour faire une feconde.

7. A l'égard de la partie aliquote, il n'eft point néceffaire de la déterminer avec tant de précifion, pourvu qu'on tienne compte de la différence, laquelle étant répartie fur 23, ou plus, qui exprime le nombre de fois que cette partie eft

Comment on l'a vérifié ;

Avec quelle exactitude ;

---

(1) L'Auteur entend ici, par la diftance des paralleles, l'intervalle de la tangente, intercepté par les paralleles.

R

contenue dans le rayon, ne peut jamais produire une erreur ſenſible. Suppoſons par exemple que la partie aliquote, étant portée 23 fois ſur le rayon, y laiſſe un reſte égal à $\frac{1}{500}$ du tout, & qu'il en réſulte une erreur d'une ſeconde ſur toute la longueur; il eſt évident qu'après la répartition faite, l'erreur de la partie aliquote ne ſera que de $\frac{1}{23}$ de ſeconde.

8 Nous avons dit que la tangente étoit diviſée en 72 parties, qui faiſoient autant d'intervalles de deux lignes, ou environ; les différences que nous y avons trouvées, par la méthode précédente, étoient de quatre ou cinq ſecondes, quelquefois de ſix; il s'en eſt même trouvé une de onze ſecondes. Les diviſions de la droite étoient plus juſtes que celles de la gauche : celles-ci étoient trop courtes, à compter du premier point de la diviſion, ſi l'on en excepte un ou deux intervalles de deux lignes; mais lorſqu'on joignoit les diviſions de la gauche à celles de la droite, elles péchoient tantôt par excès, tantôt par défaut. Nous avons encore examiné ſéparément chaque intervalle, & nous avons dreſſé une nouvelle table d'erreurs, laquelle s'eſt trouvée à très peu près ſemblable à la premiere. Mais nous nous en fions plus à celle-ci, parceque des erreurs imperceptibles par elles-mêmes, deviennent ſenſibles dans leur totalité Car ſuppoſons qu'à chaque intervalle il y ait une erreur de $\frac{1}{100}$ d'un tour de vis; &, ce qui n'eſt pas probable, que toutes les erreurs ſoient du même côté, il ſuit que ſur 36 intervalles, c'eſt-à-dire ſur la moitié de toute la longueur, on aura une erreur de 11 ſec. La conformité de nos tables eſt une preuve, qu'il ne nous eſt rien arrivé de ſemblable, à beaucoup près.

9. La vérification du quart de cercle n'étoit pas fort différente. On avoit attaché au bord du limbe un petit inſtrument avec une vis, qui faiſoit mouvoir l'alidade : à l'alidade on avoit ajouté un verre marqué d'une ligne qui parcouroit la diviſion, & en faiſoit connoître juſqu'aux plus légeres différences, de la même maniere que dans la ligne des tangentes du ſecteur. Nous commençâmes par vérifier les dégrés de 30 en 30, puis de 10 en 10, de 5 en 5, & 1 à 1. D'abord on avoit fait cet inſtrument de bois; mais il ne réuſſit pas : car en répétant les opérations, on ne trouvoit point les mêmes

erreurs. Cet inconvénient cessa du moment qu'on lui en eut substitué un de fer; & il ne nous resta plus de doute sur les erreurs de la division. On voit, sans que je le dise, que nous avions encore besoin ici d'appliquer la loupe, pour appercevoir jusqu'aux plus petites différences. Nous l'avons de plus employée dans nos observations, & avec tant de succès, que nous distinguions parfaitement jusqu'à un tiers de seconde.

10. Quant à l'erreur du quart de cercle, ou de l'arc de 90 dégrés, nous l'avons examiné d'abord par le tour de l'horizon, qui nous y a fait découvrir une erreur par excès de près de deux minutes sur 360 dégrés; puis par la somme des trois angles de chaque triangle réduit, en prenant un milieu, d'où nous avons conclu que l'erreur étoit de 50″ sur 180 d., & de 25″ sur 90. De-là on peut corriger le quart de cercle de deux façons: la premiere est de répartir d'abord cette erreur sur chaques divisions, & d'y appliquer ensuite les corrections particulieres des autres erreurs: la seconde, qui est celle que nous avons suivie, est de corriger les erreurs particulieres de chaque dégré, comme si le quart de cercle étoit parfait, & de diminuer l'arc qui en résulte, en raison de cet arc à 90 dégrés; ce qui se fait en retranchant 5″ sur 18 d., & sur le reste à proportion. Par exemple, ayant un angle de 40 dégrés, on retranche 10″ pour 36 d., & pour les quatre autres une seconde; ce qui fait 11″ de diminution sur l'angle observé.

Suite.

ARTICLE III.

Choix des Stations.

11. Le pays qui est entre les deux mers, est presque tout occupé par l'Apennin & les montagnes adjacentes, qui en font comme l'accessoire ou le diminutif. Ces montagnes sont séparées quelquefois par des plaines d'une raisonnable grandeur, mais où nous ne pouvions néanmoins établir aucun poste, pour continuer la chaîne de nos triangles d'une extrémité de la méridienne à l'autre, parceque le pays est presque tout traversé de chaînes de montagnes, qui nous eussent dérobé la vue de nos signaux. Ainsi toutes nos stations, à

Choix des stations.

l'exception de celles de *Rome* & de *Rimini*, furent établies au sommet des montagnes, entre ces deux villes, pour former la suite de nos triangles. Les montagnes que nous avons choisies pour cela, après avoir reconnu le terrein, font le *Genarro*, le *Soriano*, le *Fionchi*, le *Pennino*, le *Tefio*, le *Catria*, le *Carpegna* & le *Luro*.

De chaque station en particulier. Construction des signaux.

12. La première eft fituée dans la terre de Sabine, près de *Palombara*, dont elle eft éloignée d'environ deux milles: la feconde proche *Soriano* qui lui a donné fon nom. Tout ce rideau de montagnes, dont le *Soriano* eft la pointe la plus élevée, portoit anciennement le nom de *Cimini*. La troifieme eft à cinq milles de *Spolete*, en-deçà du *Nar* qui baigne le pied de la montagne. La quatrieme eft à peu près aufli éloignée de *Nocera* à l'orient. Le *Tefio* eft dans le territoire de *Peroufe*, & environ à même diftance de cette ville, du côté du nord. Le *Catria* eft la cime la plus élevée d'une montagne à deux fommets, fituée près de *Cantiano*; la feconde cime, prefque aufli haute, & plus occidentale, s'appelle *Montaigu*. Le *Carpegna* tire fon nom d'un château, dont il dépend pour la plus grande partie. Il a au couchant *Penna di Billi*, petite ville, telle que font ordinairement les villes fituées dans les montagnes; elle eft aujourd'hui le fiege de l'Evêché de *Monfeltro*. Enfin le mont *Luro* eft à fept milles aux plus de *Pefaro*: fon fommet eft à peine élevé de 200 pas au-deffus du niveau de la mer, & par conféquent beaucoup plus bas que celui des autres montagnes. Une tour antique, placée fur la cime de celle-ci, nous difpenfoit d'y mettre un nouveau fignal; mais il en fallut pofer dans les autres ftations. Ces fignaux étoient des cabanes de forme pyramidale, foutenues par quatre longues branches plantées à la diftance de 20 palmes, ou plus, les unes des autres, & inclinées par le haut vers le centre de la bafe. On les lioit enfemble par d'autres branches qu'on attachoit avec des clous, & on revêtoit le tout de feuillage; de forte qu'on les eût pris de loin pour des cônes tronqués. Il faut néanmoins en excepter le *Soriano*: comme cette montagne étoit toute couverte de bois jufqu'au fommet, nous ne pûmes nous difpenfer de faire abattre les arbres qui en couvroient la cime; & nous y en laiffâmes un pour fervir de fignal.

13. Tels font les poftes qui nous ont paru les plus favora-*Avantage de ces poftes;* bles ; il nous eût même été difficile de nous en paffer. Toute autre montagne nous eût donné des angles trop petits. On eût bien pu établir une ftation entre le *Soriano* & le *Tefio :* mais de toutes les montagnes qui bordent le Tibre, aux en-virons de *Tenaglia* ou de *Montecchio*, nous n'en avions ap-perçu qu'une feule, laquelle, outre qu'elle étoit trop près de *Soriano*, nous eût donné des angles peu proportionnés. Le mont *Pelia*, dans le territoire d'*Orviete*, étoit mieux fi-tué ; & il nous eût pu fervir au befoin, finon à lier nos trian-gles, du moins à faire des obfervations géographiques : mais divers obftacles nous empêchoient alors de nous y arrêter, ou même de fentir tous les avantages de ce pofte. Les autres mon-tagnes, fur lefquelles nous euffions pu jetter les yeux, étoient ou trop éloignées de la méridienne, ou couvertes par des montagnes voifines. Nous eûmes quelque peine à découvrir du *Soriano* le fignal du *Fionchi* ; comme de *Catria* & de *Car-pegna*, celui du mont *Luro*. Car le *Luro* étant vu de poftes plus élevés, fe *projectoit* fur une plaine ; & le *Fionchi*, quoi-que plus élevé que le *Soriano*, fe *projectoit* fur une montagne un peu plus haute, appellée *Cufcerno*. Or dès qu'un fignal fe *projecte* fur la terre, il eft difficile à appercevoir, à moins qu'il ne foit actuellement éclairé du Soleil. De même le dôme de *St Pierre*, vu de *Soriano*, fe *projectoit* fur la terre, & le plus fouvent nous n'en appercevions pas le moindre veftige ; tandis que d'autres objets, diverfement fitués, fe voyoient très dif-tinctement.

14. Ces montagnes étoient liées d'un côté au dôme de *St.**Leur liaifon avec les deux bafes.* *Pierre* de *Rome*, de l'autre à une ftation établie fur le bord de la mer, près de *Rimini*, à l'endroit où commençoit la mefure de la bafe ; & elles formoient huit triangles princi-paux, d'où nous devions tirer la mefure d'un dégré du méri-dien. Il refte à parler des deux bafes, fondement de toutes nos opérations. Celle de *Rimini* pouvoit fe comparer immédiate-ment avec l'un des côtés du triangle adjacent : à l'égard de celle de *Rome*, comme elle étoit diftante d'environ cinq milles du dôme de *St Pierre*, nous avons eu befoin d'un triangle auxi-liaire, pour connoître la diftance de ce dôme au fignal du *Genarro*. Ainfi tout le polygone étoit compofé de onze trian-

gles , dont huit fe rapportoient fpécialement à la mefure de la méridienne , & les trois autres à la mefure du premier & du dernier côté , qui fervent à mefurer tous les autres. Nous allons donner le détail de ces mefures.

Article IV.

Mefure des Bafes.

Situation des bafes;

15. Nous choisîmes , pour notre bafe de *Rome* , la vieille voie Appienne, qui, à raifon de fon alignement, nous parut mériter la préférence ; mais qui ne laiffoit pas d'avoir fes difficultés. Nous nous en fuffions tirés, il y a quelques années, à moins de frais. Car depuis quelque tems on lui a fubftitué un autre chemin fur la gauche, entre la porte *Saint Jean* & celle de *Saint Sébaftien* , afin que ceux qui voudroient aller de *Rome* à *Albe*, puffent fortir indifféremment par l'une de ces deux portes : de forte que la voie Appienne eft non feulement abandonnée , mais labourée en quelques endroits , & par conféquent difficile à mefurer à la perche. L'embarras eût été plus grand , s'il nous eût fallu répéter la mefure aux approches de la moiffon. Cette bafe étoit de huit milles. Nous nous contentâmes de la mefurer uue fois ; & plutôt que de nous engager dans de nouvelles difficultés , nous réfolûmes de chercher ailleurs un terrein plus commode, dont nous puffions répéter la mefure autant de fois que nous jugerions à propos. Nous ne le trouvâmes qu'à l'autre extrémité de la méridienne ; & c'étoit précifément la pofition la plus favorable. Le bord de la mer adriatique étoit le terrein le plus uni ; & quoiqu'il y eût un petit coude à faire, nous y pouvions mefurer une autre bafe de huit milles, avec autant de précifion que fi nous euffions toujours avancé fur la même ligne. Nous la mefurâmes deux fois en treize jours , au mois de décembre , malgré les brouillards qui ne nous quittoient point ; & il n'y eut entre ces deux mefures que deux pouces de différence. La température de l'air, qui, pendant ces treize jours, fut toujours la même, jointe à toutes les précautions que nous avons prifes, difpenfe de recourir au hafard , pour juftifier cette conformité. Car le thermometre de M. de *Réaumur* fe trouva toujours à peu près au même point : d'ailleurs nous avions foin de véri-

fier, plusieurs fois le jour, la longueur de nos perches; jusqu'à
tenir compte de la petite courbure qui y étoit produite par
leur propre poids, & du raccourcissement qui en est une suite.
Je suis persuadé qu'une troisieme mesure ne se fût pas moins
accordée avec les précédentes.

16. Voici de quelle maniere nous nous y prenions pour mesurer: nous avions trois perches ou regles de 27 palmes, marqués des chiffres 1, 2, 3 : nous les placions, au moyen d'un
niveau d'eau, dans une situation horizontale, & nous les
mettions en même tems dans l'alignement de la base, marqué par des jallons plantés de distance en distance. On ne
faisoit point toucher les têtes des perches, & on prenoit avec
un compas le petit intervalle qui les séparoit, ou plutôt l'intervalle des points gravés sur de petites lames de laiton, placées
aux extrémités des perches, d'où nous retranchions ensuite la
distance de chaque point à chaque extrémité (1). Par-là
nous ne risquions pas de causer du dérangement dans les perches, ni de nous tromper sur le nombre des mesures : car,
comme nous prenions trois perches pour une mesure, & que
chaque mesure remplissoit une ligne dans notre régistre, &
qu'enfin nous marquions dans cette ligne même les intervalles des perches chacun en son rang, il n'étoit pas possible
qu'il se glissât aucune erreur dans le nombre des mesures (2).

17. Lorsque l'inégalité du terrein nous obligeoit d'élever
ou d'abaisser les perches, nous suspendions un fil à plomb à
l'extrémité de la plus haute, & nous prenions avec un compas la distance de ce fil à l'extrémité de la perche la plus basse.
Les perches n'en étoient pas moins dans une position horizontale, parcequ'au moyen de quelques vis, nous élevions ou
nous abaissions plus ou moins les gradins ou tables sur lesquelles
elles posoient. Ainsi nous n'éprouvions presque pas plus de
difficulté que si le terrein eût été parfaitement uni ; surtout
dans la base de *Rimini*, où l'on se trouvoit rarement dans le
cas d'élever ou d'abaisser les perches.

18. Cette base, à cause du coude dont nous avons parlé,

---

(1) Voyez liv. IV, n°. 339 & 340.
(2) Voyez liv. I, n°. 116.

étoit compofée de deux lignes, formant un angle de 170 d. 52′ 15″, comme on peut le voir dans la figure 1 de la premiere planche, ou le point A marque le commencement de la bafe près l'embouchure de l'*Aufa*, AB la premiere ligne, BC la feconde. Nous avons mefuré les angles CAB & ACB, le premier de 4 d., 10′, 45″, le fecond de 4 d., 57′, 0″; & ayant abaiffé la perpendiculaire BD, nous avons diminué AB & BC, en raifon du finus du complément de angles A & C, comparé au rayon (1), pour avoir les fegmens AD, DC, qui forment enfemble la bafe reĉtiligne AC. Comme la ligne AB eft traverfée par l'*Amarano*, nous avons déterminé la largeur de cette riviere, qui eft de 431 palmes $\frac{1}{3}$, par un triangle prefque équilatéral, dont l'un des côtés a été mefuré, ainfi que les angles, avec une exactitude qui ne permet pas d'y foupçonner aucune erreur fenfible.

Longueur
des bafes.

19. Ainfi comme les deux mefures de cette bafe étoient parfaitement conformes, & que nous ne pouvions former aucun doute fur fa réduction à la bafe reĉtiligne AC, nous n'héfitâmes pas de lui donner la préférence fur celle de *Rome*, & de n'employer celle-ci qu'à vérifier la premiere, ou à la corriger au befoin. La premiere ligne AB s'eft trouvée de 28645.8 palmes, la feconde BC de 24194.8, d'où l'on tire AD = 28569.6 ; DC = 24104.7, & leur fomme AC = 52674.3, qui, multiplié par $\frac{1}{10}$, donne 7901.14 pas. L'autre bafe étoit de 8034.37 pas, ou plutôt de 8034.67, en tenant compte d'un demi dégré d'inclinaifon de la ligne fur l'horizon (2); c'eft-à-dire qu'elle étoit un peu plus longue que celle de *Rimini*.

Réduction
des pas romains à la toife.

20. Il refte à réduire les pas en toifes, pour pouvoir comparer notre mefure aux autres. Nous avons pris la mefure du palme fur l'étalon du Capitole; mais comme les lignes étoient fort larges, nous n'ofons répondre de fa juftefle. Le point étoit d'avoir une toife d'une jufte longueur; & nous en avons reçu une de *Paris*, de la façon du fieur *Langlois*, & exactement vérifiée par M. de *Mairan*; de forte qu'il n'y a aucun doute qu'elle ne foit parfaitement conforme à celles qui ont

---

(1) Voyez liv. IV, n°. 363.
(2) Voyez liv. IV, n°. 366.

fervi

fervi à l'équateur en France, & au cercle polaire (1). Après un mûr examen, nous avons trouvé que notre mefure de neuf palmes étoit à la toife, comme 29710 à 28800 ; d'où il fuit que le logarithme de ce rapport eft 0135102, & que le logarithme du rapport de la toife au pas romain, ou à 6 palmes ⅔, eft 1168236, qui, fouftrait du logarithme d'un nombre de pas quelconque, fera connoître le nombre de toifes qui y répond.

A R T I C L E   V.

Suite des triangles du polygone.

21. La fuite de nos triangles eft repréfentée dans la figure 2. *L a* eft la bafe de *Rimini*, laquelle fe rapproche un peu plus de la mer que la ligne *L I*, qui aboutit au mont *Luro*, quoique ces deux lignes paroiffent retomber l'une fur l'autre. Le refte fe voit dans la figure. Nos angles obfervés avoient befoin pour la plupart d'une petite correction, n'ayant pu être pris dans la cabane qui fervoit de fignal, mais feulement à côté. Cette correction eft fuffifamment expliquée dans d'autres mefures, & ne renferme aucune difficulté particuliere; & comme d'ailleurs elle n'étoit ordinairement que de quelques fecondes, j'ai cru pouvoir l'omettre dans la table fuivante, où je me contente de marquer les angles qui réfultent de cette correction. Nous avons encore fait aux angles la correction néceffaire, pour que les trois angles du même triangle fuffent égaux à deux droits, afin d'en tirer enfuite la valeur d'un côté.

Correction des triangles. Pl. I. F. I.

---

(1) M. de *Mairan*, dans fon Mémoire fur la mefure du pendule à fecondes à Paris, *Mém. de l'Acad. des Sciences pour* 1735, page 157, dit qu'il a fait faire une regle *toute pareille à celle qui a été emportée au Pérou*, (par MM. Godin, Bouguer & de la Condamine, partis la même année au mois d'avril,) *& dont on a laiffé le modele à l'Académie*, c'eft-à-dire toute pareille à la toife qui a fervi à la mefure des dégrés du méridien, voifins de l'équateur, & des dégrés qui coupent le cercle polaire boréal, car celui-ci fut mefuré par les Académiciens envoyés au Nord avec ce même modele laiffé à l'Académie, de la toife emportée au Pérou. Mais en 1756, lorfque l'Académie fit mefurer de nouveau la diftance de Villejuifve à Juvifi pour vérifier la mefure de la bafe de M. Picart, la toife de M. de Mairan fut trouvée plus courte d'un dixieme de ligne que la toife de l'équateur. Voyez la note fur le n°. 75, liv. I.   S

TRIANGLES.		Angles observés, réduits au centre.			Les mêmes Angles corrigés.			De-là le côté en pas romains (1).
L'Ausa.	L	78°	48′	22″	78°	48′	18″	
Autre extrem. de la base.	a	82	3	10	82	3	6	LH 23862.3
Carpegna.	H	19	8	36	19	8	36	
		180	0	8	180	0	0	
L'Ausa.	L	77	19	44	77	19	56	
Luro.	I	66	35	52	66	36	2	IH 25367 7
Carpegna.	H	36	3	56	36	+	2	
		179	59	32	80	0	0	
Luro.	I	64	58	37	64	58	31	
Carpegna.	H	69	57	6	69	56	59	HG 32465.2
Catria.	G	45	4	34	45	4	50	
		180	0	17	180	0	0	
Carpegna.	H	37	12	15	37	12	11	
Catria.	G	97	6	12	97	6	1	GF 27429.8
Tesio.	F	45	41	53	45	41	48	
		180	0	20	180	0	0	
Catria.	G	64	51	52	64	51	54	
Tesio.	F	59	33	25	59	33	30	FE 30104.3
Pennino.	E	55	34	34	55	34	36	
		179	54	54	180	0	0	
Tesio.	F	45	46	33	45	46	33	
Pennino.	E	92	38	54	92	38	56	FD 45316.4
Fionchi.	D	41	34	31	41	34	31	
		179	59	58	180	0	0	
Tesio.	F	38	36	2	38	35	57	
Fionchi.	D	91	56	32	91	56	21	DC 37200.7
Soriano.	C	49	27	48	49	27	42	
		180	0	22	180	0	0	
Fionchi.	D	60	5	30	60	5	30	
Soriano.	C	70	10	21	70	10	19	CB 42258.3
Genarro.	B	44	45	12	45	44	11	
		180	0	3	180	0	0	

(1) Voyez au commencement de ce volume la table de réduction des pas romains en toise & pieds de Paris.

TRIANGLES.		Angles observés, réduits au centre.			Les mêmes Angles corrigés.			De-là le côté en pas romains.	
SORIANO.	C	32° 13′	6″		32° 13′	10″		BA	22954.3
GENARRO.	B	68 48	20		68 48	30			
Dôme de St Pierre. . .	A	78 58	18		78 58	20			
		179 59	44		180 0	0			
GENARRO.	B	32 38	10		32 38	7		Bc	24244.8
Dôme de St Pierre. . .	A	79 1	10		79 1	3			
Extr. or. de la base. . .	C	68 20	56		68 20	50			
		180 0	16		180 0	0			
GENARRO.	B	19 17	27		19 17	27		bc	8033.4
Extr. occ. de la base. .	b	94 24	33		94 24	30			
Extr. or. de la base. . .	c	66 18	6		66 18	3			
		180 0	6		180 0	0			

22. La base de *Rome* calculée, se trouve d'environ un pas plus courte que par la mesure actuelle ; & comme elle est la vingtieme partie de la méridienne, il suit que si on la prenoit pour fondement du calcul, la méridienne se trouveroit au moins de 20 pas plus longue ; & que prenant un milieu, on peut ajouter 10 pas à la méridienne ; ce qui augmentera le dégré de 5 pas.

23. Pour trouver une base par l'autre, on n'a besoin que des nombres marqués dans la table. Car il suffit de connoître un côté d'un triangle, pour trouver tel côté qu'on voudra du triangle suivant. Nous avons suivi la méthode la plus aisée, qui est de résoudre les triangles avant que de réduire les angles à l'horizon. Cette premiere opération finie, la réduction a lieu, tant pour avoir les distances, qui répondent à celles des signaux sur une surface réguliere de la terre, que pour connoître le vrai angle d'inclinaison des côtés sur la méridienne. La réduction des angles à l'horizon se fait de la maniere qui suit.

24. On imagine deux grands cercles de la sphere, passant par le zénith de l'observateur, & par les signaux observés. Ces cercles coupent l'horizon au-dessous ou au-dessus du

ſignal, ſuivant que le ſignal paroît élevé ou abaiſſé au-deſſous de l'horizon. Il eſt évident que l'arc compris de l'horizon eſt la meſure de l'angle réduit que l'on cherche, comme auſſi de l'angle formé par ces deux cercles au zénith. Or connoiſſant la diſtance apparente des ſignaux au zénith, on connoîtra par-là même deux côtés d'un triangle ſphérique, dont le troiſieme côté eſt la meſure de l'angle obſervé. Toute la difficulté ſe réduit donc à trouver l'angle au zénith, dans ce triangle ſphérique, dont on a tous les côtés. C'eſt-là, je penſe, la ſolution la plus ſimple & la plus naturelle qu'on puiſſe donner de ce problême; & comme il y a près de trente ans qu'elle m'eſt venue dans l'eſprit, & que je n'avois pas le moindre doute qu'elle n'eût été connue de tous les anciens, je n'ai pas été peu ſurpris de trouver quelque part (1) qu'on la donnât pour une méthode d'une nouvelle invention. Cependant comme il eſt rare qu'on ait occaſion d'en faire uſage, il ne ſeroit pas étonnant qu'aucun d'eux n'en eût fait mention.

Cas plus ſimple.

25. Si l'un des ſignaux eſt à l'horizon, on n'aura à réſoudre qu'un triangle rectangle ſphérique, dont l'hypothénuſe ſera la meſure de l'angle obſervé, & l'un des côtés la diſtance de l'autre ſignal à l'horizon. Une ſeule analogie fera connoître l'autre côté, ou l'arc de l'horizon qu'on cherche. Ceci conduit à une ſeconde ſolution générale du problême, laquelle paroît d'abord plus embarraſſée, mais qui dans le vrai peut être d'un grand uſage dans preſque tous les cas particuliers, à cauſe des moyens, qui s'y préſentent pour ainſi dire d'eux-mêmes, d'abréger les calculs.

Autre moyen.

26. Cette ſolution conſiſte à trouver le point C (fig. 3 & 4) qui eſt le point d'interſection de l'horizon avec le grand cercle qui paſſe par les ſignaux A & B. Si les ſignaux ſont l'un au-deſſus, l'autre au-deſſous de l'horizon, comme dans la fig. 3,

---

(1) Dans le livre de la figure de la terre de M. Bouguer, pag 131, où il ſuppoſe que cette méthode n'avoit point été employée, quoique les Académiciens, qui avoient été envoyés au cercle polaire, n'euſſent fait uſage que de la trigonométrie ſphérique pour la réduction à l'horizon des angles obſervés dans un plan incliné.

le point d'interfection doit fe trouver fur l'arc obfervé AB ;
s'ils font du même côté, comme dans la figure 4, ce point fe
trouvera fur l'arc prolongé, du côté où il fe rapproche de l'horizon. Soient les arcs AD, BE perpendiculaires à l'horizon
DCE, ou DEC, les fegmens de l'arc obfervé feront, dans
l'un & l'autre cas, AC, CB ; & l'arc obfervé fera, dans le
premier cas, la fomme de ces fegmens, & leur différence dans
le fecond. Ainfi en fe fervant du figne $\backsim$, pour marquer la
différence de deux termes, (il n'importe quel eft le plus grand)
je dis qu'on aura, dans le premier cas, l'analogie fuivante :

$$\text{Tang.}\ \frac{AD+BE}{2} : \text{Tang.}\ \frac{AD\backsim BE}{2} :: \text{Tang.}\ \frac{AB}{2} : \text{Tang.}\ \frac{AC\backsim BC}{2}.$$

Et dans le fecond cas,

$$\text{Tang.}\ \frac{AD\backsim BE}{2} : \text{Tang.}\ \frac{AD+BE}{2} :: \text{Tang.}\ \frac{AB}{2} : \text{Tang.}\ \frac{AC+BC}{2}.$$

Or connoiffant la moitié de la fomme, & la moitié de la
différence de AC & BC, on aura ces fegmens.

27. La démonftration de cette analogie fe tire de ce théo-
rême de trigonométrie : les tangentes de la moitié de la
fomme & de la moitié de la différence de deux arcs, font en
raifon de la fomme & de la différence de leurs finus : ce qui
donne lieu à ce raifonnement.

Démonftra-
tion.

$$\text{Sin. AD} : \text{Sin. BE} :: \text{Sin. AC} : \text{Sin. BC.}$$

Donc en ajoutant & en fouftrayant

$$\text{Sin. AD} + \text{Sin. BE} : \text{Sin. AD} \backsim \text{Sin. BE} :: \text{Sin. AC} + \text{Sin. BC} : \text{Sin. AC} \backsim \text{Sin. BC.}$$

Et fubftituant enfin des rapports égaux.

$$\text{Tang.}\ \frac{AD+BE}{2} : \text{Tang.}\ \frac{AD\backsim BE}{2} :: \text{Tang.}\ \frac{AC+BC}{2} : \text{Tang.}\ \frac{AC\backsim BC}{2}.$$

C. Q. F. D. Or connoiffant les fegmens de l'arc oblique, on
en déduit les fegmens de l'horizon qui leur répondent, par
ces analogies :

$$\text{Sin. du compl. de AD} : \text{rayon} :: \text{Sin. compl. AC} : \text{Sin. compl. DC.}$$

$$\text{Et Sin. compl. BE} : \text{rayon} :: \text{Sin. compl. BC} : \text{Sin. compl. EC.}$$

dans lefquelles le logarithme du finus du complément de AD
& celui du complément de BE étant d'ordinaire peu infé-
rieurs à celui du rayon, on verra du premier coup d'œil ce
qu'il conviendra d'ajouter au finus du complément de AC

& BC, pour avoir le finus du complément de DC & EC. Ainfi cette méthode n'eft pas beaucoup plus longue que la précédente , & elle a fur elle l'avantage de la clarté.

28. Je viens à la réduction des angles à l'horizon, dont nous avons montré plus haut la néceffité. Je ne dois point diffimuler ici que les hauteurs & abaiffemens refpectifs des objets , d'où dépend cette réduction, n'ont quelquefois pu être obfervés immédiatement. Tantôt des obfervations plus importantes ne nous en laiffoient pas le tems ; tantôt nous étions contrariés par le vent : enfin nous manquions d'un inftrument, beaucoup plus propre que le quart de cercle, à prendre en fort peu de tems de petites hauteurs ou dépreffions au-deffous de l'horizon. Mais comme les erreurs qu'on peut y commettre, fuffent-elles d'une minute, n'influent que peu, ou point, dans cette réduction, nous avons cru qu'il fuffiroit de déduire de nos obfervations les hauteurs approchées des montagnes au-deffus du niveau de la mer ; j'entends celles que nous n'avions pu avoir par une obfervation immédiate. Ces obfervations font rapportées en détail à la fin de ce livre fecond. C'eft ainfi que nous avons réduit les angles à l'horizon, tels qu'on les voit dans la table fuivante, avec la valeur des côtés oppofés.

TRIANGLES.		Angles réduits à l'horizon.			Côtés oppofés en pas romains.	
Embouchure de l'Ausa ·	L	78°	47′	22″	a H	23614.0
Autre extrémité de la bafe ·	a	82	2	40	L H	23841.3
Carpegna M. · · · ·	H	19	9	38	L a	7901.14
Embouchure de l'Ausa ·	L	77	20	48	I H	25352.2
Mont Luro · · · ·	I	66	34	20	L H	23841.3
Carpegna M. · · · ·	H	36	4	52	L I	15302.4
Mont Luro · · · ·	I	64	59	51	H G	32454.7
Carpegna M. · · · ·	N	69	56	1	I G	33636.7
Catria M. · · · ·	G	45	4	8	I H	25352.2
Carpegna M. · · · ·	H	37	11	41	G F	27417.4
Catria M. · · · ·	G	97	6	47	H F	45004.5
Tesio M. · · · · ·	F	45	41	32	H G	33454.7

TRIANGLES.		Angles réduits à l'horizon.			Côtés opposés en pas romains.	
Catria M. · · · · ·	G	64°	51'	47"	FE	30090.9
Tesio M. · · · · ·	F	59	33	47	GE	28658.0
Pennino M. · · · · ·	E	55	34	26	GF	274174
Tesio M. · · · · ·	F	45	46	22	ED	32495.2
Pennino M. · · · · ·	E	92	39	19	FD	45299.0
Fionchi M. · · · · ·	D	41	34	19	FE	30090.9
Tesio M. · · · · ·	F	38	35	49	DC	37186.1
Fionchi M. · · · · ·	D	91	56	38	FC	59574.2
Soriano M. · · · · ·	C	49	27	33	FD	45299 0
Fionchi M. · · · · ·	D	60	5	37	CB	42243.2
Soriano M. · · · · ·	C	70	10	19	DB	45843.9
Genarro M. · · · · ·	B	49	44	4	DC	37186.1
Soriano M. · · · · ·	C	32	12	14	BA	22935.6
Genarro M. · · · · ·	B	68	48	35	CA	40124.3
Dôme de St Pierre · · ·	A	78	59	11	CB	42243.2

29. Il est à remarquer que la distance du *Genarro* au dôme de *St Pierre*, réduite à une surface réguliere de la terre, est ici de près de quatre pas trop petite. Car cette réduction né doit diminuer que de quinze pas la distance de ces stations ; d'où il suit que cette distance étant, selon la premiere table, de 22954 pas, elle devroit se réduire à 22939, non à 22935.6. Mais cette erreur vient moins d'un défaut de réduction, que de l'inégalité de la réfraction, qui de tems en tems éleve les objets beaucoup plus que de coutume. Ainsi quoique dans les cas ordinaires on puisse connoître assez sûrement, par la distance du lieu observé, la quantité de la réfraction, on ne peut jamais s'en assurer pleinement que par une observation immédiate. Or l'élevation de l'objet augmente la distance non réduite. Ainsi il n'est pas étonnant qu'en allant d'un triangle à l'autre, on tombe à la fin dans quelque petit mécompte. Cependant pour ne pas donner lieu de croire que par trop de confiance nous ayons raccourci notre dégré, qui est déja si court, nous supposerons que cette différence vient en partie d'une erreur de réduction, & nous y aurons égard dans la suite.

Correction d'une petite erreur.

Article VI.

Direction des côtés des triangles par rapport à la méridienne de St Pierre de Rome.

On préfere les obfervations faites à Rome ; & pourquoi.

30. Pour trouver la pofition de notre méridienne, **nous** avons fait fix obfervations, trois à *Rimini*, & autant à *Rome*. Celles de *Rimini*, pour être les premieres en date, n'en font pas plus sûres: non que nous y ayons négligé aucune précaution; mais à caufe de l'incommodité du lieu où elles fe faifoient; & que nous ne pouvions changer en un autre, à moins d'y tranfporter la pendule, & d'y prendre de nouvelles hauteurs correfpondantes: ce qui n'étoit guere praticable dans la circonftance. Nous n'héfitons pas de donner la préférence aux obfervations de *Rome*, & c'eft par celles-ci que je commence à entrer dans le détail.

Obfervations de Rome.

31. Le 14 feptembre 1753 nous obfervâmes, à l'extrémité feptentionale de la plate-forme du college romain, le moment où les deux bords du limbe du foleil couchant atteignoient le fil vertical; & nous en conclûmes ce qui fuit, pour la diftance du centre à l'arbre de *Soriano*.

Dift. du centre du Soleil à *Soriano*.	Même diftance réduite à l'horifon.
5ʰ 56′ 4″ . . . . 66° 18′ 44″	. . . . 66° 18′ 54″
6 0 20 . . . . . 65 36 15	. . . . . 65 36 45
6 4 20 . . . . . 64 55 18	. . . . . 64 55 54

Ce qu'on en conclut.

32. La déclinaifon du foleil étant fuppofée à fix heures de 3° 11′ 36″, il fuit qu'il décline de la méridienne des quantités fuivantes :

$$
\begin{array}{rrrrrr}
5^{h} & 56' & 4'' & . . . . . 91° & 43' & 23'' \\
6 & 0 & 20 & . . . . . . 92 & 26 & 1 \\
6 & 4 & 20 & . . . . . . 93 & 6 & 48
\end{array}
$$

Donc

Donc la déclinaison de l'arbre est,

Par la premiere observation . 158° 2′ 17″
Par la seconde 158 2 46
Par la troisieme 158 2 42
Et prenant un milieu 158 2 35 (1)

33. Cette déclinaison, lorsqu'elle est orientale, doit être retranchée de 180°; & on l'y ajoutera, si elle est occidentale, comme dans le cas présent La différence dans le premier cas, & la somme dans le second, est ce que nous appellerons dans la suite *angle de position* ; de sorte que angle de position ne signifie autre chose que la distance horizontale du vrai point du nord à un vertical quelconque, en tournant sur la droite. Cette expression m'a paru également propre à abréger le discours, & à y répandre de la clarté. Par exemple au tems de l'équinoxe, l'angle de position du soleil est à son lever de 90°, à midi de 180°, à son coucher de 270, & en Eté de 290, lorsque sa déclinaison septentrionale est de 20°.

34. Le lieu où se font faites ces observations, est éloigné de 1535 pas du dôme de *Saint Pierre*, plus septentrional de 224 pas, & plus occidental de 1518. Ainsi en tenant compte de cette distance, la parallaxe de *Soriano* sera de 1° 53′ 28″, & la convergence des méridiens de 1′ 7″: leur différence est 1° 52′ 21″, qui, ajoutés à l'angle de position de *Soriano*, vu de la plate-forme, savoir 338° 2′ 35″, donne pour l'angle de position de cette montagne vue du dôme de *Saint Pierre*,

Ce que c'est qu'angle de position

Angles de position des stations.

---

(1) Il n'est point fait mention, dans cet ouvrage, d'un angle qui a été observé en même tems, & qui est nécessaire pour orienter une nouvelle carte topographique de *Rome*, publiée par M. *J. B. Nolli*, dans laquelle on s'est contenté de marquer une boussole, sans avoir égard à la déclinaison de l'aiguille aimantée. Cet angle est celui que forme le dôme de *St Pierre*, avec l'arbre de *Soriano*, vu de l'extrémité septentrionale de la plate forme du college romain. Il s'est trouvé, suivant une lettre de la main du P. Maire, qui a été communiquée au traducteur, de 59° 40′ 4″, qui retranché de la déclinaison de l'arbre 158° 2′ 35″, laisse, pour la déclinaison du dôme vu de la plate-forme, 98° 22′ 31″.

T

339° 54′ 56″. De-là on tire fans peine les autres angles de pofition, dont voici la lifte.

Du dôme de St Pierre,	le mont Genarro .	58°	54′	7″
Du mont Soriano, . . {	le Téfio	8	4	50
	le Fionchi	57	32	23
	le Genarro	127	42	42
Du Fionchi, ... {	le Pennino	11	3	20
	le Genarro	177	26	46
	le Tefio	329	29	1
Du Tefio, ... {	le Catria	44	8	52
	le Pennino	103	42	39
	le Carpegna . . .	358	27	30
Du Catria, ... {	le Luro	6	19	47
	le Pennino	159	17	5
	le Carpegna . . .	321	15	39
Du Carpegna, ... {	embouc. de l'Aufa.	35	14	46
	le Luro	71	19	38
De l'embouc. de l'Aufa,	le Luro	137	53	58

On a égard à la convergence des méridiens.

35. Tels feroient, dis-je, les angles de pofition, fi l'on n'avoit égard à la convergence des méridiens. Mais il arriveroit de-là, comme nous le verrons bientôt, que l'embouchure de l'*Aufa* feroit encore de 7 pas ⅛ plus orientale que le dôme de *Saint Pierre*. Ajoutant donc 5′ 34″ pour la convergence des méridiens dans cette latitude, l'angle de pofition du mont *Luro*, vu de cette embouchure, fera de 137° 59′ 32″. Voyons maintenant quel doit être cet angle, fuivant les obfervations de *Rimini*.

Obfervations de Rimini.

36. Le 23 de juillet nous obfervâmes à *Rimini*, le foleil levant, dans la maifon de M. le Comte *Garampi*; & nous trouvâmes les diftances fuivantes du centre du foleil au fignal du mont *Luro* :

Tems vrai.			Dift. obfervées			réd. à l'horizon.		
4ʰ	34′	43″ . . .	74°	19′	0″ . . .	74°	19′	3″
4	39	24	73	29	12	73	29	40
4	46	43	72	14	6	72	14	39

La déclinaifon du foleil à 4ʰ 39′ étant de 20° 4′ 0″, on a pour les angles de pofition du centre,

Dans la premiere obſervation, . 61° 2′ 52″
Dans la ſeconde , ... 61 51 46
Dans la troiſieme , ... 63 7 32

Ainſi l'angle de poſition du mont *Luro* eſt,

Par la premiere obſervation, . 135° 21′ 55″
Par la ſeconde , ... 135 21 26
Par la troiſieme , ... 135 22 11
Et prenant un milieu , ... 135 21 51

Cette maiſon eſt éloignée de l'embouchure de l'*Auſa* de 846.8 pas, ſavoir de 835.3 à l'occident, & de 139.1 au midi. De plus, la parallaxe du mont *Luro*, obſervée de cette montagne même, eſt de 2° 35′ 34″, & la convergence des méridiens de 39″. Ainſi ajoutant la ſomme de la parallaxe & de la convergence, on aura pour l'angle de poſition du mont *Luro*, vu de l'embouchure de l'*Auſa*, 137° 58′ 4″ ; au lieu que ſuivant les obſervations de Rome, il eſt de 137° 59′ 32″, de près d'une minute & demie plus grand. Je crois que la différence eût été moindre, ſi nous avions pu obſerver immédiatement les deux angles de poſition.

37. Soit tracée maintenant la méridienne du dôme de *St Pierre*, ſur laquelle on abaiſſe une perpendiculaire de l'embouchure de l'*Auſa*. La diſtance du dôme à la perpendiculaire, ſera de 161127.9, ou de 161130.9 pas, ſuivant qu'on déduira la direction de la méridienne des obſervations de *Rome*, ou de celles de *Rimini* ; & prenant un milieu, elle eſt de 161129.4 : d'où il faut ôter 5.7 pas, à cauſe que cette perpendiculaire coupe la méridienne en un point, qui eſt un peu plus ſeptentrional que celui où elle eſt coupée par le parallele de l'*Auſa* ; & il reſte pour la diſtance des paralleles de l'embouchure de l'*Auſa* & du dôme de *Saint Pierre* 161123.7 pas. De plus, ſelon les obſervations de *Rome*, l'embouchure de l'*Auſa* eſt au moins de 7139.8 pas plus orientale que le dôme de *Saint Pierre*, & ſelon celles de *Rimini*, de 7070. Le milieu eſt 7105.

38. En effet, par le n°. 28, le *Soriano* eſt éloigné du dôme de *Saint Pierre* de 40124.3 pas ; & ſon angle de poſition,

Comparaiſon des obſervations ;

Preuve de ſon réſultat.

T ij

par rapport à ce dôme, est de 339° 54′ 56″. Donc il est plus septentrional que le dôme de 37686.5, & plus occidental de 13779.7. On trouvera de même que le *Tesio* est plus septentrional que le *Soriano* de 58983.3 pas, & plus oriental de 8304.0. Donc il est plus septentrional que le dôme de 96669.2, & plus occidental de 5405.7. Pareillement le *Carpegna* se trouve plus septentrional que le *Tesio* de 44988.0, & plus occidental de 1213. Donc il est plus septentrional que le dôme de 141657.2, & plus occidental de 6618.7. Enfin l'embouchure de l'*Ausa* se trouvera plus septentrionale que le *Carpegna* de 19470.7, & de 13758.5 plus orientale. Elle sera donc plus septentrionale que le dôme de 161127.9, & plus orientale de 7139.8. Au lieu de ces nombres, on auroit eu, suivant la remarque du n°. précédent, 161130.9 & 7070.1, si on s'en fût tenu aux observations de *Rimini*, & qu'on se fût contenté de rapprocher la méridienne du côté de *Rimini* de 1′ 28″ (1), sans avoir égard à la convergence des méridiens des montagnes.

Situation des montagnes, Pl. I, F. 2.

39. La table suivante renferme les distances de chaque station au parallele, & au méridien du dôme de *Saint Pierre*, calculées par la méthode du n°. précédent. Voyez la fig. II, pl. 1.

		Dist. au parall.		Dist. au mérid.	
Genarro	A d	11846.3.	d B	19939.4	or.
Soriano	A e	37686.5.	e C	13779.7	oc.
Fionchi	A f	57644.8.	f D	17596.5	or.
Pennino	A g	89536.9.	g E	23827.8	or.
Tesio	A h	96669.2.	h F	5405.7	oc.
Catria	A i	116342.3.	i G	13690.8	or.
Carpegna	A l	141657.2.	l H	6618.7	oc.
Luro	A m	149774.1.	m I	17399.1	or.
Embouc. de l'Ausa	A n	161127.9.	n L	7139.8	or.

(1) Il y a dans le texte 29″; c'est une faute d'impression.

ARTICLE VII.

Détermination de la hauteur du pôle à Rome *& à* Rimini *par des observations faites dans ces deux villes.*

40. Nous avions choisi trois étoiles pour déterminer la différence de latitude de ces deux villes, savoir β du cocher, α du cygne, & μ de la grande ourse. La premiere se perdit dans les rayons du soleil, tandis que nous observions à *Rimini :* du moins elle avoit si peu de lumiere, qu'elle étoit totalement couverte par le fil, sans qu'on pût s'assurer du point précis auquel elle répondoit. Elle nous servit du moins à déterminer la latitude de *Rome.* Car comme elle étoit fort près du colure des solstices, son changement de déclinaison se faisoit avec tant de lenteur, qu'on le pouvoit tirer sans risque des observations faites par M. *Cassini*, vers l'an 1740, douze ans auparavant. Ajoutons que c'étoit la seule de nos étoiles qui eût été observée pour lors avec exactitude. Car il n'est pas question de μ de la grande ourse, dans ces observations : & pour α du cygne, on y trouve des différences, qui, quoique petites, ne sont pourtant pas à négliger ; outre que si nous voulions réduire ces observations à la même époque, il seroit à craindre que l'inégalité de la précession des équinoxes n'y ajoutât de nouvelles erreurs.

Choix des étoiles.

41. Pour tirer, des observations de β du cocher, la hauteur du pôle à *Rome*, il faut prendre la déclinaison de cette étoile au commencement de 1740, & en conclure ce qui suit.

Hauteur du pôle à *Rome.*

Déclinaison observée le premier Janv. 1740 .	44°	52′	58″
De-là la déclinaison le 4 Mars 1752	44	53	18
Aberration vers le nord			7
Déclinaison apparente	44	53	25
Diff. au zénith corrigée par diverses observ. .	2	59	30
Hauteur du pôle au college romain	41	53	55

Il faut retrancher de cette hauteur une seconde, pour la nutation de l'axe, à laquelle M. *Cassini* n'a pu avoir égard, & qui fait que l'étoile étoit plus près du pôle au commencement de 1740, que dans les premiers jours de mars 1752.

De-là la hanteur du pôle au dôme de *Saint Pierre* eſt de 41° 54′ 7″, & aux thermes de Dioclétien, de 41° 54′ 10″, de 17″ plus petite que ne l'avoit trouvé M. *Bianchini* ; ce qui ne doit point paroître étrange, puiſque outre la difficulté de diſtinguer l'ombre de la pénombre, il feroit aiſé, au beſoin, de prouver par de fortes raiſons, qu'avec le gnomon de Clément, on ne peut s'aſſurer, qu'à 15 ou 20 fecondes près, de la latitude d'un lieu.

Différence de la hauteur du pôle à *Rimini*.

42. Je viens au détail des obſervations par leſquelles nous avons déterminé la différence des latitudes de *Rome* & de *Rimini*, de laquelle dépend ſurtout la meſure du dégré.

Par α du cygne.

Diſtances au zénith de α du cygne, obſervées à Rome.

				corrigées;			réd. au 4 mars.		
1752 Mars	4.	2° 34′	31.″5	2°	30′	17.″5	2°	30′	17.″5
	5.	2 34	31. 5	2	30	17. 5	2	30	17. 6
	6.	2 34	32. 2	2	30	18. 2	2	30	18. 5
	7.	2 34	30. 9	2	30	17. 5	2	30	17. 0
	14.	2 26	3. 0	2	30	17. 0	2	30	16. 7
		2 26	2. 3	2	30	16. 3	2	30	18. 1

Dans les quatre premieres obſervations, le limbe du ſecteur étoit tourné à l'orient, & dans les ſuivantes à l'occident : ce qu'il faudra ſous-entendre dans la ſuite, toutes les fois que les obſervations différeront de quelques minutes : & afin de pouvoir placer de ſuite celles qui ont été faites dans une même ſituation de l'inſtrument, nous n'avons point ſuivi dans les tables l'ordre des jours ni des mois. La correction eſt à peu près par tout la même, ſavoir d'environ 4′ 14″; ce qui eſt une ſuite de l'accord qui ſe trouve entre les obſervations. Quant à la réduction au 4 mars, nous n'avons eu égard dans ces obſervations, non plus que dans celles de *Rimini*, qu'à l'aberration de la lumiere (1), parceque dans tout cet intervalle

______

(1) L'Auteur ne parle ici que des mouvemens découverts par M. *Bradley*. Car il eſt évident, par la ſeule inſpection des tables, qu'il a eu auſſi égard à la préceſſion des équinoxes. Voyez L. 4, n°. 163.

de tems, les diſtances de nos étoiles au pôle étoient preſque ſtationnaires, pour parler en termes d'aſtronomie, par rapport à la nutation de l'axe.

43. Diſtances au zénith de μ de la grande ourſe, obſervées à *Rome*.

Par μ de la grande ourſe.

		corrigées;	réd. au 4 mars.
1752 Mars 4.	0° 54′ 13.″3	0° 49′ 59.″3	0° 49′ 59″3
16.	0 54 16. 5	0 50 2. 5	0 50 0 7
7.	0 45 46. 1	0 50 0. 1	0 49 59 7
9.	0 45 46. 1	0 50 0. 1	0 49 59 4
18.	0 45 48. 5	0 50 2. 5	0 50 0 4

On voit que la moyenne diſtance de α du cygne au zénith, le 4 de mars, eſt de 2° 30′ 17″.9 ; & ajoutant la réfraction, de 2° 30′ 20″.7 : de même que la moyenne diſtance de μ de la grande ourſe eſt de 49′ 59″.9 ; & ajoutant la réfraction, 50′ 0″.8. Venons maintenant à celles de *Rimini*.

Diſtances de α du cygne au zénith, obſervées à *Rimini*.

		corrigées;	réd. au 4 de mars.
1752 Mai 6	0° 26′ 52.″5	0° 20′ 31.″5	0° 20′ 33.″7
7	0 26 53. 2	0 20 32. 2	0 20 34. 3
13	0 26 53. 3	0 20 32. 2	0 20 33. 5
14	0 26 52. 9	0 20 31. 9	0 20 33. 1
Avril 30	0 14 11. 9	0 20 32. 9	0 20 35. 7
Mai 5	0 14 11. 9	0 20 32. 9	0 20 35. 2
12	0 14 11. 2	0 20 32. 2	0 20 33. 6

Diſtances de μ de la grande ourſe au zénith, obſervées à *Rimini*.

		corrigées;	réd. au 4 mars.
1752 Avril 29	1° 13′ 16.″5	1° 19′ 37.″5	1° 19′ 45.″6
30	1 13 15. 5	1 19 36. 5	1 19 44. 7
Mai 2	1 13 16. 5	1 19 37. 5	1 19 45. 9
6	1 13 16. 9	1 19 37. 9	1 19 46. 8
Avril 25	1 25 57. 8	1 19 36. 8	1 19 44. 4
Mai 1	1 25 56. 3	1 19 35. 3	1 19 43. 7
Mai 3	1 25 57. 8	1 19 36. 8	1 19 45. 3

Ainſi l'erreur de l'inſtrument s'eſt trouvée ici de 6′ 21″, de plus de deux minutes plus grande qu'à *Rome*, à cause de quelque petit dérangement arrivé dans l'objectif: & comme α du cygne étoit du côté du nord par rapport au zénith, & μ de l'ourse du côté du sud, les mouvemens apparens, qui y étoient produits par la précession des équinoxes & l'aberration de la lumiere, se faisoient en sens contraire: ce qui sert beaucoup à faire connoître au juste l'amplitude de l'arc céleste, par la comparaison des observations de chaque étoile. Car s'il y avoit eu quelques erreurs dans les observations, la comparaison les eût dû faire paroître doubles.

Latitude de Rimini. 44. Le moyen résultat de toutes les observations de *Rimini*, réduites à la même époque, donne pour la distance de α du cygne au zénith 20′ 34″.2 ; à quoi ajoutant la réfraction, il vient 20′ 34″.6 ; qui, retranché de la distance de *Rome*, également augmentée de la réfraction, savoir de 2° 30′ 20″.7, laisse pour la différence de la latitude des observatoires de *Rome* & de *Rimini* 2° 9′ 46″.1. On doit retrancher la distance observée à *Rimini* de celle de *Rome*, parceque l'étoile étoit du côté du nord par rapport à l'une & à l'autre station. Au contraire, μ de la grande ourse s'étant trouvé entre les zéniths de *Rome* & de *Rimini*, on doit ajouter ensemble les distances corrigées par la réfraction, savoir 50′ 0″.8 & 1° 19′ 46″.6, (car la distance moyenne à *Rimini* est 1° 19′ 45″.2, à quoi on ajoute pour la réfraction 1″.4), pour avoir 2° 9′ 47″.4, différence de la latitude trouvée par les observations de cette étoile. Mais la premiere mérite la préférence à bien des égards, parcequ'il étoit besoin le plus souvent d'éclairer les fils, pour observer le passage de μ de la grande ourse au méridien, au lieu que α du cygne n'a jamais eu besoin de ce secours; outre qu'il y a plus d'accord entre les observations de α du cygne, qu'entre celles de μ de l'ourse. Au reste, la différence ne va guere au-delà d'une seconde, & elle seroit beaucoup moindre si nous rejettions l'observation du 6 de mai. Ainsi des observations de α du cygne, & de la hauteur du pôle au college romain, qui s'est trouvée de 41° 53′ 54″, on déduit pour la hauteur du pôle au milieu de la place *Saint Antoine* de *Rimini*, 44° 3′ 40″.

45. Nous savions que, vers la fin de cette année 1752,

CCS

Autres ob-
fervations.

ces deux étoiles feroient dans des points du ciel fort différens de ceux où nous venions de les trouver ; car l'aberration de la lumiere & la préceſſion des équinoxes concouroient à rapprocher du pôle *α* du cygne, & à en écarter *μ* de la grande ourſe. Ainſi nous nous proposâmes d'obſerver, en ce tems-là même, la diſtançe de ces étoiles au zénith, pour avoir une nouvelle preuve de la théorie de M. *Bradley.* C'eſt dans cette vue qu'au mois de décembre de la même année, nous fîmes à *Rome* les obſervations ſuivantes; car je ne m'arrête pas au détail de celles de novembre, qui ſont en petit nombre, & qui s'accordent parfaitement avec celles-ci.

Pour *α* du cygne.

Déc.				corrigées ;			réd. au 4 de mars.		
1	$2°$	$37'$	$41.''7$	$2°$	$30'$	$55.''7$	$2°$	$30'$	$20.''0$
7	2	37	41.4	2	30	55.4	2	30	20.9
10	2	37	40.7	2	30	54.7	2	30	20.8
12	2	37	40.0	2	30	54.0	2	30	20.5
18	2	37	37.8	2	30	51.8	2	30	19.7
24	2	37	37.5	2	30	51.5	2	30	20.9
8	2	24	9.5	2	30	55.5	2	30	21.2
11	2	24	8.1	2	30	54.1	2	30	20.4
19	2	24	6.4	2	30	52.4	2	30	20.5
22	2	24	5.4	2	30	51.4	2	30	20.3
26	2	24	4.8	2	30	50.8	2	30	20.7

Pour *μ* de la grande ourſe.

Déc.				corrigées ;			réd. au 4 de mars.		
1	0	56	23.5	0	49	37.5	0	49	58.7
5	0	56	23.2	0	49	37.2	0	49	58.9
9	0	56	22.2	0	49	36.1	0	49	58.3
13	0	56	22.2	0	49	36.2	0	49	58.6
4	0	42	50.7	0	49	36.7	0	49	58.3
8	0	42	50.7	0	49	36.7	0	49	59.1
10	0	42	49.7	0	49	35.7	0	49	57.9

Elles confirment l'hypotheſe de *Bradley.*

46. Toute la différence qui ſe trouve entre ces diſtances réduites au 4 de mars, & les précédentes, vient de l'inégalité de la préceſſion de l'équinoxe, & autres cauſes auſſi peu

V

confidérables. Mais puifqu'elles s'accordent au point, que cette différence même n'eft qu'une légere partie de l'efpace dont l'une des étoiles s'eft éloignée, l'autre rapprochée du pôle ; elles confirment d'une maniere non équivoque l'hypothefe de M. *Bradley*. Du refte, il eft plus fûr de s'en tenir aux premieres obfervations, pour fixer la différence des latitudes, parcequ'elles fe fuivent de plus près, & que les étoiles varioient fort peu dans leur mouvement. En effet, la plus grande aberration de la queue du cygne, par rapport à la déclinaifon, qui étoit feptentrionale, n'étoit alors que de 18″ 0‴, le foleil étant avancé de 28° 46′ dans le figne de la balance, au point diamétralement oppofé vers le fud ; & le mouvement annuel qui rapprochoit cette conftellation du pôle, en fuppofant la préceffion annuelle des équinoxes de 50″, & fans aucune inégalité, étoit de 12″ 19‴. De même la plus grande aberration de μ de la grande ourfe étoit de 11″ 58‴, & l'étoile étoit prefqu'au folftice, où elle ne devançoit le foleil que d'une heure, de forte que la plus grande aberration feptentrionale tomboit au folftice d'Eté. Cette étoile ne s'écartoit chaque année, dans la même hypothefe que ci-deffus, que de 17″ 34‴ du pôle boréal.

Article VIII.

Valeur du dégré du méridien, déduite de nos mefures geométriques & de nos obfervations aftronomiques.

Diftance des
paralleles des
obfervatoires.

47. La diftance des paralleles du dôme de *Saint Pierre* & de l'extrémité occidentale de la bâfe de *Rimini* à l'embouchure de l'*Aufa*, eft, fuivant le n°. 37, de 161123.7 pas. La falle du college romain, où nous avions établi notre obfervatoire, étoit fous le méridien de l'extrémité feptentrionale de la plate-forme, d'où elle étoit éloignée de 45 pas au fud. Donc, par ce qui a été dit n°. 34, cet obfervatoire étoit de 269 pas plus méridional que le parallele du dôme de *Saint Pierre*. D'un autre côté, l'obfervatoire de *Rimini* (n°. 36) étoit pareillement de 139.1 pas plus méridional que l'embouchure de l'*Aufa*. Ajoutons la différence de ces nombres,

favoir 129.9 à 161123.7, & nous aurons pour la diſtance des paralleles des obſervatoires 161253.6.

48. Cette diſtance, ſuivant les obſervations de α du cygne, répond à un arc de 2 d. 9′ 46″.1 ; ſuivant celles de μ de la grande ourſe, à un arc de 2 d. 9′ 47″.4. Donc, par la premiere détermination, le dégré eſt de 74557.6 pas ; par la ſeconde de 74545.2 : & réduiſant (nº. 20) les pas romains en toiſes, on aura 56972.9 toiſes, & 56963.4 toiſes. Nous avons déja fait voir qu'on doit compter davantage ſur la premiere détermination : cependant pour donner quelque choſe à la ſeconde, nous ſuppoſerons le dégré, calculé ſur la baſe de *Rimini*, de 56970. Il reſte à voir quelle correction on y doit faire.

Amplitude de l'arc.

49. La meſure actuelle de la baſe de *Rome*, a été trouvée (nº. 19) de 8034.67 pas ; & par une ſuite de triangles, dont le premier côté eſt la baſe de *Rimini*, ſa valeur a été conclue de 8033.4. Ainſi ſi l'on commençoit le calcul par la baſe de *Rome*, on trouveroit l'arc du méridien, & par conféquent le dégré plus long, qu'au nº. précédent, dans la raiſon de ces nombres. Or 8033.4 eſt à 8034.67, comme 56970 à 56979, & prenant un milieu, on aura pour la valeur du dégré, calculé ſur les deux baſes, 56974.5 toiſes : à quoi, par la raiſon expoſée nº. 30, on doit vraiſemblablement ajouter une quantité égale à celle que nous venons de retrancher de la ſeconde détermination ; & par une concluſion finale, le dégré du méridien de *Rome*, depuis le 42me d. $\frac{1}{2}$ juſqu'au 43me $\frac{1}{2}$, ſera de 56979 toiſes.

Valeur du dégré,

50. Ce dégré differe beaucoup de celui que M. *Caſſini* le fils a meſuré dans la partie méridionale de France, & à un demi dégré près, ſous le même parallele. Mais M. *Caſſini* fait lui-même peu de fond ſur ſa meſure ; & il n'y a aucune apparence que le dégré méridional de France differe ſi peu de celui de *Paris*. Rien certainement ne prouve mieux l'exactitude de cet Aſtronome, & de ceux qui ont obſervé avec lui, que d'avoir pu, avec le quart de cercle qu'ils ont employé, approcher de ſi près de la vraie diſtance de leurs paralleles : mais il ne paroît pas poſſible, en obſervant la hauteur des étoiles avec un inſtrument d'un ſi petit rayon, d'éviter des erreurs de trois à quatre ſecondes. Je ne m'arrête point ici à relever les avantages

Beaucoup plus petit que celui de M. *Caſſini*.

V ij

d’un fecteur qui étoit d’un rayon de moitié plus long; ce qui fait déja un objet confidérable, & méritoit d’ailleurs, à tous égards, la préférence fur les meilleurs quarts de cercles.

51. Pour revenir à ce que nous difions, je crois qu’il paffe pour conftant que le dégré du méridien en France, pays égament éloigné de l’équateur & du pôle, eft fujet à de grandes variations fuivant la diftance. Car quoique les obfervations faites jufqu’à ce jour ne s’accordent avec aucune hypothefe déterminée ; néanmoins jufqu’à ce qu’on démontre le contraire, cette hypothefe doit être cenfée vraie exactement, où à très peu près; &, pour le cas dont il s’agit, fuffifamment prouvée par analogie, puifque la même chofe arrive dans prefque tous les changemens, où la variation n’eft jamais plus fenfible qu’au point du milieu. Ainfi j’ai peine à croire que le dégré méridional de France foit auffi approchant des dégrés contigus vers le nord, & auffi différent du nôtre, que la mefure de M. *Caffini* femble le repréfenter.

52. Mais l’on pourroit peut-être fuppofer avec autant de vraifemblance, que les pyrénées, fituées à l’extrémité méridionale de la méridienne de M. *Caffini*, ont un peu attiré le fil à plomb, & par-là même rapproché fon zénith du pôle, diminué l’amplitude de l’arc, & augmenté la mefure du dégré; & que l’interpofition de l’Apennin a dû produire, dans nos dégrés d’Italie, un effet tout contraire. Car fi l’Apennin a attiré le fil à plomb, tant à *Rome* qu’à *Rimini*, il fuit qu’il a augmenté la latitude de *Rimini* & diminué celle de *Rome*, & que le nombre de toifes, qui fe comptent d’une ville à l’autre, étant réparti fur un arc d’une plus grande amplitude, le dégré en doit paroître plus petit. On peut du moins le fuppofer pour *Rimini*, qui eft prefqu’au pied des montagnes, quoiqu’elles ne s’élèvent pas d’abord à une affez grande hauteur, pour pouvoir produire un effet fenfible : à l’égard de *Rome*, elle eft trop éloignée de l’Apennin pour qu’on y puiffe rien foupçonner de femblable. Quoi qu’il en foit, je me contente de propofer là-deffus mes conjectures, fans entrer dans une differtation en forme, n’ayant d’autre but pour le préfent que de donner le détail de nos obfervations, & d’en tirer la mefure du dégré.

53. Nous nous sommes servis, pour la réfraction , de la
table inférée dans la mesure de Mr *Cassini* Car, eût-il fallu
en retrancher un huitieme du tout, le dégré eût à peine augmenté de plus de deux toises. Dès qu'il n'est question que
d'étoiles peu éloignées du zénith , on peut, en fait de réfraction , se servir indifféremment de toute sorte de tables.
Car quoique la réfraction varie à mêmes hauteurs, selon la
différente constitution de l'atmosphere, cette variation n'est
point sensible dans les étoiles voisines du zénith.

De la réfrac-
tion.

ARTICLE IX.

Hauteurs des montagnes comprises dans la suite des triangles.

54. La montagne de la Sibille est la plus haute de toutes
celles de l'Etat de l'Eglise. Je me suis servi de méthodes sûres
pour en connoître la hauteur: elle s'est trouvée de quinze cents
pas romains, peut-être un peu plus, au-dessus du niveau de
la mer : mais nous n'avons jamais eu occasion de nous assurer
de sa hauteur précise ; cette montagne étant fort éloignée des
triangles du polygone, & ne nous étant pas même encore
connue, dans le tems que nous prenions nos angles. De plus,
la mesure des angles horizontaux emportoit presque tout notre
tems, & nous n'avions pas toujours le loisir de mesurer les
hauteurs & dépressions respectives de nos signaux, bien loin
de pouvoir examiner les hauteurs des montagnes étrangeres
à notre polygone.

Montagne
de la *Sibille* ,
la plus haute
de l'Etat de
l'Eglise.

55. Le signal placé au sommet de *Carpegna* , vu de l'extrémité occidentale de la base de *Rimini* , étoit à 87 d. 53′ du zénith ; & cette extrémité vue de ce signal à 92 d. 24′ 10″. La
somme de ces arcs contient 17′ 10″, par-dessus 180 d., au
lieu de 19′ 11″ qu'elle auroit eu à cette distance, sans la réfraction. La réfraction est donc au moins de deux minutes ;
de maniere qu'on peut dire que chacun de ces deux objets est
élevé d'une minute par la réfraction. Supposant donc que
leur vraie distance au zénith soit de 87 d. 54′ 0″, & 92 d. 25′
11″; il suit que la montagne est d'environ 940 pas au-dessus
du niveau de la mer.

Hauteur du
mont *Carpeg-
na.*

Moyen d'évaluer la réfraction.

56. C'est une remarque que nous avons souvent faite, & qui ne nous est point particuliere, savoir qu'à moins que la distance ne soit fort grande, la réfraction des deux objets est à peu près égale à la neuvieme partie de l'arc intercepté. Ainsi on peut sans risque, après avoir réduit en arc de grand cercle la distance de la station aux objets, en retrancher la dix-huitieme partie de chaque hauteur observée, & l'ajouter à chaque dépression. L'observation ainsi corrigée donne à très peu près la hauteur ou dépression d'un objet, par rapport au lieu d'où il est observé. On doit prendre garde néanmoins de ne pas faire ces sortes d'observations de grand matin, ou sur le soir, parceque la réfraction étant alors plus considérable, il y auroit une plus grande correction à faire à l'angle observé. Je dis plus : eût-on trouvé le total de la réfraction des deux objets, comme dans le n°. précédent, on ne pourroit en donner la moitié à chacun, s'il étoit vrai qu'on n'eût observé que l'un des deux aux heures que nous venons de dire ; puisqu'on en devroit conclure, par la même raison, que celui-ci auroit souffert une réfraction plus forte.

Autres hauteurs.

57. A l'égard des autres montagnes, nous avons déja remarqué (n°. 29) que nous n'avions pas toujours eu le loisir d'observer réciproquement leurs hauteurs ou dépressions. C'est le cas de se servir de la méthode que nous venons de proposer, laquelle n'expose à aucune erreur de conséquence, & nous l'avons employée dans l'occasion. La table suivante donne en pas romains & en toises les hauteurs, tant observées que conclues, de toutes nos montagnes au-dessus du niveau de la mer.

		Pas.	Toises.
	du mont Luro .	194	148
	de Carpegna . .	940	718
	de Catria . . .	1136	868
Hauteur perpend. . .	de Tesio	626	478
	de Pennino . .	1057	808
	de Fionchi . . .	907	693
	de Soriano . . .	719	549
	de Genarro . .	837	654 ½

58. De plus, le dôme de *Saint Pierre*, qui eſt une de nos Suite.
principales ſtations, eſt de 80 pas au-deſſus du niveau de la
mer ; l'extrémité occidentale de la baſe de *Rome*, proche le
tombeau de *Metella*, appellé aujourd'hui *Tête de bœuf*, de
26 pas ; l'extrémité orientale, près de *Fratocchie*, de 93 ; &
autant que nous l'avons pu connoître, par des obſervations
faites à la hâte, le mont *S. Vicino* eloigné du *Catria* de 21
milles $\frac{1}{2}$ à l'orient d'*Hiver*, & le mont *Neron*, qui en eſt
à près de 12 milles, du côté oppoſé, ont environ un mille
de hauteur perpendiculaire. Le mont *Cucco*, proche *Coſtac-*
ciarro, paroît un peu plus élevé ; car, autant qu'il peut m'en
ſouvenir, nous le vîmes du *Catria* au-deſſous de l'horizon, &
ſur la même ligne que le *Pennino* ; ainſi on peut lui donner
une hauteur moyenne entre celle de *Pennino* & de *Catria*,
plus approchante néanmoins de celle de *Catria*, dont il eſt
éloigné de 7 milles.

59. La ſeconde pointe du *Catria*, appellée *Montaigu*, Hauteurs eſ-
timées.
(n°. 12) m'a paru d'environ 10 ou 12 pas plus baſſe que la
premiere : car je la voyois à quinze cents pas ou environ de
cette premiere pointe, & à peu près à un demi dégré de dépreſſion. Ces montagnes ſont ſans comparaiſon les plus hautes
de toute cette contrée d'Italie, quoiqu'elles n'approchent pas
de la hauteur du mont de la *Sibille*, & de quelques montagnes
de *Toſcane* & du royaume de *Naples*. Au ſujet de cette chaine
de montagnes qui ſéparent la Campanie de la Province maritime, comme elle étoit fort éloignée de nos triangles, je
n'en puis rien dire d'aſſez ſûr : on y voit entre autres une montagne à triple ſommet, appellée pour cela *De' tre Porroni*,
mais plus proprement *Semprevivo*. Je la croirois volontiers
preſque égale au *Catria*, parceque cette montagne, vue du
mont *Albano*, paroît beaucoup plus haute que le *Genarro*,
quoiqu'elle ſoit à même diſtance. Le mont *Albano* n'a pas
plus de 600 pas de hauteur.

60. Mais nous n'étions pas chargés de meſurer la hauteur Hauteurs
omiſes.
de toutes les montagnes de l'Etat de l'Egliſe, mais ſeulement
les hauteurs ou dépreſſions reſpectives de nos ſignaux, & leur
hauteur abſolue au-deſſus du niveau de la mer : par cette
raiſon nous n'avons rien dit d'une autre chaîne de montagnes,

qui s'étend au nord de *Genarro*, en tirant vers *Rieti*, dans laquelle on trouve plusieurs pointes, sans contredit plus hautes que le *Genarro* ; ni de quantité d'autres montagnes, dont, entre autres inconvéniens, le sommet n'étoit marqué par aucun point fixe ; ce qui empêchoit également d'en mesurer la distance & la hauteur.

Hauteur & abaissemens respectifs des signaux.

Du dôme de *St Pierre*, .	le Genarro	+1°	45'	15″
	le Soriano	+0	40	20
Du Genarro, ...	Dôme de St Pierre .	—2	1	40
	Soriano	—0	24	45
	Fionchi	—0	11	15
Du Soriano, ...	le Genarro	—0	5	35
	le Fionchi	+0	4	0
Du Fionchi, ...	Soriano	—0	32	25
	Genarro	—0	21	45
	Pennino	+0	4	0
Du Pennino, ...	Fionchi	—0	27	25
	Catria	+0	0	45
	Tesio	—1	0	0
Du Tesio, ...	Pennino	+0	38	30
	Catria	+0	54	5
Du Catria, ...	Tesio	—1	13	50
	Pennino	—0	19	45
	Carpegna	—0	32	40
Du Carpegna, ...	Catria	+0	9	0
	Tesio	—0	40	10
	Luro	—1	50	10
	Embouc. de l'Ausa .	—2	24	10
Du mont Luro, ...	Embouc. de l'Ausa .	—0	45	25
	Carpegna	+1	32	5
	Catria	+1	24	15
De l'embouc. de l'Ausa, .	Luro	+0	38	5
	Carpegna	+2	7	0

Fin du Livre II.

LIVRE TROISIEME.

Détail des opérations concernant la réformation de la Géographie de l'Etat de l'Eglise.

1. Les obſervations tant aſtronomiques que géographiques, qui nous ont ſervi à déterminer la diſtance de *Rome* à *Rimini*, nous donnant non ſeulement la différence de la latitude de ces deux villes, mais encore la longitude & la latitude des montagnes intermédiaires, nous avons cru devoir profiter de l'occaſion pour fixer de plus la poſition des autres villes & principaux lieux de l'Etat de l'Egliſe. Car on ne pouvoit imaginer de méridien plus propre à cette fin que celui de *Rome*, qui traverſe cet Etat à peu près par le milieu, & d'où la vue s'étend de part & d'autre juſqu'aux frontieres. En effet, du ſommet de *Catria*, comme de celui de *Carpegna*, nous découvrions la montagne de l'*Aſcenſion*, communément appellée *Poleſio* du nom du village voiſin, & ſituée près d'*Aſcoli*. Du haut des montagnes de l'Apennin la vue s'étend ſur une plaine immenſe, où l'on découvre *Comacchio*, *Ferrare*, & juſqu'aux lieux les plus reculés de cette contrée. Ainſi quoique notre deſſein ne fût aucunement de nous ſervir pour cela du grand quart de cercle, tant à cauſe de la difficulté du tranſport, que parcequ'il faut beaucoup de tems pour obſerver avec un inſtrument d'un long rayon ; néanmoins, comme moyennant une ou au plus deux obſervations exactes faites avec cet inſtrument, on pouvoit embraſſer toute la largeur de l'Etat eccléſiaſtique, & dès-lors fixer avec plus de préciſion la poſition des villes compriſes dans cet intervalle ;

Méthode pour la réformation de la carte.

X

il n'y avoit pas lieu de craindre qu'avec un petit quart de cercle, nous fuſſions expoſés à aucune erreur conſidérable dans le détail. Car ſi nous nous fuſſions contentés de déterminer la longitude & la latitude des lieux de proche en proche, les erreurs auroient pu s'accumuler, & devenir enfin très ſenſibles. C'eſt pourquoi il fallut s'y prendre d'une autre façon, & commencer par fixer la poſition réciproque des lieux les plus éloignés, pour y rapporter enſuite celle des autres lieux.

Situation du mont de l'Aſcenſion.

2. Suivant cette méthode, nous avons déterminé par deux triangles la poſition de la montagne de l'*Aſcenſion*, d'où dépendoit celle d'*Aſcoli*. Car quoiqu'un ſeul triangle eût abſolument pu y ſuffire, ſes angles euſſent été trop peu proportionnés, & euſſent expoſé à quelques erreurs. Les monts *Luro* & *Catria* nous ſervirent d'abord à trouver la diſtance, & l'angle de poſition du mont *Comero*, qui, formant enſuite avec le *Catria* & le mont de l'*Aſcenſion*, un ſecond triangle, nous fit connoître la vraie ſituation de cette montagne. Nous en avons uſé de même par rapport aux autres montagnes qui bordent la carte, dont quelques-unes ſe voient d'aſſez loin : par exemple, cette montagne de Toſcane, près de *Cetona*, dont le ſommet, terminé en pointe, ſe voit, par un tems ſerein, fort diſtinctement de *Fraſcati*. Au reſte, de ce grand nombre de montagnes, il en eſt très peu qui finiſſent en pointe, de maniere qu'elles préſentent de tout côté à la vue le même point.

Erreurs des cartes anciennes.

3. Il ne nous étoit pas poſſible, en ſi peu de tems, de voir tout par nos yeux, ni de corriger abſolument toutes les fautes des cartes géographiques qui ont paru juſqu'ici ; & à moins d'aſſocier un grand nombre de perſonnes à notre travail, nous ne pouvions décrire exactement le cours des torrens & des rivieres, en marquer tous les détours, toutes les ſinuoſités, & juſqu'aux plus petites inflexions. Nous nous propoſâmes donc ſimplement de faire une carte générale, c'eſt-à-dire de fixer la longitude & la latitude des villes & des lieux que nous pourrions découvrir de ces mêmes points. Nous nous flattions que ce qui manqueroit de perfection à notre travail pourroit être ſuppléé par les cartes particulieres de chaque Province, n'étant pas à préſumer qu'il ſe trouvât de grandes

erreurs dans de petites diftances. Mais il y eut bien à dé-
compter. Le défaut de ces cartes n'étoit pas feulement, comme
nous nous l'étions figuré d'abord, d'être mal orientées ; il y
en avoit bien d'autres : par exemple, dans la carte de l'Om-
brie, *Foligno* & *Nurcie* font à 11 milles ou environ, de *Spolete*, la premiere à gauche, la feconde fur la droite ; *Nocera*,
qui eft entre ces deux villes, fe trouve à peu près dans la
vraie direction qui lui convient, mais de dix milles trop
proche de *Spolete :* il en eft ainfi des autres cartes. On voit
que les lieux intermédiaires ne doivent pas être mieux difpofés, & ne font même fufceptibles d'aucun arrangement. Mais
ce n'eft pas là à beaucoup près le feul obftacle que nous euffions
à furmonter. Car dans ces cartes il n'eft pas rare de trouver
des lieux qui devroient être placés entre deux villes, & qui
les ont toutes deux du même côté. Je ne finirois point fi je
voulois rapporter en détail toutes les fautes de cette efpece.
On ne fera plus furpris de voir trois lieux former fur les cartes
un triangle prefque équilatéral, au lieu d'être, comme ils
devroient, fur la même ligne : c'eft ce que nous avons remarqué plus d'une fois. Or il ne pouvoit fe faire que ces différentes fources d'erreurs ne répandiffent de la confufion fur
les diftances des lieux adjacens. Ainfi les anciennes cartes ne
pouvoient nous être d'aucune reffource pour déterminer la
pofition d'un lieu que nous n'euffions pas vu nous-mêmes.

4. Ce cas n'étoit pourtant pas rare, & plufieurs raifons
contribuoient à le rendre fréquent. En premier lieu, le tems
que nous avions à paffer fur les montagnes, où font appuyés
nos triangles, fuffifoit à peine à mefurer les angles relatifs à
la méridienne ; nous étions même fouvent en arriere de ce
côté-là : & nous avions encore moins le loifir de faire des obfervations géographiques , quelque favorables d'ailleurs que
fuffent ces poftes. De plus, pour retirer quelque fruit de ces
obfervations, il nous eût fallu auparavant reconnoître par
nous-mêmes tous les lieux des environs (ce que nous avons
rarement eu occafion d'exécuter) ; car l'expérience nous a
fait voir qu'on ne peut s'en rapporter là-deffus aux habitans
voifins : fouvent ils étoient fi peu d'accord , qu'il étoit im-
poffible de démêler la vérité, fi tant eft que quelqu'un l'eût

pour lui ; ce qui n’eſt pas même certain : & lorſqu’ils étoient tous du même avis, nous ne pouvions encore nous aſſurer de rien. En effet, je pourrois rapporter un grand nombre d’erreurs en ce genre, & des plus palpables, appuyées ſur le rapport unanime de tous ces gens-là, & qui n’ont été reconnues que lorſqu’après avoir ſupputé de pluſieurs façons les mêmes diſtances, les différences ſenſibles des réſultats ne nous permettoient plus de douter qu’ils ne ſe fuſſent tous mépris.

Autres difficultés.

5. Euſſions-nous eu tout le loiſir d’obſerver à notre aiſe, & des gens aſſez intelligens, ou d’aſſez bonne foi, pour ne pas nous tromper ; pluſieurs autres obſtacles venoient à la traverſe : tantôt un petit nuage interpoſé nous déroboit la vue d’une ville ou d’une montagne ; tantôt l’ombre des montagnes, de celles mêmes qui n’étoient qu’à une médiocre diſtance, ne laiſſoit pas appercevoir le moindre veſtige des lieux qu’elles couvroient : de-là, pour terminer une ſtation, il eût preſque toujours fallu un jour entier ; le matin étant plus propre à découvrir les lieux ſitués à l’occident, & le ſoir ceux qui ſont à l’orient : mais pour l’ordinaire nous n’avions pas le tems de faire de ſi longues ſtations, qui d’ailleurs n’euſſent abouti à rien, ſi, comme il arrive ſouvent, les rayons directs, qui devoient éclairer ces mêmes lieux, euſſent été interceptés par quelque nuage : nouvel obſtacle qui nous a ſouvent obligés d’abandonner une ſtation favorable ſans avoir pu relever tous les objets viſibles.

Moyen inſuffiſant pour les ſurmonter ;

6. Le moyen qui nous parut le plus propre à remédier au mal, fut de choiſir, entre les lieux dont nous n’avions pu déterminer la poſition, un nombre de ſtations, où l’on feroit à notre priere une ſorte d’obſervation ſi ſimple, que nous ne comptions pas devoir être arrêtés nulle part, par la difficulté de trouver des gens qui en fuſſent capables. Cette méthode conſiſte à étendre une feuille de papier ſur un plan horizontal, & à y choiſir vers le milieu un point, d’où l’on tire des lignes vers les différens lieux, qu’on découvre de cette ſtation, en marquant ſur chaque ligne le nom du lieu. On devoit, ſuivant nos inſtructions, ſe ſervir d’une regle pour viſer, & prendre garde que la feuille ne changeât de poſition pendant l’opération. Cette maniere de prendre des angles n’approche pas de la préciſion du quart de cercle ; mais elle ſuffit

ordinairement à de légeres diftances, & ne produit dans la carte aucune erreur fenfible. Nous écrivîmes à ce fujet de côté & d'autre une lettre circulaire ; mais nous ne nous fuffions jamais imaginé qu'on pût répondre à une même lettre de tant de différentes façons : les uns fe figurant du myftere, dans la chofe du monde la plus fimple, difoient ne connoître, dans tout le canton, aucun homme en état de fe charger de la commiffion : d'autres s'étoient contentés de tirer d'une main tremblante, d'une tache d'encre qui occupoit beaucoup d'efpace, des lignes telles quelles, avec les noms de chaque lieu, d'où l'on ne pouvoit conclure autre chofe, finon que tel endroit étoit à droite, & tel autre à gauche : il s'en eft trouvé dont les lignes, d'ailleurs affez droites, n'aboutiffoient point à un centre commun : nous euffions encore pu en tirer parti, fi elles euffent été tirées dans une jufte direction ; mais les unes, comme les autres, étoient fi mal combinées, que des lieux diamétralement oppofés fur le terrein, occupoient à peine, dans la figure, la quatrieme partie de l'horizon. Nous ne pouvions donc abfolument rien tirer de ces obfervations, pour la valeur des angles. Il en eft de même de quelques autres figures, où l'on avoit pris la précaution de marquer les quatre points cardinaux : je veux même croire que les lieux intermédiaires étoient à peu près dans la pofition qui leur convenoit ; mais on avoit donné à ces lieux une telle grandeur, qu'on ne favoit à quel point s'arrêter : car on avoit rapproché du centre, & fans doute pour plus grand éclairciffement, les lieux les plus voifins ; mais il en arrivoit que tel lieu occupoit dans la figure un angle de foixante dégrés, ou plus. Quoi que l'on entreprenne, dès que l'on n'en a pas une idée jufte, on court rifque de prendre les obftacles pour des moyens.

7. Il y en eut cependant qui nous comprirent, & exécu-
terent au mieux ce que nous defirions. Nous fommes ravis d'a-
voir une occafion de leur en témoigner publiquement notre reconnoiffance : mais nous devons nous abftenir de les nommer, de crainte de faire tort aux autres, qui n'ont pas eu un moindre defir de nous obliger, quoique leur travail n'ait pas eu le même fuccès. Il ne pouvoit fe faire néanmoins que ces obfervations nous fuffent auffi utiles, que fi nous les euffions

Et qui a réuf-
fi pourtant de
tems à autre,

faites nous-mêmes; non feulement à caufe de la différence qu'il y a entre une fimple regle & la lunette d'un quart de cercle; mais encore parceque nous ne pouvions pas toujours choifir les meilleurs poftes; & que ceux à qui nous avions écrit, ne pouvant favoir affez au jufte les relevemens que nous avions plus à cœur, en faifoient beaucoup d'inutiles, & manquoient les plus néceffaires. De-là nous nous trouvions obligés de redemander de nouvelles obfervations, & répétitions fur répétitions; ce qui nous jettoit dans des longueurs fans fin. Telles opérations ont duré deux mois, qui, dans un jour ferein, euffent été pour nous l'ouvrage de quelques heures. Il fallut cependant attendre les réponfes, & furfeoir le deffein de la carte, à moins d'y laiffer de grandes lacunes en des endroits qui ne font rien moins que déferts. Par ce moyen nous avons eu la pofition de prefque tous les lieux du diocefe de *S. Severino*, d'un grand nombre de ceux des diocèfes d'*Ancone*, de *Jefi*, & de *Sinigaglia*, & de quelques autres; non compris quelques endroits, de la pofition defquels nous voulions nous affurer, dans la crainte où nous étions qu'il ne fe fût gliffé quelque erreur dans nos obfervations.

8. Nous n'avons pu avoir aucun éclairciffement fur ce qui concerne la partie feptentrionale du territoire d'*Orviete*, où il fe trouve cependant des poftes fort avantageux, entre autres le mont *Pelia*. Nous n'avons pas mieux réuffi au fujet des châteaux fitués dans le territoire de *Cafcia*, que nous n'avions pu obferver par nous-mêmes, la faifon étant déja trop avancée, & le tems qui reftoit fuffifant à peine à parcourir la Marche d'*Ancone*, dont nous avions encore à lever la carte. Nous n'avons pas été beaucoup mieux fervis, dans d'autres pays de montagnes, où nous n'euffions pas eu befoin de fecours, fi le mauvais tems ne nous eût empêché d'obferver. Je montai un jour pendant l'Eté fur le mont dit de *Neron*, avec grande efpérance d'y prendre quantité de relevemens. Arrivé au fommet, je fus affailli d'une pluie affreufe, accompagnée d'une grande obfcurité. La pluie dura plufieurs heures de fuite; & peu s'en fallut qu'après m'avoir enlevé l'avantage du pofte, elle ne m'ôtât encore la liberté du retour. Les jours fuivans, le tems ne fe rétablit point; & m'étant furvenu une fievre con-

tractée par la fatigue du voyage du mont *Neron*, je fus contraint de renoncer à la partie. Je n'eus pas même le tems de monter sur le *Pelia*, comme je l'avois projetté, parcequ'il me restoit encore à voir quelques villes, dont je devois déterminer la position avant que de retourner à *Rome*, où je ne pouvois me dispenser de revenir avant les chaleurs. Il y a beaucoup d'autres montagnes, où nous sommes montés sans aucun fruit : la pluie, & plus souvent encore un brouillard épais, rendoient toutes nos tentatives inutiles. Je ne puis trop regretter en particulier la perte que nous fîmes sur le *Montrond*, près de *Vissö*, d'où nous eussions pu, par un tems plus favorable, lever quantité de points, principalement cette partie de la Marche d'*Ancone*, qui est à la racine des montagnes. Nous pouvons en dire autant de plusieurs autres postes avantageux, surtout des villes de *Ferrare* & de *Comacchio*, où nous passâmes plusieurs jours à lutter contre les brouillards & la brume, & avec si peu de succès, que nous ne pûmes voir un seul instant *Bertinoro*, ni aucune montagne de l'*Apennin*. Heureusement la position de *Comacchio* nous étoit connue d'ailleurs, sans quoi nous serions encore à la chercher.

9. A propos de *Bertinoro*, on me permettra une remarque qui peut s'appliquer également à tout le pays de *Ferrare :* de vastes plaines, telles que celles de la Romagne, aux environs de *Bertinoro*, ne sont pas toujours les lieux les plus propres aux observations géographiques, à cause des arbres dont elles sont couvertes, & qui cachent les clochers moins élevés des villages, ensorte que tout ce que l'on peut faire, est de fixer la longitude & la latitude des principales villes & bourgs : encore faut-il bien se donner de garde de confondre leurs clochers ; ce qui n'est que trop ordinaire, lorsqu'on n'en découvre que la moindre partie par-dessus les arbres. Quoique nous soyons persuadés d'avoir entrevu *Pompose* à travers les arbres, en observant du haut d'une tour de *Ferrare*, nous n'en sommes pas néanmoins aussi assurés, que si toute la campagne eût été découverte, & qu'il nous eût été permis d'y promener librement la vue.

10. Les cartes les plus récentes étoient une autre ressource,

Secours tiré
des nouvelles
cartes,

pour remplir les vuides de la nôtre, dans les endroits , où nous n'avions que le tems de relever les principaux points. Ces cartes font de différente efpece , fuivant qu'elles ont été faites par eftime , ou par les regles d'arpentage , & avec la planchette des Arpenteurs , ou par les regles de trigonométrie. A l'égard des premieres, fi elles font copiées fur les anciennes, telle que la carte de la terre de *Sabine*, publiée depuis peu , on ne doit pas plus fe fier aux copies qu'aux originaux : on doit même s'y fier moins , puifque les changemens qu'on y a voulu faire de tems en tems , augmentent plutôt les erreurs qu'ils ne les diminuent : ainfi ces cartes ne pouvoient nous être d'aucun fecours. Quant à celles qui ont été faites par une eftime fondée en raifon , & où l'on a eu égard au rapport de gens experts ; rien n'empêche d'en tirer parti, pourvu qu'on n'y faffe pas autant de fond que fur des obfervations géographiques : nous en avons vu une de cette forte, faite à la main , comprenant une grande partie de la Marche d'*Ancone* orientale ; & une carte particuliere du diocefe d'*Afcoli* , publiée au fiecle paffé , & que nous croyons avoir été faite de la même façon : nous avons pris dans celle-là la pofition des lieux de la Marche d'*Ancone* , qui font au pied des montagnes ; ce font les feuls de cette Province que nous n'ayons pu obferver ; & de celle-ci la fituation de plufieurs châteaux du diocefe d'*Afcoli :* nous avons mis aux uns & aux autres un petit croiffant, pour les diftinguer des lieux dont la pofition eft plus certaine , quoique ceux-ci ne paroiffent pas non plus fort éloignés de la véritable.

Dont quelques-unes font
moins sûres ;

11. Je ne fais fi l'on pourroit mettre fur la même ligne cette partie du Bolonois, qui eft fituée dans les vallées de l'Apennin. Nous ne pûmes la parcourir, étant preffés d'aller prendre les angles de notre polygone ; & nous n'avions perfonne à qui l'on en pût confier le foin. Nous ne crûmes pas avoir rien de mieux à faire que de copier en cet endroit une nouvelle carte du Duché de *Modene* , dans laquelle j'ai corrigé fur les obfervations faites en divers voyages par ordre de l'Académie royale des Sciences, la latitude de *Loyan.* Cette carte n'eft pas fans défaut : nous y en avons nous-mêmes reconnu plufieurs qui ne font point à négliger ; mais par rapport à l'article en
queftion,

queftion, nous avions lieu de croire que les erreurs étoient moins confidérables. Quoi qu'il en foit, nous ne pouvions nous réfoudre à omettre cette contrée dans la carte de l'Etat de l'Eglife ; non plus que la partie la plus montueufe de la légation de *Ravenne*, depuis la riviere de *Savio* jufqu'au Bolonois, de crainte de laiffer de trop grandes lacunes. Nous avons été obligés en ceci de paffer par-deffus la regle que nous nous étions prefcrite, & d'ajouter divers lieux dont la pofition nous étoit trop peu connue pour pouvoir affurer qu'elle approchât de la véritable. La ville de *Bertinoro*, & les montagnes de *Poggiolo* & *Oriolo*, font les feuls points que des obfervations faites à la hâte aient pu nous donner ; & fi l'on en excepte trois ou quatre autres, que nous n'avons pu découvrir que d'une feule ftation, tout le refte ne s'eft pas préfenté une feule fois à notre vue. Au refte il feroit inutile de leur donner une marque particuliere pour les diftinguer : il fuffit d'avertir une fois pour toutes, que ces endroits ont befoin de réforme (1).

12. Outre la carte de la grande plaine du Bolonois, qui a paru depuis peu, nous en avons vu deux autres qui ont été faites, à ce que je crois, avec la planchette, & dont aucune n'a encore été publiée : l'une comprend le pays de *Peroufe*, l'autre celui de *Camerine* : la premiere eft du même Auteur, que la carte de la plaine du Bolonois ; & quoiqu'elle femble faite avec beaucoup de foin, elle a, fi je ne me trompe, le défaut qui fe gliffe d'ordinaire dans ces fortes de cartes, lorfqu'à raifon de la grandeur du pays, on met beaucoup de tems à les lever : car on ne les oriente qu'avec la bouffole, fans avoir égard à la déclinaifon de l'aiguille aimantée, qui varie fouvent, & quelquefois affez confidérablement, dans l'efpace d'un petit nombre d'années : d'où il arrive fouvent que deux lignes qui devroient être paralleles, font inclinées l'une fur l'autre ; ce qui ne fe peut faire fans caufer du dérangement dans la carte. Et qu'on ne croie pas pouvoir parer à cet inconvénient, au moyen de la planchette ; puifque, fans parler du refte, le changement fréquent du plan de l'horizon met dans la néceffité de recourir à la bouffole. Je crois que c'eft la vraie

D'autres un peu défectueufes par la variation de la bouffole.

---

(1) Dans la carte réduite, ces cantons font défignés par une gravure plus foible.

cauſe des petites différences qui ſe trouvent entre cette carte & celle du cours du *Tibre*, ſurtout par rapport à la ſituation des villes de *Todi* & de *Perouſe :* cependant nous euſſions pu éclaircir davantage ce point, ſans les obſtacles dont j'ai parlé n°. 8. Nous avons donc pris dans cette carte la plus grande partie du pays de *Perouſe :* ſeulement nous avons un peu rapproché de *Todi* ſa partie méridionale, en conſervant d'ailleurs, autant qu'il ſe pouvoit, la même proportion dans les diſtances réciproques des lieux. Nous ne ſommes pas auſſi aſſurés de leur poſition, que s'il nous avoit été permis de l'obſerver par nous-mêmes ; mais comme il n'eſt pas à préſumer qu'il ſe trouve de grandes erreurs dans des lieux ſitués entre des villes connues, nous avons cru pouvoir nous diſpenſer d'y mettre un croiſſant, pour marquer l'incertitude de leur poſition.

Défaut particulier de la carte du pays de Camerine.

13. A l'égard du pays de *Camerine*, la carte que nous en avions repréſentoit de la même maniere les torrens qui arroſent cette contrée, & les limites des territoires de chaque lieu ; ce qui devoit néceſſairement y jetter de la confuſion. Nous en avons tiré, du mieux que nous avons pu, le cours de ces torrens : les cartes anciennes ne pouvant, à cet égard, nous être d'aucune reſſource ; non plus que pour mettre les châteaux dans la poſition qui leur convient ; car c'eſt préciſément l'endroit où elles ſont plus défectueuſes. S'il ſe trouve ici, ou ailleurs, quelques fautes dans la deſcription des torrens, la néceſſité où nous avons été réduits de nous paſſer de tout autre ſecours, pourra nous ſervir d'excuſe ; d'autant plus, que nous n'étions pas chargés de les décrire.

Du Ferrarois.

14. Il nous eſt tombé entre les mains deux cartes du Ferrarois, que nous croirions volontiers avoir été faites avec un ſoin égal, ſi elles étoient plus conformes. Elles ne different cependant pas au point de nous laiſſer dans une incertitude abſolue ſur la ſituation des lieux. Nous ſavions à quoi nous en tenir là-deſſus, ayant obſervé du haut d'une tour de *Ferrare* la plupart des lieux de cette contrée. Il eſt vrai que pour en déterminer au juſte la poſition, il eût fallu les obſerver chacun d'une ſeconde ſtation ; ce que le peu de tems qui nous reſtoit ne nous a permis de faire, que par rapport à un ou deux points ; encore les arbres, dont la plaine eſt toute

couverte, rendent-ils l'obfervation un peu douteufe : mais cette obfervation même, quoiqu'imparfaite, ajoutée aux cartes que nous avions, fuffifoit pour nous raffurer contre le danger d'adopter de grandes erreurs. Le figne qui diftingue les lieux dont la pofition eft douteufe, doit ici être plutôt fous-entendu qu'exprimé ; parceque le petit nombre de points, que nous avons pu relever dans cette plage, ne font pas affez fûrs, & que les autres ne nous paroiffent pas extrêmement défectueux.

15. Quant aux cartes conftruites par les regles de trigonométrie, nous n'en avons pas beaucoup trouvé. Il y en a une du diocefe de *Tivoli*, publiée depuis peu par l'Abbé de *Revillas* ; mais nos propres obfervations nous mettoient à peu près en état de nous en paffer. Cette carte eft très bonne vers le milieu : les bords nous ont paru moins exacts, en particulier par rapport à la pofition des villes de *Sublaque*, de *Monticello* & de *San Angelo*. Le P. *Magnalbi* Jéfuite en a fait une des environs de *Fabriano*, qu'il n'a point rendue publique : nous en avons comparé les bords avec la pofition de *Fabriano* ; & leur juftelle nous porte à croire que le refte n'eft pas moins exact : nous n'y avons pris que la pofition de quelques châteaux, & de quelques principaux bourgs, que je n'avois pu découvrir à mon paffage, ayant pour objet principal de fixer la longitude & la latitude de *Fabriano*. Nous y avons ajouté le Fort de *Belveder*, tiré des anciennes cartes, qui en cet endroit fourmillent de fautes ; je crois que nous euffions mieux fait de mettre ce lieu au rang de ceux dont nous n'avons point parlé.

16. Pour revenir à nos obfervations géographiques, on fouhaiteroit peut-être que nous euffions donné la fuite des triangles qui nous ont fervis à determiner la pofition des villes. La chofe feroit faite, fi ces triangles avoient formé une fuite non interrompue. Mais pour la rendre telle, il eût fallu beaucoup d'autres préparatifs, qui euffent emporté bien du tems, fans contribuer en rien à la perfection de l'ouvrage. Je ne parle point de la difficulté que nous avons éprouvée plus d'une fois, en arrivant dans les villes, à reconnoître le point précis que nous avions obfervé de loin. Souvent deux tours vues de loin

Cartes conftruites par la trigonométrie.

On ne donne pas la fuite des triangles, & pourquoi.

Y ij

se reſſembloient ſi fort, qu'à notre premiere arrivée dans ces lieux, nous ne pouvions reconnoître, qu'après un long examen, à laquelle des deux nous avions pointé. Nous devons épargner à nos lecteurs le détail des tentatives que nous avons faites pour éclaircir nos doutes. De plus (à moins de faire un long circuit,) nous ne pouvions fixer la longitude & la latitude de pluſieurs villes conſidérables, entre autres de *Perouſe* & d'*Orviete*, qu'en obſervant de-là trois objets donnés de poſition, pour en tirer la poſition du lieu même de l'obſervation. A l'égard de *Perouſe*, c'eſt un pur accident qui nous a obligés de recourir à cette méthode : il n'en eſt pas de même d'*Orviete* & de quelques autres villes, où ce fut pour nous une néceſſité, & où par conſéquent nous fûmes obligés d'interrompre la ſuite de nos triangles.

Exemple d'un problème dont les cas ſont fréquens.

17. On trouve dans les tranſactions philoſophiques, n. 69, une ſolution fort ſimple du problême, où, connoiſſant la poſition de trois lieux vus d'un quatrieme, on demande celle du quatrieme. *Collins*, qui en eſt l'auteur, en a fait l'application à ſix cas particuliers. Les plus ordinaires ſont le quatrieme & le cinquieme. Nous avons un exemple de celui-ci dans la détermination de la poſition de *Perouſe*. Soit (fig. 5. pl. 1.) T le mont *Teſio*, N le *Pennino* près de *Nocera*, C la montagne qui eſt proche *Cetona*. Soit encore TN de 30091 pas romains, CN de 57913 ; & dans le triangle TCN, l'angle en T$=$136 d. 27′, en N$=$22 d. 34′, en C$=$20 d. 59′ : tout ceci eſt ſuppoſé connu. Outre cela, du point P, qui eſt la ſtation de *Perouſe*, on a trouvé l'angle CPN$=$160 d. 45′, & TPN$=$107 d. 48′. Il s'agit de trouver la poſition de *Perouſe*. On imagine un cercle qui paſſe par les points C, P, N, & qui eſt rencontré en A par une ligne tirée par les points TP ; & on mene les lignes CA, NA, CP, NP. L'angle CPN ayant été trouvé$=$160 d. 45′, il s'enſuit, par la vingt-deuxieme du troiſieme livre d'Euclide, que l'angle CAN$=$19 d. 15′, & NCA$=$APN$=$72 d. 12′. De plus, dans le triangle ACN, on connoît, outre les angles, le côté CN$=$57913. Donc AN$=$167250. Ainſi dans le triangle TNA nous avons les côtés TN, NA, avec l'angle compris TNA, qui eſt la ſomme des angles TNC$=$22 d. 34′, &

ANC, ou APC=88 d. 33′, favoir 111 d. 7′. De-là on trouve l'angle ATN, ou PTN=59 d. 55′. Enfin dans le triangle TNP, dont on connoît déja tous les angles, & le côté TN, on trouvera TP=6723 ½ pas; & puifqu'on a l'angle de pofition de TN=103 d. 45′, il ne refte plus qu'à y ajouter l'angle ATN ou PTN=59 d. 55′, pour avoir l'angle de pofition TP=163 d. 38′. D'où il eft aifé de conclure que la perpendiculaire, tirée de la maifon de ville de *Peroufe*, où étoit notre ftation, fur la méridienne du dôme de *St Pierre*, coupe la méridienne à 90217 pas du dôme, & à 3511 de la maifon de ville à l'orient.

18. Nous avons trouvé de la même façon la pofition d'*Orviete*, dont la diftance à la méridienne eft de 18355 pas, & du même côté; & cette perpendiculaire eft à 61070 du dôme. On doit prendre garde néanmoins que les lieux connus ne foient tellement difpofés, qu'un petit changement dans la ftation ne produife point une différence fuffifante & affez fenfible dans les angles interceptés par les lieux connus: car en ce cas il eft évident qu'une légere erreur dans l'obfervation, en produiroit une grande dans la pofition de l'obfervateur. Or cela peut arriver de deux façons: premierement lorfque les lieux connus font trop éloignés de la ftation; en fecond lieu lorfque deux cercles paffant par la ftation & deux lieux connus, fe coupent trop obliquement. C'étoit une néceffité pour nous de nous précautionner contre ces inconvéniens, chaque fois que nous avons été dans l'occafion d'ufer de la méthode.

Précaution à prendre dans ce probléme.

19. Cependant il y a eu des villes auxquelles nous n'avons pas même pu appliquer cette méthode, loin d'en pouvoir fixer la pofition par un fimple triangle. De ce nombre eft *Nurcie*, qui n'eft pas à la vérité fiege d'un épifcopat, mais d'une préfecture, & qui, à ce titre, mérite bien le nom de ville. Elle eft fituée dans une plaine étroite, entourée de tous côtés de montagnes affez hautes. Peut-être eût-on pû, au moyen de trois de ces montagnes, déterminer la pofition de la ville; mais il eût fallu auparavant connoître celle de ces montagnes, & y placer des fignaux qui puffent être apperçus de la ville même. De plus, comme le talus eft fort

Autre moyen de déterminer la pofition d'un lieu,

roide , les triangles euſſent eu beſoin d'une correction conſidérable. Nous nous ſommes bornés à une ſeule montagne ,
dont nous avons déterminé la poſition par la méthode ci-
deſſus. Enſuite , par une baſe actuellement meſurée , nous
avons calculé la diſtance de la montagne à la ville. A l'égard
de la poſition , nous l'avons connue en meſurant de cette
montagne même les angles que formoit la ville avec les objets connus.

Villes dont
la poſition eſt
moins ſûre.

20. Il reſte à dire un mot de deux ou trois villes, dont la
poſition eſt moins ſûre, afin qu'on ſache ce qui nous a em-
pêchés de la déterminer avec plus d'exactitude. La premiere
eſt *Ponte-corvo* , ſituée hors des frontieres de l'Etat de l'E-
gliſe , quoiqu'elle ſoit une ville de ſa dépendance : nous
n'eûmes pas le tems de nous y tranſporter, étant obligés de
nous trouver à *Rome* à jour préfix ; ce qui étoit peu compa-
tible avec un ſi grand détour : cependant comme nous avons
découvert ce lieu à la diſtance de dix milles, & que nous l'a-
vons obſervé par une méthode qui, bien qu'imparfaite, n'eſt
pas ſujette à de grandes erreurs, nous ne croyons pas l'avoir
beaucoup écartée de ſa vraie poſition. La ſeconde eſt la ville
de *Cagli* , au ſujet de laquelle il nous eſt arrivé quelque choſe
de ſemblable ; car on découvre du ſommet de *Catria* les environs de cette ville, & j'en ai cru voir une extrémité depuis
Feniglio , Fort ruiné, près de *Pergola* ou *Pertia*. Cependant
on doit moins s'en rapporter là-deſſus à la carte, qu'à la liſte
qui eſt à la fin de ce livre; & j'en dis autant de *Foſſombrone* ,
qu'une obſervation incertaine rapprocheroit trop du nord de
la valeur de 20″. Le contraire eſt arrivé à *Citta di Caſtello* ,
que nous n'avons pu découvrir que du ſommet de *Teſio* , ſans
pouvoir juger du point auquel elle répondoit dans cette direction , que par ſa diſtance à *Montalte*. Or il nous a fallu
tirer la poſition de *Montalte* de la carte du pays de *Perouſe* ,
que nous avons déja vu n'être pas exempte de fautes. Quoiqu'à
mon paſſage par cette ville , je n'aie point apperçu de là trois
objets connus, je me ſuis rappellé depuis qu'il y avoit au voiſinage un poſte avantageux; & on y a fait l'obſervation que
j'avois propoſée ; ce qui nous a donné une détermination un
peu plus correcte que celle qui eſt marquée dans la carte : on

la trouvera encore à la fin de ce livre. S'il étoit vrai cependant que, par le défaut d'obfervation, il y eût encore de l'erreur dans la pofition de ces trois villes, on fera bientôt à même d'y fuppléer par une nouvelle carte de la légation d'*Urbin*, que j'efpere, Dieu aidant, de lever au premier jour par des obfervations exactes, faites dans des poftes plus favorables, & qui me font aujourd'hui parfaitement connus : cette carte pourra encore fervir à rectifier en partie la carte générale, & à y remplir quelques vuides (1).

21. M. *Bianchini* a trouvé à *Urbin* la hauteur du pôle de 43 d. 48′ 32″, avec le gnomon de l'églife *Saint François*, d'un tiers plus grand que le gnomon *Clémentin*. Cette obfervation eft conforme à celle qui avoit été faite peu auparavant avec un fecteur de bois, mais parfaitement bien divifé, dit M. *Bianchini*, & dont les pinnules étoient remplacées par une lunette, & par laquelle la latitude de ce lieu n'eft augmentée que de 24″. Un fi grand accord entre ces obfervations ne permet pas d'abord de douter de leur juftelfe, furtout fi l'on fait attention qu'elles ont été faites par des méthodes fort différentes; auffi n'avois-je pas là-deffus le moindre doute avant mon arrivée dans cette ville : car qui fe feroit imaginé qu'une lunette mal ajuftée d'une part, & de l'autre un pavé incliné, euffent produit dans ces obfervations des erreurs égales & du même côté? C'eft pourtant ce qu'on ne peut s'empêcher de reconnoître, à moins de vouloir renoncer à toutes les obfervations : car des obfervations fûres m'ont donné, pour la longitude & la latitude d'*Urbin*, les quantités fuivantes.

22. Le point A (fig. 6. pl. 1.) repréfente le fignal qui eft à l'embouchure de l'*Aufa*, L le mont *Luro*, M. la Citadelle de *St. Marin*, C le fignal de *Carpegna*, V la ville d'*Urbin*. Des points A & M, menez deux lignes indéfinies ABEDF, MHG, paralleles à la méridienne du dôme de *Saint Pierre*, fur lefquelles vous abaifferez les perpendiculaires MB, LE,

____

(1) Nous avons déja dit qu'on s'eft fervi de cette nouvelle carte pour corriger celle qui fe trouve à la tête de cette traduction.

CD, VF, VG. Joignez encore AM, AL, MV, MC, CV. Cela fuppofé, nous avons obfervé les angles fuivans dans le triangle AML

L'ANGLE ....
$$\begin{cases} \text{MAL} \ldots\ldots\ldots 79° \; 47' \\ \text{AML} \ldots\ldots\ldots 58 \;\;\; 43 \\ \text{ALM} \ldots\ldots\ldots 41 \;\;\; 30 \end{cases}$$

Donc, puifque AL = 15304 pas, & ML = 17622, on aura AM = 11864; & puifque AM eft donnée de pofition, on aura auffi AB = 9390, & MB = 7253. Enfuite nous avons obfervé dans le triangle MLV

L'ANGLE ......
$$\begin{cases} \text{LMV} \ldots\ldots\ldots 50° \; 57' \\ \text{MLV} \ldots\ldots\ldots 67 \;\;\; 55 \\ \text{MVL} \ldots\ldots\ldots 61 \;\;\;\; 8 \end{cases}$$

Donc MV = 18646, MG = 15699, GV = 10060, AF = AB + MG = 25089, FV = GV — MB = 2807. Cette pofition d'*Urbin* eft confirmée par le triangle MCV, dans lequel, connoiffant MH, HC, on a MC = 11997. Les angles obfervés font

L'ANGLE ....
$$\begin{cases} \text{VMC} \ldots\ldots\ldots 65° \; 29' \\ \text{MCV} \ldots\ldots\ldots 75 \;\;\; 54 \\ \text{MVC} \ldots\ldots\ldots 38 \;\;\; 37 \end{cases}$$

Donc MV = 18643; d'où l'on tire pour FV & AF les mêmes valeurs que ci-deffus.

23. Comme on n'eft pas obligé ici de tenir compte de la convergence des méridiens, & que la ligne FV ne décline pas fenfiblement du parallele, il fuit de ce qui a été dit au livre précédent, que AF répond à un arc de 20′ 11″, qui, fouftrait de la latitude du lieu A, favoir 44 d. 3′ 47″, laiffe pour la latitude d'*Urbin* 43 d. 43′ 36″, de près de 5 minutes moindre que celle de M. *Bianchini*. Je ne prétends en aucune façon diminuer la réputation d'un Savant, qui a travaillé avec tant de fuccès à l'avancement de l'Aftronomie & de la Géographie ; ce que j'en dis n'eft que pour prévenir le foupçon que fon autorité pourroit répandre fur des obfervations qui ont l'avantage d'avoir été faites avec de meilleurs inftrumens,

Sa différen-te à celle de *Bianchini.*

mens, & par une méthode beaucoup plus parfaite. Or il paroît que son erreur a été occasionnée par l'inclinaison du pavé; car quoiqu'il pût s'y trouver une erreur de cinq, six ou sept minutes, nous ne voyons pas qu'il ait eu la pensée d'y appliquer le niveau.

24. Les latitudes qu'il a assignées aux autres lieux, sont différentes de celles que nous leur avons trouvées : mais il n'a employé, pour déterminer la position des lieux, que de petites bases, qui paroissoient sous des angles d'autant plus petits, qu'elles étoient vues de plus loin ; ce qui ne pouvoit manquer de produire de grandes erreurs dans les distances. Cette méthode n'est bonne que pour mesurer des distances médiocres : hors de-là, on ne doit y recourir qu'au défaut de tout autre moyen; & alors même on doit bien prendre garde de compter trop sur les distances conclues.

Latitudes peu sûres de Bianchini.

25. Je dois avertir en finissant, qu'il se peut bien que nous ayons quelquefois pris un lieu pour un autre, & qu'en conséquence sa position ne soit fausse dans la carte, s'il est vrai qu'elle ait été déterminée d'après une telle méprise. Mais je ne crains pas d'affirmer que ce doute ne peut au plus avoir lieu que par rapport à un très petit nombre d'endroits, & des moins considérables : car nous avons toujours été extrêmement en garde contre cette sorte de danger; & je ne vois qu'une seule occasion, où nous ne puissions nous flatter de nous en être totalement affranchis. Du mont *Pennecchia*, dans la terre de *Sabine*, nous découvrîmes sûrement *Collalto*, que nous vîmes encore de *Guadagnolo*, à ce que nous assuroient des personnes qui croyoient s'y connoître. C'est sur leur avis que nous avons fixé la position que nous lui avons donnée dans la carte : mais nous ne pouvons assurer qu'ils ne se soient point trompés; & nous n'avons aucune observation par laquelle nous puissions vérifier leur témoignage.

Avertissement sur un cas particulier.

Il reste à donner une table de la longitude & de la latitude de toutes les villes de l'Etat de l'Eglise, déterminées par nos observations.

TABLE

DES Longitudes & Latitudes de toutes les Villes de l'État de l'Église.

NOMS DES VILLES.	Longitude.			Latitude.		
ACQUA-PENDENTE · · ·	29°	21′	19″	42°	45′	23″
ALATRI · · · · · ·	30	51	50	41	43	43
ALBE · · · · · ·	30	10	31	41	43	50
AMELIE · · · · · ·	29	56	1	42	33	32
ANAGNIE · · · · · ·	30	40	11	41	44	41
ANCONE · · · · · ·	31	1	22	43	37	54
ST ANGELO IN VADO · ·	29	55	40	43	40	0
ASCOLI · · · · · ·	31	5	0	42	51	24
ASSISE · · · · · ·	30	7	43	43	4	22
BAGNAREA · · · · ·	29	38	22	42	38	9
BERTINORO · · · · ·	29	39	13	44	8	54
BOULOGNE · · · · ·	28	52	33	44	29	39
CAGLI · · · · · ·	30	10	4	43	32	55
CAMERINE · · · · ·	30	56	33	43	6	25
CERVIA · · · · · ·	29	51	58	44	15	31
CESENE · · · · · ·	29	45	35	44	8	25
CINGOLI · · · · · ·	30	44	5	43	22	57
CITTA DI CASTELLO · ·	29	44	26	43	28	16
CITTA DELLA PIEVE · ·	29	31	27	43	0	6
CIVITA CASTELLÁNA · ·	29	55	29	42	17	7
CIVTA VECCHIA · · ·	29	17	0	42	5	24
COMACCHIO · · · · ·	29	42	17	44	40	27
CORNETO · · · · · ·	29	15	30	42	15	23
FABRIANO · · · · ·	30	25	38	43	20	0
FAENZA · · · · · ·	29	24	4	44	17	19
FANO · · · · · · ·	30	32	8	43	51	0
FERENTINO · · · · ·	30	46	48	41	41	36
FERMO · · · · · ·	31	13	56	43	10	18
FERRARE · · · · · ·	29	8	40	44	49	56
FOLIGNO · · · · · ·	30	13	17	42	57	49
FORLI · · · · · ·	29	33	44	44	13	25
FOSSOMBRONE · · · ·	30	19	22	43	41	15
FRASCATI · · · · ·	30	12	4	41	48	22
FROSINONE · · · · ·	30	52	25	41	38	31
GUBBIO · · · · · ·	30	5	27	43	20	35

NOMS des Villes.	Longitude.			Latitude.		
Jesi · · · · · · ·	30°	45′	53″	43°	31′	51″
Imola · · · · · · ·	29	13	49	44	21	32
St Leon · · · · · · ·	29	51	58	43	54	0
Lorette · · · · · ·	31	7	20	43	27	0
Macerata · · · · ·	30	58	18	43	18	36
Magliano · · · · ·	30	0	14	42	21	45
Matelica · · · · ·	30	31	8	43	15	8
Montalte · · · · ·	31	7	44	42	59	44
Montefiascone · · ·	29	32	59	42	32	15
Narni · · · · · ·	30	1	50	42	31	17
Nepi · · · · · ·	29	51	25	42	14	39
Nocera · · · · · ·	30	18	32	43	6	40
Nursie · · · · · ·	30	37	18	42	47	55
Orte · · · · · ·	29	54	55	42	27	30
Orviete · · · · ·	29	38	19	42	43	24
Osimo · · · · · ·	30	59	38	43	29	36
Ostie · · · · · ·	29	48	50	41	45	35
Preneste · · · · ·	30	24	55	41	50	3
Penna di Billi · · · ·	29	47	10	43	29	23
Pergola · · · · ·	30	20	24	43	33	54
Perouse · · · · ·	29	54	28	43	6	46
Pesaro · · · · ·	30	25	51	43	55	1
Piperno · · · · ·	30	41	57	41	28	38
Ponte Corvo · · · ·	31	11	48	41	28	5
Porto · · · · · ·	29	46	40	41	46	44
Ravenne · · · · ·	29	23	6	44	25	5
Recanati · · · · ·	31	3	38	43	25	44
Rieti · · · · · ·	30	22	40	42	24	25
Rimini · · · · ·	30	5	6	44	3	43
Ripa - Transone · · ·	31	17	0	43	0	24
Rome · · · · ·	30	0	0	41	53	54
Sarcina · · · · ·	29	42	20	43	55	21
Segni · · · · ·	30	32	45	41	41	53
San Severino · · · ·	30	42	5	43	14	17
Sezze · · · · ·	30	34	29	41	30	5
Sinigaglia · · · · ·	30	44	0	43	43	16
Spolette · · · · ·	30	15	31	42	41	50
Sutri · · · · · ·	29	44	26	41	13	34
Terni · · · · · ·	30	10	26	42	34	25
Terracine · · · · ·	30	45	37	41	18	14

NOMS DES VILLES.	Longitude.			Latitude.		
Tivoli	30°	19′	3″	41°	57′	49″
Todi	29	55	26	42	46	45
Tolentin	30	48	28	45	12	30
Toscanella	29	23	27	42	24	50
Velletri	30	17	45	41	41	16
Veroli	30	56	16	41	41	41
Viterbe	29	37	49	42	24	54
Urbanie	30	3	27	43	39	56
Urbin	30	9	20	43	43	36

Fin du Livre III.

LIVRE QUATRIEME.

Defcription & ufage des Inftrumens.

1. J̌E me propofe de donner ici une defcription exacte des Sujet du Li-
inftrumens qui nous ont fervi dans notre mefure. J'ajoute vre.
des figures qui pourront éclaircir ce que j'aurai à en dire. On
trouvera dans ce livre plufieurs points que je n'ai pas cru
inutiles à la pratique de l'Aftronomie. Je tâcherai de les expofer avec le plus de netteté qu'il me fera poffible, quoique
je fente la difficulté qu'il y a de s'exprimer en latin fur ces
fortes d'inftrumens abfolument inconnus aux Anciens.

2. Nous nous fommes fervis de trois efpeces d'inftrumens Sa divifion.
qui feront la matiere d'autant de chapitres. Le premier comprend ceux qui font d'ufage dans les obfervations aftronomiques, opérations les plus délicates de toutes, puifqu'on
doit s'y efforcer d'éviter, s'il fe peut, jufqu'à l'erreur d'une
feconde : le fecond, les inftrumens qui fervent à prendre les
angles des triangles du polygone, & des autres triangles terreftres : le troifieme, ceux qui ont rapport à la mefure de la
bafe. Et parcequ'on emploie le fecteur dans les obfervations
aftronomiques, & le quart de cercle à mefurer les angles des
triangles terreftres ; je traiterai dans le premier chapitre du
fecteur, dans le fecond du quart de cercle, & je ne négli-
gerai rien de ce qui me paroîtra mériter quelque attention
dans la conftruction, la rectification & l'ufage de ces inftrumens.

CHAPITRE PREMIER.

Du Secteur.

3. LE secteur en Géométrie est une portion de cercle terminée par deux rayons, & l'arc intercepté. Les Astronomes
donnent aussi ce nom à un instrument composé d'un limbe circulaire de quelques dégrés, & d'une regle aboutissant d'une
part au milieu du limbe qu'elle soutient, & de l'autre au
centre de l'arc. J'ai préféré un limbe rectiligne, qui, posé à
angles droits à l'extrémité d'une longue regle, représente
plutôt une croix qu'un secteur. Je lui conserve néanmoins
son premier nom, parcequ'il ne sert pas moins qu'un secteur
proprement dit, à mesurer l'arc intercepté entre une étoile
fixe & le zénith.

4. On le voit tout monté dans la planche 2. fig. 1., & dans
une disposition convenable aux observations. Ses différentes
parties sont représentées par les autres figures de la même
planche.

5. Dans la figure premiere a A a' A' B est le support auquel
est suspendu le secteur. On le voit encore plus distinctement
dans la figure 2, que j'expliquerai à part; ce qu'on doit entendre aussi de toutes les autres pieces qui sont représentées
séparément dans la planche.

6. Au point B est suspendue une forte regle de fer **B D Q**,
représentée dans la figure 3, avec les petites lames qu'on y
a ajoutées. Cette regle se termine en croix dans sa partie inférieure **E Q E'**, à laquelle est attaché un limbe de cuivre,
avec une lame mobile où sont marquées les divisions, & qui,
par le moyen d'une vis placée en E avec un micrometre, peut
être poussée à quelque distance du côté de E'. Le limbe est
représenté dans la figure 3 en EE', & plus distinctement avec
ses divisions dans la figure 4 en EE'. La figure 5 montre
en E'E le côté postérieur de la petite regle de fer posée en
travers à l'extrémité de la premiere, avec la vis du micrometre. Cette partie de la vis, qui emporte avec soi la lame
mobile, est représentée dans la figure 6; le cercle & l'aiguille ou l'index, dans la figure 7.

7. Sur la regle de fer est attachée en C une espece de boëte de laiton, portant une aiguille à laquelle est suspendu le fil à plomb C M. On peut en ouvrant la boëte, écarter l'aiguille & découvrir le centre du secteur. Cette boëte est représentée dans la figure 8, fermée & vue obliquement; dans la figure 9, fermée & vue de côté ; dans la figure 10, à demi ouverte, & vue de côté ; dans la figure 3, entierement ouverte, & vue de face.

Centre du secteur.
Pl. 2.
F. 8, 9, 10, 3.

8. Dans la figure 1, D′, D, d′, d sont de petites lames de cuivre, assez épaisses, placées à certaines distances, & soudées avec la regle de fer, du côté du limbe & du centre. Nous en ferons voir l'usage dans la suite. On en a représenté une en D dans la figure 4.

Lames de la regle.
Pl. 2.
F. 1, 4.

9. De l'autre côté de la regle est la lunette H H′, dont l'objectif est placé en H d'une façon particuliere, que nous expliquerons dans les figures 11 & 12. Le tuyau H H′ est de fer blanc ; il est attaché à la regle de fer par plusieurs petits bras de cuivre, assez épais, & bien soudés de part & d'autre. Quoique ces bras soient très courts, il a été nécessaire de les représenter un peu plus longs dans la figure, pour faire paroître tout le corps de la lunette. Vers le point H′ est une piece de cuivre, fortement serrée avec trois vis contre la regle de fer, portant des fils d'argent qui se coupent à angles droits, & qu'on doit placer au foyer de l'objectif. Cette piece est représentée dans la figure 13. Ce qui a rapport à la maniere de placer l'oculaire & d'éclairer les fils, se voit dans les figures 14 & 15.

Lunette.
Pl. 2.
F. 1, 11, 12.

10. Un peu au-dessus de E E′ (fig. 1.) est une autre regle de fer F F′ posée en travers sur la regle B D Q, & par derriere, ensorte qu'elle passe entre cette regle & le tube : elle est serrée contre B D Q par deux vis qui l'attachent à une petite barre de fer recourbée, qui enveloppe des trois côtés la longue regle. Elle est représentée en F F′ (fig. 4.), & la figure 16 exprime une section de toutes ces pieces, perpendiculaire au plan du secteur.

Autre regle posée en travers.
Pl. 2.
F. 1.

11. Derriere la regle B D Q est le tube H H′ ; & à la hauteur de F F′ est une autre barre de fer G G′, beaucoup plus grosse & plus longue, placée à peu près dans la direction de

Les poids & les vis.
Pl. 1.
F. 1, 16.

la méridienne, & enfoncée dans le mur, ou dans la charpente ; de telle forte qu'elle ne puiſſe être ébranlée. Il y a dans cette barre pluſieurs trous propres à recevoir les vis IF, I′F′, qui aboutiſſent à la regle FF′. Outre cela deux fils FK, F′K′, attachés par une extrémité à cette regle, paſſent par-deſſus la barre GG′, & ſoutiennent deux poids de plomb LL′ d'une médiocre groſſeur. La projection de la barre, des vis & des fils, ſe voit encore dans la figure 16.

Le petit bras.
Pl. 2.
F. 1, 18.

12. Enfin par le moyen de deux vis on ſerre fortement en R contre la barre l'extrémité du bras NOV, dont la partie NO eſt verticale, l'autre horizontale, & un peu élevée au deſſus de la regle EE′, afin que l'autre petit bras ST qu'on y attache puiſſe avoir dans ſa partie inférieure, en P, une ouverture qui réponde à la partie ſupérieure de la regle EE′, & par laquelle on puiſſe faire paſſer une vis qui pouſſe le limbe de côté, & donner à l'inſtrument telle inclinaiſon qu'on voudra. Voyez la figure 18.

Suſpenſion
du ſecteur.
Pl. 2.
F. 1.

13. Je n'ai fait juſqu'ici qu'indiquer ſommairement chaque piece ; nous allons les expliquer en détail. En attendant il ne ſera pas hors de propos de remarquer que cette maniere de ſuſpendre le ſecteur eſt évidemment la plus avantageuſe ; car il pend librement du point B, ſans courir aucun riſque de ſe courber : de plus, en pouſſant l'une des vis IF, I′F′, on peut faire tourner l'inſtrument & le mettre dans une poſition parallele à la méridienne, enſuite pouſſant ou retirant les deux vis également, on le mettra dans une ſituation verticale que l'on connoîtra par le fil à plomb CM, qui doit effleurer le limbe EE′ ſans y appuyer. Par ce moyen le plan du ſecteur ſe trouvera dans le plan du méridien. Or les poids L, L′ l'appliqueront tellement contre les vis IF, I′F′, que tandis que ces vis l'empêcheront d'approcher de la barre GG′, les poids ne lui permettront pas de s'en écarter ; d'où il arrivera que le ſecteur une fois placé dans le plan du méridien, il n'y aura plus d'accident capable de le déranger.

Inclinaiſon
du ſecteur.

14. Le ſecteur ainſi diſpoſé, on lui donnera l'inclinaiſon qu'il doit avoir pour obſerver, laquelle répond à la diſtance de l'étoile au zénith ; on choiſira parmi les trous de la barre GG′, pour les vis IF, I′F′, ceux qui conviennent à cette
position,

poſition ; on attachera à cette barre le bras NOV du côté
où eſt porté le ſecteur par ſon propre poids, & en OV le
petit bras ST, de telle ſorte que la vis PE′ aboutiſſe à la
partie ſupérieure de la face E′ de la regle EE′. On voit que
cette vis détermine ſi bien la poſition du ſecteur, qu'il ne
peut avoir par lui-même aucun mouvement, & qu'il n'y a
que le mouvement de la vis qui le puiſſe incliner plus ou
moins à volonté, afin qu'au moment où l'étoile entrera dans
le champ de la lunette, on puiſſe l'amener à celui des fils
placés au foyer de l'objectif, qui eſt perpendiculaire au plan
du méridien. Par ce moyen on fera paſſer l'étoile dans le
centre des fils ; & l'intervalle qui ſe trouvera entre le fil à
plomb CM & le milieu du limbe EE′ (intervalle qu'on
pourra connoître exactement, en avançant, par le moyen
de la vis E, la lame mobile, juſqu'à ce que l'une de ſes diviſions rencontre le fil à plomb CM), déterminera la diſtance de l'étoile au zénith. Mais nous aurons encore occaſion de parler de ceci dans la ſuite.

15. Pour décrire chaque piece en particulier dans le même
ordre que nous venons de les parcourir, il faut commencer
par le ſupport a A a′ A′ B qui eſt repréſenté un peu plus diſtinctement dans la figure 2. A A′ eſt une piece de fer ou de
bois, placée horizontalement, & dont on voit le côté vertical AA′. Elle eſt ſoutenue par le bras a a′ ; l'un & l'autre ſont
fortement attachés au mur ou à la charpente. Les faces horizontales EE′, e e′ ſont percées d'un trou vertical, ſurmonté
d'un anneau de fer EE′, convexe & poli dans ſa partie ſupérieure, pour retourner plus aiſément le ſecteur. On fait paſſer
à travers cette ouverture & cet anneau juſqu'en F, une forte
tige ou pivot eBè, qui étant percé d'un trou au-delà de l'anneau, reçoit une cheville de fer qui appuie ſur cet anneau,
& porte tout le poids de la tige BF, & du ſecteur BD ſuſpendu à cette tige. Si la cheville eſt bien ronde, & auſſi polie que l'anneau, elle ne le touchera qu'en deux points, &
& l'on aura beaucoup de facilité à faire tourner la tige & le
ſecteur autour de ſon axe.

16. La tige eBè a une ouverture en B pour recevoir la
regle BD du ſecteur. A l'extrémité B de cette regle eſt un

Support du
ſecteur.
Pl. 2.
F. 1. 2.

Sa ſuſpenſion.
Pl. 2.
F. 1.

A a

trou rond, qui se voit en la figure 3 , auquel répondent de part & d'autre deux autres ouvertures dans la piece eBè, par lesquelles, & par le trou de la regle on fait passer une cheville de fer Ii, arrêtée d'un côté par une portée i , & serrée de l'autre par une vis. Du reste on pourra donner à toutes les différentes parties de cet ajustement telles dimensions qu'on voudra , pourvu que la machine soit solide.

Sa position.
Pl. 2.
F. 1. 2.

17. On doit avoir attention en attachant le support , de le placer horizontalement, & à peu près dans la direction de la méridienne. On tournera ensuite la tige de fer sur son axe jusqu'à ce que son ouverture B soit sensiblement parallele à A′A , à peu près comme il est exprimé dans la figure 1 , & non pas perpendiculaire comme dans la figure 2 , afin qu'ayant fait entrer dans cette fente la regle BQ , le limbe & le plan du secteur soient à peu près dans le plan du méridien. Par ce moyen la lunette n'ira pas donner dans le support AA , soit qu'elle soit placée du côté de l'orient ou de l'occident ; le limbe étant au contraire tourné à l'occident ou à l'orient ; mais elle recevra librement tous les rayons, quoiqu'elle soit d'ailleurs assez près de la regle BDQ. Il est encore visible qu'on pourra aisément mouvoir le secteur autour de l'axe Ii, (fig. 2.), qu'on voit en B (fig. 1.), en le poussant de côté avec la vis PE′.

Retournement du secteur.

18. Or pour la vérification de l'instrument , dont nous parlerons plus bas , il faut le tourner alternativement sur les deux faces opposées , à l'orient & à l'occident, & faire ensorte qu'il représente dans les deux situations la même étoile au centre des fils. C'est ce qu'on pourra faire aisément, par la facilité qu'on a de mouvoir la tige eBè sur son axe BF : mais il faut dans cette opération commencer par décharger la regle FF′ des poids LKF, L′K′F′. Pour n'être pas obligé de porter les poids L , L′ sur la barre GG′ , & de les placer aux points K , K′ , j'avois attaché à l'extrémité L du fil KL un crochet, & au poids L un anneau. De cette sorte on ôtoit & remettoit facilement les poids , & ayant retiré vers F les fils LK avec leurs crochets, le retournement du secteur étoit l'affaire d'un moment.

Inconvénient à éviter.

19. L'inconvénient unique étoit que les regles FF′ , & BDQ, au lieu d'être dans le même plan, étoient appliquées

l'une contre l'autre, si le secteur, avant le retournement, avoit été mis dans le plan du méridien, il devoit, après le retournement, être un peu incliné. Mais on y remédioit promptement, en avançant ou reculant les vis I F ; le nombre de tours qu'il falloit leur donner pour cela, ne nous étoit pas inconnu, & il étoit toujours le même ; il répondoit à la moitié de l'épaisseur des deux regles prises ensemble. Cela fait, nous observions derechef le fil à plomb, & l'instrument étoit bientôt rétabli dans son premier état. Il seroit aisé d'obvier à ce léger inconvénient, en mettant les regles dans le même plan ; ce qui donneroit la facilité d'observer dans le même jour, la même étoile dans l'une & l'autre position. Mais nous aurons encore occasion d'en parler dans la suite.

20. Parlons maintenant de la regle BQ (fig. 1.) ; elle a un peu plus de 9 pieds de long, (j'entends des pieds de Roi, mesure de *Paris*, & je me servirai ordinairement de cette mesure, qui est divisée, comme l'on fait, en pouces & en lignes, & qui fait environ un palme & demi). Le rayon du secteur, ou l'intervalle de son centre C au milieu de la lame mobile EE', est exactement de neuf pieds. La largeur de la regle est de deux pouces sur cinq lignes d'épaisseur. La regle EE' a 14 pouces en longueur, près de 3 pouces en largeur, & la même épaisseur que BQ.

Du rayon.
Pl. 2.
F. 1.

21. Le trou qui est à l'extrémité B doit être bien rond, bien poli, & un peu plus grand que celui du cilyndre Ii (fig. 2.) qu'on doit y faire entrer ; ces précautions sont nécessaires pour donner plus de jeu à la machine, & pour pouvoir plus aisément, au moyen de la vis PE, incliner le secteur sur le côté.

De l'inclinaison.
Pl. 2.
F. 2.

22. A l'autre extrémité (fig. 1.) est le limbe EE', qu'il faut considérer en détail. Il est représenté dans la figure 4. Sur la regle de fer AA'C'C, dont la largeur AC est de près de 3 pouces, on a soudé une lame de cuivre GG'C'C de 21 lignes de largeur, & de l'épaisseur de deux lignes, sur laquelle on a appliqué trois autres lames de même métal, GG'I'I, II'O'O, OO'C'C, qui ont ensemble la même largeur, c'est-à-dire 7 lignes chacune, & 3 lignes d'épaisseur. De ces trois lames, la premiere & la derniere sont soudées à la lame intérieure,

Du limbe.
Pl. 2.
F. 1. 4.

A a ij

& auffi immobiles qu’elle : celle du milieu, favoir I I'O'O, quoique retenue entre les deux autres comme dans une couliffe, a néanmoins affez de jeu pour pouvoir être pouffée de E en E' de près de 1 pouce, par la vis E. Nous expliquerons bientôt tout ce méchanifme. Remarquons d’abord que cette lame contient les divifions. Sa largeur eft partagée en quatre par 3 lignes paralleles aux lignes I I', OO' qui la terminent. La ligne du milieu tient la place de l’arc du fecteur ; elle en eft la tangente. Nous l’appellerons *la ligne du milieu de la lame mobile*. Elle eft divifée en pouces & demi-pouces ; chaque demi-pouce eft encore divifé en trois parties de 2 lignes chacune. Ces intervalles font diftingués par des lignes perpendiculaires à la ligne du milieu de la lame mobile : celles qui marquent les pouces occupent toute la largeur de la lame ; celles qui marquent les demi-pouces n’occupent que la largeur des trois paralleles ; enfin celles qui défignent les intervalles de deux lignes, ne font précifément que couper la ligne du milieu.

De la lame mobile.
Pl. 2.
F. 5.

23. Pour voir maintenant comment on fait mouvoir avec la vis E la lame du milieu, voyez la figure 5. La petite lame de laiton AB eft attachée par deux vis à la regle de fer, & repliée en équerre en D, avec un trou pour recevoir la vis EF. Cette vis paffe dans un écrou P, qui eft au revers de la lame mobile. La regle de fer a une large ouverture en forme de couliffe, repréfentée dans la figure 5. La lame intérieure, fur laquelle gliffe la lame mobile, a auffi une ouverture pareille, mais plus étroite ; elle eft ici couverte par la vis. L’écrou P eft fixé fur une lame attachée elle-même à la lame mobile par deux vis qui traverfent la petite fente à droite & à gauche de l’écrou P, du côté de E & du côté de F. Lorfqu’on tourne la vis E, on fait avancer vers F l’écrou P qui entraîne avec foi la lame mobile ; mais pour que cette lame ne faffe que gliffer fur la lame intérieure, fans s’en écarter, elle eft retenue par des curfeurs M, M', attachés par des vis à la lame mobile, & à travers des ouvertures femblables aux précédentes ; c’eft-à-dire qu’après avoir fait dans la regle de fer des ouvertures HIKL, H'I'K'L' affez larges pour ne pas gêner le curfeur, on en fait dans la lame intérieure de

plus étroites *no*, *n'o'*, par où paffent les vis qui attachent aux curfeurs la lame mobile. Car les curfeurs M, M' gliffent fur la lame intérieure, dans la longueur des ouverture HIKL, H'I'K'L', & empêchent la lame mobile de s'en écarter.

24. La figure 6 repréfente beaucoup plus diftinctement l'écrou P avec fes fentes & fes vis. QQ'R'R eft l'ouverture faite dans la regle de fer, & à travers laquelle on voit en partie le revers de la lame intérieure. SS'T'T eft la fente beaucoup plus petite, faite dans la lame intérieure. VXX'V' eft la petite lame qui porte l'écrou P, & qui, au moyen de deux vis VX, V'X' eft attachée à la lame mobile, qu'on apperçoit à travers la couliffe SS'T'T.

Du curfeur. Pl. 2. F. 6.

25. Il eft donc clair qu'en tournant & retournant la vis E (fig. 4), on fait avancer & reculer les trois curfeurs P, M, M' fur la lame intérieure & fixe GG'C'C, & entre les lames GG'I'I, CC'O'O également immobiles, & que ces curfeurs emportent avec eux la lame mobile. Or la vis E a un index EI (fig. 7.), dont la pointe parcourt, à chaque tour de la vis, la circonférence du cercle ICAG. Le diametre du cercle eft exprimé (fig. 4.) par la ligne CG. La circonférence eft divifée (fig. 7.) en 180 parties, qui font chacune la valeur de deux dégrés, & qui font numérotées de dix en dix. On connoît à quel tour de la vis on en eft, ou de combien de pas le curfeur eft avancé, par l'index Bb (fig. 4.) qui eft attaché par une vis à la lame fixe GG'I'I; les intervalles de chaque révolution entiere étant marqués fur le bord de la lame mobile de b en D. Car c'eft à ce nombre de révolutions entieres que répond tout l'efpace qu'on peut faire parcourir à la lame mobile, lequel eft égal à la longueur de tous les pas de la vis qui peuvent mouvoir le curfeur P (fig. 5. & 6.) dans chaque révolution. Cinq de ces intervalles égaloient prefque dans notre fecteur un intervalle de deux lignes, & chaque tour de la vis faifoit prefque parcourir aux curfeurs & à la lame mobile la cinquieme partie de cet intervalle, de forte qu'il falloit prefque quinze tours de vis pour avancer la lame d'un demi-pouce.

Du micrometre. Pl. 2. F. 4. 5. 6. 7.

26. Pour avoir exactement les divifions qui répondent aux révolutions entieres, il faut commencer par amener la lame

De la ma-
niere de s'en
servir.
Pl. 2.
F. 4.

mobile contre le cercle CG (fig. 4) jufqu'à ce qu'elle le tou-che par fon extrémité IO, & marquer fur cette lame le point b qui répond à la pointe de l'index Bb; enfuite on tournera la vis pour repouffer la lame auffi loin qu'elle pourra aller du côté de E', & on marquera à la fin de chaque tour le point défigné par l'index. De cette forte il fuffira dans les opérations d'examiner la pofition de l'index, pour connoître le nombre des révolutions entieres.

Son exacte
précifion.
Pl. 2.
F. 1, 2, 3, 4, 5, 7.

27. Ainfi la vis E (fig. 4.), avec l'index Bb, & la divi-fion de la circonférence AGIC (fig. 7.), fait la fonction d'un micrometre. Car , comme nous le verrons plus bas, lorfque l'index EI (fig. 7.) avance de trois parties de cette divifion, l'efpace parcouru par la lame mobile eft à peu près la tan-gente d'une feconde fur le cercle dont le centre eft en C (fig. 1.). Notre Artifte s'étoit fignalé dans la conftruction de toutes ces pieces. En effet la lame mobile ne s'écartoit jamais de la lame intérieure, & les filets de la vis EF (fig. 5.) & de fon écrou P étoient fi égaux dans toutes leurs parties, qu'à chaque mouvement égal de la vis fur fon axe répondoit tou-jours un mouvement égal de la lame mobile , en quoi con-fifte furtout la perfection de cet inftrument.

Des deux fe-
nêtres.
Pl. 2.
F. 4.

28. Il refte à voir ce que fignifient les fenêtres *io, i'o'* (fig. 4.) Ce font en effet de petites fenêtres que j'ai ajoutées, non que je prétendiffe en faire aucun ufage pour moi, mais pour lever à d'autres un fcrupule aftronomique ou mécha-nique. Ce font deux verres enchaffés dans des cadres de lai-ton , qui débordent de part & d'autre la lame mobile, & qui font attachés par des vis aux lames fixes en *i , o*, & *i', o'*. Chaque verre eft marqué par derriere d'une petite ligne droite très déliée, perpendiculaire à la ligne du milieu EE', & qui touche la lame mobile ; de forte que fans aucun danger de parallaxe, on peut connoître la fituation de la vis E, & de l'index EI (fig. 7.) dans laquelle cette petite ligne répond à l'une des divifions de la lame mobile, qui gliffe fous le verre à mefure qu'on tourne la vis E.

Diftance des
lignes gravées
fur les verres;

29. J'avois fait enforte que ces lignes répondiffent aux di-vifions qui font éloignées du milieu de la lame, ou de l'extré-mité du rayon, d'environ 6 pouces. Il eût été difficile de les

placer précisément à la distance d'un pied l'une de l'autre; mais il étoit aisé de connoître, tant à *Rome* qu'à *Rimini*, ce qui pouvoit s'en manquer. Il suffisoit pour cela d'avancer ou reculer avec la vis la lame mobile, jusqu'à ce que l'extrémité du pied atteignît la ligne tracée sur le premier verre, en remarquant au moment de cet attouchement la position de l'index; & après avoir répété plusieurs fois cette opération pour plus grande sûreté, de faire la même chose à l'égard du second verre. Car si l'on observoit, dans l'un & l'autre cas, la même position de l'index, c'étoit une preuve que les intervalles étoient égaux; & s'il en arrivoit autrement, la différence des nombres marqués par l'index faisoit voir la différence des intervalles.

30. J'avois pris cette précaution pour constater, par une observation immédiate, une chose dont j'étois convaincu d'ailleurs, savoir qu'on n'a rien à craindre ici de l'excès de la dilatation du laiton sur celle du fer, causée par la chaleur. Car les regles du secteur sont de fer, & la lame mobile de laiton. Or il est évidemment prouvé par les observations, que la chaleur dilate plus le laiton que le fer; d'où il suit que ces parties de la lame mobile seront plus dilatées que celles du rayon du secteur, ou de la distance du centre, d'où pend le fil à plomb, & qu'elles doivent donner par conséquent, à proportion de la chaleur, de plus longues tangentes. Mais il est constant que dans un espace si petit, par rapport au rayon, l'excès de dilatation est si peu de chose, qu'il ne peut occasionner aucune erreur sensible dans les observations. Malgré cela j'ai cru qu'il valoit encore mieux éclaircir ce point, s'il se pouvoit, par une observation immédiate, que par les raisons dont on a coutume de l'appuyer. Or nous avons éprouvé, comme je le dirai en son lieu, en transportant notre secteur de *Rome* à *Rimini*, & de *Rimini* à *Rome*, que malgré la différence de la chaleur, l'intervalle des verres étoit toujours le même par rapport à la lame mobile; d'où il suit que cette lame de laiton n'étoit pas sensiblement plus dilatée que la regle de fer, & les lames de laiton soudées avec elle; que par conséquent chaque partie de la lame mobile donnoit toujours les mêmes angles.

31. J'ai expliqué ce qui regarde le limbe, les lames qui y

De la boëte placée au centre du secteur.
Pl. 2.
F. 1.

font foudées, la lame mobile avec fes divifions, & fon mouvement, le micrometre, l'index & les verres ; il faut parler maintenant de la petite boëte fixée en C contre la regle de fer, & où fe trouve le centre du fecteur, avec une aiguille d'où pend le fil à plomb : c'eft ce que je ferai le plus brievement qu'il fera poffible.

Suite.
Pl. 2.
F. 1. 8.

32. Sur une petite lame de cuivre bien polie, eft marqué un point qui indique le centre, & dans lequel on fait repofer la pointe d'une aiguille extrêmement déliée. On peut cependant l'en retirer, en ouvrant la boëte dont nous allons donner la defcription ; nous parlerons enfuite de la maniere dont elle doit être placée pour être dans une pofition convenable. Cette boëte eft repréfentée en grand dans la figure 8, & dans la même fituation que dans la figure 1. a′A′Bba eft une lame de cuivre quarrée, étroitement ferrée avec des vis contre la regle de fer. On y attache perpendiculairement deux confoles ogaeKEDH, a′e′K′E′D′H′, qui ont chacune une ouverture ronde pour recevoir l'axe du cylindre KEE′K′. On voit une de ces ouvertures en I. Au cylindre eft attachée la lame EDFGMCM′G′F′D′E′, qui fert de porte à la boëte, & qui étant fermée, eft parallele à la lame AA′B. Sa partie G′M′MG entre dans une échancrure faite à une lame perpendiculaire à AA′B, favoir MGFfbBNM.. M′G′F′N′. On place encore perpendiculairement fur la lame AA′B, depuis le pied a′e′ de la confole K′H′D′E′ jufqu'à la lame F′G′M′N′, une autre lame plus mince, & dont la face extérieure s'éleve autant au-deffus de la fuperficie A′AB à laquelle elle eft parallele, que la furface du limbe eft éloignée de celle de la regle de fer. C'eft fur cette face extérieure qu'eft marqué le point qui détermine le centre. Ce point répond dans la figure 8 au point R′, que nous avons marqué ici fur la fuperficie D′DFF′ de la lame D′DFGCG′F′D′, contre laquelle eft attachée perpendiculairement fur la face oppofée, & vis-à-vis de R′, la tête de l'aiguille.

Suite.
F. 1. 8. 9. 10.

33. L'aiguille fe voit dans la figure 9, qui repréfente une fection de la boëte, perpendiculaire au plan A′AB de la figure 8. Le refte n'a pas befoin d'explication. P, Q font des vis qui attachent la boëte à la regle de fer ; MG eft la face extérieure

de

de la petite lame pofée en travers; S eft le centre du fecteur,
R r l'aiguille aboutiſſant d'une part au centre S, & fixée de
l'autre ſur la plaque DF*fd*, qui fait corps avec le cylindre qui
tourne autour de l'axe I. La boëte eft fermée dans la figure 9;
elle eft à demi ouverte dans la figure 10, où l'aiguille eft écartée
du centre S. C'eft dans cette derniere poſition qu'on fait entrer
l'aiguille dans un large nœud du fil à plomb; enſuite on ferme
la boëte en pouſſant la plaque DC ſur FN, & en la remettant dans la poſition de la figure 9. Pour lors on pouſſe le fil
contre la pointe r, juſqu'à ce qu'il raſe la petite lame, fans
pourtant la toucher, & qu'ainſi il pende du centre même.
Nous n'avions rien à deſirer ſur tous ces articles. Le point
étoit des plus petits, l'aiguille très déliée du côté de la pointe,
parfaitement arrondie, & rempliſſant exactement ce petit
point deſtiné à la recevoir. Enfin la figure 3 repréſente en C
la boëte toute ouverte; l'aiguille eft en R, & le centre S totalement découvert.

34. Voilà pour ce qui regarde cette boëte; je viens à la
maniere de la placer. Sur le rayon du fecteur (fig. 1.), à un
pied ou environ de diſtance de la ligne du milieu de la lame
mobile EE′, on avoit foudé en d ſur la regle de fer une lame
de cuivre, une feconde lame à deux pieds de diſtance en d′,
une troiſieme à trois pieds en D, une quatrieme à ſix pieds
en D′. Elles n'avoient pas tout à fait la même épaiſſeur que
le limbe de cuivre appliqué ſur la regle de fer; cette précaution avoit été jugée néceſſaire pour empêcher qu'elles ne
puſſent interrompre le mouvement du fil à plomb; mais leur
face antérieure n'étoit guere plus retirée ſur la regle que celle
du limbe. Cela fait, on appliquoit ſur le milieu de la regle
un fil délié & bien tendu, & avec le compas à verge ouvert
d'un pied, pris exactement ſur les diviſions même de la ligne
du milieu de la lame mobile, on commençoit la meſure du
rayon. Une pointe du compas appliquée ſur la ligne du milieu, on portoit l'autre à l'endroit déſigné par le fil tendu,
& avec un petit coup de marteau on marquoit un très petit
point ſur la lame d; enſuite laiſſant cette derniere pointe en d,
on portoit la premiere en d′, où l'on marquoit également
un point, puis en D un troiſieme; & ayant pris avec un

Maniere
de placer cette
boëte.
Pl. 2.
F. 1. 9. 10.

plus grand compas l'intervalle de trois pieds, depuis la ligne
du milieu jufqu'en D, on le tranfportoit en DD′ & en D′C.
Le point C déterminoit la pofition de la boëte, par rapport
à la regle de fer à laquelle on devoit enfuite l'attacher, ce
point devant tomber précifément fur le point *s* (fig. 9. & 10.),
qui repréfente le centre du fecteur. Par-là le rayon de notre
fecteur, ou la diftance du centre à la ligne du milieu de la
lame mobile, égaloit neuf fois l'intervalle d'un pied pris fur
le limbe.

*Divifion du
limbe.
Pl. 2.
F. 4.*

35. Il eût été également facile de déterminer exactement
cet intervalle dans la figure 4, & de le divifer en 72 parties,
en commençant par tranfporter trois fois fur la ligne du milieu l'intervalle de deux lignes, deux fois celui de fix lignes,
trois fois celui d'un pouce, & quatre fois celui de trois pouces,
en changeant de compas à chaque nouvel intervalle; car alors
on auroit eu un pied contenant exactement les 72 intervalles
de deux lignes chacun; on eût enfuite divifé en pouce les intervalles de trois pouces, les pouces en demi-pouces, & les demi-
pouces en intervalles de deux lignes : ce qui eût été facile,
en fe fervant des mêmes ouvertures de compas. Il eût encore
été à propos de rendre la ligne du milieu fort déliée, & d'y
marquer les divifions, non par des lignes perpendiculaires,
mais par de petits points qu'on y auroit marqués en frap-
pant légerement fur le compas, dont on auroit pris la précaution de rendre la pointe bien fine & bien aiguë : de cette
forte notre divifion eût été fort exacte; & dans la vérification qu'on en fait avec le microfcope, & dont nous parlerons
plus bas, nous n'euffions pas eu à craindre une erreur de la
dixieme partie d'une feconde. Mais la divifion ayant été faite
en notre abfence, nous y avons trouvé quelques petites inégalités, lefquelles étant une fois bien connues, ne pouvoient
plus nuire aux obfervations. De plus, la ligne du milieu fe
trouva un peu plus forte que je n'aurois fouhaité, & celles qui
la traverfoient n'étoient ni d'une largeur affez égale dans toutes
leurs parties, ni affez exactement perpendiculaires à la ligne du
milieu, ni même toujours affez droites. Il réfultoit de-là quelque difficulté pour déterminer d'une maniere plus précife le
point d'interfection qui marque la divifion. Cependant je fuis

très perfuadé que cet inconvénient n'a pas occafionné dans nos obfervations une erreur d'une feconde ; mais je marque ceci pour faire voir combien il eût été facile d'avoir une divifion beaucoup plus exacte, & beaucoup plus aifée à vérifier. Nous aurons encore occafion d'en parler dans lafuite, lorfque nous traiterons de la vérification du fecteur.

36. Après avoir expliqué ce qui a rapport au limbe & au centre du fecteur, il faut expliquer en détail ce qui concerne la lunette. Lorfqu'on applique la lunette à la regle de fer, on doit avoir égard à trois chofes ; favoir à l'objectif placé en H (fig. 1.), au micrometre qu'on y ajoute en H′, & au tuyau. J'avois une excellente lunette de 9 pieds, qui auroit pu le difputer avec avantage à des lunettes beaucoup plus longues. Je pris foin qu'on l'appliquât de telle forte à la regle de fer, qu'elle ne fît avec elle qu'un feul inftrument ; ce que *Graham* avoit exécuté d'une maniere différente dans le fecteur de M. *de Maupertuis*. C'eft pourquoi je fis attacher immédiatement à la regle de fer, & la boëte de cuivre qui renfermoit l'objectif, & celle qui contenoit les fils qui fe coupent à angles droits dans le foyer de l'objectif ; je fis enforte que le tuyau fût auffi attaché immédiatement par lui-même à la regle de fer, & non pas à ces boëtes, dans la crainte que s'il venoit à heurter contre quelque chofe, on ne dérangeât la ligne de foi, qui aboutit de l'objet au centre des fils, & que nous appellerons dans la fuite l'axe de la lunette.

37. La figure 11 repréfente une fection faite par l'axe de la boëte qui contient l'objectif. La boëte eft toute de laiton, & immédiatement attachée à la regle de fer. La fection de l'objectif eft O o o′ O′. Ce verre eft enchaffé dans deux cercles, l'un fupérieur S Q P o Z X V T T′ V′ X′ Z′ o′ P′ Q′ S′, l'autre inférieur N O o Z X Y D E F M M′ F′ E′ D′ Y′ X′ Z′ o′ O′ N′. Ces deux cercles forment une boëte qui renferme l'objectif, dont l'axe paffe par *b* ; & parceque l'objectif eft des meilleurs, ce point *b* fe trouve au milieu du diametre du verre O O′. T S S′ T′ détermine l'ouverture de l'objectif dans l'anneau fupérieur, N M M′ N′ dans l'anneau inférieur.

38. Cette boëte, compofée de deux cercles, eft renfermée par une vis E c E′ c′ entre deux autres cercles, l'un fupérieur

De la lunette.
Pl. 2.
F. 1.

De la boëte qui contient l'objectif.
F. 11.

Des cercles qui la contiennent.

DEcABCC'B'A' &c. l'autre inférieur LFEcAHGIKKTG
&c. Le cercle inférieur renferme les trois autres avec l'objectif; il reçoit dans sa concavité intérieure LKK'L' le tuyau
L*de*L'*d'e'* de la lunette, & il est attaché en A'H' sur la regle
de fer. *fghi* représente la section de cette regle, pq celle de
la petite lame où aboutit la pointe de l'aiguille rR.

De son ex-
centricité.

39. Or le point du milieu de toute la longueur EE' n'est
point en *b*, mais en *a*, & c'est en cela que consiste le premier & le principal avantage de cette machine. Car si on
lâche la vis Ecc'E', & qu'on souleve le troisieme cercle
DEcABCC'B'A', &c. la boëte, composée des deux premiers
cercles qui renferment l'objectif, savoir PQSTVXYEF-
MNN'M'F' &c. pourra tourner autour de son centre *a*, &
dans cette révolution, le point *b*, par où passe l'axe de la
lunette, tournera autour du point *a*, & par conséquent s'approchera par une demi-révolution, & s'éloignera par l'autre
du plan de la regle, & du plan du secteur passant par le
point r. Or par-là on pourra rendre & placer, & aussi
exactement qu'on voudra, l'axe de la lunette parallele au
plan de l'instrument. Car cet axe passera toujours par *b*,
& par le centre des fils du micrometre ; & si ce centre reste
immobile & placé sensiblement à la même distance du plan
du secteur que le point *a*, & que l'excentricité *ab* soit petite,
on pourra, en tournant la boëte intérieure, rapprocher ou
éloigner le point *b* du plan du secteur, & par-là incliner plus
ou moins l'axe de la lunette, jusqu'à ce qu'on l'ait rendu parallele au plan du secteur. Pour lors on serrera la vis Ecc'E,
qui appuiera en EDD'E' le troisieme cercle contre le plan
EYY'E' de la boëte intérieure. Par ce moyen la boëte intérieure conservera sa position, & la lunette son parallélisme.
Nous verrons dans la suite comment on peut s'assurer du parallélisme de l'axe de la lunette, ou connoître de combien
elle s'en écarte.

De l'axe de
la lunette.

40. Nous appellons ici axe de la lunette la ligne décrite
par le rayon qui passe par le centre des fils au foyer de l'objectif, & qui conserve, au sortir de l'objectif, la direction
qu'il avoit en y entrant. On appelle proprement axe d'une
lentille, la droite qui passe par l'un & l'autre centre

de sa double convexité. Si le verre est bien travaillé, cette
ligne passera encore par le centre du verre, & c'est ce qu'on
appelle verre bien centré. Le rayon qui passe par cet axe, n'a
point de réfraction. Tous les autres rayons homogênes, partant du même point d'un objet éloigné, ou parallèles à ce
rayon, s'en rapprochent en entrant dans le verre, & vont se
réunir à l'un des points de ce rayon, ensorte néanmoins que
les rayons violets se réunissent plus près, les rouges plus loin,
& qu'entre ces deux termes il y a une suite de foyers pour les
rayons des couleurs intermédiaires. Les rayons qui ne partent
pas de quelque point dans l'axe, éprouvent tous quelque réfraction ; cependant il y en a toujours quelqu'un qui éprouve
deux réfractions contraires & égales, & qui par conséquent
sort du verre avec la direction qu'il avoit en y entrant. Dans
le cas d'une légere inclinaison à l'axe, j'ai démontré dernierement dans ma dissertation sur les lentilles & les lunettes,
que ce rayon est celui qui en arrivant se dirige, dans une lentille également convexe de part & d'autre, au point de l'axe
qui est abaissé au-dessous de la superficie, dans laquelle il entre,
du tiers de l'épaisseur du verre, & qui en sortant prend une
direction qui, étant continuée, coupe l'axe dans un point
éloigné, de la superficie par laquelle il sort, du tiers de la
même épaisseur. Or il est facile, étant donnés les rayons des
deux convexités, de déterminer généralement les points de
l'axe, où se terminent ces directions.

41. Mais parceque l'épaisseur du verre est très petite, & à
plus forte raison ce tiers de cette épaisseur, lequel mesure la
distance oblique des rayons qui suivent ces directions, & que
la distance perpendiculaire est encore plus courte que l'o-
blique, ces deux lignes peuvent passer pour une seule ligne
droite, & le rayon qui parvient de l'objet au milieu de l'é-
paisseur du verre, peut passer pour n'avoir point de réfraction.
Tous les autres rayons partant d'un même point de l'objet,
ou parallèles à ce premier rayon, se réunissent à lui de la
même maniere que dans un axe proprement dit. D'où il suit
que si l'axe de l'oculaire se trouve dans la ligne qui passe
par le centre des fils, & par le milieu de l'épaisseur de l'objectif, ou, pour parler plus exactement, par le point abaissé

Usage du ra-
yon qui con-
serve sa pre-
miere direc-
tion.

au deſſous du milieu de la ſixieme partie de l'épaiſſeur du verre, dans une lentille également convexe ſur chaque face, cela produira le même effet que ſi le vrai axe de l'objectif paſſoit par l'interſection des fils. Il ſuit encore que ſi l'objectif n'étoit pas exactement perpendiculaire à l'axe du tuyau, l'aberration des rayons, cauſée par la différence de leur réfrangibilité, ſeroit encore la même, & que ces rayons ſe réuniroient dans le même ordre, & repréſenteroient l'objet dans le même lieu relativement aux fils, & à l'œil de l'obſervateur. Mais ce point appartient à la dioptrique; nous ne le touchons ici qu'à l'occaſion de l'axe de la lunette, & en paſſant.

Excentricité de l'oculaire.
Pl. 2.
F. 11. 12.

42. La figure 12 repréſente une ſection perpendiculaire à l'axe, faite par le point *a* de la figure 11. Les points EDY-ON*ba*N'O'Y'D'E' ſont les mêmes dans ces deux figures. E*x* eſt la diſtance du point E à la droite AH de la figure 11: *m n* eſt l'épaiſſeur de la regle de fer, *u u'* ſa largeur; la boëte eſt ſoudée avec la regle en *y u'u'y'*; *n r* eſt l'épaiſſeur, & *s s'* la longueur de la petite lame, *r* le centre du ſecteur, *r*R l'aiguille d'acier; le cercle EE"E' eſt le contour de la boëte qui renferme de l'objectif OO"O'. En tournant la boëte on tranſporte E en E", *b* en *b'*; & ayant abaiſſé ſur EE' la perpendiculaire *b' d*, on aura *b d*, qui eſt la quantité dont l'axe, paſſant par *b*, s'eſt rapproché du plan du ſecteur qui paſſe par *s s'*; & ſi E" tombe en *e*, & par conſéquent *b'* en *t*, & *d* en *ʒ*, il s'en approchera encore de la quantité *d ʒ*.

Du tuyau de la lunette.
Pl. 2.
F. 1.

43. Le tuyau HH' (fig. 1.) eſt armé d'un bon nombre de petits bras de laiton S, auxquels il eſt ſoudé, & qui le tiennent à 10 lignes de la regle de fer, à laquelle il eſt fixé par leur moyen. Son diametre eſt de 28 lignes. Il n'a par lui-même aucune flexion ſenſible: il eſt ſi bien uni à la regle, déja aſſez ferme auſſi par elle-même, ſurtout de côté, qu'il en exclut abſolument tout danger de flexion. Au-dedans on a placé pluſieurs diaphragmes, pour intercepter les rayons réfléchis par les parois du tube : précaution que nous avons jugée néceſſaire pour pouvoir obſerver de jour, encore a-t-il fallu ajouter à l'extrémité H, un tuyau de deux pieds, pour ombrager l'objectif; moyennant quoi les étoiles paroiſſoient très bien de jour.

44. Le tuyau eft brifé en H′, & ne fait point corps avec le micrometre où font les fils. Il faut donc expliquer la maniere dont le micrometre eft attaché à la regle de fer, & dont on doit enfuite ajufter l'oculaire avec le tuyau. L'affemblage du micrometre avec la regle de fer eft repréfenté dans la figure 13. ABCD eft une plaque de cuivre fort épaiffe, fortement ferrée contre la regle YXSTV par trois vis P: elle porte perpendiculairement deux bras de laiton, encore beaucoup plus épais: le premier eft repréfenté tout entier dans la figure en BEGFC, & creufé en demi cercle en EGF: le fecond ne fe laiffe voir qu'en partie en AHID. Contre ce dernier on a foudé folidement un tuyau QIHOR de même métal, exactement rond dans l'intérieur, d'un diametre un peu plus petit que le tuyau de fer blanc de la figure 1, & d'environ 4 pouces de long. On enchaffe dans celui-ci un autre tuyau de laiton IONKLM, parfaitement rond, & qui s'y ajufte fi exactement, qu'on ne peut fans effort le faire avancer ou reculer, ou tourner fur fon axe; de façon que par-là on peut lui donner telle pofition qu'on juge à propos, dans laquelle il refte invariablement.

45. Ce tuyau porte une rainure KNML: cette rainure eft percée dans le fond en quatre endroits, également éloignés, c'eft-à-dire à 90 dégrés l'un de l'autre: on fait paffer un fil d'argent très délié dans une de ces petites ouvertures, par exemple en K, & on l'y fixe par un bout avec une goupille de cuivre, qu'on y fait entrer de force, & qui ferre fi fortement le fil dans cette ouverture, qu'on ne peut plus l'en tirer. Enfuite on fait paffer le fil dans l'ouverture oppofée M; d'où on le ramene en L par la rainure; & de L on le fait paffer en N: mais entre M & L on met dans la rainure une lame élaftique, ou un reffort courbé en arc de cercle d'une moindre courbure que celui de la rainure; & tandis qu'on paffe le fil, on applique de force le reffort contre le fond de la rainure, & on le retient dans cette pofition forcée, jufqu'à ce qu'ayant paffé le fil dans l'ouverture N, on l'y ait également arrêté avec une goupille, & d'une maniere à ne pouvoir fe lâcher. Pour lors le reffort abandonné à lui-même agit fur le fil dans la partie ML de la rainure, le tend encore davantage, &

pour long-tems; le nôtre, au bout de quatre ans, est encore
aussi bien tendu que le premier jour : c'est un fil cru, qui a
lui-même son élasticité, & qui la conserve; ainsi malgré
l'effort continuel du ressort, il ne risque point de se lâcher.

De l'oculaire.
Pl 2.
F. 14.

46. Pour montrer maintenant comment l'oculaire est ajusté
au tuyau H H' de la figure 1, jettons les yeux sur la figure 14.
Cette figure représente un tuyau de fer blanc C c b f, prolongé
en f du côté de b f, & brisé en CD du côté de C; il est plus
brisé encore en D g f. De plus il a une ouverture en i GQRIK h,
qui est d'un grand usage pour éclairer les fils pendant la nuit ;
& pour le rendre plus solide, on joint les bords de l'ouverture par deux gros fils de laiton t K , IG. Au-dessous est un
tuyau un peu plus large ML h R a ONM, avec une petite
échancrure en ONM, & l'extrémité du tuyau de la lunette
est c e b d.

Des tuyaux.
F. 13. 14. 15.

47. Dans la figure 15 A, B, E, H, P sont les mêmes que
dans la figure 13 ; Y T S X est encore ici la regle de fer, mais
plus prolongée du côté de S X. q r p est un des petits bras de
laiton S de la figure 1. s x u y l p H est la continuation du
tuyau de fer blanc, qui se brise au point H. On y soude en
l n , & du côté opposé, qui ne paroît point dans la figure,
une plaque de fer repliée l y m n, mais un peu plus ample que
la partie du tuyau qu'elle couvre, de sorte qu'il y a entre l'un
& l'autre un espace qui paroît en m , & dans lequel on fait entrer la partie D g f F du tuyau de la figure 14; ainsi C,i,G,Q,F,D
sont les mêmes dans ces deux figures, & le reste jusqu'à l'extrémité c e b d est aussi le même de part & d'autre. Le bord
C i touche le petit bras H ; le reste du tuyau est reçu dans la
cavité du petit bras E. On peut avancer le tuyau un peu plus
large L h I R a ONM, jusqu'à ce que Lh I R K joigne C i G Q t,
pour fermer de jour l'ouverture i GQRIh; & on peut le retirer de nuit pour éclairer les fils qui sont cachés sous le tuyau
n D F Q i C entre le petit bras H & le bord circulaire i G Q t.
Cela fait, on insere dans l'ouverture c e b d le tuyau qui porte
l'oculaire, & qu'on peut très librement avancer ou reculer,
suivant qu'on a la vue plus longue ou plus courte, sans causer
pour cela le moindre mouvement dans l'objectif, ni dans le
micromètre.

48.

48. Il reste à parler des barres G G′, F F′ (fig. 1.), des vis I F, I′ F′, des poids L, L′, des bras N O V & S T, & de la vis P E. La figure 16 représente une section horizontale, faite par les vis I F & les fils F K. G G′ & F F′ *f′f* sont ici la même chose que dans la premiere figure G G′ & F F′ ; les fils F K, les vis F I, & le tuyau H sont aussi les mêmes dans les deux figures. B B′ *i′i* (fig. 16.) est la section de la regle B Q (fig. 1.) à laquelle on attache la regle F F′ *f′f* (fig. 16.) au moyen de la barre recourbée B A C *r* E E′ *r′* C′ A′ B′, & des vis D, D′. Il eût mieux valu, comme je l'ai insinué n°. 19, plier la regle F F′ *f′f*, comme dans la figure 17, en B *if* F A C C′ A′ F′ *f′i′* B′, en mettant dans le même plan *f′f* & *ii′*, F F′ & B B′ ; il arriveroit de-là que lorsqu'on tourneroit le secteur la face *f′f* occuperoit exactement la place de la face opposée F F′. Ceci semble se présenter de soi-même ; mais je n'y pris garde qu'après les observations commencées, sans que le tems nous permît de les interrompre.

De la regle superieure po-
sée en travers.
Pl. 2.
F. 1, 16, 17.

49. On auroit pu faire la regle F F′ de la même épaisseur que B Q, & l'unir avec elle comme E E′. J'avois même d'abord destiné la regle E E′ à cet usage ; mais alors la barre G G′ auroit dû être placée plus bas, & répondre à la regle E E′ ; & lorsqu'en retournant l'instrument, le limbe E E′ auroit été tourné contre la barre G G′, cette barre auroit empêché de voir sur le limbe le point désigné par le fil à plomb. C'est pourquoi il a fallu lui substituer une autre regle plus élevée, & je fis ensorte qu'on pût l'ôter à volonté, pour faciliter le transport de l'instrument, & donner à sa caisse une forme plus commode. Après le retournement du secteur, nous l'avions bientôt rétabli dans sa premiere position, au moyen des vis I F, I′ F′ ; de plus, comme nous avions à observer plusieurs étoiles qui exigeoient différentes inclinaisons du secteur, il falloit placer les vis différemment pour chacune, de sorte que nous ne pouvions nous servir deux jours de suite de la même position.

Suite.
F. 1.

50. Il n'est pas besoin de placer si scrupuleusement dans la direction de la méridienne la barre G G′, puisqu'en avançant les vis I F, I′ F′, l'une plus, l'autre moins, on met aisément le limbe dans le plan du méridien. Il y avoit deux rangs

Des vis de
cette regle.

C c

de trous dans la barre, parceque dans le cas d'une plus grande inclinaifon du fecteur, le limbe eft plus élevé, & demande par conféquent plus d'élevation dans les vis; ces trous étoient en affez grand nombre pour pouvoir donner de part & d'autre à l'inftrument l'inclinaifon qu'on jugeroit à propos.

Du bras de la regle infé-rieure.
Pl. 2.
F. 1. 18.

51. Pour ce qui eft maintenant du bras RNOV, il eft re-préfenté dans la figure 18, dans laquelle, R exprime l'ouver-ture où l'on fait entrer la barre GG' de la figure 1. Il y a en N deux vis qui ferrent étroitement le bras contre la barre. Le petit bras ST eft repréfenté féparément, & un peu plus bas, avec fa vis PE'. Or il eft clair qu'on peut attacher le bras NOV avec les vis N, en quelque endroit qu'on voudra de la barre GG', & le petit bras ST en quelque endroit qu'on voudra de la partie OV, pour pouvoir enfuite avec la vis PE' pouffer la regle EE', fur laquelle on a laiffé pour cela un efpace libre AGG'A' (fig. 4.), au-deffus des lames de cuivre, de crainte que la vis PE' n'allât heurter contre le micrometre E, ou contre la lame mobile. Du refte j'ai choifi de pouffer la regle EE' plu-tôt que FF, afin que l'obfervateur, dans le tems même de l'obfeivation, pût appliquer la main à la tête de la vis X, & incliner plus ou moins l'inftrument, jufqu'à ce que l'étoile arrivât fur le fil perpendiculaire au plan du fecteur.

Situation de l'oculaire.
F. 1.

52. Pour finir cet article, obfervez que l'extrémité du tube n'eft marquée à la hauteur H' que pour pouvoir être vue dans la figure; car elle doit defcendre jufqu'au bas de la regle BQ, & c'eft près de cet endroit que fe trouve le micrometre; de forte qu'on peut fort commodément approcher l'œil de l'en-trée du tube, & qu'on n'a prefque rien à craindre de la flèxion de l'inftrument, qui d'ailleurs, ainfi que nous l'avons dit, ne peut être fenfible.

De l'aiguille du centre.
F. 9.

53. Voilà ce qui regarde la conftruction du fecteur : venons à fon ufage. Nous avons ici trois chofes à confidérer, la dif-pofition des parties, la maniere d'obferver, les obfervations mêmes. Quant à la difpofition des parties, on doit avoir foin premierement que la pointe r (fig. 9.) de l'aiguille du centre R r rempliffe exactement le point s marqué fur la petite lame, & qu'elle foit parfaitement ronde. Nous n'avions rien à defirer fur ce point, comme je l'ai déja dit. Mais c'eft un point d'une

extrême délicateſſe , lorſqu'on attache l'aiguille à la lame DF*fd*, & il y a peu d'ouvriers qui en ſoient capables. On en viendra plus aiſément à bout en perçant la lame en R'R , & en ſe ſervant d'une plus longue aiguille. La boëte fermée, on fera entrer l'aiguille dans l'ouverture R'R juſqu'à ce que la pointe aboutiſſe en *s*. La tête de l'aiguille reſtera en dehors de la boëte, & le diametre du trou étant un peu plus grand que celui de l'aiguille, il ſera aiſé de reconnoître ſi l'aiguille eſt bien ronde. Car on n'aura qu'à la faire tourner ſur ſon axe , en obſervant en même tems ſi le fil à plomb CM (fig. 1.) répond toujours à la même diviſion ; & s'il change tant ſoit peu de poſition , on connoîtra aiſément par le mouvement de la lame mobile , & à l'aide du microſcope , juſqu'aux plus petites différences des demi-diametres de l'aiguille , & ce qu'il s'en faut que ſon axe ne réponde également au point du centre.

54. Il faut enſuite vérifier les diviſions, tant celles du rayon du ſecteur, depuis le centre C juſqu'à la ligne du milieu de la lame mobile, que celles de la ligne du milieu. C'eſt ce qu'on pourra exécuter ſans difficulté en ſe ſervant du compas à verge, dont les pointes doivent être bien arrondies & bien aiguës, & de la vis E ; mais on y parviendra encore plus aiſément avec un autre compas, qui , au lieu de deux pointes, porte deux verres, l'un fixe, l'autre mobile. Je dirai d'abord comment , avec un verre ſeul , nous avons procédé à l'examen des diviſions ; je donnerai enſuite une idée de ce compas , armé de verres au lieu de pointes, & qui n'eſt pas d'ailleurs d'une conſtruction difficile.

Inſtrumens de vérification des diviſions. Pl. 2, F. 1.

55. D'abord on peut vérifier très exactement la vis E (fig. 4.) par le moyen du cercle ACIG (fig. 7.), & de l'index EI. Sur un verre bien net, bien plané & bien poli, menez deux paralleles éloignées l'une de l'autre de la diſtance d'environ un pas de la vis, ou de l'intervalle parcouru par la lame mobile pendant un tour entier de l'index EI (fig. 7.). Tirez enſuite une troiſieme parallele éloignée de la premiere d'une diſtance quintuple, ou de cinq pas de la vis, puis une quatrieme éloignée de dix pas ou environ. Toutes ces lignes peuvent être coupées par une perpendiculaire , qui ſuppléra , comme nous le verrons bientôt, à tous les défauts qui pourroient ſe rencontrer

De la vis du micrometre. F. 4. 7.

dans leur parallélifme. Ces lignes doivent être bien égales, & très déliées. On pourra les tracer avec un morceau de pierre à fufil, qui, étant brifée, donne des pointes fort aiguës, qui ne coupent pas le verre comme le diamant.

Vérification de la vis.
Pl 1.
F. 4. 18. 7.

56. Le verre ainfi préparé, on l'appliquera fur les lames CC', G'G (fig. 4.), & on l'y fera tenir avec de la cire, ou, pour écarter tout fcrupule, avec un inftrument femblable à celui qu'on auroit dans la figure 18, en retranchant la partie aP du petit bras TSP, & laiffant T$t a$A avec la vis S; je veux dire en faifant entrer dans l'ouverture de cet inftrument tant la regle de fer, que les lames & le verre, & en les ferrant au moyen de la vis S appliquée fur le revers de la regle; car de cette forte le verre fera tellement fixé fur les lames G'GII', O'OCC', qu'il ne pourra être ébranlé par le moument de la lame mobile. On tournera contre les lames la furface du verre fur laquelle on a tracé des paralleles: la perpendiculaire qui traverfe ces paralleles, doit répondre à la ligne du milieu de la lame mobile, & la premiere parallele à l'une de fes divifions, dans le moment où l'index b (fig. 4.), & l'aiguille EI (fig. 7.), marquent le commencement des divifions, & où la lame mobile (fig. 4.) n'a point encore commencé à avancer du côté de E'; enfuite, par le mouvement de l'index EI, on fera avancer la lame mobile, dont le même point de divifion, après environ un tour de vis, arrivera fur la feconde parallele, & l'on remarquera alors de combien de parties du micrometre cet intervalle differe de celui d'un pas de la vis, lequel répond à toute la circonférence ACIG. La différence, s'il y en a, fera au moins très petite. Enfuite ayant placé l'aiguille à la fin de la premiere révolution, au nombre 180, & lâché la vis qui attachoit le verre aux lames fixes, on avancera le verre jufqu'à ce que fa premiere parallele réponde à cette même divifion de la lame mobile avancée par la premiere révolution du micrometre; on attachera de nouveau le verre contre les lames fixes, & par un fecond tour qu'on donnera à la vis, & qu'on continuera jufqu'à ce que cette divifion réponde à la feconde parallele, on connoîtra derechef la différence de la feconde révolution entiere du micrometre, ou du fecond pas de la vis, & de l'intervalle qui fe trouve

entre ces mêmes paralleles : on pourra de la même maniere comparer à cet intervalle les autres révolutions du microme-tre , ou pas de la vis , & conftater l'égalité de ces pas , ou de ces révolutions comparées les unes aux autres , ou la quantité précife de leurs différences.

57. De même dans la crainte que les erreurs ne s'accu-mulent , après avoir comparé les pas de la vis un à un , on pourra les comparer de cinq en cinq avec l'intervalle de la premiere & de la troifieme parallele , puis de dix en dix , & ainfi de fuite , au cas que l'on veuille fe fervir d'une plus longue vis. Si l'on vouloit encore tirer des paralleles diftantes de la moitié , ou du tiers d'un pas de la vis , ou d'un , & même de plufieurs pas déja connus , ajoutés à cette moitié , à ce tiers , &c. on pourroit comparer également les parties de ré-volutions , & connoître à fond l'état de la vis. Mais lorfqu'on n'emploie qu'un petit nombre de pas , & que la vis eft faite avec un peu de foin , on n'y doit trouver aucune différence fenfible.

58. Il eft à remarquer , & ceci peut fervir de même pour ce qui nous refte à dire fur la vérification du fecteur , & fur celle du quart de cercle , l'une & l'autre ayant été faites par cette méthode , que le moment , où le point de la divifion arrive fur la parallele tracée fur le verre , fe connoît beaucoup mieux par un mouvement continu du micrometre & de la lame. Nous avons obfervé fouvent que la ligne paroiffoit ré-pondre au point de la divifion , quoique nous examinaffions l'un & l'autre avec le microfcope , & que malgré cela ayant enfuite retiré , puis avancé la lame , leur point de rencontre ne répondoit plus au même nombre de parties du micrometre. Après nous être convaincus à loifir de cette différence en ré-pétant plufieurs fois la même opération , nous prîmes le parti de ne plus déterminer le point de rencontre que par un mou-vement continu ; & il nous eft arrivé très fouvent depuis , en obfervant l'un après l'autre , de nous accorder à une , eu tout au plus à deux parties près du micrometre , quoique celui qui obfervoit actuellement ne tournât point lui-même la vis , & ne connût point les nombres indiqués par l'index , & qu'il fe contentât d'avertir fon compagnon , au moment de la ren-

Même fujet.

Remarque fur la maniere de fe fervir du micrometre ;

contre, d'arrêter l'index, & de marquer le nombre. Le mouvement de la vis doit être lent & égal, pour la commodité de l'obfervateur & le fuccès de l'obfervation.

Sur les moyens de diftinguer les points de la divifion;

59. Obfervez de plus, & c'eft encore une chofe que j'ai moi-même éprouvée, que fi la divifion eft faite par de petits points bien ronds & bien unis, & qu'on applique le microfcope, en éclairant au même endroit la divifion, par le moyen d'une lentille qui raffemble les rayons du foleil ou d'une lumiere, on pourra appercevoir fort diftinctement l'inftant de rencontre du premier & du dernier point de la circonférence de ce petit cercle, avec la ligne tracée fur le verre, ou même avec un fil délié, tendu fur la lame mobile, & attaché de part & d'autre aux lames fixes: quoiqu'il foit plus à propos de fe fervir de verres que de fils, lefquels courroient rifque d'être emportés par la lame mobile, & qu'il faudroit placer pour cela à quelque diftance de cette lame, avec danger peut-être d'y occafionner quelque parallaxe; au lieu qu'on peut fans crainte appliquer immédiatement le verre fur la lame mobile.

De détermirer le point de rencontre.

60. Obfervez enfin que dans la détermination du point de rencontre, la lame doit toujours être mue du même côté. Car pour peu que la vis ait de jeu dans l'écrou, les mouvemens oppofés de la lame donneront des nombres différens de parties du micrometre. Nous commencions toujours par retirer la lame mobile; enfuite nous la pouffions du côté de E', & c'eft dans ce fecond mouvement que nous déterminions le point de rencontre.

Vérification de la divifion.

61. La vis ainfi vérifiée, vérifie à fon tour, & par une méthode également fûre & facile, la divifion de la lame mobile en cette forte. Ayant amené le micrometre au premier point de la divifion, on attache contre le limbe un verre marqué d'une petite ligne, laquelle doit répondre au point qui termine le premier intervalle de deux lignes, qu'il faut comparer aux autres intervalles. Enfuite on tourne la vis jufqu'à ce que la ligne du verre réponde au commencement de la divifion, & l'on compte en même tems le nombre de tours de la vis & de parties du micrometre, contenu dans cet intervalle. Enfuite on ramene la lame & le micrometre à leur premier

point ; on avance le verre jufqu'à ce que fa ligne rencontre le point qui termine le fecond intervalle, & on pouffe la lame mobile, comme auparavant, jufqu'à ce que la ligne du verre fe rencontre avec le commencement de cet intervalle, en comptant toujours le nombre de tours & de parties du micrometre. On vérifiera de même tous les autres intervalles ; on les comparera entre eux pour en avoir les différences, s'il s'en trouve quelqu'une ; on en prendra la fomme pour avoir en parties de micrometre la valeur du pied $i\,i'$, ou de la longueur du limbe.

62. On pourra encore comparer ces intervalles trois à trois, ou quatre à quatre, au moyen de cette vis qui peut avancer la lame d'environ 8 lignes, ou 4 intervalles. Si elle étoit plus longue, & qu'elle pût avancer la lame d'un demi-pied, on pourroit comparer aufli les deux intervalles de fix pouces, les quatre intervalles de trois pouces, enfuite les intervalles d'un pouce, d'un demi-pouce, & enfin de deux lignes. On corrigeroit en même tems les petites erreurs qui réfulteroient de ces comparaifons multipliées, & l'on auroit en parties de micrometre la valeur exacte des intervalles de la lame mobile, comme nous le verrons bientôt.

63. Mais une vis de cette longueur ne laifferoit plus de place aux curfeurs M, M' (fig. 5.) qui affujettiffent la lame mobile contre la lame intérieure ; & d'ailleurs une longue vis eft plus fujette à fe courber. C'eft pourquoi on en a préféré une plus courte, qui n'agit pas au-delà de 8 lignes ; & on a imaginé un autre moyen de comparer de plus grandes parties du limbe. Ce moyen confifte à tracer, fur un plus long verre, une ligne coupée à angles droits par plufieurs paralleles, dont la feconde foit éloignée de la premiere d'environ fix lignes, la troifieme d'un pouce, la quatrieme de trois pouces, la cinquieme de fix pouces. On applique enfuite le verre fur les lames, de telle forte que la premiere parallele réponde au commencement de la divifion, d'où il arrivera que la feconde parallele répondra au point de milieu du premier pouce. Il faut obferver avec foin le point de rencontre du commencement de la divifion avec la premiere parallele, & du milieu du premier pouce avec la feconde. Si l'un & l'autre donne le même nombre

Suite.

Usage des lignes gravées fur le verre : F. 5.

de parties du micrometre, c'eft une marque que ce premier demi-pouce eft égal à la diftance de ces paralleles ; fi le nombre eft différent, on tiendra compte de cette différence, qui fera toujours fort petite. Cela fait, on avancera le verre jufqu'à ce que l'intervalle de ces deux premieres paralleles réponde à la feconde moitié du premier pouce, & ayant remis la lame dans fa premiere pofition, on la pouffera de nouveau pour connoître la différence de cette moitié de pouce avec cet intervalle. On opérera de même fur le refte de la divifion ; on comparera ces demi-pouces entre eux, & l'on verra fi leur différence s'accorde avec celle qu'on a trouvée en comparant à la fois trois intervalles de deux lignes. De même l'intervalle de la premiere & troifieme parallele vérifiera les pouces, celui de la premiere & de la quatrieme les intervalles de trois pouces, celui de la premiere & de la cinquieme, ceux de fix pouces.

Qu'on n'y a pas befoin de connoître l'état de la vis.

64. Il y a un autre auantage confidérable à fe fervir de cette méthode, c'eft qu'on y eft difpenfé de vérifier la vis. Il eft vrai que pour vérifier les intervalles de deux lignes par la méthode que nous avons donnée, où l'on fe contente d'une feule ligne tracée fur le verre, il faut employer cinq tours de vis ; mais on emploie toujours les mêmes tours, & la différence dépend de l'excès d'un intervalle fur l'autre, lequel eft toujours très petit ; & l'erreur qui en réfulte, & qui après un certain nombre de révolutions pourroit peut-être fe faire fentir, eft abfolument infenfible dès qu'il n'eft queftion, comme ici, que d'un petit nombre de parties du micrometre. Enfuite dans les vérifications que l'on fait par le moyen des autres paralleles, on n'a befoin d'employer qu'un très petit nombre de parties du micrometre, lefquelles fuffifent pour faire connoître la différence qui fe trouve entre les intervalles des paralleles, & ceux qui leur répondent dans la divifion. Ainfi quelque inégalité qu'il y ait dans les pas de la vis, on peut l'ignorer fans que la vérification en fouffre. Remarquez qu'on peut abréger, en fe fervant de cette derniere méthode, dans la vérification des intervalles de deux lignes ; car il ne fera plus befoin pour lors de tourner & retourner cinq fois la vis, comme auparavant, puifqu'on pourra fe contenter d'un petit nombre de parties du micrometre.   65.

65. Cette ligne qui coupe à angles droits les paralleles, est ici d'un grand usage, pourvu qu'elle réponde toujours à la ligne du milieu de la lame mobile, parcesqu'elle détermine la distance des paralleles, à laquelle on compare tous les intervalles de même genre, & qui pour cette raison doit être toujours la même; ce qui ne seroit pas, si ces lignes n'étant pas exactement paralleles, on prenoit leur distance tantôt en un endroit, tantôt en un autre, ou si dans la supposition même d'un parallélisme exact, on prenoit quelquefois une distance plus ou moins oblique.

Avantage de la ligne du verre qui coupe les paralleles.

66. On pourroit encore se servir ici avec avantage d'un compas dont j'ai parlé plus haut, & qui seroit armé de deux verres, l'un fixe, l'autre mobile, sur chacun desquels on auroit tracé une ligne fort près du bord intérieur, afin qu'on pût les approcher davantage l'un de l'autre; car il est difficile de tracer sur le verre, à une distance donnée, des lignes déliées, unies & paralleles: j'ai gâté plusieurs verres avant que de m'y faire, encore ai-je bien de la peine aujourd'hui à m'en tirer; tantôt c'est la pointe du caillou qui se brise; tantôt c'est la regle qui glisse sur le verre, ou qui se détourne pour peu qu'on remue la main; ce qui donne des lignes larges, raboteuses, courbes, tortues & défigurées.

Description d'un compas à deux verres;

67. Ce compas doit avoit deux lames de métal, comme dans la figure 4 GG'I'I, OO'C'C, à une certaine distance l'une de l'autre, & unies ensemble par leurs extrémités GC, G'C'. Entre ces lames est une lame mobile plus large, percée à jour dans toute sa longueur, excepté aux deux bouts, & dans une assez grande largeur. Il doit y avoir plusieurs trous contenant des écrous, & fort proches les uns des autres. A l'extrémité, comme en O'I', on attachera solidement aux lames fixes un verre, sur la surface extérieure duquel on aura tracé deux lignes, la premiere, proche le bord intérieur qui regarde GC, la seconde, perpendiculaire à la premiere, & passant par le milieu du verre dans la direction des lames. On aura un autre verre, renfermé de trois côtés seulement, savoir o, i, & OI, dans un petit cadre de métal, dont la longueur n'excede pas la largeur de la lame mobile. Sur le quatrieme côté du verre, & sur le bord qui regarde O'I', on

Sa ressemblance au limbe du secteur.

D d

tracera une ligne perpendiculaire à GG'. Les deux côtés du cadre qui font en *i* & *o*, doivent être percés de petits trous, pour recevoir des vis qui fixeront le verre fur la lame mobile, à peu près à la diftance de *o' i'* qu'on jugera néceffaire pour la vérification de l'intervalle propofé : c'eft ce qu'on peut faire aifément par le moyen de ce grand nombre de trous préparés dans les lames fixes; enfuite avançant avec la vis E la lame mobile, on aura plus exactement la diftance des paralleles tracées fur la fuperficie extérieure, & proche le bord intérieur des verres.

Du verre mobile.

68. On pourroit fe paffer de ce grand nombre de trous des lames fixes, en repliant les bords *i* & *o* du cadre qui porte le fecond verre, & les faifant entrer dans des couliffes pratiquées dans la longueur de l'ouverture de la lame mobile, de telle forte néanmoins que le cadre ne pût avoir par lui-même aucun mouvement, & qu'il fallût quelque effort pour le rapprocher du premier verre. On pourroit auffi l'attacher avec des vis où l'on jugeroit à propos. Ceci n'a pas befoin d'explication, & il feroit inutile de nous y arrêter.

Du micrometre.
Pl. 2.
F. 7. 5.

69. Rien n'empêche d'ajouter à ce compas un micrometre, ou un cercle en E, femblable à celui de la figure 7, avec un index; mais il faut prendre la précaution de placer le curfeur P (fig. 5.), & la vis EF à une plus grande diftance de la furface antérieure, de peur que la circonférence du cercle GC ne s'éleve au deffus de cette furface, au-delà de celle des verres, & n'empêche qu'on n'applique ces verres à toute forte de plans. De plus, comme l'ouverture s'étend dans prefque toute la longueur de la lame mobile, & que le paffage doit être libre, on ne doit point placer au milieu un curfeur unique M, ou M'; mais on en doit mettre deux, l'un au-deffus, l'autre au-deffous de ce point de milieu, pour affujettir les deux long côtés de la lame mobile contre les lames fixes.

Ufage du micrometre.

70. On peut rapprocher les verres de ce compas à la diftance d'un demi-pouce, pour comparer entre eux les demi-pouces de la divifion ; puis à la diftance d'un pouce, pour comparer les pouces; & ainfi de fuite pour les autres intervalles. Le micrometre même de ce compas ne nous étoit point néceffaire pour notre ufage propre, puifque nous avions déja

un micrometre fur le limbe de notre fecteur ; mais il peut beaucoup fervir à plufieurs autres ufages.

71. Il y a un compas d'une nouvelle invention, confiftant en une longue verge, ayant à l'un de fes bouts un microfcope fixe, à l'autre un microfcope mobile, qu'on peut rapprocher du fixe plus ou moins à volonté ; & chaque microfcope a fon micrometre. Le P. *Pefenas* Jéfuite, Profeffeur royal d'Hydrographie à *Marfeille*, & qui s'entend auffi en Aftronomie, comme je le vois par fes lettres, fe fert de ce compas pour vérifier les divifions du quart de cercle : mais pour peu que la diftance du limbe au micrometre vienne à varier, on change notablement la valeur des parties du micrometre : ce qui n'eft pas un petit inconvénient ; au lieu que mon compas, qui n'eft au refte qu'une fuite naturelle de la conftruction de mon limbe, lequel étoit achevé long-tems avant que j'euffe oui parler de ce nouveau compas, renferme tous les avantages du microfcope pour l'augmentation des diftances, & peut mefurer de très grands intervalles, fans aucun danger de parallaxe femblable, puifque la ligne tracée fur le verre touche immédiatement le limbe, où eft la divifion qu'il s'agit de vérifier. A l'égard du quart de cercle, on verra dans le chapitre fecond comment, au moyen de deux verres attachés à fon alidade, & par une méthode toute fondée fur les mêmes principes, on peut procéder à l'examen de fa divifion.

72. Pour revenir à notre limbe, dès qu'une fois on aura une connoiffance parfaite de la vis, des révolutions & des parties de révolutions du micrometre, il fera plus court de n'employer qu'une feule ligne fur le verre pour comparer entre eux les intervalles de deux lignes, dont il en faut trois pour le demi-pouce, en faifant faire pour le demi-pouce quinze tours à la vis, qui feront paffer fous la ligne du verre quatre points de la divifion, dont on remarquera les points de rencontre. C'eft la méthode dont nous nous fommes fervis, après nous être convaincus que notre vis étoit fort égale, & que fes révolutions n'avoient entre elles aucune différence fenfible.

73. Après avoir vérifié la ligne du milieu de la lame mobile, il faut voir à combien de parties du micrometre répond le rayon du fecteur, ou la diftance du centre à la ligne du

milieu de cette lame mobile. On le connoîtra en comparant (fig. 1.) la distance du point *d* à cette ligne, avec l'intervalle d'un pied, marqué sur cette même ligne du milieu ; ensuite les distances *dd'*, *d'D* avec ce même intervalle ; enfin les intervalles *DD'*, & *D'C* avec la distance du point D à la ligne du milieu de la lame mobile. Cette comparaison pourroit se faire aisément par le moyen du compas à deux verres, dont j'ai donné la description au n°. 67 & suivans. On appliquera la ligne du verre immobile à l'une des extrémités de l'intervalle qu'on veut comparer, & si le compas a un petit cercle & un index qui fassent les fonctions d'un micromètre, on amenera avec la vis à l'autre extrémité la ligne du verre mobile. On verra ensuite, à l'aide du microscope, à quel nombre de parties du micromètre répond le point de rencontre.

Moyen de suppléer au micromètre du compas,

74. Si le compas n'a point de micromètre, on pourra y suppléer par la lame mobile EE'. Car dès que l'intervalle à comparer ne surpasse pas la longueur de la lame, comme *dd'* qui n'est que d'un pied, il suffira, après avoir tellement disposé les verres du compas, que leurs lignes répondent exactement aux points *d*, & *d'*, de les appliquer contre la lame mobile, de sorte que leurs lignes répondent à peu près aux extrémités du pied gravé sur cette lame, & de pousser la lame mobile avec la vis É en deux fois, la premiere, jusqu'à ce que l'une des extrémités du pied réponde exactement à l'une des lignes, la seconde, jusqu'à ce que l'autre extrémité réponde à l'autre ligne. Car examinant à chaque fois la position de l'index, on aura en parties de micromètre le rapport exact de cet intervalle d'un pied à l'intervalle *dd'*.

De comparer de grands intervalles.

75. Pour comparer de plus grands intervalles, par exemple ceux de trois pieds, on s'y prendra de la maniere qui suit. A l'extrémité de la lame mobile, & à peu près dans le même plan, on placera une feuille de carton, ou une planche, ou une autre lame de métal, sur laquelle, dans la direction de EE', & à la distance de plus de deux pieds, on marquera avec une pointe d'aiguille bien ronde, un petit point. Ensuite ayant pris avec le compas à verres l'un des intervalles qu'on veut comparer, on appliquera sur ce point la ligne de l'un des verres, & l'autre verre sur le limbe, & on avancera la lame

mobile jusqu'à ce qu'une de ses divisions réponde à la ligne
de ce second verre, en marquant le nombre désigné par l'index au point de rencontre. On fera la même opération pour
l'intervalle suivant, & le rapport des nombres donnera celui
des intervalles.

76. Nous avons comparé les intervalles DD', & D'C d'une
manière un peu différente, mais pourtant fort exacte, en les
divisant chacun en trois intervalles d'un pied, par quatre
autres petites lames sur lesquelles il y avoit de petits points
qui marquoient la division: ce qui donnoit neuf intervalles
d'environ un pied chacun, depuis la ligne du milieu jusqu'au
centre du secteur. Nous n'avions point de compas à verres
pour connoître les petites différences qui pouvoient se trouver
entre ces intervalles & l'intervalle du pied gravé sur la lame
mobile; nous y suppléâmes de deux façons: en premier lieu
je fis faire une sorte de cadre oblong, qui consistoit en deux
lames de cuivre posées à une distance suffisante l'une de l'autre,
& attachées à leurs extrémités par deux autres lames plus
courtes: j'y faisois tenir avec de la cire deux verres marqués
d'une ligne; & au défaut d'une vis, dont l'usage eût été plus
commode & plus sûr, j'avançois de force l'un des verres jusqu'à ce que la distance de leurs lignes répondît exactement
à l'intervalle que nous voulions comparer. Ensuite on transportoit l'instrument sur le limbe du secteur, & on comparoit,
comme ci dessus, cette distance à l'intervalle d'un pied gravé
sur la lame mobile.

77. Le second moyen que nous employâmes fut de prendre
avec un compas à verge, dont les pointes étoient très déliées,
un intervalle, par exemple *dd'*, & de le porter sur la lame
mobile, ensorte que l'une des pointes répondant exactement
au commencement de la division, nous tracions avec l'autre
une petite ligne vers l'extrémité de la division. Il étoit aisé
ensuite de connoître de combien de parties de micromètre cette
ligne étoit éloignée de cette extrémité; il suffisoit pour cela
d'appliquer en travers contre les lames fixes un verre marqué
d'une petite ligne, & de pousser la lame mobile jusqu'à ce que
cette petite ligne rencontrât successivement l'extrémité du
pied, & la ligne tracée avec la pointe du compas, proche
cette extrémité.

Grand avan-
tage de la la-
me mobile &
de son micro-
metre.

78. On voit par-là qu'outre plusieurs avantages de la lame mobile, elle est d'un merveilleux usage pour comparer des intervalles, & connoître leurs plus petites différences en parties presque insensibles d'une grandeur connue : car on connoîtra très exactement cette différence sur la lame, soit en y transportant ces intervalles d'un point pris sur le limbe, ou hors du limbe, suivant que l'intervalle sera plus petit ou plus grand que le limbe, & avançant ensuite la lame mobile, ensorte que l'extrémité de l'un & de l'autre intervalle passe sous une même ligne tracée sur un verre fixe; soit qu'ayant pris la différence des intervalles représentée par la distance de deux lignes tracées sur un même verre, ou successivement par deux ouvertures du compas à verres, on avance la lame mobile jusqu'à ce qu'elle ait passé, ou sous les deux lignes du verre unique, ou sous la même ligne du compas à verre pris successivement avec ses deux ouvertures.

Ce même
moyen, utile
dans une autre
méthode : a-
vantage des
verres sur les
fils.

79. La même chose arrive dans une autre méthode, dont nous parlerons bientôt, & qui consiste à vérifier les divisions du secteur, qui ont servi dans l'observation, en comparant leur intervalle à une partie aliquote du rayon ; c'est-à-dire qu'on en peut très aisément venir à bout au moyen du compas armé de verres dont j'ai donné la description, & auquel on peut suppléer, ou par deux verres collés avec de la cire sur un cadre oblong, ou par un compas à verge garni de deux pointes très aiguës, de telle sorte qu'on puisse rapprocher l'une de l'autre à volonté, & l'arrêter à la distance requise. C'est ce que nous avons fait, en suppléant de ces deux manieres au compas garni de verres. On pourroit, dans toutes ces méthodes, & surtout dans celle où l'on fait passer la lame mobile sous un verre marqué d'une ligne, se servir d'un cheveu, ou d'un fil de soie, ou d'argent, posé transversalement sur la lame mobile, & attaché de part & d'autre avec de la cire sur les lames fixes : je m'en suis servi dans les commencemens, & d'ordinaire avec succès ; mais j'y ai remarqué un inconvénient, savoir que si ce fil est fort près de la lame mobile, il peut très aisément être poussé de côté par un grain de poussiere qui se trouvera sur cette lame ; & que s'il en est éloigné, il est extrêmement difficile, soit que l'œil de l'ob-

fervateur refte immobile, foit qu'il foit ramené à la même pofition, d'éviter l'effet de la parallaxe ; au lieu que le verre, pourvu qu'il foit bien attaché aux lames fixes, eft immobile, avec fa petite ligne, tandis que la lame qui le touche gliffe par-deffous, fans aucun danger de parallaxe.

80. Il eft encore à remarquer que dans ces opérations, & les fuivantes, nous regardions toujours ces lignes & les points de la divifion avec une lentille d'un foyer très court, & qui augmentoit confidérablement les objets. Elle étoit attachée par des fils & des lames élaftiques, enforte qu'on pouvoit l'appliquer fur le limbe, & l'y arrêter à la diftance qu'on jugeoit la plus convenable à l'obfervation. Je m'y fuis auffi quelquefois fervi du microfcope.

81. Or dans l'examen de cette divifion, nous avons trouvé que les fix pouces qui font à gauche, ou du côté du micrometre, contiennent 32716 parties de micrometre, dont une feule révolution en contient 180, & que ceux de la droite en contiennent 32734, ce qui fait en tout 65450 ; de plus, que le rayon ayant 9 pieds, & le limbe n'en ayant qu'un, chaque pied du rayon furpaffoit celui du limbe, & que la différence moyenne étoit de 35 parties, ce qui donnoit 65485 parties pour un pied du rayon, & 589365 pour le rayon entier.

82. Il s'enfuit que pour chaque minute il faut 171.446 parties à peu près. Car la tangente d'une minute eft 2909, pour le rayon 10000000 ; & 10000000 eft à 2909, comme 589365 à 171.446, ce qui ne change prefque point dans toute l'amplitude de notre fecteur. En effet, le demi-pied gravé de part & d'autre du point de milieu, n'eft prefque, pour un rayon de 9 pieds, que la tangente d'un angle de trois dégrés. Or une minute de plus n'augmente la tangente d'un dégré que de 2909, celle de deux dégrés que de 2913, & celle de trois dégrés que de 2917. Il faudroit donc une erreur de près de trois parties de micrometre dans la tangente, lorfqu'on obferve l'étoile, ou qu'on vérifie les divifions du fecteur, pour produire une erreur d'une feconde.

82. Mais il faudroit une erreur bien plus grande dans le rayon pris dans toute fa longueur. Car on démontre aifément

que pour commettre dans un angle une petite erreur donnée, l'erreur du rayon doit être au rayon, comme l'erreur de la tangente à la tangente. On a donc cette analogie : comme 524078 tangente de trois dégrés, est à 2917 erreur d'une minute ; (ces nombres sont pris des tables, pour un rayon 10000000) ; ainsi notre rayon 589365 est à un quatrieme terme qu'on trouvera de 3284 parties pour une minute, & par conséquent il en faut près de 55 pour une seconde. Mais si cet angle diminue, l'erreur de la tangente est sensiblement la même, & la tangente diminue presqu'en raison de l'angle ; ainsi l'erreur requise dans le rayon augmente presque dans la raison inverse de l'angle : de sorte que pour produire dans un angle d'un dégré l'erreur d'une seconde, il faudroit dans la détermination du rayon commettre une erreur de près de 165 parties, ce qui n'est point à craindre.

84. Si dans la vérification des intervalles de deux lignes de notre division, dont il y en a 36 à droite, & autant à gauche ; on commettoit dans chaque intervalle une erreur d'une partie de micromettre, l'erreur totale pourroit être de 36 parties ; ce qui entraîneroit une erreur de 12 secondes : cela arriveroit, dis-je, si toutes les erreurs se trouvoient du même côté ; mais c'est un cas qui n'est peut-être jamais arrivé, les erreurs se trouvant ordinairement tantôt d'un sens, tantôt de l'autre, & se corrigeant par-là en grande partie les unes les autres, si elles ne s'effacent totalement. Mais indépendamment de cette correction, qui ne manque jamais, on diminue considérablement cette erreur, en comparant entre eux, suivant la méthode exposée ci-dessus, les intervalles de six pouces, ceux de trois pouces, d'un pouce, d'un demi-pouce, & enfin de deux lignes. Car il n'est pas difficile de démontrer, qu'en vérifiant & corrigeant l'instrument par cette comparaison, l'erreur ne peut être au plus que quintuple de celle qu'on suppose avoir commis dans chaque intervalle, quand même les erreurs se trouveroient toutes du même côté, & cette erreur même, la plus grande qui soit possible, diminue en raison de l'angle ; de sorte que si l'on suppose avoir commis, dans chacun des intervalles que l'on compare, une erreur d'une partie de micromettre, celle d'un angle d'un dégré

ne

ne pourroit être que de la moitié d'une seconde, les erreurs se trouvassent elles toutes du même côté; ce qui prouve bien la bonté de cette méthode.

85. En effet, si l'on prend dans le pied un nombre quelconque de parties de micrometre à volonté, par exemple celui que donnent tous les intervalles; qu'on le répartisse sur les deux intervalles de six pouces, suivant le rapport qu'on leur aura trouvé entre eux; & que l'on en fasse de même pour les autres subdivisions, on pourra commettre dans chacune une erreur égale à celle qui se trouve dans l'autre intervalle de six pouces, soit que la subdivision se fasse en deux ou en trois parties, pourvu que dans ce second cas on ne prenne pas immédiatement la valeur de deux parties; mais que pour avoir la valeur de ces deux parties on ait retranché de l'intervalle entier de trois parties, qu'il falloit diviser, la valeur d'une partie sur laquelle on suppose une seule erreur. En général on peut démontrer que si la division se fait en quatre ou en cinq parties que l'on compare entre elles, l'erreur de la totalité sera au plus double de celle de chaque partie; que si on la fait en six ou en sept, elle sera au plus triple, & ainsi de suite.

86. De cette sorte, pourvu que la division soit nette, surtout si elle est faite par de petits points bien ronds, je suis persuadé qu'en répétant plusieurs fois l'opération, & en s'y servant du microscope, on pourra absolument éviter toute erreur, jusqu'à pouvoir en toute occasion s'assurer que la plus grande erreur possible ne va pas au-delà d'une seconde. Il y a cependant encore une autre méthode beaucoup plus sûre, & qui revient presqu'à celle dont MM. *Bouguer* & *de la Condamine* se font servis, & par laquelle on vérifie exactement les divisions du secteur, du moins celles qui ont servi dans l'observation. Le P. Maire en a dit quelque chose dans le second livre; nous en allons traiter ici plus au long.

87. Après avoir choisi l'étoile qu'ils vouloient observer, & avoir examiné quelle étoit à peu près sa distance au zénith, MM. *Bouguer* & *de la Condamine* prenoient la partie aliquote du rayon qui égaloit la corde de l'arc le plus approchant du double de celui qui mesuroit cette distance, & la

Démonstration de cette méthode.

Méthode de MM. de la Condamine & Bouguer.

Suite.

portoient autant de fois fur le rayon, avec le compas à verge, depuis le centre jufqu'au limbe. Le rayon ainfi déterminé, ils décrivoient du centre avec un plus grand compas, & à l'ouverture du rayon même, un arc de cercle fur le limbe, fur lequel ils coupoient l'arc qui répondoit à cette partie aliquote, en faifant enforte que l'axe de la lunette répondît à peu près au milieu de cet arc, dont chaque extrémité étoit marquée d'un point. Avant l'obfervation ils faifoient paffer le fil à plomb par l'un des points, le limbe tourné du côté de l'orient, & par l'autre point, le limbe tourné à l'occident, & à l'aide du micrometre ils recherchoient la différence de cette double diftance au zénith à l'amplitude de cet arc.

Pourquoi on ne s'en eft pas fervi.

Méthode femblable.

88. Nous euffions pu faire la même chofe fur notre fecteur, en y décrivant au lieu d'arc une tangente, fur laquelle nous euffions pris une partie aliquote du rayon. Mais le limbe ainfi préparé, ne peut fervir qu'à obferver une feule étoile, & dans un feul endroit : fi l'on en veut obferver d'autres, il faut effacer les cercles, ou les tangentes, avec leurs points, & en marquer de nouveaux pour chaque obfervation. Nous avons mieux aimé avoir un fecteur propre à obferver toutes les étoiles voifines du zénith, pour pouvoir choifir, fuivant la faifon, celles qui nous paroîtroient moins expofées à être obfcurcies par les rayons du foleil ; & afin qu'après nous avoir fervi dans notre mefure, cet inftrument, une fois vérifié, pût fervir dans la fuite en tout tems & en tout lieu. Nous étions d'autant plus autorifés à prendre ce parti, que nous avions une méthode toute femblable pour vérifier très fûrement, & avec bien plus de facilité, les divifions ; c'eft auffi celle dont nous nous fommes fervis. Si nous avions eu le compas, dont j'ai donné plus haut la defcription, garni de deux verres, l'un fixe, l'autre mobile, avec fon micrometre, nous nous en fuffions fervis avec encore plus d'avantage ; mais nous avons fuppléé à fon défaut, comme je l'ai déja dit.

Exemple de cette métho-de.

89. Qu'il faille par exemple déterminer l'angle auquel répond fur notre fecteur l'intervalle pris fur la lame mobile, compofé de dix-fept divifions à droite, & de treize à gauche, chacune de ces divifions étant de deux lignes ; c'eft aux deux points qui terminent cet intervalle entier, que nous avons

rapporté la pofition de μ de la grande ourfe à *Rimini*, le limbe tourné tantôt à l'orient, tantôt à l'occident ; & nous avons mefuré avec notre micrometre la diftance du fil à plomb à chacun de ces points de divifion, en avançant la lame mobile jufqu'à ce que le fil répondît exactement au point, comme nous l'expliquerons plus au long dans la fuite. L'efpace entier eft compofé de 30 intervalles de deux lignes, le pied en comprend 72, & par conféquent le rayon, qui eft de 9 pieds, en contient 648. Or 648, divifé par 30, donne à peu près 21. Il falloit donc comparer cet intervalle à la vingt-unieme partie du rayon.

90. Comme en divifant 648 par 21, il vient $30\frac{6}{7}$, nous Suite. avons pris à peu près cet intervalle fur la lame mobile, & mené à la même diftance fur un long verre poli deux paralleles coupées en certains endroits par de petites lignes. Nous avons enfuite placé horizontalement le fecteur fur deux fupports, qu'il débordoit d'un quart de part & d'autre ; le tuyau de fer blanc étoit d'ailleurs trop maffif & trop bien foudé avec la regle de fer, pour qu'il y eût aucun danger de fléxion ; puis appliquant contre le limbe le côté du verre fur lequel étoient marquées les paralleles, de forte que l'une répondant à peu près à la fin du dix feptieme intervalle de deux lignes fur la gauche, l'autre ne devoit pas être fort éloignée du treizieme à droite, nous déterminions en parties de micrometre par le mouvement de la vis, fuivant la méthode expofée ci-deffus, la différence de la diftance de ces paralleles à l'intervalle de ces 30 parties de la lame mobile.

91. Nous avions préparé auffi une forte de petites regles de Suite. Pl. II. F. 3. bois de l'épaiffeur des lames de laiton, afin qu'en les appliquant fur le rayon de fer, leur face antérieure fe trouvât dans le plan du limbe. Elles étoient recouvertes d'une feuille de papier collée fur le bois. Nous attachions avec de la cire molle contre le rayon de fer la premiere regle D, à peu près à la diftance du centre S du fecteur, que requéroit l'intervalle que nous avions pris pour la vingt-unieme partie du rayon ; nous appliquions enfuite le verre, de forte que l'une de fes paralleles paffât exactement par le centre du fecteur : ce que nous connoiffions en l'examinant avec une lentille d'un foyer affez

court; & nous faifions glifler fous le verre la petite regle de
bois, en l'avançant contre le centre S, jufqu'à ce que le petit point, marqué fur le papier, répondît en même tems &
à la feconde ligne marquée fur le verre, & au milieu de la
grande regle de fer : la cire avoit tout à la fois l'avantage
d'être affez molle pour laiffer avancer le bois quand on vouloit le pouffer, & d'avoir affez de tenacité pour lui conferver
enfuite invariablement fa pofition. On arrangeoit de la même
façon les autres petites regles de bois, jufqu'à ce qu'il ne reftât
plus qu'un feul intervalle à mefurer, depuis le poind D jufqu'au milieu de la ligne EE'.

Suite.

92. Le verre ne pouvoit plus fervir à comparer cet intervalle avec les précédens; nous y avons employé notre compas à verge, avec lequel nous avons porté cette derniere partie du rayon, & l'un des intervalles égaux DD fur la lame
mobile, en commençant par le même point, qui étoit comme
le centre d'où nous décrivions fur le limbe deux petites lignes.
Il étoit aifé enfuite de déterminer en parties de micrometre
la diftance de ces deux petites lignes, en pouffant la lame,
& en les faifant paffer fucceffivement fous le même trait d'un
verre immobile, & appliqué contre le limbe. Cette diftance
devoit fe répartir fur les 21 parties du rayon, & l'on connoif-
foit enfin en parties de micrometre la différence d'une de ces
parties aliquotes avec notre intervalle de ces 30 parties de la
lame mobile, auxquelles nous avions rapporté la pofition de
la fixe en l'obfervant à *Rimini :* en conféquence on voyoit
auffi de combien ce nombre différoit des 30 parties dont le
rayon en contient 648, & quelle correction il convenoit de
faire à la divifion de la lame; ou plus briévement, on voyoit
à quelangle du centre répondoit cet intervalle, puifqu'on fait
à quel angle répond une tangente qui eft au rayon comme 1
à 42, & qu'en doublant cet angle on a une double tangente,
ou plutôt deux tangentes, qui valent enfemble la vingt-unieme
partie du rayon ; & de-là il étoit aifé de connoître la différence de cette partie avec l'intervalle de ces 30 parties de la
lame mobile, par le nombre connu de parties de micrometre,
dont cet intervalle differe de cette partie aliquote.

93. On voit encore qu'il n'étoit pas befoin de prendre fi

scrupuleusement l'intervalle précis d'une partie aliquote, puisque la différence du dernier intervalle doit se répartir sur 21
parties; d'où il suit que chaque partie aliquote n'a que la vingt-
unieme partie de l'erreur, qui par-là devient insensible, puisqu'il faut trois parties de micrometre pour produire l'erreur
d'une seconde, & qu'avec un peu d'application on peut éviter l'erreur de deux parties, qui ne produiroit qu'une erreur
de deux tierces. Le seul inconvénient qu'il y eût, c'est que
comme il falloit placer les petites regles de bois les unes après
les autres, & les mettre chacune à son point, cela demandoit
du tems, du travail & de la patience.

Preuve de cette métho-
de.

94. Le moyen dont nous nous servîmes pour y remédier,
fut de prendre avec le compas à verge la vingt-unieme partie,
ou à peu près, du rayon; de placer les petites regles de bois
environ à cette même distance les unes des autres, & de tendre par-dessus un fil bien délié depuis le centre S jusqu'au
milieu de la lame mobile EE'. Ensuite ayant appliqué une
pointe du compas en S, nous marquions avec l'autre un petit
point sur la premiere regle de bois sous le fil même en D. De
ce dernier point, & à la même ouverture du compas, nous
marquions un autre point sur la seconde regle, & ainsi de
suite jusqu'à la derniere. Cela fait, nous comparions d'abord
une des parties égales du rayon avec l'intervalle de ces 30
parties de la lame mobile; puis la partie restante du rayon
avec l'une de ces parties égales, & cela de deux manieres.

Autre mé-
thode plus
commode par
le compas à
verge.

95. Premierement nous posions une pointe du compas à
une extrémité de cet intervalle; nous tracions avec l'autre
une petite ligne sur la lame mobile, & nous mesurions à l'ordinaire la distance de cette ligne à l'autre extrémité du même
intervalle par le mouvement de la lame mobile : quant à la
partie restante du rayon, nous la prenions aussi avec le compas; nous la portions sur la lame mobile, en commençant au
même point, & nous trouvions, comme ci-dessus, la distance
des deux petites lignes marquées sur le limbe. Secondement
au lieu d'un verre, nous en collions deux avec de la cire sur
une longue lame de laiton percée à jour dans sa longueur,
dont nous avons déja parlé, & qui peut suppléer en quelque
façon au compas à verres, garni d'un verre mobile & d'un

Suite.

micrometre : nous appliquions cet inſtrument ſur deux petités regles de bois voiſines l'une de l'autre ; & nous rapprochions les verres juſqu'à ce que la diſtance de leurs lignes répondît exactement à une des parties égales. Enſuite ayant porté l'inſtrument ſur le limbe, nous comparions cette diſtance avec l'intervalle des 30 parties de la lame mobile, & nous en prenions la différence en parties de micrometre. Nous prenions encore avec le même inſtrument la derniere partie du rayon, & nous la comparions au même intervalle ; ce qui nous donnoit le rapport & la différence de ces diſtances, ſans qu'il fût beſoin de marquer ſur le limbe des lignes qu'il eût fallu enſuite effacer.

Comparaiſon de cette méthode avec une partie aliquote gravée ſur le limbe.

96. Il n'eſt point néceſſaire d'avertir ici que toutes ces comparaiſons euſſent pu ſe faire plus aiſément avec le compas à verres, dont j'ai donné plus haut la deſcription, & qui a un verre mobile, avec un micrometre. Il ſeroit également inutile de dire que, dans toutes ces opérations, nous nous ſommes ſervis d'une très bonne lentille pour groſſir les objets. Mais il ne faut pas oublier que nous faiſons ici deux comparaiſons, celle de la poſition de l'étoile avec l'intervalle des 30 parties de la lame mobile, & celle de cet intervalle avec une partie aliquote du rayon, tandis qu'après avoir tranſporté cette partie aliquote ſur la lame mobile, nous comparons immédiatement la poſition de l'étoile avec cette même partie aliquote. Mais cela ne peut produire qu'une erreur d'une, ou tout au plus de deux parties de micrometre, qu'on peut même éviter en ſe ſervant du microſcope, & qui d'ailleurs ne va pas à une ſeconde. De plus, cette erreur eſt compenſée, & par le grand nombre de méthodes dont on peut ſe ſervir pour procéder à cet examen, qu'on peut recommencer autant de fois qu'on jugera à propos, & parcequ'en comparant de la même façon un nombre quelconque de parties priſes depuis le milieu de la lame mobile, avec une partie aliquote, ou le double de ce nombre pris de part & d'autre du point de milieu, on a la facilité de ſe procurer, une fois pour toutes, une vérification très exacte de toutes les diviſions, laquelle pourra ſervir pour tous les tems, pour tous les lieux, & pour toutes les étoiles voiſines du zénith, ſans courir riſque de commettre une erreur qui excede le tiers d'une ſeconde.

97. Dans les observations suivantes, nous nous sommes servis de la même méthode pour vérifier les divisions. Seulement lorsque la partie aliquote différoit notablement de l'intervalle auquel elle devoit être comparée, nous prenions la moitié de cet intervalle, & la vérification se faisoit avec un succès égal. J'apporterai pour exemple l'intervalle qui nous a servi pour l'étoile *α* du cygne. Nous avons observé sa position à *Rome*, & nous l'avons rapportée à 30 parties sur la gauche, & à 26 sur la droite ; ce qui fait 56 en tout : le rayon en contient 648, qui, divisé par 56, donne 11 $\frac{1}{2}$, ou environ. On pourroit donc porter à droite & à gauche sur cet intervalle, en commençant par le milieu, la vingt-troisieme partie du rayon ; mais ce seroit s'engager dans une nouvelle opération, avec danger de commettre une nouvelle erreur. On pourroit encore se servir de 11 parties ; mais 648, divisé par 11, donne près de 59, intervalle plus grand que l'intervalle à comparer de 3 parties, ou de 15 tours de vis ; ce qui donneroit lieu de soupçonner une erreur encore plus considérable. On peut y remédier au moyen de trois verres. Supposons que la distance du milieu aux extrémités soit à peu près la vingt-troisieme partie du rayon, ou 28 intervalles de deux lignes, les extrémités seront éloignées l'une de l'autre de 56 parties de la lame mobile : portons 11 fois cet intervalle sur le rayon, il restera environ la moitié d'un intervalle : faisons ensorte que les verres des deux bouts répondent exactement à une des premieres divisions du rayon, & que celui du milieu, avec l'un des précédens, réponde de même à la derniere, qui n'est que la moitié d'une des autres, ou à peu près. Comparons la premiere distance, qui est la plus grande, avec l'intervalle de 56 parties, auquel on a rapporté la position de l'étoile ; ensuite les distances du premier verre au second, & du second au troisieme, avec un même intervalle de la lame mobile, pour avoir en parties de micrometre la différence de ces parties entre elles. La moitié de cette différence sera la différence entiere de la derniere division avec la moitié d'une des divisions précédentes. Ainsi cette moitié de différence, divisée par 23, fera connoître ce qu'il faut ajouter ou retrancher à chaque moitié des divisions précédeutes, pour parvenir

à une parfaite égalité. De-là on verra de combien on doit augmenter ou diminuer une de ces 11 parties égales, pour qu'elle contienne précisément $\frac{1}{23}$ du rayon, & par-là même on connoîtra aussi la différence de cette mesure, ou de $\frac{1}{23}$ du rayon, avec notre intervalle de 56 parties de la lame mobile.

Exactitude de la vérification.

98. Je ne finirois point si je voulois proposer des exemples pour tous les cas : il suffit de remarquer que nous fîmes plusieurs essais, tant à *Rome* qu'à *Rimini*, jusqu'à ce que l'usage nous eût donné plus de facilité pour la pratique, & que l'accord de plusieurs observations ne nous laissât plus aucun doute sur l'état de notre instrument ; de sorte qu'il n'y a plus lieu de s'étonner de l'accord parfait qui se trouve entre nos observations astronomiques. Du reste on voit assez de quelle utilité est la lame mobile pour la rectification des divisions ; nous verrons bientôt quel est son avantage dans les observations mêmes, & nous appliquerons dans le chapitre suivant la même théorie à la vérification du quart de cercle.

De la maniere de placer les fils.

99. Après avoir expliqué ce qui regarde la rectification des divisions, il faut dire quelque chose sur la maniere de placer les fils. La premiere attention qu'on doit avoir est de les poser à angles droits : ce qui dépend beaucoup de l'habileté de l'ouvrier, qui doit donner aux petits trous M N L K (fig. 13.) la forme & la disposition nécessaire, pour que les fils de soie, ou d'argent, ce qui est encore mieux, se coupent exactement à angles droits. Notre artiste y avoit parfaitement bien réussi. On peut aisément s'en assurer, en appliquant à l'orifice du tuyau un papier, où l'on aura tracé, par des points beaucoup plus distans l'un de l'autre, deux lignes perpendiculaires, & sur lequel on étendra une goutte d'huile pour le rendre transparent, afin qu'en appliquant l'œil du côté de ces fils, on puisse les voir distinctement. Quant à la maniere de leur conserver leur position, on en vient à bout au moyen de la lame élastique dont nous avons parlé, & sans laquelle ils pourroient très facilement se lâcher, & changer de position.

D'une erreur facile à éviter dans cette espece de lecture.

100. Il faut ensuite placer le tuyau qui porte les fils, au foyer de l'objectif, comme au lieu où se peint l'image de l'objet. Il est vrai, & nous l'avons déja remarqué, que les rayons qui partent d'un même point de l'objet, n'ont pas

tous

tous le même foyer, & qu'il y a une suite de foyers qui occupent une vingt-septieme partie de la diſtance du foyer le
plus proche à l'objectif : cet intervalle eſt de 4 pouces pour
un ſecteur tel que le nôtre, où cette diſtance eſt de 9 pieds.
Les rayons violets ſont ceux qui ſe réuniſſent le plus près de
l'objectif, & les rouges, ceux qui ſe réuniſſent le plus loin.
Quant aux erreurs que cela peut occaſionner, M. *Bouguer*
en a traité aſſez amplement. Je me contenterai de quelques
obſervations. Pemierement cet eſpace diminue de plus de
moitié, ſi l'on n'a égard qu'aux rayons les plus clairs, tel que
le jaune, avec une partie de l'oranger & du violet. De plus,
ſi le verre eſt bien centré, & que l'œil ſoit placé dans la ligne
qui paſſe par le centre des fils, & par le milieu de l'ouverture
de l'objectif, & qu'enfin ce point de milieu ſoit celui où paſſe
l'axe, il n'y a plus d'erreur à craindre dans notre inſtrument,
quand même les fils ne ſeroient pas au foyer de l'objectif.
Car cet inſtrument n'eſt point de ceux où l'on meſure les
angles par le mouvement des fils ; ce qui lui donne un grand
avantage ſur les autres ; mais il n'eſt queſtion uniquement
que d'avoir la ligne, que nous avons nommée plus haut axe
de la lunette, & qu'on appelle auſſi ligne de foi, & de la faire
paſſer par l'objet & le centre des fils. Or il eſt aiſé, comme
nous le dirons bientôt, dans un inſtrument comme le nôtre,
de connoître exactement le point où paſſe l'axe de l'objectif,
& de placer l'œil dans la ligne qui paſſe par ce point, & par
le centre des fils, puiſqu'après avoir déterminé la poſition tant
des fils que de l'objectif, on peut, ſans y toucher davantage,
déterminer celle de l'oculaire, & placer à la diſtance que l'on
veut l'ouverture par où l'on regarde.

101. Il eſt encore à remarquer que nous avions les yeux
également conformés, le P. *Maire* & moi étant auſſi myopes
l'un que l'autre ; qu'ainſi le foyer de l'oculaire étoit le même
pour tous les deux, & que nous n'étions point expoſés à
l'incommodité qu'ont éprouvée MM. de *la Condamine* & *Bouguer*, dont le premier a la vue longue, & le ſecond l'a courte ;
enſorte que nous pouvions le même jour obſerver l'un &
l'autre la même étoile. Si les fils ſont placés en-deçà ou en-
delà du foyer de l'objectif, ou de cet endroit du foyer où les

Parallaxe
des fils.

F f

rayons font plus denfes, la tache qui fe fait fur la rétine, par un effet des la diverfe réfrangibilité des rayons, & par le défaut de la figure fphérique, qui ne réunit pas tous les rayons au même point, produit une efpece de jeu ou de parallaxe, qui fe manifefte en hauffant ou baiffant l'œil, en conféquence de quoi l'objet paroît changer de place par rapport aux fils, & fuivre le mouvement de l'œil dans le premier cas, & dans le fecond fe mouvoir en fens contraire. Lorfqu'on n'apperçoit pas cette parallaxe, c'eft la meilleure preuve que les fils font exactement placés. Or il nous étoit aifé de la faire difparoître, en retirant ou en avançant le tuyau OIKN, dont le mouvement qui fe faifoit fans facade, ne pouvoit cependant être produit que par un effort confidérable; ce qui lui confervoit invariablement fa pofition. Les fils ayant été mis à la place qui leur convenoit, il ne m'eft jamais arrivé d'appercevoir une autre parallaxe, ou changement de foyer, que MM. de *la Condamine* & *Bouguer* ont obfervé (1), occafionné par la différente conftitution de l'atmofphere; de forte que l'étoile une fois amenée au centre des fils, nous avions beau promener l'œil fur tout l'orifice du tuyau, nous n'appercevions de parallaxe ni de façon ni d'autre, & l'étoile nous paroiffoit toujours au même endroit.

Direction des fils.

102. Après avoir placé les fils à une jufte diftance de l'objectif, il falloit les mettre dans une fituation convenable ; l'un devant être parallele, & l'autre perpendiculaire au plan du fecteur, c'eft-à-dire au plan qui paffe par le limbe & le centre. Nous y avons réuffi fans peine, en plaçant à l'ordinaire le fecteur dans un plan horizontal, au moyen d'un niveau rempli d'une liqueur où nageoit une bulle d'air, appellé *niveau d'eau*, & tournant enfuite fur fon axe le tuyau OIKN, fans changer fa pofition, jufqu'à ce que l'autre fil devînt parallele au fil à plomb, qui étoit fufpendu librement devant lui. Mais comme l'axe du tuyau QAOR étoit fenfiblement pa-

______

(1) On peut voir à ce fujet le Supplément au Journal Hift. par M. de *la Condamine*, page 163 & fuivantes, & le Mémoire de M. *Bouguer*, du 29 Juillet 1750.

rallele à la regle de fer qui porte tous les tubes, il s'enfuit que ce fil étoit fenfiblement perpendiculaire au plan du fecteur, & par une conféquence ultérieure, que l'autre fil étoit parallele à ce plan & à la ligne du milieu de la lame mobile. Voilà ce qui regarde la pofition des fils.

103. On les éclairoit aifément avec une lampe qu'on plaçoit derriere l'obfervateur, pour que la lumiere ne lui donnât pas dans les yeux, par l'ouverture *i*QR*h* de la figure 14, & l'on avoit pourvu à ce que l'obfervateur n'en fût point incommodé, foit en rendant tout l'intérieur de la lunette le plus noir qu'il fe pouvoit, foit en couvrant la lampe, fur-tout pardevant, d'un corps opaque de figure conique, dans lequel on avoit pratiqué une petite fenêtre, qui ne laiffoit paffer qu'autant de lumiere qu'il en falloit pour éclairer un efpace fort refferré, autour de l'ouverture *i*QR*h*. Mais il eft arrivé heureufement que la plupart de nos obfervations, tant à *Rome* qu'à *Rimini*, fe font faites, ou en plein jour, ou à la faveur du crépufcule; ce qui nous difpenfoit d'éclairer les fils, & rendoit l'image de l'étoile plus diftincte.

104. Pour achever ce qui regarde la difpofition du fecteur, il nous refte à parler du parallélifme de l'axe de la lunette au plan de l'inftrument; fujet fur lequel M. *Bouguer* s'eft fort étendu. Pour moi, je puis affurer avec vérité, que du moment que je commençai à penfer à notre voyage, & à l'inftrument néceffaire à ce deffein, & avant que nous euffions reçu le livre de M. *Bouguer*, je penfai d'abord à ce parallélifme, & je crois que tous les Aftronomes y ont eu égard, dans ces longs inftrumens dont on fe fert pour obferver les étoiles voifines du zénith, comme M. de *la Condamine* me paroît abfolument l'avoir démontré, même par rapport aux petits quarts de cercle (1), & furtout à la néceffité de placer le plan du fecteur dans la direction de la méridienne; moyennant quoi on ne doit pas certainement fe mettre fort en peine de ce parallélifme: & je m'apperçus dès-lors qu'il étoit très

Illumination des fils.

Parallélifme de la lunette au plan de l'inftrument

---

(1) Voyez le Supplément au Journal, par M. de *la Condamine*, feconde Partie, Réponfe à l'Objection XIII.

facile de connoître par les obfervations mêmes, fi la lunette s'écartoit du plan, & la quantité de cette déviation, de forte que fi cela pouvoit produire quelque erreur, on pût l'évaluer fans peine, & la corriger.

Moyen de procurer ce parallélifme.

105. Lorfque la lunette eft adoffée à la regle de fer, il eft un peu plus difficile de placer tellement l'objectif, que l'axe foit exactement parallele au plan du fecteur. C'eft pourquoi j'ai pourvu 1°. à ce que le point de l'objectif, par où l'axe doit paffer, pût être écarté ou rapproché du plan du fecteur, enforte qu'un mouvement confidérable n'y produisît qu'une très légere différence de rapprochement ou d'éloignement; 2°. à ce qu'après avoir reçu le mouvement néceffaire, ce même point pût être fixé de maniere à ne pouvoir perdre fa pofition. En conféquence nous avons placé la boëte qui renferme l'objectif (fig. 11.) excentriquement, relativement à la caiffe où cette boëte eft elle-même renfermée (nous en avons deja parlé): car puifque l'excentricité ab (fig 11. & 12.) eft peu de chofe en comparaifon du rayon aE, il s'enfuit qu'un grand mouvement dans le point E n'en produit qu'un très petit dans le point b, encore ne doit-on pas tenir compte de celui-ci pris dans fon entier, pour déterminer le rapprochement ou l'éloignement, comme de bb', ou bt, mais feulement de fa partie bd ou bz.

Méthode pour trouver le point de l'axe de l'objectif.

106. Au moyen de ce mouvement circulaire on peut trouver le point précis de l'objectif par où paffe l'axe: ce qui n'eft pas un petit avantage, furtout pour connoître fi le verre eft bien centré, afin de pouvoir placer ce point dans le centre de l'ouverture, & faire enforte que l'axe de l'oculaire & le centre de l'orifice de fon tuyau fe trouvent dans la ligne qui, partant de ce point, paffe par le centre des fils. Il y a encore plufieurs autres méthodes pour connoître le point par où paffe l'axe; en voici une: je place l'objectif à la hauteur d'un rayon de lumiere, ou d'un point lumineux, & à une jufte diftance, par exemple vis-à-vis de l'ouverture circulaire d'un corps opaque, proche laquelle on a placé de nuit, & par derriere, une flamme plus grande que le diametre de cette ouverture; on recevra l'image du point lumineux fur une feuille de papier percée avec la pointe d'une épingle, de maniere que le trou réponde

au centre de l'image : j'applique contre l'objectif un carton avec une ouverture assez grande pour laisser passer une quantité suffisante de rayons de l'objectif, & je marque la position du verre, par rapport au carton, par trois points marqués sur le contour du verre, auxquels répondent trois autres points marqués sur le carton : ce point de l'axe se trouve dans la ligne qui joint le point lumineux au centre de l'image. Ayant donc écarté l'objectif, je vise par le centre de l'image, & par l'ouverture du carton au point lumineux, tandis qu'un aide fait glisser sur le carton une regle jusqu'à ce qu'elle me paroisse couvrir la moitié de ce point. Pour lors on marque sur le carton cette position de la regle ; & après avoir marqué deux positions de cette espece, on remet l'objectif à sa place, on applique de nouveau la regle sur le carton aux endroits désignés, on continue sur le verre les lignes tracées sur le carton, & le point d'intersection de ces deux lignes est le point cherché.

107. On peut se servir aussi d'une lunette qui ait un micrometre au centre de l'objectif. Un aide fait tourner sur son axe la boëte qui renferme l'objectif, & qui dans les lunettes ordinaires est concentrique au verre, tandis que l'observateur vise par le centre des fils à un objet éloigné ; si le point de l'axe de l'objectif est exactement au centre de la boëte, le centre des fils répondra toujours au même point de l'objet ; s'il n'y est pas, le centre des fils parcourra divers points de l'objet ; on remarquera ces points ; on déterminera avec le fil mobile la quantité de cette déviation, & le côté qui répond à chaque position de la boëte ; par-là on connoîtra la grandeur du cercle décrit par le point de l'axe autour du centre de la boëte, puisqu'il est égal à l'aberration du centre des fils sur l'objet, & le côté opposé à celui où se porte le centre des fils par rapport à l'objet, c'est-à-dire qu'on aura le point de l'axe.

108. Mais comme je ne mets point dans mon instrument un fil mobile au foyer de l'oculaire, j'ai rendu l'objectif excentrique, afin qu'au moyen de cette excentricité on pût connoître exactement ce point de l'axe ; car si l'on a l'intervalle dont ce point s'éloigne ou se rapproche du plan du secteur

par deux changemens de poſition dans la boëte (or on l'aura par la méthode que nous donnerons bientôt), on connoîtra auſſi le point précis par où paſſe l'axe de l'objectif. Soient par exemple trois poſitions b', t, t' (fig. 12.), qui répondent à trois poſitions E'', e, e' de la boëte, & qu'on connoiſſe la valeur des intervalles $d\zeta$, $\zeta\zeta'$, dont le point ſe rapproche du plan du ſecteur par ces deux changemens de poſition, il eſt queſtion de trouver b', t, t', c'eſt-à-dire le point de l'axe dans les trois poſitions.

Suite.

109. Puiſqu'on connoît les mouvemens $E''e$, ee', on pourra prendre avec un compas la meſure de ces arcs, & déterminer l'angle $E''ee'$ meſuré par la moitié du reſte de la circonférence, ou de l'arc $E''EE'e'$ ſur lequel il s'appuie. De plus, les cordes $E''e$, & $b't$, ee', & tt' ſont paralleles, puiſqu'elles répondent aux mêmes angles du centre de deux cercles concentriques. Donc les angles $E''ee'$, $b'tt'$ formés par ces cordes, ſont égaux. Donc ſi l'on continue les lignes tt, db' juſqu'à ce qu'elles ſe rencontrent en c, l'angle $b'tc$ ſera meſuré par la moitié de l'arc $E''ee'$. On aura auſſi le rapport de $b't$ à tt', qui ſera le même que celui de $E''e$ à ee', & le rapport de tt à tc, qui ſera celui de $\zeta'\zeta$ à ζd. Donc on aura celui de $b't$ à tc; & comme on connoît d'ailleurs l'angle $b'tc$, on aura les autres angles de ce triangle, nommément l'angle $cb't$, & par conſéquent ſon alterne $b't\zeta$. Donc ayant mené $b'i$ parallele, & égal à $d\zeta$, on aura $b't$ par cette proportion: comme le ſinus de l'angle connu $b'ti$, ou $b't\zeta$ eſt au rayon, ainſi la ligne donnée $b'i$ eſt à $b't$. Donc ſi l'on prend une quatrieme proportionnelle à $E''e$, $E''a$, & $b't$, on aura ab', diſtance du point cherché b' au centre a, ou l'excentricité ; & comme on a auſſi les points E'', e, e', on connoîtra les trois poſitions du point de l'axe b', t, t', & le problême ſera réſolu.

Méthode
trop imparfai-
te de M. *Bou-
guer* pour
trouver le pa-
rallélifme.

110. Il faut chercher maintenant l'intervalle $d\zeta$, dont le point de l'axe ſe rapproche du plan du ſecteur, en allant de b' en t, tandis que la boëte change de poſition de E'' en e; & nous donnerons en même tems une méthode pour déterminer l'inclinaiſon de l'axe de la lunette au plan du ſecteur, & l'erreur qui en peut provenir, & pour rendre enſuite la lunette parallele, ou ſi on aime mieux la laiſſer inclinée,

pour évaluer l'erreur & la corriger. Les Aftronomes donnent plufieurs méthodes pour connoître fi l'axe eft parallele au plan du fecteur, ou de combien il eft incliné fur ce plan. Celle de M. *Bouguer* eft au moins fort imparfaite : elle confifte à placer le fecteur horizontalement, à vifer enfuite à quelque objet très éloigné par le bord du limbe, & par la platine du centre, en pointant à la vue fimple, & à placer fur le centre & le limbe des pinnules, pour vifer plus jufte ; après quoi il ne reftera plus qu'à ajufter la lunette fur le même objet pour la rendre parallele. Cette méthode eft, dis-je, affez informe, comme l'a très bien remarqué M. *de la Condamine*, parcequ'il n'eft pas poffible de pointer affez exactement à la vue fimple, pour prévenir une erreur de deux ou trois minutes, ou plus, dans la pofition de la lunette. Elle peut néanmoins fervir pour donner tellement quellement un parallélifme approché.

111. Pour ne point parler des autres méthodes, celle dont MM. *Bouguer* & *de la Condamine* fe font fervis pour trouver la déviation de la lunette, eft exacte, à la vérité ; mais elle demande beaucoup de travail : fouvent même, à raifon de la difpofition du lieu où fe fait l'obfervation, elle devient impraticable. Suivant cette méthode, on place d'abord exactement le fecteur dans le plan du méridien ; on détermine enfuite l'inftant de la médiation d'une étoile par plufieurs hauteurs correfpondantes, ou fi l'on connoît l'afcenfion droite, & le rapport du mouvement de la pendule à celui du foleil, par la différence du tems qui fe trouve entre le point du midi & le paffage de l'étoile par le méridien. Si l'étoile atteint le fil vertical précifément à l'inftant de la médiation calculée, la lunette eft parallele ; finon on prendra la différence du tems, on la réduira à l'ordinaire en parties de l'équateur, & on aura l'arc du parallele de l'étoile intercepté par la ligne de foi, & le plan du méridien, que l'on convertira en arc de grand cercle par une méthode ufitée en Aftronomie, favoir en diminuant le nombre des minutes & des fecondes, en raifon du rayon au co-finus de la déclinaifon de l'étoile, ou du rayon d'un grand cercle à celui du parallele.

112. Mais outre qu'il en coute toujours beaucoup de tems,

& de travail pour prendre ces hauteurs, le lieu de l'obfervation eft fouvent tel, qu'on n'y a de vue ni à l'orient, ni à l'occident. Telle a été notre ftation de *Rome*, telle à peu près a été celle de *Rimini*, où il n'y avoit que peu de vue à l'orient, point à l'occident; enforte que pour avoir des hauteurs correfpondantes, il nous eût fallu avoir recours à des réductions de tems, après avoir obfervé au voifinage dans quelque endroit plus commode. Il y a plus; il arrive fouvent qu'on ne peut avoir deux hauteurs correfpondantes, les étoiles pouvant difficilement être apperçues de jour avec de petits quarts-de-cercle, tellement qu'on eft obligé de recourir à l'afcenfion droite.

Méthode de l'Auteur.

113. Pour moi dès que je commençai à m'exercer dans cette forte d'opérations, après avoir pointé l'inftrument dans le plan du méridien ; ce qui eft également fuppofé dans la méthode précédente, & nous verrons bientôt par quel moyen on y peut peut réuffir, je trouvai tout de fuite une méthode facile (dont j'ai dit un mot dans le premier livre) pour connoître d'une maniere très précife la déviation de l'axe de la lunette, & cela fans avoir aucune connoiffance, ni de l'afcenfion droite de l'étoile, ni de l'état de la pendule par rapport au foleil, ni du tems de la médiation : c'eft ce que nous allons expliquer maintenant plus en détail.

Suite.

114. Soit (fig. 19.) G le centre du fecteur, AB le limbe placé avec le centre dans le plan du méridien, GD le fil à plomb qui effleure le limbe en E; foit GF la ligne de foi, ou l'axe de la lunette, que l'on conçoit ici rapproché par un mouvement parallele à lui-même, jufqu'à ce que fon extrémité fupérieure fe confonde avec le centre G. Si cet axe eft incliné, fon autre extrémité F fera éloignée du limbe de l'intervalle d'une ligne FR perpendiculaire à ce limbe, & l'angle de la déviation fera FGR. Suppofons maintenant que G foit le centre d'une fphere célefte, dont le pôle eft P, le méridien PQ paffant par le zénith Z, où va fe terminer la ligne du fil à plomb prolongée. L'axe FG fe dirigera à un point L d'un cercle horaire PL incliné fur le méridien PQ, & fi l'on continue RG jufqu'à ce qu'elle rencontre le méridien en un point M, l'angle LGM fera égal à l'angle de

l'inclinaifon

l'inclinaifon FGR, & l'étoile fe trouvera au centre des fils, non au moment de fon paffage au méridien en M, mais à celui où elle paffera par ce cercle horaire en L. Si on obferve le jour fuivant la même étoile, après avoir tourné le limbe du côté oppofé, l'axe de la lunette & le cercle horaire fe trouveront de l'autre côté du méridien, c'eft-à-dire que GF fera changée en GF', & PL en PL': & ayant retourné l'inftrument le troifieme jour, l'axe reviendra à fa premiere pofition GF, & le cercle horaire en PL.

115. Suppofons PL à l'orient par rapport au méridien PQ, Suite. l'étoile arrivera en L plutôt qu'en M. Le jour fuivant, après une révolution entiere, elle reviendra au point L, (car le mouvement propre des étoiles, pour un ou deux jours, ne tire pas à conféquence, & il feroit encore aifé d'y avoir égard fi on vouloit); mais pour arriver au point L' fur lequel la lunette eft dirigée, elle a encore à parcourir l'arc entier LOL' de fon parallele, dont le pôle eft en P, & qui eft coupé également, & à angles droits, en O par le méridien PQ. Le troifieme jour l'étoile paroîtra en L avant la fin de fa révolution, & la différence de ce tems à celui d'une révolution entiere fera le tems qu'il lui faut pour parcourir l'arc LOL', double de LO. Ainfi les intervalles de tems écoulés de la premiere obfervation à la feconde, & de la feconde à la troifieme, different entre eux du double du tems néceffaire pour l'arc LOL', ou du quadruple du tems néceffaire pour l'arc LO, le premier intervalle étant plus long, & le fecond plus court, que celui d'une révolution, de tout le tems qu'il faut pour parcourir l'arc LOL'. On auroit la même différence fi PL étoit à l'occident, & PL' à l'orient, auquel cas le premier intervalle feroit au contraire plus court, le fecond plus long de la même quantité, c'eft-à-dire du quadruple du tems dû à l'arc LO.

116. Maintenant que la pendule s'accorde ou ne s'accorde Inclinaifon de la lunette réduite en partie du parallele. pas avec le mouvement du foleil, ou des étoiles fixes, pourvu que fon mouvement foit uniforme, elle marquera de la premiere à la troifieme obfervation le tems requis pour deux révolutions, & l'on aura cette analogie : comme cet intervalle de tems eft à la quatrieme partie de la différence ci-deffus ;

ainſi deux cercles, ou 720 dégrés, ſont à un quatrieme terme qui ſera l'arc LO. Mais ſi la pendule eſt à peu près réglée ſur les étoiles fixes, de ſorte qu'elles s'accordent à un petit nombre de minutes près, ſur 24 heures; il ſera beaucoup plus facile de déterminer l'arc LO par cette différence des tems, en ré-duiſant à l'ordinaire le tems en minutes & ſecondes, & en donnant 15 ſecondes de dégrés du parallele à chaque ſeconde de tems, & à quatre ſecondes de tems une minute du paral-lele.

Réduction en parties de grand cercle. Démonſtra-tion.

117. Mais puiſque les arcs LOL', LML' ſe terminent aux mêmes points L, L', leur corde eſt commune; par conſéquent la même ligne ſert de ſinus aux arcs LO, LM: mais ces cercles n'ont pas le même rayon. Le rayon du cercle LOL' eſt la perpendiculaire à l'axe PG, ou le ſinus de l'arc PO diſtance de l'étoile au pôle; & le rayon de l'arc LML' eſt le rayon même de la ſphere. Or en tout arc de cercle, le rayon eſt à la perpendiculaire tirée d'une extrémité de l'arc ſur le rayon qui paſſe par l'autre extrémité, comme le ſinus total, qu'on prendra dans les tables, au ſinus de l'angle meſuré par cet arc. Ainſi le ſinus de l'angle du centre, ou du nombre de dégrés, minutes & ſecondes qui ſe trouvent dans cet arc, eſt en raiſon directe du ſinus rapporté à ſon rayon, & en raiſon inverſe du rayon. Donc dans le cas préſent, où la même ligne ſert de ſinus à deux arcs différens, le ſinus de l'angle meſuré par l'arc LO, eſt au ſinus de l'angle me-ſuré par l'arc LM, comme le rayon du cercle LML' eſt au rayon du cercle LOL', c'eſt-à-dire comme le rayon de la ſphere eſt au ſinus de la diſtance PO de l'étoile au pôle. Et puiſqu'enfin de petits angles ſont en raiſon de leurs ſinus, le rayon de la ſphere eſt au ſinus de la diſtance au pôle, comme l'angle meſuré par l'arc LO, ou le nombre de dégrés, minutes & ſecondes qui ſe trouvent ſur cet arc, à l'angle me-ſuré par l'arc LM, ſavoir à l'angle LGM, égal à l'angle de l'inclinaiſon cherchée FGR.

Autre dé-monſtration. Récapitula-tion.

118. Plus brièvement. Les arcs LML', LOL' ſont à peu près égaux à leur corde commune. Donc ils ſont égaux, & leurs moitiés LO, LM égales entre elles. Donc elles con-tiennent un nombre de dégrés en raiſon inverſe de la cir-

conférence de leurs cercles divisés l'un & l'autre en 360 dé-grés. Et tel est ce moyen si connu en Astronomie de réduire des arcs des parallele en arcs de grand cercle : moyen dont on a si souvent occasion de faire usage, nommément quand on se sert d'un micrometre avec des fils qui se coupent sous des angles de 45 dégrés. Nous avons donc démontré la mé-thode que j'ai donnée dans le premier livre, & cette méthode revient à ce qui suit. *Observez l'étoile trois jours de suite, en retournant alternativement le secteur. Si le tems écoulé entre la premiere & la seconde observation, est égal à celui qui se trouve entre la seconde & la troisieme, l'axe de la lunette est exacte-ment parallele au plan de l'instrument. Si ces tems sont iné-gaux, prenez le quart de leur différence, & le réduisez en arc de parallele de l'étoile, en mettant une minute du parallele pour quatre secondes de tems. Vous ferez ensuite cette analogie : comme le sinus total est au sinus de la distance de l'étoile au pôle, ou au cosinus de sa déclinaison; ainsi ce nombre de mi-nutes est à un quatrieme terme qui sera l'inclimaison cherchée de l'axe de la lunette au plan du secteur.*

119. J'apporterai pour exemple les dernieres observations que nous avons faites à *Rome* sur *u* de la grande ourse. Nous y avons observé cette étoile trois jours de suite, savoir les 8, 9 & 10 décembre, en retournant le secteur au second & au troisieme jour. A la premiere fois que l'étoile parut au centre des fils, la pendule marquoit 5^h. 9′ 25″, à la seconde 5. 5′ 55″, à la troisieme 5. 1′ 20″; ainsi le premier intervalle a 3′ 30″ par-dessus les 24 heures, & le second a 4′ 35″ de moins. La différence est 1′ 5″, dont le quart est 16″ ¼, qui, réduit en arc de parallele, donne 4′. 4″, ou 244″. La distance de cette étoile à notre zénith étoit d'environ 50′, en tirant vers le pôle, & notre zénith est à 48° 6′ du pôle. Donc la distance de l'étoile au pôle étoit de 47° 16′: & faisant cette analogie : le sinus total 1000 est au sinus de 47° 16′, savoir 735, comme 244 secondes du parallele à un quatrieme terme; on aura le nombre de secondes d'un grand cercle, ou l'inclinaison de l'axe de la lunette, qui sera de 2′ 59″.

Exemple de cette mé-thode.

120. Il n'est pas même nécessaire de retourner le secteur pour les deux dernieres observations, mais seulement pour

l'une des deux, & pour lors les obſervations faites du même côté, marqueront l'intervalle d'une révolution entiere, & celles qui ſont faites du côté oppoſé déſigneront le même intervalle augmenté, ou diminué non du quadruple, mais du double du tems que l'étoile met à parcourir l'arc **LM**. On pourroit encore commencer par deux obſervations de ſuite faites du même côté, & finir à quelque tems de-là par deux autres qu'on feroit après avoir retourné le ſecteur, pourvu que pendant ce tems là l'égalité de mouvement dans la pendule ne fût point altérée par une variation conſidérable dans la température de l'atmoſphere. L'étoile u de la grande ourſe obſervée à *Rimini* nous ſervira encore d'exemple pour le premier cas. Nous l'avons obſervée le 29 & le 30 avril, le limbe tourné à l'orient, & le premier mai, le limbe tourné à l'occident. A la premiere obſervation la pendule marquoit 7^h. 43′ 26″, à la ſeconde 7^h. 39′. 27″, à la troiſieme 7^h. 35′. 3″. Le premier intervalle eſt de 24^h. moins 3′. 59″, le ſecond de 24^h. moins 4′. 24′. La différence eſt 15″, dont la moitié eſt 12″ $\frac{1}{2}$, qui, multiplié par 15, donne pour l'arc du parallele de l'étoile 187″ $\frac{1}{2}$, & réduit en arc de grand cercle, donnera pour l'inclinaiſon de l'axe 138″, ou 2′ 18″.

121. Si l'on avoit même deux obſervations faites à pluſieurs jours l'une de l'autre, le limbe tourné du même côté, & deux autres de la même étoile, ou d'une étoile différente; en préſentant le limbe à deux côtés oppoſés, on en tireroit également l'angle d'inclinaiſon, puiſque les deux premieres obſervations déterminent le tems de la pendule pour un nombre donné de révolutions, & par conſéquent pour une ſeule, d'où l'on conclut le tems néceſſaire pour le nombre de révolutions qui ſe trouvent entre les deux dernieres obſervations, & la différence de ce tems au tems obſervé donne également le double de la déviation. Seulement ſi l'on mettoit un long intervalle entre chaque obſervation, il ſeroit à craindre qu'il n'arrivât quelque changement dans la pendule, à moins qu'elle ne fût des meilleures, & des plus juſtes. Dans notre premiere ſtation de *Rome*, nous obſervâmes la même étoile le 4 mars, le limbe tourné à l'occident; le 7 & le 9, le limbe tourné à l'orient. A la premiere obſervation la pendule marquoit 11^h.

3′. 0″, à la feconde 10ʰ. 50′. 39″, à la troifieme, 10ʰ. 42′. 31″. Les deux dernieres donnent 8′. 8″ de différence pour deux révolutions, pour chacune 4′. 4″. De-là il devoit y avoir pour les trois premieres révolutions 12′. 12″. Or il s'en eft trouvé 12′. 21″; la différence eft 9″, dont la moitié 4″ ½ donne 67″ ½ pour l'arc du parallele, qui, réduit en arc de grand cercle, donne pour toute inclinaifon un angle de 50″.

122. Plufieurs autres déterminations s'accordent dans l'intervalle d'un très petit nombre de fecondes, & cette différence provient de quelque petit changement dans la pendule, & de quelque petite erreur qu'on a pu commettre en plaçant le plan du fecteur dans le plan du méridien, foit que le limbe ne fe trouvât pas fi exactement dans la direction de la méridienne, foit que le plan du fecteur fût tant foit peu incliné fur le plan vertical : articles que nous traiterons plus bas. Mais les exemples que nous avons rapportés fuffifent pour éclaircir la méthode, d'autant plus qu'il faut une erreur de trois minutes dans la déviation de l'axe de la lunette, pour produire dans la diftance de l'étoile au zénith une erreur d'une petite fraction de feconde. On doit cependant remarquer que la premiere fois que nous avons obfervé à *Rome*, la lunette étoit à très peu près parallele ; que nous l'avons trouvée enfuite fort inclinée à *Rimini*, & qu'elle a encore éprouvé depuis de petites variations jufqu'à notre derniere ftation à *Rome*. Le premier changement eft venu de ce que nous avions ôté de fa place l'objectif de la lunette avant notre départ, & de ce que nous l'avons remis à *Rimini* dans une pofition, qui, à raifon de cette excentricité de fa boëte, différoit notablement de la premiere. Au retour nous l'avons laiffé à fa place, & tout le changement qu'y a occafionné l'ébranlement de la voiture, s'eft réduit à trois fecondes & demie de tems.

123. Si nous euffions eu ces trois pofitions dans le même lieu, nous euffions pu déterminer, par la méthode propofée au n°. 109, le point *b′* de l'axe (fig. 12.). Car l'inclinaifon diminue à proportion que ce point fe rapproche du plan du fecteur ; & comme cette inclinaifon eft dans la premiere pofition de 2′. 59″ ; dans la feconde, de 2′. 18″ ; dans la troifieme,

D'où vient la différence de ces trois inclinaifons.

Détermination de l'axe de l'objectif,

de o′. 50″, le point le rapprocheroit dans le premier changement de pofition de 41″, dans le fecond, de 1′. 38″, & la
valeur de ces approximations donneroit celle des petites lignes
$d\gamma$, $\gamma\gamma'$, par cette analogie : le rayon eft au finus de chacun
de ces angles, comme la diftance de l'objectif aux fils du micrometre, qui eft ici de 9 pieds, à la petite ligne correfpon-
dante. Or les points b', t, t' étant donnés de pofition, il nous
eût été facile de déterminer la quantité de mouvement qu'on
doit donner à la boëte pour rendre la lunette parallele. Mais
cette précaution, comme nous le verrons bientôt, eût été
fuperflue, une fi petite inclinaifon ne pouvant produire une
erreur fenfible dans la diftance obfervée de l'étoile au zénith.

De l'incli-
naifon de l'a-
xe de la lu-
nette dans le
plan du méri-
dien.

124. Le parallélifme de l'axe de la lunette au plan du fecteur n'eft pas la feule chofe qui mérite attention ; il n'eft pas
moins important de connoître le point R du limbe AB (fig. 19.)
auquel répond cet axe. Il feroit à fouhaiter qu'il répondît au
milieu du limbe ; cependant s'il s'en faut de quelque chofe,
les obfervations n'en fouffriront pas, pourvu qu'on fache de
combien il s'en écarte. Or il ne faut pour cela que tourner le
fecteur du côté oppofé ; car le fil à plomb n'étant pas alors
également éloigné du point de milieu, dans l'une & l'autre
pofition, la différence de ces diftances fera double de la diftance du point R au point de milieu. Soit par exemple AB
la pofition du limbe, le fecteur tourné à l'occident, & que
le point C, où fe termine le rayon, foit le point de milieu
entre A & B. Soit GR l'axe de la lunette, ou la ligne de foi,
ou, fi l'on veut, GF qui répond au point R ; CE fera la diftance du fil à plomb GED au milieu du limbe. Tournons le
limbe à l'orient ; fi la ligne de foi eft fur RG, elle confervera fa pofition ; fi elle eft fur FG, elle retombera fur F'G,
de forte qu'elle répondra toujours au point R. Le point A
tombera en a, B en b, C en c, E en e, & c E fera la nouvelle diftance du fil à plomb au point de milieu. Or fa premiere diftance CE eft l'intervalle ce ; & ôtant cC qui leur eft
commun, on a C$e = c$E. Donc la différence des diftances eft
Cc, dont la moitié eft RC diftance du point, où répond l'axe de
la lunette, au milieu du limbe ; & par la même raifon la correction qu'il y aura à faire aux angles en G déterminés par

les tangentes cE, ce, fera de retrancher des plus grands, &
d'ajouter aux plus petits la moitié de leur différence, pour
avoir l'angle RGE, ou MGZ, qui mefure la diftance de
l'étoile au zénith, au moment de fon paffage par le méridien :
mefure exacte dans le cas du parallélifme de la lunette, & très
approchée dans le cas d'une petite déviation, comme nous le
verrons plus bas.

125. Remarquez que de cette maniere de placer l'objectif, il fuit que l'erreur qu'on découvre en retournant le fecteur, n'eft plus la même, fi par le mouvement circulaire de la boëte (fig. 12.) le point b' de l'axe eft éloigné ou rapproché du plan du fecteur. Car le point b' fe rapproche en même tems, ou s'éloigne de la ligne EE' qui répond au centre du fecteur, & dont il eft maintenant éloigné de l'efpace db'. Donc fi l'on conçoit que l'axe de la lunette fe rapproche par un mouvement parallele du corps de l'inftrument, jufqu'à ce que le point b' fe confonde avec le centre r du fecteur ; ce que nous avons fuppofé dans la figure 19, dans laquelle le point G eft le même que le point r de la figure 12, l'autre extrémité R de cet axe (fig 19.) fera également diftante du milieu C, dont elle s'approchera auffi, ou s'éloignera. Concluons qu'avec un objectif ainfi difpofé, on ne peut changer la direction de l'axe par rapport au plan du fecteur, fans changer en même tems, par un mouvement continu, la diftance RC; & c'eft pour cela que l'erreur que nous découvrîmes à *Rimini*, en retournant le fecteur, fe trouva plus grande que celle que nous avions découverte à *Rome* (1).

Défaut de l'inftrument ;

126 Mais on pourroit tellement placer l'objectif, que ces deux mouvemens de l'axe fuffent indépendans l'un de l'autre. Il fuffit pour cela d'enchaffer les unes dans les autres trois boëtes quarrées, dont la premiere, qui eft la plus grande, foit attachée à la regle de fer; la feconde puiffe fe mouvoir, au moyen d'une vis, par un mouvement perpendiculaire au plan du fecteur, dans la direction de EE' (fig. 12.); & la troifieme contenant l'objectif, puiffe, avec une autre vis, fe mouvoir dans la feconde par un mouvement parallele à ce même plan. On voit que par le mouvement de la feconde

Moyen d'y remédier.

(1) Voyez L. II. n°. 43.

boëte on peut rendre la lunette parallele, & par celui de la troifieme, l'ajuster au rayon. Ainfi l'on peut remédier en même tems, & à la déviation de l'axe, & à l'inégalité de diftance au point de milieu ; & c'eft la meilleure façon de difpofer la lunette. Il eft vrai que par-là il n'eft plus poffible de déterminer, par le mouvement de l'objectif, le point de fa furface où paffe la ligne de foi ; mais on pourra le connoître par d'autres méthodes, (comme par exemple celles que j'ai données n°. 106 & 107), & le placer enfuite au centre de l'ouverture, de maniere que l'axe de l'objectif paffe par le centre des fils. Cela fait, on n'a plus à craindre, dans un inftrument tel que celui-ci, la parallaxe des fils réfultant de la différence dans la longueur des vues, dans la conftitution de l'atmofphere, dans la diverfe réfrangibilité des rayons. Ainfi loin de défapprouver cette difpofition de l'objectif, je ne fuis pas éloigné de la préférer à la premiere, pour s'affranchir de la néceffité de retourner l'inftrument (1).

<table><tr><td>

Maniere de placer l'inftrument.

</td><td>

127. Jufqu'ici nous avons traité de ce qui a rapport à la difpofition des parties du fecteur ; il faut parler maintenant de la maniere de le fufpendre. Elle doit être telle, que le plan du fecteur foit exactement dans le plan du méridien, qu'on puiffe lui donner dans ce plan tel dégré d'inclinaifon qu'on jugera à propos, & lui conferver invariablement cette pofition. Or pour placer l'inftrument dans le plan du méridien, il faut premierement que le plan du fecteur foit dans un plan vertical ; en fecond lieu, que le limbe fuive exactement la direction de la méridienne. Avant que de vérifier ces deux points, nous commencions par mettre le fecteur dans la pofition que nous jugions à peu près la plus convenable pour l'obfervation, fuivant que l'étoile nous paroiffoit devoir plus ou moins approcher du zénith. Pour cela nous attachions le bras NOV du côté où le fecteur devoit fe porter par fon propre poids ; nous donnions aux vis IF, l'F' une pofition

</td></tr></table>

---

(1) Il femble qu'on pourroit réunir tous ces avantages en plaçant l'objectif dans une quatrieme boëte femblable à celle de la figure 2, & dont l'ufage unique feroit de faire connoître le point de l'axe.

qui

qui répondît à cette inclinaison, & nous les avancions autant qu'il étoit nécessaire pour mettre à peu près le secteur dans une situation verticale, & le limbe dans une direction parallele à la méridienne.

128. Nous procédions ensuite à la vérification ; & pour commencer par la direction du limbe, nous avions tracé sur le pavé une méridienne exacte, qui passoit directement sous le point de suspension. Nous regardions par-dessus le limbe E E′ (fig. 1.), l'œil placé à la hauteur F F′, ou environ, & nous cherchions en bornoyant, & en poussant ou retirant un côté du limbe, le point où le rayon visuel, rasant le limbe, aboutit à quelque point de la méridienne. Le limbe ne paroissoit à l'œil que comme une ligne, & s'il se trouvoit dans la direction de la méridienne, cette ligne sembloit se confondre avec la méridienne ; mais pour peu qu'il s'en écartât, elle la coupoit quelque part : pour lors nous avancions ou reculions une des vis I F, suivant le besoin, pour détourner le limbe, jusqu'à ce qu'il ne parût faire qu'une seule ligne avec la méridienne. Comme le limbe occupoit sur le pavé une partie considérable de la méridienne, la moindre déviation devenoit très sensible, & l'on y remédioit sur le champ par le mouvement de la vis : nous examinions ordinairement l'un après l'autre ce parallélisme, en montant sur une chaise, pour pouvoir plus aisément porter la vue sur le limbe & sur la méridienne.

Comparaison du limbe avec la méridienne,

129. La méridienne étoit tracée sur un pavé de marbre, dans une salle du college romain. Il étoit facile de lui mener une parallele qui passât sous le secteur, & l'on rendoit cette parallele plus sensible, en tendant par-dessus un fil noir pendant le jour, & pendant la nuit un fil blanc, qu'on éclairoit avec des flambeaux. Dans notre observatoire de *Rimini*, qui se trouvoit placé sous le toit de la maison de M. le Comte *Garampi*, nous avions tracé une méridienne avec un fil, en laissant passer dans la chambre un rayon du soleil, par une petite ouverture pratiquée, selon l'usage, dans une lame de métal. La lame étoit placée horizontalement dans une petite lucarne, qui se trouva fort à propos sur le toit, du côté du midi, & qui sembloit faite exprès ; nous traçâmes notre

Tracer une méridienne.

H h

méridenne par la méthode dont j'ai coutume de me fervir, dans laquelle il n'eſt aucunement befoin de favoir l'état de la pendule, pourvu que ſes heures ne different pas aſſez des heures folaires, pour donner lieu d'en appréhender une erreur de quelques fecondes, & où un feul jour fuffit pour toutes les obfervations néceſſaires à ce fujet.

130. Pendant le cours de la matinée nous prîmes quelques hauteurs du foleil, dans un lieu aſſez voifin de la maifon, pour que l'obfervateur pût entendre compter les fecondes de la pendule. Entre onze heures & midi, nous étendîmes fur le pavé de la chambre une grande feuille de papier, fur laquelle nous avions tracé plufieurs paralleles à égale diftance, & nous fîmes enforte que la ligne du milieu répondît à un fil à plomb fufpendu au centre de l'ouverture de la lame. On ôta enfuite le fil à plomb, & on obferva le tems auquel l'image du foleil arrivoit fur chacune des paralleles, en marquant à chaque fois l'heure qu'il étoit à la pendule. Après midi nous obfervâmes le tems auquel le foleil defcend aux mêmes hauteurs. La moitié du tems écoulé entre des hauteurs égales, après y avoir fait, felon l'ufage, la correction néceſſaire pour le changement de déclinaifon, nous donna l'heure de la pendule à midi; & nous trouvâmes en ceci un parfait accord entre plufieurs obfervations correfpondantes, qui n'étoient pas fort éloignées les unes des autres, car nous avions obfervé avec un grand quart de cercle. On avoit auſſi marqué le tems auquel les bords du difque du foleil avoient atteint chacune de ces lignes; d'où il étoit aifé de conclure en quel tems le centre y avoit paſſé; & l'inſtant du midi étant d'ailleurs connu, on voyoit entre quelles paralleles fe trouvoit l'image du foleil à midi. Enfin on divifoit l'intervalle de ces paralleles à l'endroit même où l'on avoit marqué à peu près le chemin du centre, & on le divifoit en deux parties dans le rapport des deux intervalles de tems écoulés, l'un depuis l'inſtant où le centre avoit atteint la premiere parallele juſqu'à midi, l'autre depuis midi juſqu'à celui où il avoit atteint la feconde; & le point de la divifion étoit celui du midi; ce qui étoit encore confirmé par la comparaifon qu'on pouvoit faire des inſtans auxquels le centre avoit atteint les autres paralleles.

Ce point connu, on fuſpendoit de nouveau le fil à plomb au
centre de l'ouverture, on tendoit un fil qui raſoit le fil à
plomb, paſſoit par le point du midi, & étoit attaché par les
deux bouts avec des crochets enfoncés dans les murs oppoſés,
ſur leſquels on marquoit par de petites lignes la poſition
exacte du fil. Les jours ſuivans on pouvoit tendre le fil dans
la poſition déſignée par ces lignes, & ſe procurer ainſi une
méridienne propre à marquer l'inſtant précis du midi. Telle
eſt, dis-je, la méridienne que nous traçâmes à *Rimini*, &
nous lui menâmes une parallele ſous le ſecteur.

131. Le ſecteur placé dans la direction de la méridienne,
il s'agiſſoit de lui donner une ſituation verticale ; ce qui ne
ſouffroit aucune difficulté ; car le fil à plomb CM (fig 1.)
qui pendoit librement du centre, étoit un fil de ſoie écrue,
plus délié qu'un cheveu, tendu par un plomb fort peſant,
& qu'on plongeoit dans l'eau. On montoit par une échelle placée auprès du ſecteur, pour examiner ſi le fil étoit aſſez près
du centre, & s'il n'y avoit point quelque obſtacle, comme
une toile d'araignée, qui pût en empêcher l'alignement, ou
quelque filament qui frotât contre la regle de fer, ou contre
les lames de laiton. Après avoir remédié à tous ces inconvéniens, on examinoit ſi le fil à plomb effleuroit le limbe, ſans
y appuyer : pour peu qu'il en fût trop loin, ou trop près, on
y remédioit par le mouvement des vis, en les pouſſant, ou
les retirant également l'une & l'autre, afin de donner au ſecteur une ſituation verticale, ſans rien changer à la direction
du limbe ; enfin on ne manquoit pas d'examiner de nouveau
la poſition du limbe par rapport à la méridienne, pour voir
ſi le mouvement des vis n'y avoit cauſé aucun changement.

132. Pour derniere opération, il faut incliner le ſecteur,
dans le plan même du méridien, plus ou moins, ſuivant la
diſtance de l'étoile au zénith. C'eſt ce qui ſe fait, ainſi qu'il
a été dit, par le moyen de la vis PE (fig. 1.), qui après lui
avoir donné cette poſition, la lui conſerve, en le ſoutenant
de côté, & en l'empêchant de retomber vers P, où ſa pente
l'entraîne. En même rems les vis FI, FI' l'empêchent de
s'approcher de GG', & les poids L, L' de s'en éloigner. Du
reſte j'ai éprouvé que ces poids avoient moins d'effet pour

affurer le fecteur, lorfque les fils F K, F′K′ étoient dans une direction perpendiculaire à G G′, que lorfqu'on les plaçoit obliquement, & en tirant du côté où fe trouvoit la vis P E′ ; car dans le fecond cas, les poids attirent le fecteur contre la vis, & l'empêchent de s'en écarter.

Maniere d'obferver

133. Nous avons donné une defcription détaillée de toutes les parties du fecteur ; nous avons expliqué la maniere de le vérifier & de le pointer : venons à fon ufage, dont nous avons déja eu plus d'une fois occafion de parler. Cet ufage confifte à déterminer exactement, en dégrés, minutes & fecondes, la diftance d'une étoile au zénith. L'inftrument placé exactement dans le plan du méridien, l'obfervateur s'affeyoit proche l'ouverture H′ de la lunette. Pour plus grande commodité, nous avons pris foin que cette ouverture fe trouvât précifément à la hauteur de l'œil d'un obfervateur affis, qui regarde contre le ciel. Le toit étoit ouvert dans l'endroit qui répon‑ doit à la lunette, & l'on découvroit cette ouverture dans le tems de l'obfervation. Dans cette fituation, l'obfervateur at‑ tendoit le moment où l'étoile commençoit à entrer dans le champ de la lunette. Après une ou deux obfervations, ce mo‑ ment étoit indiqué par la pendule, à quelques fecondes près, pourvu néanmoins que le fecteur ne fût pas éloigné de la fi‑ tuation qui lui convenoit : or on avoit foin de changer tant foit peu fon inclinaifon, de peur que l'étoile, dès fon entrée, ne fût couverte par le fil perpendiculaire au méridien, comme il arrive de jour. Dès que l'étoile commençoit à paroître, l'obfervateur la ramenoit fur le fil, en pouffant de côté le limbe avec la vis E′P, qu'il tournoit lui-même.

Du diametre apparent des étoiles.

134. Le diametre apparent des étoiles fixes eft non feule‑ ment beaucoup plus petit qu'une feconde, comme l'a fait voir M. *Huygens* dans fon *Cofmotheoros*, mais même qu'une tierce, comme j'ai tâché de le prouver dans une differtation fur les lentilles & les lunettes. Elles devroient donc ne nous paroître que comme un point ; ce qui feroit affez incommode : en effet, le fil les couvriroit de telle forte, qu'on ne pourroit jamais favoir fi elles font au milieu de l'efpace intercepté par le fil, lequel eft de quelques fecondes. Mais l'aberration de la lumiere, dont il a déja été fait mention plus haut, nous

les fait paroître comme de petits cercles, dont le diametre
est plus ou moins grand, suivant que l'étoile a plus ou moins
de lumiere, & au contraire que le ciel est moins ou plus éclairé :
de-là nos deux étoiles nous paroissoient de nuit déborder notablement le fil de part & d'autre, & si le ciel étoit un peu
éclairé, leur image, quoiqu'un peu obscurcie, se voyoit encore toute entiere ; dans le crépuscule il s'en falloit de fort
peu que l'étoile ne fût couverte par le fil. De jour l'étoile α
du cygne égaloit sensiblement la largeur du fil ; seulement
on appercevoit quelquefois sur les bords une lumiere très foible, qui marquoit le lieu de l'étoile. Quant à l'étoile u de la
grande ourse, elle étoit entierement couverte par le fil pendant le jour ; mais pour peu qu'on tournât la vis dans les
deux sens opposés, elle paroissoit tantôt sur un bord, tantôt
sur l'autre. Ainsi nous avions toujours un moyen sûr de faire
ensorte que le milieu du fil répondît exactement au centre de
l'étoile.

135. Mais pour pouvoir observer le moment où l'étoile
traversoit le fil parallele au plan du secteur, il étoit quelquefois nécessaire d'attendre qu'elle l'eût passé pour l'amener
sur le fil horizontal. Or on le pouvoit faire en toute sûreté ;
car une preuve que les fils étoient parfaitement disposés, c'est
que dès l'instant où l'étoile étoit arrivée au milieu du fil, elle
ne le quittoit plus, & que si elle étoit couverte dès le commencement, elle l'étoit jusqu'à la fin.

136. Cette observation finie, on examinoit le point où le
fil à plomb CM coupoit la ligne du milieu de la lame mobile EE', & on déterminoit la distance de ce point au milieu du limbe, ou à l'extrémité du rayon. On voyoit d'abord
le nombre d'intervalles de deux lignes compris dans cette
distance, & comme le fil ne répondoit jamais exactement à
aucun point de la division, on avançoit la lame mobile pour
connoître en parties de micrometre de combien il s'en falloit
qu'il ne répondît au point le plus voisin. On ajoutoit ensuite,
ou l'on retranchoit du nombre des intervalles entiers ce nombre de parties de micrometre, suivant que le fil tomboit du
coté de E' où s'avance la lame, ou du côté opposé, le fil étant
dans le premier cas plus éloigné du milieu du limbe que du

milieu de la lame mobile de cette quantité, tout au contraire de ce qui arrive dans le second cas.

Précaution à prendre en obfervant.

137. Pour plus de précifion, nous nous fervions d'une lentille très convexe, attachée au limbe d'une maniere fixe, à une diftance convenable, & perpendiculairement au-deſſus du fil à plomb. Et comme ce fil, pour plus de liberté, ne doit point toucher le limbe, mais feulement l'effleurer; afin de prévenir tout danger de parallaxe, nous regardions d'abord obliquement pour diftinguer le fil de fon image réfléchie par le limbe, enfuite nous ramenions l'œil fur le fil jufqu'à ce qu'il couvrît entierement fon image. De cette forte nous étions affurés que le rayons vifuel, qui paſſoit par le fil, étoit perpendiculaire au limbe, & qu'on n'avoit rien à appréhender de la parallaxe. Enfin tantôt l'un de nous fe contentoit d'obferver la pofition du fil par rapport aux points de la divifion, tandis que l'autre pouſſoit par un mouvement lent & continu la lame mobile, jufqu'à ce que fon compagnon l'avertît d'arrêter ; tantôt l'obfervateur tournoit lui-même la vis jufqu'à ce qu'il eût amené le fil fur un point de la divifion. Nous obfervions cependant toujours l'un après l'autre ; nous y revenions même plufieurs fois, & nous prenions un milieu entre toutes ces obfervations, dont la plupart s'accordoient à deux ou trois parties de micrometre près ; ce qui faifoit à peine la différence d'une feconde. Souvent même nous avons prié ceux qui fe trouvoient préfens, d'obferver à leur tour ; & ils fe rencontroient avec nous. Mais ce qui contribuoit encore plus à rendre l'obfervation exacte, c'eft qu'elle fe faifoit dans une chambre bien fermée de tous côtés, & où il n'entroit pas le moindre air : précaution que nous avions jugée indifpenfable, depuis que nous avions remarqué que le fouffle même de la bouche fuffit quelquefois pour déranger le fil à plomb. Du refte il nous eft arrivé fouvent de revenir à notre fecteur plufieurs heures après l'obfervation, & de retrouver entre la divifion & le fil le même nombre de tours de vis & de parties de micrometre, tant les fupports avoient de force pour lui conferver fa pofition.

138. Connoiſſant le nombre des tours de vis, dont il avoit fallu avancer la lame mobile, & la diftance du milieu à chaque

division corrigée par les méthodes que nous avons expliquées, on avoit la tangente qui marquoit la distance de l'étoile au zénith , & où l'on devoit corriger l'erreur occasionnée par la déviation de l'axe comparé au rayon, laquelle se connoissoit en retournant alternativement le secteur , comme nous l'avons encore expliqué plus haut. Cette correction faite , on avoit la distance corrigée de l'étoile au zénith pour le tems de l'observation, telle que celles qu'on voit dans les tables du second livre. Il faut néanmoins y corriger encore l'erreur de la réfraction qui élève les objets plus ou moins , suivant leur distance au zénith. Dans le cas d'une petite distance, la différence est d'une seconde par degré ; différence qu'on doit ajouter à la distance observée , pour avoir la vraie ; mais cela peut se faire après toutes les réductions.

139. Cette distance au zénith pouvoit renfermer quelques erreurs résultantes de cette inclinaison de l'axe de la lunette au plan du secteur, que nous avons trouvée n°. 120 & suivans , comme aussi de la position du secteur, soit qu'il fût tant soit peu incliné au plan vertical , soit que le limbe ne suivît pas exactement la direction de la méridienne. Il faut apprécier ces erreurs pour constater d'une part que cette inclinaison de la lunette ne pouvoit produire aucune erreur sensible (& c'est pour cela que nous ne nous sommes point mis en peine de la corriger), de l'autre, que les précautions que nous avons prises pour placer le secteur dans le plan du méridien , ne permettent pas de soupçonner de l'erreur dans les observations. Nous allons les évaluer séparément.

140. Si l'inclinaison de l'axe (fig. 19.) est RGF ou LGM, le secteur représente la distance ŻM au zénith , déterminée par l'arc LML' d'un grand cercle , pour la distance ZO déterminée par l'arc LOL' du parallele de l'étoile dont le pôle est en P. Ainsi l'erreur est MO, qui diminue la distance lorsque l'étoile est plus éloignée du pôle que le zénith, comme dans la figure, & qui l'augmente lorsqu'elle en est plus proche. Pour trouver la valeur de MO, remarquez d'abord que PL égale à PO est la base du triangle rectangle sphérique PML ; d'où il suit que MO est la différence de la base LL au côté PM ; de plus, que par la trigonométrie sphérique,

le rayon eſt au co-ſinus du côté M L, comme le co-ſinus du côté P M eſt au co-ſinus de la baſe P L. Donc le rayon eſt à ſa différence au co-ſinus du côté M L, ou, ce qui eſt le même, donc le rayon eſt au ſinus verſe de ce côté, comme le co-ſinus de P M, ou à peu près de P L, eſt à la différence des co-ſinus.

Déterminer généralement cette erreur;

141. Or c'eſt un théorème connu, & dont a ſouvent occaſion de faire uſage dans la géométrie de l'infini, ſavoir que lorſque deux arcs different de très peu de choſe entre eux, le ſinus du plus grand eſt au rayon, comme la différence des co-ſinus eſt à la différence de ces mêmes arcs. Suppoſons par exemple (fig. 12.) que la différence des arcs bb', bt ſoit très petite, l'angle $b'ta$ différera très peu d'un angle droit, & l'angle $b'ti$ ſera à peu près le complément de l'angle χta à 90 dégrés, & par-là même il ne différera pas ſenſiblement de l'angle $ta\chi$. Ainſi on peut dire que le triangle $b'it$ eſt ſemblable au triangle χta, & que $b'i$ ou $d\chi$, différence des co-ſinus ad, $a\chi$ des arcs bb', bt, eſt à $b't$ différence des arcs, comme $t\chi$, ſinus du plus grand arc bt, eſt au rayon at. Donc le ſinus de P L (fig. 19.) eſt au rayon, comme la différence des co-ſinus de P M, P L, eſt à MO différence de ces arcs. Et comparant cette analogie avec la derniere du numéro précédent, on aura par égalité troublée la proportion ſuivante : le ſinus de P L eſt au co ſinus de P M, ou à peu près de P L, comme le ſinus verſe de M L eſt à la différence M O. De plus, en tout arc le ſinus eſt au co-ſinus, comme le rayon à la co-tangente. Donc puiſque P L eſt la diſtance de l'étoile au pôle, dont le complément eſt la déclinaiſon de l'étoile, ayant pour tangente la co tangente de P L, & que ML meſure l'inclinaiſon de l'axe de la lunette au plan du ſecteur, ſi l'on prend le ſinus d'un petit arc pour l'arc même, on aura le théorème qui ſuit : *le rayon eſt à la tangente de la déclinaiſon de l'étoile, comme le ſinus verſe de l'angle d'inclinaiſon de la lunette au plan du ſecteur, eſt au ſinus de l'erreur occaſionnée par cette inclinaiſon dans la détermination de la diſtance au zénith.*

142. Il s'enſuit que l'erreur eſt en raiſon compoſée de la raiſon de la tangente de la déclinaiſon de l'étoile, & de la
raiſon

raifon du finus verfe de l'inclinaifon de la lunette. Et comme le finus verfe eft en raifon du carré de la corde, (car il eft troifieme proportionnel au diametre, & à la corde), & que dans un petit arc on peut prendre la corde pour le finus ; il s'enfuit encore que l'erreur eft en raifon compofée de la raifon fimple de la tangente de la déclinaifon, & de la raifon dou-blée du finus de l'inclinaifon de la lunette ; par où l'on voit que dès qu'il n'eft queftion d'obferver que des étoiles voi-fines du zénith, cette erreur fe réduit à rien fous l'équateur, où la déclinaifon de l'étoile devient nulle, & par conféquent aufli la tangente de cette déclinaifon ; mais qu'à mefure qu'on fe rapproche du pôle, la déclinaifon pouvant augmenter juf-qu'à 90°, & la tangente à l'infini, l'erreur doit devenir plus fenfible. M. *Bouguer* a démontré la même chofe par une autre méthode.

En quelle rai-
fon elle aug-
mente ou di-
minue.

143. Pour venir à notre mefure, fuppofons que la lunette eût été inclinée de trois minutes, ce qui n'eft jamais arrivé, & que l'étoile fe fût trouvée à trois dégrés du zénith, & du côté du pôle, ce qui lui eût donné une déclinaifon de 45° plus grande que celle de l'étoile α du cygne, & à plus forte raifon de μ de la grande ourfe ; il n'eft pas difficile d'évaluer l'erreur, puifque la tangente de 45° eft égale au rayon. Donc le finus de l'erreur feroit égal au finus verfe de l'inclinaifon de l'axe de la lunette, c'eft-à-dire de trois minutes. Or pour le rayon 1000000 le finus verfe de trois minutes eft 4, & le finus d'une feconde eft 48. Ainfi dans toutes nos obfervations, l'erreur a toujours été au-deffous de $\frac{4}{48}$ ou de $\frac{1}{12}$ de feconde.

Elle fe ré-
duit à rien
dans notre
mefure.

144. Tranfportons-nous fous le cercle polaire ; donnons à la lunette une déviation de 6 minutes, & à l'étoile une dif-tance de quatre dégrés & demi du zénith, & du côté du pôle, enforte que fa déclinaifon foit de 68° ; l'erreur n'ira pas même alors à une feconde. Car le rayon 1000000 eft à 2475o869 tangente de 68°, comme 16, finus verfe de 6 minutes, eft à 39.6, moindre que 48, finus d'une feconde. Or une déviation de fix minutes dans un fecteur de 9 pieds, feroit qu'à une ex-trémité de la lunette, la diftance feroit plus grande de 22 lignes & demie qu'à l'autre, ce qui fait près de deux pouces de différence : erreur trop confidérable pour pouvoir échapper

Elle ne fe-
roit pas mê-
me fenfible
fous le cercle
polaire.

à l'œil de l'ouvrier le moins attentif. Concluons donc que dans des obfervations de cette nature, où l'on fe fert communément d'inftrumens fort longs, & dans des lieux même où l'erreur devroit être plus grande, (car on n'a pas encore fait de femblables obfervations au-delà du cercle polaire), on ne peut raifonnablement craindre une erreur fenfible. Au refte, dans de petits quarts-de-cerclé, conftruits au hafard, où la lunette pourroit être beaucoup plus inclinée, l'erreur pourroit auffi, même dans notre latitude, monter beaucoup plus haut; de même qu'on pourroit s'expofer à commettre d'autres erreurs par le mauvais ufage d'un fecteur défectueux.

De l'erreur produite par l'inclinaifon de l'inftrument au plan vertical. Pl. II. fig. 19.

145. Nous avons parlé de l'inclinaifon de l'axe, en fuppofant le fecteur dans le plan du méridien; fuppofons maintenant la lunette parallele, & le fecteur un peu incliné au plan vertical, fans que le limbe forte pour cela de la direction de la méridienne; la pofition du limbe (fig. 19.) fera A'B' parallele à AB; mais le fil à plomb GD en fera éloigné de EI égal à RF', la ligne de mire F'G aboutira en L', & rapportant le fil à plomb perpendiculairement au point I, la tangente de l'angle du centre fera F'I égale à RE, & l'on aura pour la diftance au zénith l'arc ZM, au lieu de ZO. Ainfi l'angle d'inclinaifon du plan du fecteur au plan du méridien fera F'GR, & l'on aura par conféquent pour cette inclinaifon la même proportion que celle qu'on a eue ci-devant pour l'inclinaifon de l'axe. C'eft-à-dire que fi notre fecteur avoit été incliné de trois minutes, auquel cas le fil à plomb auroit dû s'écarter du limbe de près d'un pouce, l'erreur ne feroit pas alléc à $\frac{1}{11}$ de feconde. Il n'eft certainement point à craindre qu'un obfervateur, quelque négligent qu'on le fuppofe, donne à fon fecteur une inclinaifon capable de mettre une diftance de près d'un pouce, ni même d'une ligne, entre le limbe & le fil à plomb: la lui donnât-il, il n'en réfulteroit aucune erreur fenfible dans la diftance de l'étoile au zénith. La feule chofe qu'on pourroit appréhender en pareil cas, feroit la parallaxe du fil, qui, à raifon de fa diftance, ne pourroit que difficilement fe rapporter au point précis auquel il répond perpendiculairement fur le limbe. Nous avons toujours eu attention à ne donner d'autre diftance à notre fil à plomb que celle

dont il a befoin pour pendre librement, fans appuyer contre
le limbe.

146. Il nous refte à examiner ce qui arriveroit dans le cas
où le limbe ne fuivroit pas la direction de la méridienne. Soit
donc *b'a'* le limbe du fecteur rétabli dans fa *verticalité*, de
forte que le fil à plomb G D effleure le limbe en E, & que
cependant ce même limbe décline de la méridienne de tout
l'angle A E F'. Au lieu de la diftance Z O au zénith, on aura
Z L'; ou bien, fi l'on imagine un arc L Q L', dont le pôle
foit en Z, & qui coupe le méridien en Q, on aura Z Q, &
l'erreur fera O Q, qui fera la différence de M O, M Q, fi l'é-
toile eft d'un autre côté que le pôle P, comme dans la figure;
mais qui feroit leur fomme, fi l'étoile étoit du même côté que
le pôle, & qui dans l'un & l'autre cas augmente la diftance
au zénith.

147. Or quelle que foit la différence des arcs P L', P Z,
& la valeur de l'angle A E F', ou L' Z Q, dont le fecteur eft
incliné fur le plan du méridien, on peut évaluer l'erreur O Q.
Car étant donnés, dans le triangle P Z L', les côtés P Z, P L',
& l'angle en Z, complément à deux droits de la déviation
L' Z Q dans le premier cas, qui eft celui de la figure, & la
déviation même dans le fecond; on connoîtra Z L', ou fon
égale Z Q, dont la différence à Z O, excès de P L' fur P Z dans
le premier cas, fa différence par défaut dans le fecond, donne
l'erreur cherchée O Q.

148. Mais dans le cas où l'arc Z L', & l'angle L' Z Q font
fort petits, on peut abréger en cette maniere : foit pris L' Z Q
pour une furface plane, on aura cette analogie : la diftance
obfervée Z L' eft à M Q, comme le rayon au finus verfe de
l'angle L' Z Q, ou de la déviation du limbe. De plus Z L' eft
à L' M, comme le rayon au finus du même angle L' Z Q; &
par le n°. 141, le rayon eft à la tangente de la déclinaifon,
comme le finus verfe de l'arc L' M, au finus de M O, qui
fouftrait, ou ajouté à M Q, donne l'erreur qu'on cherche.

149. On voit que M Q eft en raifon de Z L', diftance au
zénith, & du finus verfe de la déviation du limbe, qui eft
en raifon doublée du finus de cette déviation, ou, parceque
ce finus eft très petit, en raifon doublée de l'angle même de

Erreur pro-
duite par la
déviation du
limbe ;
Pl. II. fig. 19.

Déterminée
généralement

Déterminée
pour le cas
préfent.

Suite.

la déviation. Donc MQ est en raison composée de la distance au zénith, & de la raison doublée de la déviation du limbe. Nous trouverons avec la même facilité le rapport de MQ à MO. Soit la distance ZL′ au zénith $= d$, le sinus de la déviation du limbe $= s$, le rayon GM de la sphere $= r$, qu'on exprimera par le nombre affecté au rayon dans les tables des sinus, la tangente de la déclinaison $= t$; on aura L′M$= \frac{ds}{r}$ & le sinus verse de l'angle L′ZQ, qui est très petit, sera à peu près $= \frac{ss}{2r}$. Donc $r : \frac{ss}{2r} :: ZL' (d) : MQ = \frac{ssd}{2rr}$. Or le sinus verse de L′M (étant la troisieme proportionnelle au diametre $2r$ & à la corde de L′M) sera $\frac{ddss}{2r^3}$. Ainsi le sinus de MO sera $\frac{ddsst}{2r^4}$ (1); & parceque les petits arcs sont à peu près égaux à leurs sinus, on aura MO$= \frac{ddsst}{2r^4}$. Donc MQ : MO $:: \frac{ssd}{2rr} : \frac{ddsst}{2r^4} :: rr : dt :: \frac{rr}{t} : d$. De plus, $\frac{rr}{t}$ est la co-tangente de la déclinaison, dont la tangente est t; & la co-tangente de la déclinaison est la tangente de la distance de l'étoile au pôle. D'où il suit que prenant l'arc ZL′ pour sa tangente, MQ sera à MO, comme la tangente de la distance de l'étoile au pôle est à la tangente de sa distance au zénith. La démonstration de ce théorème est facile, si on regarde le petit arc MOQ comme une ligne droite, qui étant continuée, rencontre les lignes GZ, GP aussi prolongées, & détermine les tangentes des arcs ZQ, PO, ou ZL′, PL′; car on pourroit démontrer que MQ est à peu près troisieme proportionnelle au double de la premiere & à ML′, & que MO est également troisieme proportionnelle au double de la seconde & à la même ligne ML′: d'où il suit que MQ est à MO, comme la tangente de PL′, à la tangente de ZL′; ce qui fait voir que MO est très petit par rapport à MQ.

150. De-là on détermine aisément l'aberration OQ, pour

---

(1) Par le théorème du n°. 141 de ce Livre.

une diftance donnée quelconque de l'étoile au zénith, &
pour une déviation quelconque du limbe. Mais il faut examiner auparavant de combien le limbe pourroit être incliné
à la méridienne. Si l'une de fes extrémités A rencontre la
méridienne, & que l'autre extrémité B s'en écarte d'une
ligne, cette diftance fe manifefte d'une maniere très fenfible
fur le pavé d'une chambre; car nous avons fouvent remarqué
qu'il fuffifoit de donner un demi-tour à l'une des vis IF (fig. 1.)
pour déranger notablement la pofition du limbe, quoique le
pas de ces vis foit moindre qu'une ligne. Or la longueur AB
du limbe (fig. 19.) eft de 14 pouces, ou de 168 lignes; &
faifant cette proportion : 168 eft à 1, comme le rayon 100000
à un quatrieme terme, favoir 595, on a le finus de la déviation, qui fe trouve de 20 minutes. Ainfi pour peu que
l'obfervateur foit attentif, on ne doit pas appréhender une
erreur de 20′ dans la déviation du limbe.

151. Suppofons maintenant la diftance de l'étoile de trois
dégrés, ou de 10800 fecondes, & l'angle de la déviation de
20′; on aura cette analogie : le rayon 10000000 eft à 170
finus verfe de 20′, comme l'arc ZL′ de 3 d. ou 10800″ à MQ,
qu'on trouve = 0.18. De plus, la tangente de 45°, qui eft
notre plus petite diftance au pôle, eft à la tangente de 3 d.,
ou bien 1000 eft à 5, comme 0.18 à un quatrieme terme,
qui ne donne pour la valeur de MO qu'une fraction infenfible. Ainfi de quelque côté que foit l'étoile, l'erreur QO ne
monteroit qu'à $\frac{18}{100}$ ou environ $\frac{1}{6}$ de feconde. Mais fi l'on diminue la diftance au zénith, & l'angle de la déviation, l'er-
reur fe réduira prefqu'à rien.

152. On voit cependant qu'on doit plus fe précautionner
contre cette erreur, que contre les deux autres; car fi la méridienne eft mal tracée, & que le limbe s'écarte de la direction
de cette méridienne dans le même fens, l'erreur pourroit augmenter au point de n'être plus tant à méprifer, puifqu'elle
feroit alors en raifon doublée de l'angle de la déviation. Il
fuit de-là que dans une déviation triple, ou d'un dégré entier,
laquelle eft moins fenfible dans un limbe d'environ un pied,
que dans une lunette de neuf pieds de long, l'erreur (qui
augmente toujours la diftance au zénith) pourroit aller au-

delà d'une feconde. On voit encore que cette erreur devient plus fenfible à mefure que l'étoile eft plus éloignée du zénith : car tant que la furface fphérique peut être regardée comme une fuperficie plane, l'erreur augmente en raifon de cette diftance ; & dans des diftances plus grandes encore, elle n'augmente pas à la vérité fuivant ce rapport, mais elle augmente pourtant toujours beaucoup, au lieu qu'elle diminue confidérablement à de moindres diftances.

Précautions à prendre fuivant que l'étoile eft près ou loin du zénith.

153. De ces deux points il eft aifé de conclure que lorfqu'on a à obferver des étoiles très voifines du zénith, on doit commencer par mettre le limbe à peu près dans la direction de la méridienne, fans attendre que l'étoile arrive fur le fil au moment de fa culmination ; & que quand il eft queftion d'étoiles fort éloignées du zénith, on doit donner fa premiere attention à ce dernier article. En effet, il fuffiroit de commettre une légere erreur, foit en déterminant par le calcul le moment de la culmination, foit en l'obfervant dans les étoiles voifines du zénith, qui changent promptement d'azimut, pour produire dans la déviation du limbe une erreur beaucoup plus forte, qui produiroit elle-même une erreur confidérable dans la diftance de l'étoile. Au contraire, une légere erreur dans l'angle d'inclinaifon du limbe, produiroit, à la vérité, comme nous l'avons vu, dans les étoiles plus éloignées du zénith, une erreur confidérable ; mais elle mettroit auffi un grand intervalle entre le moment où l'étoile arrive fur le fil, & celui de fon paffage par le méridien ; par conféquent étant connu le moment de la culmination, on peut même éviter une déviation beaucoup moindre avec toutes fes fuites.

Des obfervations fimultanées,

154. Je crois avoir fuffifamment pourvu à ce qu'il ne fe pût glifler aucune erreur dans nos obfervations aftronomiques. Il me refte à expofer en peu de mots la maniere dont on doit fe fervir de ces fortes d'obfervations, pour déterminer la valeur d'un dégré. Si au même inftant, deux obfervateurs placés aux deux extrémités de l'arc, dont on doit affigner l'amplitude en dégrés, minutes & fecondes, déterminent la diftance d'une même étoile à leur zénith ; il eft clair que la fomme des diftances, fi l'étoile eft entre les deux zéniths, & leur différence, fi elle n'y eft pas, eft la mefure de l'arc célefte

qu'on cherche. C'eſt ce que M. *de la Condamine*, & avec lui M. *Bouguer* ont exécuté enfin de concert ; quoiqu'il eût été à propos de réitérer, pendant pluſieurs nuits, ces obſervations ſimultanées, puiſqu'elles étoient les ſeules, ainſi qu'ils en conviennent l'un & l'autre, dont ils duſſent ſe ſervir pour déterminer l'amplitude de l'arc céleſte, afin qu'on pût corriger les petites erreurs, en prenant un milieu entre chaque obſervation.

155. MM. *de la Condamine* & *Bouguer* ſont les premiers qui aient fait des obſervations ſimultanées ; précaution abſolument néceſſaire au tems où ils ont opéré : on ne connoiſſoit point encore ſi exactement tous les mouvemens des étoiles fixes, & il y en avoit quelques-uns qui leur étoient alors inconnus. En effet, tandis qu'on tranſporte le ſecteur d'un poſte à l'autre, l'étoile, qui a auſſi ſon mouvement particulier, change un peu de place ; d'où il s'enſuit qu'on ne pourroit ſans erreur déterminer la diſtance d'un zénith à l'autre, par leur diſtance aux deux points du ciel, où l'étoile a paru ſucceſſivement, à moins qu'on ne connût auſſi la diſtance de ces points entre eux. Il doit arriver pour lors (& ils l'ont eux-mêmes éprouvé), que toute réduction faite pour ces mouvemens particuliers, & les obſervations rapportées à un tems commun, ou réduites à une même époque, celles qui s'accordoient le mieux, ſoient les plus diſparates ; & que celles qui s'accordoient le moins, ſoient préciſément celles qui ſont le moins éloignées de cet accord parfait.

156. Mais aujourd'hui qu'on connoît parfaitement tous les mouvemens des étoiles fixes, cette précaution n'auroit abouti qu'à nous mettre dans le cas d'avoir beſoin d'un ſecond ſecteur, & d'un plus grand nombre d'obſervateurs ; car un homme ſeul n'a ni la même facilité à obſerver, ni la même préciſion dans ſes obſervations, que lorſqu'il eſt aidé d'un ſecond. Nous avons donc obſervé avec le même ſecteur à *Rome* & à *Rimini*, & nous avons réduit ces obſervations à une même époque ; pratique aujourd'hui univerſellement uſitée dans l'Académie royale des Sciences. Un autre avantage, c'eſt qu'en réduiſant à une même époque toutes les obſervations faites à un même poſte, on voit ſi elles s'accordent plus ou moins ; ce

qu'on ne peut voir dans des obfervations fimultanées, & non réduites.

157. Or nous avons à confidérer ici, comme je l'ai remarqué dans le premier livre, & le P. *Maire* dans le fecond, trois mouvemens des étoiles fixes ; car pour le mouvement commun & journalier, qui fe fait parallelement à l'équateur, il ne change rien dans le lieu où l'étoile paffe au méridien, & d'où fe mefure, au moment de fon paffage, fa diftance au zénith, laquelle fert à déterminer l'amplitude de l'arc célefte. Le premier, qui eft connu depuis long-tems en Aftronomie, eft celui de la préceffion des équinoxes, par lequel les points équinoxiaux remontent chaque année dans le zodiaque de 50 fecondes. Par ce mouvement toutes les étoiles fixes avancent en une année de 50 fecondes à l'orient dans des cercles paralleles à l'écliptique ; ce qui ne change point leur latitude, mais feulement leur longitude, leur afcenfion droite, & leur déclinaifon. Nous n'avons à examiner ici que le changement de déclinaifon qui eft le feul des trois qui change le point du méridien où paffe l'étoile. Or étant donné le lieu de l'étoile, c'eft-à-dire fa longitude & fa latitude, ou fon afcenfion droite & fa déclinaifon, on peut déterminer de combien fon mouvement annuel de 50″ en longitude, change fa déclinaifon, ou de combien en un an elle s'éloigne ou fe rapproche du pôle. Si donc on a une obfervation faite en un tems donné, & qu'il faille la réduire à un autre tems auffi donné, on voit ce qu'il y a à retrancher ou à ajouter à la diftance obfervée de l'étoile au zénith, felon que l'étoile fe fera approchée ou éloignée du zénith, en même tems qu'elle s'éloignoit ou s'approchoit du pôle.

158. La connoiffance des deux autres mouvemens eft due à l'admirable conftance & à la fagacité merveilleufe de M. *Bradley*. Ses découvertes, en ce genre, font fans contredit les plus belles de notre fiecle ; & la poftérité, à laquelle il a rendu un fi important fervice, confervera à jamais dans les faftes de l'Aftronomie la célébrité de fon nom. L'un eft l'aberration de la lumiere, l'autre la nutation de l'axe terreftre. Le premier eft le plus confidérable, & c'eft auffi celui qu'on s'eft le plus attaché à bien connoître, tant par les obfervations,

que

que par la théorie. Nous n'avons plus rien à defirer à cet égard,
& l'on peut déterminer avec autant de précifion que de certitude la grandeur de l'aberration pour un tems quelconque
donné. Indépendamment de ce qu'en a écrit l'Auteur de la
découverte, plufieurs Aftronomes & Phyficiens l'ont mis dans
le plus grand jour. Par ce mouvement chaque étoile nous paroît décrire annuellement un petit cercle parallele au plan de
l'écliptique, & d'un rayon de 20 fecondes. Le point du cercle
occupé par l'étoile eft de 90° plus oriental que celui où eft
le foleil dans l'écliptique par rapport à la terre, ou de 90° plus
occidental que celui où eft la terre par rapport au foleil. Or
ce petit cercle vu obliquement de la terre, & rapporté à la
furface concave du ciel, a l'apparence d'une ellipfe, dont le
grand axe perpendiculaire au cercle de latitude de l'étoile, &
parallele au plan de l'écliptique, eft de 40″, & le petit axe,
qui tombe fur la circonférence même du cercle de la latitude,
eft au grand ou à 40″, comme le finus de la latitude du centre
eft au rayon.

159. L'Aftronomie fournit des méthodes pour déterminer
par la conftruction, ou le calcul, le changement occafionné
par ce mouvement circulaire, ou elliptique, dans la longitude, l'afcenfion droite, & la déclinaifon. M. *Clairaut* de
l'Académie royale des Sciences, & l'un des premiers Géometres de ce fiecle, nous a donné là-deffus d'excellentes formules inférées dans les Mémoires de cette Académie de l'année 1735. Je me fuis auffi effayé fur ce fujet dans ma differtation de 1742, où je détermine les effets de la parallaxe
annuelle & de l'aberration de la lumiere prifes d'abord féparément, puis enfemble ; ce qui fait trois cas, dans chacun
defquels j'ai trouvé l'ellipfe de la même forme & dans la
même pofition, avec cette feule différence, que dans le premier & le fecond cas l'étoile arrive au même point de l'ellipfe
au bout de trois mois, & dans le troifieme cas en un tems
intermédiaire, plus ou moins approchant de l'un des deux
premiers, fuivant que la parallaxe l'emporte fur l'aberration,
ou l'aberration fur la parallaxe. Mais par l'accord des obfervations avec la feule théorie de la lumiere, il demeure aujourd'hui pour conftant, qu'il n'y a point de parallaxe fenfible,

Effets de cet-
te aberration.

K k

& que ce mouvement apparent eſt un pur effet de l'aberration de la lumiere. Or en déterminant par cette théorie le changement de déclinaiſon pour un tems donné, il eſt évident qu'on détermine par-là même la correction qui ſe doit faire à la diſtance obſervée, pour la réduire à un autre tems auſſi donné.

Nutation de l'axe.

160 L'hypothèſe de M. *Bradley* ſur la nutation de l'axe ſe peut voir dans le Journal de *Trevoux* à l'année 1748 au mois d'octobre. Il n'eſt pas ſi aiſé de déterminer avec préciſion ce mouvement par la théorie, qui eſt très ſublime, & appuyée ſur des principes qui n'ont pas encore été aſſez éclaircis; car il dépend, ainſi que la préceſſion des équinoxes, de l'action du ſoleil & de la lune ſur cette couche de terre qui s'éleve, depuis les pôles juſqu'à l'équateur, au-deſſus de l'exacte ſphéricité. Mais comme il eſt très petit, les connoiſſances que nous en avons par les obſervations ſuffiſent, & au delà, dans la matiere préſente.

Deux ſentimens ſur cette nutation.

161. Voici une idée de ce mouvement, tel que M. *Bradley* l'a déduit de ſes obſervations. Il ſuppoſe que le vrai pôle de l'équateur décrit un cercle, dont le rayon eſt de 9 ſecondes, autour d'un point fixe, qui eſt comme ſon point de milieu, & qu'il le parcourt en un tems égal à une révolution des nœuds de la lune, qui eſt d'environ 18 ans; tellement qu'il ſe trouve toujours plus avancé de trois ſignes que le nœud aſcendant de la lune; répondant par exemple au premier point du cancer, lorſque le nœud de la lune eſt au premier point d'*aries* : ainſi lorſque le nœud de la lune retourne, il lui ſert comme d'une eſpece de guide qui l'entraîne à ſa ſuite, & qu'il n'abandonne jamais. M. d'*Alembert* qui a examiné par des recherches profondes, & la théorie de la préceſſion des équinoxes, & en même tems la nutation de l'axe terreſtre qui y a rapport, ſubſtitue au cercle une ellipſe aſſez allongée; cependant les obſervations de M. *Bradley* nous repréſentent un mouvement circulaire, ou qui s'écarte très peu de cette figure.

Effet de ce mouvement;

162. Quoi qu'il en ſoit, pourvu qu'il n'y ait pas un trop long intervalle entre les obſervations, la différence entre le mouvement circulaire & le mouvement elliptique n'y ſauroit produire une erreur ſenſible, puiſque le pôle ne varie en neuf

ans que de 18 fecondes, & que la diverfité des hypothèfes ne comporte qu'une différence d'un très petit nombre de fecondes pour neuf ans. L'effet continuel de ce mouvement eft d'approcher le pôle de l'équateur de plufieurs étoiles fixes, & de l'éloigner de plufieurs autres, plus ou moins, fuivant la pofition de chaque étoile par rapport à la direction de l'arc actuellement décrit. Cet effet devient plus fenfible dans les étoiles qui fe trouvent placées fur le grand cercle qui touche cet arc, & il l'eft moins à mefure qu'elles s'en éloignent, toutes chofes égales d'ailleurs ; de forte que fi elles font au contraire fur un grand cercle, qui coupe l'arc à angles droits, il n'y a plus de différence fenfible dans leur diftance au pôle de l'équateur. Cette différence fait varier la déclinaifon d'une étoile, & par conféquent fa diftance au zénith.

163. On voit que nous n'avions rien à craindre de ces mouvemens des étoiles fixes. Car les deux premiers font exactement connus, & s'il refte quelque doute fur la jufte valeur du troifieme, il n'en peut réfulter aucune erreur dans notre mefure, vu qu'il n'y a pas eu deux mois entiers d'intervalle entre nos premieres obfervations de *Rome* & celles de *Rimini* ; intervalle pendant lequel le pôle de l'équateur ne peut s'éloigner ou fe rapprocher d'une étoile, dans le cas même où l'effet de fon mouvement eft le plus fenfible, que d'une petite fraction de feconde. Un autre avantage que nous avons eu, c'eft que les deux étoiles que nous avons obfervées fe trouvoient de part & d'autre du lieu moyen du pôle, & fort proches du grand cercle perpendiculaire à l'arc qu'il décrivoit, de forte que leur diftance au pôle a prefque été la même pendant tout ce tems ; d'ou il fuit que non feulement il n'eft arrivé depuis nos premieres obfervations de *Rome* jufqu'à celles de *Rimini* aucun changement dans la diftance, dont nous foyons obligés de tenir compte, mais encore que le changement même qui s'y eft fait entre nos premieres & nos dernieres obfervations de *Rome*, ne va pas au-delà d'une petite fraction de feconde. C'eft pour cela qu'en réduifant toutes les obfervations au 4 mars, le P. *Maire* a eu raifon de ne faire aucune correction pour la nutation de l'axe, comme il le dit lui-même *liv. II.* n°. 43, où il eft à obferver que lorfqu'il dit n'avoir

Qu'on n'en doit pas tenir compte ici ; mais feulement des deux premiers.

eu égard dans cette réduction qu'à l'aberration de la lumiere, il ne parle que des mouvemens de M. *Bradley*, non de la précession des équinoxes à laquelle il eut égard sans doute, puisque dans ses observations réduites au 4 mars, on voit que la correction a été faite, & pour la précession des équinoxes, & pour l'aberration de la lumiere.

Utilité des étoiles qu'on a choisies dans cette mesure.

164. Ce ne sont pas là les seules raisons que nous eussions de préférer α du cygne, & μ de la grande ourse; car comme ces étoiles étoient dans une position presque entierement contraire, relativement au pôle de l'équateur & à l'écliptique, l'aberration de la lumiere & la précession des équinoxes rapprochoient la premiere du pôle, & en éloignoient la seconde : de plus, celle-ci étoit entre les deux zéniths, & celle-là plus septentrionale que l'un & l'autre ; d'où il suit que c'est la somme des distances au zénith dans μ de l'ourse, & leur différence dans α du cygne qui déterminoit l'amplitude de l'arc céleste. Or l'accord qui s'est trouvé dans les résultats, entre deux témoins d'ailleurs si opposés, semble donner un nouveau poids à leur témoignage.

Accord des observations.

165. Pour voir jusqu'où va cet accord, il suffit de se rappeller ce que j'ai dit vers la fin du premier livre, où j'ai proposé plusieurs combinaisons d'observations qui déterminent la mesure de notre arc. Je les réunis dans la table suivante, sous un seul point de vue; elles sont prises de ce qui en a été dit au second livre depuis le n°. 43 jusqu'au n°. 46, en prenant un milieu entre les dernieres observations de *Rome*, après y avoir fait la correction nécessaire pour la réfraction, comme on l'a fait aux premieres.

DISTANCE AU ZÉNITH,		
Suivant les Observations	De α du cygne,	De μ de la grande ourse.
Les premieres de *Rome*	2° 30′ 20."7	0° 50′ 0."8
Celles de *Rimini*	20 34.6	1 19 46.6
Les dernieres de *Rome*	2 30 23.4	0 49 59.4
Amplitude de l'arc, ⎰ 1 & 2	2 9 46.1	2 9 47.4
tirée des ⎱ 2 & 3	2 9 48.8	2 9 46.0

166. Si l'on prend un milieu entre ces quatre arcs dont les deux premiers se rapportent à l'étoile α du cygne, & les autres à υ de l'ourse, on voit l'accord qui se trouve entre nos observations. Car on a pour milieu entre

le   1er. & le 2d. . . . . 2° 9′ 47.″4
les   1er. & 3e. 2 9 46.7
les   1er. & 4e. 2 9 46.0
les   2d.   & 3e. 2 9 48.2
les   2d.   & 4e. 2 9 47.4
les   3e.   & 4e. 2 9 46.7
Entre tous les arcs pris ensemble 2 9 47.0

167. Ce dernier résultat moyen s'accorde assez bien avec les six premiers, parmi lesquels il y en a seulement deux dont il diffère d'une seconde, & ce sont précisément ceux dont on devroit faire ici moins de cas, fussent-ils d'ailleurs plus conformes, à cause de la diversité des étoiles, & des tems où les observations auxquelles ils se rapportent ont été faites ; tandis que les autres ont été faites dans le même tems, & sur la même étoile. Tous ces autres résultats s'accordent avec le dernier à une fraction de seconde près ; ce qui confirme admirablement la théorie de M. *Bradley*, sur laquelle est appuyée cet accord, & qui prouve en même tems, & la bonté de notre secteur, & l'exactitude de nos observations.

168. A l'égard de ces observations, ce qui en fait encore mieux voir la justesse, c'est que dans chaque suite d'observations faites à *Rimini*, ou à *Rome*, il n'arrive qu'une fois que le dernier résultat moyen diffère des autres d'une seconde. Mais rien ne distingue plus notre secteur que cette lame mobile, qui donne tant de facilité pour l'observation & la vérification, & qui les rend l'une & l'autre beaucoup plus exactes, que dans toute autre espece de secteurs, également propres d'ailleurs à observer les étoiles voisines du zénith. Ajoutons que dans les secteurs où l'on adapte un micrometre à la lunette, on a deux échelles à rectifier, celle des divisions du limbe, ou de l'arc qui répond à la partie aliquote, lesquelles se comparent au rayon du secteur, & celles des parties du micrometre qui se comparent à l'axe de la lunette ; au lieu que toute l'opération se termine ici à l'échelle unique des

parties de la lame mobile. Enfin notre maniere de fufpendre & de pointer le fecteur, eft également fimple & sûre; & au moyen des vis de la figure 1, on peut aifément lui donner la pofition qui lui convient, le retourner enfuite en fort peu de tems, & le rétablir dans fa premiere pofition, qu'il conferve invariablement par le moyen des deux poids de la même figure. Mais en voilà affez fur le fecteur, & fur les obfervations auxquelles il a fervi.

CHAPITRE II.

Du Quart-de-cercle.

Du quart-de-cercle.

169. JE m'étendrai un peu moins fur ce qui regarde le quart-de-cercle, que je ne l'ai fait fur la defcription du fecteur, tant parcequ'il y a moins de chofes qui le diftinguent des quarts-de-cercle ordinaires, qu'à caufe que les obfervations dans lefquelles on l'emploie, font moins délicates, les erreurs qu'on y pourroit commettre, n'étant pas à beaucoup près de la même conféquence pour la mefure du dégré. Je fuivrai du refte la même méthode que pour le fecteur, c'eft-à-dire que je donnerai d'abord la defcription de l'inftrument, & de celles de fes parties qui méritent une attention particuliere ; je parlerai enfuite de fa rectification, & des obfervations auxquelles il a fervi : ce qui doit néanmoins comporter quelques détails.

Explication des figures.

170. Le quart-de-cercle eft repréfenté dans la troifieme planche : on le voit avec fon pied dans la figure 1, & dans une pofition oblique : il y manque la petite piece dans laquelle on fufpend au centre le fil à plomb, dans la pofition verticale du quart-de-cercle, & où l'on attache l'alidade qui porte la lunette mobile, dans la pofition oblique ou horizontale. La figure 2 repréfente cette petite piece, avec le garde-filet. On voit dans la troifieme le premier dégré du limbe divifé en minutes. La quatrieme figure indique le méchanifme par lequel on tourne le quart-de-cercle en tout fens, avec autant de facilité que d'exactitude ; & la cinquieme, ce

quart-de-cercle avec son alidade mobile, & une espece de vérificateur ajouté à l'instrument, soit pour le rectifier & comparer entre elles les divisions du limbe, soit pour donner plus de précision aux observations.

171. Il y a quelques parties de cette machine qui me paroissent nouvelles, & d'une grande utilité; & parcequ'elles sont représentées dans la figure; trop en petit, pour pouvoir être apperçues distinctement, elles sont séparément exposées dans les figures 6, 7 & 8. La figure 6 représente le petit tuyau de l'oculaire, qui est brisé, & qui tourne autour de la charniere A B, pour l'écarter, & laisser appercevoir au milieu de l'alidade un verre sur lequel il y a une ligne tracée du côté qui touche le limbe, laquelle marque les minutes & les secondes. La figure 7 représente le vérificateur, qui, au moyen d'une vis, fait mouvoir l'alidade, & remplit ici la même fonction que la vis qui fait avancer dans le secteur la lame mobile. On a mis ici, comme dans le secteur, un cercle avec une aiguille, ou index, qui sert de micrometre. La figure 8 représente plus distinctement la maniere dont le vérificateur est adapté au limbe.

Suite.

172. Commençons par la premiere figure: elle représente un quart de-cercle de fer, avec un limbe de cuivre soudé sur celui de fer, & divisé en dégrés, dont chacun est subdivisé en six parties de dix minutes chacune: les minutes sont marquées à l'ordinaire par des transversales & des cercles concentriques. A la regle I C, plus longue que A C, on a ajouté une lunette avec un micrometre mobile en M: il y a en C une ouverture circulaire, où s'attache l'alidade, ou la petite piece qui porte le fil à plomb. La barre E G H F sert à lier toutes les parties du quart-de-cercle, & elle porte sur son pied T V X. Pour la rendre plus ferme, on y a ajouté sur les côtés E G, H F, & à angles droits, deux autres barres, dont la derniere se voit en F H *h f.* T *t* Q est un cylindre qui s'ajuste à la barre G E F H en *t*, au moyen d'une espece de genou représenté dans la figure 4. T *t g* est reçu dans la concavité du demi-cylindre T V S auquel on le fixe par le moyen de trois lames élastiques qui l'entourent, & qu'on serre avec les vis *t, u, s.* Le demi-cylindre T V S est lié avec la piece de cuivre T V, dans laquelle

Description du quart-de-cercle, Pl. III. fig. 1.

on fait entrer la tête du pied de bois T V X. Celui-ci porte à l’ordinaire fur trois traverfes avec des vis Y Z, dont on fe fert pour l’élever, ou l’abaiffer, ou l’incliner.

Dimenfion de plufieurs de fes parties.

173. Le rayon AC eft de près de 3 pieds de roi. L’épaiffeur des barres eft partout de 5 lignes; mais la largeur n’eft point la même : celle de AC & IC eft de 30 lignes; celle de EH de 36; celle du limbe ADK de 33; celle des barres pofées de champ H h f F de 20. Au refte, le limbe eft très exactement plané, & la machine entiere n’eft fujette à aucune flexion. Il eft vrai qu’il y en avoit un peu en *i*, avant qu’on y eût ajouté les barres H h f F; mais depuis cette addition, le quart-de-cercle eft folide, & ne laiffe plus rien à defirer à cet égard.

Defcription de fon pied.

174. Le pied T V X eft d’un bois compacte & très dur: il a fix pouces d’épaiffeur. Je l’avois fait faire très folide, afin qu’on pût le tranfporter d’une montagne à l’autre, fans aucun accident. Les trois traverfes ʒʒ du pied font auffi fort épaiffes, & fortement ferrées, par des vis, contre le pied T X V; mais on peut, en lâchant ces vis, les féparer du corps de l’inftrument pour la facilité du tranfport. Les vis Y Z, qui font de fer, & affez groffes, peuvent s’ôter auffi, & être tranfportées féparément. Chaque traverfe eft attachée avec le pied du quart-de-cercle par deux moyens : 1°. par un boulon à tête carrée, & taraudé par le bout, qui, entrant en ʒ, & fortant en *x* au côté oppofé, eft ferré fortement au moyen d’un écrou : 2°. par une vis qui entre dans la traverfe au-deffus de ʒ', paffe de part en part, & va fe viffer dans une efpece d’oreille qui fait partie de l’anneau de fer qui ferre le bas du pied. De cette forte les traverfes font fi bien liées au pied, que le tout fait un corps parfaitement folide. Nous ferons voir en détail les pieces T *i* Q, & P Q R, en expliquant la figure 4.

Pourquoi la lunette eft plus longue que le rayon.

175. La lunette L O, & la barre IN font prefque d’un pied plus longs que le rayon : mais je n’avois pas à craindre, vu l’épaiffeur des barres, que l’inftrument éprouvât dans une fi courte étendue une flexion capable de rendre les angles défectueux. D’un autre côté j’avois deffein d’employer de grands triangles dans notre mefure, comme nous l’avons fait auffi ; la diftance du mont *Soriano* au mont de *Peroufe* qui fait le côté d’un de nos triangles, étant de près de 60 milles d’Italie.

d'Italie. Or il nous falloit une lunette d'environ quatre pieds
pour reconnoître plus sûrement les signaux à pareille distance.
L'objectif O est attaché solidement à la barre, vers son extrémité N, de même que le micrometre en M. Le tuyau est
de cuivre, & assez mince ; mais les pieces de cuivre qui
portent l'objectif & le micrometre, & qui sont attachées d'une
maniere fixe sur la barre, sont beaucoup plus fortes ; & il
étoit à propos de les rendre telles, pour une plus grande solidité.

176. Le micrometre est étroitement attaché en M à l'une
de ces pieces, avec quatre vis : il est composé de quatre fils
d'argent très déliés, qui se coupent à angles de 45 dégrés.
Ces fils sont placés dans l'intérieur du tuyau, dont ils suivent
tous les mouvemens ; & ils sont tendus par un ressort qu'on
met dans une rainure pratiquée en dehors sur la surface convexe du tube, de la même façon que je l'ai exposé n°. 45,
en parlant du micrometre du secteur (pl. II. fig. 13.). Il y a
encore un fil parallele à l'un des quatre premiers, & qui, au
moyen d'une vis M, se meut en conservant son parallélisme ;
l'index marque à l'ordinaire sur la circonférence d'un petit
cercle, le nombre des parties du micrometre, comme on a
tâché de l'exprimer dans la figure. Je ne crois pas devoir donner la description de ce méchanisme, parceque notre artiste,
qui avoit fait toutes les autres pieces avec autant d'adresse que
de simplicité, s'est servi dans celle-ci d'une méthode fort
compliquée, & qu'il y a mis une vis si défectueuse, qu'elle rendoit le mouvement du fil très inégal. Nous n'avons pu trouver hors de *Rome* un ouvrier assez habile pour raccommoder
cette piece, qui nous auroit été d'un si grand usage. Cependant elle n'a pas laissé de nous servir dans la rectification du
quart-de-cercle, pour les hauteurs, comme nous le dirons plus
bas.

177. Mais l'artiste a parfaitement réussi à faire tourner le
micrometre autour de l'axe de la lunette, ensorte que nous
pouvions mettre la vis dans une situation perpendiculaire,
parallele, ou oblique à volonté par rapport au limbe ; ce qui
donne au micrometre un usage plus étendu, & rend le quart-
de-cercle très utile pour plusieurs observations astronomiques,

L l

par exemple pour prendre la différence de la déclinaiſon d'une planette & d'une étoile; puiſqu'on peut tellement diſpoſer le micrometre, que le fil mobile ſoit perpendiculaire à la direction du mouvement diurne; d'où il s'enſuit que ſa diſtance à celui des quatre autres fils, qui lui eſt parallele, donne la différence de la déclinaiſon. C'eſt ce que j'avois en vue lorſque je demandai que le micrometre fût tellement enchâſſé dans le tuyau de la lunette, qu'on pût le faire tourner aiſément ſur ſon axe.

Second objectif & ſecond micrometre.

178. Il y a un objectif en M proche les fils du micrometre, & un autre en O, lequel n'eſt point fixé à l'extrémité du tuyau, mais qui eſt porté par un petit tuyau ſéparé, qu'on fait entrer dans celui de la lunette, & qu'on peut approcher plus ou moins du micrometre M. Près de ce dernier objectif eſt un autre micrometre, conſiſtant en un anneau de cuivre avec une rainure par dehors, & deux fils qui ſe coupent à angles droits, & qui ſont tendus, comme ci-devant, par un reſſort placé dans la rainure. On fait gliſſer cet anneau ſur deux lames de cuivre, entre leſquelles on peut l'élever ou l'abaiſſer plus ou moins à volonté, ou le faire tourner ſur ſon axe : on le ſerre enſuite avec des vis. Mais pour lui donner préciſément la poſition qui lui convient, avant que de l'attacher, on le fait mouvoir à diſcrétion, au moyen de quelques autres vis placées de côté. Tout ceci eſt trop clair pour s'y arrêter.

Lunette double.

179. De cette ſorte on a une double lunette; c'eſt-à-dire qu'ayant placé l'oculaire en L, on voit les objets par le moyen de l'objectif qui eſt au-deſſous du point O, & que l'ayant porté enſuite à l'autre extrémité O, on peut voir au moyen de l'objectif qui eſt en M. Du reſte on ſait qu'un objectif ne peut nuire à l'autre; ce qui eſt conſtant par les principes d'optique. Et pour raſſembler ici tout ce que nous avons à dire ſur les micrometres, ajoutons que l'alidade D C E F (fig. 5.) à laquelle eſt appliquée une autre lunette, porte auſſi au foyer de l'objectif un micrometre ſemblable, & attaché en F *f*, & qui conſiſte en un anneau, avec des fils qui ſe coupent à angles droits, & qui ſont également tendus par un reſſort.

Maniere de ſuſpendre le fil à plomb.

180. La figure 2 repréſente la petite piece qui ſe place en C, pour ſuſpendre au centre le fil à plomb. Elle eſt toute de cuivre.

LM eſt une vis qui tient au cylindre IKON, lequel entre dans l'ouverture C de la figure 1, & s'attache, ſi l'on veut, par derriere, au moyen de cette vis. GH eſt une lame circulaire avec une rainure à ſa circonférence GH : on y ſuſpend avec un fil le garde-filet, ou l'étui qui doit garantir du vent le fil à plomb. AF eſt une petite ſurface convexe, qui s'éleve un peu au-deſſus de celle de la lame. Il y a au milieu un petit trou en C, dans lequel on fait entrer l'aiguille BC, laquelle paſſe dans le petit bras ADE, par une ouverture faite en B, vis-à-vis le point C. On commence par retirer l'aiguille du côté de B ; on en fait paſſer la pointe dans le nœud du fil à plomb, & on la repouſſe juſqu'en C.

181. L'artiſte s'étoit diſtingué dans cette piece : le cylindre INOK étoit ſi bien tourné, & tellement proportionné à l'ouverture C (fig. 1.), qu'il pouvoit ſe mouvoir avec beaucoup de facilité autour de ſon axe, de la maniere la plus égale & la plus uniforme, & ſans aucun mouvement de côté. Le petit trou C (fig. 2.), autour duquel le cylindre INOK fut tourné avant qu'on y eût attaché le petit bras ADE, répond ſi exactement à l'axe de ce cylindre, qu'après y avoir ſuſpendu le fil à plomb, le quart-de-cercle placé dans une poſition verticale, on peut faire tourner toute cette petite piece, ſans que le fil s'écarte tant ſoit peu du point auquel il répondoit ſur le limbe. Cet article étoit d'une extrême conſéquence, puiſque le centre des cercles gravés ſur le limbe eſt dans l'axe de l'ouverture C de la figure 1.

Suite.

182. L'artiſte avoit fait une ſeconde piece toute ſemblable, excepté qu'il n'y avoit point de bras, comme ADE (fig. 2.) : le trou en C étoit un peu plus large & plus profond, mais terminé pourtant en une pointe très aiguë, & répondant auſſi fort exactement à l'axe de ſon cylindre INOK. On faiſoit entrer dans ce trou une pointe du compas à verge, pendant que l'autre pointe répondoit aux cercles concentriques marqués ſur le limbe de la figure 1 : cette petite piece pouvoit encore tourner ſur ſon axe, ſans que la pointe du compas s'écartât le moins du monde de l'arc de cercle auquel elle répondoit. L'alidade de la figure 5 a auſſi un cylindre, qui n'eſt point exprimé dans cette figure, & qui eſt tout ſemblable au

Autres pieces ; leur uſage.
Pl. III. fig. 2. 4.

cylindre **INOK** de la figure 2 : il n'eſt pas travaillé avec moins d'art que les autres, & dès qu'on l'a introduit dans l'ouverture **C** de la figure 1, l'alidade n'a plus qu'un mouvement circulaire autour du même axe, & répond toujours dans les mêmes points aux cercles du limbe ; de ſorte que le point d'où eſt ſuſpendu le fil à plomb, & celui autour duquel l'alidade tourne, ſe trouvent préciſément l'un & l'autre au centre des cercles concentriques. On peut encore s'aſſurer ici, comme on l'a fait pour le ſecteur n°. 53, que l'aiguille eſt exactement ronde vers ſa pointe, puiſqu'on peut la tourner ſur ſon axe, ſans rien changer à la poſition du fil à plomb.

Diviſion du limbe en dégrsé, Pl. III, fig. 3.

183. La figure 3 repréſente le premier dégré diviſé en minutes par des tranſverſales, & des cercles concentriques, ſelon l'uſage. **AB** eſt le premier dégré du plus petit cercle, **C** *i* celui du plus grand. L'artiſte, après avoir diviſé fort exactement le grand cercle, s'en ſervit pour faire la diviſion du plus petit : d'abord il porta le rayon du grand cercle ſur ſa circonférence, en commençant par le point qui répond au milieu de la largeur de la barre **ACGB** ; ce qui lui donnoit un arc de 60°. Cet arc fut diviſé en deux parties égales, & par ce moyen le quart-de-cercle ſe trouvoit diviſé en trois arcs de 30° chacun. La diviſion ſe fit enſuite en trois, en deux, & en cinq à l'ordinaire ; ce qui donnoit 90° auxquels l'ouvrier en ajouta deux de part & d'autre, avec quelques minutes, pour mettre à profit le reſte de la longueur du limbe.

Diviſion en minutes.

184. Il diviſa enſuite chaque dégré en ſix parties, par exemple le premier dégré en **C** *a*, *a e*, *e f*, &c. ; & ayant appliqué l'alidade au centre, & aux points **C**, *a*, *e*, *f*, &c. il trouva les points **A**, **E**, **F**, **G**, &c. Ainſi la ligne **CA** continuée aboutit au centre : il en ſeroit de même des lignes *a* **E**, *e* **F**, *f* **G**, &c. ſi on les tiroit. Nous avons fait marquer à l'ordinaire les tranſverſales **A** *a*, **E** *e*, **F** *f*, ainſi que les cercles 1 *r* 1′, 2 *s* 2′, 3 *t* 3′, &c. après avoir diviſé par une méthode exacte la ligne **AC** en dix parties, ſuivant la proportion convenable. Les points 1, 2, 3, &c. ſe trouvent aiſément par la Trigonométrie. Si l'on imagine deux lignes tirées des points **A**, & *a*, au centre, on aura un triangle, dont on pourra connoître tous les côtés au moyen d'une échelle.

L'angle du centre est de 1 minutes, étant mesuré par l'arc A E, ou C *a*, & on trouvera par le calcul l'angle en A. Pour avoir le point 1, imaginons un arc de cercle 1 *r* 1′, qui rencontre A *a* en *r*; si de ce point *r* on tire une ligne au centre, on aura un triangle, dont le côté qui s'étend depuis A jusqu'au centre est donné; on a trouvé dans le premier triangle l'angle en A; l'angle du centre sera d'une minute. On trouvera donc par le calcul le côté qui aboutit de *r* au centre, ou de 1 au centre, d'où l'on retranchera le rayon du petit cercle, ou la ligne tirée de A au centre, & le reste donnera A 1, & par conséquent le point 1. Pour avoir les points 2, 3 par les points *s*, *t*, il suffit de faire attention qu'on a déja le côté tiré de A au centre, avec l'angle en A, & que l'angle du centre est dans le premier cas de 2, dans le second de 3 minutes, d'où l'on tirera la distance des points *s*, *t*, ou 2, 3 au centre; & l'on continuera la même opération jusqu'au point 9. Le P. *Maire* fit avec soin tout ce calcul: il transporta sur le papier la ligne A C prise sur le limbe, & la donna toute divisée à l'ouvrier pour lui servir de modele. Celui-ci en profita pour marquer les points 1, 2, 3, &c. & tirer en conséquence les cercles concentriques aux deux premiers. Nous avons vérifié les intervalles de ces cercles, & la division s'est trouvée très exacte.

185. Pour mener plus aisément les transversales, l'artiste attacha à l'alidade une seconde regle inclinée sur la premiere dans la direction de A *a*, qu'il appliqua successivement aux points *e*, *f*, &c. en tirant de chaque point une transversale avec la pointe d'une aiguille. Malgré ses précautions, il n'a pu éviter de petites erreurs, ainsi que dans le reste de la division : où est l'artiste qui puisse se flatter de les éviter toutes? Mais elles se sont réduites à très peu de chose, comme on le verra lorsque je parlerai d'une nouvelle méthode; je dis nouvelle au moins pour moi, dont nous nous sommes servis pour l'examen des divisions, au moyen d'un instrument que j'ai imaginé & fait construire à cet effet, & dont je donnerai une description détaillée.

186. La figure 4 représente le méchanisme par lequel on fait tourner le quart-de-cercle, & la maniere dont il tient au

Machine
pour incliner
le quart-de-
cercle à vo-
lonté.
Pl. III. fig. 4.

pied. COVP eſt une piece de cuivre aſſez épaiſſe ; il y a dans la partie inférieure COV un anneau ſurmonté d'une platine, ou plaque circulaire, à laquelle eſt attaché un long cylindre, qui entre dans le pied PX. On fait entrer de force le pied dans l'anneau, auquel on l'attache encore avec trois vis, dont deux ſe voient dans la figure de part & d'autre du point O. Sur la plaque inférieure il y en a une autre P, qui n'eſt pas moins ſolide, & qui a en T, & en VS, une eſpece de gouttiere, pour recevoir le cylindre TD, qu'on y attache en T, V, S par des reſſorts d'acier qui l'entourent, & qui ſont ſerrés par les vis t, u, s au point qu'il faut faire quelque effort pour tourner le cylindre ſur ſon axe. Le cylindre eſt attaché par ſon extrémité T à une piece de cuivre très forte, armée de trois dents à égales diſtances, qui s'engrainent dans autant d'échancrures pratiquées dans une autre piece de cuivre B, également ſolide, & attachée à la barre EGHF (la même que EGHF dans la figure 1), avec huit vis, dont on en voit quatre à droite & à gauche du point B ; les quatre autres ſont cachées derriere la lettre T. Les dents ſont traverſées par un axe qui attache ſolidement le cylindre TD au quart-de-cercle, & lui donne la facilité de tourner autour de l'axe TD.

Donner au
quart-de-cer-
cle une poſi-
tion ſtable :
faciliter ſes
mouvemens.

187. G$g e$E, HhfF ſont les deux barres poſées de champ ſur celle du milieu GHFE de la figure 1, pour la garantir de toute flexion. Elles ſont liées d'eſpace en eſpace par d'autres petites barres attachées par pluſieurs vis A, A à la barre du milieu. Enfin KLM eſt un arc de fer, qui ſe meut à charniere autour du point K. La petite barre K eſt fixée avec deux vis contre la barre GEFH. L'arc KLM paſſe dans une ouverture ſituée à l'extrémité du cylindre. Il y a en I, d'un côté de cette ouverture, une vis qui preſſe l'arc LM, de maniere à le retenir & à le fixer où l'on veut. De l'autre côté il y a auſſi une vis i, pour y retenir l'arc, & l'empêcher de ſortir de l'ouverture, lorſqu'on deſſerre la vis I pour élever plus ou moins le quart-de-cercle.

Suite.

188. On voit par-là que le quart-de-cercle peut librement ſe mouvoir de trois façons ; premierement, autour de l'axe vertical qui eſt au-deſſous de P ; en ſecond lieu, autour de l'axe horizontal TD ; enfin autour de l'axe qui eſt en B. Par

ce triple mouvement, il est aisé de lui donner telle position qu'on veut ; & on la lui conserve avec la même facilité.

189. La figure 5 représente le quart-de-cercle avec les deux lunettes, l'une fixe, savoir LCN, l'autre mobile & appliquée sur l'alidade, savoir DEF*f*. La lunette est brisée en F*f*, à l'endroit où commence la division du limbe, & où se trouve le micrometre. On a attaché deux pieces à l'alidade ; la premiere est GMABHE *e h b a m* G ; elle est de fer, & elle suit en grande partie le contour du limbe, savoir de A en M, & de B en H, de même de *a* en *m*, & de *b* en *h*, & même au-delà de ces termes ; elle laisse voir les divisions du limbe, & s'étend depuis A jusqu'en *a* à plus de 45°. Cette espece de grillage est attaché à l'alidade avec quatre vis, deux desquelles sont entre E & *f*, & les deux autres entre *e* & F ; mais on peut l'ôter en lâchant les vis, pour laisser l'alidade & la lunette libres. La seconde piece est dans l'intervalle I *i* du côté G ; elle est également attachée avec quatre vis à l'alidade, & elle se voit en grand dans les figures 7 & 8.

190. On peut encore l'ôter pour laisser l'alidade libre entre F*f* & I *i*, jusqu'à l'extrémité du limbe. L'alidade a en cet endroit une fenêtre avec un verre très poli, au milieu duquel est marquée une ligne qui est dirigée au centre du quart-decercle. Cette fenêtre est couverte par le petit tuyau de l'oculaire : pour éviter la confusion, on n'a point représenté ici ce petit tuyau ; mais il est sur la même ligne que le reste du tube DF, auquel il est attaché avec une charniere en F*f*, de sorte qu'on peut le lever & le replier sur le reste du tuyau entre F*f* & E*e*, ainsi qu'on le voit dans la figure 6, dans laquelle EF*f e* est le même tuyau que dans la figure 5 : IK, HL sont les deux fils qui se coupent à angles droits ; ils sont contenus dans un anneau recouvert d'une plaque mince, fixée au moyen des vis D, D, D, D au rebord BGMF du tuyau. G est une des vis avec lesquelles on arrête l'anneau dans une juste position, avant que de serrer les vis D. AB est la charniere autour de laquelle tourne le tuyau F'M'*f*'O, qui renferme en N*n* l'oculaire, & qui a en O l'ouverture où l'on applique l'œil pour observer ; mais il faut auparavant faire tourner le tuyau F*f*'O sur la charniere AB, jusqu'à ce qu'il

vienne exactement s'appliquer contre l'autre tuyau, & que leur axe soit le même. L'observation finie, lorsqu'il n'est plus question que de regarder par la petite fenêtre de l'alidade, pour voir le nombre de dégrés, de minutes & de secondes désignées par la ligne du verre, entre Ff & Ii (fig. 5.), on leve le tuyau de l'oculaire, & on le tourne jusqu'à ce qu'il soit dans la position de la figure 6, pour laisser la fenêtre libre.

Machine pour faire mouvoir l'alidade.
Pl. III. fig. 5. 7. 8.

191. Il faut maintenant décrire le vérificateur qui est entre Ii & G, & qui se voit à peine dans la figure 5, mais qui est représenté en grand dans les figures 7 & 8, sans quoi il seroit difficile de se faire entendre. Dans la figure 7, AabB est la face antérieure du limbe; BC, bc, ah' son épaisseur, qui est encore exprimée dans la figure 8 en BC, bc, ah', avec la face postérieure Cch'H$'$ du limbe. Les objets sont représentés dans l'une & l'autre figure, tels qu'ils paroîtroient à une distance infinie, & vus un peu obliquement. La projection de l'instrument est exprimée par des paralleles, comme dans les figures précédentes; mais on y a fait ici quelques légers changemens, qu'on a jugé nécessaires, pour faire connoître plus distinctement chaque partie du vérificateur.

Ses différentes pieces.

192. Les plaques TY, ty, sont courbées en équerre, & assemblées par une plaque de fer, qui se voit dans la figure 8 en I$'$L$'$ $l'i$: on les fait tenir à l'endroit du limbe qu'on juge à propos, avec deux vis M$'$, m', qui le pressent par derriere; & l'on a couvert d'une peau leurs parties T, t dans toute leur largeur, de peur qu'en les serrant on ne gâtât la face antérieure du limbe. A la plaque ty est attaché, dans les deux figures un cercle, dans lequel on fait passer la vis uV, que l'on fait tourner par le moyen de sa tête Zu, & dont l'index ux marque sur la circonférence de ce cercle le nombre de parties de chaque tour de la vis. Cette vis traverse un parallélipipede de cuivre, dans lequel est un écrou, dont les filets sont exactement égaux à ceux de la vis; elle passe ensuite dans l'ouverture V d'un petit bras attaché à l'autre plaque T, puis au travers de l'anneau D, où elle est arrêtée par la vis E, de sorte que sa partie uV se trouve toujours entre ses deux supports V & u. Ce parallélipipede a deux cylindres

P, p

P, *p* (fig. 8.), qu'on infere dans les ouvertures de deux lames (fig. 7.), dont l'une eſt placée ſur le devant, ſavoir M N O P *o m n*, l'autre par derriere, où elle s'éleve juſqu'à la hauteur de L, *l*; on en voit encore un bord ſur la droite en *l q r s*; mais pour exprimer dans la figure la partie *l q*, il a fallu la tranſporter ſur l'alidade Q F *f q*, qui porte la lunette mobile, & la fenêtre E D *d e*, dont le verre eſt marqué dans ſon milieu d'une ligne G H : cette lame eſt pliée en équerre en *q*; & après avoir parcouru l'épaiſſeur du limbe, elle eſt pliée encore en équerre en *r*, mais en ſens contraire, afin que le plan *r s* ſoit parallele au plan *m n o* P, à l'alidade & au limbe, & qu'on puiſſe renfermer le parallélipipede entre ces deux plans paralleles, & l'y arrêter en faiſant entrer de part & d'autre dans leurs ouvertures les cylindres P, *p* de la figure 8.

193. Les lames ſont attachées l'une à l'autre par les vis M, *m*; celle de derriere eſt ſerrée contre l'alidade par les vis L, *l*; & elles y ſont ſerrées toutes les deux par les vis N, *n*. D'où il arrive que ſi après avoir ſerré les vis M′, *m*′ de la figure 8, on tourne la vis *u* V, on fera avancer le long du limbe l'alidade F Q *q f* (fig. 7.), avec la fenêtre D E *e d*, & la ligne G H qui parcourra les diviſions, tandis que l'index *u x* marquera le nombre de parties du micrometre, dont on peut compter les révolutions entieres par le nombre de fois que l'index arrive au commencement de la diviſion. Mais pour que la vis *u* V puiſſe tourner, elle doit être bien droite, & le point P doit avoir un mouvement circulaire autour du centre du quart-de-cercle ; d'où il ſuit qu'on ne peut faire ſervir cet inſtrument que pour un arc ſi petit, qu'il puiſſe être pris pour une ligne droite, tel que l'arc d'un dégré, dont la courbure, priſe de part & d'autre de ſon point de milieu, n'éloigne pas ſenſiblement le point C du centre du quart-de-cercle, ou du limbe; car il ne s'en éloigne que du ſinus verſe de 30′, qui n'eſt pas $\frac{4}{100000}$ du rayon.

Suite.

194. Cette différence eſt abſolument inſenſible ; mais comme la ligne tirée du point P au centre du quart-de-cercle, change continuellement de direction, il eſt néceſſaire, pour que le parallélipipede A′ *a*′ puiſſe changer de poſition par rapport à cette ligne, qu'il ne ſoit pas attaché immédiatement à

Mouvement de l'alidade égal à celui de l'index.

M m

l'alidade; mais qu'au moyen des cylindres P, *p* de la figure 8, il foit tellement enchaffé dans les lames de la figure 7, qu'il puiffe tourner dans leurs ouvertures. De plus, afin que le mouvement du parallélipipede, de fon cylindre P, de l'alidade & de la ligne du verre, répondît également au mouvement de l'index, il a fallu pourvoir à ce que les pas de la vis fuffent bien égaux, que fon axe *u* V fût exactement perpendiculaire au plan du cercle, que ce plan fût lui-même bien uni, & qu'il joignît bien contre la tête de la vis en *u*, de même que la vis fût arrêtée en V par des plans également perpendiculaires à fon axe, & joignant auffi bien entre eux. Enfin la diftance *u* V des ouvertures, où paffe la vis, doit être tellement proportionnée à fa longueur, que ni la vis, ni le parallélipipede, ni l'alidade ne puiffent avoir d'autre mouvement que celui qu'on leur communique en tournant la vis fur fon axe. Pour en venir à bout, notre artifte a eu befoin de recourir à un anneau plat D′, qu'il a mis derrière l'ouverture V du bras T V, après l'avoir bien poli du côté de V; & il l'y a appliqué en faifant avancer de force la vis F E dans fon écrou E, autant que l'élafticité du métal le pouvoit permettre: enfuite à force de tourner la vis, il a produit deux effets par le frottement; le premier, de polir encore davantage les faces qui touchent en D′ & *u*, le fecond, de les rendre exactement perpendiculaires à l'axe de la vis; d'où il fuit que le mouvement de l'alidade répond parfaitement à celui de la vis.

Ufage des vis du vérificateur.

195. Il fuffit de lâcher les vis M′, *m* de la figure 8, pour pouvoir faire tourner toute cette machine, avec l'alidade & la lunette autour du quart-de-cercle: on l'attache enfuite avec les mêmes vis contre le limbe, & à l'endroit qu'on veut. Si avant que de l'attacher on venoit à tourner la vis, ce ne feroit plus l'alidade qu'on feroit mouvoir, mais cette machine même. En effet, l'une des plaques T, *t* s'approcheroit alors de l'alidade, & l'autre s'en éloigneroit d'autant. Mais fi on lâche de plus les vis L, *l*, N, *n*, toute la machine fe détache du limbe & de l'alidade, laquelle peut tourner enfuite librement avec fa lunette, comme dans les quarts-de-cercles ordinaires.

196. Ce n'eft que depuis mon retour à *Rome*, que j'ai fait

ajouter au quart-de-cercle les deux machines dont je viens de donner la defcription, favoir celle des figures 7 & 8, avec le grillage repréfenté dans la figure 5, n'ayant pu trouver ni à *Rimini*, ni ailleurs un ouvrier affez habile pour venir à bout de la premiere.

197. Il eſt à préfent queſtion de la difpofition des parties de l'inſtrument, de fa rectification, & de l'ufage qu'on y peut faire des deux dernieres machines; après quoi nous en viendrons à l'ufage du quart-de-cercle, & aux obfervations auxquelles il a fervi. Pour commencer par les lunettes, on doit autant qu'il fe peut les rendre paralleles au plan de l'inſtrument. Nous en avons affez dit fur ce parallélifme dans le chapitre précédent, en parlant de la lunette du fecteur; & les moyens de le procurer font connus des Aſtronomes. Notre artiſte n'y avoit point mal réuſſi; nous verrons de plus que dans les obfervations faites avec ce quart-de-cercle, la déviation de la lunette, à moins qu'elle ne fût bien confidérable, ne peut y produire une erreur fenfible. Or pour la rendre plus aifément parallele, il ne nous a pas peu fervi d'avoir rendu mobiles les fils du micrometre, en les inférant dans un anneau qui, avant que d'être ferré par les vis, peut fe mouvoir de côté en tout fens, jufqu'à ce que la ligne qui paffe par le point de l'axe de l'objectif, & par le centre des fils, fe trouve dans une pofition convenable.

198. A l'égard des fils, on verra s'ils fe coupent à angles droits dans les trois micrometres, dont les deux premiers font dans la lunette fixe, & le troifieme dans la lunette mobile, & fi les autres fils de l'un des premiers micrometres font avec les précédens des angles de 45°, on pourra, dis-je, s'en convaincre par la méthode que nous avons propofée en parlant du micrometre du fecteur, & qui fe réduit à comparer ces fils avec des lignes tracées fur le papier, avec les mêmes angles; & l'on huilera le papier, s'il en eſt befoin. Or pour mefurer les angles & prendre les hauteurs, l'un de ces fils doit être parallele, l'autre perpendiculaire au plan du quart-de-cercle; & c'eſt ce qu'on pourra vérifier dans la lunette fixe, en plaçant le quart-de-cercle dans une fituation verticale, que l'on connoîtra en faifant rafer le limbe par le fil à plomb, &

examinant enfuite fi l'un des fils répond à un autre fil à plomb, qui pendra librement. Nous l'avons fouvent vérifié dans cette lunette au rivage de la mer : nous placions le quart-de-cercle dans un plan vertical ; nous pointions enfuite la lunette fur l'horizon de la mer, & nous examinions fi le fil qui doit être perpendiculaire au plan de l'inftrument répondoit dans tous fes points à cet horizon. Quant au micrometre de l'alidade, qui ne peut s'appliquer au quart-de-cercle avec le fil à plomb, nous placions le limbe horizontalement, en y appliquant le niveau, & nous examinions fi l'un des fils du micrometre répondoit à un fil à plomb fufpendu devant lui.

Même fujet.

199. La meilleure maniere de difpofer les fils des micrometres de la lunette fixe, eft de faire enforte que les deux lignes, qui de part & d'autre paffent par le point de l'axe de l'objectif & le centre des fils, ce que nous appellerons encore ici l'*axe de la lunette*, foient paralleles au dernier rayon du quart-de-cercle, c'eft-à-dire à celui qui aboutit à la fin du 90me dégré ; & pour ce qui eft de la lunette mobile, le meilleur eft encore de rendre fon axe parallele au même rayon, après avoir mis la ligne du verre de l'alidade à la fin du 90me dégré ; c'eft-à-dire en rendant cet axe parallele à cette ligne, qui doit elle-même être exactement dirigée au centre du quart-de-cercle.

De la ligne du verre. Pl. III. fig. 2. 3.

200. Pour connoître fi elle a cette direction, & la lui donner fi elle ne l'a pas, il fuffit d'amener l'alidade au commencement de la divifion, & de mettre la ligne du verre fur la ligne A C (fig. 3.) tirée du centre fur le limbe, & au commencement même de la divifion. Or on verra fi cette ligne eft dirigée au centre, en ôtant l'alidade, & mettant à fa place la petite piece du centre (fig. 2.), qui porte le fil à plomb : en effet, fi le fil tendu de la pointe de l'aiguille au point C, paffe par A, ce fera une preuve que la ligne A C fe dirige au centre : l'artifte ne nous avoit rien laiffé à defirer fur ce point. Ayant enfuite appliqué l'alidade, il faudra difpofer fon verre dans la fenêtre, de maniere que fa ligne réponde exactement à la ligne C A ; & c'eft pour cela que la fenêtre doit être un peu plus grande que le verre, lequel doit être coupé obliquement fur les bords, pour pouvoir, lorfqu'il eft ajufté dans la fenêtre, toucher le limbe. Dès que la ligne du verre répon-

dra à celle du limbe, on se servira de cire, ou de gomme, pour coller le verre sur l'alidade.

201. On peut avoir plusieurs méthodes, soit pour examiner si les axes des lunettes sont dans la direction que nous avons dit être la meilleure, soit pour la leur donner; mais elles sont si incommodes, que le plus court est de corriger dans les observations les erreurs occasionnées par la déviation de l'axe; & c'est ce que nous avons fait de la maniere que nous dirons plus bas, lorsque nous parlerons de l'usage du quart-de cercle, soit pour déterminer les angles formés par des lignes qui se dirigent à deux objets différens, soit pour connoître de combien un lieu est élevé, ou abaissé au-dessous de l'horizon.

De la déviation de l'axe.

202. Nous avons vu plus haut comment on peut s'assurer que le centre autour duquel tourne l'alidade, & celui d'où est suspendu le fil à plomb, sont les mêmes que celui des cercles gravés sur le limbe. Tout cela se trouvoit dans notre quart-de-cercle, comme nous l'avons dit; d'où il suit que les cercles A E B, 1 r 1′, &c. du limbe, sont exactement tracés. Nous avons vu encore la maniere de placer ces cercles à une juste distance les uns des autres, & d'examiner s'ils y sont. Il y a plus d'ouvrage à vérifier les autres divisions, dans lesquelles les meilleurs artistes ne peuvent se répondre d'éviter des erreurs de quelques secondes. Or il ne suffit pas de savoir en général qu'il y a quelque erreur, mais il faut voir à quoi elle se monte dans chaque division, du moins celles qui ont servi: c'est ce qu'on appelle vérifier les divisions du limbe, opération pour laquelle on a inventé plusieurs méthodes: elle ne m'a pas peu donné de peine, jusqu'à ce qu'enfin j'ai imaginé l'instrument de la figure 5, au moyen duquel elle se fait avec une entiere précision.

De la vérification.

203. Pour mieux entendre ceci, il est à propos de donner un exemple de la maniere dont on détermine les angles avec l'alidade. Soit la lunette L N (fig. 5.) dirigée à un point quelconque, la lunette G C D à un autre objet, après qu'on l'aura debarrassée de tout l'appareil A B b a, & C le point d'intersection des axes de ces lunettes. Si les axes sont bien disposés, l'arc compris entre le dernier point de la division vers K I, & la ligne du verre, qui est entre F I & fi, mesurera

Prendre les angles.
Pl. III. fig. 5.

l'angle **GCL**, & par conféquent l'angle **NCD** qui lui eft oppofé au fommet. Pour lors il fuffit d'examiner le nombre de dégrés qui fe trouvent depuis le commencement **A B** de la divifion, jufqu'à la ligne du verre, & de le retrancher de 90°, pour avoir l'angle cherché.

Corriger le défaut du parallélifme.

204. Mais fi les axes ne font pas exactement difpofés, de forte par exemple que la ligne du verre répondant à la fin du 90me. dégré, l'un des axes s'écarte un peu du rayon qui paffe par ce point; on fe contentera d'avancer une fois pour toutes la lunette mobile, jufqu'au point où elle repréfentera au centre des fils le même objet que la lunette fixe, & d'examiner de combien il s'en faut que la ligne du verre ne réponde précifément à la fin du 90me. dégré. Cela fait, on ajoutera, ou l'on retranchera de l'angle obfervé cette différence, fuivant que la ligne du verre fe fera trouvée au-delà, ou en-deçà de ce terme.

La lunette mobile y peut fuffire.

205. Si de plus la lunette fixe **LN** n'étoit pas parallele au plan de l'inftrument, tout au contraire de la lunette mobile, auquel cas elles ne pourroient repréfenter enfemble le même objet au centre des fils, il fuffira de difpofer le quart-de-cercle enforte que fon plan paffe par l'un & l'autre objet; de pointer enfuite la lunette mobile fur le premier, puis fur le fecond, le quart-de-cercle reftant toujours dans la même pofition, & de prendre la différence des arcs défignés par la ligne du verre dans cette double pofition de la lunette mobile. Pour juger fi le quart-de-cercle a été immobile, on verra fi dans la lunette fixe **L N** on apperçoit toujours le même point d'un autre objet quelconque au centre des fils; car quoique le quart-de cercle puiffe abfolument fe mouvoir fans que l'axe de la lunette fixe change pour cela de place, il eft cependant infiniment plus probable que l'un n'aura pas remué fans l'autre. Mais nous avions rendu les lunettes paralleles au plan de l'inftrument; ainfi elles repréfentoient enfemble le même point de l'objet au centre des fils.

Point du limbe défigné par l'alidade.
Pl. III. fig. 3.

206. **D**ans tous ces cas on doit toujours examiner le nombre de dégrés, minutes & fecondes, défignés par la ligne du verre ; & l'on pourra s'y prendre de la maniere qui fuit: foit A (fig. 3.) le commencement, & B la fin d'un dégré quel-

conque; fi cette ligne paffe par **A** ou **B**, on aura exactement
le nombre de dégrés; fi elle paffe par **F**, comme **KL**, ou
par **G** comme **K″L″**, on ajoutera au nombre de dégrés qu'on
compte jufqu'en **A**, dans le premier cas, 20, dans le fecond,
30 minutes. Ces lignes pafferont auffi par les points *e*, *f*, fi
les tranfverfales font bien tirées, & que le premier & le dernier
cercles foient exactement divifés. Si elle paffe entre **F** & **G**,
par exemple en *x x*, comme **K′L′**, il faudra ajouter à 20′ le
nombre de minutes & de fecondes qui fe comptent fur l'arc
F*x*, & qu'on trouvera par les tranfverfales. Car fi elle paffe
par le point d'interfection de la tranfverfale avec l'un des
cercles intermédiaires, comme avec le quatrieme en **Q**, ou
le cinquieme en **R**, on aura exactement le nombre de minutes
qui doivent être ajoutées aux 20 premieres, favoir 4 minutes
dans le premier cas, & 5 dans le fecond.

207. Si la ligne paffe entre deux de ces points, par exemple
en **S**, entre **Q** & **R**, on aura le nombre de fecondes, qu'on
doit ajouter aux minutes, par cette analogie : **QR** eft à
QS, comme 60 au nombre cherché. Cette proportion ne fe
voit que difficilement fur la ligne **QR**; mais fi **K′L′** rencontre le cercle fupérieur en **T**, l'inférieur en **V**, & qu'on
regarde avec une lentille d'une affez grande convexité les
lignes **QT**, **VR**, on en découvrira aifément le rapport; &
divifant le nombre 60 dans la même raifon, on aura le nombre
de fecondes qui répond à l'arc **QT**. Cet arc fera par exemple
de 30″, fi **QT** eft égal à **VR**, & de 40″, s'il en eft le double.
Or il y a fi loin de l'égalité à la raifon double, qu'on peut
aifément appercevoir à la vue fimple plufieurs rapports intermédiaires; & comme cette différence répond à 10″, il eft
clair qu'on peut connoître le nombre de fecondes qui doit
s'ajouter aux minutes, à peu de fecondes près.

208. Au lieu de cette méthode, on peut fe fervir du micrometre commun, comme je l'expliquerai plus bas; mais fi
l'on veut une précifion entiere, on n'a qu'à appliquer le micrometre de la figure 7, & tourner la vis jufqu'à ce que la
ligne du verre paffe par le point **Q**, puis par le point **R** : on
marquera les nombres défignés par l'index, dans les trois pofitions **Q**, **S**, **R**, & on fera cette proportion : l'intervalle de

Connoître
par eftime le
nombre des
fecondes.

Moyen plus
exact.

là premiere à la troisieme est à l'intervalle de la premiere à la seconde, comme 60 est au nombre cherché : plus brievement encore, dès qu'on connoîtra le nombre des parties du micrometre contenu dans une minute, & qu'on aura dressé une table où on les aura réduits en secondes, selon l'usage, il suffira des deux premieres positions pour avoir le nombre de secondes de l'arc QT. Notre micrometre commun s'étoit dérangé, comme je l'ai dit ; & nous n'avions personne pour le raccommoder, ni pour en faire un autre que j'avois imaginé : nous n'avons trouvé qu'à *Rome* un homme également capable & de rétablir l'ancien, & d'exécuter le nouveau.

Son application aux secondes. Pl. III. fig. 1.

209. Ainsi nous avons été obligés, pendant tout le voyage, de nous servir de la méthode du n°. 207. A la fin de chaque observation nous examinions séparément le rapport entre QT & VR, ou si le point S étoit trop près de l'un des points Q, R, entre les arcs des cercles qui sont immédiatement au-dessus & au-dessous de ce même point ; nous tirions de ce rapport le nombre de secondes ; nous comparions nos résultats, & nous trouvions qu'ils s'accordoient ordinairement à deux ou trois secondes près ; rarement la différence est allée jusqu'à 5″, & jamais au-delà. Lorsque nous nous rencontrions d'assez près, nous prenions un milieu entre les observations : pour peu que la différence ne fût pas à négliger, nous examinions de nouveau avec la lentille, une seconde & une troisieme fois ; ainsi il ne s'est pu glisser de ce côté-là que de très petites erreurs dans nos observations.

Méthode plus courte.

210. Nous nous sommes affranchis de la nécessité de revenir deux fois à cet examen, en employant une méthode qui rend la rectification du quart-de-cercle incomparablement plus facile & plus sûre. Nous examinions d'abord l'angle que formoient à peu près les axes des lunettes dirigées l'une sur un objet, l'autre sur un autre ; nous faisions ensuite mouvoir l'alidade jusqu'à ce que la ligne du verre passât par le commencement du dégré le plus voisin. Cela fait, nous faisions mouvoir tout le quart-de-cercle, jusqu'à ce que le même objet reparût au centre des fils de la lunette mobile, puis le fil mobile de la lunette fixe, jusqu'à ce que l'autre objet parût au point d'intersection de ce fil avec le fil fixe auquel il est perpendiculaire.

diculaire. Du reste, afin que le fil mobile fût perpendiculaire au plan de l'instrument, nous tournions à l'ordinaire le micrometre au commencement de chaque observation, & nous avions sous les yeux un signe permanent pour pouvoir toujours reconnoître cette position. Après cela nous amenions la lunette mobile sur cet autre objet, jusqu'à ce qu'il parût au centre de ses fils, sans sortir du point d'interfection que nous avons dit; & nous remarquions sur l'arc du dernier, ou du pénultieme dégré l'endroit désigné par la ligne du verre: enfin nous marquions pour le premier objet le nombre entier de dégrés, & le nombre des dégrés, minutes & secondes pour le second.

211. On voit à quel point cela doit abréger la rectification du quart-de-cercle; en effet, il suffit alors de rectifier les 90me. & 91me. dégrés, avec le commencement & la fin des autres. Seulement pour connoître de combien un objet étoit élevé ou abaissé au-dessous de l'horizon, nous avons encore eu besoin de rectifier deux dégrés entiers, pris de part & d'autre du premier point de la division. Mais au lieu du commencement du dégré voisin, dont je n'ai parlé (n°. 210) que pour me rendre plus intelligible, & ne point trop embarrasser mon explication, nous avons pris, tant dans les observations que dans la rectification de l'instrument, le point qui termine la premiere minute de ce dégré; parceque nous avons vu par expérience, que dès qu'on emploie des transversales, il est bien plus aisé de remarquer le passage d'une ligne droite, comme du fil à plomb, ou de la ligne du verre, par le point d'interfection de deux lignes telles que A ra, 1 r 1', qui est en r, que par le point de concours des lignes A a, A B, qui est en A; outre que nos transversales sont sans comparaison plus nettes & plus égales dans tous leurs points intermédiaires, qu'à leurs extrémités, où elles rencontrent le plus grand & le plus petit cercle. Ainsi nous marquions toujours pour le premier objet, un certain nombre de dégrés, avec une minute.

212. Je me suis un peu étendu sur cet article, pour faire connoître les moyens que nous avons jugé les plus propres à assurer le succès de nos opérations, & pour n'avoir pas

N n

Faciliter la
vérification.

Utilité de ces
explications.

beſoin d'y revenir dans la ſuite. Quelques eſprits dédaigneux traiteront ceci de minuties ; mais ceux qui s'exercent dans la pratique de l'Aſtronomie le regarderont, comme je l'eſpere, avec d'autres yeux, & me ſauront peut-être gré de mes remarques : il ſeroit même fort à deſirer en général que les Aſtronomes vouluſſent bien faire part au public des moyens qu'ils ont employés pour obſerver avec plus de préciſion. Pour revenir, ceci nous conduit naturellement à la rectification du quart-de-cercle.

Moyen de vérifier exactement.

213. Car ces choſes étant ſuppoſées, voici la méthode la plus ſûre & la plus exacte de procéder à l'examen des diviſions. Dans une plaine découverte, & également de niveau, on meſure avec des perches en forme de regles, ſemblables à celles qu'on emploie pour la meſure des baſes, ainſi que je l'ai expoſé dans le premier Livre, & que je l'expoſerai de nouveau dans le Chapitre quatrieme de celui-ci ; on meſure, dis-je, une diſtance conſidérable, par exemple de 1000 toiſes : on place le centre du quart-de-cercle à l'une des extrémités, & on tire par l'autre une ligne perpendiculaire, dans laquelle on met les perches, & dans une poſition horizontale. Il ſeroit néceſſaire que les perches ou regles fuſſent exactement d'un certain nombre de toiſes, comme par exemple de trois toiſes chacune ; & que ſur leurs côtés verticaux, chaque toiſe ſe trouvât diviſée d'abord en dix, puis en cent parties, par des lignes numérotées : les trois premieres perches feroient déja $\frac{900}{100000}$ de *la diſtance. Ces perches étant placées, & les lunettes diſpoſées de telle ſorte que leurs fils verticaux répondent au commencement de la premiere perche, & la ligne du verre au premier point de la diviſion, on retiendra la lunette fixe dans cette poſition, & on fera mouvoir l'alidade de ſorte que la ligne du verre marque ſucceſſivement une, deux, trois minutes, & ainſi de ſuite. Ces trois premieres perches donneront déja les tangentes des petits arcs du quart-de-cercle, juſqu'à la moitié du premier dégré. On tranſportera la premiere perche au-delà de la troiſieme, dès qu'on aura fini de s'en ſervir (ce que l'obſervateur pourroit indiquer de la main, ou avec un mouchoir blanc, à ceux qui préſident aux perches) ; & continuant ſur le même pied, on pourra aller de ſuite

jufqu'à 1000 toifes, c'eft-à-dire jufqu'à la fin du 45e dégré, au-delà duquel les tangentes augmentent confidérablement. Ainfi on pourroit vérifier en même tems, & de la même manicre, l'autre moitié du quart-de-cercle, & par-là on auroit immédiatement tous les arcs au-deffous de 45 dégrés, & ceux qui font au-deffus, par l'addition de deux arcs, dont on a la valeur immédiate, fans courir le rifque d'accumuler les erreurs.

214. On pourroit aifément par cette méthode éviter l'erreur d'une feconde ; car avec une lunette de deux ou trois pieds, on diftingue parfaitement, à mille toifes de diftance, la centieme partie d'une toife, qui eft un peu moindre qu'un pouce, & même la deux centieme. Or la centieme d'une toife n'entraîneroit au commencement qu'une erreur d'environ deux fecondes, & à la fin que d'une feconde, comme on peut s'en convaincre par l'infpection des tables des finus.

215. Mais cette méthode même demande bien du travail, & nous n'avons jamais vu de plaine où l'on pût l'employer. Nous pouvions y fuppléer en comparant entre elles les divifions du quart-de-cercle, & le quart-de-cercle lui-même avec les quatre parties de l'horizon. Car fi on compare entre elles les deux moitiés, ou plutôt les trois tiers du quart-de-cercle, c'eft-à-dire des arcs de 30 d., puis les tiers de ceux-ci, ou les arcs de 10 d., puis de 5 d., enfin de 1 d., en divifant d'abord 90 d., fuivant le rapport trouvé dans les trois tiers, puis chaque tiers fuivant celui qu'on a trouvé dans les arcs de 10 d., & ainfi de fuite, par la méthode propofée pour le fecteur, n°. 85 ; après quatre opérations, on a tous les arcs de dégrés entiers ; & dans les trois premieres on ne peut commettre qu'une erreur fimple dans chaque partie de la divifion ; dans la quatrieme qu'une erreur double. On peut de la même maniere comparer les minutes de dix en dix, & d'une à une ; mais fi l'on trouve que les tranfverfales foient bien tirées, on pourra fe difpenfer de les comparer une à une ; car en comparant les dix minutes du plus grand cercle avec celles du plus petit, on verra aifément la correction qu'il y a à faire aux minutes intermédiaires. Par-là tous les arcs fe trouveront corrigés, dans la fuppofition que l'inftrument foit exactement

Précifion de
la méthode.

Autres méthodes de vérification.

N n ij

la quatrieme partie du cercle ; & fi l'on y découvre quelque différence, on la répartira fur le quart-de-cercle par cette analogie : comme un arc de 90° eſt à un autre arc quelconque ; ainſi cette différence eſt à un quatrieme terme, qui fera cette partie même de la différence qu'il faudra aſſigner à cet arc. De cette forte tout l'inſtrument fera exactement corrigé.

Même fujet.   216. Pour comparer entre elles les parties du quart-de-cercle, on place d'abord la ligne du verre au commencement de la diviſion, puis à la fin de l'arc à comparer, par exemple de 45°, en remarquant les objets qui paroiſſent dans cette double poſition au centre des fils : on tourne enſuite l'inſtrument fur ſon centre, juſqu'à ce que le premier objet reparoiſſe au centre des fils ; on pointe fur le fecond, & on examine de combien la ligne du verre eſt éloignée de la fin du fecond arc, comme ici de la fin du 90ᵐᵉ· dégré ; cette différence eſt celle des arcs, & c'eſt la même méthode pour les autres.

Erreurs qu'on y peut craindre.   217. Nous nous ſommes ſervis de cette méthode premierement à *Rome*, dès qu'on nous eut remis notre quart-de-cercle, puis à *Rimini* ; mais pluſieurs difficultés contribuerent à nous en dégoûter. Car en premier lieu nous trouvions rarement au centre des fils des objets aſſez diſtincts ; de plus, la largeur des fils dans l'une & l'autre lunette, quelque déliés qu'ils fuſſent, & pluſieurs autres inconvéniens qu'on éprouve en obſervant avec ces inſtrumens, produiſoient infailliblement dans chaque obſervation une erreur de quelques fecondes ; erreur qu'on ne pouvoit eſtimer au juſte, furtout à cauſe du dérangement que notre micrometre avoit fouffert, comme je l'ai dit n°. 176.

Méthode où l'on emploie le fecteur.   218. Ayant donc renoncé à nous ſervir de cette méthode, je fus d'avis qu'on eſſayât de confronter les diviſions du quart-de-cercle avec celles de la lame mobile du fecteur, dont nous avons vu une defcription détaillée au Chapitre précédent. Pour cela nous mettions le fecteur & le quart-de-cercle dans une poſition horizontale, & dans le même plan, de forte que le milieu de l'arc à comparer répondît exactement au rayon du fecteur ; & nous prenions avec le compas la diſtance de ce point de milieu à la ligne du milieu de la lame mobile. Malgré la petite difficulté qu'il y a à diſpofer ainſi les chofes, nous

nous en tirions heureusement à l'aide d'un fil fort délié, &
tendu de l'aiguille du quart-de-cercle au centre du secteur.

219. Cela fait, nous faisions passer le fil toujours tendu
qui partoit de l'aiguille du quart-de-cercle, par le premier
point d'un arc quelconque de 15 dégrés, & nous avancions
la lame mobile jusqu'à ce que le fil répondît à quelqu'une
de ses divisions, ce qui nous faisoit juger de sa distance au
milieu du limbe du secteur. On répétoit la même opération,
en faisant passer le fil à la fin du premier, puis du second
dégré, & ainsi de suite, jusqu'au quinzieme, la lame mobile ayant pour cela une étendue suffisante. On comparoit ensuite de la même façon les autres arcs de 15°, en prenant
toujours la précaution de placer le quart-de-cercle à la même
distance de la ligne du milieu.

220. Cette méthode est assez exacte, surtout lorsqu'on
applique la loupe; nous l'essayâmes plusieurs jours à *Rimini*,
& elle nous eût réussi, si nous eussions eu une connoissance
suffisante des divisions de la lame mobile, & si nous eussions
pu trouver un endroit propre à notre dessein. Il n'y en avoit
aucun dans tout le college de *Rimini*. Ici les chambres étoient
embarrassées par les décombres d'un bâtiment neuf; là elles
étoient trop obscures; plus souvent encore le plancher ne
portoit que sur des poutres, au lieu d'être solidement appuyé
sur une voute : ainsi nous trouvâmes des obstacles de tout
côté. Les poutres en particulier étoient si foibles, que le
moindre mouvement du corps s'y faisoit sentir, & qu'il suffisoit de se baisser à dessein de mieux voir les divisions, pour
causer dans le pavé un trémoussement qui ne laissoit pas de
déranger un peu la position du quart-de-cercle par rapport au
secteur, & troubloit toute l'opération. De plus, nous ne connoissions point assez le rapport des divisions de la lame mobile, & nous avions fort à craindre d'ajouter de nouvelles
erreurs à celles qu'on pourroit découvrir dans la vérification
de la lame. Toutes ces raisons nous obligerent enfin de renoncer à la méthode.

221. Je ne dis rien de plusieurs autres tentatives ; mais
avant que d'en venir à celle qui à la fin nous a réussi, je crois
devoir observer que le compas formé de deux verres, l'un

Suite.

Tentatives
inutiles.

Nouvel ins-
trument de vé-
rification.

fixe, l'autre mobile, dont j'ai donné la description n°. 66, nous eût été ici d'un grand ufage : nous euffions pu nous en fervir pour comparer entre eux avec affez de précifion les arcs obfervés, mais nous n'en avions point alors, & l'idée de cet inftrument, & de fon ufage, ne m'eft venue que quelque tems après. J'imaginai donc un inftrument équivalent à celui-là, & qui l'emporte même de beaucoup pour l'objet que nous traitons ; mais n'ayant trouvé perfonne ni à *Rimini*, ni dans tout le trajet, qui pût l'achever ; ce n'eft qu'à *Rome* que je l'ai fait finir, & que je lui ai fait donner fa derniere perfection : c'eft l'ouvrage de notre artifte ordinaire M. *Rufo*, & il eft repréfenté dans les figures 5, 7 & 8 : j'en ai donné la defcription n°. 189 & fuivans ; en voici l'ufage pour la rectification du quart-de-cercle ; il a beaucoup de rapport avec celui de la lame mobile, deftinée à la vérification du fecteur.

Moyen de connoître fa vis.
Pl. III. fig. 7.

222. Il n'eft befoin que du petit inftrument de la figure 7, pour vérifier la vis Z *u* V ; car il fuffit pour cela de faire parcourir à la ligne G H du verre, au moyen des pas de la vis qu'on y emploie fucceffivement, l'intervalle de deux points marqués fur le limbe, & dont la diftance réponde à un tour de cette vis ; ou de faire correfpondre, au moyen de la même vis, à un point unique du limbe l'intervalle de deux lignes marquées fur le verre à la même diftance. A cet effet on ne ferrera les vis M, *m* (fig. 8.) qu'après avoir amené la ligne du verre au commencement de l'intervalle des points du limbe, ou le point du limbe au commencement de l'intervalle des lignes du verre, l'index placé au commencement du pas de la vis ; & lorfqu'après une révolution de l'index on fera arrivé à la fin de ce pas, on lâchera les vis, & on placera de telle forte l'alidade avec le vérificateur, que le commencement de l'intervalle réponde, comme ci-devant, à la ligne ou au point : enfin on fera faire un tour à l'index pour mefurer le fecond pas de la vis. De cette forte on pourra comparer tous les pas, d'abord un à un, puis deux à deux, ou trois à trois, &c. enfin les moitiés, les tiers, les quarts, &c. de chaque pas, comme nous avons dit, n°. 56 & 57, qu'on pouvoit faire pour la vérification de la vis du fecteur, qui pouffe la lame

mobile. Celle-ci se trouva également parfaite.

223. La vis étant vérifiée, on pourra comparer tous les dégrés entre eux, comme on a comparé les divisions de la lame mobile (n°. 61), & cela, ou en faisant parcourir à la ligne du verre G H un dégré entier quelconque, & la ramenant ensuite à sa premiere position, ou ce qui est mieux, en marquant sur le verre de l'alidade, si sa fenêtre est assez large, deux lignes à la distance d'environ un dégré, & amenant, comme ci-dessus, l'une au commencement, l'autre à la fin du dégré. Il ne sera pas même besoin pour cela d'avoir vérifié la vis ; mais dès qu'elle le sera, on pourra comparer les minutes entre elles, ou du moins le commencement & la fin de chaque dixaine de minutes, ou bien, comme nous l'avons fait, la fin des premieres & le commencement des dernieres minutes de chaque dixaine, dans les points où les transversales coupent le second & le dixieme des onze cercles concentriques (fig. 3.). Car ayant remarqué combien il y a dans un dégré moyen de parties du micrometre de la figure 7, & combien il en doit revenir à chaque partie quelconque de ce dégré, l'erreur, tant du dégré que de chacune de ses parties, se manifeste d'elle-même. Tout ceci revient à ce que nous avons dit, à l'endroit cité, de la lame mobile du secteur, & de son micrometre.

224. Comparant donc ainsi tous les dégrés, on vérifie tout le quart-de-cercle ; de même qu'on connoît toute la division de la lame mobile, en examinant chacune de ses parties. Car on connoîtra le nombre de parties de micrometre contenu dans le quart-de-cercle entier, & par-là même dans un arc quelconque, & on fera cette analogie : comme le nombre de parties de micrometre contenu dans le quart-de-cercle est au nombre de parties contenu dans un arc quelconque, ainsi 90° est à un quatrieme terme, qui, étant soustrait de cet arc, en fera connoître l'erreur ; mais par-là on commettroit une erreur dans chaque opération, & ces erreurs pourroient s'accumuler jusqu'au nombre de 45, suivant le n°. 84.

225. On peut donc, par la méthode proposée, n°. 76, pour le rayon du secteur, diminuer considérablement ce nombre d'erreurs, au moyen de l'instrument représenté dans la figure 5.

depuis AB jufqu'à *ab*. On y collera avec de la cire deux verres P*p*, Q*q*, fur le revers defquels on aura marqué des lignes dirigées au centre de l'inftrument, & placées à peu près l'une au commencement de la divifion, l'autre à la fin du 45ᵉ dégré; & tournant la vis qui eft au deffous du point *i*, on fera avancer avec l'alidade toute la machine, jufqu'à ce que les lignes des verres répondent fucceffivement, l'une au commencement de la divifion, l'autre à la fin du 45ᵉ dégré; ce qui fera connoître la différence de cet arc, avec l'intervalle de ces lignes. On tranfportera enfuite toute la machine, jufqu'à ce que la ligne du premier verre foit à peu près à la fin du 45ᵉ dégré, & par conféquent celle du fecond proche la fin du 90ᵉ; & l'on trouvera la différence de cet arc à l'intervalle des lignes, & par conféquent la différence des arcs. Si l'on compare de la même maniere les arcs de 30, de 10 & de 5 dégrés, en plaçant les verres à ces intervalles, l'erreur ne pourra être au plus que quintuple de celle qu'on aura commife dans chaque opération.

Même fujet.   226. Pour trouver les angles de notre polygone, nous n'avons eu befoin, comme je l'ai dit, nº. 211, que de vérifier les minutes des 90ᵉ & 91ᵉ dégrés, avec le commencement & la fin des autres; & pour connoître de combien un objet eft élevé, ou abaiffé au-deffous de l'horizon, il a fallu y ajouter la vérification de deux dégrés pris de part & d'autre du premier point de la divifion. Toutes ces opérations demandent beaucoup de travail & de patience; mais elles font abfolument néceffaires, & nous nous y fommes appliqués férieufement depuis notre retour à *Rome*. Or il eft à obferver que fi l'on vérifie les minutes d'un même dégré par le mouvement continu d'une vis bien faite, la fomme des erreurs n'augmente point, & qu'il n'y a d'autre différence dans la grandeur de l'arc, que celle qui provient de l'erreur unique de la derniere opération, comparée à la premiere erreur; d'où il fuit que ce quintuple de l'erreur ne peut être augmenté que de cette erreur unique : mais il n'arrive jamais que les erreurs foient toutes du même côté; au contraire, elles s'effacent prefque toujours les unes les autres, du moins en partie.

227.

227. Le rayon de notre quart-de-cercle étant le tiers de celui du secteur, le mouvement de l'aiguille ou de l'index, qui, dans le secteur, répond à une seconde, répond ici à trois secondes. De même donc qu'avec un micrometre & une lentille on distingue aisément dans le secteur le tiers d'une seconde, on distinguera pareillement ici une seconde. Mais si la division se faisoit par de petits points, & qu'on se servît du microscope, je ne doute nullement qu'on ne pût distinguer les dixiemes de secondes, & même les tierces ; de sorte qu'en perfectionnant cette méthode, on peut parvenir à éviter, je dis même dans la totalité de toutes les erreurs possibles, une erreur qui excede une petite fraction de seconde. Mais il seroit inutile de chercher tant de précision dans la circonstance présente, où les angles se mesurent avec les fils du micrometre ; ce qui expose à des erreurs de deux, de trois, & même de cinq secondes. Ce n'est pas sans raison que j'ai préféré plus haut cette méthode à celle du compas à verres, l'un fixe & l'autre mobile, à la place desquels on peut encore mettre des microscopes ; car ici le mouvement de la machine & de l'intervalle qui est entre les lignes des verres, se fait autour du centre du quart-de-cercle, suivant le mouvement même de l'alidade, dont on se sert pour prendre les angles ; ce qui contribue beaucoup à donner une détermination plus exacte de ces angles, au moyen d'une division ainsi vérifiée.

228. Connoissant le rapport des parties du quart-de-cercle, & la correction faite en conséquence, il reste à corriger le quart-de-cercle même. Pour cela il faut, comme nous l'avons déja dit plus d'une fois, placer le quart-de-cercle dans une situation horizontale, & l'alidade d'abord au commencement de la division, puis à la fin du 90me. dégré, en remarquant les deux objets qui paroissent au centre des fils de la lunette mobile. Cela fait, on ramene l'alidade au point de zéro, & on tourne le quart-de-cercle horizontalement, jusqu'à ce que le second objet se retrouve dans l'axe de la lunette mobile, après quoi on remet l'alidade à la fin du 90me. dégré, & on remarque un troisieme objet. On répete encore l'opération jusqu'à ce qu'on soit arrivé à la quatrieme position du quart-de-cercle ; & si le premier objet se retrouve alors au

O o

Avantages du nouvel instrument de vérification.

Vérification du quart-de-cercle. Premiere méthode.

centre des fils, l’alidade marquant 90°, le quart-de-cercle eſt juſte : mais s’il faut, pour amener la lunette ſur cet objet, avancer l’alidade au-delà de 90°, ou la retirer en-deçà, la quatrieme partie de cette différence marque ce qui manque au quart-de-cercle dans le premier cas, & ce qu’il a de trop dans le ſecond, puiſque cette erreur ſe déduit de quatre poſitions.

Suite.

229. Or pour connoître exactement cette différence, il faut préalablement connoître cet arc ajouté ou retranché dans la quatrieme poſition ; car s’il y avoit quelque erreur cachée, elle rendroit la correction vicieuſe. Mais parcequ’il eſt très rare de trouver des objets diſtincts à une telle diſtance, qu’ils paroiſſent terminer à l’horizon les arcs qui répondent au quart-de-cercle ; dès qu’on aura rectifié le 90$^{me.}$ & le 91$^{me.}$ dégré, il ſuffira d’obſerver quatre objets, qui répondent à peu près à l’amplitude du quart-de-cercle, & de meſurer l’angle que fait le premier avec le ſecond, le ſecond avec le troiſieme, & ainſi de ſuite ; & ſi la ſomme des quatre angles eſt au-deſſus ou au-deſſous de quatre droits, le quart de cette différence ſera l’erreur de l’inſtrument, par défaut dans le premier cas, par excès dans le ſecond. On voit que dans tous ces cas il faut choiſir des objets très éloignés, à moins de quoi on feroit obligé, en tournant l’inſtrument, d’en tranſporter le pied, pour remettre le centre au même point ; car le pied, autour duquel ſe fait cette révolution, ne répond point au centre du quart-de-cercle ; ce qui produit une parallaxe qui, à une médiocre diſtance, pourroit troubler l’opération.

Seconde mé-
thode.

230. Si l’on eſt obligé de déterminer avec le quart-de-cercle tous les angles d’un triangle, comme il arrive dans la meſure d’un dégré, où l’on prend avec cet inſtrument tous les angles du polygone, & que la ſomme de ces angles ſoit préciſément 180°, le quart-de-cercle eſt juſte ; ſinon la différence ſera le double de l’erreur. On ne peut cependant ſe promettre avec un ſeul triangle d’évaluer l’erreur, à cauſe que dans tous les angles meſurés avec un quart-de-cercle, il ſe trouve tou-jours une erreur de quelques ſecondes, puiſqu’avec le ſecteur, qui eſt beaucoup plus long, on ne peut éviter une erreur d’une ou deux ſecondes. Mais ſi l’on a pluſieurs triangles,

comme ceux d'un long polygone , ils donneront autant de différences, dont les unes pourront être pofitives , les autres négatives : on en fera une fomme qu'on divifera à l'ordinaire par le nombre des triangles, pour avoir une différence moyenne , dont la moitié fera l'erreur d'autant plus approchée , que le nombre des triangles fera plus grand.

231. On trouve la même chofe avec une double lunette , telle qu'étoit notre lunette fixe , n°. 179. D'abord il faut chercher avec cette lunette deux objets diamétralement oppofés ; ce qui eft requis pour procurer le parallélifme des deux axes pofés l'un fur l'autre en fens contraire : on choifit enfuite un objet moyen, & l'on mefure les deux angles avec le quart-de-cercle : fi la fomme des angles équivaut à 180°, le quart-de-cercle eft jufte ; finon la moitié de la différence eft l'erreur cherchée. On ne peut fe difpenfer de fubftituer cette méthode à la premiere de celles que nous venons de propofer, lorfqu'on ne découvre d'un côté de l'horizon aucun objet diftinct, comme il nous eft arrivé à *Rimini*, où la mer occupoit tout le nord ; ou bien lorfqu'un édifice voifin cache une bonne partie de l'horizon.

Troifieme méthode.

232. Or pour trouver avec une lunette double deux objets diamétralement oppofés, & le parallélifme de fes axes ; le quart-de-cercle pofé horizontalement, je place l'oculaire du côté du centre, comme en N (fig. 5.), & je pointe cette lunette fur quelque objet : enfuite, fans toucher au quart-de-cercle , je porte l'oculaire en L du côté du limbe , & je remarque quelque objet, fur lequel j'amene le fil mobile du micrometre, qui fe trouve en cet endroit, n°. 176. Cela fait, je retourne l'inftrument jufqu'à ce que la direction NL fe change en LN ; & je dirige tellement la lunette, qu'en vifant par N du côté du centre, le fecond objet paroiffe au centre des fils : enfuite ayant porté l'oculaire du côté du limbe en L, je vois fi le premier objet eft à l'interfection du fil mobile, avec le fil fixe qui le coupe à angles droits : s'il en eft ainfi, les deux objets font diamétralement oppofés ; s'il s'en faut de quelque chofe, j'amene fur cet objet le fil mobile, dont je mefure cependant le mouvement, & que je retire enfuite jufqu'au milieu du chemin que je lui ai fait faire : le nouvel objet,

Suite. Pl. III. fig. 5.

Oo ij

qui dans cette pofition paroît au centre des fils, eft diamétralement oppofé au fecond, & l'on eft parvenu au parallélifme des deux axes, ou plutôt des deux lignes de foi, dont
l'une paffe par le point de l'axe de l'objectif en L, & le centre
des fils en N, l'autre par le point de l'axe de l'objectif en N,
& le point d'interfection du fil mobile en L, avec le fil qui
le coupe perpendiculairement; & l'on pourra dans la fuite fe
fervir de ces deux lignes, pour trouver, dans une pofition
quelconque du quart-de-cercle, deux objets diamétralement
oppofés.

Démonftra-
tion.
Fig. 9. 233. Suppofons en effet (fig. 9.) que dans la premiere pofition de la lunette, l'une des lignes de foi N L aboutiffe au
point A, l'autre L *n* en B, au lieu du point oppofé *a*; après
avoir retourné l'inftrument, N L fera changée en N′L, &
aboutira au fecond objet B, & L *n* changée en L *n*′ aboutira
en A′, non en A; l'angle A L N′ fera égal à l'angle N L *n*,
qui lui eft oppofé au fommet, & qui eft le même que l'angle
A′L N′. Donc l'angle A′L A, qui mefure la diftance apparente de l'objet de A au point A′, eft double de l'angle *n*′L N′,
qui eft l'angle de la déviation des lignes de foi. Donc fi la
ligne de foi L *n*′ parcourt la moitié de l'angle A′L A, elle retombera fur L N′, & les deux lignes de foi devenues paralleles,
étant placées l'une fur l'autre en fens contraire, feront dirigées par N′L, & L N′ à des objets diamétralement oppofés.

Autre mo-
yen moinsfûr.
Pl III fig. 5.
9. 10. 334. Au lieu des deux pofitions horizontales du quart-de-
cercle, on pourroit lui en donner deux verticales, pourvu
que le limbe A fût alternativement au-deffus & au-deffous
de L N, & c'eft la même démonftration que dans la figure 9:
car dans la pofition verticale, il ne fuffit pas de tourner l'inftrument autour de fon pied, par un mouvement horizontal,
en laiffant le limbe A au-deffous de N L, dans les deux pofitions; auquel cas les lignes de foi, quoique déviées, aboutiroient toujours aux mêmes objets. En effet, fi dans la premiere pofition (fig. 10.), L N, *n* L repréfentent les lignes de
foi, & que le quart-de-cercle tourne horizontalement autour
d'un axe vertical; L N′ reftera toujours au-deffus de L *n*′,
comme auparavant, ainfi qu'il eft marqué dans la figure;

comme au contraire il feroit au-deffous , s'il y avoit été d'a-
bord ; & donnant à N'L la direction précédente de L *n*, L*n'*
prendra celle qu'avoit N L.

235. Il faut encore avoir foin , dans ces opérations , de
choifir des objets fort éloignés, ou de remettre le centre du
quart-de-cercle au point où il étoit dans la premiere pofition,
ou du moins dans la ligne tirée d'un objet à l'autre , de
crainte que la parallaxe ne caufe quelque confufion. Au refte,
il eft bien plus facile de retourner l'inftrument, dans la pofition horizontale, que dans la verticale; car dans celle-là , il
n'eft queftion que de mouvoir un peu le quart-de-cercle horizontalement ; au lieu que dans celle-ci , il faut l'élever au-
deffus de la lunette fixe, qui doit toujours refter à la même
hauteur.

236. Les lignes de foi rendues parallenes, il eft aifé de marquer fur l'horizon deux points oppofés, & de prendre les
angles qu'ils font avec quelque objet intermédiaire , afin de
voir de combien le quart-de-cercle differe de 90°. Je viens de
donner pour cela trois méthodes, dont nous nous fommes
fervis à plufieurs reprifes ; & par l'accord de plufieurs obfervations de toute efpece, qui ne different que d'un très petit
nombre de fecondes, nous avons trouvé qu'il manque à notre
quart-de-cercle 25″ pour completter les 90°. Cette erreur doit
fe répartir fur tous les arcs, fuivant le rapport du quart-de-
cercle à ces mêmes arcs; & c'eft enfin le moyen de corriger
toutes les erreurs qui auroient pu fe glifler dans la divifion du
quart-de-cercle.

237. Ayant trouvé les lignes de foi de la lunette double,
il n'eft pas difficile de voir de combien il s'en faut qu'elles ne
foient parallenes au dernier rayon; j'entends celui qui termine
le 90me. dégré. Orons l'alidade (fig. 5.) avec l'inftrument qui
y eft ajouté, & plaçons au centre C la petite piece de la figure 2, avec le fil à plomb: fi ces lignes de foi font paralleles au rayon, & qu'on vife de L par L N, ou de N par N L
à quelque objet fitué à l'horizon, il eft clair que le fil à plomb
doit être au commencement du premier dégré. Mais fi ce parallélifme fubfiftant, l'objet étoit au-deffus de l'horizon , ou
bien L feroit plus bas que N , & pour lors le fil fe rappro-

Précaution à
prendre con-
tre la paral-
laxe.

Erreurs de
l'inftrument.

Déviation de
la lunette fixe;
moyen de la
corriger,
Pl. III. fig. 5.

cheroit du point I; ou bien N, si l'on vise par NL, seroit plus bas que L, & le fil s'écarteroit du côté opposé A B; & ces arcs seroient égaux à la hauteur de l'objet sur l'horizon. C'est pour avoir le dernier de ces arcs, qu'on a ajouté quelques dégrés entre le premier point de la division & l'extrémité A B du limbe.

Suite.

238. Si les lignes de foi ne sont pas paralleles au dernier rayon, & qu'on vise à un objet, tantôt par LN, tantôt par N L, le fil ne sera pas à la même distance du commencement de la division; & le point de milieu, entre les extrémités de ces distances, sera éloigné de 90° du point du limbe, où aboutit le rayon parallele; ainsi la distance de ce point de milieu, au commencement de la division, marquera la déviation. Or si la distance du fil au premier point de la division, est plus grande du côté de K I, lorsqu'on vise par LN, que du côté de A B, lorsqu'on vise par N L, le point du milieu tombera du côté de K I, & il tomberoit du côté de A B, si la premiere distance étoit plus petite que la seconde. Lorsqu'ensuite on mesurera la hauteur des objets au - dessus de l'horizon, en visant par L N, cette distance du point du milieu doit être retranchée dans le premier cas, & ajoutée dans le second à l'arc désigné par le fil à plomb, pour avoir la hauteur qu'on cherche, puisque selon que le point du milieu est en-delà ou en-deçà du premier point de la division, le fil est de même en-delà ou en-deçà du point, où l'on doit commencer à compter les dégrés de l'arc. Il faudroit au contraire l'ajouter dans le premier cas, & la retrancher dans le second, si l'objet étoit au-dessous de l'horizon, le fil tombant alors du côté opposé A B. On voit, sans que je le dise, que pour connoître la déviation, il suffit de retrancher la plus petite distance de la plus grande, & de prendre la moitié du reste.

Trois autres moyens.

239. Tout ceci est trop connu pour qu'il soit besoin d'en donner des exemples. On sait également qu'il y a plusieurs autres moyens de·connoître la déviation, avec la lunette simple; j'en rapporterai trois principaux. Le premier consiste à viser par LN à un objet un peu élevé au-dessus de l'horizon, en remarquant de combien le fil s'éloigne, du côté de K I, du premier point de la division; & à viser ensuite à son image

peinte dans un grand vafe plein d'eau, laquelle devra être abaiffée au-deffous de l'horizon, en remarquant toujours la diftance du fil au même point : on prend le point du milieu entre ces deux pofitions du fil, & la moitié de fa diftance au premier point de la divifion eft la déviation cherchée.

240. Le fecond moyen eft de vifer à cet objet par L N, le limbe A étant au-deffous de N I, en marquant, comme ci-devant, la pofition du fil, & de retourner l'inftrument de forte que le limbe A foit au-deffus de L N, pour lors on ôte l'aiguille d'où eft fufpendu le fil à plomb, & on le fufpend avec la main, autour du limbe A, de forte qu'il paffe par le centre C, qui eft au-deffous du limbe, en marquant encore la diftance du fil au premier point de la divifion ; & le point du milieu, entre ces deux pofitions, fervira encore à faire connoître la déviation. Au refte, foit qu'on emploie l'un ou l'autre de ces deux moyens, il faut avoir foin de prendre un objet très éloigné, finon de remettre le centre du quart-de-cercle au même point, pour éviter la parallaxe. L'un & l'autre vérifie immédiatement le premier point de la divifion, comme le troifieme, dont nous allons parler, vérifie immédiatement le dernier point ; d'où, connoiffant l'erreur du quart-de-cercle, on tire la vérification du premier.

241. Ce troifieme moyen confifte à placer exactement le quart-de-cercle dans le plan du méridien, & à obferver le paffage par ce plan d'une étoile très voifine du zénith, le limbe tourné à l'occident : le lendemain on répete l'obfervation, le limbe tourné à l'orient, & l'on marque la pofition du fil dans ces deux fituations de l'inftrument ; le point du milieu, entre ces deux pofitions, eft celui où aboutit le rayon parallele, & dont la diftance au 90me dégré eft la déviation cherchée.

242. On a propofé ci-deffus des méthodes, pour connoître l'erreur du quart-de-cercle. Suppofé qu'elle foit encore inconnue, & qu'on ait trouvé par le troifieme moyen, que nous venons d'indiquer, le point auquel devroit répondre le 90me dégré, & par celui qu'on voudra des deux autres moyens, le point auquel devroit répondre le commencement du premier dégré, il eft clair qu'on en tirera l'erreur du quart-de-cercle,

Suite.

Suite.

Connoître l'erreur du quart-de-cercle.

dans le cas où ces deux points ne feroient pas à même diftance, & du même côté, l'un du commencement, l'autre de la fin de la divifion.

Du fil à plomb.

243. Il refte uniquement à obferver que le point du limbe eft défigné de la même maniere par le fil à plomb, que par la ligne du verre, fuivant la méthode propofée, n°. 206 & fuivans. Car de même que cette ligne fe dirige au centre, ainfi ce fil eft fufpendu du centre, ou paffe par le centre.

Ufage du quart-de-cercle pour deux fortes d'angles.

244. En voilà affez fur ce qui a rapport à la conftruction du quart-de-cercle, à la difpofition de fes parties, & à l'examen de fes divifions : il refte à parler de fon ufage, & des obfervations auxquelles il a fervi. A l'égard de fon ufage, la matiere eft prefque épuifée par ce que nous en avons dit à l'occafion de l'examen des divifions. Car cet ufage fe réduit à mefurer l'angle formé par deux lignes tirées d'un point donné, à deux objets vus de ce même point, & l'angle qui répond au nombre de dégrés, dont un objet eft élevé, ou abaiffé au-deffous de l'horizon, par rapport au point d'où il eft vu. On a donné, n°. 203 & fuivans, la mefure du premier ; & celle du fecond depuis le n°. 237.

Deux méthodes pour les angles obtus.

245. Il ne refte plus qu'à mefurer les angles obtus, s'il s'en trouve. Il y a deux moyens d'y parvenir : premierement avec une lunette double, dont les lignes de foi foient paralleles entre elles, on peut avoir ces angles immédiatement, en vifant à un objet par GD, à un autre par NL, & retranchant de la fomme de deux droits l'angle GCL, qui feroit déterminé par cette pofition de l'alidade (n°. 203), fi l'on vifoit par LN. En fecond lieu, au défaut d'une lunette double, on doit prendre un objet intermédiaire, & à peu près dans le même plan que les deux autres, & mefurer les deux angles aigus, dont la fomme fera la valeur de l'angle obtus.

Angles de la premiere claffe.

246. Nous avons mefuré deux fortes d'angles de la premiere claffe, favoir les angles du polygone, & les angles que formoit, à une heure donnée, une ligne tirée à l'un des fignaux, avec celle qui aboutiffoit au centre du foleil, le foleil étant pour lors très peu au-deffus de l'horizon. Au moyen de ces angles-ci, on détermine la pofition de tout le polygone, par rapport à la méridienne ; & par ceux-là, les côtés mêmes

du

du polygone, ou la diſtance d'une ſtation à l'autre, non encore réduite à l'horizon, ni à la direction de la méridienne; d'où il arrive qu'une baſe ſe vérifie par l'autre. Ces diſtances ſe réduiſent à un plan horizontal, ou plutôt à une ſurface ſphérique par le moyen des angles de la ſeconde claſſe, qui font connoître de combien un objet eſt élevé au-deſſus de l'horizon, ou abaiſſé au-deſſous; ce qu'on peut faire aiſément par la méthode du Livre ſecond (n°. 24); enſuite, l'inclinaiſon des côtés ſur la méridienne étant connue, on les réduit à la méridienne.

247. Dans la meſure de ces angles, nous nous ſommes toujours ſervis des tranſverſale (n°. 206), le nouveau micrometre n'étant pas achevé, & l'ancien hors d'état de ſervir. Il y a déja long-tems que M. le Chevalier de *Louville* a obſervé qu'il eſt beaucoup mieux de s'en tenir à la diviſion des dégrés entiers, en la faiſant par de petits points, & de déterminer les minutes & ſecondes avec les fils du micrometre placés au foyer de l'objectif de la lunette fixe, ou de la lunette mobile. Je l'aurois fait volontiers, ſurtout pour les angles du premier genre, ſi lorſqu'il eſt queſtion de faire parcourir au fil mobile un dégré entier, on pouvoit ſe fier au micrometre ordinaire. Nous avons déja remarqué, en parlant du ſecteur, qu'à moins que les fils ne ſoient au foyer de l'objectif, il en réſulte une parallaxe : le fait eſt conſtant. Il eſt certain auſſi que le foyer de l'objectif eſt un compoſé d'autant de foyers qu'il y a de ſortes de couleurs, & que ces foyers ſont les uns plus loin, les autres plus près. Or M. *de la Condamine* & M. *Bouguer* ont remarqué que le foyer d'une lunette eſt ſenſiblement différent pour deux obſervateurs qui ont la vue inégalement longue; comme auſſi que ce foyer devient plus long, ou plus court, ſelon la différente conſtitution de l'atmoſphere, & ſelon que l'oculaire eſt plus ou moins éloigné de l'objectif ou des fils : ils ont de plus obſervé que dans ces différentes circonſtances, la parallaxe ſe fait en ſens contraire, & que quoiqu'ils obſervaſſent la même étoile, & preſqu'au même inſtant, ils trouvoient en parties de micrometre des différences de pluſieurs ſecondes. S'il arrivoit quelque choſe de ſemblable, dans le micrometre d'une lunette, dont le fil

Uſage des
tranſverſales.

P p

dût parcourir un fi grand efpace, cela produiroit néceffairement des erreurs qui ne feroient point à négliger. Rien de
tout cela n'eft à craindre dans le micrometre de la figure 7,
qui fait tourner l'alidade avec fa lunette fur le quart-de-
cercle.

Obfervati-
ons des hau-
teurs.

248. De-là j'ai cru qu'il valoit mieux ne pas fe borner aux
dégrés, mais pouffer plus loin la divifion, & l'achever par
des tranfverfales, comme *Graham* l'a pratiqué dans fes quarts-
de-cercle. Cela eft beaucoup plus commode pour prendre les
hauteurs, celles des aftres furtout. En effet, s'il n'y a que les
dégrés de marqués, il faut tellement placer le quart-de-cercle,
que le fil à plomb réponde exactement à l'un des points de
la divifion, & commencer là-deffus l'obfervation ; ce qui eft
très incommode, outre qu'il faudroit déja connoître à peu
près la hauteur.

Erreur pro-
venant du dé-
faut de paral-
lélifme de la
lunette mobi-
le.
Pl. III. fig. 11.

249. Dans ce qui nous refte à dire fur l'ufage du quart-de-
cercle, nous avons à examiner en premier lieu à quoi peut
monter l'erreur produite dans les angles par le défaut de parallélifme de la lunette mobile au plan de l'inftrument. Soit
A C B (fig. 11.) le plan du quart-de-cercle, & A C D, ou
B C E l'angle de la déviation de cette lunette ; le quart-de-cercle
donnera l'angle A C B, au lieu de D C E, & les angles A C D,
B C E feront égaux, ainfi que leurs finus, qui feront perpendiculaires au plan de l'inftrument, & par conféquent paralleles. Donc D E, F G font auffi égales & paralleles entre elles ;
par conféquent C F eft égale à C G. Les lignes F G, A B,
feront encore paralleles : or D E eft la corde de l'angle D C E,
& A B celle de l'angle A C B, celle-là double du finus de la
moitié de l'angle obfervé, celle-ci double du finus de la
moitié de l'angle défigné. Donc puifque le rayon C A eft à
C F co-finus de l'angle de la déviation, comme A B double
du finus de la moitié de l'angle défigné, eft à F G ou D E
double du finus de la moitié de l'angle obfervé, on aura le
théorème fuivant : *le rayon eft au co-finus de la déviation de
la lunette, comme le finus de la moitié de l'angle défigné par
le quart-de-cercle, eft au finus de la moitié de l'angle
cherché.*

250. Dans le cas d'une petite déviation, on peut abréger :

car en fouſtrayant on a cette proportion : le rayon CA eſt à
AF ſinus verſe de la déviation, comme le ſinus de la moitié
de l'angle déſigné ACB, eſt à ſa différence au ſinus de la
moitié de l'angle obſervé. Or dès qu'il n'eſt queſtion que de
petites différences d'angles, on a un théorème ſemblable à
celui dont nous nous ſommes ſervis, n°. 141, ſavoir que le
co-ſinus du plus grand angle eſt au rayon, comme la différence des ſinus, eſt au ſinus de la différence des angles. En
effet, $t i$ (fig. 12. pl. II.), différence des ſinus $t \chi$, $b'd$, eſt
à $b't$, qui eſt la corde de la différence des arcs $b b'$, $b t$, laquelle équivaut ici au ſinus de cette différence, comme le co-
ſinus $a \chi$, au rayon $a t$. Donc par égalité troublée, le co-ſinus
de la moitié de l'angle déſigné eſt au ſinus verſe de la déviation, comme le ſinus de la moitié du même angle, eſt au ſinus
de l'erreur de cette moitié; & le double de cette erreur donne
l'erreur totale. Donc ſi l'on compare les antécédens & les
conſéquens, on aura ce théorème : *le co-ſinus de la moitié de
l'arc déſigné eſt à ſon ſinus*, ou, ce qui eſt le même, *le rayon
eſt à la tangente de la moitié de l'arc déſigné, comme le double
du ſinus verſe de la déviation, eſt au ſinus de l'erreur; & l'angle
déſigné par le quart-de-cercle, eſt toujours plus grand que le
vrai angle.*

251. Par où l'on voit qu'à moins que la déviation ne fût
énorme, il n'y a aucune erreur ſenſible dans un angle déſigné
qui n'excede pas de beaucoup un angle droit, tel que ceux
qu'on fait entrer dans un ſemblable polygone. La plupart des
angles y ſont fort au-deſſous de 90°, & pour peu qu'ils fuſſent
trop au-deſſus, on ne pourroit avec un quart-de-cercle les
déterminer par cette méthode, je veux dire au moyen d'une
lunette mobile, qui peut à peine aller au-delà de 90°. Ainſi
puiſque le rayon eſt égal à la tangente de 45°, il arrive preſque
toujours dans ces angles, que le rayon ſurpaſſe la tangente de
la moitié de l'angle; d'où il ſuit que le ſinus de l'erreur eſt
moindre que le double du ſinus verſe de la déviation. Or le
ſinus d'une ſeconde, pour un rayon 10000000, eſt 48, & le
ſinus verſe de 7 minutes eſt 21, dont le double 42 eſt encore
moindre que 48. Donc avec une déviation de 7 minutes,
l'erreur d'un angle aigu quelconque, & même d'un angle

droit, n'eſt pas d'une ſeconde. A meſure que la déviation augmente, l'erreur augmente en raiſon doublée de la déviation, puiſque le ſinus verſe augmente à peu près ſuivant ce rapport : mais dans les petits angles, cette erreur eſt bien moindre à raiſon de la diminution de la tangente.

Excepté dans les petits angles.
Pl. III. fig. 5. 11.

252. L'erreur ſeroit au contraire beaucoup plus grande dans les petits angles, ſi (fig. 5.) on ne viſoit avec la lunette mobile GD qu'à un ſeul objet, & à l'autre avec la lunette fixe LN, & que l'une des lunettes fût parallele, & l'autre déviée : car en ce cas le point D (fig. 11.) tomberoit en A, & on auroit un triangle ſphérique rectangle ABE. Or le point A tombant ſur B, AB s'évanouit, & cependant AE devient égale à BE; ainſi l'erreur eſt égale à la déviation. Au contraire, ſi AB eſt de 90°, l'erreur s'évanouit; car A devient le pôle d'un grand cercle BEP, & l'arc AE eſt de 90°, comme AB. En général, & quelque ſoit l'arc AB, on trouvera l'erreur par ce théorème de trigonométrie ſphérique : *le rayon eſt au co-ſinus de la déviation BE, comme le co-ſinus du côté, ou de la diſtance déſignée AB, eſt au co-ſinus de la baſe, ou de la vraie diſtance AE.*

Autre théorème.

253. De-là on peut déduire un autre théorème, qui, dans le cas d'une petite déviation BE, donne immédiatement l'erreur cherchée : car on a par converſion de raiſon l'analogie ſuivante : le rayon eſt au ſinus verſe de la déviation BE, comme le co-ſinus de AB, à la différence des co-ſinus de AB, & AE. Or (n°. 141.) le ſinus du plus grand angle eſt au rayon, comme la différence des co-ſinus, à la différence des arcs, qui peut ſe prendre ici pour le ſinus de cette différence même des arcs. Donc par égalité troublée, le ſinus de la diſtance déſignée AB, eſt au ſinus verſe de la déviation BE, comme le co-ſinus de AB, à la différence des arcs, ou au ſinus de l'erreur : & en raiſon alterne, le ſinus de l'angle déſigné eſt à ſon co-ſinus, ou, ce qui revient au même, la tangente de cet angle eſt au rayon, comme le ſinus verſe de la déviation eſt au ſinus de l'erreur. Si l'autre lunette s'écarte, ou dans le même ſens, comme de la quantité AD, ou du côté oppoſé, il eſt aiſé dans tous les cas particuliers de déterminer l'erreur qui en réſulte. Mais ſi l'angle eſt d'une raiſon-

·nable grandeur, l'erreur provenant d'une légere inclinaifon des lunettes eſt des plus petites. D'ailleurs nous n'avons obſervé qu'avec la lunette mobile; & nous avions pris ſoin de rendre les lunettes paralleles au plan de l'inſtrument.

254. Lorſqu'on meſure les angles verticaux au-deſſus de l'horizon ou au-deſſous, l'erreur eſt la même que celle que nous venons d'évaluer. Soit A B C le plan du quart-de-cercle, C E l'axe de la lunette répondant au point B, C A le fil à plomb; le quart-de-cercle déſignera la diſtance A C B au zénith; mais la diſtance vraie eſt A C E, & comme ſon complément eſt la hauteur, ou la dépreſſion au-deſſous de l'horizon, il s'enſuit que l'erreur de la hauteur ou dépreſſion, eſt la différence des arcs, A B, A E; différence qui, dans le cas où la déviation B E eſt petite, & l'arc A B peu différent d'un arc de 90°, devient elle-même très petite, & diſparoît entierement à la fin du 90ᵐᵉ· dégré : or on peut toujours l'évaluer par le théorème du n°. précédent, dans lequel prenant le premier rapport, ſavoir celui du ſinus de A B à ſon co-ſinus, dans le cas d'une petite hauteur, ou dépreſſion au-deſſous de l'horizon, ou, pour dire en un mot, dans le cas d'une petite diſtance à l'horizon, auquel cas A B eſt de près de 90°, le ſinus de A B eſt preſque égal au rayon, & ſon co-ſinus eſt le ſinus de la diſtance à l'horizon. Le théorème du n°. précédent ſe réduit donc à celui-ci : *le rayon eſt au ſinus de la diſtance à l'horizon, comme le ſinus verſe de la déviation au ſinus de l'erreur.* Cette erreur eſt donc comme un infiniment petit du troiſieme ordre, puiſqu'on ſuppoſe que la diſtance à l'horizon, & par conféquent ſon ſinus, la déviation & ſon ſinus ſont très petits : d'où il ſuit que le ſinus verſe, qui eſt lui-même petit par rapport au ſinus droit, eſt un infiniment petit du ſecond ordre.

255. De tout ce que nous venons de dire ſur les erreurs qui peuvent réſulter de la déviation des lunettes, il eſt aiſé de conclure que nous n'avions rien à craindre de ce côté-là. Quant à la meſure des angles des triangles du polygone, & des hauteurs ou dépreſſions, il ſe trouve heureuſement que les premiers angles, où l'on demande plus d'exactitude, ſont juſtement ceux qui ſe déterminent avec plus de préciſion.

256. Pour prendre les angles de la premiere eſpece, on

Erreur provenant du défaut de parallélifme de la lunette fixe. Pl. III. fig. 11.

Que ces erreurs n'ont pas influé dans la meſure.

Moyen de prendre les angles.
Pl. III. fig. 4. 1.

commence par mettre le quart-de-cercle dans le plan qui passe par les deux objets, ensorte qu'ayant visé à un objet avec la lunette mobile, qu'on suppose parallele à la lunette fixe, on puisse ensuite, l'instrument restant toujours dans la même position, amener la lunette mobile sur l'autre objet qui doit se trouver encore au centre des fils. Je n'ai jamais eu de peine à donner cette position au quart-de-cercle, moyennant le méchanisme de la figure 4, par lequel on donne à l'instrument, de quelque façon que soit posé son pied, la position que l'on veut. L'un des observateurs vise toujours à un des objets par la lunette fixe, & l'autre par la lunette mobile à l'autre objet, tandis qu'un aide tourne la vis (fig. 4.), & fait glisser le long de l'ouverture D, l'arc KLIM, pour donner plus ou moins d'élévation au quart-de-cercle, jusqu'à ce qu'il soit à peu près dans la position requise. On acheve de le mettre dans cette position au moyen des vis YZ (fig. 1.), qu'on tourne tantôt dans un sens, tantôt dans l'autre, jusqu'à ce que les deux objets paroissent en même tems au centre des fils. Nous avions à peine essayé un ou deux tours de vis, que le quart-de-cercle se trouvoit exactement placé ; nous n'avons jamais éprouvé l'embarras que donnent les pieds d'une construction différente, & nous n'avions pas besoin de nous assujettir à certaines regles qu'on prescrit sur la maniere de disposer les traverses ; regles qui, dans des endroits montueux, pierreux & escarpés, tels que ceux de nos stations, sont presque impraticables.

Suite.

257. Le quart-de-cercle ainsi disposé, on amenoit l'alidade au premier point du dégré voisin, & on l'y retenoit, tandis qu'on retournoit un peu l'instrument, pour ramener la lunette mobile sur son objet. Cela fait, le premier observateur, sans toucher au quart-de-cercle, faisoit mouvoir le fil parallelé jusqu'à ce qu'il apperçût le premier objet au point d'intersection de ce fil avec celui qui lui est perpendiculaire ; enfin l'on amenoit la lunette mobile sur la lunette fixe, ensorte que le premier objet parût dans l'une & l'autre à l'intersection des fils, & l'on observoit la position de la ligne du verre par rapport aux transversales. Tout ceci s'exécutoit sans peine, malgré le tremblement que la violence des vents sur de hautes montagnes communique d'ordinaire au quart-de-cercle, en agissant sur toute sa masse, tandis qu'il ne tient que par un

endroit à fon pied, fur lequel il eſt comme en équilibre ; le vent y produiſoit même toujours un petit trémouſſement, qui quelquefois troubloit un peu l'opération, & la rendoit moins exacte : mais cet effet même étoit bien plus rare, dans cette poſition horizontale du quart - de - cercle, fur lequel d'ailleurs l'alidade étoit immobile, que lorſqu'on prenoit les hauteurs ou les dépreſſions.

258. En effet, ces hauteurs & ces dépreſſions ne ſe meſurent qu'avec la lunette fixe, & le fil à plomb, qui occupe alors la place de la ſeconde lunette, & qui en fait l'office ; & on obſerve le point, où il répond fur le limbe, de la maniere que nous avons dit, nº. 143. S'il y a du calme, il ſuffit, pour arrêter le fil, de plonger le poids dans l'eau ; mais ſi le vent eſt fort, le fil eſt tellement agité, que nous ne trouvions quelquefois point de moyen de le fixer. Nous tâchions d'y remédier en ſuſpendant à la rainure GH (fig. 2.) le garde-filet ; mais comme le fil doit raſer le limbe, le garde - filet devoit être ouvert par derriere, à l'endroit qui répond au limbe, & le vent entroit par cette ouverture. De plus, le quart-de-cercle étant placé dans une ſituation verticale, le vent y avoit plus de priſe, & y cauſoit un trémouſſement qui ſe communiquoit au fil à plomb (1). De-là il eſt arrivé plus d'une fois, que tandis que nous regardions l'un dans la lunette, l'autre ſur le limbe, le fil, par un mouvement d'oſcillation, parcouroit de part & d'autre pluſieurs minutes. Pour déterminer ſa poſition, nous attendions toujours que le vent relâchât un peu, & que l'oſcillation ſe réduiſît à peu de choſe, pour lors nous prenions le point du milieu de l'eſpace parcouru. Cependant je ne voudrois pas répondre que dans la meſure des hauteurs ou des dépreſſions, il n'y ait eu ſouvent des erreurs même de plus d'une minute ; au lieu que dans les angles du premier genre, je ne crois pas qu'elles puiſſent monter au-delà d'un petit nombre de ſecondes.

259. Il ſe peut que dans ces angles même du premier genre, il ſe ſoit trouvé des erreurs de pluſieurs ſecondes, provenant de diverſes cauſes. Avec une lunette de trois ou quatre pieds,

─────────

(1) Le moyen de ſe mettre à l'abri du vent, ſeroit d'obſerver ſous une tente.

on ne peut difcerner deux ou trois fecondes. Le fil de la lunette mobile, quelque délié qu'il foit, couvre un efpace de
fix, huit & dix fecondes. L'on peut donc, dans l'une & l'autre
pofition de cette lunette, commettre une erreur de trois fecondes, furtout fi l'objet eft près de l'horizon, & à une affez
grande diftance, les vapeurs détournant alors les rayons; ce
qui rend l'image de l'objet tremblante. On eft expofé à la
même erreur avec la lunette fixe, enforte qu'il fe pourroit
que fa pofition ne fût pas abfolument la même dans les deux
pofitions de la lunette mobile. Cette erreur peut augmenter
encore par la violence du vént qui agite le quart-de-cercle. Il
eft vrai qu'on pourroit remédier à ce dernier inconvénient,
& conferver la lunette fixe dans fa-pofition, tandis qu'on
change celle de la lunette mobile; on le pourroit, dis-je, en
donnant encore au quart-de-cercle de nouveaux fupports, qui
le fixeroient invariablement dans le plan qui paffe par les deux
objets: mais vu l'inégalité du terrein fur les montagnes, ces
fupports devroient être fort compofés, & capables de bien
des mouvemens différens: de plus, les erreurs qu'on pourroit
éviter par ce moyen, ne produifent, comme nous le verrons
plus bas, dans la mefure du dégré, qu'une erreur très légere,
& c'eft pour cela que nous n'avons pas cru devoir ajouter de
nouveaux fupports.

Même fujet. 260. En plaçant l'alidade fur l'une des divifions, on commet une nouvelle erreur. Nous nous y fervions toujours de
la loupe; mais cela n'empêche pas qu'on n'y puiffe foupçonner une erreur d'une ou deux fecondes, peut-être même plus
grande, car elle eft triple de celle qu'on commettroit en cela
dans le fecteur, qui eft trois fois plus long. Lorfqu'on examine le point du limbe, auquel répond la ligne du verre,
dans la feconde pofition du quart-de-cercle, on peut commettre une erreur de 3, de 4, & même de 5 fecondes. Ces
deux dernieres erreurs feroient beaucoup moindres, fi on fe
fervoit de mon micrometre de la figure 7, qui fait mouvoir
l'alidade; car fi ce mouvement eft continu, fuivant le n°. 58,
fi on applique le microfcope, & que la divifion d'ailleurs foit
faite par de petits points, on pourra éviter jufqu'à l'erreur
d'une feconde; on évitera auffi l'erreur qu'on peut commettre

en dirigeant la lunette mobile à son objet. Je ne doute pas qu'en répétant plusieurs fois l'opération, & marquant à chaque fois le nombre de parties du micrometre, on ne pût éviter une erreur d'une seconde. Mais nous n'avions point alors ce micrometre.

261. Si dans la vérification des divisions on a commis des erreurs de quelques secondes, l'erreur se répand dans l'angle qu'on mesure avec le quart-de-cercle, & elle y est même double, à cause de la double position de l'alidade. Une autre source d'erreur, c'est la réfraction qui éleve les objets. Il est vrai que ce nouveau dégré d'élevation dans un plan vertical, ne met pas beaucoup de différence dans un angle qui est presque horizontal ; il y en met néanmoins, & on ne peut la corriger parfaitement, à cause que la réfraction change d'un moment à l'autre proche l'horizon : de plus, il se pourroit peut-être que des vapeurs inégalement répandues détournassent de côté le rayon visuel ; ce qui causeroit du dérangement dans l'angle horizontal. Dès qu'il est question de petites différences, comme de quelques secondes, on a tout à craindre de l'influence des causes physiques sur la précision géométrique.

262. Ces erreurs pourroient aller assez loin, si elles se trouvoient toutes du même côté ; mais c'est un cas qui n'arrive jamais. Nous pourrions nous-mêmes en avoir commis quelquefois de 10 à 12 secondes, ou par un effet de la violence du vent, ou par l'assemblage fortuit de quelques erreurs dans la vérification du quart - de - cercle ; mais nous avons sujet de croire que nos erreurs n'excedent pas pour la plupart cinq à six secondes. De-là la table des angles, *Liv. II*, n°. 21, ne donne pas 180 dégrés juste pour chaque triangle, & en conséquence il a fallu y faire une correction. Ces triangles sont au nombre de 11, y compris ceux que forment les bases. La somme des trois erreurs est dans le second — 28 secondes, dans le septieme + 22, dans le quatrieme + 20, dans le troisieme + 17, dans les neuvieme & dixieme ∓ 16, dans le premier + 8, dans le cinquieme & le onzieme ∓ 6, dans le huitieme + 3, enfin dans le sixieme — 2. Ces erreurs sont la plupart en sens contraires, & se détruisent mutuellement, du

Autres sources.

Total d'erreurs.

Q q

moins en grande partie. Par conféquent elles influent d'autant moins dans la mefure de la méridienne. La fomme des erreurs négatives n'égale pas celle des pofitives, parcequ'il manquoit 25″ à notre quart-de-cercle ; différence que nous avons conclue, fuivant le n°. 236, tant de ces triangles, que de plufieurs autres triangles & obfervations, en prenant un milieu.

Erreur de réfraction.

263. La réfraction produit une plus grande erreur dans la hauteur de l'objet au-deffus de l'horizon, ou dans fa dépreffion ; & le changement continuel de cette réfraction, près de l'horizon, fait qu'on ne peut jamais bien évaluer l'erreur qui augmente encore davantage par la difficulté d'obferver. Mais nous verrons bientôt, ainfi que je l'ai déja infinué, que cette erreur même, fût-elle beaucoup plus grande, n'en produit qu'une très petite dans la diftance de l'objet, quoiqu'elle en produife une grande dans la hauteur abfolue des montagnes.

Réduction au centre. Pl. I. fig. 2.

264. Pour apprécier ces erreurs, il fuffit de confidérer de quelle façon on déduit, des angles obfervés, & des bafes, la mefure de la méridienne. Notre polygone fe voit dans la figure 2 de la première planche. Suivant l'article 5 du Livre II, & la table qui s'y trouve au n°. 21. *a*L eft la bafe de *Rimini*, *cb* celle de *Rome* : les ftations A, B, C, D, E, F, G, H, I font le dôme de *St Pierre*, & les monts *Genarro*, *Soriano*, *Fionchi*, *Tefio*, *Pennino*, *Catria*, *Carpegna*, *Luro*. Tous les angles de ces triangles ont été mefurés avec le quart-de-cercle ; & ils euffent été immédiatement & exactement connus par cette mefure, fi l'obfervation eût été faite au centre du fignal de la ftation. Mais parcequ'il eft ordinairement bien plus commode d'obferver à côté du fignal, & que cela eft même quelquefois abfolument néceffaire, fuivant l'efpece de fignal qu'on emploie, il y avoit toujours quelque petite correction à faire aux angles obfervés ; & elle fe fait aifément en mefurant la diftance du centre du fignal au lieu de l'obfervation, & fa pofition ; au moyen de quoi on a la perpendiculaire tirée du centre du quart-de-cercle fur la ligne qui aboutit du centre du fignal de la ftation au centre du fignal obfervé.

265. En effet, connoiſſant ces angles non corrigés, & la premiere baſe *a*L, on aura la valeur du moins approchée de tous les côtés, premierement du triangle LH*a* ; puis du triangle LHI, connoiſſant le côté LH ; puis du triangle HGI, connoiſſant le côté HI ; & ainſi de ſuite juſqu'à l'autre baſe *bc*, par les regles connues de la trigonométrie. Or la valeur du moins approchée de ces côtés fera connoître l'angle formé par les lignes tirées du centre du quart-de-cercle, & du ſignal voiſin au ſignal obſervé. Soit (fig. 12. pl. III.) A le centre du ſignal, C le centre du quart-de-cercle, avec lequel on obſerve les ſignaux D, E ; l'angle obſervé DCE étant connu, on demande l'angle DAE. On a déja la diſtance AC, & ſa poſition par rapport aux lignes AE, AD : on aura donc auſſi les perpendiculaires CI, CH ; il eſt même ordinairement très facile de les meſurer, en déterminant à peu près les lignes AI, AH ; & puiſqu'on connoît d'ailleurs CD, CE, on fera cette analogie : CE ou CD eſt à CI ou CH, comme le rayon au ſinus de l'angle CEI, ou CDH.

266. Or ſi les côtés CE, CD ſont tous deux dans l'angle EAD, le point C ſe trouvant dans cet angle, les deux angles que nous venons de trouver doivent être retranchés de l'angle DCE, pour avoir l'angle DAE. Mais ſi C′ n'eſt pas dans l'angle, & qu'il ſoit au-delà d'un des côtés AE, l'un des côtés DC′ de l'angle obſervé paſſant dans l'angle DAE, & l'autre côté EC′ ſe trouvant tout entier hors de cet angle, on retranchera l'angle ADC′ du premier côté, & on ajoutera l'angle AEC′ du ſecond. Si DC′ tomboit lui-même au-delà de DA, le point A ſe trouvant dans l'angle DCE, l'un & l'autre angle devroient s'ajouter à l'angle DC′E. Car ſi l'on prolonge EC, elle rencontrera DA en un point B : de même prolongeant EC′, elle rencontrera DA prolongée en B′ ; l'angle externe DCE ſera égal aux deux angles internes op-poſés CBD, CDB, & l'angle CBD ſera pareillement égal aux deux internes BAE, BEA. Donc retranchant de l'angle DCE l'angle CDB, on aura l'angle DBC ; & retranchant de celui-ci l'angle BEA, ou CEA, on aura l'angle DAE ; ce qu'il falloit démontrer en premier lieu. De même ſi de l'angle externe DC′E on retranche C′DB′, on aura DB′C′,

Qq ij

ou A B'E ; auquel ajoutant A E B', ou A E C', on aura l'angle externe D A E ; ce qu'il falloit démontrer en fecond lieu. La démonftration pour le troifieme cas approche fort de celle du premier ; car s'il faut retrancher les angles C D A, C E A de l'angle D C E, pour avoir l'angle D A E, il s'enfuit qu'il faudroit au contraire les ajouter, fi C étoit en A, & A en C.

Moyen plus facile.

267. Mais on n'a pas même befoin d'une mefure fi approchée de C D, C E, non plus que de ces finus, pour trouver les angles en E ou D, qu'on doit ajouter ou retrancher de l'angle obfervé ; puifque les diftances C I, C H étant toujours très petites par rapport aux côtés C E, C D, elles ne peuvent répondre qu'à un petit nombre de fecondes. Pour que l'angle C E I foit d'une feconde, C I doit être environ $\frac{1}{100000}$ de C E ; c'eft-à-dire que C I étant d'un pied, C E doit être de 40 milles d'Italie : & fi C E eft plus grand ou plus petit, l'angle fera au contraire plus petit ou plus grand. Donc fi le nombre de pieds contenu dans la diftance perpendiculaire C I, augmente autant, que C E eft plus petite que 40 milles, ou qu'on le diminue à mefure que C E fera plus grande que 40 milles, on aura le nombre de fecondes qu'on doit retrancher ou ajouter fuivant que le centre C du quart-de-cercle fera en-deçà ou en-delà de A E. On voit qu'il fuffit de favoir à peu près à combien de milles l'on eft du fignal obfervé, & de combien de pieds le centre du quart-de-cercle eft éloigné de la ligne tirée du centre du fignal voifin au fignal obfervé, pour favoir ce qu'on doit retrancher ou ajouter à l'angle.

Déterminer les côtés du polygone.
Pl. I. fig. 2.

268. Les angles qu'on trouve dans la table du Livre II, font des angles ainfi corrigés. Il eft clair que par leur moyen on peut avoir tous les côtés rectilignes du polygone, d'une bafe à l'autre, par ce théorème fi connu de trigonométrie : les côtés font comme les finus des angles oppofés. Mais pour parvenir d'une bafe à l'autre, il fuffit de déterminer dans chaque triangle les côtés qui pourront fervir pour le triangle fuivant. C'eft ce qu'a fait le P. *Maire* à l'endroit cité ; & c'eft ainfi que de la premiere bafe L*a* (fig. 2. pl. I.) il eft arrivé à la feconde *b c*, moyennant les côtés L H, H I, H G, G F, F E, F D, D C, C B, B A, B *c* ; & de la même maniere il pouvoit remonter de la feconde bafe *b c* à la premiere L *a*.

269. Or ces côtés rectilignes du polygone ne font ni dans une furface régulicre de la terre, ni dans la direction de la méridienne. De-là il eft befoin de deux réductions, l'une par laquelle on leur fubftitue les arcs qui leur répondent fur cette furface, ou qui font terminés par des points de cette furface qui répondent perpendiculairement au-deffous des fignaux, dont ils font plus ou moins diftans, à caufe de l'inclinaifon des côtés à l'horizon ; l'autre par laquelle ayant trouvé la direction de la méridienne A*n*, qui paffe par l'une des extrémités A du polygone, on réduit, au moyen des arcs B*d*, C*e*, D*f*, E*g*, F*h*, G*i*, H*l*, I*m*, L*n*, les points B, C, D, E, F, G, H, I, L aux points *d*, *e*, *f*, *g*, *h*, *i*, *l*, *m*, *n* de la méridienne ; ce qui donne enfin l'intervalle A*n* de la méridienne, intercepté par les deux extrémités du polygone.

270. La premiere réduction fe fait très commodément par la méthode expliquée au même endroit par le P. *Maire*, nº. 14 & fuivans. Elle confifte à réduire à l'horizon tous les angles du polygone, ou à leur fubftituer ceux qui leur répondent fur la furface réguliere de la terre, & qui font compris entre les arcs terminés par les points de la furface placés directement au-deffous des fignaux. Dans cette réduction on prend la furface de la terre pour une furface fphérique, & cela fans aucun danger d'erreur fenfible. Car puifque la figure du globe terreftre differe très peu de celle d'une fphere, la différence de cette partie de fa furface qui répond au polygone, & plus encore de celle qui répond à chaque triangle en particulier, doit être abfolument infenfible.

271. Voici pour cette même réduction une autre méthode affez analogue à la premiere. Suppofons (pl. III. fig. 11.) que CD, CE foient des lignes dirigées du fignal C à deux autres fignaux, & qu'elles foient rencontrées en D & E par une fphere dont le centre eft en C. Soit dans cette même fphere une ligne verticale CP dirigée au zénith répondant au point P, & CA, CB les interfections des plans verticaux PCD, PCE avec le plan horizontal qui paffe par C, & par conféquent les angles ACD, BCE ceux qu'on a trouvés en mefurant la hauteur de D & E au-deffus de l'horizon. Si ces hauteurs,

Réduire les côtés du polygone à une furface réguliere de la terre.

Méthode pour cette réduction.

Autre méthode par la trigonométrie fphérique.

ou du moins l'une des deux étoit nulle, les points D, E, du moins l'un des deux, tomberoient fur A & B, ou fur l'un de ces deux points ; & fi l'un des fignaux, ou même tous les deux, au lieu d'être élevés étoient abaiffés au-deffous de l'horizon, le point D ou E, ou l'un & l'autre, defcendroit au-deffous de A & B, au contraire de ce qui eft marqué dans la figure. Mais dans tous ces cas, connoiffant les hauteurs ou les dépreffions, on a PD & PE en retranchant les premieres, ou ajoutant les fecondes à 90 d.

272. Or les interfections des plans PCA, PCB avec la furface réguliere de la terre, feroient les deux arcs que nous avons dit, ou les deux côtés du polygone réduit à cette furface ; & CA, CB font perpendiculaires à l'interfection des plans de ces arcs : d'où il fuit que l'angle qu'elles font entre elles eft égal à l'angle fphérique de ces arcs mêmes, puifque par le n°. 57 des Elémens des folides, dans le Tome I de mes Elémens, cet angle ACB eft celui que les plans de ces arcs forment entre eux, & que par le n°. 153 de mes Elémens de trigonométrie fphérique, même Tome, cet angle fphérique eft celui de ces plans. Donc connoiffant l'angle ACB, on a l'angle fphérique ; & cet angle ACB, formé par des tangentes dans un plan horizontal, eft ce qu'on appelle l'angle DCE réduit à l'horizon. Or on le trouve par la réfolution du triangle fphérique DPE, dans lequel, étant données les hauteurs ou dépreffions AD, BE, on a les côtés PD, PE, fuivant le n°. précédent ; de plus, le côté DE eft la mefure de l'angle obfervé DCE : mais l'angle fphérique DPE eft mefuré par l'arc AB, ainfi que l'angle rectiligne ACB, ou l'angle DCE réduit à l'horizon, ou l'angle du polygone réduit à une furface réguliere de la terre. Donc connoiffant les hauteurs ou dépreffions, & l'angle obfervé DCE, & par conféquent les trois côtés du triangle fphérique DPE, on a l'angle réduit DPE, qui eft l'angle cherché.

273. On fe fert communément, pour trouver cet angle, d'une méthode de trigonométrie fphérique, auffi facile qu'elle eft connue ; mais celle que donne le P. *Maire*, Liv. 2, n°. 26 & fuivans, eft encore plus facile. Que fi l'une des hauteurs ou dépreffions étoit nulle, le point D tombant en A, on

devroit réfoudre le triangle A P E; mais on a bien plutôt fait
de réfoudre le triangle A B E, dans lequel, connoiffant la
hauteur ou dépreffion B E, & l'hypothénufe obfervée A E,
on trouve le côté A B, qui mefure l'angle réduit à l'horizon,
au moyen d'un triangle rectangle fphérique, dont parle le
P. *Maire*, n°. 25.

274. Ayant donc trouvé (fig 2. pl. I.) tous les angles du
polygone réduit en arcs de grands cercles de la terre, on
trouve tous les côtés, en commençant par le premier triangle, par cette analogie : le finus de l'angle L H *a*, oppofé à
la bafe *a* L, eft au finus de l'angle H L *a*, ou H *a* L, comme
la bafe *a* L oppofée au premier angle, eft au côté H *a*, ou
H L oppofé au fecond. Ce raifonnement doit s'appliquer fucceffivement à tous les triangles de proche en proche ; & par-
là on aura la valeur de tous les côtés du polygone réduit, exprimés en pas ou en toifes, ou autrement, fuivant la mefure
qu'on aura employée pour mefurer la bafe. Car dans tout
triangle fphérique, les finus des côtés font comme les finus
des angles oppofés. Or fi les côtés font petits par rapport à
leurs cercles, ils font à peu près dans la raifon de leurs finus,
comme on peut s'en convaincre par l'infpection des tables ;
& le premier côté rectiligne *a* L, qui eft la bafe actuellement
mefurée, peut fe prendre pour l'arc auquel il répond, puifque cet arc eft à peine de 6 minutes. Ainfi après la réduction
des angles, on trouve les côtés du polygone réduit à une
furface fphérique, de la même maniere que les côtés rectilignes du polygone non réduit. Le P. *Maire* donne une lifte
de ces angles & de ces côtés, n°. 28, même Livre. Mais comme
il y a eu quelques hauteurs & dépreffions, qu'on n'a pu obferver immédiatement avec une précifion fuffifante, nous
verrons bientôt par quel moyen on a fuppléé à ce défaut.

275. Après avoir trouvé par cette méthode tous les angles
& les côtés du polygone réduit, il refte à trouver les fegmens
de la méridienne interceptés par les arcs B *d*, C *e* perpendiculaires à la méridienne. On peut avoir les arcs & les fegmens
par une obfervation du foleil, dont j'ai déja dit un mot. Le
P. *Maire* traite ce point, Liv. II, art. 6, n°. 30 & fuivans ;
je le traiterai ici un peu plus au long. Premierement on doit

Trouver les
côtés du poly-
gone réduit.
Pl. 1. fig. 2.

Trouver les
fegmens de la
méridienne
qui répondent
aux côtés du
polygone.

mesurer à une heure donnée avec le quart-de-cercle l'angle compris entre une ligne tirée d'un point donné à l'un des signaux, & une ligne tirée du même point au centre du soleil. Pour cela on dirigera l'une des lunettes sur ce signal, ensorte qu'il paroisse au centre des fils, & l'autre sur le soleil, en marquant les momens où les deux bords du limbe atteignent le fil perpendiculaire au plan du quart-de-cercle ; ce qui fait connoître le moment où le centre a passé sur ce fil. On examine aussi le point du limbe auquel répond la ligne du verre dans cette position de l'alidade ; après quoi on dirige les deux lunettes à un même objet, & l'angle compris entre ces deux positions de l'alidade est l'angle cherché.

Même sujet.

276. Si le soleil décrit un arc peu incliné à l'horizon, tellement qu'il quitte le champ de la lunette avant que le bord opposé ait atteint le fil, ou si on ne veut pas attendre qu'il l'atteigne, il suffira de remarquer le moment où le premier bord y est arrivé, & d'ajouter ou retrancher de l'angle le demi-diametre du soleil, suivant que le centre du soleil sera de l'autre côté, ou du même côté que le signal, par rapport à ce bord du limbe. Car il ne sera pas difficile de mesurer le diametre apparent du soleil, & les tables astronomiques le donneront encore d'une maniere assez approchée. On est obligé de recourir à l'un de ces moyens près de l'équateur, où le soleil coupe l'horizon à angles droits.

Connoître l'angle de position.
Pl. III. fig. 11.

277. Or le moment de l'observation étant connu, on trouve dans les tables astronomiques la déclinaison du soleil, & par-là même sa distance au pôle. De plus, dans un triangle sphérique terminé au soleil, au zénith & au pôle, on connoît la distance du pôle au zénith ; c'est le complément de la hauteur du pôle : l'on connoît aussi l'angle au pôle, puisque l'heure est donnée. On aura donc la distance du soleil au zénith, & l'angle au zénith, ou l'azimuth du soleil. Cette distance du soleil au zénith étant connue, on en retranchera la réfraction, qu'on trouvera dans les tables, pour avoir la distance apparente ; & comme on connoît d'ailleurs la hauteur ou la dépression du signal, on a tout ce qu'il faut pour réduire l'angle observé à l'horizon, par la méthode proposée. Car si (fig. 11. pl. III.) CE est dirigée au soleil, CD

au

au signal, on aura PE, PD, avec l'angle observé DCE, &
par conséquent l'angle APB, ou ACB : & parcequ'on connoît l'azimuth du soleil, ou l'angle que forme avec le méridien le cercle vertical PEB, qui passe par le soleil, on connoîtra aussi l'angle compris entre le même méridien, & le
cercle vertical PDA, qui passe par le signal D ; c'est-à-dire
qu'on connoîtra le nombre de dégrés qui se comptent sur
l'horizon depuis le point B jusqu'au nord, en tournant du
nord à l'orient, jusqu'à ce qu'on arrive à ce que le P. *Maire*
appelle, dans cet article, l'angle de position.

278. On en voit un exemple dans le même article : de l'extrémité septentrionale de la plate-forme du college romain,
nous observâmes le soleil, un peu avant son coucher, le 14
septembre 1753, & nous mesurâmes l'angle qu'il faisoit avec
l'arbre qui servoit de signal sur le mont *Soriano*. Nous fîmes
trois observations consécutives, qui sont marquées, n°. 31
de cet article 6, avec les angles observés, & les angles réduits. On voit, n°. 32, les trois distances du soleil au méridien, ou les trois distances du point B (fig. 11.) au midi de
l'horizon : ce sont les complémens à deux droits de l'angle
sphérique formé au zénith par le triangle qui se termine au
soleil, au zénith & au pôle. Comme ces distances se prenoient depuis le midi, en tournant vers l'occident, & que
l'arbre de *Soriano* étoit par rapport à nous dans la même direction, en tirant du couchant au nord, on les a ajoutées aux
angles réduits du n°. 31 ; ce qui a donné trois distances de
l'arbre de *Soriano* au midi de l'horizon, & la distance moyenne
s'est trouvée 158°, 2′, 35″. Mais parceque cette déclinaison
moyenne se compte depuis le midi, en tournant à l'occident,
dans la même direction, suivant laquelle on tourne du nord
à l'orient sur la droite, on lui ajoute les 180° qu'on compte
du nord au midi, pour avoir l'angle de position, savoir 338°,
2′, 35″.

279. On pourroit s'en tenir là, si l'observation avoit été
faite au dôme de *St Pierre* ; mais comme elle s'est faite au
college romain, il faut encore une réduction pour avoir l'angle de position de cet arbre observé du dôme de *St Pierre*
avec le méridien de ce dôme, ou de l'arc AC (fig. 2. pl. I.)

Exemple de
la méthode.

Autre réduc-
tion nécessai-
re.

R r

avec l'arc A *e*, en comptant de A *e* fur la droite, c'eft-à-dire pour avoir le complément de l'angle *e* A C à quatre droits, afin d'en tirer les inclinaifons des autres côtés fur la méridienne, au moyen de quoi on pourra connoître les perpendiculaires abaiffées fur la méridienne, & les fegmens qu'elles y interceptent, fuivant le n°. 269.

De la parallaxe du lieu de l'obfervation.
Pl. III. fig. 13.

280 Cette réduction fe voit au n°. 34, Liv. II; & l'on doit y confidérer deux chofes, favoir la parallaxe du lieu de l'obfervation par rapport à celui de la réduction, & la convergence des méridiens de ces mêmes lieux. Soit A (fig. 13. pl. III.) le dôme de *St Pierre*, C l'arbre de *Soriano*, M la plate-forme du college romain, MP le méridien de ce college, AP celui du dôme : fi l'on imagine une ligne AN perpendiculaire à MP, une autre A*n* perpendiculaire à MC, & le petit arc AD parallele à MN; l'angle AC*n*, ou fon alterne CAE, eft ce que le P. *Maire* appelle en cet endroit la parallaxe du mont *Soriano*, & l'angle DAP eft la convergence des méridiens. La perpendiculaire A*n* fert à trouver le premier angle, & AN donne le fecond : or fuppofé qu'on connoiffe la diftance AM, & les angles AMC, AMP, on connoîtra A*n* & AN; car on a cette proportion, AM eft à A*n*, ou AN, comme le rayon au finus de l'angle oppofé AMC, ou AMP.

De la convergence des méridiens.

281. Et d'abord l'angle AC*n* fe trouve par cette analogie: AC eft à A*n*, comme le rayon au finus de l'angle AC*n*; car AC, A*n* font en raifon de leurs finus, & de petits arcs tels que ceux-ci font comme leurs finus. On a donc la parallaxe, que le P. *Maire* a trouvée au même endroit de 1° 53′ 28″. Pour la convergence des méridiens, il y a plufieurs moyens de l'avoir : en voici un des plus faciles. Connoiffant le nombre de pas ou de toifes, ou d'une autre mefure quelconque, qu'on compte fur un arc quelconque, comme fur l'arc AN, il eft aifé de les convertir en minutes & fecondes d'un grand cercle, d'une maniere du moins affez approchée, pour n'en avoir à craindre aucune erreur. Car on peut connoître avec affez de précifion, pour le cas préfent, la mefure d'un grand cercle de la terre, tant par les mefures de dégrés qui ont précédé la nôtre, que par le polygone même de la figure 2, quoiqu'imparfaitement réduit, & fans égard à la

convergence des méridiens. De-là on pourra faire cette proportion : le nombre de pas ou de toises d'un dégré, est à celui
de l'arc AN comme 60′ à un quatrieme terme , qui fera le
nombre de minutes de l'arc AN. Maintenant dans le triangle
fphérique PNA rectangle en N , connoiffant l'hypoténufe
PA , complément de la hauteur du pôle, & le côté AN, on
aura l'angle PAN : & parceque DA, MN étant paralleles ,
les angles alternes DAN, ANM font égaux, il s'enfuit que
l'angle trouvé PAN eft le complément de l'angle cherché
DAP , qui eft l'angle de la convergence. Le P. *Maire* l'a
trouvé de 1′ 7″.

282. On peut avoir plufieurs beaux théorèmes fur cette
convergence. La trigonométrie fphérique donne cette regle
pour connoître un angle , étant donnée la bafe , avec le côté
adjacent : le rayon eft au co-finus de l'angle, comme la tangente de la bafe à la tangente du côté adjacent. Donc puifque
le finus de la convergence cherchée PAD eft le co-finus de
l'angle PAN , & que la tangente de AP eft la co-tangente
de la hauteur du pôle, ou de la latitude du lieu ; on n'a qu'à
fubftituer ces noms pour avoir en raifon alterne, puis en renverfant , le théorème fuivant : *la co-tangente de la latitude du*
lieu eft au rayon , comme la tangente de AN eft au finus de la
convergence cherchée PAD. Ou parcequ'en tout arc le rayon eft
à la tangente, comme la co-tangente au rayon ; ayant réduit
AN en portion de grand cercle , on aura ce théorème : *le*
rayon eft à la tangente de la latitude du lieu A , comme la
tangente de AN au finus de la convergence PAD. Si l'on aime
mieux fe fervir de la différence APM des longitudes, on
aura , par la fixieme regle de ma trigonométrie fphérique , en
raifon alterne, cette analogie : le rayon eft au co-finus de la
bafe AP , ou au finus de la latitude du lieu A , comme la
tangente de l'angle P à la co-tangente de l'angle PAN , ou
à la tangente de l'angle PAD ; d'où l'on tire ce théorème :
le rayon eft au finus de la latitude, comme la tangente de la
différence des longitudes à la tangente de la convergence des
méridiens. On peut encore fimplifier ce théorème pour de petits angles, en prenant les angles pour leurs tangentes ; car
les petits arcs, qui mefurent ces angles , ne different pas

senfiblement de leurs finus & de leurs tangentes. Donc le rayon eft au finus de la latitude du lieu, comme une petite différence de longitude eft à la convergence des méridiens.

Autre théorème plus général.

283. Ce dernier théorème pourroit fe démontrer immédiatement pour le cas d'une petite différence de longitude. En général, pour deux arcs de méridiens terminés au même parallele, ou à deux points pris dans la même latitude, quelle que foit leur différence de longitude, on a le théorème fuivant : *le rayon eft au finus de la latitude ; comme le finus de la moitié de la différence des longitudes eft au finus de la moitié de la divergence des méridiens.* Mais en voilà affez fur ces théorèmes. Obfervons feulement que dans les méthodes, où l'on fe fert de la différence des longitudes, il faut, pour réduire le nombre de toifes ou de pas en arc parallele, premierement faire cette proportion : le rayon eft au co-finus de la latitude, comme le nombre de pas ou de toifes d'un dégré de grand cercle, au nombre de pas ou de toifes d'un dégré du parallele ; puis celle-ci, ce dernier nombre eft au nombre propofé, comme 60′ au nombre de minutes cherché : & l'on ne doit point craindre d'erreur fenfible dans ce dernier terme, fi c'eft un petit nombre, quoiqu'on n'eût peut-être pas pris le nombre jufte de pas ou de toifes qui fe trouvent dans un dégré de grand cercle.

De l'angle de pofition.

284. Pour revenir au point d'où nous fommes partis ; connoiffant les angles de parallaxe & de convergence, on a la pofition de A C par rapport au méridien A P. Car ayant mené A E parallele à M C, l'angle E A D fera égal à l'angle C M P (1). Or nous avons vu que pour avoir la pofition de C M par rapport à M P, il falloit retrancher de quatre droits l'angle C M P égal à E A D ; ici il en faut retrancher l'angle C A P ; d'où il fuit que ce qu'on retranche eft augmenté de la convergence D A P, & diminué de la parallaxe C A E, & par une conféquence ultérieure, que l'angle de pofition eft augmenté de la parallaxe, & diminué de la convergence. Ainfi

---

(1) Il y a en cet endroit du texte latin plufieurs fautes d'impreffion que le P. *Bofcovich* a lui-même reconnues : mais il n'avoit pu veiller par lui-même à l'impreffion de fon Livre.

dans l'endroit cité, le P. *Maire* retranche de la parallaxe 1°, 53', 28" la convergence 1', 7", & ajoute le reste 1°, 52', 21" à la première position 338', 2', 35"; ce qui donne pour l'angle de position de *Soriano*, vu du dôme de *St Pierre*, 339°, 54', 56".

285. Cet angle fait connoître celui que forme A B (fig. 2. pl. I.) avec le même arc A *n*, c'est-à-dire l'angle de position du mont *Genarro*: car suivant la table du n°. 28, Liv. II, l'angle C A B est de 78°, 59', 11"; d'où retranchant l'angle C A *n*, complément à quatre droits de l'angle de position du point C, savoir 20° 5' 4", il reste pour l'angle de position *n* A B du point B vu de A 58°, 54', 7". Maintenant si l'on tire du point C un arc C*p* parallele à A *n*, les angles formés par C*p* & les lignes C F, C D, C B, C A, en tournant du nord à l'orient, sur la droite, font ce que le P. *Maire* appelle les angles de position des points F, D, B, A vus du point C, sans avoir égard à la convergence des méridiens. On voit d'abord comment de l'angle de position du point C vu de A, on peut tirer l'angle de position du point A vu de C. Car dès que ce dernier point est plus occidental, comme dans le cas présent, ce qui donne à son angle de position plus de 180°, il suffit d'en ôter 180°, en prenant, comme on le peut faire ici, un arc de cercle pour une ligne droite. Au contraire, s'il étoit plus oriental, comme B, ce qui rend l'angle de position moindre que deux droits, il faudroit lui ajouter deux droits. Pour s'en assurer, il suffit de faire attention aux propriétés des paralleles.

Connoître une position réciproque. Pl. 1. fig. 2.

286. Dans le cas présent, l'angle de position du point C, vu de A, est de 339°, 54', 56",; celui de A, vu de C, sera donc de 159°, 54', 56"; & comme celui de B, vu de A, est de 58°, 54', 7", celui de A, vu de B, seroit de 238°, 54', 7". Or connoissant l'angle de position du point A, vu de C, & les angles que font avec C A les lignes C B, C D, C F, on aura aussi leurs angles de position, en retranchant les angles qu'elles font avec C A de l'angle de position du point A, si elles s'écartent à gauche de C A par rapport au point C, & en les ajoutant si elles vont à droite. Ainsi l'angle A C B étant, suivant la table du P. *Maire*, n°. 28, de 32°, 12', 14", & se

Exemple de cette méthode.

trouvant fur la gauche, on l'ôtera de 159°, 54', 56"; ce qui donnera, pour l'angle de pofition du point B, vu de C, 127°, 42', 42". De même ayant retranché de celui-ci l'angle BCD qui dans cette table eft de 70°, 10', 19", il refte pour l'angle de pofition de D, vu de C, 57°, 32', 23". Enfin ôtant de ce dernier l'angle DCF, qui fe trouve dans la même table de 49°, 27', 33", on a 8°, 4', 50" pour l'angle de pofition du point F vu de C.

Suite.
Pourquoi on a omis quelques pofitions.

287. On peut de même trouver les angles de pofition de tous les points vus de B, & remonter de l'un des points B, C au point D, comme de A on eft remonté à B & C, pour en déduire les angles de pofition de tous les points vus de D, jufqu'à ce qu'on foit parvenu à la derniere ftation L du polygone. C'eft ainfi qu'on a trouvé tous les angles de pofition marqués au n°. 34, Liv. II. Mais on n'y a pas mis la pofition du dôme de *St Pierre*, vu de *Soriano*, parcequ'on peut la tirer de celle de *Soriano* en retranchant de celle-ci 180°, comme nons l'avons dit. De même parmi les angles de pofition des points vus de *Fionchi*, on n'a point marqué celui de *Soriano*, d'où l'on a pris l'angle de pofition de *Fionchi*. On en a ufé de la même maniere à l'égard des autres pofitions réciproques, parcequ'on peut toujours les avoir en ajoutant ou retranchant 180°, fuivant que la pofition précédente eft au-deffous ou au-deffus de ce nombre de dégrés. Par la même raifon on a omis les pofitions de tous les points vus de B, ou du mont *Genarro*, dont on a marqué la pofition par rapport aux points A, C, D, & celles de tous les points vus de E, ou de *Pennino*, dont on a la pofition par rapport à D, F, G, enfin celles de tous les points vus du mont *Luro* I, dont on a déja la pofition par rapport aux points G, H, L. D'ailleurs les feules pofitions marquées à l'endroit cité, font plus que fuffifantes pour tout ce qui nous refte à dire fur la mefure du dégré.

Double avantage des angles de pofition.

288. On tire un double avantage de ces angles de pofition. Car en premier lieu, les côtés de tous ces triangles étant d'ailleurs connus de grandeur, leur pofition fert à déterminer les perpendiculaires C*e*, F*h*, &c. B*d*, D*f*, &c. & les fegmens A*e*, A*h*, &c. A*d*, A*f*, &c. de la méridienne; de plus, on peut comparer les obfervations faites à *Rome*, fur la pofition

du polygone, avec celles de *Rimini*. Nous allons dire de quelle façon on doit s'y prendre.

289. Et d'abord dans le triangle rectangle A*e*C on a l'angle C A*e*, complément à quatre droits de l'angle de position du mont *Soriano*, vu du dôme de *St Pierre*. On connoît de plus le côté A C par le n°. 38. On trouvera donc A*e* & *e*C par les regles de la trigonométrie fphérique, qui, lorfqu'il ne s'agit comme ici que de petits arcs, lefquels font proportionnels à leurs finus, reviennent à celles de la trigonométrie rectiligne. On voit dans la figure de quel côté fe doivent prendre ces lignes. Du refte, & ceci doit s'entendre auffi de tous les autres triangles rectangles, on déduira l'angle formé par une ligne tirée d'un fignal à l'autre avec l'arc A*n*, ou un arc parallele, de la pofition du dernier fignal vu du premier, en prenant pour cela cette pofition même, fi elle eft au-deffous de 90°; fon complément à deux droits, fi elle eft au-deffus de 90°, & au-deffous de 180°; fa différence au demi-cercle, fi elle eft au-deffus de deux droits, & au-deffous de trois; & fon complément à quatre droits, fi elle excede trois droits. Ce triangle réfolu, le côté parallele à la méridienne A*n*, fera dirigé du premier fignal vers le nord, dans le premier & le quatrieme cas; & au midi dans le fecond & le troifieme: pour la perpendiculaire, elle fe tirera de ce fignal à l'orient dans les deux premiers cas, & dans les deux derniers à l'occident.

Moyen de fe procurer le premier.

290. De même dans le triangle rectangle A*d*B, connoiffant la pofition du mont *Genarro* B, vu du dôme de *St Pierre* A, on aura A*d* & *d*B. Suppofons que l'arc C*q*, parallele à A*n*, foit rencontré en *p* & *q* par les perpendiculaires D*f*, *h*F: ce petit arc reffemble fort à celui d'un grand cercle, & pour la grandeur, & pour la pofition, & il peut être pris pour une ligne droite. Or dans les triangles C*p*D, C*q*F, connoiffant les pofitions des points D & F, vus de C, on aura les angles en C, & par conféquent les lignes C*p*, C*q*, paralleles & égales à *ef*, *eh*, qui, ajoutées féparément à A*e*, donnent A*f* & A*h*. On trouvera de même D*p*, *q*F; & ôtant de la premiere la ligne *pf* égale à C*e*, & la feconde de *qh* égale à la même C*e*, il reftera D*f*, F*h*. Pareillement fi les perpendiculaires E*g*, G*i*, H*l*, rencontrent en *r*, *s*, *t* un arc tiré par le point F,

Même fujet.

& parallele à A*n*; on aura, dans les trois triangles F*r*E, F*s*G, F*t*H, les angles en F, par les positions des trois points E, G, H. Donc on aura les côtés F*r*, ou *hg*, qui, retranché de A*h*, laisse A*g*; F*s*, ou *hi*, qui, ajouté à A*h*, donne A*i*; F*t*, ou *hl*, qui, ajouté à A*h*, donne A*l*; & les côtés E*r*, G*s*, H*t*, dont les deux premiers seront diminués de *rg*, *si*, ou F*h*, & le troisieme augmenté de *tl* égal à F*h*, pour avoir E*g*, G*i*, H*l*. Enfin si l'arc décrit du point H, & parallele à A*n*, est rencontré en *u* & *x* par les perpendiculaires I*m*, L*n* prolongées; connoissant la position des points I & L, ou du mont *Luro* & de l'embouchure de l'*Aufa*, on aura H*u*, H*x*, ou *ml*, *ln*, & par-là même A*m*, A*n*; & parceque *um*, *xn* sont égales à H*l*, on aura aussi I*m*, L*n*.

Qu'un certain nombre de positions suffit.

291. On voit que les positions marquées, n°. 34, Liv. II, suffisent pour trouver les perpendiculaires abaissées sur la méridienne, & les segmens de la méridienne. On peut même se passer ici de la position des points vus de *Fionchi*, & de celle de *Genarro* vu de *Soriano*, quoiqu'elles pussent servir, si l'on s'y prenoit d'une autre façon, pour résoudre les triangles. Ces perpendiculaires & ces segmens sont marqués à la fin de l'article cité; c'est le premier avantage qu'on retire des angles de position; mais il n'est pas le seul.

Du second avantage.

292. On a par la méthode proposée n°. 287, pour l'angle de position du mont *Luro* I vu de L, embouchure de l'*Aufa*, 137°, 53′, 58″. Cet angle n'est point formé par le méridien du lieu L, mais par un cercle parallele à la méridienne A*n*. Or par la résolution de tous ces triangles, on trouve, n°. 39, Liv. II, *n*L$=$7139.8 pas; ce qui fait environ 7 $\frac{1}{8}$ milles d'Italie; & par la méthode exposée ci-dessus, n°. 281, on a à cette distance 5′, 34″ pour la convergence des méridiens, qui est l'angle d'inclinaison du méridien du lieu L sur la méridienne A*n* prolongée. Ainsi l'angle que forme la ligne LI avec ce méridien, est plus grand de 5′ 34″, qui, ajoutées à la premiere position, donnent pour l'angle de position du point I vu de L, par rapport au méridien du lieu L, 137°, 59′, 32″.

Moyen de se le procurer

293. Or nous avons encore le même angle par les observations de *Rimini* (n°. 36. Liv. II.), & par la méthode exposée, n°.

n°. 284. Car des trois obfervations du foleil levant à l'horizon
de la mer, faites dans la maifon de M. *Garampi*, on déduit
l'angle de pofition du mont *Luro* vu de cette maifon, & il fe
trouve de 135°, 21', 51''. Connoiffant la diftance de cette
maifon à l'embouchure de l'*Aufa*, & fa pofition par rapport
à ce point, on trouve, par la méthode du n°. 280, pour la
parallaxe du mont *Luro*, obfervée de cette montagne même,
2°, 35', 34''; c'eft l'angle compris entre les lignes tirées du
mont *Luro* à la maifon de M. *Garampi*, & à l'embouchure
de l'*Aufa*, angle qui doit être ajouté à la pofition du mont
Luro vu de cette maifon. On trouvera auffi, pour la convergence des méridiens, ou l'inclinaifon du méridien de l'embouchure de l'*Aufa* fur celui de la maifon de M. *Garampi*,
qui eft plus orientale, 39'', qui répondent à une diftance de
835 pas, & qu'il faut auffi ajouter. Ainfi l'angle de pofition
du point I vu de L, eft de 137°, 58', 4'' : cet angle differe de
près d'une minute & demie de celui qu'on a trouvé par les
obfervations de *Rome* ; mais nous donnerons bientôt la raifon
de cette différence, & nous ferons voir en même tems que
cela ne change point fenfiblement la mefure du dégré, dont
il eft ici uniquement queftion. Finiffons ce qui a rapport à
l'ufage des obfervations faites avec le quart-de-cercle.

294. Selon la table du n°. 39, Liv. II, A*n* eft de 16112⁷.9
pas, & le point *n* eft déterminé par la ligne L*n*, qui équivaut à une ligne droite perpendiculaire, tirée du point L fur
A*n* : mais le parallele qui paffe par L, ayant fon pôle dans
la méridienne A*n* prolongée au-delà de *n*, de 46°, ou environ, il doit couper la méridienne en-deçà du point *n*. Il
faut chercher cette différence, & la retrancher de A*n* pour
avoir l'intervalle compris entre les paralleles du dôme A &
de l'embouchure L de l'*Aufa* : or on la trouvera par la méthode dont nous nous fommes fervis, n°. 140, pour avoir
(fig.19. pl. II.) l'erreur provenante de la déviation de la lunette
du fecteur. Soit en effet P le pôle, L' l'embouchure de l'*Aufa*;
L'M fera la perpendiculaire tirée de cette embouchure fur la
méridienne, L'O l'arc du parallele, & OM la différence
qu'on doit retrancher. Or par le n°. 141, le finus de PL' eft
à fon co-finus, ou fa tangente eft au rayon, ou le rayon à fa

Correction
pour la dif-
tance de la
perpendicu-
laire au paral-
lele.

co-tangente, c'est-à-dire, ou le rayon à la tangente de la latitude du lieu L′, comme le sinus verse de l'arc L′M, est à MO. De plus, PL′ est le complément de la déclinaison du lieu L′, & le sinus verse de l'arc L′M est la troisieme proportionnelle au diametre & à la corde de cet arc. Donc, puisque L′M a été trouvée de 7139.8 pas, & que le diametre de la terre, qu'il n'est pas nécessaire ici de connoître si exactement, est d'environ 8544000, on aura pour le sinus verse de l'arc L′M 5.9, & par le théorème proposé, on trouvera pour l'arc MO 5.7.

Distance des paralleles. Pl. I. fig. 2.

295. Ayant donc retranché 5.7 pas de l'intervalle A*n* (fig. 2. pl. I.) ou de 161127.9, & ayant ajouté 269 pas, dont la salle du college romain est plus méridionale que le dôme de *St Pierre*, & retranché 139.1, dont la maison de M. *Garampi* est plus méridionale que l'embouchure de l'*Aufa* ; on a enfin l'intervalle des paralleles qui passent par les lieux où les observations ont été faites, savoir 161252.1 pas. Cette mesure doit être corrigée par les observations de *Rimini* sur la position du polygone, lesquelles cependant l'augmentent à peine de trois pas, comme nous le verrons bientôt. Il faut encore la réduire en toises, & c'est ce que nous ferons dans le chapitre suivant, où nous donnerons le rapport du pas à la toise. Enfin il faut comparer ce nombre de toises à l'amplitude de l'arc céleste, déterminée par le chapitre précédent, pour avoir la mesure du dégré que l'on cherche.

Pourquoi on s'est étendu sur ce sujet.

296. Telle est la suite d'opérations par laquelle les observtions faites avec le quart-de-cercle, servent à déterminer la grandeur du dégré. Je me suis un peu étendu sur ce point, afin que si quelqu'un de ceux qui sont peu exercés dans ces sortes d'opérations, vouloit entreprendre quelque part une semblable mesure, il pût trouver ici la méthode d'y procéder. Cela étoit encore nécessaire pour évaluer avec plus de précision les erreurs qu'on auroit pu commettre, pour vérifier nos résultats, & discuter les observations mêmes sur lesquelles ils s'appuient, comme nous allons le faire nous-mêmes.

297. Pour commencer par la position du polygone, relativement à la méridienne ; la différence de près d'une minute & demie qu'on y a trouvée (n°. 293) entre les observations

de *Rome* & celles de *Rimini*, vient de plusieurs causes. Premierement, pour déterminer, par l'observation de *Rome*, le dernier côté du polygone, il faut (n°. 287) parcourir tous les angles du polygone, dans chacun desquels on peut commettre une erreur de 10 secondes. En second lieu, il peut se trouver quelque différence dans la réduction du côté qui joint la salle du college romain avec la premiere montagne, au côté qui joint cette montagne avec le dôme de *St Pierre*, comme aussi dans la réduction de la maison de M. *Garampi* à l'embouchure de l'*Ausa*. De plus, il y a quelque erreur dans l'estimation de l'angle, dans les observations même astronomiques, &, ce qui est le principal, dans la pendule qui marque le moment de l'observation, duquel dépend l'azimuth du soleil. Pour peu que le mouvement de la pendule soit irrégulier, ou seulement s'il y avoit une augmentation ou diminution considérable dans la chaleur, cette derniere erreur pourroit aisément produire un très grand effet : car à chaque seconde de tems, le soleil parcourt 15 secondes de son parallele, qui produisent aisément dans l'azimuth une erreur de 10″. J'ai quelque raison de soupçonner dans la pendule de *Rimini* une erreur de quelques secondes, à cause de la longueur du tems écoulé depuis le midi de la veille jusqu'à l'observation du soleil levant. Quoique ces erreurs s'effacent en grande partie, leur somme peut aisément monter à une minute & demie, en mettant une seconde d'erreur pour chaque observation, & un bien plus grand nombre pour la derniere.

298. Mais le point capital est qu'une erreur même beaucoup plus considérable dans la position du polygone, n'en produit qu'une très petite dans le segment de la méridienne, intercepté par les paralleles des points A & L (fig. 2. pl. I.). On trouve l'erreur produite par une minute & demie, en supposant la premiere position du *Soriano*, vu du dôme de *St Pierre*, d'une minute & demie plus petite, & faisant un nouveau calcul, par la méthode du n°. 288 & suivans, pour avoir une nouvelle valeur de A*n*, d'où l'on retranchera l'intervalle compris entre L*n*, & le parallele du lieu L. Mais dès qu'il ne s'agit, comme ici, que d'une légere différence, ou peut abréger en cette maniere.

Seconde méthode.
Pl. I. fig. 2.
3. 14.

299. Les points A, *n*, L (fig. 14. pl. III.) font les mêmes que dans la figure 2, planche I; A*n'* eſt une autre méridienne plus proche du point L, ſur laquelle on abaiſſe la perpendiculaire L*n'*. Comme on ſait le nombre de pas de A*n*, *n*L, & à peu près celui qui ſe compte ſur un dégré, on pourra réduire ces deux lignes en parties de grand cercle. Ainſi dans le triangle ſphérique A*n*L, rectangle en *n*, on aura l'hypoténuſe AL, & l'angle *n*AL, d'où retranchant l'angle *n*A*n'*, il reſte l'angle *n'*AL, au moyen duquel, & de l'hypoténuſe AL, on aura A*n'* & L*n'*, en parties de grand cercle, qu'il ſera aiſé de réduire en pas.

Troiſieme méthode.

300. Cette méthode eſt générale, de quelque grandeur que ſoient ces triangles : mais s'ils ne s'étendent pas au-delà d'un ou deux dégrés, on peut encore abréger par la trigonométrie rectiligne. Car connoiſſant A*n*, *n*L, on trouve l'angle *n*AL par cette analogie : A*n* eſt à *n*L, comme le rayon à la tangente de cet angle. Cet angle connu, on en retranche l'angle *n*A*n'* pour avoir l'angle *n'*AL; enſuite de quoi on trouve A*n'* par cette analogie : le co-ſinus de l'angle *n*AL eſt à celui de l'angle *n'*AL pour le rayon commun AL, comme A*n* eſt à A*n'*.

Quatrieme méthode.

301. Enfin ſi l'angle *n*A*n'* eſt petit, on abrégera encore davantage en cette ſorte: ſoit I le point d'interſection de A*n'* & L*n*; A*n* pourra s'égaler à AI, en prenant *n*I pour un arc de cercle décrit du point A comme centre. Or l'angle *n'*LI eſt égal à l'angle *n*AI, & L*n'* eſt à peu près égale à L*n*. On a donc cette proportion : le rayon eſt au ſinus de l'angle *n'*LI, ou *n*AI, comme L*n'* ou L*n* à I*n'*. Or I*n'* eſt la différence de A*n* à A*n'*; & parceque le petit intervalle intercepté par la perpendiculaire L*n* ou L*n'* & l'arc du parallele dont nous avons parlé (n°. 294) eſt ſenſiblement le même de part & d'autre, comme on le peut déduire du théorème propoſé là même, il ſuit que cette petite ligne I*n'* eſt la différence de deux arcs de méridien, aboutiſſans d'une extrémité du polygone à l'autre, provenant de la différence d'inclinaiſon du méridien ſur la ligne AL.

Théorème général.

302. De-là on tire le théorème ſuivant : *le rayon eſt au ſinus de la différence d'inclinaiſon du méridien , comme la diſtance de*

l'extrémité du polygone à la méridienne, déterminée par la pre-
miere pofition, eft à la différence des arcs du méridien, compris,
en conféquence de ces fuppofitions, entre les paralleles qui paffent
par les extrémités des lignes inclinées; différence qu'on doit ajou-
ter à l'arc qui forme le plus grand angle avec la ligne qui joint
ces deux extrémités. Dans le cas préfent, la différence d'inclinaifon eft 1′ 28″, dont le finus eft 4266, pour le rayon
10000000; & par le n°. 292, la diftance L*n* eft de 7139.8
pas. On a donc cette proportion 10000000 eft à 4266,
comme 7139.8 à un quatrieme terme, qui fe trouve 3.0; &
fi l'on doit avoir égard à cette différence, on l'ajoutera à l'arc
A*n*, qui, par le n°. 294, eft de 161127.9 pas, fuivant les
obfervations de *Rome*, pour avoir, fuivant celles de *Rimini*,
161130.9, mêmes nombres que ceux qui font marqués Liv. II,
n°. 37: & prenant un milieu, on aura 161129.4.; d'où l'on
déduit, par la méthode du n°. 295 pour l'arc du méridien
intercepté par les deux obfervatoires, l'efpace de 161253.6
pas, d'un pas & demi plus grand que le premier réfultat. Ce
qui n'ajoute pas une demi-toife à la mefure du dégré: différence infenfible, comme je l'ai dit plus haut.

303. Voyons maintenant l'erreur que peuvent produire De l'erreur
dans cette mefure les angles du polygone, qui fervent à dé- des angles.
terminer les côtés rectilignes inclinés à l'horizon, & ces côtés
mêmes réduits à une furface réguliere de la terre, quoiqu'encore inclinés fur la méridienne, enfin ces côtés réduits à la
méridienne, ou à l'arc intercepté par les paralleles des lieux
où fe font faites les obfervations aftronomiques. Et d'abord
voyons quelle erreur peut produire, dans la réduction du polygone à une furface réguliere de la terre, l'erreur qu'on auroit
commife dans l'obfervation des hauteurs ou des dépreffions.

304. Dans la figure 15, planche III, les points A, D, P, E, B Théorème
font les mêmes que dans la figure 11, fuivant le n°. 271; de M. Cotes.
c'eft-à-dire que PD, PE font les complémens des hauteurs Pl. III. fig. 15.
ou dépreffions des fignaux D, E, l'arc DE la mefure de l'angle obfervé, AB celle de l'angle réduit à l'horizon, & comme
nous l'avons vu au même endroit, l'angle LPE fera la mefure du côté DE réduit à une furface réguliere de la terre.
Suppofons maintenant qu'il fe foit gliffé quelque erreur dans

la mesure de la hauteur ou de la dépression, ensorte qu'au lieu du triangle DEP on ait le triangle DE'P, dans lequel le côté PD est absolument le même, le côté DE' égal à DE, & le côté PE' diffère de PE de la valeur de IE, l'arc E'I ayant pour pôle le point P ; & à cause que cet arc est très petit, on peut le regarder comme étant perpendiculaire à EI. De plus, les arcs DE, DE' étant égaux, l'arc EE' aura pour pôle le point D, & pourra de même se prendre pour un arc perpendiculaire à l'arc DE. Ainsi l'angle IEE' sera le complément de l'angle DEP ; EI sera l'erreur commise dans l'observation de la hauteur ou de la dépression ; & BB' l'erreur qui en résulte dans l'angle réduit. Or dans le triangle rectangle EIE', le rayon est à la tangente de l'angle IEE', ou à la co-tangente de l'angle DEP, comme EI est à IE'. De plus, le sinus de PE' est au sinus de PB', ou au rayon, comme IE' est à BB'. Donc, par égalité troublée, le sinus de PE', ou, ce qui est à peu près le même, le sinus de PE est à la co-tangente de l'angle DEP, comme EI est à BB'. Cette évaluation est de M. *Côtes*, dans l'ouvrage qui a pour titre, *Æstimatio errorum in mixta mathesi*.

305. Connoissant donc les côtés du triangle DPE, on aura le rapport de EI, ou de l'erreur commise dans la mesure de la hauteur ou de la dépression, à BB', ou à l'erreur qui en résulte dans l'angle réduit. Car ayant cet angle, on trouve l'angle DEP par cette analogie : le sinus de DE est au sinus de DP, comme le sinus de l'angle DPE, qu'on a déja trouvé, au sinus de l'angle DEP ; & cet angle étant connu, on aura sa co-tangente, & par conséquent le rapport du sinus de PE à cette co-tangente.

306. Si l'angle DEP est droit, l'erreur s'évanouit, puisque la co-tangente d'un angle droit est nulle. Et parceque AD, BE étant fort petits, l'angle DEP approche fort de l'angle droit ABP, il est évident qu'il ne peut y avoir qu'une très petite erreur dans l'angle réduit. Car puisque le sinus de PE est presque égal au rayon, si l'angle DEP est moindre d'un dégré qu'un angle droit, sa co-tangente sera la tangente d'un dégré ; & puisque le rayon est à peu près à la tangente d'un dégré, comme 57 est à 1, il s'ensuit que pour chaque minute

d'erreur dans la mesure de la hauteur, il se trouvera à peine une seconde d'erreur dans l'angle réduit.

307. Pour se convaincre de la petitesse de cette erreur, il Autre preuve. suffit de comparer la table du nᵒ. 28, Liv. II, où sont les angles réduits, avec celle du nᵒ. 21, même Livre, où sont les angles observés : on verra qu'ils ne sont pas fort différens les uns des autres. Dans les trois premiers triangles la différence va à peine au-delà d'une minute : il n'y a qu'un cas où elle approche de deux minutes ; dans presque tous les autres elle est au-dessous d'une minute, très souvent même elle se réduit à un petit nombre de secondes. Or en consultant la table qui est à la fin du même Livre, on verra que les hauteurs & les dépressions étoient souvent de plus d'un dégré, très souvent de plus de 30′, ordinairement de plusieurs minutes, & que lorsqu'elles n'étoient que de quelques minutes, la réduction ne produisoit dans l'angle qu'une différence d'un très petit nombre de secondes. Il demeure donc pour constant qu'une erreur de deux, ou même de trois minutes dans l'observation de la hauteur, produit rarement une erreur d'une seconde dans l'angle réduit, presque jamais une erreur de deux ou trois secondes ; ainsi quoiqu'on n'ait pas pris les hauteurs & les dépressions avec autant de précision que les angles du polygone, on n'en doit cependant craindre aucune erreur notable en ce qui a rapport à la mesure du dégré.

308. La plupart des observations des hauteurs & des dé- Observations des hauteurs & dépressions. pressions se trouvent dans cette table. Il en manque quelques-unes ; mais fort peu de celles dont nous avons fait usage dans la réduction. Celles qui manquent sont celles du mont *Tesio* & du dôme de *St Pierre*, vus de *Soriano*, celle de *Tesio* vu de *Fionchi*, celles de *Soriano* & de *Fionchi* vu de *Tesio*, & celle du mont *Luro* vu de *Catria*. Nous n'avons pu faire ces observations : tantôt un nuage nous déroboit la vue des signaux ; tantôt nous étions surpris par la nuit. Car comme ces observations ne demandent pas une exactitude si scrupuleuse, & qu'on peut même y suppléer aisément ; dès que nous étions arrivés sur une montagne, nous commencions par prendre les angles du polygone, & nous prenions ensuite les hauteurs. Or il nous est souvent arrivé de trouver toutes les montagnes

enveloppées de nuages; ce qui nous a quelquefois obligés, comme je l'ai marqué au Livre I, de monter jufqu'à dix fois fur la même montagne , & fans aucun fruit. Lorfque le ciel nous étoit un peu plus favorable , nous avions quelquefois peine à voir fortir un fignal d'un nuage , encore n'étoit - ce que pour y rentrer bientôt après ; d'autres fois, au défaut d'un nuage , c'étoit un brouillard qui nous en déroboit la vue, ou bien des obfervations plus importantes emportoient tout notre tems , & ne nous laiffoient plus de jour pour celles-ci. Mais il étoit aifé, comme je viens de le dire, de fuppléer à ce défaut, ou par les obfervations précédentes, ou par les fuivantes, & d'une maniere affez approchée , pour n'en avoir à craindre aucune erreur fenfible dans la mefure du dégré ; & c'eft pour cela que nous n'avons pas jugé à propos d'entreprendre de nouveaux voyages, dont le fuccès eût été d'ailleurs incertain, & qui n'auroient abouti qu'à nous donner une peine inutile, & à nous faire perdre du tems.

Moyens de fuppléer a ces obfervations. Pl. III. fig. 16. 309. Qu'on puiffe fuppléer à ces obfervations, rien de plus évident. Car dès qu'on a la hauteur ou la dépreffion d'un fignal par rapport à un autre, on a par-là même la dépreffion ou la hauteur de celui-ci vu du premier. Soient A, B (fig. 16) deux fignaux, & les deux lignes verticales réunies au centre C d'une furface réguliere dans cet intervalle des fignaux, dont l'arc foit rencontré en D & E par les lignes CA, CB. Connoiffant dans le polygone non réduit la diftance AB, qui fera à peu près égale à l'arc DE, & la mefure de quelque dégré, on aura à peu près le nombre de minutes qui fe comptent fur l'arc DE, ou dans l'angle ACB. De plus , fi du point A on obferve la hauteur ou dépreffion du point B, on n'aura qu'à l'ajouter ou la retrancher de 90°, pour avoir l'angle CAB, dont on retranchera pour la réfraction la dix-huitieme partie de l'angle ACB. Car fuivant la remarque du P. *Maire* (Liv. II. nᵛ. 56 & fuiv.), la fomme des deux réfractions eft ordinairement la neuvieme partie de l'angle ACB ; ce qui eft conftant, & par nos obfervations, & par plufieurs autres obfervations antérieures. On n'a plus qu'à retrancher de 180° les angles CAB, ACB pour avoir l'angle CBA corrigé ; auquel ajoutant la dix-huitieme partie de l'angle ACB, on aura l'angle qu'auroit

donné

donné l'obfervation, & dont la différence à 90° donne la hauteur ou la dépreffion du point A, telle qu'on l'auroit eue immédiatement en l'obfervant du point B. On trouve par la
même méthode la hauteur ou la dépreffion du dôme de *St*
Pierre, vue de *Soriano*, & celle du mont *Luro*, vue de *Ca-*
tria, puifqu'on a celle de *Soriano*, vue du dôme de *St Pierre*,
& celle de *Catria*, vue du mont *Luro*.

310. Il refte à fuppléer aux obfervations des hauteurs ou
abaiffemens refpectifs du *Soriano* & du *Tefio*, vus du *Tefio* &
du *Fionchi*, dont aucune ne fe trouve dans la table ; & c'eft·
ce qu'on fait fans peine au moyen de deux problêmes dont
l'un eft l'inverfe de l'autre. Le premier eft conçu en ces termes:
étant donnée la diftance AB des fignaux, avec l'angle CAB,
trouver la différence des hauteurs DA, EB. Pour le réfoudre,
il faut connoître, du moins à peu près, la mefure d'un dégré
du méridien, d'où l'on tire, comme ci-deffus (n°. 294) le
demi-diametre CD ou CA, qu'il fuffit d'avoir d'une maniere
approchée. Enfuite dans le triangle CAB, connoiffant les
côtés CA, AB, & l'angle A, on trouve le côté CB, dont
la différence au côté CA eft la différence cherchée de la hauteur ; & il eft aifé de démontrer qu'une erreur affez confidérable dans le demi-diametre CD ou CA, ne produit dans
cette hauteur aucune différence fenfible.

On y fupplée par deux pro-blêmes. Solu-tion du pre-mier. Pl. III. fig. 16.

311. On peut abréger en cette maniere : connoiffant la
diftance AB, & à peu près la mefure d'un dégré, on en tirera
l'angle C ; & comme l'angle A eft auffi connu, on aura l'angle B avec cette proportion : le finus de l'angle B eft à fa différence au finus de l'angle A, comme le demi-diametre de la
terre CD, ou CA à la différence cherchée des côtés CA,
CB.

Autre folu-tion plus cour-te.

312. Le fecond problême fe propofe ainfi : connoiffant la
différence des hauteurs de A & B, & la diftance AB, trouver les angles A & B. Ayant affigné à CA la grandeur qui
lui convient, ou à peu près, on lui ajoutera ou l'on en retranchera cette différence pour avoir CB. Ainfi connoiffant
tous les côtés du triangle CAB, on aura les angles cherchés
A & B ; ou bien ayant déduit l'angle ACB de la diftance AB,
& connoiffant les côtés CA, CB avec l'angle compris, on aura
les autres angles A & B.   T t

Solution du fecond.

Hauteurs &
dépreſſions
par le premier
problème.

313. Ces problêmes levent toute la difficulté. Car en commençant par l'embouchure de l'*Aufa*, on tire des obſervations qui y ont été faites au niveau de la mer, par le premier problême, la hauteur de *Carpegna* & celle du mont *Luro*, qui ſont connues d'ailleurs, parcequ'on avoit obſervé de ces montagnes mêmes, & leur hauteur ou dépreſſion reſpectives, & la dépreſſion de l'*Aufa*. Enſuite de la hauteur des monts *Luro* & *Carpegna* on tire celle de *Catria*, déja connue par l'obſervation de celle de *Carpegna*, vue de *Catria* : ainſi on a de trois façons ſa hauteur abſolue. Il en eſt de même de la hauteur de *Teſio*, qu'on trouve par celles de *Carpegna* & de *Catria*, & qu'on avoit déja par celle de *Catria*, vue de *Carpegna*. Celle du *Pennino*, déja connue par celles de *Catria* & de *Teſio* obſervées de ce point, ſe connoît encore par les hauteurs abſolues des mêmes *Catria* & *Teſio*, & par conſéquent de quatre manieres. Celle de *Pennino* donne celle de *Fionchi*, d'où l'on a encore obſervé celle de *Pennino*. Celle de *Fionchi* donne celles de *Soriano* & de *Genarro*, d'où l'on a obſervé celle de *Fionchi*. De celle de *Soriano* on tire encore celle de *Genarro*, & de celle-ci la hauteur du dôme de *St Pierre*, déja connue par celles de *Genarro* & de *Soriano*, vues de ce point. Cette hauteur de l'endroit de ce dôme, où nous avons obſervé, eſt à peu près la même que celle dont on ſait d'ailleurs qu'il eſt élevé au-deſſus du pavé de l'Egliſe *St Pierre* ; & nous ſavons à peu près de combien ce pavé eſt élevé au-deſſus du Tibre, & le Tibre au-deſſus de la mer. C'eſt ainſi qu'en allant de l'un à l'autre, on a tiré de la comparaiſon des obſervations, de celles ſurtout qui nous paroiſſoient mériter la préférence, la table du n°. 57, Liv. II.

Par le ſecond
problème.

314. Connoiſſant ces hauteurs, on trouve par le ſecond problême les hauteurs & dépreſſions reſpectives qui n'ont point été obſervées, ſavoir celles de *Teſio* & de *Fionchi*, celles de *Teſio* & de *Soriano*. Celles-ci euſſent été déterminées avec moins de préciſion par des obſervations immédiates, à cauſe de la diſtance qui eſt de 60 milles, & de l'irrégularité de la réfraction. Car ayant les hauteurs abſolues de A & B (fig. 16. pl. III.), on aura leur différence, au moyen de laquelle, connoiſſant d'ailleurs le côté AB du polygone non réduit, on

trouvera les angles A & B ; celui-ci augmenté de la réfraction, & fouſtrait enfuite de 90°, donnera la hauteur ou dépreſſion qu'on cherchoit.

315. C'eſt ainſi qu'on a ſuppléé aux obſervations qui manquoient, & qu'on a corrigé celles qu'on avoit faites, afin de pouvoir confronter les réſultats, & en prendre le milieu ; ce qui ſuffit, & au‑delà, pour les angles du polygone, dans leſquels les erreurs de ces obſervations euſſent à peine pu produire une erreur d'une ou deux ſecondes. On voit qu'inutilement nous euſſions cherché à tout réſoudre par des obſervations immédiates, qui ne devoient aboutir qu'à nous faire perdre du tems, & à nous donner bien de la peine.

Qu'il n'eſt pas néceſſaire de les obſerver toutes.

316. Je me ſuis aſſez étendu ſur la réduction des angles du polygone, & du polygone même à une ſuperficie réguliere de la terre : il faut maintenant parler de l'erreur que peuvent occaſionner les erreurs des angles non réduits ; erreurs qui, ſuivant le n°. 262, auroient pu quelquefois ſe monter à dix ſecondes. Premierement, en tout triangle, connoiſſant les angles & un côté, on a celui des autres côtés que l'on veut, par cette analogie : le ſinus de l'angle oppoſé au côté connu, eſt au ſinus de l'angle oppoſé au côté que l'on cherche, comme le côté connu au côté cherché. C'eſt pourquoi l'erreur du côté cherché peut venir de trois ſources, de l'erreur du côté donné, de l'erreur de l'angle oppoſé au côté cherché, & de celle de l'angle oppoſé au côté donné : & parceque l'erreur du côté donné, ou celle du premier angle fait varier le côté cherché dans leur raiſon directe, & que l'erreur du ſecond angle le fait varier dans ſa raiſon inverſe, il s'enſuit, en mettant les ſinus à la place de ces angles, que dans les deux premiers cas, le côté cherché ſera toujours exactement à ſa variation, & dans le dernier à peu près, la variation étant petite, comme le côté donné, ou l'un des deux ſinus de ces angles à ſa propre variation (1).

Erreurs des côtés provenantes d'autres côtés.

---

(1) Si deux quantités variables ſont en raiſon directe, la différence de la premiere ſera à celle de la ſeconde exactement dans la même raiſon que la premiere quantité à la ſeconde. Soient les deux états de la premiere quantité a & $a \pm x$; ceux de la ſeconde b & $b \pm y$; on aura (hyp.) $a : a \pm x :: b : b \pm y$. Donc $ab \pm ay = ab \pm bx$, &

Erreurs pro-
duites par les
variations des
angles.

317. Maintenant fi l'angle varie de 10 fecondes, & qu'il approche d'un angle droit, fon finus n'éprouvera aucune différence fenfible, comme on le peut voir dans les tables des finus : mais plus cet angle deviendra aigu, plus la différence du finus fera grande par rapport au finus même : fi l'angle eft de 60 d., la différence fera au-deffous de $\frac{1}{36000}$ du tout ; s'il eft de 30 d., elle fera au-deffous de $\frac{1}{13000}$; s'il eft de 19 d., au-deffous de $\frac{1}{7000}$. Or il eft aifé de démontrer généralement par la feule infpection de la figure, que dans le cas d'une légere différence des arcs, la variation du finus eft au finus, comme la corde de la variation de l'arc, ou ce petit arc même, ou fon finus (car ils peuvent fe prendre l'un pour l'autre) à la tangente (1). D'où il s'enfuit que dès qu'on aura trouvé ce rapport pour un feul cas, on pourra l'appliquer à tous les autres ; & qu'on trouvera l'erreur qui en réfulte pour un côté quelconque, par cette analogie : comme la tangente de l'angle eft au finus de fon erreur, ainfi le côté en queftion eft à l'erreur de ce côté ; erreur par conféquent qui fera dans la raifon directe de l'erreur de l'angle, & de ce côté même, & dans la raifon inverfe de la tangente de cet angle : & fuppofant une erreur conftante dans l'angle, l'erreur de ce côté fera feulement en raifon inverfe de cette tangente, ou en raifon directe de la co-tangente de l'angle.

Des angles
trop aigus.

318. C'eft pour cela qu'on doit, autant qu'il fe peut, ne faire entrer aucun angle trop aigu dans le polygone, de crainte que fa tangente ne foit trop petite, & que l'erreur, qui eft en raifon inverfe de cette tangente, ne foit d'autant plus grande. Or on le peut ordinairement ; mais on excepte les angles oppofés aux bafes, lefquels doivent être petits, pour ne pas donner trop de longueur à la bafe. Ils fe trouvent de 19 à 20 dégrés dans les tables du Livre II : tous les autres angles font au-deffus de 30°, la plupart au deffus de 60 ; ce

---

$\pm ay = \pm bx$, d'où l'on tire $a : b :: x : y$; & $a : b :: -x : -y$; rapport exact. Mais fi l'une des deux quantités eft en raifon inverfe de l'autre, on aura $a : a \pm x :: b \pm y : b$. Donc $ab = ab \pm bx \pm ay + xy$, & $\pm ay + xy = \pm bx$. D'où l'on tire $x : y :: a + x : b$; & $x : y :: -a + x : -b$; rapport approché.

(1) Cette figure confifte en deux arcs qui different peu : on mene leurs finus & la tangente ; & par l'extrémité du petit arc, on mene une perpendiculaire au finus du plus grand.

qui diminue confidérablement les erreurs. Les angles oppofés aux bafes font ceux qui ont été mefurés avec plus de foin : nous avons répété plufieurs fois l'opération : & pour ce qui regarde en particulier l'angle oppofé à la bafe de *Rimini*, qui eft la plus exactement mefurée, il a été pris en préfence de M. le Comte *Garampi* ; & le fuffrage d'un témoin fi éclairé a affuré l'accord de nos obfervations. On peut fuppofer dans les angles oppofés aux bafes, une erreur moindre de moitié.

319. Malgré cela, fi nous fuppofons dans tous les autres angles une erreur de cette nature, l'erreur des côtés pourroit aller plus loin, puifque les erreurs des côtés précédens produifent dans les fuivans, qu'ils déterminent, une nouvelle erreur. Mais lorfqu'il s'agit d'une légere différence, il eft aifé de démontrer le théorème fuivant, dans lequel on regarde comme nulle l'erreur de la premiere bafe ; auffi bien ne peut-il y avoir une erreur fenfible : *on trouvera la différence d'un côté quelconque par cette analogie ; la tangente de chacun des angles employés dans les triangles précédens, pour trouver ce côté, eft au finus de l'erreur de cet angle, comme ce côté, à fa propre erreur :* & l'on prendra la fomme de toutes ces différences ou erreurs. En effet, l'erreur produite dans le côté, par celle d'un angle précédent, eft à ce côté, comme l'erreur du finus de l'angle, au finus de l'angle ; enfuite l'erreur de ce côté en produit une autre dans le côté fuivant, laquelle eft à ce même côté, comme l'erreur du côté précédent au côté précédent, ou comme l'erreur de ce finus à ce finus. Donc puifque la même chofe arrive dans tous les triangles qui fuivent, l'erreur du dernier côté eft à ce côté, comme l'erreur du finus de l'angle ci-deffus au finus de cet angle, c'eft-à-dire comme la corde, ou le finus de l'erreur de l'angle, à la tangente de l'angle. Et parceque l'erreur de chaque angle produit le même effet, il fuit qu'on a dans le dernier côté la fomme de toutes les erreurs.

320. Dans la table du n°. 21, Liv. II, la feconde bafe *b c* fe déduit de la premiere L*a* par une fuite de 11 triangles, dans chacun defquels on a fait fervir deux angles ; & fi toutes ces erreurs fe raffembloient dans la feconde bafe, il y en auroit 22. On trouve par le théorème du n°. 317, l'erreur

Somme des erreurs dans les côtés.

Méthode plus courte.

produite dans cette bafe par l'erreur de l'un de ces angles; &
fuppofant dans les autres angles une erreur égale, qui foit à
cette erreur produite, comme la tangente du fecond angle à
la tangente du premier, ou comme la co-tangente du premier
à la co-tangente du fecond, on aura l'erreur produite par
l'erreur du fecond angle ; & de cette forte, fi toutes les erreurs
étoient du même côté, leur fomme donneroit l'erreur totale.
Pour avoir plutôt fait, on cherchera l'erreur provenante d'un
angle de 45°, dont la co-tangente eft égale au rayon. Cette
erreur multipliée par la fomme des co-tangentes des autres
angles , pour le rayon 1, donnera le total des autres erreurs.
Or l'erreur provenant de 10 fecondes d'erreur dans un angle
de 45°, eft, pour une bafe de huit milles, d'environ 0.388.

Que les er-
reurs s'effa-
cent.

    321. On met 5 fecondes d'erreur pour les angles oppofés
aux bafes, & 10 fecondes pour les autres; & fuppofant que
toutes ces erreurs foient du même côté, on trouve par le calcul
une erreur de $6\frac{1}{2}$ pas dans la derniere bafe bc. Cependant
cette erreur paffe à peine un pas , comme on peut le voir
Liv. II, n°. 22 ; & la raifon eft, comme je l'ai infinué plus
haut, que les erreurs ne font pas toutes du même côté, mais
qu'elles s'effacent en grande partie , les unes étant dans un
fens, les autres dans un autre.

Moyen de
les diminuer.
Pl. I, fig. 2.

    322. On trouveroit de la même maniere les erreurs des
côtés LH, HF, FC, CA: il y en auroit deux en LH; huit
en HF, qui fe trouve par les 4 triangles LHa, LHI, IHG,
HGF; 14 en FC, qu'on trouve par 7 triangles; & 18 en CA,
qu'on trouve par 9 triangles. Il y auroit encore d'autres erreurs
dans la réduction de ces côtés à la méridienne; mais comme
l'un des angles eft droit, & l'autre prefque droit, ces erreurs
feroient abfolument infenfibles. Les premieres feroient affez
confidérables; mais on pourroit les diminuer, en arrivant à
HF par la bafe de *Rimini* , & à CF par celle de *Rome* ; &
ce qui les diminue encore davantage, c'eft qu'elles ne peuvent
être toutes du même côté, & qu'elles fe détruifent pour la
plupart les unes les autres. L'erreur qu'on peut raifonnablement craindre dans la méridienne, eft à la jufte valeur de la
méridienne, comme l'erreur de la bafe, à la bafe : & puifque
notre bafe eft la vingtieme partie de la méridienne, il s'enfuit

que l'erreur de la méridienne devroit être d'environ 20 pas ; ce qui se réduiroit dans le dégré à une erreur de 9 pas, moindre que 7 toises, & prenant un milieu, moindre que 3 ½ toises ; erreur presque insensible, en comparaison de la différence qu'on a trouvée entre divers dégrés.

323. Nous arrivons d'une base à l'autre (n°. 21, Liv. II.) par les angles non réduits du polygone ; & nous trouvons, (n°. 28.) par les angles réduits, tous les côtés du polygone réduit à une surface réguliere de la terre. On pourroit réduire immédiatement ces côtés, connoissant un côté quelconque, & la hauteur ou dépression respective des points qui le terminent. J'apporterai pour exemple le côté A B (fig. 2. pl. I.) terminé par le dôme de *St Pierre* & le mont *Genarro*. La dépression du point A vu de B, est de 2°, 1′, 40″ ; & la hauteur du point B vu de A, est de 1°, 45′, 15″ : la différence est 16′, 25″, dont la dix-huitieme partie est 49″, qu'il faut ajouter pour la réfraction à 2°, 1′, 40″, pour avoir 2°, 2′, 29″ & retrancher de 1°, 45′, 15″, pour avoir 1°, 44′, 26″. Ainsi l'angle CBA (fig. 16. pl. III.) est de 87°, 57′, 31″, CAB de 91°, 44′, 26″ : leur somme retranchée de 180°, laisse pour l'angle ACB 17′, 53″. Soit CF égal à CA, la différence de chacun des angles CAF, CFA à un angle droit, sera la moitié de l'angle C, ou 8′, 55″. Donc CFA est d'environ 89°, 51′.

324. Cela supposé, on a (n°. 21. Liv. II.) AB égal à 22954 pas : de plus, le sinus de l'angle F, ou de 89°, 51′, est 9999966 ; celui de l'angle B, ou de 87°, 57′, 31″, est 9993653 ; leur différence 6313 : on aura donc la réduction de AB par cette analogie : le sinus de F, ou 9999966, est à sa différence au sinus de B, ou 6313, comme AB, ou 22954 pas, est à sa différence à AF, qui se trouve 14.49. Ensuite comme AD est d'environ 80 pas (n°. 58. Liv. II.), & que le demi-diametre de la terre CD est d'environ 4272000, qui font aussi à peu près la valeur de CA, on aura cette analogie : CA, ou 4272000, est à DA, ou 80 pas, comme AF, ou 22940, à 0.43, différence de AF & DE, qui, ajoutée à 14.49, différence de AB & AF ; donne pour la différence de AB & DE, 14.92 pas, ou environ 15 pas, qui, retranchés de AB, ou de 22954.3, laisse pour DE 22939.3. Or on ne

lui a trouvé, n°. 28, Liv. 2, par les angles réduits, que 22935.6, ce qui fait 3.6 pas de moins; différence à peu près égale à celle que le P. *Maire* lui assigne au n°. suivant, & qu'il attribue aux erreurs provenantes de la réduction des angles à l'horizon, & de l'inégalité de la réfraction. Il y a eu égard dans la détermination du dégré, n°. 47.

De l'usage des éclipses par rapport aux longitudes.
Pl. I. fig. 2.

325. Je me suis plus étendu que je ne me l'étois d'abord proposé, tant sur la description & l'usage du quart-de-cercle, que sur les observations où il a été employé. Il ne reste plus qu'à observer que la position de notre polygone se détermine beaucoup plus exactement par la méthode dont nous nous sommes servis, que si on cherchoit, par les observations des éclipses, la différence de longitude de ses deux extrémités. En effet, au lieu d'observer l'azimuth du soleil à *Rome* & à *Rimini*, nous pouvions nous servir du polygone (fig. 2. pl. I.) pour connoître la distance A L; ce qui se fait en menant A D, A E, A G, A I, A L, & en cherchant A D dans le triangle A B D, dont on connoît deux côtés, avec l'angle compris; de même A E dans le triangle A D E, & ainsi de suite. Et si l'on observoit de plus, au moyen de quelque éclipse, la différence de longitude des points A & L, on auroit dans le triangle sphérique terminé à *n*, à L, & au pôle, l'angle en *n*, qui est droit, l'angle au pôle, & l'arc compris entre L & le pôle, savoir le complément de la latitude du lieu L. On auroit donc l'arc L *n*, par lequel, & par la distance L A, on connoîtroit A *n*.

Qu'il est ici inutile.

326. Mais cette méthode peut induire en de grandes erreurs: en effet, une erreur de 4 secondes sur le tems de l'éclipse, produit une erreur d'une minute sur le parallele, & une différence d'un mille, ou environ, dans la distance L *n* prise sur le parallele de l'embouchure L de l'*Ausa*; tandis que quatre secondes d'erreur, sur le moment où le soleil arrive à l'azimuth donné, ne produit pas à beaucoup près, dans l'angle L A *n*, une erreur d'une minute, & n'apporte pas dans la distance L *n*, une différence de 41 pas, comme on peut le déduire du n°. 302, Liv. IV. Concluons que ce n'est pas ici le lieu d'avoir recours aux observations des éclipses.

327. J'ai expliqué ce qui a rapport à la construction du
grand

grand quart-de-cercle, à fon ufage, & aux obfervations, pour lefquelles il a fervi, dans la mefure du dégré : il eft tems de dire un mot de notre petit quart-de-cercle, & de l'ufage que nous en avons fait, pour corriger la carte géographique. Cet inftrument n'a rien de particulier : il y avoit deux lunettes, l'une fixe & double, l'autre mobile & appliquée fur l'alidade ; & au moyen des tranfverfales, on y diftinguoit aifément les minutes ; ce qui fuffit, & au-delà, pour corriger des cartes de géographie. Nous nous en fervions pour prendre les angles, de la même maniere que nous avons pris, avec le grand quart-de-cercle, les angles du polygone ; & de même que par une chaîne de triangles non interrompue, nous fommes arrivés du dôme de *St Pierre* à *Rimini* ; ainfi avec notre petit quart-de-cercle nous avons parcouru tous les états du Pape, & nous avons lié prefque toutes les villes, & un grand nombre de châteaux, bourgs & villages à notre polygone.

328. Il y auroit quelque chofe à dire fur les méthodes qui nous ont fervi, ou qui peuvent être de quelque utilité dans cette efpece d'opération ; mais ce chapitre eft déja plus long que je n'aurois voulu ; ainfi je me contente de toucher légerement un ou deux points.

329. On trouve, Liv. III, n. 17 & fuiv., un moyen de connoître la pofition d'un lieu, d'où l'on voit trois autres lieux connus, quoiqu'on ne le découvre lui-même d'aucun de ces points. On peut fans calcul réfoudre ce problême, avec beaucoup plus de facilité, & fans craindre aucune erreur fenfible, par une conftruction qui eft en ufage dans la conftruction des cartes. En effet, puifque ces trois lieux font connus, on pourra mener de celui du milieu aux deux autres deux lignes droites, fur lefquelles on décrira deux fegmens de cercle, qui répondent aux angles fous lefquels ces lignes ont paru du lieu de l'obfervation ; & le point d'interfection des circonférences de ces fegmens, fera le lieu de l'obfervation, qui par-là fera connu dans la conftruction même ; d'où il fera aifé de le tranfporter fur la carte.

330. Cette méthode eft d'un grand ufage, lorfqu'on a à

V v

observer sur une montagne, où il n'y a aucun terme fixe, aucun objet distinct, qu'on puisse prendre pour signal. Car on peut alors par cette méthode même trouver la position du lieu où se fait l'observation ; d'où tirant des lignes à tous les objets qu'on découvre de ce point, on a d'abord une direction de ces objets par rapport à ce point, laquelle, ajoutée à quelqu'autre direction relative à un autre point quelconque connu, détermine la position de ces objets mêmes.

331 La maniere ordinaire de déterminer la position des lieux, conforme à celle dont on s'est servi dans le polygone pour aller d'un triangle à l'autre, consiste à observer un lieu inconnu de deux lieux connus, qui servent à déterminer les lignes qui passent par ces mêmes lieux. On abrege encore ici par la construction ; mais le calcul est bien plus exact : & il n'est pas difficile de trouver la position par rapport à la méridienne, par deux observations de cette espece, soit qu'on cherche la distance d'un objet à une méridienne exacte donnée ; ce qui donne la différence de la longitude de ce lieu à celle de quelques autres lieux connus, soit qu'on cherche le point de la méridienne auquel il répond, ce qui donne la différence de sa latitude. C'est ce qu'on peut faire par la méthode dont on s'est servi pour réduire les côtés du polygone en segmens de la méridienne, & si les hauteurs ou dépressions du moins respectives des objets, sont peu considérables, on pourra se dispenser de réduire les angles à l'horizon, ces petites différences de hauteurs ou dépressions n'apportant dans ces angles, comme dans ceux du polygone, qu'une différence de quelques secondes, très rarement de quelques minutes ou dégrés.

332. Il y a plusieurs moyens de suppléer au défaut de cette direction. On se sert communément pour cela d'une boussole qui marque en dégrés & minutes la différence de direction de deux lieux. Mais cette méthode en impose souvent au commun des Arpenteurs. Car la déclinaison de la boussole ne varie pas seulement d'année en année, ou de mois en mois, mais quelquefois même de jours en jours, & d'une heure à l'autre. Il lui arrive souvent de varier en un seul jour de

plufieurs minutes (1); ce qui ne peut manquer de troubler
l'obfervation, & de jetter des erreurs dans les réfultats, furtout lorfqu'on met un long intervalle de tems entre les obfervations de divers poftes. C'eft pour cela que nous ne nous
fommes point fervis de bouffole, & nous avons toujours pris
avec le quart-de-cercle l'une & l'autre direction.

333. Nous avons fouvent fuppléé à la pofition des lieux
d'où nous avions obfervé, en mefurant au coucher du foleil,
ou à une heure donnée quelconque où l'on a l'azimuth du
foleil, & du lieu même dont nous cherchions la pofition,
l'angle formé par une ligne dirigée à quelque lieu connu,
avec la ligne qui aboutiffoit au foleil, ou au côté oppofé défigné par l'ombre. Car on en tire d'abord l'angle de pofition
de l'objet connu vu de l'inconnu, au moyen de quoi on a
enfuite, par la méthode du n°. 277, l'angle de pofition du
lieu cherché vu du connu, & par conféquent la droite qui
joint le lieu connu à ce même lieu, de la même maniere que
deux lignes déterminent dans leur point d'interfection la pofition de ce lieu.

334. L'obfervation faite au lieu inconnu peut fuppléer à
celle d'un des lieux connus. Car fi l'on imagine un triangle
terminé à deux lieux connus & à un inconnu, & qu'on mefure l'angle formé à un des lieux connus, & enfuite l'angle
formé au lieu inconnu, on aura le troifieme angle formé à
l'autre lieu connu, & par-là même la feconde direction, dont
l'interfection avec la premiere déterminera la pofition du lieu.
De cette forte la cime d'une montagne, quelque efcarpée,
quelque inacceffible qu'elle foit, n'en fera pas moins utile: il
fuffira pour cela d'en faire le tour, & de la joindre fucceffivement par des lignes à tous les lieux circonvoifins, qu'on

On y fupplée par les obfervations du fo-leil.

De l'obfer-vation faite à un lieu incon-nu.

---

(1) Il paroît bien par des obfervations très exactes de feu M. *Graham*,
que l'aiguille de bouffole varie dans un jour, ou qu'elle a des efpeces de
balancemens: mais les variations dont parle ici le P. *Bofcovich* viennent
plutôt de l'imperfection des bouffoles dont les Arpenteurs fe fervent, ces
bouffoles n'étant point affez exactes, ni leur aiguille affez mobile pour
ne donner que des différences femblables à celles que M. *Graham* a obfervées.

joindra eux - mêmes à quelqu'un des précédens.

Signaux des lieux inaccef-fibles.

335. Si deux contrées fe trouvent féparées par une haute montagne, comme la Campanie l'eft de la côte maritime du pays latin, on peut d'ordinaire y choifir deux pointes qui puiffent s'appercevoir des deux côtés, & les joindre de part & d'autre à deux lieux par des obfervations faites dans ces lieux mêmes ; après quoi il ne fera pas difficile de lier les deux premiers lieux aux deux derniers. L'ufage donne plufieurs autres moyens d'abréger ; mais je ne me fuis pas propofé d'épuifer la matiere.

CHAPITRE III.

Des Inftrumens employés à la mefure de la bafe.

Sujet de ce chapitre.

336. JE traite dans ce chapitre de la conftruction & de l'ufage des inftrumens qui ont rapport à la mefure de la bafe. Il y en a plufieurs ; mais il y a peu de chofes à dire fur chacun. J'en ai déja parlé au Liv. I, n°. 110 & fuiv., où je me fuis un peu étendu fur ce qui concerne ces inftrumens, & la maniere de s'en fervir. Je mettrai ici des figures pour éclaircir ce qui m'en refte à dire, & je tâcherai de n'être pas moins exact que dans les deux chapitres précédens, à marquer tout ce qui me paroîtra mériter attention.

Defcription des tables à trois pieds. Pl. III. fig. 17.

337. La figure 17, planche III, (ce nombre eft marqué au commencement & à la fin de la figure qui occupe toute la longueur de la planche) repréfente les fupports ou trépieds & les perches employées à mefurer la bafe. Nous avons parlé des fupports (Liv. I, n°. 111.) : leur conftruction fe voit dans la figure. Dans le premier fupport, CD eft une tringle de bois quarrée, qui paffe dans des ouvertures prefque égales A & B pratiquées dans deux plans horizontaux, & à travers lefquelles elle gliffe librement, pour qu'on puiffe l'élever ou l'abaiffer à volonté. Elle porte en C une table horizontale E*e*, & elle eft ferrée en A par une vis de fer placée fur un côté de

cette ouverture, & qui l'applique contre le côté opposé, tandis que les côtés de l'ouverture B la tiennent en respect, & l'empêchent de s'incliner de part ni d'autre. Ainsi l'on a jugé qu'il falloit deux plans horizontaux dans le support pour arrêter la tringle CD, & la table E e à la hauteur qui leur convient, & les fixer invariablement dans cette position.

338. La table E e a un pied en longueur, un peu moins en largeur, & un pouce d'épaisseur. La hauteur de la tringle CD, & de tout le support est d'environ trois pieds. L'intervalle A B est d'un demi-pied seulement, afin qu'on puisse élever de deux pieds la table E e au-dessus du plan B, & l'arrêter en même tems avec la vis qui est en A, & que les deux observateurs, ou du moins le plus grand puisse voir le côté supérieur de la perche. La tringle a un peu plus de deux pouces d'épaisseur; mais ces dimensions sont arbitraires. Les pieds sont armés à leur extrémité d'une longue pointe de fer, qui est surtout commode au rivage de la mer, pour les enfoncer plus ou moins dans le sable, & placer la table E e dans une situation horizontale. Lorsque dans la base de *Rome* nous rencontrions quelque terrein pierreux, nous mettions des coins sous les pointes, pour leur donner le dégré d'élévation qui convenoit. Dimension de chaque partie.

339. FG est une des perches dont il est parlé, n°. 110, Liv. I; elle a trois pouces de hauteur, deux d'épaisseur, & 27 palmes en longueur. F, H, I, G sont les quatre lames de cuivre dont il est fait mention au même endroit: sur celles du milieu I, H, étoient marqués de petits points qui partageoient la longueur de la perche en trois intervalles de 9 palmes. Nous nous étions d'abord proposé de faire joindre les têtes des perches, en C''; mais dès le premier essai que nous fîmes à la maison, il nous parut qu'il falloit beaucoup de tems pour les joindre exactement, & d'une main assez légere pour ne pas craindre de déranger le moins du monde la première perche: ainsi nous marquâmes aussi sur les lames G, F de petits points, d'où nous transportâmes sur celles du milieu les intervalles de 9 palmes. Nous avons plusieurs fois mesuré ces intervalles de deux points avec beaucoup d'attention, en nous servant d'une loupe, pour nous assurer, à la plus petite différence près, de leur longueur précise. Des perches.

De l'inter-
valle des per-
ches.

340. Les perches placées de la maniere que je l'ai expliqué
(Liv. I, n°. 112.), c'est-à dire dans la direction de la base,
& dans une position horizontale, nous prenions, avec les
petites pointes d'un compas, l'intervalle des points G, F′,
que nous transportions sur une petite échelle, & d'où nous
retranchions les intervalles des deux points de la lame I, &
des deux points de la lame H, déterminés par la même échelle,
parceque ces intervalles étoient les complémens des intervalles
du point de la lame G, au point de la lame I le plus voisin,
& du point de la lame F′ au point le plus voisin de la lame H′:
le reste étoit l'excès de l'intervalle I H′ sur deux intervalles de
9 palmes. La même chose se pratiquoit toujours d'une perche
à l'autre ; ce qui donnoit autant de restes, qu'on portoit sur
le régistre, & dont on faisoit une somme qui devoit être
ajoutée au nombre entier de mesures, de perches & de palmes,
qui s'étoit trouvé dans la mesure de la base.

Remarque
sur l'interval-
le des perches.

341. Le moyen de s'épargner la peine d'écrire & de soustraire tant de nombres, est de faire toucher les têtes des perches, & c'est l'unique parti qu'eût à prendre un observateur,
s'il étoit sujet à se tromper, en écrivant des nombres ; mais
dans ce cas-là, je ne lui conseillerois pas de s'engager dans
de pareilles opérations, où l'on ne peut éviter d'avoir une
multitude de nombres à écrire. Pour nous, nous avons apporté une attention scrupuleuse à éviter toute erreur, tant
dans la construction de notre régistre, que dans l'addition
des restes. Nous nous fussions encore épargné une partie de la
peine & de l'ennui, en donnant un peu plus de longueur aux
perches, pour n'avoir pas besoin de doubler les points dans
les lames du milieu, ni d'en soustraire les intervalles, & pour
pouvoir graver sur chaque lame des points uniques à égales
distances : car il est bien plus facile de prendre avec les petites
pointes d'un compas la distance d'un de ces points à l'autre,
que celle qui se trouve entre les bords de deux lames : c'est
ce que nous avons éprouvé plus d'une fois, & c'est pour cela
que nous avons aussi marqué sur les lames G, F de petits
points, dont nous avons mesuré les distances, & non point la
distance entre les extrémités des lames. Ces lames étoient
déja placées de sorte, que le bord extérieur de la lame G étoit

éloigné précifément de 9 palmes du point du milieu de la lame I : il n'étoit donc plus poffible de marquer fur les lames G, F' des points qui fuffent à cette diftance de ces points du milieu.

342. Malgré l'inégalité du terrein, on pouvoit ordinairement mettre les tables E *e*, E' *e'*, E" *e"* de niveau, en les élevant à proportion que le terrein s'abaiffoit, comme on le voit dans la figure, où il y a une defcente fur la droite, & où la troifieme table eft plus élevée fur fon fupport que la feconde, & celle-ci plus que la premiere. Mais lorfque le terrein s'abaiffe au point que la longueur de la tringle qui foutient la table, ne peut plus y fuffire, pour lors on n'appuie plus les têtes des perches fur le milieu des tables, mais on les place en avant, comme en I & L ; & parceque le point L étoit plus bas que le point I, nous fufpendions un fil à plomb très délié I K, qui effleuroit l'extrémité I de la lame, & fur lequel nous amenions la perche fuivante, jufqu'à ce qu'il la touchât, auquel cas nous marquions dans le régiftre *o* : plus fouvent encore, pour éviter l'embarras d'amener cette perche précifément à ce point de contact, nous prenions la diftance du point de fa premiere lame, au côté du fil qui regardoit la perche précédente, pour y faire entrer jufqu'à l'épaiffeur du fil, tout délié qu'il étoit ; & l'excès de cet intervalle fur celui des deux points de la lame Z, étoit configné dans le régiftre. Dans les montées, la nouvelle table étoit au contraire plus élevée que la précédente, comme fi, dans la même figure, on alloit de droite à gauche.

343. J'en ai dit affez, au Liv. I, fur les moyens de placer les perches dans la direction de la bafe, & dans une pofition horizontale ; il refte à parler des erreurs que peut produire ce défaut de pofition & de direction. Mais je dirai auparavant ce qui a rapport à la vérification des perches, à commencer par celle des intervalles de 9 palmes, qui font au nombre de trois dans chaque perche. Nous avons eu foin dès le commencement de les rendre égaux à 9 palmes romains, pris fur l'étalon du Capitole, qui confifte en dix palmes gravés fur la pierre ; & nous avons marqué cette diftance par de petits points fur une verge de fer, que nous portions toujours avec

nous, & auprès de laquelle nous mettions un thermometre de M. de *Reaumur*. Quoique les perches fussent prises d'un vieux bois, qui avoit long-tems servi de mât, la chaleur ou le froid, & l'humidité changeoient ces intervalles ; & j'ai peine à croire qu'il y ait des bois dans qui la chaleur & l'humidité ne fassent aucun changement. Ainsi nous examinions, trois ou quatre fois le jour, l'état des perches.

Moyen de les évaluer.

344. Nous avions un compas à verge, qui consistoit en une regle & deux pointes, l'une desquelles est mobile à volonté. S'il y avoit eu une vis pour faire avancer cette pointe, avec un index, pour marquer le mouvement, rien n'eût été plus facile que cet examen. Les pointes du compas placées à la distance des points de la verge de fer, & la pointe immobile appliquée à l'une des extrémités des intervalles F G, H I ou I G, nous eussions amené avec la vis l'autre pointe à l'autre extrémité, & le mouvement de l'index eût donné la différence. Que s'il y avoit eu de part & d'autre de l'un des points de la verge de fer une échelle avec des transversales, on auroit pu y porter avec ce compas tous les intervalles de chaque perche, & en remarquer la différence au moyen de cette échelle. Mais comme nous n'avions rien de tout cela, je m'y suis pris d'une autre maniere, qui n'est ni moins aisée, ni moins précise.

Moyen dont on s'est servi Pl. III. fig. 17. 18.

345. T V (fig. 18.) représente une lame, les points H, I sont les mêmes que dans la figure 17. Du point I, comme centre, & avec le rayon I H, je décris sur la lame l'arc R Q. Ensuite ayant placé une pointe du compas au milieu de cet arc en H, je prends avec l'autre pointe le point *i*, à une distance donnée de I ; & du point *i*, comme centre, je décris avec la même ouverture de compas l'arc *r* H *q* : je fais la même chose sur les points des autres lames. Cela supposé, nous prenions avec ce même compas sur la verge de fer l'intervalle de 9 palmes, & comme les deux instrumens étoient de même métal, & qu'ils recevoient par conséquent les mêmes impressions de la chaleur, dès que le compas étoit à cette ouverture, il la conservoit long-tems : ensuite appliquant l'une des pointes du compas sur l'une des extrémités de l'intervalle que nous voulions vérifier, comme en I, l'autre pointe

pouvoit

pouvoit parcourir tout l'arc RHQ, dans le cas où cet intervalle n'eût point changé : pour peu qu'il y eût de changement,
cette pointe devoit couper l'arc *r*H*q*, en-delà ou en-deçà de
l'arc RHQ, comme en *s* ou *s'*, du côté de *i*, ou du côté
opposé, felon que l'intervalle étoit raccourci ou allongé. On
prenoit avec un compas & une petite échelle l'intervalle H*s*,
au moyen de quoi on déterminoit la diminution ou augmentation de l'intervalle IH de la maniere fuivante.

Suite.

346. D'abord la ligne I*s* ou I*s'* rencontrant l'arc RHQ en
S ou S'; S*s* ou S'*s'* fera la diminution ou augmentation de
l'intervalle. Or les tangentes au point H des arcs RHQ,
*r*H*q*, étant perpendiculaires aux rayons HI, H*i*, elles
doivent être autant inclinées l'une fur l'autre que ces rayons.
De plus, les cordes des arcs HS, H*s*, ou HS', H*s'* étant à
peu près égales, elles feront avec les tangentes des angles
égaux; d'où il fuit qu'elles feront autant inclinées l'une fur
l'autre que les tangentes, c'eft-à-dire autant que les rayons.
Ainfi les angles S H*s*, S'H*s'* font à peu près égaux à l'angle
IH*i*, & les triangles S H*s*, S'H*s'* femblables au triangle
ifocele IH*i*. Donc IH eft à I*i*, comme H*s* ou H*s'* à S*s* ou
S'*s'*. Or il fuit de-là premierement, que connoiffant les trois
premiers termes, on a le quatrieme qui eft la valeur cherchée :
fecondement, qu'en faifant I*i* très petite en comparaifon de
HI, la valeur cherchée S*s* ou S'*s'* eft très petite par rapport
à H*s* ou H*s'*, que par conféquent on aura une grande échelle
pour les plus petites différences : troifièmement, que HI & I*i*
étant conftantes, S*s* ou S'*s'* eft en raifon de H*s* ou H*s'*; d'où
il fuit que connoiffant S*s* ou S'*s'* pour une diftance donnée
H*s* ou H*s'*, on trouvera les différences pour toutes les autres
diftances, & qu'on en pourra dreffer des tables. C'eft ce que
nous avons fait; & de-là nous n'avions pas befoin de beaucoup de tems pour vérifier les 9 intervalles, & pour connoître
ce qu'il falloit en conféquence ajouter ou retrancher de la
mefure.

Variations
bizarres.
Pl. I. fig. 1.

347. Or il eft arrivé à ce fujet ce que j'ai déja remarqué
(n°. 156. Liv. I.), favoir que parmi les différentes parties
d'une même perche, ou les différens intervalles de fes points,
l'un s'allongeoit tandis que l'autre fe raccourciffoit. J'en

donnerai pour exemple les différences que nous trouvâmes le 15 décembre en mesurant la base de *Rimini*. Je les désignerai ici par des nombres qui expriment les distances Hs' ou Hs, proportionnelles à leur raccourcissement ou allongement, & qui sont affectées du signe — dans le premier cas, du signe + dans le second. A la premiere vérification de la premiere perche, ces trois intervalles furent trouvés + 8, 0, + 4, à la seconde 0, — 8, + 1 ; jusqu'ici tous avoient diminué, le troisieme moins que les précédens ; mais à la troisieme on trouva + 4, — 11 ½, + 1 : voilà maintenant le premier intervalle qui augmente ; le second va toujours en décroissant ; le troisieme reste dans le même état. La premiere vérification de la seconde perche donna + 7, + 4, + 8, la seconde + 4, + 3, — 7 ; la troisieme + 2, 0, + 5 : d'abord tous les intervalles ont décrû, mais fort inégalement ; ensuite les deux premiers ont continué à décroître toujours inégalement, tandis que le troisieme s'est considérablement accrû : il en est arrivé autant le même jour dans la troisieme perche ; & les autres jours nous ne manquâmes pas d'exemples d'une telle bigarrure.

Rectification de la courbure des perches. Pl. III. fig 17. 19.

348. Venons maintenant à la rectification de la courbure des perches. Pour la connoître nous tendions un fil de F en G (fig. 17.), & nous prenions les distances horizontales des points H & I, au plan vertical, qui passoit par le fil & la perche, & les distances verticales du fil au plan de la perche. Les points F, H, I, G (fig. 19.) sont les mêmes que dans la figure 17, FG le fil tendu, divisé également par les points h, i, auxquels répondent perpendiculairement, sur le plan de la perche, les points T, V éloignés horizontalement des points H, I. Ayant placé horizontalement une échelle sur la premiere perche, nous observions du point O, beaucoup plus élevé au-dessus du fil qu'il ne paroît dans la figure, la distance horizontale HT ; ensuite nous placions l'échelle verticalement pour observer la distance Th du fil à la perche : nous mesurions de même les distances IV, iV. Cela fait, nous en tirions l'excès de FH, HI, IG, sur FT, TV, VG, & de FT, TV, VG, sur Fh, hi, iG, de la façon que nous allons dire.

349. La géométrie de l'infini donne un théorème qu'on

peut appliquer sûrement à de petites quantités, savoir qu'*en tout triangle rectangle, dont l'un des angles est infiniment petit, on trouve la différence de l'hypoténuse au grand côté, en divisant le quarré du petit par le double de l'hypoténuse.* Soit (fig. 20.) le triangle rectangle FT*h*, dont l'angle en F soit infiniment petit, ou très petit; du point F comme centre, & avec le rayon F*h*, je décris un demi-cercle qui coupe FT prolongé dans les points X, *x*; TX est la différence de l'hypoténuse F*h*, ou FX, au grand côté FT, & le petit côté T*h* est moyen proportionnel entre *x*T & TX. Donc on aura TX en divisant le quarré de T*h* par *x*T, ou, ce qui est à peu près le même, par *x*X double de FX, ou F*h*. C. Q. F. D.

350. Cela posé, pour avoir (fig. 19.) la différence de FT à F*h*, il suffit de diviser le quarré de T*h* par le double de FT, ou, ce qui est à peu près le même, par le double de FH, c'est-à-dire par 18 palmes: de même pour avoir la différence de FH à FT, il suffit de diviser le quarré de HT par la même quantité. Les quarrés de VI, & V*i* divisés par 18 palmes, donneront également les différences de GV à G*i*, & de GI à GV; & si du point T on tire des parallèles à HI, *hi*, qui rencontrent V*i*, VI en *a* & *b*, ensorte que V*a* soit la différence de V*i* & T*h*, & que V*b* soit la différence de VI & TH, lorsqu'ils sont du même côté du fil, comme dans la figure, & leur somme, lorsqu'ils sont d'un côté opposé; les quarrés de V*a*, V*b* divisés par 18 palmes, donneront encore les différences de TV à T*a*, ou *hi*, & de T*b*, ou HI à TV.

351. Il suffira donc de diviser par 18 palmes la somme des quarrés de toutes les lignes, telles que TH, T*h*, VI, V*i*, V*b*, V*a*, pour avoir tout d'un coup la différence de toutes les perches, provenante de la courbure. Pour cela il est à propos de construire une table des différences relatives à diverses grandeurs de TH, T*h*, &c. ce qui se fait en cherchant une troisième proportionnelle à 18 palmes, & à une valeur déterminée quelconque, plus grande que ne peuvent être des lignes telles que TH, T*h*, &c. & en diminuant cette proportionnelle, pour les autres différences, en raison doublée de ces mêmes lignes. C'est ce que nous avons fait aussi. Nous eussions encore abrégé de moitié pour les intervalles FH, GI,

en prenant immédiatement les diſtances des points H, I au fil F G, & en diviſant leurs quarrés par 18 palmes : en effet, ces diſtances ſont des perpendiculaires au fil F G, terminées à deux points de ce fil, comme en h & i ; d'où il s'enſuit que F h H, G i I ſont des triangles rectangles. Mais à l'égard de l'intervalle H I, cette méthode ne peut avoir lieu, parceque les lignes H h, I i ne ſont point dans le même plan, & qu'elles ont des directions fort différentes, ſurtout lorſque H & I ne ſont pas du même côté du fil ; d'où il s'enſuit que ſi l'on tiroit du point H une parallele à hi, elle ne rencontreroit point I i.

Total de ces divers effets.

352. On prenoit le milieu entre deux vérifications des intervalles de 9 palmes, & on l'ajoutoit ou retranchoit de chacune des meſures qui ſe trouvoient de l'une à l'autre. Le changement étoit fréquent & aſſez conſidérable dans les intervalles de 9 palmes : celui de la courbure étoit moins bizarre & plus léger. Dans la premiere meſure de la baſe de *Rimini*, le raccourciſſement total excédoit à peine un palme, & l'allongement total fut d'un palme, & un peu plus d'un tiers. Dans la ſeconde meſure, le raccourciſſement fut d'un peu plus de deux palmes, ſans allongement. La rectification de la courbure des perches dans l'une & l'autre meſure, donna un peu plus d'un demi-palme, ſavoir dans la premiere $\frac{51}{100}$, & dans la ſeconde $\frac{57}{100}$. Cette différence doit être retranchée du nombre de palmes qu'on a comptés dans la meſure de la baſe, puiſque le raccourciſſement des perches fait qu'on y en compte plus qu'il n'y en a.

Correction des erreurs.

353. Nous avons encore vérifié, dans la baſe de *Rome*, les intervalles de 9 palmes ; mais nous n'y avons pas tenu compte de la courbure, qui ne devoit produire qu'une très légere différence. En effet, le demi-palme que nous trouvâmes à *Rimini*, ne produit pas dans le dégré une différence de 5 palmes, ou 4 pieds, cette baſe faiſant plus de la dixieme partie d'un dégré. Il y eut ſans doute auſſi quelque différence de courbure dans la baſe de *Rome* ; mais elle n'étoit pas de conſéquence.

354. Une correction bien plus importante que celle de la courbure, ou de l'allongement & raccourciſſement des perches,

c’eſt celle qu’on doit faire pour les différens dégrés de chaleur. La verge de fer à laquelle nous rapportons les intervalles
des perches, eſt dilatée par la chaleur, & condenſée par le
froid. Par conſéquent le nombre des meſures priſes ſur la
verge de fer, doit être, dans la même baſe, plus petit, ou
plus grand, ſuivant que la chaleur eſt plus ou moins forte. Le
mieux eſt de prendre d’abord un certain dégré de chaleur
moyenne, par exemple le quatorzieme dégré du thermometre
de M. de *Reaumur;* c’eſt celui qu’a preſque toujours trouvé M.
de *Thury*, dans les cinq meſures de la baſe principale, d’où il
a tiré les dégrés de France, meſures dont le parfait accord
prouve la juſteſſe; c’eſt encore à peu près celui des environs
de Quito, où MM. *Bouguer* & de la *Condamine* ont meſuré
une de leurs baſes; & l’on ajoutera ou l’on retranchera la
différence relative au dégré de chaleur, ſelon que ce dégré
ſera au-deſſus ou au-deſſous du quatorzieme.

355. Rien de mieux imaginé que le moyen dont ſe ſert M.
de la *Condamine* pour meſurer l’effet de la chaleur ſur les métaux. Cette méthode, auſſi ingénieuſe qu’elle eſt exacte, conſiſte à ſuſpendre une verge de fer de la longueur d’une toiſe,
& à compter le nombre d’oſcillations qui répond en 24 heures
aux divers dégrés du thermometre de M. de *Reaumur;* d’où
il eſt aiſé de déduire la différence de hauteur du centre d’oſcillation & l’allongement de la toiſe. Or M. de la *Condamine* a
trouvé qu’à chaque dégré de ce thermometre répond $\frac{1}{87}$ de
ligne; ou bien, la toiſe contenant 6×144, ou 864 lignes,
qu’à chaque dégré répond $\frac{1}{87 \times 864}$, ou $\frac{1}{75168}$ du tout. De-là
prenant un milieu entre deux nombres de dégrés obſervés le
même jour, on aura cette proportion : 75168 eſt à ce nombre
moyen, comme le nombre de palmes, ou de pieds & de toiſes,
qu’on a trouvé dans cet intervalle de tems, à un quatrieme
terme, qui fera connoître la différence qu’on cherche, &
qu’il faudra ajouter ou retrancher du total des palmes ou des
toiſes, ſuivant que ce nombre moyen ſera au-deſſus ou au-
deſſous de 14 dégrés. Nous avons meſuré la baſe de *Rome* au
printems, & nous avons preſque toujours eu plus de 14 dégrés de chaleur, & le dégré moyen étoit 17. Celle de *Rimini*

a été mesurée en hyver; aussi nous avons eu beaucoup moins de dégrés: le dégré moyen étoit 5, & il a été si constant, qu'à peine a-t-il augmenté ou diminué de deux dégrés. La différence qui en est résultée pour la base de *Rome*, alloit à peine au delà de deux palmes, qu'il a fallu ajouter; & celle de *Rimini* excédoit à peine 6 palmes qu'il a fallu retrancher.

Apprécier l'erreur de la base. 356. Voyons maintenant à quoi peuvent monter les erreurs d'une base mesurée avec ces instrumens. Nous trouvâmes dans la premiere base de *Rome*, toute correction faite, la valeur de 8034.67 pas, dans la seconde de *Rimini* 7901.14, la premiere contenant $656\frac{2}{3}$ de mesures composées de trois perches chacune, ou de 9 intervalles de 9 palmes, & la seconde de $646\frac{1}{3}$, c'est-à-dire que ni l'une ni l'autre n'alloit à 2000 perches. Or il a pu se glisser quelque erreur dans la rectification de la longueur & de la direction; mais ce ne peut être qu'une erreur très légere, cette rectification ne s'étant point faite immédiatement, mais au moyen d'une échelle qui augmente considérablement les objets, & diminue d'autant plus les erreurs; de sorte qu'il seroit aisé de démontrer que la somme de toutes les erreurs possibles, dans toute la longueur de la base, est presque absolument insensible. La correction pour la chaleur ne peut être non plus sujette à une erreur de conséquence, puisque cette correction même ne donne en total qu'une valeur légere, & qu'il n'y a rien de plus facile que d'observer le dégré de la chaleur. Ajoutons que ces erreurs ne sont pas toutes à beaucoup près du même côté, & qu'elles s'effacent mutuellement; ce qui rend incomparablement moindre l'erreur totale.

De l'erreur dans la distance des perches; 357. Comme nous ne faisons pas joindre les têtes des perches, on pourroit encore se tromper de quelque chose dans la mesure des intervalles qui les séparent, & ces erreurs pourroient s'accumuler. Mais au moyen d'un compas, dont les pointes sont très déliées, & d'une échelle petite, & en même tems distincte, on évite sans peine une erreur de $\frac{1}{100}$ de pouce, en supposant le palme divisé en 12 pouces romains, & à plus forte raison de $\frac{1}{2000}$ de palme. Or le nombre de ces intervalles ne va pas en tout à 2000, puisqu'il est égal à celui des perches, moins un. Donc quand même les erreurs seroient toutes du même côté, on pourroit facilement éviter l'erreur d'un palme.

358. Le vent peut causer quelque dérangement dans le fil à plomb, dont on se sert quand on veut interrompre & reprendre l'ouvrage, ou lorsqu'on doit élever ou abaisser les perches. Mais outre que ces erreurs sont en très petit nombre, & qu'elles s'effacent en grande partie ; avec un peu d'attention on les réduira presqu'à rien. Je ne mettrois pas ici un pouce d'erreur sur toute la base. .Dans la position du fil à plomb ;

359. Les erreurs provenantes de l'inclinaison des perches au plan horizontal, ou à la direction de la base, semblent d'abord tirer plus à conséquence, parcequ'elles sont toutes du même côté, & qu'elles augmentent le nombre des mesures, puisqu'une perche inclinée sur une base rectiligne est plus longue que le segment de la base auquel elle répond : voyons donc à quoi elles peuvent aller. Soit (fig. 20) Fh une perche placée obliquement, hT la distance à la juste position ; on aura ici, comme au n°. 349, TX troisieme proportionnelle à xT, qui est à peu près double de Fh, & à cette distance Th. De plus, chaque perche est de 27 palmes, qui font 324 pouces romains, ou douziemes de palme. Or il est très aisé, dans la position de la perche, de distinguer une différence d'un tiers de pouce. On aura donc cette analogie : 648 pouces, ou le double de Fh, est à $\frac{1}{3}$, comme $\frac{1}{3}$ est à l'erreur, qui se trouve $\frac{1}{5832}$. Cela supposé, le nombre des positions des perches est au-dessous de 2000, & comme en chaque position on peut commettre une double erreur, le nombre des erreurs ne montera pas à 4000. Ainsi le total de l'erreur, dans la base, n'ira pas à un palme, & parceque la base est plus de la dixieme partie du dégré, l'erreur du dégré ne sera pas de dix palmes, ni même d'une toise.Dans la position des perches.

360. Ajoutons que cette erreur même augmente la mesure de l'intervalle qui sert à déterminer la valeur du dégré, & que si l'on veut y avoir égard, notre dégré en sera un peu plus petit. Or il est déja moindre que le plus méridional de France, mesuré par M. *Cassini*, & dans la même latitude. Tout ceci prouve ce que j'ai avancé (Liv. 1, n°. 157) ; & pour peu qu'on fasse d'attention à ce que nous venons de dire, on neEffet de cette erreur sur le nombre des mesures.

fera pas furpris de l'accord parfait qui s'eſt trouvé entre les deux meſures de cette baſe. Car cette derniere erreur augmente l'une & l'autre baſe ; & toutes les autres erreurs dont nous avons fait mention, ſans parler de celles qui pourroient provenir de la négligence d'un obſervateur peu attentif, peuvent augmenter la meſure d'une baſe & diminuer celle de l'autre, mais de ſi peu de choſe, qu'à moins que l'obſervateur ne ſe néglige trop, on y trouvera à peine quelque différence.

De l'erreur dans la largeur d'une riviere.

361. Il y a dans notre baſe de *Rimini* deux autres ſources d'une erreur qu'on ne pourroit découvrir, quelque grande qu'elle fût, par la comparaiſon des deux meſures de cette baſe, parcequ'elle affecte également les deux meſures. La premiere ſource d'erreur, c'eſt la riviere qui ſe trouve ſur ce paſſage. Nous n'avons pu meſurer immédiatement cet intervalle ; mais nous l'avons déterminé par un triangle preſque équilatéral, dont nous avons meſuré les angles & un côté preſque égal à l'intervallé cherché. L'erreur que nous avons pu commettre dans la meſure de ce côté, eſt la même que celle qui ſe ſeroit gliſſée dans la meſure de l'intervalle même. Quant à l'erreur des angles, elle ne peut apporter dans la diſtance une différence d'un demi-pouce, ni même de trois lignes. Car dans une ſi petite diſtance, la différence d'un demi-pouce paroiſſoit dans la lunette de notre petit quart-de-de-cercle, une différence énorme ; & nous avons eu grand ſoin de placer le centre de l'inſtrument dans les deux points qui terminent le côté que nous avions choiſi & meſuré, pour en tirer la meſure de cet intervalle.

Moyens de l'éviter.

362. Nous avons meſuré ce côté avec une ſcrupuleuſe attention ; les angles ont été pris à diverſes repriſes, & toujours avec une conformité entiere ; nous avons laiſſé pour marque, des bois enfoncés dans la terre, que nous avons trouvés au retour à la même place ; & la même meſure nous a ſervi dans l'aller & le retour.

De l'erreur produite par le coude de la baſe.
Pl. I, fig. 1.

363. L'autre ſource d'erreur eſt le coude que fait notre baſe (Liv. 1, n°. 155, & Liv. 2, n°. 18.), & qui eſt repréſenté dans la figure 1, planche I. Mais ce n'eſt pas-là de ces erreurs dont on ſoit obligé de tenir compte. Car nous avons meſuré fort exactement avec le grand quart-de-cercle les angles A,

&

& C. Nous avons placé perpendiculairement de grosses pieces
de bois aux points A, B, C, fur lesquelles étoient posées en
travers, & dans un plan vertical, de petites planchettes en-
duites de chaux, & qui nous servoient de but. Nous avons
pris avec soin la distance du centre du quart-de-cercle aux
points A & C, pour corriger la petite erreur qui en résulte,
& nous avons trouvé que les sinus de ces angles étoient exactement proportionnels aux côtés opposés BC, AB, que nous
avions mesurés immédiatement : enfin nous avons trouvé les
segmens AD, DC, par cette analogie : le rayon est au co-
sinus de l'angle A, ou de l'angle C, comme AB, ou BC, à
AD, ou CD.

364. Supposons maintenant, ce qui n'est certainement pas
à présumer, qu'il y ait une erreur de 20″ dans l'angle A, on
trouve le segment AD par cette analogie : le rayon est au
sinus de l'angle ABD, comme AB à AD. Ainsi le rayon &
le côté AB étant le même, & l'angle ABD changeant aussi
de 20″, on aura par le n°. 317 cette proportion : la tangente
de l'angle ABD, ou la co-tangente de l'angle A est au sinus
de 20″, comme AD est à l'erreur de ce segment. Or l'angle
ABD est le complément de l'angle A, qui, n°. 18, Liv. 2,
est de 4°, 10′, 45″, & dont la co-tangente est moindre que
1378206, pour le rayon 100000, qui donne 10 pour le sinus
de 20″. Donc l'erreur de ce segment n'est pas $\frac{10}{1378206}$ du tout.
Ce segment a été trouvé par le calcul de 28569.6 palmes ;
l'erreur est donc moindre que $\frac{285696}{1378206}$, c'est-à-dire moindre
qu'un quart de palme, & l'erreur du segment CD seroit à
peu près la même : d'où il s'ensuit que l'erreur de toute la
base seroit bien au-dessous d'un demi-palme, & celle du dégré
bien au-dessous de 5 palmes, au-dessous même d'une demi-
toise ; & à mesure qu'on diminue l'erreur de l'angle, celle du
dégré diminue à peu près dans la même raison, & par-là elle
devient presque absolument insensible.

365. Il y a une autre petite erreur dans la base de *Rome*,
mais si petite, qu'elle ne mérite pas d'être comptée. Cette
erreur vient de ce que la base n'est pas toute sur une seule
ligne, ni dans un seul plan horizontal, mais qu'elle est tantôt
plus haute, tantôt plus basse. Nous avons toujours gardé le

Y y

niveau, en obfervant de placer les perches, tantòt plus **haut**, tantòt plus bas, & en nous fervant pour cela d'un fil à plomb. On fait que l'intervalle de deux fils à plomb eft plus ou moins grand, fuivant qu'il eft plus ou moins élevé au-deffus du niveau de la mer. Mais le terrein, fût-il fort inégal, l'erreur n'eft jamais fenfible; & dans le cas préfent, où le terrein étoit affez uni, on peut la regarder comme nulle.

Autre erreur infenfible.   366. On ne doit pas plus tenir compte de l'erreur qu'on auroit pu commettre en réduifant la bafe de la direction horizontale à l'oblique, les points extrêmes n'étant pas de niveau. Cette réduction n'a pas lieu dans la bafe de *Rimini*, dont les deux extrémités font au bord de la mer, & par conféquent à même hauteur. Mais dans la bafe de *Rome* il y avoit un demi-dégré de différence. Ainfi pour réduire la bafe horizontale à l'oblique, il faut fe fervir de cette analogie : le finus du complément d'un demi-dégré eft au rayon, ou bien le rayon eft à la fécante d'un demi-dégré, comme la bafe horizontale eft à l'oblique ; d'où il fuit que le rayon eft à l'excès de la fécante fur le rayon, ou que 1000000 eft à 38, comme la bafe horizontale, qui, fuivant le n°. 19 du Liv. II, eft de 8034.37 pas, eft à la quantité qui lui doit être ajoutée pour la réduire à l'oblique, & qu'on trouvera 0.30. Donc la bafe oblique eft 8034.67 ; c'eft la valeur qu'on lui affigne à l'endroit cité. Or eût-on commis dans cet angle une erreur de trois minutes, il n'en réfulteroit pas dans la bafe une différence de $\frac{1}{10}$ de pas. Car fi l'angle n'eût été que de 27', l'excès de la fécante eût été 31, & la réduction 0.25, qui ne differe de la premiere que de 0.05. Par où l'on voit qu'il n'y a rien à craindre du tout de ces fortes d'erreurs.

De la mefure qu'on a employée.   367. De cette forte on a la mefure des bafes en palmes romains, dont nous en avons pris 9 fur l'étalon du Capitole, & qu'il eft aifé de réduire en pas. Car chaque pas contient cinq pieds ; & chaque pied, (j'entends ceux qui compofent aujourd'hui les milles d'Italie, & dont on fe fert pour placer les pierres à cette diftance fur les chemins publics), contient feize douziemes de palmes, de forte qu'il y a dans un mille 6666 $\frac{2}{3}$ palmes. Comme nous n'avions pas encore reçu la toife qu'on nous envoyoit de *Paris*, & que nous voulions une mesure fixe, & qui fût en usage du moins à *Rome*, nous avons pris pour cela un intervalle de 9 palmes, qui ne surpasse la toise que d'environ deux pouces; le pied-de-roi contenant près d'un palme & demi.

368. Nous reçûmes enfin la toise de M. *de Mairan*, & nous la comparâmes à notre mesure. D'abord avec un compas à verge nous-avons pris l'intervalle de la toise, & nons l'avons transporté sur la verge de fer, où nous avions marqué avec de petits points l'intervalle de 9 palmes, en plaçant l'une des pointes du compas sur l'un de ces points, & en marquant avec l'autre pointe sur un papier collé en cet endroit, un autre point sur la même ligne; ce que nous connoissions en tendant un fil d'une extrémité de l'intervalle de 9 palmes à l'autre. La toise s'est trouvée un peu plus petite. Nous avons cherché de plusieurs façons ce rapport, d'où dépendent tous les autres.

Comparaison de cette mesure à la toise.

369. Premierement nous avons porté cette différence sur l'échelle que le sieur *Langlois* avoit gravée sur cette même toise; & après avoir répété plusieurs fois cette opération, qui nous donnoit constamment la même valeur, nous l'avons trouvé de 2 pouces, 3.31 lignes. Ensuite portant cette même différence sur notre mesure, en suivant la direction du fil, nous avons trouvé qu'elle y étoit contenue trente-deux fois, & qu'il restoit outre cela un segment qui, transporté sur l'échelle du sieur *Langlois*, s'est trouvé de 1 pouce 6.06 lignes. Nous avons aussi répété plusieurs fois cette opération qui donnoit toujours le même résultat. Comme la toise contient 72 pouces, ou 864 lignes, & que, suivant la premiere opération, notre mesure a 27.31 lignes de plus; cette mesure comprend 891.31 lignes. A l'égard de la seconde opération, si l'on retranche de la toise le segment qui est resté, savoir 18.06 lignes, il reste pour les 31 parties égales 845.94 lignes, la 32me. partie étant l'excès de notre mesure sur la toise. Ayant donc divisé 845.94 par 31, on a 27.29, pour cette différence qu'on avoit trouvée immédiatement de 27.31 lignes, à cause de quelque petite erreur dans l'opération, jointe à quelque erreur semblable de la division du sieur *Langlois*. Prenant donc un milieu, notre mesure de 9 palmes se trouvera de 891.30 lignes, & le rapport de la toise à notre mesure sera celui de 86400 à 89130, ou de 8640 à 8913.

Rapport de la toise à neuf palmes.

De l'erreur
qui en peut
réfulter.

370. Nous nous fommes fervis, dans le premier & le fecond Livre, de cette réduction, que nous ne croyons pas s'écarter de la vraie de $\frac{1}{86400}$ du total ; foit parceque les réfultats des deux opérations ne different pas plus du réfultat moyen, foit parceque les autres méthodes que nous avons employées pour trouver ce rapport, nous donnoient à peu près la même chofe. Or une erreur de cette nature ne peut produire dans le dégré, qui eft au-deffous de 57000 toifes, une erreur d'une toife. On voit que de ce premier rapport fuivent aifément tous les autres.

Le pied-de-
roi comparé à
l'ancien & au
nouveau pied
romain.

371. Car en premier lieu le palme contient $\frac{891.30}{9}$, ou 99 $\frac{1}{30}$ lignes de pied de *Paris* ; & comme le pied romain, en ufage aujourd'hui, contient $\frac{16}{12}$ de palme, on aura cette proportion : 3 eft à 4, comme 99 $\frac{1}{30}$ à un quatrieme terme qui fe trouve 132 $\frac{2}{45}$, & qui excede d'environ une ligne l'ancien pied romain. Nous en avons quatre modeles au Capitole: le Statilien, le Colutien, l'Ebufien & le Capponien. Le P. Ab. *Revillas* les a exactement réduits en pieds de *Paris*, comme on le peut voir dans les Differtations de *Cortone*, Tom. 3, Differt. 4. Il leur a trouvé en dixiemes de ligne 1310 $\frac{5}{6}$, 1307 $\frac{1}{2}$, 1314 $\frac{1}{8}$, 1309 $\frac{5}{12}$; & prenant un milieu, on a 1310 $\frac{1}{2}$; ce qui revient, à très peuprès à la valeur qui lui eft affignée dans une lettre de M. *Stuart*, imprimée à la fin de l'ouvrage du P. *Bandini*, fur l'obélifque nouvellement découvert au champ de Mars. Après le départ de M. *Stuart* pour la Grece, je tirai cette lettre de quelques papiers qu'il avoit laiffés ici (à Rome): je la rédigeai, je la mis en italien & en latin, avec des notes propres à éclaircir le texte, ou à confirmer les heureufes découvertes de cet habile homme. On y voit la mefure du pied romain tirée de la dimenfion de cet obélifque, & d'un paffage de *Pline* qui en marque la hauteur : cette mefure eft de 131 lignes, ou à peu près ; ce qui s'accorde très bien, & à une très petite différence près, avec celle du P. *Revillas*.

Accord de
deux mefures.
L'ancien pied
comparé au
nouveau.

372. Il s'enfuit que notre pied romain d'aujourd'hui, peu différent de l'ancien, eft tant foit peu plus long ; & le P. *Revillas* l'a trouvé tel: cependant cet Auteur fait le mille de 6680 palmes, c'eft-à-dire plus long que le nôtre de 3 $\frac{1}{7}$ palmes. Malgré cela il trouve le même rapport que nous entre

le pied de *Paris* & le palme, qu'il a pris fur l'étalon de dix palmes du Capitole ; car il donne au palme en dixièmes de ligne 990 $\frac{2}{10}$, & nous lui en donnons 990 $\frac{1}{9}$, ce qui fait pour lui 99 $\frac{2}{100}$ lignes, & pour nous 99 $\frac{1}{30}$: la différence eft $\frac{1}{300}$ de ligne ; différence qui ne peut être apperçue par obfervation. Il eft étonnant qu'avec un étalon terminé par des angles & par des arrêtes auffi groffierement tracés, on puiffe fe rencontrer de fi près. Du refte, on ne doit pas trouver extraordinaire que le pied antique foit plus court : ce n'eft pas d'aujourd'hui qu'on a remarqué que les mefures deviennent plus longues à mefure qu'on les prend fucceffivement les unes fur les autres, foit parceque la rouille ajoute une petite croute aux métaux dont elles font compofées pour la plupart, foit parceque les ouvriers les font plutôt trop longues que trop courtes, à caufe qu'il leur eft aifé avec une lime de les raccourcir, au lieu que fi elles font trop courtes, iln'y a plus de remede.

373. Quoi qu'il en foit, l'objet de notre recherche n'en fouffre point. Car pour pouvoir comparer notre dégré avec les autres, il fuffit d'avoir le rapport de la toife qui a fervi à mefurer les autres dégrés, à la mefure dont nous nous fommes nous-mêmes fervis ; & il n'importe que cette mefure contienne exactement, ou non, un certain nombre de palmes, ou de pieds romains. Or ayant reçu la toife que M. de *Mairan* a comparée fi exactement avec la fienne, d'où le même artifte (le fieur *Langlois*) avoit déja tiré les toifes qui ont fervi dans la mefure des autres dégrés, il ne nous étoit pas difficile de la comparer à notre mefure ; & c'eft ce que nous avons fait avec une telle précifion, que la plus grande erreur poffible n'apporteroit pas dans le dégré entier une différence d'une toife. En prenant donc pour le palme & le pied romain les valeurs que nous leur avons trouvées, favoir pour le palme 99 $\frac{1}{30}$ lignes, & pour le pied 132 $\frac{2}{45}$, on trouve par le calcul les rapports fuivans des mefures de *Rome* à celles de France.

Mesures romaines	Au pied de *Paris*,	A la toise.
Le palme	Comme 2971 à 4320	Comme 2971 à 25920
Le pied	Comme 2971 à 3240	Comme 2971 à 19440
Le pas	Comme 2971 à 648	Comme 2971 à 3888

<table>
<tr><td>Plufieurs me-
fures expri-
mées en toi-
fes.</td></tr>
</table>

374. De-là par le calcul des nombres ou de leurs loga-rithmes, toutes les mefures énoncées en pas ou en palmes dans le Livre fecond, peuvent aifément fe réduire en toifes. La bafe de *Rimini* (nᵒ. 19, Liv. 2.) eft de 52674.3 palmes, qui, multipliés par $\frac{3}{4}$, donnent le nombre de pieds romains, & multipliés par $\frac{3}{4\times5}$, ou $\frac{3}{20}$, ou 0.15 donnent 7901.14 pas, qu'on réduira en toifes par cette analogie : 3888 eft à 2971, comme 7901.14 à un quatrieme terme qui fe trouve 6037.62. Ce nombre eft celui des toifes comprifes dans cette bafe. De même on a trouvé à la bafe de *Rome* 8034.67 pas qui fe réduifent à 6139.66 toifes.

375. Des bafes ainfi réduites, on tire tous les côtés du po-lygone ; & connoiffant les côtés & la pofition du polygone, on en déduit l'intervalle intercepté par les paralleles qui paffent par les lieux où fe font faites les obfervations aftrono-miques, c'eft-à-dire par la falle du college romain, & par la maifon de M. *Garampi* à *Rimini*. Nous avons fuivi cet ordre dans le chapitre II, & nous avons donné (nᵒ. 268) une méthode pour déduire de-là même tous les côtés rectilignes du polygone. Le P. *Maire* a donné (Liv. II, nᵒ. 11,) une lifte de ces côtés, tels qu'on les tire de la bafe de *Rimini* ; & à la fin de cette table, la bafe de *Rome* fe trouve de 8033.4 pas, ou d'un pas trop courte. Si on avoit commencé le calcul par cette bafe, chaque côté du polygone, & chaque portion du méridien, celle furtout qu'on a trouvée, toute réduction faite, entre le dôme de *St Pierre* & l'embouchure de l'*Aufa*, euffent été plus grands en raifon de 8034.67 à 8033.4. Donc pour connoître ce qui réfulte de la bafe de *Rome*, il fuffit, après toutes les réductions, d'augmenter cet intervalle fuivant ce rapport.

376. Or cet intervalle même, après les deux fortes de ré- Diſtances
des paralleles
du polygone.
ductions qu'on y a faites (n°. 294 & 295), eſt, ſuivant les
obſervations de *Rome* ſur la poſition du polygone, la différence de 5.7 pas à 161127.9, c'eſt-à-dire 161122.2 pas; ſuivant celles de *Rimini*, il eſt de trois pas plus long, par le
n°. 302 ; ce qui donne 161125.2 : & ſi l'on veut prendre un
milieu, il vient 161123.7. La baſe de *Rome* eût donné un
intervalle plus long dans la raiſon de 803467 à 803340.

377. Cet intervalle ſera égal (n°. 295) à celui qui eſt in- Diſtances
des paralleles
des obſerva-
tions.
tercepté par les paralleles de la ſalle du college romain & de
la maiſon de M. *Garampi*, ſi on lui ajoute 269 pas, & qu'on
en retranche 139.1, ou ce qui revient au même, ſi on y ajoute
la différence de ces deux nombres, ſavoir 129.9. De-là l'intervalle de 161123.7, provenant de la baſe de *Rimini*, devient 161253.6 pas, qui, par le rapport que nous avons
trouvé entre le pas & la toiſe, ſe réduiſent à 123221.3 toiſes,
comme il eſt dit, n°. 204, Liv. I. La baſe de *Rome* l'eût fait
plus long ſuivant le même rapport des baſes, non pas abſolument, à cauſe qu'il a fallu ajouter près de 130 pas qui ne
dépendent nullement de ces baſes, mais à très peu près, puiſque la différence de la baſe déduite à la baſe actuellement
meſurée, n'apporte pas dans ce nombre même de 130 une
différence de $\frac{1}{10}$ de pas. Ainſi dès qu'on aura déduit le dégré
de la baſe de *Rimini*, il ſuffira, pour avoir celui que donneroit la baſe de *Rome*, de l'augmenter dans la raiſon que nous
avons dite.

378. Or par le n°. 166, Liv. IV, on a pour réſultat moyen Valeur du
dégré.
de ſix déterminations moyennes de l'arc céleſte intercepté
par les zéniths de la ſalle du college romain & de la maiſon
de M. *Garampi*, 2°, 9′, 47″, ou 7787″, qui differe à peine
d'une ſeconde de chaque détermination. On aura donc cette
analogie : 7787″ eſt à 3600″, que comprend le dégré, comme
123221.3 toiſes à un quatrieme terme, ſavoir 56966.3, qui
eſt le nombre de toiſes du dégré moyen de cet intervalle.
C'eſt la valeur qu'on lui a déja trouvée, Liv. I, n°. 204.

379. Cette meſure eſt plutôt trop longue que trop courte, Des correc-
tions à faire
au dégré.
puiſqu'elle eſt tirée de la poſition du polygone, déterminée
par les obſervations de *Rome* & de *Rimini*, au lieu qu'on doit

faire plus de fond fur celles de *Rome*, qui ont donné un intervalle plus petit ; mais comme la correction faite aux obfervations de *Rome* par celles de *Rimini*, n'ajoute à l'intervalle entier, qui eft de plus de deux dégrés, qu'une différence d'un pas & demi, il n'en revient pas à chaque dégré la valeur d'une demi-toife. Mais nous avons donné quelque chofe de plus à notre dégré pour trois raifons que nous avons dites, Liv. I, n. 204.

Premiere correction. 380. La premiere eft la différence de la bafe de *Rome*, qui eft un peu plus grande que celle qu'on tire par le calcul de la bafe de *Rimini*. La bafe de *Rome*, actuellement mefurée, donne un dégré plus grand que celle de *Rimini*, en raifon de 8034.67, à 8033.4 ; ce qui donne cette analogie: 8033.4, eft à 1.27, différence de ces nombres, comme 56966.3 toifes, qu'on a trouvées dans le dégré à un quatrieme terme, favoir 9.0 toifes dont ce dégré eft augmenté par la bafe de *Rome*.

Seconde correction. 381. La feconde raifon eft la différence du côté du polygone terminé au dôme de *St Pierre* & au mont *Genarro*. La réduction des angles (n°. 324) fait monter ce côté à 22935.6 pas, & par une réduction immédiate, il s'eft trouvé plus grand de 3.6 pas. Si l'erreur des autres côtés étoit dans la même raifon, le dégré augmenteroit d'une quantité qu'on trouve par cette analogie: 22935.6 eft à 3.6, comme 56966.3 toifes qu'on a trouvées dans le dégré, à 8.9 toifes qu'il faudroit ajouter dans cette fuppofition.

Troifieme correction. 382. La troifieme eft que dans la mefure de l'arc célefte on doit faire plus de fond fur les premieres obfervations de *Rome* de l'étoile α du cygne, comparées à celles de *Rimini*. Il en réfulteroit (n°. 165, Liv. IV,) pour l'arc célefte 2°, 9′, 46″, ou 7786″.1, au lieu que toutes les obfervations enfemble lui donnent 2°, 9′, 47″. Ainfi le dégré augmenteroit en raifon de 7787 à 7786.1, & on auroit cette différence par cette analogie: 7786.1 eft à 0.9, différence de ces nombres, comme 56966.3 toifes, qu'on a trouvé au dégré, à 6.6 toifes qu'il faudroit lui ajouter.

Le dégré corrigé. 383. Si nous voulons ne nous en rapporter qu'à cette feule étoile, & retenir le total de l'augmentation 6.6 avec le tiers de celle qui provient de la différence des bafes, celle de *Rome* n'ayant n'ayant été mesurée qu'une fois, & celle de *Rimini* deux fois, & le tiers de celle qui provient de la réduction des côtés, car le côté en question est le dernier, & l'erreur des précédens doit être moindre, étant formée par l'assemblage d'un plus petit nombre d'erreurs; nous aurons par les bases 3.0, par les côtés 3.0, par l'étoile 6.6; le total est 12.6, qui, ajouté à 56966.3 toises, qu'on a déja trouvé dans le dégré, le fait monter à 56979, mesure à peu près exacte.

384. Je dis à peu près, car je suis persuadé qu'on en devroit retrancher quelques toises. La base de *Rimini* est sur un terrein bien plus égal; elle a été mesurée deux fois, & le parfait accord de ces mesures en prouve la justesse: j'y compte deux fois plus que sur celle de *Rome*, pour le moins. J'ai quelque soupçon sur cette hauteur du mont *Genarro*, vu du dôme de *St Pierre*, & je lui attribue la meilleure partie de la différence de ce côté: & ce qui est le principal, j'aimerois beaucoup mieux prendre un milieu entre un si grand nombre de mesures de l'arc céleste, que de m'en rapporter à une seule mesure & à une seule étoile; & si on prend ce milieu, selon l'usage, il arrive que du nombre de toises qu'on voudroit ajouter, on en retranche d'un seul coup près de sept.

385. On ne peut soupçonner dans ce dégré, de la part des observations astronomiques, une erreur plus grande que celle qu'y produiroit une erreur d'une seconde qu'on auroit commise dans ces observations, laquelle s'évalue à 7 toises; ni de la part de la base une erreur de plus d'un ou deux pieds, y ayant à peine entre les deux mesures de la base de *Rimini* une différence de deux pouces, & cette base étant plus de la dixieme partie du dégré; d'où il s'ensuit que l'erreur du dégré n'est pas dix fois l'erreur de la base. Du côté des angles du polygone, on n'a pas lieu de craindre une erreur plus grande que celle qui provient de la différence de la base de *Rome* calculée, à cette même base actuellement mesurée; & nous avons vu que cette erreur est au plus de 8.5 toises. Enfin la réduction du polygone à un plan horizontal, ne peut produire dans le dégré une erreur plus grande que la différence qu'y apporte la réduction immédiate du dernier côté, savoir 8.9 toises; & l'erreur commise dans la position du polygone, ne produit

Z z

dans le dégré qu'une erreur d'une toife ; je ne dis rien de ces autres petites erreurs dont nous avons traité au long, & qui font à peine fenfibles, par exemple l'erreur provenante de la courbure de la bafe de *Rome* (n°. 353) qui ne diminueroit pas le dégré de $\frac{1}{7}$ de toife, & autres erreurs femblables. Bien plus, les erreurs ci-deffus mentionnées n'influent qu'en partie dans la mefure du dégré, & on en a tenu compte prefqu'en entier dans la correction qu'on vient de faire ; & dans cette correction même, on a plutôt donné plus que moins à la mefure du dégré. Tout cela prouve du moins que notre dégré n'eft pas au-deffus de 56979 toifes, & qu'il en approche affez.

386. On peut réduire ces toifes en pas, fuivant le rapport du n°. 374, en multipliant par 3888, & divifant par 2971, ce qui donne 74565 ; c'eft-à-dire que ce dégré a un peu plus de 74 $\frac{1}{2}$ milles d'Italie. Or les milles géographiques font de 60 au dégré, beaucoup plus grands par conféquent que ceux d'Italie, jufques-là qu'il faut près de 5 milles d'Italie pour faire 4 milles géographiques. Quant aux lieues de France qui font de 25 au dégré, on voit qu'elles font à peu près de 3 milles d'Italie. Or on peut tirer de-là la valeur approchée du diametre de la terre pour s'en fervir aux fins que nous avons dit n°. 295. Car en multipliant le dégré par 180, on aura pour la moitié de la circonférence 13421700 pas ; & l'on trouvera le demi-diametre par cette proportion : 355 eft à 113, comme ce nombre de pas à un quatrieme terme qui fe trouve 4272260. Donc le diametre eft 8544520 ; diametre véritablement approché, ou moyen, puifqu'il eft déduit d'un moyen dégré (1).

387. En voilà affez fur la mefure du dégré dont nous ne parlons ici qu'à l'occafion des inftrumens qui nous ont fervi, & dont l'ufage devoit fe terminer à cette mefure. A l'égard de leur conftruction, quoique j'aie fuggéré plufieurs chofes

Le mille romain.

Diametre de la terre.

Addition fur les inftrumens.

______

(1) On approcheroit encore davantage du diametre moyen, en prenant un milieu entre les dégrés qui ont été mefurés dans la latitude d'environ 45 dégrés. Voyez la note fur le n°. 65, Liv. I.

à notre artifte M *Rufo*, & que je lui aie toujours donné une idée de ce que je fouhaitois qu'il fît, il a lui-même imaginé avec fagacité beaucoup de chofes, furtout en ce qui concerne le pied du quart-de-cercle, & la facilité de le mouvoir en tout fens. J'efpere que d'autres ajouteront beaucoup à la perfection de ces inftrumens, & qu'ils les rendront très utiles en aftronomie.

388. Je finis en obfervant que, pour dreffer la carte géographique, nous avons fouvent mefuré d'autres bafes, mais par une méthode beaucoup plus fimple & plus que fuffifante à cet égard. Elle confiftoit à marcher d'un pas modéré, en comptant jufqu'à deux milles pas. Nous favions qu'à un très petit nombre de pas près, ce nombre de nos pas revenoit à un mille d'Italie : & ayant pris les angles avec un petit inftrument de bois, aux deux extrémités de cette bafe, nous déterminions d'une maniere affez jufte la pofition des lieux voifins. J'ai touché ce point à l'occafion des bafes : il eft tems de paffer au cinquieme Livre.

Fin du Livre IV.

Addition fur la carte geographique.

LIVRE CINQUIEME.

Recherches fur la figure de la Terre, déterminée par les loix de l'équilibre, & par la mefure des dégrés.

Sujet de ce Livre.

1. Tous nos travaux ont eu pour objet principal la mefure exacte du dégré du méridien. Cette mefure, comme je l'ai fuffifamment expliqué dans le premier Livre, a pour but la détermination de la figure de la Terre; & c'eft la recherche de cette même figure qui a donné lieu à toutes ces fortes d'opérations. Je traiterai donc ici de la figure de la Terre, en tant qu'on la peut déduire, ou des loix de l'équilibre des fluides, ou de la mefure même des dégrés.

Sa matiere & fa méthode.

2. Ce fujet fourniroit la matiere d'un long traité. Le volume le plus ample pourroit à peine contenir tout ce que les plus favans Auteurs ont découvert & publié fur cette matiere, quand je ne ferois que le recueillir, fans y rien ajouter du mien. Mais fans m'arrêter à plufieurs fpéculations, qui font de peu d'ufage, je ne m'attacherai qu'à quelques points principaux qui ont plus de rapport à mon fujet; & je tâcherai de réfoudre par la fimple géométrie des difficultés qui fembleroient ne pouvoir être éclaircies qu'avec le fecours du calcul intégral.

Sa divifion en deux parties.

3. L'ouvrage eft divifé en deux chapitres. Le premier comprend ce qui a rapport à l'équilibre, & le fecond, ce qu'on peut déduire de la mefure des dégrés. On trouvera dans l'un & dans l'autre quelques conftructions & quelques réflexions

que j'inférai il y a plufieurs années dans d'autres differtations que j'ai données au public. Mais comme on n'en avoit imprimé qu'un très petit nombre d'exemplaires, qui même fe font égarés pour la plupart, ayant été diftribués à l'occafion d'un exercice public vers la fin de l'année fcholaftique; il ne fera pas inutile de les rappeller ici.

4. Dans le premier chapitre je détermine la figure requife pour conferver l'équilibre dans la Terre, foit immobile, foit tournant fur fon axe, dès là que les forces fe dirigent à un centre commun, quelque variation qu'on fuppofe dans les forces, dans les diftances, & fuivant une loi donnée quelconque : problême beaucoup plus général que celui qui eft propofé par M. *Huygens*, pour déterminer la figure de la Terre, dans l'hypothefe de *Galilée*, d'une gravité croiffante ou décroiffante en raifon quelconque directe ou inverfe doublée, triplée &c. des diftances au centre. J'indiquerai en même tems la figure qui réfulte d'une gravité dirigée à deux centres, puis d'une gravité dirigée fuivant des lignes données, à un point donné ; & après avoir paffé légerement fur ces deux articles, je traiterai enfin de la figure que donne non plus une gravité dirigée à un centre commun, mais celle qui réfulte de la gravité mutuelle de toutes les particules du globe agiffantes les unes fur les autres, en raifon inverfe des quarrés de leurs diftances refpectives ; gravité que *Newton* a fi heureufement déduite de l'accord parfait qu'il lui a trouvé avec tant de phénomenes céleftes, & d'où il a conclu tant d'autres chofes qui s'accordent parfaitement avec les nouveaux phénomenes. J'expliquerai ce qui concerne cette loi de gravité dans l'hypothefe de l'homogénéité de la Terre, fujet qui a déja été manié heureufement par M. *Mac-Laurin* ; dans celle d'une denfité variable, fuivant la différence des diftances, & dans cette partie j'abandonne d'illuftres Auteurs de notre fiecle, dont les calculs me paroiffent défectueux, puifqu'en prenant la fimple géométrie pour guide, j'arrive à des conféquences entierement oppofées aux leurs. Je toucherai au même endroit quelques points qui ont rapport à l'irrégularité du tiffu des parties.

5. Voilà pour ce qui regarde l'équilibre & la matiere du

Sujet du chapitre I.

Sujet du chapitre II.

premier chapitre. Dans le fecond j'expofe les conféquences qui fuivent de la mefure des dégrés : j'y détermine ce qui réfulte de la comparaifon de deux dégrés, foit d'un méridien, foit d'un parallele quelconque, premierement dans l'hypothefe d'un fphéroïde elliptique, & enfecond lieu dans la fuppofition que la Terre foit tellement applatie, que non feulement fes méridiens, mais fes paralleles mêmes s'écartent de la figure circulaire. Enfin j'examine la figure & la grandeur qu'on peut donner à la Terre, connoiffant tous les dégrés d'un méridien, & faifant abftraction de toute hypothefe. Ces problêmes amenent naturellement d'autres confidérations de même genre, que je développerai dans l'occafion. Entrons en matiere.

CHAPITRE PREMIER.

De la figure de la Terre, déduite des loix de l'équilibre.

Qu'on peut chercher la figure de la terre par l'équilibre.

6. SI notre globe n'étoit compofé que de parties folides, ou fi les parties fluides de fa furface n'avoient entre elles aucune communication, on ne pourroit connoître fa figure par l'équilibre : j'entends cet équilibre qui ne dépend que de la gravité. Car de quelque maniere que les parties de la matiere agiffent les unes fur les autres, & quelque foit le lien qui les unit, tout folide eft en équilibre. Mais puifqu'une grande partie de la furface de la Terre eft couverte d'un fluide qui fuit librement fa pente, de quelque côté que la gravité détermine fon cours ; & que plufieurs portions de ce fluide s'infinuent en tout fens dans l'intérieur de la terre, & communiquent entre elles par des canaux fouterreins ; de là vient que fon équilibre doit lui donner une certaine figure qui doit être à peu près celle de la Terre, puifque les parties folides qui s'élevent au-deffus de fa furface, & les montagnes mêmes, eu égard à la grandeur du globe, font très peu au-deffus de fon niveau.

Deux méthodes pour cela.

7. Or la figure qui réfulte de l'équilibre peut fe trouver de deux manieres ; premierement par la direction des graves à

la surface du fluide, direction qui doit toujours être perpendiculaire à cette surface : car s'il en étoit autrement , & si la
direction prolongée au - dessous de la superficie faisoit avec
elle un angle aigu , le fluide emporté par sa pente naturelle
couleroit du même côté, comme sur un plan incliné. La seconde maniere est de considérer deux canaux continués dans
l'intérieur de la terre, remplis d'un fluide qui communique
de l'un à l'autre, & tellement en équilibre , que le point le
plus bas soit chargé de part & d'autre d'un poids égal.

8. Il est reconnu aujourd'hui qu'il y a telle hypothese de
gravité , dans laquelle , quoique les canaux puissent être
comme en équilibre , les directions des graves ne seroient
point perpendiculaires à la surface ; auquel cas le fluide ne
seroit point en repos, ou dans un état permanent, mais dans
une perpétuelle agitation. Ceci n'arrive néanmoins que dans
les hypotheses où la gravité dépend non seulement de la distance , mais encore de la position. Car dans celle où les graves
sont dirigés à un centre unique, ou à un nombre de centres
quelconques, les deux méthodes s'accordent parfaitement.

9. Je ne m'arrêterai point à démontrer ce théorème. Je
n'emploirai cependant pas l'une & l'autre méthode par la
simple géométrie, mais seulement celle des canaux terminés
au centre, pour ces hypotheses de gravité, qui dirigent les
graves à un centre unique, puis à deux; & je n'emploirai que
celle de la direction perpendiculaire à la superficie, pour l'hypothese d'une gravité dirigée par les tangentes d'une courbe
donnée. Car je ne crois pas devoir m'étendre beaucoup sur
des hypotheses qui n'ont aucun fondement dans la nature :
fussent-elles réelles, il ne s'agit ici que de la figure de la Terre,
qui est toute en équilibre ; car on doit compter pour rien le
dérangement causé dans l'équilibre par de petits mouvemens,
tels que le flux & le reflux de la mer, & les courans qu'on y
voit en quelques endroits, mouvemens qui se rapportent même
à des causes extérieures qu'il est aisé d'appercevoir. Il suffira
donc d'une seule méthode. Car s'il y a équilibre, il doit se
trouver, & dans le poids des canaux, & dans la direction de
la perpendiculaire à la superficie. Ainsi en établissant ce qui
est requis pour l'un ou l'autre de ces deux points, on devra

Suite.

De la mé-
thode qu'en
emploie ici
pour une gra-
vité tendante
à un centre
donné , ou à
une courbe
aussi donnée ,

en appliquer le réfultat à la figure de la Terre. Cependant comme l'analyfe fournit, pour une gravité tendante à un centre donné, une folution très fimple qui s'accorde parfaitement avec celle qu'on tire des canaux par la fimple géométrie, je propoferai auffi cette folution.

De la gravité neutonienne,

10. Mais dès qu'il s'agira de la gravité mutuelle, par laquelle toutes les parties de la matiere pefent les unes fur les autres, en raifon inverfe des quarrés des diftances, pour lors je démontrerai en général, du moins pour l'hypothefe des parties homogênes, qu'il y a équilibre en tout fens. Je ferai voir de plus qu'il fuffit de démontrer en général que les canaux rectilignes, terminés à un point quelconque pris dans l'intérieur de la maffe, pefent également fur ce point, quelque direction qu'on leur fuppofe, pour démontrer par-là même que cela doit arriver dans les canaux courbes, & qu'à l'extrémité fupérieure de tous ces canaux, la direction de la gravité eft perpendiculaire à la fuperficie.

Du mouvement de la terre. Théorie de l'Auteur.

11. Il faut maintenant confidérer la Terre, premierement comme immobile, enfuite avec fon mouvement diurne, ou même, fi l'on veut, fon mouvement annuel, afin de déterminer dans l'un & l'autre cas la figure qui réfulte de l'équilibre. Or quand je dis une Terre immobile, ou en mouvement, je parle d'un mouvement ou d'un repos relatif à un certain efpace dans lequel nous fommes renfermés avec tous les corps qui tombent fous nos fens. Je conçois dans tous les corps, relativement à cet efpace, une force d'inertie, ou une détermination à demeurer dans le repos, ou à être mûs uniformement en ligne droite; foit que cet efpace foit immobile, foit qu'il foit tranfporté par un mouvement quelconque. S'il eft immobile, la Terre & tous les corps qu'il contient feront en mouvement. S'il a un mouvement contraire & égal au mouvement de la Terre, ou de Jupiter, ou de quelqu'autre portion de matiere, cette portion de matiere, ou Jupiter, ou la Terre feront immobiles; tous les autres corps auront un mouvement compofé du mouvement de l'efpace, & du mouvement qu'ils ont dans cet efpace (1). Mais s'il a un mouvement

---

(1) **Voici** de quoi raffurer ceux qui appréhendent que le double

contraire

contraire à ceux de tous les corps qu'il renferme, tous ces corps auront un mouvement composé de leur mouvement propre dans l'espace, & du mouvement commun de cet espace. Dans tous ces cas, les mouvemens des corps renfermés dans cet espace, seront toujours les mêmes relativement à l'espace; & comme nous y sommes nous-mêmes renfermés, il nous est impossible de connoître par aucun phénomene, ni par aucun raisonnement humain, ce qu'on doit penser du repos ou du mouvement de l'espace.

12. Je commençai à faire part au public de cette théorie en 1748, dans une Dissertation sur le flux & le reflux de la mer. Je l'ai proposée & confirmée par de nouvelles preuves dans d'autres ouvrages. Mais je l'ai mise depuis peu dans un plus grand jour, dans les supplémens du Livre premier de la Philosophie composée en vers par M. *Benoit Stay*, ouvrage digne de l'immortalité. C'est là que traitant de la force d'inertie, j'ai expliqué cette théorie dans une Dissertation d'une juste longueur, où je crois avoir bien prouvé en particulier qu'on ne peut démontrer par aucun phénomene, ni par aucun principe métaphysique, l'existence d'une force absolue d'inertie, en vertu de laquelle toutes les portions de la matiere seroient déterminées à rester dans le repos, ou à se mouvoir uniformement en ligne droite, par rapport à un espace absolu, infini & immobile, & qu'on ne peut supposer qu'une force relative d'inertie, par rapport à l'espace où nous sommes renfermés. Car cette force supposée, on explique sans peine tous les phénomenes connus, & on en prédit d'autres avec succès: ce qui est, en tout genre de système, la preuve la plus convaincante. Mais il me suffit ici d'avoir proposé sommairement mon opinion. Dans la suite je paroîtrai si peu m'écarter du sentiment commun des Philosophes de notre tems, que j'adopterai jusqu'à leur langage & à leurs expressions.

13. Or si la Terre est immobile & homogêne, elle doit

Fondement de cette théorie.

mouvement de la terre, dans les systêmes de *Copernic* & de *Newton*, ne soit opposé au sens littéral de l'Ecriture sainte. Rien ne les empêche de supposer la terre immobile, sans rien déranger à l'économie de ces systêmes.

Figure d'une
terre immo-
bile & homo-
géne.

être dans un équilibre parfait, soit que la gravité se dirige
au centre, & quel que soit le rapport de la gravité à la
distance, soit que toutes les parties de la matiere pesent les
unes sur les autres, en raison quelconque directe ou inverse
des distances. Car puisque les deux hémispheres, quelque part
qu'on les prenne, sont parfaitement égaux & semblables,
chaque portion de matiere, même dans l'hypothese de la gravité newtonienne, tendra au centre, & pésera également à
égales distances du centre. Ainsi toute portion de matiere
placée à la surface du globe, aura une direction de gravité
perpendiculaire à la surface : car dans la sphere, toute ligne
droite tirée de la surface au centre, est perpendiculaire à la
surface. Si donc on prend deux canaux parfaitement égaux,
& qui communiquent au centre, quelle que soit leur direction, chaque canal aura le même poids, le centre sera également chargé de part & d'autre, & les deux colonnes du
fluide se soutiendront mutuellement.

Même figure
déduite de l'é-
quilibre des
canaux.

14. En effet, la force d'inertie les conservera dans le repos,
où elles seront une fois parvenues, à moins que quelque nouvelle cause ne les détermine au mouvement. Or il n'y en aura
aucune, puisque nous supposons que la gravité est la seule
force qui agisse sur ces colonnes, & que cette gravité agit en
sens contraire, & avec des efforts égaux qui doivent par conséquent se détruire les uns les autres. Imaginons un globe tout
composé de parties fluides ; suivant ce que nous avons dit,
elles seront dans un parfait équilibre. Supposons qu'une partie
de ce globe devienne solide, sa figure ne doit point changer
pour cela, puisque cette solidité ne peut troubler le repos des
parties fluides. De plus, dans le cas où la gravité ne dépend
point de l'action mutuelle des parties, mais qu'elle est toute
dirigée à un centre unique, il n'arrivera aucun changement
dans la figure, supposé même que la partie solide se condense,
quelque part que ce soit, en-deçà & au-delà du centre également, puisque cette condensation n'affecte en rien les
parties fluides, & ne leur communique aucun mouvement.

Figure d'une
terre qui a un
mouvement
uniforme &
parallele.

15. Telle est cette démonstration si connue de la sphéricité
de la Terre supposée immobile, tirée de l'équilibre, & employée autrefois par *Archimede*, & par d'autres Mathématiciens

qui font venus après lui. Mais ici de preuve négative qu'elle
étoit, nous en avons fait une preuve positive. Nous lui avons
même donné plus de force & plus d'étendue. De plus, elle
subsiste en son entier, dans le cas même où la Terre seroit emportée d'un mouvement uniforme & parallele, en vertu duquel toutes les parties continueroient à se mouvoir uniformement, & également en ligne droite : car il n'y a alors aucune
cause qui puisse ajouter un second mouvement au premier :
d'où il suit qu'il n'arrivera aucun changement dans la distance
respective des parties, ni par conséquent dans la figure, ce
changement de figure dépendant nécessairement de celui de
la distance. Or tel est à peu près le mouvement annuel de la
Terre : il diffère peu d'un mouvement parallele. Cette légere
différence ne laisse pas pourtant de causer une petite aberration dont nous aurons peut-être occasion de parler.

16. En attendant il nous faut voir ce qui doit arriver dans
le cas où la Terre tourne sur son axe, & où la gravité tend
à un centre donné en raison quelconque des distances, ou
suivant une loi constante quelconque, dépendante uniquement des distances. Pour cela il faut d'abord supposer un principe connu, savoir que par la force d'inertie, tout corps mû
circulairement fait effort pour s'écarter par la tangente, &
par-là même pour s'éloigner du centre. L'effort qu'il fait pour
s'éloigner du centre s'appelle force centrifuge, sur laquelle je
vais proposer deux lemmes qui nous serviront à déterminer
la figure de la terre.

Figure d'une
terre mue au-
tour de son a-
xe, dans l'hy-
pothese d'une
gravité ten-
dante à un
centre donné.

17. Lemme I. *Si les circonférences des cercles sont parcou-
rues en tems égaux, la force centrifuge est proportionnelle aux
rayons.* C'est un théorème fort connu ; il fut proposé autrefois
par M. *Huygens*, & il se trouve démontré dans plusieurs
élémens de méchanique.

Des forces
centrales.
Lemme.

18. Lemme II. *Si le quart-de-cercle I M D (pl. IV. fig. 1.)
tourne autour du rayon C D, & que la force centrifuge en I soit
exprimée par la ligne I H ; la force centrifuge en M, par laquelle le point M tâche de s'éloigner du point P centre de son
mouvement, exprimée par la droite M O, suivant la direction
de P M ; & qu'enfin cette derniere force soit décomposée & repréfentée par deux autres lignes, savoir O N perpendiculaire*

Autre lemme.
Pl. IV. fig. 1.

à C M prolongée, & M N suivant la direction de C M; la force centrifuge en I suivant la direction de C I, sera à la force centrifuge en M suivant la direction de C M, comme CM^2 à MP^2. Car le lemme I donnera cette analogie : IC ou CM : MP :: HI : MO. Et à cause des triangles rectangles semblables CMP, ONM; on aura encore CM : MP :: MO : MN. Donc en rapport composé CM^2 : MP^2 :: IH : MN.

Conditions du problême.

19. Ceci supposé, nous pouvons déterminer généralement la courbe par la méthode des canaux. Soit F C E (même fig.) la quatrieme partie d'une section de la terre, faite par l'axe; CE la moitié de cet axe, autour duquel tourne la Terre, qu'on suppose toute composée de parties fluides. Soient encore deux canaux CF, CL, le premier perpendiculaire à l'axe, dans le plan de l'équateur, le second incliné à volonté. Pour qu'il y ait équilibre, il faut que le centre C soit chargé également par l'un & l'autre canal, ensorte que les canaux soient égaux en poids.

Expressions en lignes des forces centrifuges & de la loi de gravité.

20. Supposons que des ordonnées comme KQ à une courbe quelconque VQG, expriment la force de la gravité pour les distances correspondantes CK, prises dans le demi-diametre CF de l'équateur. L'ordonnée FV exprimera la force de la gravité au point F de l'équateur. Prenez FR de telle grandeur, qu'il y ait même rapport de RF à VF, que de la force centrifuge à la gravité pour ce même point F. Sur le diametre RF soit décrit un demi-cercle RBF. Soit la corde RB parallele à CL, B*r* perpendiculaire à RF. Menez RC & *r*C; & après avoir pris CK égal à CL, menez des points K & I des paralleles à FV, qui rencontreront la courbe VG en Q & en A, la droite CR en S & en T, & la droite C*r* en *s* & en *t*.

Démonstration.

21. Remarquez d'abord que I*t* exprime la force centrifuge en M, réduite à la direction de CM. En effet, par le lemme I (n. 17), la force centrifuge absolue en F est à la force absolue en I, comme FC à CI, ou comme FR à IT. Or par le lemme II (n. 18), cette force absolue en I est à la force relative en M, comme CM^2 à MP^2; ou bien à cause des triangles semblables CPM, FBR, qui outre qu'ils ont chacun un angle droit, ont encore les angles en R & C égaux,

les lignes CL & RB étant paralleles, comme FR^2 à FB^2 ;
ou bien encore, à caufe que FR, FB, F*r* font dans le demi-
cercle en proportion continue, comme FR à F*r*, ou enfin
comme IT à I*t*. D'où il fuit que puifque FR exprime la
force abfolue en F, IT repréfentera la force abfolue en I,
& I*t* la force relative en M.

22. De là la gravité abfolue en M, c'eft-à-dire l'excès de
la gravité primitive fur la force centrifuge au point M, fera
exprimée par A*t*, & la gravité abfolue en I par AT. Par
conféquent tout le poids du canal CL fera exprimé par l'aire
Q*s*CG ; de même tout le poids du canal CF fera exprimé par l'aire VRCG ; & puifque les poids doivent être
égaux, les aires le feront auffi.

23. On trouvera cette égalité par la quadrature des courbes
en cette maniere. Soient (fig. 2) les mêmes chofes que dans
la premiere figure, depuis CF vers V ; & que la courbe C*qu*,
placée de l'autre côté, pour éviter la confufion, foit la quadratrice de la courbe GQV rapportée à CF comme à fon
axe ; enforte que F*u* foit égale à l'aire VFCG divifée par
CF, de même K*q*, I*a* aux aires QKCG, AICG divifées
pareillement par CF.

24. Cette courbe préparée ; foit dans la figure 1 une ligne
droite indéfinie C*l*, faifant avec CE un angle quelconque ;
& dans la figure 2 l'angle FRB égal à l'angle EC*l* de la figure 1. Enfuite ayant abaiffé la perpendiculaire B*r* fur FR,
prenez du point *u* en allant vers F les lignes *u*V', *u*X moitiés
des lignes FR, F*r* ; & fur chaque ligne, comme *q*K, *a*I,
prenez, du côté de KI, les parties *q*Z, *a*Y qui foient avec
*u*X en même raifon que les quarrés de CK, & de CI au
quarré de CF. Que la courbe CYX ainfi décrite foit coupée
en Z par la droite V'Z parallele à FC. Soit enfin ZK parallele à FV. Si dans la figure 1 on prend fur C*l* la partie
CL égale à la ligne CK de la figure 2, je dis que le point L
fera à la courbe cherchée.

25. Car puifque dans la figure 2 les triangles RCF, *r*CF
font la moitié des rectangles fur CF & RF, & fur CF & *r*F,
ces triangles divifés par CF vaudront la moitié des lignes RF,
*r*F, ou les lignes entieres V'*u*, X*u*. Et puifque les triangles

*r*CF, *s*KC, à caufe qu'ils font femblables, & les droites X*u*, Z*q* par la conftruction, font entre eux comme les quarrés de CF, CK; l'on aura auffi le triangle *s*KC divifé par CF égal à Z*q*. Ainfi le furplus des aires, favoir les efpaces VRCG, Q*s*CG, divifés par CF, vaudront les reftes FV', KZ qui font égaux. Donc les aires VRCG, Q*s*CG font égales. Donc les poids des colonnes CF, CL font égaux, & l'on a l'équilibre qu'on cherchòit.

26. Lorfque CL (fig. 1) tombe fur CF, l'angle FC*l* s'évanouit, & par conféquent auffi l'angle RFB de la figure 2; B & *r* retombent fur R, & par conféquent X & Z fur V', & K fur F, puifque par la fuppofition le point L (fig. 1) tombe fur F. Mais lorfque C*l* (fig. 1) tombe fur CE, B & *r* de la figure 2 retombent fur F, & par conféquent X fur *u*, & la courbe CYZX fur C*aqu*; & fans qu'il foit befoin de conftruire une nouvelle courbe CYZ, la ligne V'Z', parallele à FC, rencontrant la premiere courbe C*au* au point Z', déterminera V'Z', ou FK', différence de la moitié de l'axe au demi-diametre de l'équateur.

27. Je propofai cette conftruction en 1739, dans une Differtation fur la figure de la Terre. Mais on peut l'abréger beaucoup en pouffant plus loin notre analyfe, & en cherchant le rapport de CL (fig. 1) non à l'angle ECL, mais à l'ordonnée LY perpendiculire à l'axe CE. On fe contente pour lors de décrire dans la figure 2 la feule quadratrice C*qu*; & ayant pris une diftance CK égale à la ligne CL (fig. 1) qui fait avec CE un angle inconnu, par le point K de la figure 2 on mene QK*q*, & l'on imagine dans l'une & l'autre figure un angle FRB égal à l'angle inconnu EC*l* (fig. 1). Enfin ayant tiré comme ci-devant B*r* & C*sr*, l'aire Q*s*CG devra égaler l'aire VRCG à caufe de l'équilibre. Maintenant fi l'on prend V'*u* du côté de F, égale à ½ FR, & qu'on tire V'Z, qui rencontrera K*q* en Z, on s'appercevra aifément que Z*q* eft égale à l'aire du triangle *s*KC divifée par CF. En effet, par la conftruction, F*u* eft égale à l'aire VFCG divifée par CF; & par la nature du triangle, V'*u* moitié de RF, eft égale à l'aire RFC divifée par la même CF. Par conféquent FV' eft égale à VRCG pareillement divifée.

Demi - diametre de l'équateur, & demi-axe.

Principes d'une conftruction plus fimple.

Ainsi puisque KZ est égale à FV, & l'aire Q*s*CG à l'aire
VRCG, on aura KZ égale à l'aire Q*s*CG divisée par CF,
& par conséquent Z*q* égale à l'aire *s*KC divisée par CF.

28. L'on a encore (fig. 1) cette analogie $CF^2 : CK^2 ::$
$RFC : SKC$; & à cause des triangles rectangles semblables LYC, FBR, CK^2 ou $CL^2 : LY^2 :: RF^2 : FB^2$.
De plus $RF^2 : FB^2 :: RF : Fr :: SK : Ks :: SKC : sKC$.
Donc CK^2 ou $CL^2 : LY^2 :: SKC : sKC$. Et rapprochant
cette derniere proportion de la premiere, on aura par égalité ordonnée $CF^2 : LY^2 :: RFC : sKC$. Et parceque ces
triangles RFC, *s*KC divisés par CF sont égaux à $V'u$, &
Z*q* (fig. 2), on aura encore $CF^2 : LY^2 :: V'u : Zq$. C'est-à-
dire que CF est à LY (fig. 1) en raison sous-doublée de $V'u$
à Z*q* (fig. 2).

29. Ceci nous donne une construction bien plus facile.
Etant donnée la courbe VQG, décrivez la seule quadratrice *u*QC; & ayant pris uV' du côté de F égale à $\frac{1}{2}$ FR,
menez V'Z parallele à FC, jusqu'à ce qu'elle rencontre la
ligne Q*q* en Z. Prenez (fig. 1) la partie CI' du côté de F,
telle que CI' soit à CF en raison sous-doublée de Z*q* à $V'u$
(fig. 2); & ayant mené la ligne indéfinie I'L*i*' perpendiculaire à CF, du point C comme centre, & à l'intervalle CK
pris dans la figure 2, vous trouverez sur I'*i*' le point L, qui
sera à la courbe cherchée. Car on aura $LY = CI'$, & on connoîtra le rapport de CL à LY.

30. Il est clair que l'origine de cette courbe est en F. Car
lorsque (fig. 2) le point K tombe sur le point F, la ligne Z*q*
se confond avec la ligne $V'u$, & elle a avec elle un rapport
d'égalité. Par conséquent CL (fig. 1) devient égale à CI',
& les points L & I' tombent sur F. Mais si V'Z (fig. 2) rencontre la quadratrice C*qu* en Z', & qu'on tire Z'K' perpendiculaire à CF, on aura CK' égal à CE moitié de l'axe. Car
lorsque le point K tombe en K', Z*q* devient nulle, ou zéro,
les points Z & *q* tombant sur Z'. Ainsi (fig. 1) CI' ou LY
devient nulle, CL tombe sur CE, l'angle FCL est droit,
& l'angle LCY s'évanouit.

31. Tout point comme K (fig. 2) pris entre F & K', donnera toujours deux points comme L (fig. 1), l'un à droite,

Suite.

Construction.

Demi-dia-
metre de l'é-
quateur & de-
mi-axe.

l'autre à gauche, & à égale diſtance de CF ; puiſque le cercle décrit du centre C avec le rayon CK, doit couper l'i' de part & d'autre du point I', & à même diſtance, à moins que la raiſon ſous-doublée de Zq à $V'u$ ne fût égale, ou plus grande que celle de CK à CF. Car dans le premier cas CI' (fig. 1) deviendroit égale à CK, l'un & l'autre point L tomberoit ſur I', & la courbe arriveroit ſur CF ; & dans le ſecond CI' deviendroit plus grande que CK, & le rayon CK ne pourroit du centre C atteindre à la droite I'i'. Ainſi cette ligne prolongée à l'infini ne rencontreroit nulle part la courbe. D'où il ſuit que de part & d'autre de CF, cette courbe ſera parfaitement ſemblable & égale à elle-même. Si le point K (fig. 2) tombe au-deſſous de K', comme l'aire va toujours en diminuant vers C, Kq ſe confondant avec Ia ſera moindre que K'Z', ou ly ſur laquelle retombera KZ. C'eſt pourquoi Zq changera ſa direction en ya, & deviendra négative. Par conſéquent le quarré de LY (fig. 1), qui, à cauſe que $V'u$ & CF (fig. 2) ſont conſtantes, eſt dans la même raiſon que Zq, deviendra négatif, & la racine LY (fig. 1) imaginaire. D'où il ſuit que la courbe ne deſcendra pas au-deſſous de CE. Mais elle pourra faire au-deſſus de F différentes ſinuoſités, ſelon la nature de la courbe GQV, & de ſa quadratrice Cqu (fig. 2) ; & prolongeant cette quadratrice & la droite yZV' au-deſſus de $V'u$, on aura pour chaque point de CF auſſi prolongée, deux points, l'un à droite, l'autre à gauche de CF, & à égale diſtance, qui ſeront à la courbe requiſe pour l'équilibre ; ou un point unique, la courbe tombant de part & d'autre ſur CF ; ou enfin un point nul ou imaginaire : tout cela ſelon que la raiſon ſous-doublée de Zq à $V'u$ (fig. 2) ſera plus petite, égale, ou plus grande que celle de CK à CF.

32. Dans tous ces cas il eſt évident que la figure ſera applatie au pôle E & au pôle oppoſé, & que cet applatiſſement ſe fera ſentir dans tout arc de la courbe tracée au-deſſous de C ; de plus, que la différence du demi-axe CE au demi-diametre de l'équateur ſera égale à la ligne V'Z' (fig. 2) déterminée par la quadratrice, & dont nous donnerons bientôt une expreſſion générale.

33. Si la gravité primitive est dans une raison directe quelconque des distances, la courbe VQA (fig. 1 & 2) se termine au point C, & ce point est l'origine de la quadratrice *a q u*. La quadratrice a encore son origine en C toutes les fois que la courbe de gravité VQA se termine à quelque point G de la ligne CG. Que si la gravité est dans une raison inverse quelconque des distances, la courbe VQA devient infinie, & CG est son asymptote. Pour lors si, tandis qu'on approche du centre à l'infini, la gravité augmente infiniment moins que dans une raison simple inverse des distances, l'espace compris entre la courbe & son asymptote sera fini, & la quadratrice *a q u* prendra encore son origine en C.

34. Si l'on suppose que la gravité augmente dans cette raison simple inverse des distances, ou même davantage, ces espaces seront infinis, & le point C ne pourra être l'origine de la quadratrice. Dans ce cas il est nécessaire que la quadratrice commence à quelque point I (fig. 2) de la ligne CF, ensorte que les ordonnées comme K*q*, placées au-dessus de ce point, & du côté de *u*, expriment les aires correspondantes, comme QKIA, terminées par l'ordonnée IA; & que les ordonnées placées au-dessous, & du côté opposé, expriment les aires qui leur répondent au-dessous de IA. La quadratrice *u q a* ira de ce côté à l'infini, la courbe XZY tout de même, & aura CG pour asymptote. La construction sera pourtant la même, & on s'y servira de la même quadratrice, qui est unique suivant la derniere solution, & double suivant la premiere. Cette construction se trouvera toujours, si l'on a égard à la transformation des lieux géométriques, dont j'ai expliqué les regles assez au long dans une dissertation que j'ajoutai l'année derniere aux élémens des sections coniques, dans le troisieme tome de mes Elémens.

35. Si la gravité est exactement dans un rapport quelconque direct, ou inverse des distances, ou comme une puissance quelconque *m* de la distance, la courbe VQA sera toujours du genre des paraboles ou des hyperboles ; savoir des premieres, si *m* est un nombre positif, & que la gravité soit en raison directe des distances ; & du genre des hyperboles, si *m* est un nombre négatif, & que la gravité soit en raison

inverfe des diftances : exceptez lorfqu'on aura $m=0$, ou $m=1$, deux cas dont le premier eft celui d'une gravité conftante, & le fecond d'une gravité qui augmente en raifon directe des diftances Nous parlerons bientôt de l'une & de l'autre. Dans le premier VQA devient une ligne droite parallele à FC, & dans le fecond c'eft une droite allant de V en C.

Leurs qua-
dratrices. 36. Dans le cas où l'ordonnée IA eft en raifon de CI^m, l'aire terminée par cette ordonnée eft généralement au rectangle fous CI & IA, comme 1 à $m+1$; ce qui peut fe démontrer par la Géométrie ordinaire, & fait en même tems partie de la Géométrie de l'infini & des courbes qui paroîtront bientôt, comme je l'efpere, dans le quatrieme tome de mes Elémens. Ainfi cette aire fera $\frac{1}{m+1} \times CI \times IA$.

Par conféquent Ia, qui eft proportionnelle à cette aire, fera dans la raifon de $CI \times IA$, ou de CI^{m+1} (1); & dans tous ces cas la quadratrice uqa fera toujours dans le genre des paraboles, ou dans celui des hyperboles ; exceptez le cas où $m=0$, dans lequel la gravité eft conftante ; car alors $m+1$ $=1$, & uqa devient une ligne droite tendante au point F; & celui où $m=-1$, dans lequel la gravité eft en raifon inverfe des diftances, & la courbe VQA devient une hyperbole du premier genre, dont on ne peut avoir la quadrature que par les logarithmes.

Quantité de
l'applatiffe-
ment. 37. De là on peut aifément déterminer en général, pour ce dernier cas, la quantité de l'applatiffement. Car on aura cette proportion $K'C^{m+1} : FC^{m+1} :: K'Z'$ ou $FV' : Fu$. Par conféquent fi entre FV' & Fu on prend un nombre m de moyennes proportionnelles géométriques, dont la derniere foit FX, on aura $K'C : FC :: FX : Fu$. Par la même raifon l'on aura $FV' : Fu :: FX^{m+1} : Fu^{m+1}$. Et fi outre cela la ligne $V'u$ eft une petite quantité par rapport à Fu, les différences des quantités, que nous avons vues plus haut en pro-

---

(1) Parceque IA eft par la fuppofition en raifon de CI^m, & que $CI \times CI^m = CI^{m+1}$.

portion continue, feront à très peu près égales entre elles. Donc $Xu = \frac{1}{m+1} V'u$ (1), & puifque $V'u = \frac{1}{2} FR$, on aura $Xu = \frac{1}{2m+2} FR$. Mais parceque toute l'aire eft égale à $\frac{1}{m+1} \times FC \times FV$, & que par conféquent cette aire divifée par FC, ou ce qui eft la même chofe, Fu eft égale à $\frac{1}{m+1} FV$; Fu fera à uX, ou FC à FK', comme $\frac{1}{m+1} FV$ à $\frac{1}{2m+2} FR$, ou comme FV à $\frac{1}{2} FR$. C'eft-à-dire que le demi-diametre de l'équateur fera à fa différence à la moitié de l'axe, comme fous l'équateur la gravité primitive eft à la moitié de la force centrifuge.

38. Or ce théorème eft général dès qu'il n'eft queftion que d'un petit applatiffement dans une hypothefe quelconque de gravité dirigée à un centre donné ; & l'on aura encore cet autre théorème : la diminution de la diftance, depuis l'équateur jufqu'au pôle, eft à très peu près dans la même raifon, que le quarré du finus droit de la latitude du lieu, ou que le finus verfe d'une latitude double. L'un & l'autre fe démontre aifément par la figure 2. Car en premier lieu, puifque l'aire VRCG doit égaler l'aire QsCG, fi on en retranche ce qu'elles ont de commun, favoir QSCG; & qu'on leur ajoute RSsr; on aura $VrsQ = RrC$. Mais fi FR eft très petite par rapport à FV, l'aire VrsQ fera à peu près égale à l'aire VFKQ, & elle lui fera exactement égale lorfque le point K tombant fur K', le point r tombe fur F. Or on peut regarder l'aire VFCQ comme un rectangle fous KF & FV, & les triangles RCF, RCr font égaux, le premier à $\frac{1}{2} RF \times FC$, le fecond à $\frac{1}{2} Rr \times FC$. C'eft pourquoi le point K tombant

Rapport de la diminution de la diftance.

---

(1) Puifque les moyennes proportionnelles font entre FV' & Fu, le total des différences fera $V'u$; & le nombre des moyennes proportionnelles étant m, le nombre des différences fera $m+1$; enfin puifque FX eft la derniere moyenne proportionnelle, Xu fera une de ces différences qu'on fuppofe égales. Or dans le cas de différences égales, une différence quelconque eft égale au total des différences divifé par leur nombre. Donc $Xu = \frac{V'u}{m+1}$.

Bbb ij

en K′: on aura $\frac{1}{2}$ RF × FC = FK′ × FV; ce qui donne cette analogie: FC : FK′ :: FV : $\frac{1}{2}$ FR. En second lieu on aura en général FK × FV = $\frac{1}{2}$ R r × FC. Par conséquent FK, qui est la diminution de la distance, est dans la raison de R r sinus verse de l'arc RB, dont la moitié est la mesure de l'angle RFB, ou de l'angle FCL (fig. 1), qui marque à peu près la distance du lieu à l'équateur, ou la latitude du lieu. Et il est démontré d'ailleurs par la trigonométrie que le sinus verse d'un arc quelconque est dans la même raison que le quarré de la corde dont la moitié est le sinus droit de la moitié de cet arc.

Deux loix de gravité.

39. Toutes ces vérités se déduisent ici de principes généraux, & d'une maniere très générale. Mais dans ma Dissertation sur la figure de la Terre, dont j'ai parlé plus haut (n. 27), j'avois déja donné deux constructions conformes à la construction générale proposée dans cet ouvrage, depuis le n. 19, lesquelles devoient servir pour deux cas de gravité, l'une constante, & c'est celle qu'avoit en vue *Galilée*, & après lui M. *Huygens*, dans la recherche de la figure de la Terre ; l'autre augmentant dans la raison simple des distances, & c'est celle qui est supposée par M. *Herman*. J'avois déduit pour l'un & l'autre cas des équations à la courbe. La premiere équation est conforme à celle de M. *Huygens* ; & la seconde est à une ellipse du premier genre, qui avoit déja été trouvée par M. *Herman* pour ce cas particulier. Nous allons d'abord les réduire à une plus grande simplicité, pour faire voir qu'elles sont contenues dans la proposition générale, & nous en déduirons ensuite quelques autres propositions qui, par leur simplicité & leur beauté, nous ont paru mériter la préférence. Rien de plus beau dans la Géométrie que l'enchaînement de plusieurs vérités exposées dans cet ordre naturel que la Géométrie elle-même nous indique.

Construction pour une gravité constante. Pl. IV. fig. 2.

40. Si la gravité est constante, telle que l'a supposé *Galilée* dans tout le cours de sa méchanique, & M. *Huygens* dans ses recherches sur cette matiere; la premiere construction générale, que j'ai proposée depuis le n. 19, devient beaucoup plus simple. On a alors (fig. 2) F u = FV, C au devient une ligne droite, C Y X une parabole du premier genre,

dont le diametre est CG, Cu la tangente, & le parametre de ce diametre sera une troisieme proportionnelle à uX & Cu. Car alors VQAG est une ligne droite parallele à FC, le rectangle VFCG divisé par FC est égal à FV, & les aires correspondantes aux abcisses CK, CI sont dans la même raison que ces abcisses. Par conséquent Kq, Ia ont entre elles le rapport de CK à CI; telle est la propriété de la ligne droite : & qZ, aY qui sont comme les quarrés de CK, CI, sont à uX, comme les quarrés de Cq, Ca; telle est la propriété de cette parabole. Surtout il sera fort aisé de trouver la différence du demi-axe au demi-diametre de l'équateur, savoir V'Z'. Car on aura CF : V'Z' :: Fu : uV'. Et substituant à ces deux derniers termes les quantités FV & $\frac{1}{2}$ FR, qui leur sont égales, CF : V'Z' :: FV : $\frac{1}{2}$ FR. C'est-à-dire que CF est à V'Z', comme sous l'équateur la gravité est à la moitié de la force centrifuge. On pourra ensuite déterminer les autres points de la courbe, avec la regle & le compas; ce qui peut toujours se faire, dès qu'il n'est question que de trouver le point de concours d'une ligne droite avec une section conique.

41. On peut même dans cette hypothese de gravité, qui est si simple, se dispenser d'employer la parabole, & trouver une construction beaucoup plus facile en cette maniere. Ayant pris (fig. 3) FV, FR comme auparavant, décrit le demi-cercle FBR, mené RB parallele à Cl, & abaissé la perpendiculaire Br, achevez le rectangle VFCG; tirez Gr qui rencontrera en X la ligne RX parallele à FC; par les points C & r, menez une ligne qui rencontre la ligne GV prolongée au point T, & par le point X la ligne XY' parallele à FV, qui rencontrera la même ligne GV en Y'. Enfin ayant pris TQ, moyenne proportionnelle géométrique entre TV & TY', faites CL égale à GQ, le point L sera à la courbe cherchée.

42. Car on aura Rr : rV :: RX ou VY' : VG ou FC. Donc les triangles RCr, VY'r ont leurs bases Rr, rV réciproques à leurs hauteurs FC, VY'. Donc ils sont égaux. Or les triangles TY'r, TVr ayant leur sommet en r, sont en raison de leurs bases TY', TV, ou en raison doublée de TQ à TV; car TY', TQ, TV sont en proportion continue; ou encore

Autre construction plus facile.
Pl. IV. fig. 3.

Démonstration.

(la ligne KQ parallele à VF rencontrant CR, C*r* en S, & *s*) en raison de TQ*s* à TV*r*, à cause de la ressemblance de ces triangles. Ainsi les triangles TY′*r*, TQ*s* ayant même rapport au triangle TV*r*, ils sont égaux. Si donc on en retranche TV*r* qui leur est commun, il restera le trapeze V*rs*Q égal au triangle V*r*Y′, & par conséquent au triangle RC*r*. D'où ôtant encore ce qu'ils ont de commun, savoir le trapeze RS*sr*, & leur ajoutant l'espace QSCG ; l'aire VRCG qui exprime le poids de CF, égalera l'aire Q*s*CG qui exprime celui de CL ; & l'on aura l'équilibre cherché.

Applatissement de la figure.

43. Lorsque CL tombe sur CE, les points B & *r* se confondent avec le point F, & le point T remonte à l'infini. En ce cas le rapport de VQ à QY′, qui est le même que celui de TV à TQ, devient un rapport d'égalité. Mais comme on a toujours VG : VY′ ou RX :: V*r* : *r*R, le point *r* tombant pour lors sur F, ce rapport devient celui de VF à RF, ou celui de la gravité à la force centrifuge. Ainsi GV sera à VQ, ou CF à FK, moitié de RX ; c'est-à-dire le demi-diametre de l'équateur sera à sa différence au demi-axe, comme la gravité VF à la moitié de la force centrifuge RF, comme auparavant, n. 27.

Diminution de la distance, & augmentation de la gravité.

44. Cette force centrifuge, ainsi que nous le verrons bientôt, est très peu de chose en comparaison de la gravité. D'où il suit que FR sera toujours très petite par rapport à FV. Par conséquent le point T sera très éloigné ; & VQ sera à très peu près la moitié de VY′, ou RX. Mais RX, qui aura avec R*r* le rapport de VG à V*r*, le même à peu près que celui de VG à VR, sera presque dans la raison de R*r* sinus verse de l'arc RB, (la moitié de cet arc mesure l'angle RFB égal à l'angle FCL, qui marque à peu près la latitude du lieu), & qui est en raison du quarré de RB : & prenant RF pour le rayon, RB est le sinus de l'angle RFB, ou à peu près de la latitude. De plus, comme dans la même hypothese on peut, à cause de la petitesse de RF, regarder RS, VG comme paralleles ; Q*s* sera à peu près égale à V*r*, & la ligne R*r* sera l'excès de la gravité absolue Q*s* pour le lieu L, sur la gravité absolue pour l'équateur en F. De là on a encore pour cette hypothese de gravité le théorème suivant : *les différences des distances au centre, & de la gravité que nous*

éprouvons, font à peu près comme les finus verfes d'une lati-tude double, ou en raifon doublée du finus de la latitude.

45. Si la gravité eft en raifon directe de la diftance au centre, la ligne VQG (fig. 1) deviendra une ligne droite allant de V en C. Car GC deviendra nulle, & IA fera en raifon de CI. Dans ce cas, & la quadratrice *Cau* (fig. 2), & CYX font des paraboles d'*Apollonius*, dont l'axe commun eft CG prolongée, & CF la tangente. Car I*a* fera en raifon doublée de CI, auffi bien que *a*Y, & par conféquent IY. Donc le point Z peut fe déterminer avec la regle & le compas. Mais on peut même en ce cas fe difpenfer d'avoir recours à une fection conique, & employer une conftruction bien plus fimple, comme on va le voir.

Cas d'une gravité en raifon directe de la diftance. Pl. IV. fig. 1. 2.

46. Soient (fig. 4) les mêmes chofes que ci-deffus, excepté que du point V on mene la droite VC, & du point R fa parallele RP, qui rencontre C*r* en P, enfuite PO parallele à RF, & ayant pris CK, moyenne proportionnelle géométrique entre CO & CF, faites CL = CK. Le point L fera à la courbe requife pour l'équilibre. Car on aura V*r*C : VRC :: V*r* : VR :: C*r* : CP :: CF : CO, en raifon doublée de CF à CK, ou de C*r* à C*s*, ou en raifon du triangle V*r*C au triangle Q*s*C. Donc VRC, qui exprime le poids CF, fera égal à Q*s*C, expreffion du poids CL.

Conftruction & démonftration. Pl. IV. fig. 4.

47. Mais parcequ'on a auffi (même figure) CF : FO :: C*r* : *r*P :: V*r* : *r*R, & que lorfque CL tombe fur CE, & les points *r* & B en F, ce rapport devient celui de VF à RF, c'eft-à-dire de la gravité à la force centrifuge fous l'équateur; & parcequ'enfin, à caufe que RF eft très petite par rapport à FV, les lignes FK, KO font à peu près égales; on a ici d'une maniere approchée ce qui fe vérifie exactement dans la courbe de M. *Huygens*, favoir que fous l'équateur la gravité eft à la moité de la force centrifuge, comme le demi-diametre de l'équateur eft à fa différence à la moitié de l'axe. Par conféquent l'applatiffement eft de part & d'autre fenfiblement le même.

Même applatiffement.

48. De plus, comme on a V*r* : R*r* :: C*r* : *r*P :: CF : FO, on aura en raifon alterne cette proportion V*r* : CF :: R*r* : FO, dont le premier terme V*r* eft prefque conftant, & le fecond

Mêmes variations dans la diftance & la gravité.

CF conſtant. D'où il ſuit que FO, & FK qui eſt à peu près ſa moitié, ſont l'un & l'autre dans la raiſon de R *r;* & ſi RP rencontre QS en *i,* la différence *i s* des gravités VR & Q*s* ſera à peu près la moitié de R*r.* Ainſi il eſt encore vrai dans le cas préſent que les diminutions des diſtances au centre, & les augmentations de la gravité depuis l'équateur juſqu'au pôle, ſont à peu près dans la même raiſon que le ſinus verſe d'une latitude double, ou en raiſon doublée du ſinus de la latitude.

Gravités ab-
ſolues & gra-
vités primiti-
ves.

49. Enfin puiſque les triangles VCR, QC*s* ſont égaux, leurs baſes VR, Q*s* doivent être réciproques à leurs hauteurs CF, CK. Ainſi comme ces baſes expriment les gravités abſolues, & ces hauteurs les diſtances CF, CL, dans leſquelles on a ces gravités mêmes; les gravités abſolues à la ſuperficie de ce ſolide, ſeront exactement en raiſon inverſe des diſtances au centre : ce qui peut paroître ſurprenant, puiſque les gravités primitives ſont là même en raiſon directe de ces diſtances.

Méthodes
dont on va ſe
ſervir.

50. Dans ce ſecond cas, la courbe eſt une ellipſe du premier genre, & dans le premier c'eſt la courbe déterminée par M. *Huygens.* Celui-ci ne peut ſe démontrer ſans calcul, puiſque *Huygens* exprime la nature de cette courbe par une équation algébrique. A l'égard de l'ellipſe du premier genre, on peut ſe contenter de la ſyntheſe, & de la pure Géométrie, en ſe ſervant même de mon ancienne conſtruction, que j'ai placée ici la premiere. Mais alors le circuit devient plus embarraſſant & plus long. C'eſt pourquoi nous commencerons ici par propoſer des formules analytiques pour ces deux cas. Nous tirerons enſuite de la ſeconde conſtruction, qui eſt la plus ſimple, des conſtructions pour chaque formule. Celle de la premiere formule ſera également très ſimple; mais celle de la ſeconde donnera bien plus de facilité à démontrer par la ſimple Géométrie que la courbe en queſtion eſt exactement une ellipſe du premier genre.

Equation
pour la gravi-
té conſtante;
Pl. IV. fig. 3.

51. Soit pour le premier cas (fig. 3) $CF = a$, LY perpendiculaire à l'axe CE, $CY = x$, $LY = y$, la gravité conſtante $FV = m$, la force centrifuge en F, à ſavoir $FR = n$. On aura
$$CL^2 (x^2 + y^2) : LY^2 (y^2) :: FR^2 : FB^2 :: FR (n) :$$
F r

$Fr\left(\frac{ny^2}{xx+yy}\right)$. De plus, $FC^2\ (a^2) : CK^2$ ou $CL^2\ (x^2+y^2) ::$ $CFr\left(\frac{1}{2}\times\frac{nay^2}{xx+yy}\right) : CKs\left(\frac{ny^2}{2a}\right)$. Et puisqu'on a $CKQG = CK\times FV = m(xx+yy)^{\frac{1}{2}}$, on aura $QsCG = m(xx+yy)^{\frac{1}{2}} - \frac{ny^2}{2a}$. Or $GVFC = ma$, $RFC = \frac{1}{2}na$; & par conséquent $GVRC = ma - \frac{1}{2}na$. Donc puisque les aires $VRCG, QsCG$ sont égales, on aura $m(xx+yy)^{\frac{1}{2}} - \frac{ny^2}{2a} = ma - \frac{1}{2}na$, qui se réduit, en supposant $\frac{ma}{n} = f$, à l'équation trouvée par M. *Huygens*, savoir : $y^4 + (4af - 4ff - 2aa)yy - 4ffxx + 4aaff - 4a^3f + a^4 = 0$.

Pour la gravité proportionnelle aux distances. F. 4.

52. Pour le second cas, soient (fig. 4) les mêmes choses que ci-dessus. Soit m, non une gravité constante, mais celle qui répond à la distance CF, on aura comme auparavant $CKs = \frac{ny^2}{2a}$. De plus, $CFV = \frac{1}{2}ma$, & $CF^2\ (a^2) : CK^2\ (x^2+y^2) :: CFV\ (\frac{1}{2}ma) : CKQ\left(\frac{mx^2+my^2}{2a}\right)$. Ainsi $CsQ = \frac{mx^2+my^2}{2a} - \frac{ny^2}{2a}$; & supposant sous l'équateur l'excès de la gravité sur la force centrifuge, savoir $m - n = p$, on aura $CsQ = \frac{mx^2+py^2}{2a}$. Or on a $VR = m - n = p$, & $FC = a$, & par conséquent $VCR = \frac{1}{2}ap$. Donc on aura aussi cette équation, qui est très simple, $\frac{mx^2+py^2}{2a} = \frac{1}{2}ap$, ou bien $\frac{m}{p}x^2 + y^2 = a^2$, équation à l'ellipse, dont le demi-axe est $CF = a$, & son conjugué est avec lui en raison sous-doublée de p à m. Car faisant $y = 0$, x représente le demi-axe conjugué, & l'on a $\frac{mx^2}{p} = a^2$, & par conséquent $p : m :: x^2 : a^2$.

Pour toute autre gravité. Pl. IV. fig. 1.

53. Dans toute autre hypothese de gravité, il est également facile de trouver l'équation à la courbe dans la figure premiere, pourvu toutefois qu'on ait la quadrature de

la courbe VQG qui exprime cette hypothefe. Car ôtant de l'aire QKCG, que l'on trouvera par cette quadrature, le triangle K *s* C, dont la valeur eſt la même que celle que nous lui avons trouvée plus haut, il reſtera Q *s* CG; & ôtant pareillement de l'aire VFCG le triangle RFC, on aura VRCG, qui étant ſuppoſé égal à Q *s* CG donnera une équation à la courbe. Or dès que la gravité eſt en raiſon des diſtances, multipliée par un nombre rationnel quelconque poſitif ou négatif, on a toujours une quadrature algébrique de la courbe qui exprime cette loi de gravité; excepté ſeulement le cas d'une gravité diminuant en raiſon inverſe ſimple, auquel cas cette courbe, qui eſt ordinairement une parabole ou hyperbole d'un genre plus élevé, comme nous l'avons vu ci-deſſus, devient une hyperbole du prẹmier genre, dont on ne peut avoir la quadrature que par les logarithmes. Ainſi dans tous ces cas, la courbe de l'équilibre ſera une courbe algébrique, à l'exception du dernier, où elle ne ſe détermine que par les logarithmes.

Conſtruction plus facile pour une gravité conſtante.
Pl. IV, fig. 5.

54. Tout ceci ſe déduit de ma premiere conſtruction propoſée (n. 19 & ſuiv.). Nous allons maintenant tirer de la ſeconde, qui eſt beaucoup plus ſimple, & dont j'ai commencé à parler (n. 17), une conſtruction incomparablement plus aiſée. Soit (fig. 5) la gravité conſtante exprimée par des lignes, comme KQ perpendiculaires à FC, & terminées par une autre ligne VG parallele à la premiere FC. Ayant pris VV′ du côté de F, telle qu'il y ait même rapport de FV à VV′ que de cette gravité conſtante à la moitié de la force centrifuge ſous l'équateur en F; menez V′Z parallele à FC, & qui rencontrera QK en Z; puis VC qui rencontrera VZ prolongée, & KQ en Z′ & *q*. Faites Z′*i* moyenne proportionnelle géométrique entre Z′Z, & Z′V′ du côté de V′. Menez la droite V*i* juſqu'à ce qu'elle rencontre la ligne FC au point I′, par lequel vous tirerez I′*i*′ parallele à CE. Du point C comme centre, & à la diſtance de CK, vous trouverez ſur cette ligne I′*i*′, de part & d'autre du point I′, un point L, qui ſera à la courbe cherchée.

55. Car FV & VV′ ſont les mêmes que F*u*, *u*V′ de la figure 2; & la droite CV eſt la quadratrice de VG, puiſque

l'aire VFCG divifée par CF donne au quotient FV, & que QKCG eft à VFCG, comme KC eft à FC, ou comme qK eft à VF; d'où il fuit que qK eft aufli égale à l'aire QKCG divifée par CF. Les points ZZ' feront donc les mêmes que dans la figure 2, & il faudra prendre CI' de telle grandeur qu'elle foit à CF en raifon fous-doublée de qZ à VV', ou de ZZ' à Z'V', comme dans la figure 1 on l'a pris en raifon fous-doublée de qZ à uV' de la figure 2, fuivant ce qui a été dit (n. 29). Or c'eft ce qu'on a fait en prenant Z'i moyenne proportionnelle entre ZZ' & Z'V', & en tirant la ligne ViI'. Car Z'i eft à Z'V' dans cette raifon fous-doublée de Z'Z à Z'V', & CI' eft à CF, comme Z'i eft à Z'V'.

56. Quant au fecond cas, qui eft celui d'une force augmentant en raifon fimple des diftances, la conftruction n'eft point tout à fait fi fimple; mais elle n'eft pourtant guere plus embarraffée. Soit prife (fig. 6) la ligne FV de telle grandeur qu'on voudra, divifée en deux parties égales au point u; & du côté de F la ligne uV' qui foit à uF en raifon de la force centrifuge à la gravité pour le point F. Ayant mené une ligne quelconque KQ parallele à FV, qui rencontrera CV, Cu en Q, Q'; prenez fa partie Kq troifieme proportionnelle à Fu & KQ', & du côté de Q. Prenez encore CI' du côté de F, telle que CI' foit à CF en raifon fous-doublée de qZ à uV'. Tirez I'i' perpendiculaire à CF. Du point C comme centre, & à la diftance de CK, vous trouverez fur I'i' le point L, qui fera à la courbe cherchée.

57. Car puifque FV exprime la gravité en F, KQ l'exprimera pour le point K, KQ ayant à FV le même rapport que CK à CF, qui exprime le rapport fimple des diftances. D'où il fuit que VC fera le lieu de la gravité. Mais puifque Fu eft la moitié de FV, elle fera égale à l'aire VFC divifée par CF. De plus, on a Fu : Kq :: Fu^2 : Q'K^2 :: FV^2 : QK^2 :: VCF : QCK. Donc Kq eft égale à QCK divifé par CF. Donc le point q eft à la quadratrice. Et c'eft pourquoi il a fallu faire que CI' fût à CF en raifon fous-doublée de Zq à V'u.

58. Or la quadratrice $u$$q$C fera une parabole du premier genre, dont l'axe fera EC prolongée, CF la tangente, puifque chaque ordonnée comme Kq doit être en même raifon que

l'aire QKC, ou le quarré de CK. D'autre part, ſi du point V'
on mene V'Z' parallele à FC, on pourra trouver ſur cette
ligne le point Z' où elle rencontre la quadratrice, ſans qu'il
ſoit beſoin de décrire cette courbe. Car on aura en cet endroit K'Z' = FV'; & K'C² ſera à CF², comme K'Z' à Fu.
Donc ſi l'on coupe Ft moyenne proportionnelle géométrique
entre FV' & Fu; & qu'on faſſe CK' à CF, comme Ft à Fu;
on aura le point K' qu'on cherchoit. Car K'C² ſera à CF²,
comme FV' à Fu.

Théorème pour cette gravité. Pl. IV. fig. 6, 5.

59. Mais parceque dans le cas où V'u ſera très petite, les
lignes V't, tu ſont à peu près égales; on pourra encore avoir
ici le théorème ſuivant: *le demi-diametre de l'équateur eſt à
peu près à ſa différence au demi-axe, comme la gravité ſous
l'équateur eſt à la moitié de la force centrifuge ſous l'équateur
même*; ce qui ſera exactement vrai dans l'hypotheſe de Ga-
liléo d'une gravité conſtante. Car puiſqu'on a ici CK' : CF ::
Ft : Fu, on aura en diviſant FK' : CF :: ut : Fu. Or uV' eſt
à Fu en raiſon de cette force centrifuge à cette gravité, &
ut eſt à peu près la moitié de V'u. Mais dans la figure 5,
V'Z' eſt à FC, comme VV' à FV; c'eſt-à-dire ſuivant la
conſtruction de cette figure, comme la moitié de la force
centrifuge à la gravité. Ainſi ce qui a été dit en général
(n. 33 & ſuivans) ſe vérifie dans tous ces cas particuliers.

Que la cour-be dans le ſe-cond cas eſt une ellipſe. Fig. 6.

60. Or dans cette hypotheſe d'une gravité en raiſon directe
des diſtances, l'on prouve aiſément, ſans le ſecours du calcul,
que la courbe FLE eſt une ellipſe d'*Apollonius*, ou du premier genre. Soit Ce = CE, de l'autre côté du point C. Abaiſſez
LY perpendiculaire à CE. Puiſque FK' eſt la différence de
CE & CF, on aura CK' = CE. Or les lignes K'Z' ou KZ,
ou FV', Kq, & Fu ſont en même raiſon que les quarrés de
CK', CK ou CL, & CF. Donc la différence des quarrés de
CF, CE, eſt à la différence des quarrés de CE & CL,
comme V'u eſt à Zq, ou par la conſtruction comme FC² eſt
à I'C². Et en raiſon alterne CF² — CE² : FC² :: CL² —
CE² : I'C²; ou en renverſant FC² : CF² — CE² :: I'C² :
CL² — CE²; & par converſion de raiſon FC² : CE² :: I'C² :
I'C² — CL² + CE². Or I'C² — CL² = — I'L². Donc le
quarré de FC eſt au quarré de CE, comme le quarré de CI'

ou de YL est à la différence des quarrés de CE & CY, ou au rectangle sous eY, YE; ce qui est une propriété de l'ellipse du premier genre, dont le demi-axe est CF, & CE son conjugué.

61. De cette construction générale, on pourroit encore, par la simple Géométrie, démontrer cet autre point, savoir qu'à la superficie de cette figure la gravité composée de la force centrifuge & de la gravité primitive, ou la gravité absolue, a une direction perpendiculaire. Bien plus, on pourroit avec la seule Géométrie parvenir de cette hypothese de direction à la construction de la courbe. Mais le chemin seroit long, & on peut se dispenser de s'y engager, suivant ce que nous avons dit (n. 8). Cependant comme il est très facile de démontrer la même chose par les premiers élémens du calcul infinitésimal, & par la méthode dont je m'étois servi dans la Dissertation dont j'ai parlé plus haut, & que cette nouvelle démonstration conduit également à la seconde construction du n. 29, nous l'ajouterons ici.

62. La ligne LN (fig. 7.) exprime la gravité primitive dirigée au centre C, LO la force centrifuge. Ayant achevé le parallélograme MOLN, les graves seront dirigés par LM au point P du demi-diametre CF, non au centre C; & LP sera la perpendiculaire à la courbe FLE. Il faut donc se servir ici de la formule des sous-normales. Tirez LI′ perpendiculaire à CF; PI′ sera la sous-normale, qui, suivant les formules élémentaires du calcul infinitésimal, doit être $\frac{-x\,dx}{dy}$, supposant comme ci-dessus CY = I′L = x, LY = CI′ = y.

63. Faisons comme ci-devant CF = a, la force centrifuge en F = n. Soit encore CL, ou $\sqrt{xx+yy} = \zeta$; la gravité LN, à la distance de CL, = u, qu'on connoîtra par la distance ζ. On aura par le n. 17 CF (a) : LY (y) :: n : LO ou MN $\left(\frac{ny}{a}\right)$. De plus, LN ($u$) : MN $\left(\frac{ny}{a}\right)$ :: LC (ζ) : CP $\left(\frac{ny\zeta}{au}\right)$. Donc PI′ = $y - \frac{ny\zeta}{au} = \frac{-x\,dx}{dy}$, ou $y\,dy - \frac{n\zeta y\,dy}{au}$ = $-x\,dx$, ou $y\,dy + x\,dx = \frac{n\zeta y\,dy}{au}$. Mais parceque $\zeta\zeta$ =

Plusieurs points qu'on peut démontrer par la Géométrie.

Usage du calcul. Pl. IV. fig. 7.

Suite.

$xx + yy$, on a $\zeta d\zeta = x dx + y dy$. On aura donc $\zeta d\zeta = \frac{n\zeta y dy}{au}$, & $au d\zeta = ny dy$, dont l'intégrale eſt $aS. u d\zeta = \frac{1}{2} nyy + B$. B eſt une quantité conſtante qu'on ajoute à l'intégrale, & qui doit être déterminée ſuivant la nature du problême.

Même ſujet.
Pl. IV. fig. 1. 2.

64. Car dans la figure 2 la diſtance $\zeta = CK$, & la gravité correſpondante $u = KQ$. Ainſi l'aire $GCKQ = S. u d\zeta$, comme Kq eſt égale à cette aire diviſée par $CF = a$. Soit $Kq = r$, on aura $GCKQ = ar$, & l'équation précédente ſe changera en celle-ci $aar = \frac{1}{2} nyy + B$. Soit encore $Fu = c$. Lorſque le point L (fig. 1) tombe en F, CL & LY ſe confondent avec CF, & l'on a $\zeta = y = a$; le point K (fig. 2) retombe ſur F, & Kq ſur Fu. Donc $r = c$, & l'équation ſera, pour ce point, $aac = \frac{1}{2} naa + B$, & $B = aac - \frac{1}{2} aan$. Donc l'équation à la courbe eſt $aar = \frac{1}{2} nyy + aac - \frac{1}{2} aan$, ou bien $yy = aa \times \dfrac{r - c + \frac{1}{2} n}{\frac{1}{2} n}$

Conſtruction:

65. De là on tire une conſtruction très ſimple de la courbe cherchée. Soit tracée (fig. 2) la ſeule quadratrice Cqu ; & ſans qu'il ſoit beſoin des lignes CR, Cr, ni du demi-cercle RBF ; coupez, du côté de F, $uV' = \frac{1}{2} RF$. Enſuite ayant mené d'un point quelconque K l'ordonnée Kq à la quadratrice, menez $V'y$ parallele à FC, juſqu'à ce qu'elle rencontre la quadratrice en quelque point Z'. Prenez CI' (fig. 1) de telle grandeur qu'elle ſoit avec CF en raiſon ſous-doublée de Zq à $V'u$ (fig. 2) ; & ayant mené par le point I' la ligne indéfinie I'i, du point C comme centre, & à l'intervalle de CK pris dans la figure 2, vous trouverez ſur I'i (fig. 1) le point L, qui ſera à la courbe cherchée. Car on aura (fig. 2) $KZ = FV' = c - \frac{1}{2} n$. Donc $qZ = qK - KZ = r - c + \frac{1}{2} n$, & $V'u \ (\frac{1}{2} n) : Zq \ (r - c + \frac{1}{2} n) :: CF^2 \ (aa) : I'C^2 = yy = aa \times \dfrac{r - c + \frac{1}{2} n}{\frac{1}{2} n}$. Et comme on a pris CI' de cette grandeur dans la premiere figure, on a la conſtruction qu'on demandoit.

66. Cette conſtruction eſt abſolument la même que celle

que nous avons déduite par la Géométrie fimple (n. 29) de l'équilibre des canaux, dont nous avons donné la conftruction (n. 23). La feconde conftruction s'accorde parfaitement avec la premiere. M. *Huygens* en a tiré fon équation, M. *Herman* fon ellipfe ; & nous les pourrions tirer ici avec la même facilité. Il nous refte à voir quelle fera dans ces hypothefes de gravité l'élévation fous l'équateur. C'eft ce qu'on pourra connoître par ce qui a été dit (n. 37), fi l'on fait le rapport de la force centrifuge à la gravité fous l'équateur, & la grandeur du moins approchée du demi-diametre de ce cercle. Car quoiqu'on ne la connoiffe pas axactement, l'axe n'ayant avec le diametre qu'une petite différence , l'erreur qui en réfultera fera elle-même très petite.

67. Le rapport de la force centrifuge à la gravité fous l'équateur peut fe déterminer avec plus de précifion, depuis que fous l'équateur même on a obfervé immédiatement l'effet de la gravité par les ofcillations du pendule. MM. *Huygens* & *Newton* ont eu befoin de plufieurs réductions pour trouver ce rapport, n'ayant employé que les obfervations du pendule faites en Europe. Cependant comme la réduction même ne donne que de petites différences, ils n'ont commis aucune erreur fenfible. Or il nous faut examiner en premier lieu quel efpace parcourroit fous l'équateur, en un tems donné , un grave dont la chute ne feroit pas même retardée par la réfiftance de l'air. Nous verrons enfuite quel effet produit fous l'équateur la force centrifuge. L'un fe détermine par la longueur du pendule à feconde, réglé fur le tems moyen ; l'autre par la connoiffance que nous pouvons avoir de la grandeur de la Terre, & de la viteffe de fon mouvement diurne.

68. A l'égard du premier article, M. *Bouguer* l'a déterminé fur les obfervations qu'il a faites fous l'équateur , lefquelles s'accordent à très peu de chofes près avec les obfervations de M. *de la Condamine* & celles de M. *Godin* (1). Après avoir fait les corrections néceffaires pour la chaleur, & pour la gravité de l'air , M. *Bouguer* a trouvé que la longueur du pendule à fecondes, fous l'équateur, au niveau de la mer,

---

(1) Elles n'en different pas de deux centiemes de ligne.

& dans un efpace vuide d'air, étoit exactement de 3 pieds, 7 lignes, & $\frac{21}{100}$ de lignes; ce qui donne le nombre de 439.21 en réduifant tout en lignes. Or il eft démontré dans les premiers élémens de la méchanique, que le quarré du diametre eft au quarré de la moitié de la circonférence, ou que 226×226 eft à 355×355, comme le double de la longueur du pendule eft à l'efpace qui feroit parcouru par une chute libre dans le tems d'une ofcillation. On trouve par le calcul que cet efpace eft de 2167.41 de lignes, ou de 15 pieds, & 7.41 de lignes.

Force centrifuge fous l'équateur.

69. L'efpace qui exprime l'effet de la force centrifuge, eft à peu de chofes près le finus verfe de l'arc décrit dans une feconde de tems, ou d'un arc de 15″. Il eft certes bien fâcheux qu'on n'ait pas mefuré la grandeur d'un dégré de l'équateur, grandeur dont nous n'aurons peut-être jamais, ni par les obfervations, ni par la théorie aucune connoiffance affez certaine, à caufe du tiffu irrégulier des parties de la Terre. Mais comme l'erreur qu'on a pu commettre en la déterminant par la théorie, ne peut caufer dans un finus verfe fort petit qu'une erreur de peu de conféquence, je fuppoferai le dégré de l'équateur de la longueur que lui a trouvée M. *Bouguer* par fa théorie, favoir de 57264 toifes.

Même fujet.

70. Dans cette fuppofition, un arc de 15″ eft de 206150 lignes, & l'on a d'abord l'analogie fuivante: comme le diametre 2000000000 eft au finus de 15″, à favoir 72722, ainfi cet arc de 15″, qui eft de 206150 lignes, eft au finus verfe, qu'on trouvera de 7.49 lignes. Tel feroit, dis-je, le finus verfe, fi la Terre tournoit fur fon axe en 24 heures folaires. Mais comme fon mouvement diurne s'acheve près de 4 minutes plutôt, différence qui fe trouve entre la révolution apparente du foleil & celle des étoiles, qui eft plus courte; l'arc décrit fur l'équateur par le mouvement diurne, fera plus grand prefqu'en raifon inverfe de 24 heures, ou de 1440 minutes à 1436, ou de 360 à 359. Or les finus verfes font en raifon doublée des fous-tendantes, ou des cordes, pour lefquelles on peut prendre les arcs mêmes, lorfqu'ils font fort petits. Il faudra donc corriger l'erreur précédente par cette analogie; comme le quarré de 359 eft à celui de 360, ou ce qui revient

à

à peu près au même, comme 358 est à 360, ainsi 7.49 est à
un quatrieme terme, qu'on trouvera de 7.53 lignes pour le
sinus verse cherché.

71. La force centrifuge sera donc sous l'équateur à la gravité absolue, comme 7.53 à 2167.41, ou à peu près comme
1 à 288 ; & elle aura à la gravité primitive le rapport de 1
à 289 ; ce qui s'accorde avec le sentiment d'*Huygens* & de
Newton. Si le dégré de l'équateur étoit plus long ou plus
court ; le sinus verse d'un arc semblable , & par conséquent
la force centrifuge, seroit plus grande ou plus petite en raison
doublée de la longueur du dégré. D'où il suit qu'il faudroit
augmenter ou diminuer le dernier terme de la proportion,
suivant cette raison doublée.

72. De là il est évident que dans toute hypothese de gravité dirigée à un centre unique, si la force centrifuge est très
petite , le demi-diametre de l'équateur est au demi-axe,
comme 289 est à 288, ou qu'ils ne different que de $\frac{1}{577}$ de
leur tout. Or en supposant au dégré de l'équateur la même
grandeur que ci-dessus , on trouvera que son demi-diametre est
à peu près de 4300 milles d'Italie. D'où il suit qu'il ne surpassera
le demi-axe que d'environ 7 milles ; différence peu sensible.

73. Dans toutes ces hypotheses de gravité , si la Terre est
immobile, sa figure doit être sphérique ; si elle tourne sur
son axe, c'est un sphéroïde applati ; & si la force centrifuge
est fort petite, comparée à la gravité sous l'équateur, l'applatissement sera tel que nous l'avons déja déterminé , savoir
que le demi-diametre de l'équateur sera à sa différence au
demi-axe, comme sous l'équateur la gravité est à la moitié
de la force centrifuge ; & la diminution des distances depuis
l'équateur jusqu'au pôle, sera comme le quarré du sinus de
la latitude. Or pour que la force centrifuge soit censée fort
petite, il faut que FK′, qui en dépend pour sa longueur,
soit si petite, que l'aire VFKQ (fig. 2) puisse dans tous les
points, & lors même que K tombe en K′, être prise pour un
rectangle ; c'est-à-dire qu'ayant abaissé sur KQ la perpendiculaire VD, le triangle mixtiligne VQD soit extrêmement
petit, par rapport à l'aire VFKD. Ce qui dépend aussi de
la nature de la courbe VQG, dont les ordonnées mesurent

Ddd

les gravités. **Car** elle pourroit être telle, que quoique FR fût fort petite par rapport à FV, comme FK' par rapport à FC, ce triangle ne fût pas pour cela des plus petits, en comparaison du rectangle $VFKD$.

Solution d'un problême très général.

74. On pourroit encore résoudre ce problême (1) : trouver une hypothese de gravité dirigée à un centre unique, telle que l'applatissement soit d'une grandeur quelconque donnée, & que la diminution de la distance depuis l'équateur soit en raison quelconque, quel que soit le rapport de la force centrifuge à la gravité sous l'équateur. Car ayant pris Fu & $V'u$ de sorte qu'elles aient entre elles le même rapport, que la gravité à la moitié de la force centrifuge sous l'équateur ; puis FK' de telle grandeur qu'on voudra, & $K'Z'$ parallele à Fu, jusqu'à ce qu'elle rencontre $V'y$ parallele à FC en un point Z' ; si par les points $CZ'u$ on trace une courbe, dont les ordonnées augmentent à mesure qu'elles s'éloignent du point C, & qu'on décrive la courbe VQG, dont la quadratrice soit $uZ'C$ (je donnerai pour cela une méthode générale, où l'on n'emploie que la Géométrie de l'infini, dans le quatrieme tome de mes Elémens), l'hypothese de gravité sera exprimée par cette courbe VQG, qui représentera également l'applatissement donné FK'. Or ayant pris FR quatrieme proportionnelle à uF, $2uV'$, & FV, & fait un angle quelconque FRB dans le demi-cercle, je tire Br, Cr, & je prends chaque diminution FK de la distance CK correspondante à l'angle FRB. Je fais encore $uX = \frac{1}{2} Fr$; & ayant mené KZ parallele à Fu, je coupe Zq de telle grandeur qu'elle soit à Xu en raison doublée de CK à CF. J'aurai par ce moyen tout l'arc $Z'qu$ de la quadratrice, & par-là même l'arc correspondant de la courbe des gravités, laquelle représentera les diminutions des distances pour chacun des angles, comme il sera aisé de s'en convaincre en remontant par la construction que nous avons commencé de donner au n. 23.

75. En voilà assez pour ce qui regarde l'hypothese d'une gravité tendante à un centre unique, toujours égale à égales dis-

---

(1) Pour comprendre la solution de ce problême, il faut se rappeller ce qui a été dit depuis le n°. 10 de ce Livre jusqu'au n°. 25.

tances du centre en tout fens, & augmentant ou diminuant
en raifon quelconque, fuivant la différence des diftances.
Nous réfoudrons encore ci-après quelques autres problêmes
qui ont rapport à ce genre de gravité, par exemple: trouver
une hypothefe de gravité dirigée à un centre unique, telle
qu'il y ait un rapport quelconque donné, non entre les diminutions des diftances, mais entre les accroiffemens de la gravité abfolue depuis l'équateur jufqu'aux pôles. Mais pour le
préfent nous allons paffer à d'autres hypothefes de gravité;
& nous commencerons par cette hypothefe fi connue, fi
fimple & fi belle, dans laquelle la Terre, foit immobile, foit
mue autour de fon axe, pourroit être un fphéroïde oblong.
Soit la gravité (fig. 8) dirigée à deux points E & F, enforte
qu'elle foit compofée de deux gravités égales, conftantes &
dirigées toujours au même point. Si le fluide a la figure d'une
ellipfe A B D, ayant ces points pour foyers, pour grand axe
A D, pour demi-axe conjugué C B, & qu'il foit immobile,
il fera en équilibre. Car en quelque point que ce foit, comme
G, la gravité compofée des gravités G H, G I, fera dirigée par G K diagonale du rombe G H K I, laquelle divife
l'angle H G I, ou E G F en deux parties égales : d'où il fuit
qu'elle eft perpendiculaire à la fuperficie, comme il eft requis
pour l'équilibre. Or dans les points D & A, la gravité compofée fera la fomme de ces deux gravités. Dans tout autre
point G, la diagonale G K n'égalera pas la fomme des côtés
G I, G H, puifqu'elle fera moindre que celle de G I, I K. Elle
fera même d'autant moindre, comme on pourroit aifément
le démontrer s'il étoit néceffaire, que l'angle H G I fera plus
grand. Or dans l'ellipfe cet angle eft d'autant plus grand, que
le point G approche plus du point B. Ainfi dans cette hypothefe de gravité, la Terre fuppofée même immobile fera un
fphéroïde oblong, quoique la gravité aille toujours en diminuant du pôle à l'équateur.

76. Ceci peut paroître d'abord incroyable, puifqu'il femble
au contraire que pour compenfer l'excès de la gravité & de
la pefanteur au point D fur celle du point B, le canal C D
devroit être le moindre en hauteur. Mais il eft aifé de répondre à l'objection. Car dans le canal B C, tous les points

Hypothefe
d'une gravité
conftante di-
rigée à deux
centres.
Pl. IV. fig. 8.

Equilibre des
canaux.

D d d ij

pefent fur le centre C, & leur pefanteur eſt compoſée des deux gravités compriſes dans l'hypotheſe, quelque obliques qu'elles ſoient. Il eſt vrai qu'à meſure qu'on approche du centre C, cette obliquité augmente, ainſi que l'oppoſition des forces, qui enfin deviennent entierement contraires au point C; mais la gravité n'eſt jamais nulle qu'au point C: au lieu qu'en DC la gravité compoſée eſt à la vérité conſtante, depuis D juſqu'en F; mais de F en C, elle ſe trouve détruite par des directions contraires, & il eſt aifé de démontrer que la ſomme de tous les points peſans en BC doit ſurpaſſer celle de tous les points en FD.

Ce qui arrive dans le cas du mouvement de rotation.

77. Maintenant ſi ce ſolide tourne autour de l'axe AD, il eſt évident que la force centrifuge diminuera le poids de tout le canal CB, ce qui rompra l'équilibre, qui ne pourra être recouvré, à moins que le fluide ne s'éleve en B, ou qu'on n'y répande une nouvelle couche de matiere liquide capable de compenſer la diminution occaſionnée par la force centrifuge. Si le mouvement de rotation eſt lent, l'élévation en B ſera peu ſenſible, & la figure ſera toujours allongée. S'il devient plus rapide, il pourroit augmenter la force centrifuge au point, que pour conſerver l'équilibre il ſeroit néceſſaire que CB fût égal, ou même plus grand que CD.

Loi de gravité de M. de Mairan. Pl. IV, fig. 9.

78. M. *de Mairan*, par une méthode fort ingénieuſe, & beaucoup plus générale, nous apprend à trouver pour une Terre mobile ou immobile, une figure plus ou moins applatie ou allongée. Soit la courbe FGHI (fig. 9) compoſée de quatre arcs ſemblables, & également placés autour du centre C, auquel ils ſont adoſſés. Suppoſons encore qu'elle ſoit la développée de la courbe ABDE, de ſorte que le fil qui enveloppe ou entoure l'arc GKF, & qui eſt étendu le long de ſa tangente depuis F juſqu'en A, décrive par ſon extrémité A l'arc ALB, tandis que la courbe FKG ſe développe; qu'enſuite le fil qui entoure l'arc GH décrive l'arc DB; & que pareillement les arcs DE, EA ſoient décrits par le développement des arcs HI & IF. Si l'on a un fluide de la figure de ABDE, dans lequel la gravité ſuive toujours la direction du fil LK, & tende continuellement au point K, où le fil touche ſucceſſivement chaque point de la développée, tandis qu'on

l'applique à cette courbe, ou qu'on l'en fépare; la direction fera dans chaque point L perpendiculaire à la fuperficie. Car c'eft une propriété générale des courbes qui fe décrivent par le développement d'autres courbes, que le rayon ofculateur ou le fil foit, dans chaque pofition, tangente de la développée, & perpendiculaire à la courbe décrite.

79. On aura donc dans ce fluide cette forte d'équilibre; & fi outre cela il y a tel dégré de gravité dans les parties intérieures, que l'égalité des poids, dans les canaux qui communiquent de l'un à l'autre, n'en foit aucunement troublée, le fluide fera parfaitement en équilibre.

De l'équilibre.

80. On démontre aifément que A D eft plus grand que E B. Par conféquent fi le fluide tourne autour de l'axe B E, il fera applati, & cet applatiffement fera encore augmenté par la force centrifuge. Mais s'il tourne autour de D A, il fera allongé, quoiqu'un peu moins que dans la figure, ou fphérique, ou même raccourci, fuivant le dégré de viteffe de la rotation, & de la force centrifuge qui en eft une fuite.

Du mouvement de rotation.

81. En voilà affez fur ces fortes d'hypothefes que nous avons choifies parmi plufieurs autres qu'on auroit pu propofer. Il paroît certain que la gravité n'eft dirigée ni à un, ni à deux points. Cela feroit entierement contraire à cette gravitation générale, fuivant laquelle tous les corps céleftes pefent les uns fur les autres, finon exactement, du moins à fort peu de chofes près, en raifon inverfe des quarrés des diftances; gravitation par laquelle le grand *Newton* a découvert aux Phyficiens le fyftême de l'univers, & de laquelle feule dépendent un fi grand nombre de phénomenes, dont elle fournit de fi heureufes explications, qu'on peut s'en fervir pour prédire de nouveaux phénomenes, fans crainte de fe tromper. Or on en conclut par analogie, que toutes les parties de la matiere pefent les unes fur les autres (1), par une certaine action mutuelle, qui à la vérité ne me paroît être nulle part exactement en raifon inverfe des quarrés des diftances, comme je l'ai expliqué dernierement dans une Differtation fur la loi des forces qui exiftent dans la nature; mais qui, à de grandes

Que la gravité newtonienne eft la feule qui exifte dans la nature.

______

(1) L'Auteur en donne une nouvelle preuve dans la fuite de cet ouvrage.

diſtances, en approche de ſi près, qu'on n'y peut appercevoir aucune différence ſenſible.

Les gravités précédentes n'y exiſtent pas; & pourquoi.

82. Ajoutons que dans ces premieres hypotheſes d'une gravité proportionnelle à la puiſſance des diſtances, la Terre ſeroit trop peu applatie, & qu'on connoît par la meſure des dégrés, ainſi que nous le ferons voir au chapitre ſecond, qu'elle doit l'être davantage; & que dans l'hypotheſe d'une gravité conſtante, la différence de la gravité ſous l'équateur à celle qu'on éprouve dans les pays ſeptentrionaux, ſeroit beaucoup au-deſſous de celle qu'on y a découverte par les oſcillations du pendule.

Suite.

83. Enfin la théorie de M. *de Mairan*, que nous venons de propoſer, explique bien à la vérité la direction de la gravité primitive, c'eſt-à-dire d'une gravité qui n'eſt point diminuée par la force centrifuge, & qui eſt dirigée, non à **un** centre, mais à une certaine courbe; mais cette direction même ne dépend point de cette courbe, & ne ſe termine point à une courbe conſtante. Car qu'il ſurvienne quelque changement dans la diſpoſition des parties, ce qui ne peut manquer d'arriver par le retardement ou l'accélération du mouvement diurne; il y aura auſſi du changement dans la courbe, dont les tangentes marquent la direction de la gravité. Ainſi cette courbe n'étant point donnée, avant la détermination de la figure, elle ne peut ſervir à déterminer une figure qui devroit auparavant la déterminer elle-même.

Trouver la figure de la Terre dans cette hypotheſe. Solution de M. Mac - Laurin ſimplifiée.

84. Il nous reſte donc à examiner quelle ſera la figure de la Terre, mue autour de ſon axe, dans l'hypotheſe de la gravité newtonienne. M. *Mac-Laurin*, dans ſa Diſſertation ſur la cauſe phyſique des marées, qui fut couronnée avec trois autres en 1740 par l'Académie royale des Sciences de *Paris*, propoſe une ſolution que je tâcherai d'abord ici d'expliquer; & je ne me ſervirai que de la ſimple Géométrie pour développer ce qu'elle renferme de plus important, en y faiſant quelques additions & quelques changemens, ſuivant qu'il paroîtra convenir davantage à mon ſujet. Mais il faut préalablement éclaircir quelques points néceſſaires pour cette ſolution.

85. Soient (fig. 10 & 11) deux ellipſes ſemblables, ayant

un centre commun C, & leurs axes homologues dans la même
position. Soient NV*n* ordonnée de l'ellipse intérieure à l'axe
D*d*, & IDP perpendiculaire à l'axe D*d*, & qui rencontre
l'ellipse extérieure en I & P. Joignez DN, D*n*, & menez-
leur les paralleles PM, P*m*, qui rencontrent l'ellipse extérieure en M & *m*. Menez encore PH parallele à l'axe D*d*,
sur laquelle vous abaisserez les perpendiculaires MQ, *m q*.
La somme des lignes PQ, P*q* de la premiere figure, dans
laquelle les points M *m* sont du même côté de PI, & leur
différence dans la seconde, dans laquelle ces points sont l'un
d'un côté, l'autre de l'autre, sera égale au double de DV.

86. Car si l'on tire la corde HE parallele à P*m*, & leur diametre commun G*g*, dans l'ellipse extérieure, qui le sera aussi
de la corde D*n* dans l'ellipse intérieure, & qui par conséquent
coupera toutes ces cordes en deux parties égales, aux points
T, F, L, & que ce diametre coupe en quelque point O la
ligne PH; les triangles TPO, FHO, LDC seront semblables, étant formés par des paralleles. Ainsi l'on aura PT :
PO :: HF : HO :: DL : DC. Et prenant dans la figure 10
les sommes, & dans la figure 11 les différences des antécédens & des conséquens, on aura pour le premier cas la somme,
& pour le second la différence de PT, HF à PH, comme
LD est à DC, ou comme *n*D à *d*D (1).

87. Mais parceque l'ordonnée à l'ellipse extérieure, tirée
du point *d*, doit être parallele & égale à DP, & par conséquent aboutir au point H, où la ligne PH rencontre l'ellipse
extérieure, on aura PH = D*d*. Ainsi la somme de TP, HF
dans le premier cas, & leur différence dans le second, sera
égale à D*n*.

88. Maintenant comme *n*N est coupée également, & à
angles droits au point V, les angles NDV, VD*n* sont égaux,
& par conséquent l'angle MPH est égal à l'angle *m*PH (2),
ou à son alterne PHE. D'où il arrive que si l'ellipse fait une

---

(1) *n*D & *d*D sont doubles de LD & DC, par conséquent elles sont
entre elles dans la même raison que LD & DC.

(2) Dans la figure 11, au lieu de *m*PH, c'est *m*PO, ou l'angle de
même côté PHE.

révolution autour de l'axe perpendiculaire à l'axe B *b*, le point H tombant en P, & le point P en H, PM doit prendre la place de HE, à laquelle elle devient par-là même égale, & double de HF. Donc puisque P *m* est aussi double de PT, on aura dans le premier cas la somme de PM, P *m*, & dans le second leur différence égale au double de D *n*.

Conclusion.

89. Enfin puisqu'à cause des triangles semblables, *m q* P, MQP, *n* VD, ces triangles ayant chacun, outre un angle droit, les angles en P & D égaux, on a MP : QP :: *m* P : *q* P :: D *n* : DV; on aura aussi la somme de PQ, P *q* dans le premier cas, & leur différence dans le second égale au double de DV. C. Q. F. D.

De la démonstration de M. *Mac-Laurin*.

90. Ce dernier article fait le quatrieme corollaire du lemme I de la Dissertation de M. *Mac-Laurin*, en faveur duquel il semble avoir proposé ce lemme, avec tous les corollaires précédens. Du moins n'y a-t-il que le quatrieme de nécessaire aux propositions qui suivent dans sa Dissertation. M. *Calendrini* de Genêve a démontré la même chose par le calcul, dans des notes qu'il a ajoutées à la Dissertation de M. *Mac-Laurin*, à la fin de la premiere partie du tome 3 des Commentaires composés par les PP. *Jaquier* & *Lefeur* sur les principes de *Newton*. Mais la démonstration que je viens de donner de cette proposition si utile, me paroît plus simple & plus naturelle.

Autre lemme de M. *Mac-Laurin*.

91. Dans la même Dissertation, lemme IV, M. *Mac-Laurin* démontre qu'un petit corps placé successivement au sommet des pyramides, ou des cônes semblables & homogènes, & dont la gravité est composée de celle qu'il a sur chaque partie, en raison directe des masses, & en raison inverse des quarrés des distances, que ce corps, dis-je, a une gravité proportionnelle aux hauteurs, ou aux côtés homologues des cônes & des pyramides. La démonstration est facile. Car si on divise deux de ces pyramides ou cônes en un nombre égal de parties semblables, & semblablement posées, les masses partielles seront comme les masses totales, ou comme les cubes de leurs côtés homologues, & les quarrés des distances au sommet comme les quarrés des mêmes côtés. Ainsi ce corps pésera sur chacune de ces parties, en raison composée de la

directe

directe des cubes, & de l'inverse des quarrés des côtés homologues ; c'est-à-dire en raison simple directe de ces côtés.

92. L'Auteur ajoute deux corrollaires ; le premier, que dans tous les points semblablement posés de tous les solides homogênes & semblables, la gravité est en raison des côtés homologues. Car on peut diviser ces solides en un nombre égal de pyramides semblables. Corollaire I.

93. Le second corollaire prouve que si une petite particule de matiere est placée dans une couche elliptique, terminée par deux sphéroïdes semblables & semblablement posés, elle sera en équilibre. Cette vérité a déja été démontrée par *Newton ;* & il est aisé de la déduire du corollaire précédent. Car il n'est pas difficile de prouver que les parties des pyramides opposées & semblables, qui passent par ce point, & qui sont plongées de part & d'autre dans ces mêmes couches, sont égales entre elles. Corollaire II.

94. De plus, si l'on a deux sphéroïdes elliptiques semblables, engendrés par la circonvolution de deux ellipses semblables ADBE, *adbe* (fig. 12) ayant un centre commun, & les axes homologues AB, *ab*, & DE, *de* dans la même position ; & que ces sphéroïdes soient coupés par un plan quelconque IOL, qui ne soit point perpendiculaire à l'axe AB de la révolution ; les deux sections seront deux ellipses semblables, qui auront même centre, & même position de leurs axes homologues. Théorème
sur la section
de deux ellip-
ses sembla-
bles.
Pl. IV. fig. 12.

95. En effet, si l'on fait passer par l'axe AB le plan AEBD perpendiculaire au plan de la section, & qui le coupe en IL, on voit que cette section AEBD du sphéroïde est elle-même l'ellipse génératrice. Supposons que IOL soit une partie de la commune section du plan IOL, prise de part ou d'autre de IL ; que le diametre MN soit parallele à cette ligne IL, & que par un point quelconque H, pris sur IL, on tire PQ perpendiculaire à AB. Imaginons encore un plan passant par PQ, & perpendiculaire à AEBD. Il est clair que son intersection avec le sphéroïde sera un cercle, dont le diametre est PQ ; & que son intersection HO avec le plan IOL, également perpendiculaire au même plan IEBD, sera perpendiculaire à ce plan, & par conséquent à PQ & IL tout ensemble. Démonstra-
tion.

E e e

Suite.

96. Par la nature du cercle $PH \times HQ = HO^2$. Par celle de l'ellipſe, comme on peut le voir dans le tome 3 de mes Elémens (n. 299), $IH \times HL : PH \times HQ :: MC \times CN$ ou $MC^2 : DC \times CE$ ou DC^2. Donc le rectangle ſur les parties IH, HL de la ligne IL, ſera conſtamment au quarré de HO perpendiculaire à cette ligne, & terminée par la ſection IOL, comme le quarré de MC, au quarré de CD. La ſection IOL ſera donc une ellipſe, dont l'un des axes ſera IL. On prouvera également, en ſubſtituant aux lettres majuſcules les petites lettres qui leur répondent, que iol eſt une ellipſe, dont l'axe eſt il, & que $iH \times Hl : Ho^2 :: mC^2 : Cd^2$.

Concluſion.

97. Maintenant puiſque les ellipſes ſemblables AEBD, $aebd$ ont une même poſition, il eſt évident que les diametres conjugués des diametres MN, mn auront auſſi même poſition; que par conſéquent ils partageront également leurs ordonnées IL, il au même point G, qui, pour cette raiſon, ſera le centre commun des ellipſes IOL, iol. D'où il ſuit que ſi dans les ellipſes on éleve les demi-axes GF, Gf perpendiculaires à IL, il, on aura $IG \times GL$ ou $IG^2 : GF^2 :: MC^2 : CD^2$; & $iG \times Gl$ ou $iG^2 : Gf^2 :: mC^2 : Cd^2$; & qu'à cauſe que ces ellipſes IOL, iol ſont ſemblables, ces rapports ſeront tous égaux. Donc les demi-axes GI, GF, & Gi, Gf ſeront auſſi dans la même raiſon entre eux. Donc les axes IL, il ſeront enſemble, ou le premier, ou le ſecond axe, puiſqu'ils ſont homologues; & les axes homologues auront une même poſition. C. Q. F. D.

Corollaire I.

98. Il s'enſuit premierement que toutes les ſections de l'un & de l'autre ſolide, faites par des plans paralleles, ſont ſemblables; qu'elles ont toutes leurs centres ſur la ligne CG, & que leurs axes homologues ſeront paralleles. Ce qui eſt évident, puiſque toutes les interſections IL de ces plans ſeront paralleles entre elles, & par conſéquent auſſi au diametre MCN.

Corollaire II.

99. Il s'enſuit en ſecond lieu que IL, il ſeront chacun premier, ou ſecond axe, ſuivant que l'axe AB de la révolution ſera premier, ou ſecond, ou ce qui revient au même, ſuivant que les ſphéroïdes ſeront allongés ou applatis. Car dans le premier cas CD, Cd ſeront les demi-axes conjugués, & par conſéquent plus petits qu'aucun des demi-diametres

CM, C*m*. Dans le second cas ils seront les moitiés des premiers axes, & par conséquent plus grands. Ainsi G F, G *f* seront toujours plus petits dans le premier cas, & plus grands dans le second que G I, G *i*.

100. Il s'enfuit en troisieme lieu que si AEBD représentoit le plan de l'équateur du solide, dont l'axe fût perpendiculaire à ce plan, & qu'on fît passer une section quelconque, I L aussi perpendiculaire à ce même plan; la section seroit dans l'un & l'autre solide, une ellipse semblable à la génératrice du solide, ayant I L pour grand ou petit axe, suivant que l'axe de la révolution seroit au contraire le petit ou le grand axe de l'ellipse génératrice. Car en ce cas la section du solide faite par M N, & dont le plan passeroit par l'axe, & seroit par conséquent perpendiculaire au plan de l'équateur AEBD, seroit elle-même l'ellipse génératrice. Or la section faite par I L est parallele à celle-ci. D'où il suit, par le n. 98, qu'elles seront semblables.

Corollaire III.

101. En quatrieme lieu, si le plan AEBD représente, ou une section quelconque faite par l'axe de révolution, ou le plan même de l'équateur perpendiculaire à cet axe; & que par l'extrémité *a* de l'axe du solide intérieur, ou d'un de ses diametres quelconque, on mene un plan perpendiculaire au premier, qui ne passe point par la tangente en *a* de la section *a e b d ;* ce plan coupera les deux sphéroïdes, de maniere que ce même point *a* sera l'extrémité de l'un des axes de la section intérieure.

Corollaire IV.

102. Premierement, il coupera les deux sphéroïdes, parce que les plans qui touchent en *a* le sphéroïde intérieur, passent par les tangentes en *a ;* tandis que tous les autres plans, qui passent par des points comme *a ,* coupent ce sphéroïde; & que tout plan qui passe par ces points, pris dans l'intérieur du sphéroïde AEBD, le coupe nécessairement. En second lieu, le point *a* sera l'extrémité de l'un des axes de la section intérieure, parcequ'alors le point *i* tombe en *a*.

Démonstration.

103. Supposons maintenant que le point P (fig. 10 & 11) pris en quelque endroit qu'on voudra de la surface du sphéroïde elliptique homogéne, pese sur toutes les parties égales du sphéroïde, en raison inverse des quarrés des distances;

& qu'ayant coupé le ſphéroïde par le point P, & par l'axe de révolution, la ſection ſoit PB*gb*; & B*b*, qui eſt l'un des axes de la ſection, ſoit l'axe du ſolide, ou le diametre de ſon équateur. Ayant tiré la ligne PDI perpendiculaire à B*b*, ima-ginons un ſphéroïde intérieur ſemblable au premier, & ſem-blablement poſé, dans le ſens que nous avons dit, paſſant par le point D, & dont la ſection faite par ce même plan ſoit DN*dn*. Si le point D peſe de la même maniere ſur les parties du ſphéroïde intérieur, & que toutes les gravités ſur chaque partie équivalent à deux, dont l'une ſuive la direction de l'axe B*b*, & l'autre une direction perpendiculaire à cet axe; la ſomme de toutes les gravités du point P, ſuivant la di-rection de B*b*, ſera égale à celles de toutes les gravités du point D, ſuivant la même direction.

104. Car ſuppoſons que le ſphéroïde ſoit coupé en D par un plan perpendiculaire à PI, & dont l'interſection avec le plan BI*b*P ſera B*b* auſſi perpendiculaire à PI; & qu'enſuite la ligne PDI auſſi bien que PQ, DV, reſtant immobiles, le plan PBI*b* tourne à droite, ou à gauche autour de PI, par un mouvement continu, juſqu'à ce qu'il devienne per-pendiculaire au plan QPDV; ce plan coupera continuelle-ment l'un & l'autre ſolide, par le n. 101, & les ſections BI*b*P, DN*dn*, feront toujours des ellipſes ſemblables, ayant un centre commun, & leurs axes homologues dans la même po-ſition, par le n. 94. Enfin le point D ſera l'extrémité de l'un des axes D*d* de la ſection intérieure, par le n. 101.

105. Ceci poſé, ſoit une portion quelconque des deux ſo-lides, terminée par deux de ces plans; & que la portion du ſolide intérieur ſoit coupée par un nombre quelconque de plans DN, D*n*, pris deux à deux, infiniment proches les uns des autres, perpendiculaires au plan QPDV, & paſſant par les cordes DN, D*n*, également inclinées de part & d'autre ſur l'axe D*d*; & que la portion du ſolide extérieur ſoit coupée par autant de plans paralleles aux premiers.

106. Il eſt clair que DN, D*n* feront égales, étant égale-ment inclinées ſur l'axe D*d* de la ſection, & ſur la ligne im-mobile DV. Car N*n* ſera perpendiculaire à D*d*, & parallele à PI; d'où il ſuit qu'elle ſera perpendiculaire au plan D*d*V.

Par conséquent on pourra faire passer par cette ligne un plan perpendiculaire à DV, qui la coupera en quelque point V, auquel ayant tiré les lignes NV, nV, les angles NVD, nVD seront droits. Donc les triangles VDN, VDn seront égaux, & l'angle NDV égal à l'angle nDV.

107. Or les lignes PM, Pm seront paralleles à DN, Dn, & autant inclinées sur PQ, que DN & Dn sur DV. Donc par le n. 88, la somme, ou la différence de MP, mP sera égale au double de nD; & par la même raison, ayant abaissé les perpendiculaires MQ, $m q$, la somme, ou la différence de PQ, Pq sera égale au double de DV.

108. On voit de plus que les portions des solides seront par-là même divisées en un nombre égal de pyramydes, prises deux à deux, terminées par des plans paralleles, & par conséquent semblables entre elles, dont les longueurs seront DN, Dn, PM, Pm, & dont les forces suivant les directions de PM, Pm, DN, Dn, composées des forces de chacune des parties, seront aux points D & P, par le n. 91, comme ces longueurs. Que si on décompose ces forces, & qu'on les réduise chacune à deux autres, dont l'une suive la direction DV, PQ, l'autre la direction perpendiculaire MQ, $m q$, nV, NV; ces gravités absolues seront à celles qui agissent suivant les directions PQ, DV, comme ces longueurs à PQ, Pq, & DV, DV. D'où il suit que les gravités étant ainsi réduites, celles qui viennent des pyramides MP, mP sont à celles qui viennent des pyramides DN, Dn, comme PQ, Pq à DV, DV; c'est-à-dire comme la somme de PQ, Pq lorsqu'elles se prennent du même côté (fig. 10), & leur différence quand elles sont d'un côté opposé (fig. 11), est au double de DV; ce qui revient, par le n. 107, au rapport d'égalité.

109. Donc puisque la même chose arrive dans toutes les pyramides de chaque portion, prises deux à deux, & dans toutes les portions engendrées par le mouvement du plan autour de PI; la somme de toutes les gravités du point P, suivant la direction de Bb, est égale à la somme de toutes celles du point D, suivant la même direction. C. Q. F. D.

110. De là on doit conclure que la gravité, suivant la

direction de l'un des axes B*b* de l'ellipse génératrice, dans les points également éloignés de l'autre axe, ou ce qui est le même dans des points quelconques *p*, pris sur PDI perpendiculaire à B*b*, que cette gravité, dis-je, est toujours égale ; & qu'elle est à la gravité du point placé en B, comme CD est à CB.

Démonstration.

111. Car si l'on imagine un troisieme sphéroïde semblable, qui passe par *p* ; toute la gravité de l'orbe extérieur devient nulle, par le n. 93. Quant au reste de la gravité qui agit sur ce sphéroïde, on démontre, comme ci-dessus, qu'elle est égale à la gravité en D. D'où il suit qu'elle est partout la même. Ce qu'il falloit d'abord démontrer.

Suite.

112. En second lieu, puisque PBI*b*, & DN*dn* sont des solides semblables & homogênes, sur lesquels les points B, D sont également placés ; leurs gravités, par le n. 91, seront comme CB, CD.

Théorème général sur l'équilibre par des canaux rectilignes.

113. Après avoir établi les principes qui conviennent à la nature de l'ellipse, j'ajouterai un théorème, qui donne en général l'équilibre dans toutes les courbes. Il est conçu en ces termes : *si dans une masse fluide la gravité de toutes les parties est telle, que deux canaux quelconques rectilignes, conduits d'un point quelconque, pris dans l'intérieur de cette masse, à la superficie extérieure, soient en équilibre ; toute la masse sera en équilibre.*

Trois choses requises pour cela.

114. Pour la démonstration de ce théorème, il faut prouver trois choses : premierement que toutes sortes de canaux, même les curvilignes & les mixtilignes seront en équilibre ; en second lieu, que tout canal qui traverse la masse, & aboutit de part & d'autre à la surface, ne pese point contre son extrémité ; en troisieme lieu, que dans la superficie la gravité est perpendiculaire à cette superficie. De ces trois propositions, la premiere fait voir qu'aucune partie contenue dans la masse du fluide, ne peut être ébranlée par aucune force prépondérante dans les autres côtés ; la seconde qu'aucune partie placée sur la surface, ne peut être élevée plus haut par la pression des parties internes ; la troisieme, qu'une partie placée sur un point de la surface, ne peut s'éloigner à droite ou à gauche, ou s'écouler comme si elle étoit sur un plan incliné : autant

d'articles néceſſaires à la démonſtration du théorème.

115. Le premier ſe démonſtre ainſi. On ſuppoſe que du point C (fig. 13) il ſorte un canal rectiligne CA; que d'un point quelconque E de ce premier canal, il en ſorte un ſecond EM; d'un point F du ſecond, un troiſieme FL; d'un point G du troiſieme, un quatrieme GK; & du point H de celui-ci un autre canal HI; enfin que du point C il parte un autre canal CS, & que tous ces canaux ſoient rectilignes.

Conſtruction pour les canaux curvilignes & mixtilignes.
Pl. IV. fig. 13.

116. Puiſque ſelon l'hypotheſe, tous les canaux terminés à un même point ſont en équilibre, HI, HK ſeront en équilibre; c'eſt-à-dire qu'ils péſeront également ſur le point H. Mais parceque les fluides preſſent également en tout ſens, les preſſions de HI & KH agiront avec une force égale ſur le canal HG, ſans que cette flexion puiſſe y apporter aucune différence ou diminution d'activité. Ainſi en ajoutant ou en retranchant l'action de HG, ſuivant qu'elle eſt dirigée au point G ou au point H, la preſſion de tout le canal ſimple KG en G ſera égale à la preſſion du canal compoſé IHG. On prouve de la même maniere que la preſſion du canal ſimple LF eſt égale à celle du compoſé KGF, & par conſéquent à celle de IHGF, qui eſt encore plus compoſé; enfin que la preſſion du canal rectiligne AC, qui doit être égale à celle du canal SC, ſera auſſi égale à la preſſion du canal compoſé MEC, à celle de LFEC, ou KGFEC, ou IHGFEC. La démonſtration eſt générale, quel que ſoit le nombre des flexions E, F, G, H, & quelle que ſoit leur direction, ſoit qu'elles ſe trouvent dans le même plan, ou dans des plans différens. Elle l'eſt encore pour un nombre infini de flexions diminuées à l'infini, ſoit que cela arrive dans toute la longueur du canal, ou ſeulement ſur quelques parties de ſa longueur, priſes où l'on voudra, & en tel nombre qu'on voudra. Or dans le premier cas le canal eſt curviligne, & il a une courbure ſimple ou double: dans le ſecond il eſt compoſé de rectilignes & de curvilignes, de quelque nature, & en quelque nombre qu'on les voudra ſuppoſer. Ainſi tout canal curviligne ou mixtiligne ſera en équilibre avec le canal CS. D'où l'on peut conclure en général que ſi deux canaux quelconques rectilignes, aboutiſſans à un même point, ſont en équilibre;

Démonſtration de leur équilibre.

tous les autres, tant rectilignes que curvilignes terminés à ce même point C, feront pareillement en équilibre. C'est la premiere propofition que nous avions à démontrer.

Réduction au point placé à la furface.

117. Suppofons maintenant que CS diminue à l'infini, jufqu'à ce qu'elle devienne nulle, fa preffion contre le point C diminuera à l'infini, & s'évanouira enfin totalement. Ainfi la preffion du canal AC, ou du canal IHGFEC diminuera auffi peu à peu, & à la fin fera nulle, ou zéro. D'où il fuit en général que, le point C tombant en S, la preffion du canal rectiligne ou curviligne s'évanouit ; que par conféquent le point S, placé en quelque endroit qu'on voudra de la fuperficie, n'éprouvera de la part d'un canal quelconque rectiligne, curviligne, mixtiligne, aucune preffion capable de le faire fortir de cet endroit. C'est la feconde propofition, dont la démonftration a lieu pour un canal placé fur la fuperficie extérieure du folide, comme SRD, puifque le canal CEFGHI peut s'en approcher toujours davantage, & fe confondre enfin avec lui.

Réduction à la perpendiculaire.

118. Imaginons enfin, fi la chofe eft poffible, qu'au point S de la fuperficie, la direction de la force de la gravité ne foit point SN perpendiculaire à cette fuperficie, mais SO inclinée à SN, & faifant avec elle un angle quelconque NSO : cette force dans un arc continu SD, pris de l'autre côté de la perpendiculaire SN, devra, par la loi de la continuité géométrique, fuivre la direction d'une ligne inclinée à la perpendiculaire, & faifant avec elle un angle du même côté ; & la différence de cet angle à l'angle NSO, dans un point infiniment proche du point S, fera infiniment petite. Soit la direction RP pour un point quelconque R de cet arc. Soit la force même exprimée par la portion RQ. Ayant mené QT perpendiculaire à la tangente en R, la force QT preffera le canal de côté, la force RT preffera le fluide du canal DRS du côté de S. On aura donc en S la fomme de toutes les preffions provenantes de ces forces, contre ce qui a été démontré dans l'article précédent. L'on peut donc conclure généralement que fi deux canaux rectilignes, conduits d'un point quelconque de la maffe du fluide à fa furface extérieure, font en équilibre ; la gravité dans chaque point de la fuperficie

doit

doit être perpendiculaire à cette superficie. C'est la troisieme proposition.

119. Ainsi l'on a une démonstration fort exacte du théorème proposé, qui, dans ces sortes de recherches, épargne beaucoup de travail, & donne le moyen de parvenir à des conclusions très exactes. MM. *Huygens* & *Newton* se sont contentés de canaux terminés à un seul point, je veux dire au centre. M. *Mac-Laurin* a employé des canaux rectilignes terminés généralement à un point quelconque, pris dans l'intérieur de la masse. Il a ajouté cette sorte d'équilibre à la direction de la gravité perpendiculaire à la superficie ; & il a démontré séparément que l'un & l'autre se trouvoient dans son ellipse. Aux canaux rectilignes, M. *Clairaut* a ajouté les curvilignes de toute espece. Ce théorème une fois établi, il suffira, pour avoir un équibre parfait, de démontrer que des canaux quelconques, terminés à un point quelconque pris dans l'intérieur de la masse, sont en équilibre. De cette vérité suivent naturellement les trois propositions que nous avons démontrées ; & il sera même aisé d'en conclure ce que M. *Clairaut* demande encore pour l'équilibre, savoir qu'un canal curviligne, qui se replie sur lui-même dans l'intérieur de la masse, n'a aucune action de part ni d'autre.

Avantage de ce théorème sur plusieurs autres.

120. Ceci posé, nous allons proposer le principal théorème qui détermine la figure de la Terre dans l'hypothese newtonienne de la gravité. J'y ajouterai avec M. *Mac-Laurin* deux déterminations qui rendent le théorème beaucoup plus général, & qui sont d'usage lorsqu'il est question du flux & du reflux de la mer. Je pourrois, suivant l'article précédent, conclure toute espece d'équilibre du seul équilibre des canaux rectilignes terminés à un point quelconque pris dans l'intérieur de la masse : mais comme on peut démontrer immédiatement, & d'une maniere également simple, que la gravité dans la superficie est perpendiculaire à cette superficie ; je joindrai encore ici cette démonstration, pour faire voir de plus en plus la force de la Géométrie, qui, par une méthode fort exacte & nullement embarrassée, peut, seule, & sans autre secours, nous faire parvenir à la connoissance de toutes ces vérités.

Théorème principal sur la figure de la Terre.

Fff

Même sujet.
Pl. IV. fig. 14.

121. Soit (fig. 14) un sphéroïde elliptique A B *a b*, dont l'axe est B*b*, composé d'un fluide homogêne, dont les parties égales pesent les unes sur les autres, en raison inverse des quarrés des distances ; & outre cela soient poussées par trois autres forces, dont la premiere se dirige au centre C du sphéroïde, & soit proportionnelle à la distance CP du centre ; la seconde soit perpendiculaire à l'axe B*b* du sphéroïde, & proportionnelle aux distances PK de cet axe ; la troisieme parallele à cet axe même, & proportionnelle aux distances d'un plan conduit par l'équateur & le centre perpendiculairement à l'axe. Si les demi-axes CB, CA de l'ellipse sont en raison inverse des forces totales, agissantes sur les parties égales, situées aux extrémités A & B des axes, le fluide sera en équilibre.

Sa division en deux parties.

122. Je ferai voir en premier lieu, suivant ce qui a été dit (n. 120), que la gravité composée de toutes les forces agissantes sur une particule de matiere située à la superficie du solide, a une direction perpendiculaire à cette superficie ; en second lieu, que toute particule, prise dans l'intérieur du solide, est de tout côté également pressée par tous les canaux rectilignes, tirés de ce point à des points quelconques de la surface.

Réduction des forces.

123. Soit donc une particule quelconque P, placée ou à la surface, comme il est représenté dans la figure, ou dans l'intérieur du sphéroïde. Si l'on décompose les forces qui la poussent contre toutes les autres particules, en trois, la premiere qui agisse suivant la direction PD, parallele à l'axe B*b*, la seconde suivant la direction PK, perpendiculaire à cet axe, la troisieme suivant une direction perpendiculaire au plan KPD ; toutes les forces qui agiront suivant cette troisieme direction se détruiront mutuellement, puisque le plan KPD coupe le sphéroïde en deux parties parfaitement égales & semblables ; la seconde sera à la force en *a*, comme CD est à CA ; & la premiere à la force en B, comme CK à CB, par le n. 110. De même la premiere des trois forces restantes, suivant la supposition du n. 121, savoir celle qui est dirigée au centre C, est proportionnelle à PC, & peut se réduire à deux autres qui lui sont proportionnelles, savoir PD & PK. Ainsi toutes les forces qui agissent sur la particule P, se réduisent

à deux forces compofées, agiſſantes ſuivant les directions PD, PK, dont la premiere eſt à la force en B, comme PD à CB, la ſeconde à la force en *a*, comme PK à C*a*.

124. Donc la premiere ſera à la ſeconde en raiſon compoſée de la raiſon ſimple des diſtances PD, PK aux axes A*a*, B*b*, & de la raiſon doublée de ces axes ou demi-axes (1). Car la force qui agit en P, ſuivant la direction de PD, eſt à la force en B, comme PD à BC; & celle-ci eſt à la force en *a*, comme C*a* à CB, par la ſuppoſition. De plus, la force en *a*, eſt à celle qui agit en P, ſuivant la direction de PK, comme C*a* à KP Donc la premiere eſt à la ſeconde en raiſon compoſée de celle de PD à PK, & de celle du quarré de C*a* au quarré de CB.

125. Suppoſons maintenant le point P, d'abord ſur la ſurface, comme il eſt repréſenté dans la figure. Soit PL perpendiculaire à la ſurface, elle le ſera à l'ellipſe B*ab*A, & elle rencontrera ſon axe B*b* en un point L, de ſorte que, par une propriété fort connue de l'ellipſe, & dont j'ai parlé au tome 3 de mes Elémens (n. 462), on aura KL : KC :: C*a*² : CB². Ainſi la force qui pouſſe la particule P, ſuivant la direction de PD, eſt à celle qui la pouſſe ſuivant la direction PK, en raiſon compoſée de celle de PD, ou CK à PK, & de celle de KL à CK; c'eſt-à-dire comme KL à PK. Donc KL & PK pourront exprimer les forces qui agiſſent ſuivant leur direction; & la force compoſée de ces deux forces partielles, ſera

---

(1) Pour en rendre la preuve plus ſenſible, ſoit la force ſuivant la direction PD $= d$, celle qui ſuit la direction PK $= k$, la force en $a = a$, la force en B $= b$; on aura par le nº. précédent $d : b ::$ CK ou PD : CB, & $k : a ::$ CD : CA :: PK : C*a*. D'où l'on tire $d = \dfrac{b \times PD}{CB}$ & $k = \dfrac{a \times PK}{Ca}$.

Donc $d : k :: \dfrac{b \times PD}{CB} : \dfrac{a \times PK}{Ca}$. Or par la ſuppoſition $b : a ::$ C*a* : CB. Donc

$b = \dfrac{a \times Ca}{CB}$; & ſubſtituant cette valeur de b, on aura $d : k :: \dfrac{a \times Ca \times PD}{CB^2} :$

$\dfrac{a \times PK}{Ca}$; & diviſant par a, & multipliant par C*a* & CB², on aura $d : k ::$

C*a*² × PD : CB² × PK. C. Q. F. D.

dirigée par la perpendiculaire PL. Ce qu'il falloit d'abord démontrer.

Ce qu'il faut démontrer pour la seconde. Il y a deux cas.
Pl. IV. fig. 15. 16.

126. Suppofons en fecond lieu que le point P (fig. 15 & 16) foit pris dans l'intérieur du fphéroïde Ayant fait paffer par l'axe de ce fphéroïde un plan BA*b a*, foit menée du point P à la fuperficie une ligne PQ, laquelle fe trouve, ou dans le plan, comme on le voit en la figure 15, ou hors du plan, comme en la figure 16. Il faut prouver que le total des forces de toutes les parties du fluide, renfermées dans le canal rectiligne QP, quelque foit la direction de ce canal, pefe toujours également fur le point P.

Conftruction pour le premier cas.

127. Par le point P (fig. 15) menez dans la fection BA*b a*, qui fera une ellipfe femblable à l'ellipfe génératrice, les cordes G*g*, R*r*, parallèles aux axes B*b*, A*a*. Soit PQ divifée en une infinité de petites parties telles que E*e*. Par les points E, *e* menez les cordes DT, *d t* parallèles à l'axe B*b*, lefquelles rencontreront l'axe A*a* en N & *n*. Par les points E, D, tirez des paralleles à l'axe A*a*, qui rencontreront la corde *d t* en V & I, l'axe B*b* en F & L, & la furface en H & S. Enfin du point d'interfection M des lignes G*g*, ES, abaiffez fur PQ la perpendiculaire M*m*.

Démonftration.

128. Les parties du fluide en E*e* font pouffées par deux forces, dont l'une agit fuivant la direction B*b* ou MP, l'autre fuivant la direction A*a* ou EM; & par le n. 110, la premiere de ces forces eft égale à celle par laquelle toutes les parties en V*e* font pouffées fuivant la premiere direction, & la feconde eft égale à celle par laquelle les parties EV ou DI font pouffées fuivant la feconde direction, à caufe qu'elles font également éloignées des axes. Réduifons chacune de ces forces en deux parties, dont l'une foit perpendiculaire à QP, laquelle n'agira pas fur le point P, mais fur le côté du canal perpendiculairement; l'autre fuive la direction de QP, & pefe directement fur P. Le total de la premiere force fera à la feconde partie, comme PM à P*m*, ou à caufe des triangles femblables M*m*P, EV*e*, qui, outre un angle droit, ont les angles en P & en *e* formés par des paralleles, comme E*e* à *e*V, ou comme le nombre des parties en E*e* qui ont cette portion de la premiere force, au nombre des parties en *e*V

qui en ont le total. Donc le total de toutes les portions de la premiere force, par lesquelles les parties E*e* pesent sur P, est égal au total des forces en V*e*, agissantes suivant la direction V*e* ou GP. Par la même raison, les triangles EV*e*, E*m*M étant semblables, la somme de toutes les portions de la seconde force, par laquelle les parties en E*e* pesent sur le point P, est égale à la somme des forces en EV, agissantes suivant la direction EL, & par conséquent à la somme des forces en DI, suivant la direction DF.

129. Or la somme des forces avec lesquelles les parties en Suite. DI suivent la direction de DF, est égale à la somme des forces par lesquelles les parties en *d*I suivent la direction de *d e*. Car puisque selon une propriété assez connue des sections coniques, expliquée au tome 3 de mes Elémens (n. 299), on a $DI \times IH : dI \times It :: AC \times Ca$, ou $AC^2 : BC \times Cb$, ou BC^2; DI sera à *d*I, c'est-à-dire le nombre des parties en DI au nombre des parties en *d*I, comme le quarré de AC divisé par IH au quarré de BC divisé par I*t*; ou ce qui revient au même, en raison composée de celle de I*t* à IH, & de celle de AC^2 à BC^2; ou en prenant équivalemment les moitiés des termes de la premiere raison, en raison composée de celle de *d n* à DF, & de celle de AC^2 à BC^2; ou bien enfin, suivant ce qui a été démontré (n. 124), comme la force des parties en *d*I agissante suivant la direction *d n*, à la force des parties en DI suivant la direction de DF. D'où il suit que le total des premieres est égal à celui des dernieres. Ainsi le total des forces en E*e*, agissantes contre le point P, est égal au total des forces avec lesquelles les parties en V*e* & *d*I agissent suivant la direction *d e* perpendiculaire à l'axe A*a*.

130. Mais puisque les forces des parties en DE & IV, Suite. agissantes suivant une direction perpendiculaire à l'axe A*a*, sont aussi égales, à cause qu'elles sont également distantes de cet axe, la pression des parties de *e d* sur *e* excédera autant la pression des parties de ED sur E, que la pression des parties de *e*Q sur *e* excede la pression des parties de EQ sur E. Et puisque la même chose arrive dans tous les points, & qu'en Q l'une & l'autre pression est nulle; il sera toujours vrai que le point *e* éprouvera de la part des parties de *e d* & de celles

de *e*Q des preffions égales. D'où il fuit que le point *e* tombant en P, les parties de PG & celles de PQ pefent également fur le point P. Ainfi puifque la même démonftration a lieu, quelque part qu'on prenne le point Q, pourvu que les droites & les forces qui fe trouveroient avoir des directions oppofées, foient traitées comme des quantités négatives; le point P fera également chargé par tous les canaux rectilignes qui y aboutiront, quelque foit leur direction, dès qu'ils fe trouveront dans le plan qui paffe par l'axe, comme il eft repréfenté en la figure 15.

Conftruction pour le fecond cas. 131. Mais fi PQ eft hors de ce plan, comme dans la figure 16, ayant mené, comme ci-devant, la ligne GP*g* parallele à l'axe B*b* du fphéroïde, qui rencontrera en D le diametre de fon équateur AN*an*; foit coupé le fphéroïde par un plan QPG, dont la commune fection avec le plan AN*an* de l'équateur fera N*n*, & qui fera perpendiculaire à ce plan; la fection du fphéroïde fera une ellipfe femblable à l'ellipfe génératrice, par le n. 94, & N*n* fera l'un de fes axes; l'autre axe F*f* fera déterminé par le plan paffant par B*b* perpendiculairement à cette fection, & qui la rencontrera en F*f* parallele à B*b*. Cet axe paffera par le point H, l'interfection CH de ce plan avec celui de l'équateur, laquelle eft perpendiculaire à la fection du fphéroïde, coupe la corde N*n* de l'équateur à angles droits, & par conféquent en deux parties égales.

Démonftration. 132. Soit maintenant placé le point P en quelque endroit qu'on voudra de la fection. Ayant pris fur CB, FH les fegmens CK, HE égaux à DP, & mené les lignes PK, KE, EP; ces lignes feront paralleles à DC, CH, HD. Donc KE fera perpendiculaire au plan de la fection, & l'angle KEP fera droit. Or des deux forces qui pouffent la particule P fuivant les directions de PD & PK, on voit ici, comme dans la figure 14, que la premiere a une direction PD, parallele à l'axe B*b* de l'ellipfe génératrice, que fon action eft renfermée dans le plan de la fection, qu'elle conferve la même grandeur, & qu'elle eft parallele à l'axe F*f* de la fection: mais la feconde direction PK fe réfoud en deux autres, favoir PE, EK dont la derniere agira fur le plan de la fection, auquel elle eft perpendiculaire; & la premiere PE, qui agit dans le plan même, sera toujours parallele à l'autre axe N*n* de la section, & sera à la force PK, comme PE est à PK. D'où il suit que cette derniere force qui agit sur le point P placé à différentes distances de l'axe B*b*, étant en raison de cette distance, la premiere sera aussi en raison de la distance du point P à l'axe F*f*. Mais comme d'ailleurs la force qui suit la direction PK est à celle qui suit la direction PD, en raison composée de celle de PK à PD, & de celle de CB² à C*a*², ou à cause que l'ellipse F*nf*N est semblable à l'ellipse génératrice B*ab*A, de celle de HF² à H*n*²; la force qui agit suivant la direction PE, est à celle qui agit suivant la direction PD, en raison composée de celle de PE à PD, & de celle de HF² à HN. Ainsi puisqu'on a déja conclu de ce rapport que le point P (fig. 15) est également chargé par des canaux rectilignes PQ, PG, placés dans le plan de l'ellipse B*ab*A, suivant une direction quelconque; on en devra pareillement conclure que les canaux rectilignes PQ, PG (fig. 16) placés dans le plan de l'ellipse G*nf*N, pesent avec des forces égales sur le point P.

133. Donc le point P est chargé de tous côtés d'un poids égal, par toutes les parties qui sont dans des canaux quelconques rectilignes, aboutissans à ce point, quelque soit leur direction. D'où il suit, par le n. 113, que tout le fluide est en équilibre. C. Q. F. D.

Conclusion.

134. On tire de là le théorème suivant: toute la force qui pousse un corps placé à la superficie de ce sphéroïde, est en raison directe de la perpendiculaire à la courbe en ce point, ou de la normale terminée par l'axe; ou en raison inverse de la perpendiculaire tirée du centre sur la ligne qui touche en ce point l'ellipse génératrice.

Rapport de la force dans la surface.

135. En effet, par la premiere partie de la démonstration, toute la force du corps P (fig. 14) est en raison de PL perpendiculaire à la courbe. Mais le rectangle sous PL, & la perpendiculaire tirée du point C à la tangente en P, est égal au quarré du demi-axe CA, par le n. 459 du tome 3 de mes Élémens. Donc PL est en raison inverse de cette perpendiculaire.

Démonstration Pl. IV. fig. 14.

136. De là même on aura encore ce théorème : toute la

Déterminer la preſſion ſur un point quelconque & ſur le centre.
F. 16.

force qui pouſſe un point quelconque P, pris dans l'intérieur du ſphéroïde (fig. 16), ſuivant une direction quelconque, eſt à la force ou au poids dont le centre eſt chargé, comme le rectangle $GP \times Pg$ à CB^2; & le poids que ſoutient le centre, eſt la moitié de celui qu'auroit la colonne CB , ſi toutes ſes parties peſoient par-tout autant qu'au point B.

Démonſtration.

137. Car ſi on diviſe les lignes CB, DG, DP en un nombre égal de parties, les parties ſeront proportionnelles à leurs touts , auſſi bien que les diſtances des parties ſemblablement placées aux points C & D. Ainſi & le nombre des parties du fluide contenues dans ces parties de lignes, & leurs forces reſpectives, ſuivant la direction de ces lignes, ſeront en raiſon des lignes. Donc les ſommes des forces avec leſquelles toutes les parties en CB, DG, DP peſent ſur les points C, D, ſont comme les quarrés de ces lignes. C'eſt pourquoi le point D étant chargé par GD de tout le poids dont P eſt chargé par GP & dont le même point D eſt encore chargé par PD; le poids dont P eſt chargé par GP, eſt à celui dont C eſt chargé par BC, comme la différence des quarrés de DG & DP, égale au rectangle $GP \times Pg$, eſt au quarré de CB. Donc puiſqu'un point quelconque ſoutient de tous côtés un poids égal, le théorème eſt démontré quant à la premiere partie.

Suite.

138. Si l'on imagine enſuite deux lignes tirées de chaque point K, de la ligne CB, paralleles à Ca, & dont l'une ſoit égale à CB, l'autre à CK; elles exprimeront toujours, l'une, la force en B, l'autre, la force en K. Ainſi tout le poids dont le centre C eſt chargé par toutes les parties du fluide K, eſt à celui dont il ſeroit chargé par toute la colonne, ſuppoſé qu'elle eût par-tout une gravité égale à la gravité en B, comme l'aire produite par la ſeconde ligne, à l'aire produite par la premiere. Or la ſeconde ligne produiroit un triangle, & la premiere un quarré double de ce triangle; ce qui prouve la ſeconde partie du théorème.

Application à un cas particulier.

139. Tout ce que nous avons dit ſubſiſte en ſon entier, dans le cas même où, parmi le quatre forces énoncées dans la propoſition, il y en auroit une ou pluſieurs qui s'évanouiſſent ou qui euſſent une direction oppoſée, & devinſſent négatives; pourvu que le total de celles qui dans chaque

partie

partie ſont perpendiculaires à l'axe du ſphéroïde, auſſi bien
que de celles qui lui ſont paralleles, ſoit une quantité poſitive.

140. Car toutes les démonſtrations précédentes ſont appuyées ſur ce principe unique, ſavoir que dans chaque partie les ſommes des forces agiſſantes ſuivant les directions
perpendiculaires aux axes de l'ellipſe génératrice, ſont comme
leurs diſtances à ces axes; & que les forces totales aux extrémités des axes, ſont réciproquement comme les axes. Or tout
cela ſe vérifie également dans le dernier cas propoſé.

141. De là il eſt aiſé de s'appercevoir premierement que
l'ellipſe de M. *Herman* eſt un cas particulier de cette ſolution
de M. *Mac-Laurin*. Car ſi la gravitation mutuelle des parties
& la force parallele à l'axe deviennent nulles, que la gravité
qui tend au centre ſoit en raiſon directe de la diſtance, &
que la force perpendiculaire à l'axe ſoit négative, on aura
l'hypotheſe de gravité de M. *Herman* avec la force centrifuge
occaſionnée par le mouvement diurne, laquelle déterminera
une ellipſe qu'on pourra aiſément démontrer être l'ellipſe
même de M. *Herman*.

142. De là il eſt aiſé de conclure en ſecond lieu qu'une
maſſe fluide qui tourneroit autour de l'axe B*b*, dans l'hypotheſe newtonienne de la gravité, du moment qu'on lui donneroit la figure d'un ſphéroïde elliptique, avec un certain
dégré d'applatiſſement, ſeroit en équilibre. Car outre que
ſes parties péſeroient toutes les unes vers les autres en raiſon
inverſe des quarrés des diſtances, elles auroient encore une
force centrifuge ſuivant la direction KP, proportionnelle à
cette ligne, comme nous le verrons bientôt. Or l'applatiſſement ſeroit tel, qu'il y auroit même raiſon de CB à C*a*,
que de la gravité en *a* diminuée de la force centrifuge, à la
gravité entiere en B. Si les gravités en *a* & en B étoient égales,
ce rapport pourroit ſe connoître aiſément, par le n. 71, où
nous avons déterminé le rapport de la gravité à la force centrifuge, priſes l'une & l'autre ſous l'équateur; & l'applatiſſement ſeroit double de celui que donne l'hypotheſe d'une gravité
tendante à un centre donné, de telle ſorte que VFKQ (fig. 1)
puiſſe être pris pour un rectangle. Or nous avons trouvé pour

cette derniere hypothefe, que le demi-diametre de l'équateur eft à fa différence au demi-axe, comme fous l'équateur la gravité eft à la moitié feulement de la force centrifuge, non à cette force entiere.

143. Mais cette gravité primitive n'eft point la même fous l'équateur & au pôle. Car les parties n'y font ni à mêmes diftances, ni dans les mêmes pofitions par rapport aux autres parties. Ainfi on eft obligé de déterminer par l'efpece de l'ellipfe génératrice le rapport de ces gravités, pour pouvoir enfuite de ce rapport remonter à l'efpece de l'ellipfe génératrice. *Newton* a donné une méthode pour trouver par la quadrature des courbes, le dégré de gravité en un point quelconque de l'axe d'un folide engendré par la circonvolution d'une courbe d'équation donnée autour de fon axe, nommément dans l'ellipfoïde par la quadrature du cercle & de l'hyperbole. Mais pour un point placé fous l'équateur, il ne donne aucune méthode, & il fe contente d'une forte d'eftime pour un ellipfoïde donné, & peu différent d'une fphere. M. *MacLaurin* a donné de ce problême une folution très heureufe & très élégante, pour un point placé tant à l'équateur qu'au pôle; & il fe fert de cette détermination de gravité pour déterminer enfuite, d'une maniere également ingénieufe & précife, l'ellipfe génératrice.

144. Mais cette détermination même demande bien du travail, & l'on peut difficilement s'y paffer du calcul. Je crois cependant avoir trouvé une méthode beaucoup plus fimple, qui s'accorde en partie avec celle de M. *Bernouilli*, & qui à l'aide de la feule Géométrie, pour un fphéroïde fort approchant d'une fphere, réfoud le problême avec une extrême facilité. Je la propoferai quand j'aurai déterminé la gravité primitive, premierement d'un point placé au pôle de ce fphéroïde, en fecond lieu, d'un point pris fous l'équateur. Pour abréger, je me fervirai quelquefois du figne algébrique d'égalité, de celui de la multiplication pour des raifons compofées de raifons directes, & de celui de la divifion pour des raifons compofées de raifons directes & inverfes, felon l'ufage. Avec la Géométrie pure, & au moyen de ces fignes, nous parviendrons à la détermination de la gravité primitive fous l'équateur & fous les pôles.

145. Suppofons donc (fig. 17) que la demi-ellipfe B A b engendre un fphéroïde, & le demi-cercle BEb une fphere en tournant autour de leur axe commun Bb, & qu'on cherche la différence de la force qui attire le point B fur le fphéroïde, d'avec celle qui l'attire fur la fphere, dans l'hypothefe que ce point pefe vers chacune de leurs parties en raifon directe des maffes, & en raifon inverfe des quarrés des diftances.

146. Soit C A le demi-diametre de l'équateur du fphéroïde, CE celui de la fphere, & une ordonnée quelconque perpendiculaire à l'axe, qui rencontre l'axe en K, l'ellipfe en P, & le cercle en D. Il faut trouver l'attraction du point B fur toutes les couronnes que décrivent dans leur mouvement des lignes telles que DP. Soit exprimée la force, avec laquelle le point B eft attiré fur chaque partie, par cette partie même divifée par le quarré de la diftance ; & imaginons PD fi petite, que la ligne BD puiffe être prife pour la diftance de toutes les parties qu'elle contient.

147. La force abfolue par laquelle le point B eft attiré par la couronne DP, fera donc en raifon directe de cette couronne, & en raifon inverfe du quarré de BD. Or par une propriété fort connue de l'ellipfe, comme on peut le voir au tome 3 de mes Elémens (n. 365), KP eft à KD dans le rapport conftant de C A à CE. Donc KP fera conftamment en raifon de KD. Par conféquent & le cercle décrit par KD, & celui qui eft décrit par KP & la couronne, ou la différence de ces cercles décrite par DP, feront en raifon de KD^2, les cercles étant entre eux comme les quarrés de leurs rayons.

Ainfi la force abfolue fera en raifon de $\frac{KD^2}{BD^2}$. Or cette force abfolue agiffant fuivant la direction DB, peut fe décompofer en deux autres, favoir DK, BK, dont la premiere eft détruite par des actions oppofées, & la feconde attire le point B vers le centre C ; & la force abfolue eft à la force relative dont on doit tenir compte, comme BD à BK. Celle-ci fera donc en raifon de $\frac{KD^2 \times BK}{BD^3}$, ou de $\frac{KD^2 \times BK \times BD}{BD^4}$. De plus, par la nature du cercle BD^2 eft en raifon de BK, & KD$^2 =$

$b\,\text{K} \times \text{B}\,\text{K}$. Donc la force relative fera en raifon de $\dfrac{b\,\text{K} \times \text{B}\,\text{K}^2 \times \text{B}\,\text{D}}{\text{B}\,\text{K}^2}$, ou de $b\,\text{K} \times \text{B}\,\text{D}$.

*Son expref-
fion, & celle
de la fomme
des forces des
couronnes.*

148. Pour déterminer une ligne droite qui exprime cette force, foit BMN une parabole du premier genre, ayant Bb pour axe & pour parametre. Comme par la nature de cette courbe $\text{K}\,\text{M}^2 = \text{B}\,\text{K} \times \text{B}\,b$, on aura KM $=$ BD (1), & par la même raifon bN $= b$B. Soit maintenant une autre courbe BLN, telle que l'on ait Bb : BK :: KM : KL, qui fera auffi du genre des paraboles. Car on aura KM en raifon de BK $\frac{1}{2}$, & KL en raifon de KM $\times$ BK, & par conféquent de BK $\frac{3}{2}$. Or l'on aura en renverfant les rapports Bb : bK :: KM ou BD : ML; & parceque Bb eft conftant, ML fera en raifon de bK $\times$ BD, c'eft-à-dire en raifon de cette force relative, dont nous avons dit qu'il falloit tenir compte. Donc ML exprime cette force relative, & l'aire BLNMB exprime la force totale dont toutes les couronnes comme DP attirent le point B.

*Valeur ab-
folue de cette
fomme.*

149. Il eft queftion à préfent d'évaluer cette force. Suppofons que les points P, D, K, L, M tombent fur les points A, E, C, F, G; on aura GF $= \frac{1}{2}$CG, puifque GF : CG :: bC : bB. De plus, CG $=$ BE, & BE$^2 =$ 2 BC^2. La couronne EA fera égale au produit de EA par la circonférence du cercle décrite du point E, laquelle, en fuppofant que $\frac{1}{c}$ exprime le rapport du rayon à la circonférence, fera $= c \times$ CE $= c \times$ CB. Ainfi la couronne fera $c \times$ BC $\times$ EA. Donc la force abfolue de la couronne EA fera $\dfrac{c \times BC \times EA}{BE^2} = \dfrac{c \times BC \times EA}{2\,BC^2} = \dfrac{c \times EA}{2\,BC}$; & l'on aura la force relative en multipliant par BC, & en divifant par BE. Donc la force relative eft $\dfrac{c \times EA}{2\,BE} = \dfrac{c \times EA \times BE}{2\,BE^2}$. Et fubftituant à la place de BE & BE^2, leurs valeurs CG,

---

(1) En effet, foit B$b = a$, BK $= x$, KD $= y$; on aura KM$^2 = ax$; BD$^2 = x^2 + y^2$; dans laquelle fubftituant la valeur de y^2 prife de l'équation au cercle, on aura BD$^2 = x^2 + ax - x^2 = ax$. Donc KM$^2 =$ BD^2, & KM $=$ BD.

ou 2 GF & 2 BC^2, cette force deviendra $\frac{2c \times EA \times FG}{4BC^2} = \frac{c \times EA \times FG}{2BC^2}$.
Donc puisque la force de la couronne EA est à celle de la couronne DP, comme FG est à LM, celle de la couronne DP sera $\frac{c \times EA \times LM}{2BC^2}$. Donc la force attractive de toutes les couronnes sera le produit de l'aire BFNGB, composée de toutes les lignes LM, par la quantité donnée $\frac{c \times EA}{2BC^2}$.

150. Il nous reste à calculer l'aire BFNGB. En général dans toute parabole, dont les ordonnées font en raison des abscisses élevées à la puissance de m, l'aire est au rectangle sous l'abscisse & l'ordonnée, comme 1 à $m+1$, ainsi qu'il a été dit plus haut (n. 36). C'est-à-dire par exemple, que si KL est en raison de BK^m, l'aire BKL sera $\frac{1}{m+1} \times$ BK $\times$ KL. Ainsi KM étant en raison de BK$\frac{1}{2}$, on a l'aire BbNGB $= \frac{1}{\frac{1}{2}+1} \times$ B$b \times b$N $= \frac{2}{3}$ B$b^2 = \frac{8}{3}$ BC^2. Mais puisque KL est en raison de BK$\frac{1}{2}$, l'aire BbNFB $= \frac{1}{\frac{3}{2}+1} \times b$B $\times b$N $= \frac{2}{5}$ B$b^2 = \frac{8}{5}$ BC^2. On aura donc l'aire BFNGB $= \frac{8}{3}$ BC$^2 - \frac{8}{5}$ BC$^2 = \frac{16}{15}$ BC^2.

151. Donc enfin multipliant cette valeur par $\frac{c \times EA}{2BC^2}$, on aura toute la gravité primitive au pôle B, exprimée par $\frac{8}{15} \times c \times$ EA; c'est-à-dire par $\frac{8}{15}$ de la circonférence du petit cercle décrit du rayon EA, puisque $c \times$ EA est la circonférence de ce petit cercle; expression la plus simple & la plus facile, je pense, qu'on puisse donner de cette gravité.

152. Soit maintenant (fig. 18) un petit corpuscule en A sur l'équateur du sphéroïde engendré par une circonvolution autour de l'axe Bb. Imaginons deux autres solides, savoir le sphéroïde qui seroit produit par une circonvolution autour de l'axe Aa & la sphere A E$a e$, ayant le même diametre Aa. Si ces solides font coupés par un plan PGgp perpendiculaire à Aa; la section du sphéroïde décrit avec l'axe Aa, sera

un cercle, dont le diametre eft G *g* ; la fection de la fphere un cercle dont le diametre eft P *p* ; & la fection du fphéroïde décrit fur l'axe B *b* , fera une ellipfe femblable à l'ellipfe génératrice , dont l'un des axes fera G *g* , & l'autre une ligne égale à P *p*. On fe convaincra de ce dernier point (car les autres font affez évidens par eux-mêmes, & par ce que nous en avons dit), en faifant attention que l'axe G *g* de l'ellipfe de la fection doit être à fon autre axe, comme B *b* à A *a* ou E *e* , c'eft-à-dire comme G *g* à P *p*. Soient repréfentées ces fections par la figure 19, l'ellipfe fera GR *g r* , , à laquelle les cercles PR *p r*, GI *g i* feront l'un circonfcrit, l'autre infcrit. A l'égard de la couronne GP, elle fera la différence de la fphere dont le diametre eft A *a* (fig. 18), & du fphéroïde décrit fur ce diametre. Quant aux deux ménifques RP *r* G, R *p r g* , ils feront enfemble la différence du fphéroïde décrit autour de l'axe B *b* (fig. 18), & de cette même fphere.

153. De plus, par une propriété de l'ellipfe, affez connue, & qu'on peut voir dans le tome 3 de mes Elémens (n. 385), le cercle circonfcrit eft à l'ellipfe, comme l'ellipfe au cercle infcrit. Ainfi l'ellipfe ne différant pas de beaucoup du cercle infcrit, les deux premiers ménifques différeront peu des deux derniers. D'où il fuit que les ménifques RP *r* G, R *p r g* pris enfemble font la moitié de la couronne, & que puifque dans la figure 18 toutes les parties tant de la couronne que du ménifque font à peu près à la même diftance & dans la même pofition par rapport au point A, ce point fera moins attiré de moitié par ce double ménifque qu'il ne le feroit par la couronne. Or comme la même chofe arrive par-tout, la gravité de ce point placé en A, provenante de la différence du fphéroïde dont l'axe eft B *b*, fera la moitié de celle qui provient de la différence du fphéroïde dont l'axe eft A *a*, & de la fphere qui a cet axe pour diametre.

154. Moyennant ces démonftrations, on pourra aifément exprimer par la même ligne EB le rapport de la gravité primitive fous le pôle à la gravité fous l'équateur, foit que le fphéroïde foit oblong ou applati. Mais pour déterminer cette gravité, on a befoin d'un théorème fort connu , qui eft une fuite de ce qui a été démontré par *Newton* , favoir que tout

solide sphérique attire un point placé à quelque distance, ou à sa superficie, de la même maniere que si toute la masse étoit compénétrée au centre. Soit r le rayon de la sphere, le diametre sera $2r$, son grand cercle $\frac{1}{2}crr$ (1), sa surface $2crr$, & sa solidité $\frac{2}{3}cr^3$. Donc la gravité d'un point placé sur la surface de la sphere, exprimée par cette sphere même, ou par le nombre de ses parties, en raison directe de la masse, & en raison inverse du quarré de la distance, sera $\frac{2}{3}cr$.

155. Soit (fig. 17) un sphéroïde applati, comme cela doit arriver à cause de la force centrifuge sous l'équateur, laquelle éleve en cet endroit la masse du fluide. La gravité du point B sur une sphere du diametre Bb sera $\frac{2}{3}\times c\times CB = \frac{2}{3}\times c\times CA - \frac{2}{3}\times c\times EA$. A quoi ajoutant $\frac{8}{15}\times c\times EA$, on aura pour la gravité de ce point sur le sphéroïde applati $\frac{2}{3}\times c\times CA - \frac{10}{15}\times c\times EA + \frac{8}{15}\times c\times EA = \frac{2}{3}\times c\times CA - \frac{2}{15}\times c\times EA$. La gravité du point A sur la sphere, dont le rayon est CA, sera $\frac{2}{3}\times c\times CA$; d'où ôtant $\frac{4}{15}\times c\times EA$, on aura pour la gravité du point A sur le sphéroïde $\frac{2}{3}\times c\times CA - \frac{4}{15}\times c\times EA$. Ainsi la gravité sur le sphéroïde au pôle B, sera à la gravité sous son équateur en A, comme $\frac{2}{3}\times c\times CA - \frac{2}{15}\times c\times EA$ à $\frac{2}{3}\times c\times CA - \frac{4}{15}\times c\times EA$; ou bien, à cause que EA est très petit par rapport à CA, comme $\frac{2}{3}\times c\times CA$ à $\frac{2}{3}\times c\times CA - \frac{2}{15}\times c\times EA$; c'est-à-dire comme CA à CA $- \frac{1}{5}\times EA$.

156. Si le sphéroïde étoit allongé, la ligne EA de positive deviendroit négative, & le rapport de ces gravités seroit celui de CA à CA $+ \frac{1}{5}EA$.

157. Au moyen de ce rapport, on peut aisément déter-miner l'applatissement occasionné par le mouvement diurne, suivant ce qui a été dit (n. 142). Pour lors des trois forces supposées dans le théorème (n. 121), outre la gravitation mutuelle en raison inverse des quarrés des distances, une seule a lieu dans le cas présent; c'est celle qui provient de la force centrifuge, & qui agit suivant la direction de CA perpendi-culairement à l'axe Bb. Les deux autres entrent dans les causes du flux & du reflux de la mer, dans lequel, à cause que la Terre ne pese pas également, ni dans la même direction sur

---

(1) On suppose ici, comme ci-devant, que le rayon est à la circonfé-rence comme 1 est à c.

le foleil & fur la lune, on eft obligé d'admettre encore deux forces, l'une dirigée au centre de la Terre, l'autre fuivant une direction à peu près perpendiculaire au plan mené par ce centre perpendiculairement à la ligne qui joint la Terre au Soleil ou à la Lune, & proportionnelle à la diftance de ce plan.

158. Laiffant donc à part ces deux dernieres gravitations, qui n'ont aucun rapport à la queftion préfente; foit la gravité primitive fous l'équateur $= m$, la force centrifuge $= n$; la gravité abfolue fous l'équateur fera $= m - n$. Si l'on fait le demi-diametre de l'équateur $= r$, & fa différence au demi-axe $= x$; on aura cette analogie : comme $r - \frac{1}{5} x$ eft à r, ou bien à caufe que x eft très petit par rapport à r, comme r eft à $r + \frac{1}{5} x$, ainfi la gravité primitive fous l'équateur (m) eft à la gravité primitive fous le pôle, qui fera $m + \frac{m x}{5 r}$. Donc la gravité abfolue fous l'équateur eft à la gravité fous le pôle, comme $m - n$ eft à $m + \frac{m x}{5 r}$, ou à peu près comme m à $m + \frac{m x}{5 r} + n$. Or ces gravités doivent être en raifon inverfe des diftances au centre, par le n. 121, elles feront donc dans la raifon de r à $r + x$, & l'on aura encore cette proportion, en prenant les différences : m eft à $\frac{m x}{5 r} + n$, ou bien 1 eft à $\frac{x}{5 r} + \frac{n}{m}$, comme r eft à x, ou comme 1 eft à $\frac{x}{r}$. Donc $\frac{x}{5 r} + \frac{n}{m} = \frac{x}{r}$, ou $\frac{n}{m} = \frac{4 x}{5 r}$, ou $\frac{x}{r} = \frac{5 n}{4 m}$. D'où l'on tire cette analogie, $m : \frac{5}{4} n :: r : x$. On aura donc ce théorème : comme la gravité fous l'équateur eft à $\frac{5}{4}$ de la force centrifuge fous l'équateur, ainfi le demi-diametre de l'équateur eft à fa différence au demi-axe.

159. Si l'on veut prendre en nombres le rapport approché de la gravité à la force centrifuge fous l'équateur, qui fuivant le n. 71, eft celui de 289 à 1; le demi-diametre de l'équateur fera à fa différence au demi-axe, comme 289 à $\frac{5}{4}$, ou comme 1156 à 5, à peu près comme 231 à 1, rapport fort approchant de celui de 230 à 1 qu'a trouvé *Newton* au Livre 3 des principes (prop. 19), où il fuppofe que le demi-
diametre

diametre de l'équateur est au demi-axe, comme 231 à 230. Cet applatissement est double de celui que M. *Herman* a déterminé pour son ellipse. Car nous avons vu (n. 72) que celui-ci doit répondre non à cinq quarts, mais à la moitié de la force centrifuge ; ce qui ne fait point $\frac{1}{231}$, mais seulement $\frac{1}{578}$ du tout.

160. M. *Herman*, persuadé que son ellipse étoit celle que devoit donner la théorie de la gravité newtonienne, a taxé d'erreur *Gregory* & *Newton* lui-même, pour ne s'en être pas apperçus, & pour avoir assigné à la Terre un applatissement, qui dans leurs principes devroit être moindre de plus de moitié. Mais c'est précisément en quoi il est tombé lui - même dans une erreur considérable. Car son hypothese de gravité, dirigée à un point unique, & en raison directe de la distance à ce point, est bien différente de l'hypothese de *Newton*, d'une gravité composée d'un nombre infini de gravitations particulieres sur chaque partie, en raison inverse des quarrés des distances.

161. Dans la théorie de *Newton*, toutes les parties d'un canal quelconque terminé au centre, pesent sur ce centre même, en raison de leur distance au centre, & la gravité absolue à la surface est en raison inverse de la distance à ce centre. *Newton* s'est lui-même apperçu que cela devoit suivre de sa théorie, supposé qu'il lui fallût une figure elliptique pour conserver l'équilibre. Il n'a pu démontrer ce dernier point ; mais a été du moins assez heureux pour le deviner.

162. En effet, *Newton* a démontré qu'un corpuscule placé dans l'intérieur d'une couche elliptique, formée par la révolution de deux ellipses concentriques semblables & semblablement posées, est dans un équilibre parfait ; & qu'un point situé dans des points homologues de solides semblables, est attiré dans sa théorie en raison simple des côtés homologues ; deux articles que nous avons exposés (n. 93 & 92). Or il ne lui a pas été difficile d'en tirer cette conséquence si naturelle, & qui suit pour ainsi dire d'elle-même, savoir qu'à mesure qu'on approche du centre dans une sphere ou dans un sphéroïde elliptique, la gravité décroît en raison simple directe des distances au centre. Car si l'on imagine une surface

H h h

Erreur de M.
Herman dans
la censure
qu'il fait de
Newton & de
Gregory.

Théorie de
Newton.

Démonstra-
tion pour la
gravité primi-
tive ;

ſphérique ou elliptique, ſemblable à la ſuperficie extérieure, & paſſant par ce point qui ſe rapproche du centre, tout l’orbe extérieur renfermé entre ces deux ſurfaces n’aura aucune action, & il ne reſtera que l’action de la ſphere ou du ſphéroïde renfermé dans la nouvelle ſurface. Cette action devra être proportionnelle à la diſtance au centre; & cette diſtance eſt, comme l’on ſait, un des côtés homologues.

Pour la force centrifuge. 163. C’eſt ainſi que *Newton* a trouvé que la gravité primitive dans l’intérieur d’une ſphere ou d’un ſphéroïde elliptique, étoit en raiſon directe de la diſtance au centre. A l’égard de la force centrifuge, elle eſt en raiſon de la diſtance à l’axe, ſuivant le n. 17. D’où il eſt aiſé de conclure, ſoit qu’on prenne cette force abſolue, ſoit que l’ayant décompoſée, on n’ait égard qu’à celle de ſes parties qui eſt oppoſée à la gravité dirigée au centre, qu’elle eſt auſſi proportionnelle à la diſtance au centre. Or il ſuit de là que la gravité même abſolue pour un point quelconque pris dans l’intérieur de la ſphere ou du ſphéroïde, ſi l’on tient compte de celle qui eſt dirigée au centre dans tout canal terminé à ce centre même, ſera en raiſon directe de la diſtance au centre.

Pour la gravité à la ſuperficie. 164. *Newton* a démontré en ſecond lieu qu’à chaque point de la ſuperficie extérieur, la gravité eſt en raiſon inverſe de la diſtance au centre, & il l’a démontré ſans peine de la maniere qui ſuit. Imaginons deux canaux quelconques partans du centre, & terminés à la ſuperficie; ils ſeront en équilibre. Diviſons-les en un nombre égal de parties proportionnelles; toutes les petites portions de matiere renfermées dans ces parties, péſeront ſur le centre en raiſon de leur diſtance au centre. Or le rapport de la diſtance dans les parties homologues des canaux, eſt le même que celui des canaux. D’où il ſuit qu’ayant pris deux parties homologues, une dans chaque canal, la gravité de chaque portion de matiere, renfermée dans la premiere partie, ſera à la gravité de chaque portion de la ſeconde dans le rapport conſtant des canaux entiers. Donc les ſommes de ces gravités ſeront dans la même raiſon; c’eſt-à-dire que les poids des parties homologues ſont entre eux comme les poids des canaux. Donc ils ſont égaux. Mais puiſque le poids d’une partie priſe dans l’un des canaux, eſt égal au poids de la partie homologue de l'autre canal ; il fuit que la gravité de chaque portion de matiere, renfermée dans la partie du premier canal, eft à la gravité de chaque portion de la partie homologue en raifon inverfe du nombre de ces portions de matiere, renfermées dans ces parties ; c'eft-à-dire en raifon inverfe de ces parties mêmes ; que par conféquent elles font réciproques aux canaux & aux diftances des parties homologues au centre. Ainfi toutes les portions de matiere, prifes en quelque endroit qu'on voudra, tant de la furface que de l'intérieur du fphéroïde, fur des lignes droites tirées du centre à la furface, & à des diftances au centre proportionnelles à ces lignes, péfent en raifon inverfe de ces diftances.

165. Sur cela M. *Herman* cherchoit la figure que prendroit un fluide qui tourne fur fon axe, & dont la gravité feroit dirigée au centre en raifon directe des diftances ; & dans cette hypothefe de gravité, il trouvoit une ellipfe dans laquelle le demi-diametre de l'équateur étoit au demi-axe en raifon fous-doublée de la gravité primitive à la gravité abfolue fous l'équateur. D'où il fuivoit que ce demi-diametre étoit à fa différence au demi-axe, à peu près comme cette gravité primitive à la moitié de la force centrifuge, ou comme 578 eft à 1 ; & que la gravité abfolue dans les différens points de la furface étoit en raifon inverfe des diftances, comme nous l'avons nous-mêmes démontré, n. 47 & 49. Enfuite remontant de la conféquence au principe, il cherchoit la figure requife dans la fuppofition que la force abfolue à la fuperficie fût en raifon inverfe de la diftance au centre, & retrouvoit la même ellipfe. De plus, il trouvoit que la gravité primitive dirigée au centre, devoit être en raifon directe des diftances ; ce qu'il démontroit par une méthode fynthétique, qui demande autant de patience que de travail. J'ai démontré la même chofe par un calcul aifé, dans ma Differtation fur la figure de la Terre.

166. De ces réfultats, M. *Herman* concluoit la liaifon & la dépendance mutuelle & néceffaire de ces trois chofes: que la gravité primitive eft en raifon directe de la diftance ; que la gravité abfolue à la fuperficie eft en raifon inverfe de la

Ellipfe de M.
Herman.

Conclufion
de M. Her-
man.

Hhh ij

diſtance ; & que la figure eſt une ellipſe dans laquelle le demi-diametre de l'équateur eſt à ſa différence au demi-axe, comme la gravité eſt à la moitié de la force centrifuge ſous l'équateur. Il prétendoit que de chacun de ces trois points pris ſéparément, ſuivent néceſſairement les deux autres. Et comme il trouvoit la même choſe tant par la méthode des canaux que par celle de la direction perpendiculaire à la ſuperficie, il ſe croyoit ſuffiſamment autoriſé à cenſurer *Gregory* & *Newton*.

Qu'il en impoſa à l'Auteur ; & en quoi.

167. Ce raiſonnement ſpécieux m'en impoſa à moi-même, lorſque je faiſois la premiere édition de ma Diſſertation en 1739, non pas néanmoins juſqu'à me faire adopter l'opinion d'*Herman*, & à me faire croire que dans le ſentiment de *Newton* l'applatiſſement dût être $\frac{1}{578}$ partie du tout. Car je voyois clairement, ainſi que je l'ai marqué au même endroit, qu'il étoit démontré dans *Newton*, & fort exactement démontré qu'un fluide elliptique qui tourne ſur ſon axe, & dont les parties peſent les unes ſur les autres en raiſon inverſe des quarrés des diſtances, a un applatiſſement égal à $\frac{1}{230}$ du tout ; ce qu'il a déterminé par une méthode à la vérité indirecte & de fauſſe poſition, mais qui en pareille matiere eſt aſſez exacte & aſſez ſûre ; & que la gravité doit être dans l'intérieur d'un canal quelconque en raiſon directe, & dans les divers points de la ſuperficie en raiſon inverſe de la diſtance au centre. Mais comme cette raiſon directe & inverſe, en donnant une ellipſe, ne l'applatiſſoit que de $\frac{1}{578}$ partie du tout, je ſoupçonnai d'erreur ce que *Newton* dit quelque part ſans le démontrer, ſavoir que dans ſa théorie le fluide doit être de figure elliptique ; & ce point ſuppoſé faux, les deux autres tomboient d'eux-mêmes.

La ſolution de M *Mac-Laurin* fit découvrir l'erreur.

168. L'année ſuivante parut la belle Diſſertation de M. *Mac-Laurin ſur le flux & le reflux de la mer*, où il démontre que la figure elliptique eſt celle que doit prendre un fluide dans la théorie de *Newton*, & où il trouve le même applatiſſement que *Newton* avoit tiré de la ſuppoſition de cette figure. Pour lors j'examinai avec plus d'attention le paſſage de M. *Herman*, & je recherchai les cauſes qui avoient pu l'induire en erreur. Je vais en propoſer deux, l'une deſquelles fut

inférée, peu de tems après, dans une nouvelle édition de ma Diſſertation imprimée à *Luques*, avec un recueil de divers opuſcules: mais il y a tant de fautes d'impreſſion, & les figures en particulier y ſont tellement défigurées, qu'il eſt preſque impoſſible d'y rien comprendre.

169. La premiere ſource d'erreur, c'eſt que quand on cherche la figure par la direction perpendiculaire à la ſuperficie dans l'hypotheſe de M. *Herman*, la gravité eſt compoſée de deux forces, dont la premiere, à ſavoir la gravité primitive, eſt dirigée au centre, comme dans la figure 7. LN ſuit la direction de LC; la ſeconde eſt la force centrifuge LO, dirigée du côté oppoſé à l'axe: au lieu que dans la théorie de *Newton*, cette gravité primitive n'eſt point dirigée au centre, mais elle ſuit la direction d'une ligne tellement inclinée à PC (fig. 14), qu'après qu'on l'a combinée avec la force centrifuge, la gravité abſolue a une direction qui, dans l'hypotheſe de *Newton*, s'éloigne plus de la ligne du centre, & demande un applatiſſement plus fort que dans l'hypotheſe de M. *Herman*.

170. La ſeconde ſource d'erreur eſt que dans l'hypotheſe de M. *Herman*, la gravité primitive doit être plus grande ſous l'équateur que ſous le pôle, à raiſon d'une plus grande diſtance; tandis que dans le ſentiment de *Newton*, elle doit être moindre. Si dans l'hypotheſe de M. *Herman* on ſuppoſe, comme nous l'avons fait, le demi-diametre de l'équateur $= r$, ſa différence au demi-axe $= x$; la gravité primitive ſous l'équateur doit être à celle du pôle, comme $r + x$ eſt à r, & dans le ſentiment de *Newton*, comme $r - \frac{1}{5} x$ eſt à r. De là le rapport de la gravité abſolue ſous l'équateur à la gravité ſous le pôle, eſt plus petit dans le ſentiment de *Newton* que dans l'hypotheſe de M. *Herman*. D'où il ſuit que pour conſerver l'équilibre des canaux, l'inégalité des gravités abſolues doit être compenſée par une différence de hauteur dans les canaux, plus grande dans le ſentiment de *Newton* que dans l'hypotheſe de M. *Herman*.

171. Tout cela met l'erreur de M. *Herman* dans tout ſon jour, & fait aſſez voir ce qui doit arriver dans la théorie de *Newton* à un fluide homogène qui tourne ſur ſon axe. On

Cauſes de l'erreur de M. Herman. Pl. IV. fig. 7. 14.

Même ſujet.

Différence de la théorie de Newton à celle de M. Herman.

voit encore qu'il est bien plus difficile de déterminer la figure dans cette théorie, que dans l'hypothese d'une gravité dirigée au centre, & en raison de la distance au centre & d'une gravité absolue à la superficie en raison inverse de cette distance; & qu'on ne doit pas s'imaginer que pour avoir trouvé ce qui doit arriver dans cette hypothese, lorsqu'il s'agit ou de la figure provenante du mouvement de révolution diurne, ou de celle du flux & du reflux de la mer, produit par l'inégalité d'action du soleil ou de la lune sur les différentes parties de la Terre, on ait déterminé par là même, & à si peu de frais, tout l'effet qui doit résulter de la théorie de *Newton*.

Observation concernant les hypotheses.

172. Il est de plus à observer que *Newton* n'a point employé deux hypotheses, dont l'une regardât les parties placées au dedans de la surface, & l'autre, les parties placées à cette surface même; mais que l'une & l'autre est une suite de l'action générale & mutuelle de toutes les parties les unes sur les autres en raison inverse des quarrés des distances, & qu'il n'est nullement permis de rassembler dans l'explication de quelque phénomene particulier des hypotheses inventées à plaisir, qui loin d'avoir entre elles aucune liaison, se détruisent d'ordinaire les unes les autres; enfin qu'il n'est pas même permis d'établir pour chaque phénomene une hypothese particuliere, quand même ces diverses hypotheses ne renfermeroient ni contradictions ni absurdités, & que ce n'est point ainsi que s'y est pris *Newton*, lui qui a déduit d'un si grand nombre de phénomenes la gravitation universelle, qui l'a employée si heureusement à l'explication de tant d'autres effets naturels, sans qu'on ait trouvé jusqu'ici aucun phénomene qu'on ne pût accorder avec elle, au lieu qu'on en a trouvé plusieurs qui en font une suite naturelle, & qui prouvent de concert la vérité du principe d'où ils sont déduits. Mais en voilà assez sur ce point.

Rapport de de la diminution de la distance & de l'accroissement de la gravité.
Pl. IV. fig. 20.

173. Il nous reste à déterminer dans l'ellipse de *Newton* le rapport de la diminution de la distance & de l'accroissement de la gravité depuis l'équateur jusqu'au pôle. C'est ce qu'on peut faire aisément par la méthode que j'ai déja employée dans ma Dissertation sur la figure de la Terre. Soit (fig. 20) EC*e* le diametre de l'équateur, BC*b* l'axe de l'ellipse peu

différente du cercle. Par un point quelconque P de cette ellipse, menez la ligne CP qui, étant prolongée de part &
d'autre, rencontrera le cercle circonscrit en D & d, & la
corde Ff perpendiculaire au diametre Ee, laquelle rencontrera encore l'ellipse en p & le cercle en F, f. DP sera la diminution de la distance ; & l'augmentation de la gravité absolue sera presque dans la même raison, puisque la gravité
en P est à la gravité en E, comme CE, ou CD à CP. Donc
DP est à CP, qui est à peu près une quantité constante,
comme l'augmentation de la gravité est à la gravité constante
CE.

174. Ceci posé, on a encore par la propriété du cercle
DP × Pd = FP × Pf. D'où il suit que Pd étant presque
constant, DP est à peu près comme le produit de FP par
Pf. Mais comme par la propriété de l'ellipse, ainsi qu'on le
peut voir au tome 3 de mes Élémens (n. 365), GF est à GP,
ou Gp dans le rapport constant de CE à CB ; il s'enfuit que
GP & Gf, & par conséquent leur différence PF & leur
somme Pf, font chacune en raison de GF. Donc cette raison
composée dont nous venons de parler, est égale à la raison
doublée de GF, ou du sinus de l'arc EF, qui est à peu près
la mesure de la distance du lieu à l'équateur ou de la latitude
du lieu. On aura donc ici, comme au n. 44 & 48, le théorème suivant : *la diminution de la distance, de même que l'augmentation de la gravité, depuis l'équateur jusqu'au pôle, est
en raison doublée du sinus de la latitude, ou en raison du sinus
verse d'une latitude double.*

175. Nous verrons au chapitre suivant, que dans l'ellipse
les dégrés du méridien augmentent dans la même raison, depuis l'équateur jusqu'au pôle. Mais en attendant, voyons
quelle doit être la figure de la Terre, dans la supposition qu'elle
n'ait point par-tout la même densité, premierement pour le
cas où cette densité augmente ou diminue, suivant quelque
rapport, depuis le centre jusqu'à la surface, ensuite pour le
cas d'une conformation irréguliere.

176. Considérons donc d'abord un globe solide, environné
d'un fluide ; c'est le cas où se trouve la Terre. Supposons que
la densité de ce solide change selon une raison quelconque

Suite.

Figure de la
Terre dans
l'hypothese
d'une densité
diverse.

Suite.

Qu'on peut
fuppofer un
noyau avec
des couches
fphériques
homogénes.

depuis le centre jufqu'à la furface, & que le fluide qui l'entoure foit par-tout de la même denfité. La denfité, de la maniere que nous l'envifageons ici, doit être égale à égales diftances du centre en tout fens. M. *Daniel Bernouilli* l'a fuppofé de même pour une maffe fluide, dans fa Differtation fur le flux & le reflux de la mer; & c'eft, comme nous le verrons bien-tôt, ce qui a trompé ce fâmeux Géometre, qui d'ailleurs eft au-deffus de tous nos éloges. Mais on peut le fuppofer fans aucun rifque, pourvu qu'on le faffe avec les précautions requifes, dans une maffe dont le noyau eft folide, & qui pour la figure differe peu d'une fphere. Car fi les couches d'égale denfité ont elles-mêmes une figure peu différente de la fphéricité, les couches fphériques peuvent auffi s'écarter fi peu de l'homogénéité, qu'en les réduifant à une homogénéité parfaite, on ne changera pas fenfiblement la gravité du fluide répandu fur fa furface, & dont l'hypothefe de gravité détermine l'équilibre; ce qu'il feroit aifé de démontrer au befoin, & d'une maniere à ne pas fouffrir la moindre difficulté; mais je crois que cette vérité fe fait affez fentir par elle-même. Or ce cas eft le même que celui où ce noyau folide feroit entierement homogêne, étant compofé d'une matiere également diftribuée dans toutes fes parties. Car toutes les couches fphériques homogênes attirent chacune en particulier, tant dans le premier que dans le fecond cas, de la même maniere que fi toute leur matiere étoit réunie au centre, comme on peut aifément le conclure des démonftrations de *Newton*.

L'excès de
denfité des
couches réuni
au centre.

177. Suppofons donc un globe folide, dont les couches concentriques foient homogênes, & dont la denfité change à diverfes diftances, fuivant une raifon quelconque: fuppofons-le couvert d'un fluide, dont toutes les parties pèfent les unes fur les autres, & fur les parties du folide, en raifon inverfe des quarrés des diftances: fuppofons enfin que tout le globe tourne fur fon axe, & que la figure foit arrivée au point d'équilibre. Si l'on conçoit que tout l'excès de denfité de chaque couche fur celle du fluide, eft réuni au centre, l'équilibre du fluide n'en fera point troublé, puifque le fluide péfera toujours également fur la maffe du noyau.

178. De cette forte nous aurons un globe folide couvert
d'un

d'un fluide homogène au globe même; & outre la force centrifuge, celle par laquelle les parties s'attiroient en raifon inverfe des quarrés des diftances, fe trouvera changée en deux
autres, l'une dirigée au centre en raifon inverfe des quarrés
des diftances à ce centre, l'autre par laquelle les parties du
fluide devenu homogène, s'attirent également en raifon inverfe des quarrés de leurs diftances refpectives. Suppofons
maintenant que ce folide fe liquéfie tout à coup, & cher-
chons l'équilibre de ce tout fluide; car dès que nous l'aurons
trouvé, quand même le globe redeviendroit folide comme
auparavant, la partie fluide ne changera point pour cela de
fituation, puifque toutes les parties continueront à s'attirer
avec les mêmes forces & dans les mêmes directions.

Cas où le noyau fe li-quéfie.

179. Or pour trouver la figure du fluide dans cette premiere hypothefe, repréfentons-nous la feconde, dans laquelle
(toutes les autres forces reftant dans le même état) celle qui
eft dirigée à la maffe réunie dans le centre, foit de l'intenfité
convenable, eu égard à cette maffe; mais au lieu de croître
en raifon inverfe des quarrés des diftances, fuive feulement
la raifon fimple directe de ces diftances. Mettons dans cette
feconde hypothefe le fluide en équilibre, & nous chercherons
enfuite la différence des figures qu'il doit prendre dans les
deux hypothefes.

Seconde hy-pothefe

180. On trouvera l'équilibre dans cette feconde hypothefe
de la même maniere qu'on l'a trouvé plus haut pour un fluide
homogène, dont toutes les parties s'attirent mutuellement en
raifon inverfe des quarrés des diftances, & font outre cela
pouffées par trois autres forces, dont la premiere eft dirigée
au centre en raifon des diftances au centre, & les deux autres
font dans des directions perpendiculaires, l'une à l'axe, l'autre
à l'équateur, & en raifon de leurs diftances à l'équateur ou
à l'axe. Car on aura abfolument les mêmes conditions.

Réduite à la folution gé-nérale de M. Mac-Laurin.

181. Suppofons maintenant (fig. 21) que BA*b*a repréfente la figure elliptique que doit prendre le fluide dans cette
feconde hypothefe, & que BE*b*e foit un globe, ayant pour
diametre l'axe B*b*, & qui rencontre en E*e* le diametre A*a*
de l'équateur. Ayant élevé EG perpendiculaire à A*a*, &
d'une grandeur arbitraire, qui repréfente la force avec laquelle

Figure pour la feconde hy-pothefe. Pl. IV, fig. 21.

Iii

doit pefer un corps à la diftance de EC ou CB fur la maffe
réunie en C; menez CG qui rencontrera en I la ligne AI
parallele à EG, & faites paffer par G une hyperbole cubique
LG, ayant *b*C, CA pour afymptotes, laquelle rencontrera
AI en L, & dont les ordonnées EG, AL foient en raifon
inverfe des quarrés des abfciffes EC, AC.

Différence de la feconde hypothefe à la premiere.

182. Si la feconde hypothefe eft changée en la premiere,
la différence de gravité fera abfolument la même fur les
rayon BC, CE; mais dans l'intervalle AE il fe perdra une
partie de cette gravité. Car un corps placé en A a une gravité qui dans la feconde hypothefe feroit exprimée par AI,
& qui dans la premiere eft exprimée par AL. Ainfi le poids
de la colonne AE, qui dans la feconde hypothefe feroit repréfenté par l'aire AIGE, le fera dans la premiere par ALGE,
LGI exprimant la diminution du poids. Si donc l'on verfe
en AM une nouvelle dofe de fluide homogêne capable de
compenfer cette diminution de poids dans la colonne AE,
& que la même chofe fe faffe pour toutes les colonnes placées en tout fens autour du centre, on rétablira l'équilibre,
& le fluide fe trouvera, même en la premiere hypothefe,
dans un équilibre parfait.

Conftruction pour compen-fer cette diffé-rence.

183. Or pour trouver cette hauteur AM, prolongeons GE
jufqu'en F, de forte que EF foit à FG, comme la denfité du
fluide eft à la denfité moyenne du noyau, afin que par-là
même EF foit à EG en même raifon que la denfité du fluide
à la denfité de la matiere excédente réunie au centre. Ce dernier rapport fera auffi celui de la gravitation du point E fur le
globe, devenu homogêne au fluide, à fa gravitation fur la matiere réunie au centre, puifqu'il pefe fur le globe de la même
maniere que fi ce globe étoit lui-même compénétré au centre.
Soit encore repréfentée par ED la gravité fur tout le fphéroïde devenu fluide, laquelle fera la même que celle qui agi-
roit fur un feul fphéroïde paffant par le point E, & femblable
au fphéroïde AB*ab*, & qui fera par conféquent un peu moindre que celle qui agit fur le globle EB*eb*. Ayant mené par
C, D une ligne qui rencontre ILA en N, AN exprimera la
gravité fur tout le fphéroïde fluide & homogême BA*ba* de
la feconde hypothefe, puifque dans le canal CA cette gravité

eſt en raiſon de la diſtance au centre; IN la gravité ſur toute
la maſſe compoſée du ſphéroïde homogêne, & de la maſſe
réunie au centre, laquelle attire en raiſon directe des diſtances;
& NL la gravité ſur l'un & ſur l'autre, dans la premiere hypotheſe, où la maſſe du centre attire en raiſon inverſe des quarrés
des diſtances.

184. Prenez du côté de A la ligne NO qui ſoit à NL,
comme la force centrifuge à la gravité entiere en A. Ayant
mené CO qui rencontrera GE en K, il eſt clair que DK exprimera la force centrifuge en E, puiſque cette force centrifuge
eſt elle-même proportionnelle à la diſtance au centre. Donc
OKGI exprime tout le poids du canal AE dans la ſeconde
hypotheſe où la maſſe attire du centre en raiſon des diſtances;
OKGL le poids du même canal dans la premiere hypotheſe
où la maſſe attire du centre en raiſon inverſe des quarrés des
diſtances; LGI la différence des poids qui doit être compenſée par la partie AM. Il ſuffira donc de mener la ligne
RMQP parallele à LAON, de ſorte que l'aire QOLR,
qui dans la premiere hypotheſe exprime tout le poids de la
partie AM, ſoit égale à l'aire LGI qui exprime la quantité
du poids qu'on a perdu en revenant de la ſeconde hypotheſe
à la premiere.

185. Or on trouve l'aire de cette hyperbole cubique RLG
par le moyen de ſes abſciſſes & de ſes ordonnées. Car ſon
aire terminée d'une part par une ordonnée quelconque EG,
& prolongée de l'autre à l'infini, eſt égale au rectangle ſous
l'abſciſſe CE & l'ordonnée EG. D'où il ſuit que l'aire LAEG
eſt égale à la différence des rectangles CE × EG, CA × AL.
De plus, les ordonnées ſont déterminées par les abſciſſes,
auſſi bien que les aires terminées par les lignes CO, CI. Il ſeroit donc aiſé de trouver par la Géométrie ou par l'analyſe, le
point M, tel que l'aire RQOL fût égale au triangle mixtiligne LGI. Mais comme la ligne AE eſt très petite, & AM
beaucoup moindre encore, on aura bien plutôt fait en prenant
l'arc GLR pour une ligne droite.

186. Ayant donc mené GH parallele à EA, le triangle
LGI ſera au rectangle AEGH, comme LI au double de
AH ou de EG. Or EG : HI :: CE : GH ou AE; & puiſque

EG : AL :: AC² : CE², & en fouſtrayant EG : HL :: AC² : AE × Ea (1); ou parceque Ea eſt à près double de CE, & CA preſque égale à CE; EG : HL :: CE : 2 AE; LH fera à peu près double de HI, & EG fera à toute la ligne LI, comme CE au triple de AE.

187. Or ſi l'on prend le trapeze QOLR pour un parallélograme, dont la hauteur ſoit AM & la baſe OL, ou KG qui eſt à peu près de la même longueur que OL; & le mixtiligne LGI pour un triangle rectiligne, dont la baſe ſoit LI & la hauteur HG; on aura LI : AM :: LO ou KG : $\frac{1}{2}$ GH, ou $\frac{1}{2}$ AE. Donc par compoſition de raiſons EG : AM :: CE × KG : $\frac{3}{2}$ AE². D'où l'on tire $AM = \frac{3\,EG \times AE^2}{2\,KG \times CE}$, qui donne cette analogie, KG : $\frac{3}{2}$ EG :: $\frac{AE^2}{CE}$ :: AM; c'eſt-à-dire que le total de la gravité ſous l'équateur eſt à $\frac{3}{2}$ de la gravité ſur la maſſe réunie au centre, comme la troiſieme proportionnelle au demi-axe, & à ſa différence au demi-diametre de l'équateur, eſt à la hauteur que l'on cherche.

188. Or il y a trois cas, ſuivant que la denſité du noyau eſt plus grande ou égale, ou plus petite que celle du fluide. Dans le premier cas la ligne EG, & tout le triangle mixtiligne LGI doivent être de l'autre côté de EC par rapport à EF, afin que la force totale des parties EA ſoit compoſée du total de leurs gravitations ſur le ſphéroïde & ſur le centre. Pour lors LGI exprime la perte du poids dans la premiere hypotheſe dans laquelle la maſſe du centre attire en raiſon inverſe des quarrés des diſtances, au lieu que dans la ſeconde elle attire en raiſon directe & ſimple des diſtances; d'où il ſuit qu'on doit compenſer cette perte en ajoutant AM. Or dans ce cas même AM ſera toujours très petite. Car alors

---

(1) Puiſque EG : AL :: AC² : CE², on aura en fouſtrayant EG : EG — AL :: AC² : AC² — CE², & parceque EG — AL = HL, & AC² — CE² = AE² + 2 CE × AE; on aura EG : HL :: AC² : AE² + 2 CE × AE. Mais AE² + 2 CE × AE = AE × (AE + 2 CE), & AE + 2 CE = Ae = Ea. Donc AE² + 2 CE × AE = AE × Ea, & EG : HL :: AC² : AE × Ea.

DG fera conftamment plus grande que GE; & puifque DK qui exprime la force centrifuge doit être très petite en comparaifon de DG qui repréfente la gravité primitive; KG fera plus grande que GE, ou elle lui fera égale, (ce qui arrive lorfque la denfité FE du fluide eft très petite, enforte que DE foit elle-même de peu de valeur, auffi bien que DK qui eft alors ou moindre ou égale à DE), ou enfin KG fera moindre, mais de fi peu chofe, qu'on pourra l'égaler à GE. D'où il fuit que AM fera au contraire ou plus petite que la troifieme proportionnelle à CE & EA, ou qu'elle lui fera égale, ou qu'enfin elle la furpaffera de fi peu de chofe, qu'on pourra les égaler.

189. Dans le fecond cas il n'y a point de matiere réunie au centre, le triangle LGI s'évanouit, fes côtés LG, GI tombant fur AE, EA, & le cas fe réduit à la détermination de M. *Mac-Laurin* pour un fluide homogêne. Il n'y a rien pour lors à ajouter à l'ellipfe.

Denfité égale.

190. Dans le troifieme cas EG & fon triangle LGI tournent du côté oppofé, & fe confondent avec EG' & L'G'I'. Pour lors on n'imagine pas dans le centre un excédent, mais plutôt dans le noyau un fupplément de matiere pour compenfer le dégré de denfité qui lui manque, & le réduire à l'homogénéité. Pour cela même on doit encore imaginer dans le centre une égale quantité d'autre matiere douée d'une vertu répulfive, agiffante en raifon inverfe des quarrés des diftances, afin de détruire tout l'effort de la matiere furajoutée. En ce cas le triangle L'G'I' augmente le poids OKG'I', bien loin de le diminuer, puifqu'on en ôte plus qu'on ne pourroit en ôter fi la force répulfive n'augmentoit pas en raifon inverfe des quarrés des diftances, mais en raifon fimple & directe des diftances. Il n'eft donc plus queftion ici d'ajouter AM, mais de la retrancher, puifque de pofitive qu'elle étoit, elle fe change en AM', quantité négative; de même que EG fe change en EG'.

Denfité moindre.

191. Alors fi EG' n'approche pas trop du point K, on ne devra point craindre d'erreur fenfible. Or elle n'en approchera pas trop, à moins que la denfité FG' du noyau ne fût trop petite par rapport à la denfité FE du fluide. Car la force

Obfervation pour ce dernier cas.

centrifuge DK fera toujours très petite par rapport à la gravité DG′, & FD eſt toujours petite en comparaiſon de EF. En effet, par la ſuppoſition EF eſt à ED, comme la gravité du point E ſur le globe BE*b e*, à ſa gravité ſur le ſphéroïde BA*b a*, ou ce qui eſt le même, ſur un ſphéroïde ſemblable, paſſant par le point E. Donc par le n. 155, EF : ED :: $\frac{2}{3}$ CA : $\frac{2}{3}$ CA — $\frac{4}{15}$ AE, ou EF : ED :: CA : CA — $\frac{2}{5}$ AE. Donc ce qu'il faut retrancher en ce cas, eſt à peu près égal à cette troiſieme proportionnelle, ou ne la ſurpaſſe pas de beaucoup, & ſera toujours petit ; ce qui ne peut jamais manquer d'arriver dès-là que la denſité du noyau n'eſt point trop petite, comparée à celle du fluide.

192. Si l'on fait la même choſe ſur toutes les lignes droites tirées du centre, comme CVT, en ajoutant ou retranchant T*t*, laquelle ſoit à une troiſieme proportionnelle à CT, VT, à peu près dans la même raiſon que $\frac{1}{2}$ de la denſité du noyau à la ſomme, ou à la différence des denſités ; tout le fluide ſera en équilibre. Car cet équilibre ne pourroit être troublé que par l'effet de cette attraction mutuelle qui agit en raiſon inverſe des quarrés des diſtances, & qui dépend de l'attraction terminée à ce ſurcroît AM*t*T de fluide. Or elle eſt abſolument inſenſible pour ſa petiteſſe, & à raiſon de la diſtance. Si l'on devoit en tenir compte, il faudroit, pour compenſer la différence des forces, ajouter ou retrancher un autre méniſque qui, en comparaiſon du premier, ne ſeroit jamais d'une grandeur tant ſoit peu ſenſible. Il arrive ici la même choſe que dans les ſeries qui ſont fort convergentes, ſavoir que pour trouver la quantité inconnue, il ſuffit de connoître les deux premiers termes.

193. Dans le cas où EG′ approcheroit fort de EK, ou la ſurpaſſeroit même, on pourroit aiſément déterminer par la Géométrie, ou par le calcul ordinaire d'algebre, la quantité AM′ qu'il faudroit retrancher de AE. Mais dans ce cas particulier, la ſolution du problême n'eſt plus d'aucun uſage, comme nous le verrons dans la ſuite.

194. Or la figure BM*tb* s'écarte un peu de l'ellipſe. Car ſi c'étoit une ellipſe comme BA*b*, V*t* ſeroit, auſſi bien que VT, à peu près en raiſon doublée du ſinus de l'angle ACT.

comme il est aisé de le conclure du n. 174. D'où il suit que
V t seroit en raison de V T , & par-là même aussi T t en raison de V T. Or par la construction T t est en raison de VT^2,
puisqu'elle est en raison de la troisieme proportionnelle à CV
constant, & à cette même ligne VT. D'où il arrive que de
l'équateur au pôle elle décroît beaucoup moins que si le point t
étoit à l'ellipse. Mais puisque la ligne entiere T t est par-tout
très petite, non seulement par rapport à CV, mais encore
par rapport à V T , toute cette figure différera peu de l'ellipse, & sa courbure sera par-tout sensiblement la même que
celle de l'ellipse. Mais dans le cas où le noyau a moins de
densité que le fluide, elle approchera plus de la figure circu-
culaire.

195. Cette différence est encore plus petite , & devient Du flux &
du reflux de
la mer.
tout à fait insensible, lorsqu'il est question du flux & du re-
flux de la mer, auquel on peut fort aisément appliquer toute
cette théorie. Car alors toute l'élévation AE est à peine de
deux pas romains, ou de dix pieds. Par conséquent la troisieme proportionnelle à CE de 4300000 pas, & AE de 2,
savoir $\frac{1}{1057000}$ pas, n'est pas la dix-millieme partie d'un pouce.
Ainsi quelle que fût la densité du fluide par rapport à celle
du noyau, l'élévation dans le cas d'homogénéité ne différe-
roit pas sensiblement de la figure elliptique.

196. Il faut maintenant déterminer l'ellipticité AE dans De l'ellip-
ticité dans la
seconde hypo-
these.
cette derniere hypothese , dans laquelle se trouvent trois
forces, celle de la masse du fluide homogêne, qui attire en
raison inverse des quarrés des distances ; celle de la masse
réunie au centre, qui attire en raison directe des distances ;
& la force centrifuge. Soit donc la densité du fluide $= t$, la
densité moyenne du noyau considéré dans son premier état,
$= p$. Si l'on rend le noyau homogêne au fluide, la densité de
la masse réunie au centre sera $p - t$. Soit $p - t = q$, le demi-
axe CB, ou CE $= r$, la différence AE $= x$, & le rapport de
la force centrifuge au total de la gravité sous l'équateur
$= \frac{n}{m}$. Ces valeurs nous serviront à déterminer la gravité au
pôle B, & sa différence à la gravité sous l'équateur en A. Et
comme par le n. 121, la gravité en B est à la gravité en A,

comme CA à CB; CA, ou ce qui eſt à peu près la même choſe, CE eſt à EA, comme la gravité en B à la différence des gravités; ce qui déterminera la ligne AE.

Force totale
à la ſurface.

197. D'abord il ſuit de ce qui a été dit (n. 154), que la gravité totale du point B ſur le globe $BEbe$, dont le rayon CB eſt r, & la denſité t, eſt $\frac{2}{3} ctr$; ſur la matiere réunie au centre $\frac{2}{3} cqr$; ſur l'un & l'autre enſemble $\frac{2}{3} cpr$. Cette derniere gravité ſera à peu près la gravité totale du point E ſur tout le ſphéroïde, y compris le noyau, laquelle, du moment qu'il s'agit de gravité totale & non de différence, peut être priſe pour la gravité d'un point quelconque de la ſurface du ſphéroïde.

Différence de
la gravité.

198. Or cette gravité en B differe par trois endroits de la gravité en A. Car en premier lieu, la force avec laquelle le point B ſe porte ſur tout le ſphéroïde fluide homogêne, ſurpaſſe la gravitation du point A ſur ce même fluide; & par le n. 155, CA, ou ce qui eſt à peu près le même, CE eſt à $\frac{1}{5} AE$, ou r à $\frac{1}{5} x$, comme la gravité en B ſur le ſphéroïde, ſavoir $\frac{2}{3} ctr$, à ſon excès ſur la gravité en A, qui ſera $\frac{2}{15} ctx$. En ſecond lieu, CE ou CB (r) eſt à EA (x), comme la gravitation du point B ſur la maſſe du centre $(\frac{2}{3} cqr)$ eſt à ſa différence par défaut à la gravitation du point A plus éloigné de cette maſſe. Donc cette différence ſera $\frac{2}{3} cqx$. Enfin m eſt à n, comme la gravité primitive $\frac{2}{3} cpr$, commune à toute la ſuperficie de la Terre, eſt à la force centrifuge en $A = \frac{2cpnr}{3m}$, au lieu qu'en B cette force eſt nulle.

Formule
pour l'ellipti-
cité.

199. Ainſi la différence totale des gravités en B & en A ſera $\frac{2}{15} ctx - \frac{2}{3} cqx + \frac{2pcnr}{3m}$, & le rapport de la gravité en B à cette différence ſera celui de $\frac{2}{3} cpr$ à $\frac{2}{15} ctx - \frac{2}{3} cqx + \frac{2pcnr}{3m}$, ou en diviſant par $\frac{2}{3} cp$, celui de r à $\frac{tx}{5p} - \frac{qx}{p} + \frac{nr}{m}$. Et comme ce rapport doit être celui de CB à EA, ou de r à x, on aura $x = \frac{tx}{5p} - \frac{qx}{p} + \frac{nr}{m}$, ou bien $\left(1 \frac{-t}{5p} + \frac{q}{p} \right) x = \frac{nr}{m}$. Or comme $p - t = q$ par la ſuppoſition, on aura $\frac{-t}{5p} + \frac{q}{p} = - \frac{t}{5p}$

$+$

$$+ \frac{p}{p} - \frac{t}{p} = 1 \frac{-6t}{5P}. \text{ Donc } \left(2 - \frac{6t}{5P}\right) x = \frac{nr}{m}. \text{ Donc } x =$$

$$\frac{nr}{2m\left(1 - \frac{3t}{5P}\right)}.$$

200. Cette formule s'accorde parfaitement avec celle qu'a proposée M. d'*Alembert* dans sa Dissertation sur la cause des vents, qui a remporté le prix de l'Académie de Berlin en 1747, & avec une autre beaucoup plus générale, proposée par M. *Clairaut* dans son ouvrage sur la figure de la Terre; mais nullement avec celle que donne M. *Daniel Bernouilli* dans une Dissertation imprimée parmi les pieces couronnées par l'Académie royale des Sciences de *Paris*, & qu'on y trouve à l'année 1740. J'avoue que de cette formule suivent plusieurs corrollaires qui semblent d'abord autant de paradoxes également contraires aux regles du calcul & de la Géométrie; mais si on y regarde de plus près, on en reconnoîtra l'exacte vérité.

Formules de MM. d'Alembert, Clairaut & Bernouilli.

201. Pour commencer par M. *D. Bernouilli*, cet Auteur a donné pour ce même cas d'un noyau solide couvert d'un fluide, & tournant avec lui sur son axe, une formule qui exprime la différence du demi-axe au demi-diametre de l'équateur, telle que cette différence se trouve en raison inverse de la densité du fluide. D'où il conclut que le flux & le reflux de l'air éleve l'atmosphere à deux milles, & que si cette élévation ne se fait point sentir dans le barometre, c'est que l'atmosphere acquiert d'abord par son élasticité un certain équilibre, d'où il arrive que chaque point de la surface de la Terre porte le poids moyen de l'atmosphere.

Ce qui suit de la formule de M. Bernouilli.

202. Or cela est contraire à notre formule dans laquelle, lorsque le noyau est fort dense en comparaison du fluide qui le couvre, p devient extrêmement grand par rapport à t; d'où il suit que la fraction $\frac{3t}{5P}$ est très petite, que toute la formule se réduit presqu'à $\frac{nr}{2m}$, & qu'à mesure que le fluide perd de sa densité, cette formule, loin d'augmenter à l'infini, diminue & se rapproche infiniment de $\frac{nr}{2m}$.

Contraire à celle de l'Auteur.

Kkk

Caufe de l'er-
reur de M.
Bernouilli.

203. Mais c'eft la formule de M. *Bernouilli* qui manque de juftefle & non la nôtre. M. d'*Alembert* l'a déja remarqué dans l'ouvrage que je viens de citer. Je l'ai moi-même démontré dans la Diſſertation fur le flux & le reflux de la mer, impri-mée la même année, & j'ai attribué cette erreur à la même caufe que lui a affigné dans le même tems M. d'*Alembert*, favoir que dans la méthode des canaux employée par M. *Bernoulli*, on ne doit point fuppofer des couches fphériques concentriques de même denfité. Car fi toute la maſſe étoit fluide, les couches, fuſſent-elles de denfité inégale, devien-droient elles-mêmes elliptiques; & fi l'on a égard à cela, il faut beaucoup moins d'élévation fous l'équateur pour com-penfer la perte que caufe à la gravité la force centrifuge, que fi toute cette perte devoit être compenſée par le feul fluide qui couvre le noyau; auquel cas il faudroit véritablement que la hauteur de ce fluide fût en raifon inverfe de fa denfité pour compenfer une perte déterminée. C'eſt pour cela que voulant me fervir de la méthode des canaux, j'ai commencé par réduire la maſſe folide à l'homogénéité, en renvoyant tout le furplus de la matiere au centre, & qu'enfuite de fo-lide qu'elle étoit je l'ai rendue fluide. D'ailleurs il eſt évident que s'il arrivoit un changement fi confidérable dans la hau-teur de l'air, le barometre devroit abfolument l'indiquer, fans pouvoir en être difpenfé par l'équilibre prétendu, comme l'a encore remarqué M. d'*Alembert*. Car pour qu'il y ait équi-libre, il faut que chaque partie foit pouſſée en tout fens par des forces égales, & non pas que des parties placées l'une en un endroit, l'autre à l'autre, foient pouſſées par les mêmes forces. En effet, dans cette atmofphere même un atôme placé au fommet d'une montagne, eſt moins chargé qu'un autre qui fe trouve au fond de la vallée, quoique l'un & l'autre foient en équilibre.

Formule de
M. d'*Alem-
bert.*

204. M. d'*Alembert* donne fa formule à l'article 28, *propo-fition* 6. Il fuppofe le demi-diametre du noyau $= \rho$, le demi-diametre du fluide $= r$, le rapport du demi-diametre à la cir-conférence $= \frac{1}{n}$, la denfité du fluide $= \delta$, celle du noyau $= \Delta$, la gravité en un point quelconque de la furface du

fluide $= p$, la force centrifuge sous l'équateur $= \varphi$; & sa formule pour la différence du demi - axe au demi - diametre de l'équateur est $\frac{\varphi r}{2 p} : \left(1 - \frac{3 n \delta r}{5 (n \delta r - n \delta p + n \Delta p)} \right)$. Et suppofant $p = r$, à caufe que la hauteur du fluide n'eft pas fenfible, comparée à la groffeur du noyau, la formule fe change en $\dfrac{\varphi r}{2 p \left(1 - \frac{3 \delta}{5 \Delta} \right)}$.

Or les valeurs $\frac{n}{m}$, c, $\frac{t}{p}$ font dans ma démonftration les mêmes que $\frac{\varphi}{p}$, $2 n$, $\frac{\delta}{\Delta}$ dans celle-ci; & par la fubftitution, la formule de M. d'*Alembert* revient à la mienne, favoir à $\dfrac{n r}{2 m \left(1 - \frac{3 t}{5 p} \right)}$.

205. Confidérons maintenant les divers rapports des denfités t, p. Si la denfité du fluide n'eft pas fenfible par rapport à celle du noyau, la fraction $\frac{3 t}{5 p}$ s'évanouit, & la formule fe réduit à $\frac{n r}{2 m}$: & cette formule, à mefure que p diminue par rapport à t, augmente toujours tandis que $\frac{3 t}{5 p}$ eft au-deffous de l'unité, puifque le divifeur de la formule va toujours en diminuant. Enfin lorfque $p = t$, la formule fe change en $\dfrac{n r}{2 m \left(\frac{2}{5} \right)} = \frac{5 n r}{4 m}$, comme nous l'avons vu plus haut; d'où il Rapports de la denfité du noyau à celle du fluide.

fuit que la valeur de x, dans le cas où la denfité du noyau furpaffe infiniment celle du fluide, eft à fa valeur pour le cas d'homogénéité, comme $\frac{1}{2}$ eft à $\frac{5}{4}$, ou comme 2 eft à 5. Tous ces cas intermédiaires regardent un fluide homogène, dont les parties s'attirent en raifon inverfe des quarrés des diftances, avec la maffe du centre qui attire en raifon fimple directe des diftances; & ils fe réduifent à celui d'une maffe réunie au centre, laquelle attire en raifon inverfe des quarrés des diftances, & par conféquent à un noyau folide également denfe à égales diftances du centre, mais dont la moyenne denfité furpaffe celle du fluide, & qui, moyennant l'addition de AM, T t, a une force d'attraction mutuelle, égale à celle du fluide. Or dans tous ces cas on peut appliquer sans risque la solution du problême, pourvu que la force centrifuge soit très petite en comparaison de la gravité, puisqu'alors la valeur exprimée par la formule est très petite par rapport à r, c'est-à-dire que l'élévation est petite, comme on l'a supposé dans la déduction de cette formule, en calculant sur cette supposition la différence d'attraction sous l'équateur & sous le pôle.

206. Si le noyau est moins dense que le fluide, en ce cas, outre le sphéroïde du fluide homogêne, on imagine au centre une masse répulsive, égale à la quantité de matiere qu'il faut ajouter au noyau pour le réduire à l'homogénéité. Mais alors même la valeur de la formule est positive, tant que le rapport de p à t, c'est-à-dire de la densité du solide à celle du fluide, surpasse celui de 3 à 5, & elle va toujours en augmentant; & lorsque ces rapports different encore au point que $1 - \dfrac{3t}{5P}$, ou $\dfrac{5P - 3t}{5P}$ est une fraction beaucoup moindre que $\dfrac{n}{2m}$, l'ellipticité est petite, & l'on peut se servir de la formule. Mais du moment qu'ils se rapprochent de trop près, la valeur de la formule augmente à l'infini, & devient ensuite négative. Pour lors il seroit inutile de chercher de l'exactitude dans la formule, puisque ce n'est que dans la supposition d'une petite excentricité qu'on a déterminé la différence tant des attractions sous l'équateur & le pôle, que de la force répulsive de la masse réunie au centre.

207. Si dans un ellipsoïde, ou applati, ou allongé à volonté, on exprimoit généralement le rapport précis de la gravité sous le pôle à celle de l'équateur, par les demi-axes de l'ellipse génératrice, comme l'a fait M. *Mac-Laurin*, & que cette force répulsive proportionnelle à la distance, & son rapport à la force centrifuge sous l'équateur, qui est constant, fussent également exprimés par ces mêmes lignes, & avec la même précision, l'on pourroit aussi employer les demi-axes à former une expression exacte du rapport de la force totale sous l'équateur à celle du pôle; & si l'on mettoit les demi-axes en raison inverse de ces forces, on auroit une équation d'où l'on pourroit tirer la valeur précise des demi-

axes, & une construction générale du problême dans toute
l'exactitude géométrique, pour le cas même où les demi-axes
seroient d'une inégalité extrême. La figure ainsi trouvée, on y
feroit les corrections nécessaires par la méthode exposée (n. 183
& suiv.), en ajoutant ou retranchant A M ou A M', qui répond au triangle L G I ou L'G'I'. Mais cette addition même
A M, T t deviendra alors assez considérable pour demander
une nouvelle correction. Or tous ces cas n'ont aucun rapport
au sujet que nous traitons, puisque nous savons que l'ellipticité de la Terre est si petite, qu'elle approche beaucoup de
la figure d'une sphere.

208. Si le rapport de p à t est moindre que celui de 3 à 5, Cas où le
rapport est
moindre que
celui de 3 à 5.
la valeur de la formule devient négative ; ce qui fait voir qu'on
ne peut alors trouver l'équilibre dans un sphéroïde applati,
mais seulement dans un sphéroïde allongé. Et si ce rapport
n'est pas de beaucoup moindre, la formule donnera une petite valeur qu'on pourra prendre sans risque. Car si par exemple

p est à t, comme 3 est à 6, on aura $\frac{3t}{5p} = \frac{18}{15} = \frac{6}{5}$, & la

formule se réduira à $-\frac{5nr}{2m}$, valeur assez petite. Cette valeur

diminue ensuite continuellement à mesure que le noyau devient moins dense, jusqu'à ce que cette densité étant nulle,

& le noyau entierement vuide, la valeur $1 - \frac{3t}{5p}$ devient in-

finie, & celle de la formule se réduit à zéro.

209. Ceci nous mene à des conséquences fort ressemblantes Conséquen-
ces qui s'en
suivent.
à des paradoxes. Car il s'ensuit en premier lieu qu'avec une
force centrifuge des plus petites, qui deviendroit même absolument insensible, & une rotation des plus lentes, qui s'a-
cheveroit à peine en mille ans, on pourroit avoir un applatissement très sensible. Car quelque petit que soit le rapport de n
à m, si $3t$ est une quantité assez approchante de $5p$, la formule donnera une valeur assez grande. Le fluide sera donc
applati par un mouvement si insensible, jusques-là même qu'en
certains cas cet applatissement augmentera à l'infini. Car quoique la formule déterminée dans l'hypothese d'un petit applati-
tissement, puisse être fausse dans le cas d'un grand applatissement, ensorte que le passage par l'infini ne se fasse pas à l'en-

droit même indiqué par la formule ; toujours eft-il vrai qu'une valeur ne peut en croiffant devenir négative, fans paffer quelque part par l'infini. Or il n'y aura aucun point de paffage au-delà duquel on ne puiffe, avec un mouvement & une force centrifuge prefque infenfible, trouver un applatiffement énorme. D'un autre côté il paroît évident, & évident par foi-même, qu'une force centrifuge fi petite ne doit pas détourner fenfiblement la direction de la gravité ; & par conféquent elle ne doit pas fenfiblement troubler l'équilibre de la figure fphérique. Elle le trouble pourtant, & du moment qu'elle l'a obligé de s'écarter tant foit peu de fa fphericité dans le cas d'une valeur négative, la différence fous le pôle & fous l'équateur, allant toujours en augmentant, la force répulfive de la matiere réunie au centre devenant toujours plus grande fous l'équateur, on aura une nouvelle caufe d'une élévation ultérieure, & cette élévation va toujours en croiffant jufqu'à ce que la valeur de la formule devenant pofitive, on ait l'équilibre. Mais dès que cette valeur redevient négative, le fluide s'écarte à l'infini, fans jamais trouver l'équilibre, & fuit fans retour & pour jamais.

Allongement de la figure joint au mouvement de rotation.

210. Autre paradoxe : fi la denfité du fluide furpaffe de beaucoup celle du noyau, le mouvement de rotation doit fe rencontrer avec l'allongement de la figure. Or il femble que quelque foit le rapport des denfités dans un fphéroïde allongé, ni les canaux ne peuvent y être en équilibre, ni la direction de la gravité perpendiculaire à la fuperficie. Cependant tout cela s'y trouve parfaitement : car il y aura un dégré d'allongement & d'élévation vers les pôles, qui fe rencontrera avec l'équilibre. La raifon eft que dans un fphéroïde allongé la gravité eft moindre fous le pôle que fous l'équateur, fuivant ce qui a été dit (n. 156). De plus, cette maffe placée au centre, & qui repouffe en raifon fimple & directe des diftances, agiffant également fur des canaux d'égale longueur, repouffera plus fortement le fluide d'un canal aboutiffant au pôle, comme plus long que celui d'un canal terminé à l'équateur ; & l'excès de la force répondra à celui de cette longueur. De là il peut bien arriver que la force centrifuge qui répond à un canal terminé à l'équateur, compenfe exactement la double diminution de gravité dans un canal terminé au pôle ; & c'eft précifément ce

qui arrive dans le cas où la valeur de la formule devient négative, comme il feroit aifé de le démontrer immédiatement,
en appliquant la démonftration à ce cas particulier.

211. Mais alors même il eft à obferver que fi on donne au
fluide une figure fphérique, fans aucune force centrifuge, il
fera encore dans un équilibre parfait. Si on le fait tourner
fur fon axe, le poids diminue dans le canal qui aboutit à l'é-
quateur, & la figure s'applatit. Mais plus il arrivera de changement dans la figure, plus il y aura d'inégalité dans les poids
des canaux, l'inégalité de pefanteur dans chaque partie étant
trop grande pour pouvoir être compenfée par aucune inégalité de longueur dans les canaux. Le fluide ne pourra donc
jamais parvenir à la figure requife pour l'équilibre, je veux
dire à une figure allongée. Bien loin de là, il s'en écartera
de plus en plus jufqu'au point de fe diffiper. La force répulfive du centre, & la force centrifuge produite par le mouvement de rotation, l'emportant toujours fur la force d'attraction qui agit fur le fphéroïde, elles repoufferont le fluide, &
lui feront parcourir un efpace infini.

212. Il s'enfuit que pour avoir l'équilibre en ce cas, il faut
commencer par recourir à cette figure allongée qui s'accorde
avec l'équilibre. Dès que le fluide aura pris cette figure, il
la confervera toujours. S'il venoit à la perdre, & qu'il arrivât
quelque diminution, quelque petite qu'elle fût, dans fon élévation fous les pôles, il ne reviendroit point à cette figure;
au contraire, il s'en écarteroit toujours plus à l'infini. Car à
mefure qu'il approche de la figure fphérique, le canal aboutiffant au pôle perd moins de fon poids que celui qui aboutit
à l'équateur; d'où il fuit que la hauteur du fluide doit augmenter continuellement dans ce dernier canal; ce qui augmentant de plus en plus l'inégalité des poids, le fluide toujours moins allongé s'applatira enfin, & s'applatira à l'infini.
Pour finir fur cet article, ajoutons que s'il arrivoit par hafard
que le fluide s'élevât fous les pôles plus qu'il ne convient à
l'équilibre, je penfe que l'inégalité des poids devroit augmenter pareillement, & que le fluide s'éloigneroit toujours
plus de l'équilibre.

213. On verroit arriver pour lors la même chofe que dans

Qu'on trouve ici la même chose qu'au paſſage de non-cohéſion.

ma théorie de phyſique générale ſur les points indiviſibles qui, à certaines diſtances ſe repouſſent, à d'autres diſtances s'attirent mutuellement, ſuivant une certaine loi. Dans la ſuppoſition que les diſtances aillent toujours en augmentant, les points peuvent paſſer de la force répulſive à l'attractive, ou de l'attractive à la répulſive. J'appelle le premier paſſage *de cohéſion*, & le ſecond *de non-cohéſion*. Quant au paſſage de la première eſpece, du moment qu'il s'y trouve deux points réunis, il les conſerve ſi bien, que ſi on les en chaſſe de force, ils s'y rétabliſſent d'eux-mêmes. Pour celui de la ſeconde eſpece, il conſervera ſes points, tandis qu'on les laiſſera à leur place; mais pour peu qu'on les en faſſe ſortir, ils s'en écarteront d'eux-mêmes de plus en plus. Il en eſt de même ici : le fluide conſerve l'équilibre que lui a donné la valeur poſitive de la formule; & ſi on l'en écarte, il y revient de lui-même. Quant à l'équilibre exprimé par une valeur négative, il ſe perd par le plus léger mouvement; dès qu'il eſt perdu il ne peut être recouvré par le fluide, il s'en éloigne même à l'infini. Concluons que cette derniere ſorte d'équilibre ne paroît nullement propre à déterminer la figure de la Terre, dans l'hypotheſe de ſon mouvement diurne, ou dans celle du flux & du reflux de la mer.

Théorie de M *Clairaut* ſur le noyau elliptique.

214.ᵉ C'eſt pourquoi ſi la Terre en tournant ſur ſon axe, étoit un ſphéroïde allongé, il vaudroit mieux ſe ſervir de la théorie de M. *Clairaut*, dans laquelle on ſuppoſe uu noyau allongé & recouvert d'un fluide qui s'allonge lui-même enſuite, mais moins que le noyau; quoique M. *d'Alembert* paroiſſe avoir eu en vue cet endroit de M. *Clairaut*, lorſqu'après avoir déterminé l'allongement du fluide mis en équilibre ſur un noyau ſphérique de moindre denſité, il conclut qu'on peut par ce moyen trouver cet allongement, même hors de l'hypotheſe d'un noyau ſolide allongé : car M. *Clairaut* avoit donné une formule générale pour la figure d'un fluide qui couvre un noyau elliptique; formule qui dans le cas d'un noyau ſphérique & d'une petite hauteur du fluide, ſe réduit à celle de M. *d'Alembert* & à la mienne, laquelle, dans la ſuppoſition que le rapport de la denſité du noyau à celle du fluide ſoit moindre que celui de 3 à 5, donne une valeur

négative,

négative, d'où l'on conclut l'allongement de la figure (1).

215. M. *Clairaut*, dans son Livre *sur la figure de la Terre*, imprimé en 1743, propose au paragraphe 31 de la seconde partie, une formule générale pour l'ellipticité d'un fluide

Formule de M. Clairaut.

---

(1) M. d'*Alembert* faisant allusion à ce passage dans le premier volume de ses opuscules, page 246, opuscule VIII, n°. 1, s'exprime ainsi :
» J'ai dit dans mes recherches sur la cause générale des vents, article 31,
» page 42, que si la Terre eût été un sphéroïde allongé, il n'eût pas été
» nécessaire d'avoir recours, pour expliquer ce phénomene, comme l'ont
» fait quelques Auteurs, à un noyau allongé, & qu'il auroit pu se faire
» qu'avec un noyau intérieur applati, la Terre eût été allongée vers les
» pôles. Cette vérité est une suite nécessaire & immédiate des formules
» que j'ai données au même endroit que je viens de citer. Cependant un
» Géometre Italien, qui a du nom dans les mathématiques, l'a attaqué
» par cette considération, que si le noyau intérieur étoit applati, & qu'on
» dérangeât le fluide extérieur de son état d'équilibre, il n'y reviendroit
» jamais, au lieu qu'il y reviendroit de lui-même si le noyau intérieur
» étoit allongé; d'où il conclut que cette derniere hypothese est la seule
» propre à rendre raison de l'équilibre.

» Je pourrois d'abord répondre que dans toutes les recherches qu'on
» a faites jusqu'ici sur *la figure de la Terre*, il n'a jamais été question que
» de l'état d'équilibre, & que jusqu'à ce Géometre on n'avoit encore pensé
» à y ajouter cette condition, que le fluide dérangé de cet état se rétablît
» de lui-même : ainsi en partant de la maniere ordinaire d'envisager cette
» question, je ne devois point, ou du moins je n'étois pas obligé à faire
» entrer cette considération nouvelle dans mon calcul. Cependant à l'e-
» xemple du Géometre dont je viens de parler, je vais y avoir égard, &
» je prouverai qu'il n'est pas nécessaire dans cette hypothese même que le
» sphéroïde intérieur soit allongé pour que la Terre le soit.

Pour remplir cet engagement, M. d'*Alembert* démontre que quelque puisse être la figure du noyau, la figure requise pour l'équilibre se réta-blira ou ne se rétablira pas, suivant que le rapport de la densité du noyau à la densité du fluide qui le couvre sera plus grande ou moindre que $\frac{1}{5}$. Et après l'avoir démontré, il ajoute : » Ce n'est donc point la figure du
» noyau intérieur, comme le Mathématicien dont nous avons parlé,
» semble l'avoir cru, qui empêche que l'équilibre troublé ne se rétablisse,
» ou qui contribue à le rétablir : c'est le rapport de la densité du fluide
» extérieur à la densité du noyau.

Nous observerons ici en premier lieu que notre Auteur est Dalmate & de Raguse, non Italien : & c'est pour cela que M. *Mazucheli*, dans un ou-vrage récent sur les Auteurs Italiens, n'en fait aucune mention. Cependant

qui couvre un noyau solide elliptique, & dont la denſité eſt homogêne, mais différente de celle du noyau. Il ſuppoſe le demi-diametre de la figure du fluide = 1, celui de la figure du noyau = *a*, l'ellipticité du noyau, ou l'excès du demidiametre de l'équateur ſur le demi-axe diviſé par le demi-

---

vu le long ſéjour qu'il a fait en Italie depuis ſa premiere jeuneſſe, on peut en quelque ſorte le dire Italien. M. d'*Alembert* ſe contente ici de dire *qu'il a du nom dans les mathématiques :* dans un autre opuſcule poſtérieur, il parle du P. *Boſcovich* avec éloge, en diſant qu'il mérite la réputation dont il jouit ; mais pour ajouter qu'il a été tellement perſécuté par les Supérieurs de ſon Ordre, que toute l'autorité du Souverain Pontife a à peine ſuffi pour le délivrer de leurs pourſuites. Cependant on ſait très bien que le R. P. *Boſcovich* a toujours été conſidéré & reſpecté dans ſa Compagnie comme un de ſes plus dignes membres, & comme un homme du premier mérite à tous égards. Mais venons au point dont il eſt préſentement queſtion.

M. d'*Alembert* impute ici au P. *Boſcovich* de combattre une vérité qui ſuit néceſſairement de formules démontrées, & de croire une fauſſeté touchant la condition d'où dépend le rétabliſſement de la figure. De plus, il affirme pour la ſeconde fois que pour donner à la Terre une figure allongée, il n'eſt point néceſſaire de recourir à l'allongement du noyau. Afin que le lecteur puiſſe porter ſon jugement ſur tous ces points, nous expoſerons en peu de mots le point de la difficulté.

M. d'*Alembert* avoit déduit de la formule concernant la figure de la Terre un théorème qui a d'abord l'air d'un paradoxe, ſavoir qu'il pourroit y avoir équilibre dans le cas d'un fluide qui couvriroit un noyau de diverſe denſité tournant ſur ſon axe, non ſeulement de figure ſphérique, mais même applati, la figure du fluide étant cependant allongée ; à ſavoir dans le cas où le rapport de la denſité du noyau à celle du fluide ſeroit moindre que celui de 3 à 5. Or de là il avoit conclu que ſi la Terre étoit allongée vers les pôles, il ne ſeroit pas néceſſaire pour en rendre raiſon de recourir à un noyau allongé. Notre Auteur avoit auſſi trouvé, comme on le voit ici, par ſa méthode géométrique le même théorème pour le cas d'un noyau ſphérique, & il avoit fait voir que la formule de M. d'*Alembert* & la ſienne s'accordoient avec celle que M. *Clairaut* avoit trouvée avant l'un & l'autre. Or ayant examiné attentivement comment il pouvoit ſe faire que quoique la force centrifuge fût plus grande proche l'équateur que vers les pôles, ce qui ſemble ne pouvoir ſe concilier qu'avec l'applatiſſement de la figure, on eût néanmoins dans ce rapport de denſités l'équilibre avec une figure allongée, il en donne la raiſon dans cet ouvrage où il débrouille parfaitement toute cette énigme : mais en même tems il remarque qu'en ſe

diametre de l'équateur $= \alpha$, la densité du fluide $= 1$, celle du noyau $= 1 + f$, le rapport de la force centrifuge à la gravité sous l'équateur $= \varphi$; & sa formule générale pour l'ellipticité est $\frac{6 a^5 f \alpha + 5 a^3 f \varphi + 5 \varphi}{10 a^5 f + 4}$.

---

cas on auroit à la vérité l'équilibre, mais un équilibre tel qu'étant dérangé par un petit changement dans la figure, la figure même ne seroit point rétablie, mais que le fluide s'en écarteroit de lui-même toujours de plus en plus, au point de la changer totalement. De là il a conclu que cette forte d'équilibre n'étoit point propre à expliquer la figure allongée de la Terre, supposé que la Terre fût en effet allongée : & il l'a conclu avec beaucoup de raison, car la Terre doit être stable au point que si une cause extérieure y occasionne quelque léger changement, sa figure se rétablisse d'elle-même ; sans quoi le moindre vent suffiroit pour la détruire.

Voilà pour ce qui concerne le premier chef. Il s'ensuit à la vérité de la formule de M. d'*Alembert*, que dans le cas en question il y a équilibre ; & notre Auteur, loin d'en disconvenir, le confirme positivement au moyen d'une formule toute semblable qu'il a trouvée par une méthode très différente & beaucoup plus simple : mais ce dont il ne peut convenir avec M. d'*Alembert ;* ce qui ne suit nullement de cette formule, & ce qui n'est rien moins qu'une vérité, comme le prouve manifestement la raison que le P. *Boscovich* en apporte, c'est que cet équilibre soit propre à expliquer la figure de la Terre, ce que M. d'*Alembert* avoit affirmé. Ainsi notre Auteur ne combat point ce qui suit nécessairement d'une formule démontrée : il ne conclut point ce que M. d'*Alembert* lui impute, que l'hypothese d'un noyau allongé soit la seule propre à donner un équilibre quelconque, mais seulement l'équilibre requis pour la figure de la Terre.

Quant à ce que M. d'*Alembert* ajoute, que de tous ceux qui ont traité de la figure de la Terre, il ne s'en est trouvé aucun avant notre Auteur qui ait pensé à ajouter une pareille condition ; on peut répondre en premier lieu que c'est une chose qui fait honneur au P. *Boscovich* d'avoir été le premier à imaginer une condition qui est absolument nécessaire dans la matiere présente. Tous auroient dû l'ajouter comme lui pour résoudre le problême en question. Car pour déterminer la figure de la Terre, il faut lui supposer une figure stable & permanente, & non une figure qui puisse être détruite par le moindre souffle d'air. En second lieu, on pourroit dire que si les Auteurs qui ont écrit avant le P. *Boscovich* n'ont pas eu la pensée de tenir compte de cette condition, & que s'ils se sont contentés de celles qui faisoient naître l'équilibre, c'est que nous n'avons sous les yeux d'autre espece d'équilibre que celui qui étant dérangé par

Réduite à celle de M. d'*Alembert* & à celle de l'Auteur.

216. Si le noyau est sphérique, on a $a = 0$, & le premier terme du numérateur s'évanouit. Si le fluide a peu de hauteur, on suppose $a = 1$, & la formule devient $\frac{5f\varphi + 5\varphi}{10f + 4}$. Substituez dans cette formule les valeurs correspondantes dans la formule de M. d'*Alembert*, savoir $\frac{\varphi}{p}$ pour φ, $\frac{\Delta}{\delta}$ pour $\frac{1+f}{1}$, ou $\frac{\Delta}{\delta} - 1$ pour f, & r pour 1; le numérateur deviendra $\frac{\varphi r}{p} \left(\frac{5\Delta}{\delta} - 5 + 5 \right) = \frac{\varphi r}{p} \times \frac{5\Delta}{\delta}$, & le dénominateur $\frac{10\Delta}{\delta} - 6$.

On aura donc la formule $\frac{\varphi r}{p} \times \frac{5\Delta}{10\Delta - 6\delta} = \frac{\varphi r}{p} \times \frac{1}{2 - \frac{6\delta}{5\Delta}}$.

quelque cause extérieure, se rétablit de lui-même, comme on le voit dans une balance ; & que cette autre sorte d'équilibre, où la figure ne se rétablit point, ne se présente pas si aisément à l'esprit. Notre Auteur l'avoit trouvé en traitant de sa théorie des forces. On voit dans cette théorie que les distances allant toujours en augmentant, si l'on passe de la force répulsive à l'attractive, on a l'équilibre du premier genre, & que si on passe au contraire de l'attractive à la répulsive, on a celui du second. C'est à dire que si deux points qui se trouvent dans l'équilibre du premier genre, en sont écartés par quelque force extérieure, ils y reviennent d'eux-mêmes ; au lieu que dans le second genre d'équilibre, s'ils viennent à perdre leur position, ils s'en écartent d'eux mêmes de plus en plus. Voilà probablement (& l'Auteur semble lui-même le faire entendre au n°. précédent) ce qui a suggéré au P. *Boscovich* l'idée d'ajouter cette condition à l'équilibre simplement dit, afin de le rendre par-là même un équilibre du premier genre, qui étant troublé se rétablit, loin de se déranger de plus en plus. Mais de ce que le P. *Boscovich* a été le premier à imaginer une pareille condition ; il ne s'ensuit nullement que cette condition ne soit pas nécessaire, ni qu'on puisse sans elle trouver ce qui est requis par la figure de la Terre.

Enfin quant à ce que M. d'*Alembert* ajoute, que le rétablissement de la figure dépend de ce rapport des forces & non de la figure allongée du noyau ; il est vrai que la figure se rétablit si ce rapport de densité est plus grand que $\frac{3}{5}$; au lieu que s'il est plus petit, elle ne se rétablit point, quelque soit la figure du noyau ; mais il est également constant par cette formule même, que le rapport de l'axe au diametre de l'équateur est dans le premier cas moindre dans le fluide que dans le noyau,

$$= \frac{\varphi\, r}{2\, p \left(1 - \frac{3\, \delta}{5\, \Delta} \right)},$$ qui eſt entierement conforme à celle de
M. d'*Alembert* & la mienne.

217. L'hypotheſe d'un noyau elliptique ſert à concilier la rotation, non ſeulement avec l'allongement de la figure, mais encore avec un applatiſſement quelconque, & une différence abſolue quelconque de gravité pour des latitudes différentes. C'eſt ce qu'il faudroit développer maintenant, & de la maniere que je me ſuis propoſée d'abord, c'eſt-à-dire en n'y employant que la ſimple Géométrie. Mais comme un noyau ſphérique peut auſſi ſe concilier avec l'allongement du pendule, ainſi que nous le verrons bientôt, & qu'on connoît par la comparaiſon des dégrés que le globe terreſtre n'eſt point elliptique, ni d'une figure entierement réguliere : je n'entrerai point ici dans cette diſcuſſion, & je me bornerai à traiter de

On ſe borne ici à traiter de la gravité, & pourquoi.
Pl. IV. fig. 21.

& que dans le ſecond cas il ſera plus grand : d'où il s'enſuit que ſi le noyau eſt ſphérique, & à plus forte raiſon s'il eſt applati, on ne peut, avec un mouvement de rotation joint à l'allongement du fluide, trouver l'équibre, à moins que ce rapport ne ſoit moindre que $\frac{3}{5}$. Ainſi par-là même que dans ce rapport on a l'équilibre, non du premier, mais du ſecond genre, on ne peut avoir un équilibre qui ſe concilie avec le rétabliſſement de la figure, à moins que le noyau ne ſoit allongé. Notre Auteur ne dit nulle part que le rétabliſſement de la figure dépende immédiatement de la figure de ce noyau, non de ce rapport. Il dit que ce rétabliſſement, dans le cas dont il s'agit, eſt auſſi lié avec l'allongement du noyau ; ce qui eſt conſtant : car ſans l'allongement du noyau, le fluide allongé ne ſera point en équilibre, à moins que le rapport des denſités ne ſoit moindre que $\frac{3}{5}$: or ce rapport ne donne qu'un équilibre, ou la figure ne ſe rétablit point. Donc ſans l'allongement du noyau on ne peut avoir cet équilibre qui eſt joint au rétabliſſement de la figure. Le rétabliſſement de la figure dépend à la vérité de ce rapport ; mais ce rapport eſt lié avec l'allongement du noyau dans le cas où la figure du fluide doit être allongée. Ainſi notre Auteur n'affirme ni ne ſuppoſe rien ici que de très vrai ; & tout ce que M. d'*Alembert* a trouvé après la recherche qu'il a dit vouloir faire à ſon exemple, ne prouve point ce qu'il s'étoit engagé de prouver, à ſavoir *qu'il n'eſt pas néceſſaire dans cette hypotheſe même que le ſphéroïde intérieur ſoit allongé pour que la Terre le ſoit.*

la gravité fuivant les hypothefes expliquées ci-deffus. Si le fluide eft homogêne au noyau, l'augmentation de la gravité depuis l'équateur jufqu'au pôle, fera par le n. 174 en raifon doublée du finus de la latitude, & la même chofe arrivera dans le cas d'hétérogénéité. Car il eft démontré en général que fi une grandeur quelconque D augmente ou diminue d'une petite quantité; celle dont augmentera ou diminuera la puiffance D^m fera exprimée par la puiffance $m\,D^{m-1}$ multipliée par cette petite quantité. D'où il fuit que D étant à peu près conftant, le changement de cette puiffance fera dans la même raifon que celui de la quantité fimple. Or dans la feconde hypothefe qui demande une ellipfe parfaite, le total de la gravité à la fuperficie, par le n. 134, eft en raifon de la normale, ou de la perpendiculaire à la furface terminée par l'axe, ou en raifon inverfe de la perpendiculaire abaiffée du centre fur la tangente, c'eft-à-dire à peu près en raifon inverfe de la diftance. De plus, il n'y a que la pefanteur fur la maffe placée au centre, qui dans cette hypothefe foit en raifon directe de la diftance: celle qui prend fa place, lorfqu'on paffe de la feconde hypothefe à la premiere, eft en raifon inverfe du quarré de la diftance. Ainfi la différence de ces forces eft dans la même raifon que la différence des diftances, c'eft-à-dire en raifon doublée du finus de la latitude. On a donc ce rapport dans la premiere hypothefe auffi bien que dans la feconde. A l'égard des petites quantités furajoutées AM, Tt, elles ne peuvent apporter ici aucune différence fenfible, & on peut les négliger.

Formule pour la différence de gravité.

218. La différence des deux cas d'homogénéité & d'hétérogénéité, confifte dans la différence abfolue de la gravité fous l'équateur à la gravité fous les pôles. La gravité primitive fous l'équateur, fuivant le n. 155, eft à fa différence par défaut à la gravité fous le pôle d'un fphéroïde applati & homogêne, comme CA, ou ce qui en approche beaucoup, comme CE eft à $\frac{1}{5}AE$. Soit donc $CE = r$, $AE = x$, la gravité abfolue fous l'équateur $= m$, la force centrifuge $= n$; la différence des gravités fous l'équateur, & le pôle fera $\frac{mx}{5r} + n$. Or par le n. 158, $x = \frac{5nr}{4m}$. Donc cette différence

est $\frac{1}{4}n + n = \frac{5}{4}n$. Soit encore le sinus de la latitude $= s$, & le rayon $= 1$; l'excès de la gravité sur celle de l'équateur sera par-tout en raison du quarré de ce sinus. Donc dans cette hypothese d'homogénéité, la différence de la gravité à celle de l'équateur sera par-tout $\frac{5}{4}n s^2$.

219. Si les couches sont hétérogênes entre elles, & que la masse du centre agisse dans la seconde hypothese en raison directe des distances; soit la densité de la masse du centre à celle du reste de la masse en raison de q à t, & $t + q = p$, comme ci-dessus (1); on aura par le n. 199 l'analogie suivante:

r est à $\frac{tx}{5P} - \frac{qx}{p} + \frac{nr}{m}$, ou substituant pour q sa valeur

$p - t$, r est à $\frac{tx}{5P} - x + \frac{tx}{p} + \frac{nr}{m}$, comme la gravité m

est à la différence de la gravité, qui sera $\frac{6mtx}{5Pr} - \frac{mx}{r} + n$.

Or par le n. 199, $x = \dfrac{nr}{2m\left(1 - \dfrac{3t}{5P}\right)}$. Donc par la substitu-

tion de cette valeur de x, la différence de la gravité sera

$$\frac{3tn}{5P\left(1 - \frac{3t}{5P}\right)} - \frac{n}{2\left(1 - \frac{3t}{5P}\right)} + n, \text{ ou bien } \frac{6tn}{10p - 6t} - \frac{5pn}{10p - 6t}$$

$$+ \frac{10pn - 6tn}{10p - 6t} = \frac{5np}{10p - 6t} = \frac{n}{2\left(1 - \frac{3t}{5P}\right)}, \text{ dans laquelle le}$$

rapport de t à p est celui de la densité de nos mers à la moyenne densité de la Terre.

220. Mais dans la premiere hypothese, où la masse du centre agit en raison inverse des quarrés des distances, la différence des gravités sera plus considérable. Car des trois différences de forces que nous venons de prendre du n. 199 pour former

la premiere analogie, la premiere différence $\frac{tx}{5P}$, qui agit sur

le sphéroïde homogêne, & la troisieme, qui est celle de la force centrifuge, demeurent absolument les mêmes lorsqu'on

Pour la seconde hypothese.

Pour la premiere hypothese.
Pl. IV. fig. 21.

____

(1) N°. 196.

paſſe de la ſeconde hypotheſe à la premiere; mais la ſeconde, ſavoir $\frac{-qx}{p}$, qui a rapport à la maſſe du centre, & qui eſt exprimée dans la figure 21 par la petite ligne H I, ſe change en $\frac{2qx}{p}$ exprimée dans la même figure par la petite ligne **H L** double de H I, & priſe de l'autre côté du point H. Donc pour avoir une formule de différence de gravité pour la premiere hypotheſe, il n'y aura d'autre changement à faire à la formule précédente $\frac{5pn}{10p-6t}$, que d'en retrancher $-\frac{mqx}{rp}$, & d'y ajoûter $\frac{2mqx}{rp}$, ou ce qui eſt le même, d'y ajouter $\frac{3mqx}{rp}$. Or

$$\frac{5np}{10p-6t} = \frac{5n}{2} \times \frac{p}{5p-3t},$$

& parceque

$$x = \frac{nr}{2m\left(1-\frac{3t}{5p}\right)} = \frac{5pnr}{2m(5p-3t)},$$

on aura

$$\frac{3mqx}{rp} = \frac{3q}{p} \times \frac{5pn}{2(5p-3t)} = \frac{5n}{2} \times \frac{3q}{5p-3t}$$

$$= \frac{5n}{2} \times \frac{3p-3t}{5p-3t}.$$

Cette formule ſera donc $\frac{5n}{2} \times \frac{4p-3t}{5p-3t}$.

Théorèmes
remarquables
tirés de cette
formule.

221. Ceci nous conduit à un très beau théorème que M. *Clairaut* a trouvé par une méthode fort différente de la nôtre, & qui fait voir l'admirable liaiſon de mes deux hypotheſes, leſquelles ſe reſſemblent pour la figure qu'elles donnent, mais qui pour la différence abſolue de la gravité ſont elles-mêmes fort différentes. Prenez le rapport de la différence trouvée à la gravité totale m, lequel ſera $\frac{5n}{2m} \times \frac{4p-3t}{5p-3t}$; ajoutez y l'ellipticité $\frac{x}{r}$, ou bien $\frac{5pn}{2m(5p-3t)} = \frac{5n}{2m} \times \frac{p}{5p-3t}$, pour avoir $\frac{5n}{2m} \times \frac{5p-3t}{5p-3t} = \frac{5n}{2m}$. Nous avons vu que l'ellipticité pour le cas d'homogénéité eſt $\frac{5n}{4m}$. Donc le double de l'ellipticité dans le cas d'homogénéité eſt égal à une fraction qui exprime le rapport de la différence des gravités ſous l'équateur & le pôle à la gravité totale, plus l'ellipticité qu'auroit la Terre ſi elle étoit homogêne à égales diſtances du centre; & l'on aura cette derniere ellipticité en ôtant ce rapport du double de

l'ellipticité

l’ellipticité pour le cas d’homogénéité, c’est à-dire de $\frac{1}{115}$. Car cette ellipticité, comme nous l’avons vu (n. 159), est $\frac{1}{230}$ du demi-axe; & le double de $\frac{1}{230}$ est $\frac{1}{115}$.

222. Or dans ma premiere hypothese, l’ellipticité n’est autre chose que cette différence même des gravités, divisée par la gravité totale, puisque par le n. 121, les forces totales aux extrémités des demi-axes, sont en raison inverse des demi-axes, quoique les densités nous fournissent une autre expression de cette différence de gravité. D’où il suit que si on appelle ellipticité de la seconde hypothese, celle qu’on tire de la différence des gravités déterminée par les observations; & ellipticité de la premiere hypothese, cette premiere ellipticité qui répond à un noyau également dense à égales distances du centre; on aura ce beau théorème : *l’ellipticité, dans le cas d’homogénéité, est moyenne proportionnelle arithmétique entre les ellipticités de ces deux hypotheses.*

223. On fait de plus que les observations du pendule, faites en divers lieux, peuvent servir à déterminer la figure de la Terre, & à connoître la nature de la gravité primitive, supposé que la Terre soit homogêne à égales distances du centre. Car c’est un principe reconnu, que la longueur des pendules isochrones est en raison de la gravité. Donc si les allongemens du pendule depuis l’équateur jusqu’au pôle, ne sont pas dans la même raison que les quarrés des sinus de la latitude; ou l’hypothese de gravité établie par *Newton* manque de justesse, ou la Terre n’est pas homogêne, & dans ce cas les couches concentriques ne sont point homogênes, la gravité ne se dirige point à un centre donné, de telle sorte qu’elle soit constante, ou en raison de la distance au centre; car dans ces hypotheses, le pendule isochrone doit s’allonger constamment suivant ce rapport.

224. Si la longueur du pendule augmente dans cette proportion, & que les couches concentriques soient homogênes & pesent dans le sens de *Newton*, on pourra avec deux observations du pendule, faites l’une sous l’équateur, l’autre dans un lieu considérablement moins éloigné du pôle, déterminer par la méthode exposée (n. 220) l’ellipticité de la Terre. Car on a cette analogie : comme le quarré du sinus de la latitude du

M m m

Autre Théorème qu’on en déduit.

Usage des observations du pendule.

On en tire l’ellipticité.

lieu eſt au quarré du rayon, ou bien comme la moitié du ſinus verſe d'une latitude double eſt au rayon, ainſi la différence de la longueur du pendule au lieu donné, & de ſa longueur ſous l'équateur, eſt à un quatrieme terme qui ſera la différence de la longueur du pendule ſous le pôle ; puiſque le rayon eſt le ſinus de la latitude de 90°, & le diametre le ſinus verſe d'une latitude double. Diviſez cette différence par toute la longueur du pendule, pour avoir l'ellipticité dans la ſeconde hypotheſe. Retranchez cette ellipticité de $\frac{1}{115}$, & vous aurez l'ellipticité cherchée pour le cas d'une Terre homogêne à égales diſtances du centre, & aſſujettie à la gravité newtonienne.

225. On peut encore, par les obſervations de la longueur du pendule, déterminer le rapport des denſités en ſe ſervant de la formule $\frac{5\,n}{2\,m} \times \frac{4p - 3t}{5p - 3t}$, qui exprime la différence de la gravité ſous l'équateur & le pôle. Soit h la différence trouvée dans la longueur du pendule pour les deux lieux en queſtion, & l toute la longueur du pendule ; on aura $\frac{5\,n}{2\,m}$ $\times \frac{4p - 3t}{5p - 3t} = \frac{h}{l}$. Donc $\frac{4p - 3t}{5p - 3t} = \frac{2\,m\,h}{5\,n\,l}$, ou $20\,npl - 15\,ntl = 10\,mph - 6\,mth$, ou $20\,npl - 10\,mph = 15\,ntl - 6\,mth$. D'où l'on tire la formule $\frac{t}{p} = \frac{20\,nl - 10\,mh}{15\,nl - 6\,mh}$, qui ſe réduit à l'unité, & fait voir que la denſité du fluide eſt égale à celle du noyau, lorſqu'on a $20\,nl - 10\,mh = 15\,nl - 6\,mh$, ou $5\,nl = 4\,mh$, ou $\frac{h}{l} = \frac{5\,n}{4\,m}$, qui dans ce cas repréſente l'ellipticité & le rapport de la différence des gravités à la gravité.

226. Il ne ſera pas plus difficile d'en conclure, pour le cas d'un léger applatiſſement, que ſi les gravités au pôle & à l'équateur different plus que de $\frac{1}{230}$ (différence requiſe pour l'homogénéité), la denſité ſera plus grande vers le centre dans la premiere hypotheſe, & l'ellipticité plus petite. Car dans la formule $\frac{5\,n}{2\,m} \times \frac{4p - 3t}{5p - 3t}$, le terme $5p$ ſurpaſſera de beaucoup

3 *t* ; d'où il suit que 4*p*—3*t* sera une quantité positive. A
mesure que *p* augmentera, le numérateur & le dénominateur iront toujours en croissant ; mais parcequ'on retranche
toujours de l'un & de l'autre la même quantité 3*t*, le rapport
du premier au second augmentera toujours, & par conséquent
aussi le rapport de la différence de la gravité à la gravité totale, exprimé par cette formule, laquelle étant soustraite
de $\frac{1}{115}$, l'ellipticité ira en diminuant.

227. Si l'allongement du pendule depuis l'équateur jusqu'au
pôle ne suit pas la raison doublée des sinus de la latitude,
mais un autre rapport quelconque, on pourra trouver une
hypothese de gravité dirigée au centre, qui s'accorde avec
cette nouvelle proportion ; & on la trouvera fort aisément
dans la figure 2, si la force centrifuge est assez peu considérable par rapport à la gravité sous l'équateur, dans le sens
que je l'ai expliqué (n. 73). Car ayant formé un angle quelconque FRB & coupé FK de telle grandeur qu'on ait FK :
FC :: ½ F*r* : FV : ensuite ayant mené K*s* parallele à FV,
qui rencontrera C*r* au point *s*, il suffira de prendre *s*Q telle
qu'elle ait à RV le même rapport que la longueur du pendule, ou la gravité sous l'équateur à la longueur du pendule,
ou à la gravité dans une latitude mesurée par un angle très
approchant de celui de FRB. Car la courbe qui passera par
tous les points Q déterminera l'hypothese de gravité qui répond à la nouvelle proportion. On trouvera encore ici que
l'applatissement est au demi-diametre de l'équateur, comme
la moitié de la force centrifuge sous l'équateur est à la gravité ; & la diminution de la distance sera à très peu près en
raison doublée du sinus de la latitude.

228. Or dans tous ces cas, & la gravité primitive & la gravité absolue devront être les mêmes dans des latitudes égales,
quelque différence qu'il y ait dans les longitudes. Car la figure du fluide doit être un sphéroïde engendré par la révolution d'une courbe autour de son axe ; tous les cercles décrits
par chaque point de cette courbe seront exactement paralleles
entre eux ; & la gravité dans chaque parallele constamment
la même. Mais s'il arrive qu'à différentes longitudes, quoique
dans la même latitude, la gravité soit différente, pour lors

M m m ij

il ne pourra abfolument fe faire que la gravité primitive foit dirigée à un centre unique ; mais il y aura fouvent moyen de concilier cette inégalité avec l'équilibre dans l'hypothefe de la gravitation générale, pourvu que la différence de denfité fuive celle de la gravité ; c'eft-à-dire fi la denfité change, même à égales diftances du centre, dans un rapport conftant ou totalement irrégulier, felon que la gravité changera dans un rapport conftant ou totalement irrégulier, à différentes longitudes ou latitudes.

On fe borne à traiter quelques articles.

229. Si l'on fait varier confidérablement la denfité, quoiqu'à égales diftances du centre, & qu'on lui faffe fuivre certain rapport, ou qu'on donne certaine figure au noyau, on aura autant de différentes figures de la Terre, autant de variations différentes de la gravité ; mais le détail en feroit trop long, & d'ailleurs ces hypothefes arbitraires n'auroient aucune application. Je ne m'arrêterai donc point à tout cela, & je me contenterai d'ajouter ici quelques articles qui ont rapport à des inégalités de denfité & à des irrégularités de figure, qui très probablement exiftent dans la nature ; articles qui ferviront à éclaircir ce qui nous refte à dire dans ce chapitre, & dont nous ferons encore ufage dans le chapitre fuivant.

Action d'un globe fur le fil à plomb, & différence de gravité. Pl. IV. fig. 22.

230. Soit (fig. 22) une Terre BAD de figure fphérique & homogêne à égales diftances du centre. Repréfentons-nous à fa fuperficie un globe E, dont le demi-diametre foit de mille pas géographiques, ou la foixantieme partie d'un dégré moyen d'un grand cercle. Le poids fufpendu en F feroit dirigé par FG au centre C de la Terre, s'il n'étoit attiré par ce globe. Mais la force attractive du globe détournera fa direction en FI, de telle forte qu'ayant abaiffé fur FC la perpendiculaire IG, IG foit à FG comme la gravitation du poids fur le globe à fa gravitation fur la Terre. Or fuivant ce qui a été démontré par *Newton*, ce rapport eft le même que celui du demi diametre du globe au demi-diametre de la Terre. On peut donc de ceci déduire deux chofes, premierement l'angle IFG de la déviation du pendule, en fecond lieu, l'augmentation de la gravité FI fur FG.

231. A l'égard du premier article, on aura cette proportion : comme le demi-diametre de la Terre, qui eft à peu

près de 3438 milles géographiques, est au demi-diametre du globe E, qui est de 1 mille, ainsi F G est à G I ; ou bien, ainsi le rayon 100000 est à la tangente de l'angle cherché G F I, qu'on trouvera égale au nombre 29, lequel répond à la tangente d'une minute. Ainsi le pendule sera détourné par cette masse, & l'angle de sa déviation sera d'une minute. Mais un globe plus grand ou plus petit, plus ou moins dense, pourvu toutefois qu'il soit toujours très petit en comparaison de la masse de la Terre, afin que la déviation soit elle - même très petite & proportionnelle à sa tangente ; ce globe, dis-je, détournera plus ou moins le pendule, suivant le rapport de l'augmentation ou de la diminution de son diametre ou de sa densité, & moins à une plus grande distance du petit globe, en raison inverse du quarré de la distance à son centre.

232. Pour ce qui est de l'augmentation de la gravité, elle est à la gravité totale, comme la différence de F G & F I est à F G. Cette différence, suivant ce qui a été démontré dans le quatrieme Livre (n. 349), est à peu près la troisieme proportionnelle au double de F G & à G I. Elle sera donc

$$\frac{29 \times 29}{100000} = \frac{841}{100000},$$ moindre que $\frac{1}{100}$. Donc le rapport de la gravité totale à l'accroissement de la gravité sera plus grand que celui de 100000 à $\frac{1}{100}$, ou de 10000000 à 1 ; par où l'on voit que cet accroissement est insensible.

233. Mais si ce globe étoit sous le point G & sur la ligne F C, ensorte que se trouvant placé au-dessous de la superficie, il augmentât d'autant plus la densité dans l'espace qu'il occuperoit, en ce cas là déviation du pendule seroit nulle, & l'augmentation de la gravité seroit à la gravité totale, comme 1 à 3438. Cette augmentation dans un pendule à secondes n'est point à négliger. Car suivant le n. 68, la longueur du pendule sous l'équateur, où elle est moindre qu'en aucun autre endroit, est presque de 440 lignes. D'où il suit que le pendule se trouveroit trop court de plus de $\frac{1}{8}$ de ligne, & que s'il y avoit au - dessous de la surface une masse huit fois plus dense, ou d'un demi-diametre huit fois plus grand, le pendule seroit trop court d'une ligne entiere.

Autres po-
fitions & dif-
tances diver-
fes du globe.

234. Si le globe parcourt un quart-de-cercle de A en E, la déviation ira toujours en augmentant, & le raccourciſſement du pendule en diminuant; & il produira ces deux effets à une petite diſtance du pendule. Car ſi ce pendule n'étoit éloigné du globe que de dix milles, il devroit encore en éprouver un effet cent fois moindre. Il eſt de plus évident que ſi ce globe eſt placé au-deſſous & fort près de la ſurface, & que le pendule ne ſoit point directement au-deſſus de lui, mais à côté, la gravité augmentera à peine de quelque choſe, mais que la déviation du pendule ſera encore fort conſidérable; & que le même effet ſera produit par une cavité qui ſe trouvera proche la ſurface de la Terre, & du côté oppoſé, puiſque la matiere manquera de ce côté-là, & que de ce même côté la gravité ſera moindre qu'elle ne ſeroit ſans cette cavité. Si le globe eſt enfoncé beaucoup plus avant dans la Terre, il attirera beaucoup moins de côté le poids placé en F; par conſéquent il augmentera plus la gravité qu'il n'en détournera la direction. Mais pour produire le même effet, il lui faudra un diametre, ou une denſité plus grande en raiſon doublée de la nouvelle diſtance du centre, puiſque la peſanteur de chaque partie décroît en raiſon inverſe du quarré de la diſtance.

Accroiſſe-
ment de la
gravité com-
paré à la dé-
viation du
pendule.

235. On voit encore que l'accroiſſement de la gravité, lequel augmente la longueur du pendule à ſecondes, devra, dans la ſituation qui lui eſt la plus favorable, cauſer beaucoup moins de dérangement dans la ſuite des longueurs du pendule, que n'en cauſe dans la ſuite des dégrés la déviation d'un pendule immobile, dans la ſituation la plus favorable à la déviation. Car cette maſſe qui, comme nous venons de le voir, augmenteroit la longueur du pendule de $\frac{1}{8}$ de ligne, ce qui ne revient pas à $\frac{1}{3500}$ du tout, le pendule ayant près de 439 lignes, cette maſſe, dis-je, produit une déviation d'une minute, qui fait la ſoixantieme partie d'un dégré; d'où il ſuit que ſi on ne meſure qu'un dégré à la fois, l'erreur eſt de $\frac{1}{60}$ de dégré, c'eſt-à-dire de près de 950 toiſes; erreur qui ſurpaſſe de beaucoup la différence qu'on a trouvée entre les dégrés du méridien ſous l'équateur & le cercle polaire. Que ſi l'on en meſure trois à la fois, l'erreur eſt encore de $\frac{1}{180}$ de dégré,

ou de plus de 310 toises, erreur encore excessive.

236. Il est visible (& ceci mérite aussi d'être bien remarqué) que tous ces inconvéniens sont beaucoup moindres, si la Terre est beaucoup plus dense vers le centre que proche la superficie; mais qu'ils sont aussi beaucoup plus grands si elle l'est moins, & plus encore si son noyau est vuide. Si les endroits voisins de la surface sont plus denses vers le pôle que sous l'équateur, il suit de ce que nous venons de démontrer, que cela doit encore diminuer la gravité sous l'équateur; & une densité deux fois plus grande sous les pôles, & de 8 milles de profondeur, produiroit seule dans la longueur du pendule à secondes une différence d'une ligne. *Effet de la différence de densité.*

237. *Newton* a cru que la densité devoit plutôt prévaloir sous l'équateur, à cause que la Terre y est dessechée par les ardeurs du soleil. Je pense au contraire que le froid & la chaleur doivent produire dans la Terre le même effet qu'ils produisent dans tant d'autres corps que la chaleur dilate & que le froid condense; & que par cette raison même la densité doit plutôt être moindre sous l'équateur que vers les pôles. Mais la chaleur & le froid extérieurs ne pénetrent pas assez avant dans la Terre pour pouvoir produire de part ni d'autre un effet sensible. *Densité au pôle & à l'équateur;*

238. Une observation qui semble marquer un excès de densité dans les parties internes de la Terre, c'est celle de MM. *de la Condamine* & *Bouguer*, par laquelle ils ont trouvé de 7 secondes l'effet de l'attraction d'une grande montagne d'Amérique sur le fil à plomb; déviation peu considérable, & qui dans un quart-de-cercle aussi petit que le leur, étoit à peine sensible; mais qui auroit du être bien plus grande, eu égard à la grosseur de la montagne, si la densité de sa masse eût égalé la moyenne densité de la Terre. Mais les montagnes se forment, je pense, pour la plupart par l'effet d'une chaleur interne qui souleve les couches de la Terre les plus proches de la surface; & s'il en est ainsi, cette élévation n'ajoute aucune nouvelle matiere, & le vuide renfermé dans l'intérieur de la montagne compense la masse qui le couvre. *Dans l'intérieur de la Terre.*

239. Je croirois volontiers que la déviation du pendule pourroit être beaucoup plus considérable sur un terrein qui

Effet d'une couche de terre d'une certaine grandeur.

va toujours en s'élevant dans une grande étendue de pays, (tel que l'Italie qui s'éleve continuellement d'une mer à l'autre, de la mer de Toscane à la mer Adriatique), qu'auprès d'une montagne qui s'éleve en forme de cône. Il arrivera même dans le premier cas qu'une hauteur beaucoup moindre sera plus que suffisante pour produire un grand effet. Dans une Dissertation que je publiai en 1742 sur les observations astronomiques, je propose au n. 21 un problême où il est question de trouver l'attraction qu'éprouve un corpuscule placé au centre d'une sphere, d'une couche de cette sphere, terminée par sa surface & par trois plans, dont les deux premiers, l'un vertical, l'autre horizontal, passent par le centre, & le troisieme est parallele au plan horizontal, & placé à une distance donnée de ce plan. Supposé que la gravité de chaque partie soit exprimée par sa masse divisée par le quarré de la distance, ensorte que le rapport du rayon à la circonférence étant $\frac{1}{c}$, l'attraction d'un corpuscule placé à la surface d'une sphere, dont le rayon est r, soit $\frac{2}{3}cr$, suivant le n. 154; si l'on fait le rayon de la couche sphérique proposée $= m$, la distance des deux plans horizontaux $= 1$, laquelle doit être assez petite par rapport à m, pour pouvoir négliger les termes divisés par m^2, m^4, &c. je trouve l'attraction $= 2 \log.$ de $m + 2.96$. Or je trouve de là pour une hauteur de 50 pieds ou de dix pas, dont le demi-diametre de la terre en contienne 4000000, qui est à peu près le nombre de pieds (mesure de *Paris*) contenu dans le demi-diametre de la Terre, de sorte qu'il contienne 400000 dixaines de pas, & pour une distance m de 100 milles, ensorte que l'on ait $m = 10000$ dixaines de pas, je trouve, dis-je, que la gravité $\frac{2}{3}cr$ est à l'attraction sur cette couche, comme 10000000 à 128, qui est le rapport du rayon à la tangente de $2''$, $38'''$; & telle seroit l'aberration du pendule qui seroit placé auprès de cette couche, si sa densité étoit égale à la moyenne densité de la Terre.

Que cet effet est à peu près en raison de l'épaisseur de la couche.

240. Il est encore à observer que quoiqu'on augmente ou qu'on diminue notablement le rayon de la sphere, d'où est prise cette couche, on changera à peine le logarithme de l'attraction, si m exprime un grand nombre, puisque les logarithmes

rithmes des grands nombres changent peu, d'où il fuit que la valeur de la formule fera prefque la même ; mais que fi l'on augmente ou diminue l'épaiſſeur de la couche, cette valeur change prefque dans la même raifon ; & que fi l'on change enfin la denſité moyenne de la Terre, fans toucher à celle de la couche, la valeur changera en raifon inverfe de la denſité changée.

241. Or il fuit de là qu'un terrein qui va toujours en s'élevant dans un efpace de 100 milles, & à la hauteur de 100 pas, comme il arrive en plufieurs endroits, produit une déviation de 20″, 280‴ = 24″, 40‴ ; & s'il s'élevoit à la hauteur de 1000 pas la déviation feroit de plus de 4 minutes.   Effet d'une couche de ter-re qui va en s'élevant.

242. J'ai déduit de là au même endroit de ma Diſſertation une méthode pour connoître le rapport de la moyenne denſité de la Terre à la denſité de l'eau. Si dans quelqu'endroit de la Manche, où la marée s'éleve quelquefois à 50 pieds de hauteur, il y avoit au bord de la mer une tour où l'on eût placé un long pendule ; dès qu'à marée haute une couche d'eau de 50 pieds d'épaiſſeur & de plufieurs milles d'étendue, auroit pris la place de la couche d'air, elle devroit un peu attirer à foi le pendule, & le microſcope rendroit ce mouvement très fenſible. Si la déviation étoit d'environ deux fecondes, on en concluroit que la moyenne denſité de la Terre eſt égale à la denſité de l'eau, & que l'excès de denſité des marbres & des métaux eſt compenſée par les concavités de la Terre : fi elle étoit plus grande ou plus petite, le rapport de denſité feroit plus petit ou plus grand. Je ne connois point de méthode plus propre à donner une eſtimation de la quantité de matiere qui compofe le globe terreſtre ; je doute même qu'on en ait jamais propofé d'autre qui valût celle-ci.   Déterminer la moyenne denſité de la Terre.

243. Mais laiſſons ce point, & revenons à notre fujet. Il eſt clair qu'on trouve par-tout plufieurs inégalités proche la fuperficie de la Terre, des fols plus élevés les uns que les autres, des cavernes ouvertes ou fermées, des montagnes, des mines ou autres chofes femblables, dont il paroît que l'action peut égaler celle d'un globe de mille pas de rayon. Ainfi l'on ne doit point compter que l'allongement du pendule de l'équateur au pôle, fuive une progreſſion fi réguliere,   Irrégularité de tiſſure proche la fuper-ficie.

N n n

qu'il ne s'écarte de quelques centiemes de ligne de l'augmentation proportionnelle au finus verfe d'une latitude double; & l'on ne doit point fe flatter non plus de pouvoir éviter toutes les déviations du pendule qui répandent encore bien plus de confufion dans la mefure des dégrés.

Même fujet.

244. Ceci peut encore fervir de démonftration pour plufieurs points propofés dans le premier Livre (n. 46 & fuiv.), & fournit une méthode pour connoître la figure & la denfité de la Terre par les obfervations du pendule à fecondes, dont la longueur, ainfi que nous l'avons déja remarqué, eft proportionnelle à la gravité.

Choix des obfervations fur la longueur du pendule.

245. On trouve dans plufieurs Auteurs des obfervations de la longueur du pendule à fecondes; M. *de Bremond* en a recueilli une affez longue fuite dans les notes qu'il a ajoutées à fa traduction des *Tranfactions philofophiques*. Mais plufieurs de ces obfervations ont été faites avec très peu d'exactitude. La plupart n'ont été faites ni avec les foins néceffaires, ni avec des inftrumens auffi parfaits que ceux dont on fe fert aujourd'hui. De ce grand nombre d'obfervations, je n'en choifirai que cinq, dont les quatre premieres fe trouvent dans le Livre de M. *Bouguer* fur la figure de la Terre (p. 342) avec les corrections qu'y a faites l'Auteur pour le retardement de l'air, en les réduifant à des obfervations faites dans le vuide, & pour l'inégalité de la chaleur. Je tire la cinquieme des précédentes, & de la différence de 59" que M. *de Maupertuis* a trouvée fur 24 heures, dans un pendule de *Graham*, à *Pello* dans la Laponie, & à *Paris*; d'où l'on conclut que le rapport des gravités pour ces lieux, eft celui de 100137 à 100000; ce qui donne cette proportion : comme 100000 eft à 137; ainfi la longueur du pendule à *Paris* dans le vuide, qui, felon M. *Bouguer*, eft de 440.67 lignes à un quatrieme terme qu'on trouvera de 0.60, qui, ajouté à la longueur du pendule de *Paris*, donne pour fa longueur à *Pello* 441.27.

Obfervations du pendule à *Rome.*

246. Nous fîmes enfemble le mois dernier, M. *de la Condamine* & moi, plufieurs obfervations fur la longueur du pendule au college romain, avec le même pendule qui lui a fervi en Amérique, puis à M. l'Abbé *de la Caille* au *Cap* de Bonne Efpérance. Mais M. *de la Condamine* n'ayant pas apporté

avec lui fon Mémoire, & n'ayant point encore publié le
nombre précis d'ofcillations qu'il a trouvé dans ce pendule
tant à *Paris* qu'en Amérique, & qu'il publiera dans la fuite
avec bon nombre d'autres obfervations de fa façon ; je ne
puis comparer pour le préfent ces gravités avec celles de
Paris, & de la ligne équinoxiale, ni déterminer exactement
pour ces lieux la longueur du pendule. Je n'entrerai donc
point ici dans le détail de ces obfervations que je donnerai
quelque jour, ou plutôt que M. *de la Condamine* donnera
lui-même au public. En attendant je me bornerai aux cinq
obfervations mentionnées dans l'article précédent, & qu'on
trouvera dans la table fuivante.

247. La premiere colonne marque le lieu de l'obfervation ; *Autres ob-*
la feconde, la latitude de ce lieu ; la troifieme, la moitié du *fervations du*
finus verfe d'une latitude double pour un rayon = 10000 ; la *pendule.*
quatrieme, la longueur du pendule exprimée en lignes de
pieds (mefure de *Paris*) ; la cinquieme, la différence de cette
longueur à la premiere, ou à celle qu'on trouve fous l'équateur.

LIEU DE L'OBSERVATION.	Latitude.		$\frac{1}{2}$ du finus verfe.	Longueur du pendule.	Différence.
Sous l'Equateur . . .	0°	0′	0	439.21	0
A PORTOBELLE . . .	9	34	271	439.30	09
Au PETIT GOAVE . . .	18	27	1002	439.47	26
A PARIS	48	50	5667	440.67	1.46
A PELLO	66	48	8450	441.27	2.06

248. Il eft maintenant aifé de voir de combien la longueur *Accord des*
du pendule s'écarte du rapport du finus verfe du double de *différences*
la latitude, par cette analogie : comme la différence de la *calculées avec*
premiere moitié de finus verfe à la derniere, ou comme 8450 *les obfervées.*
eft au rayon 10000 ; ainfi la différence du premier & du dernier pendule, favoir 2.06, eft à la différence du premier & de
celui qu'on auroit fous le pôle ; cette différence fe trouve de
2.44. Enfuite il faut faire cette autre analogie : comme le
rayon eft à une autre moitié quelconque de finus verfe, ainfi

ce nombre 2.44 est à un quatrieme terme ; ce sera la différence qu'on devroit avoir dans le rapport exact des sinus verses du double de la latitude. De cette sorte on trouvera ces différences du premier pendule aux suivantes, 0, 7, 24, 138, 206, lesquelles s'accordent, à quelques centiemes de ligne près, avec celles de la table : la seconde ne s'en éloigne que de 2 centiemes, la troisieme d'autant, la quatrieme de 8, ce qui ne forme que des différences peu sensibles.

Comparaison des longueurs du pendule prises deux à deux.

249. Ces cinq longueurs différentes du pendule peuvent se combiner deux à deux de dix manieres différentes ; & si l'on fait pour chacune cette proportion, comme la différence des moitiés des sinus verses de latitude, est au rayon, de même la différence des pendules répondans à ces sinus verses, est à un quatrieme terme, cette quatrieme proportionnelle sera la différence de la longueur du pendule sous le pôle. Mais parceque les trois premieres longueurs different peu entre elles, on pourra les omettre & se contenter de sept combinaisons, deux à deux. Elles ne s'éloignent pas beaucoup les unes des autres, dans la détermination de cette différence totale, & la différence trouvée dans chaque combinaison représente, suivant le n. 225, l'ellipticité pour la seconde hypothese du n. 222, si on la divise par la longueur du pendule sous l'équateur ; & pour la premiere hypothese, si on retranche cette ellipticité de la fraction $\frac{1}{115}$.

Table pour cette comparaison.

250. Nous donnerons ces allongemens du pendule & ces ellipticités dans la table suivante. La premiere colonne représente les longueurs qu'on compare, exprimées par des chiffres qui marquent le rang qu'elles occupent dans la table du n. 247 ; la seconde, la différence totale trouvée ; la troisieme, l'ellipticité qui en provient pour la seconde hypothese, & la quatrieme, l'ellipticité pour la premiere hypothese.

1	&	5	2.44	$\frac{1}{180}$	$\frac{1}{319}$	1	&	4	2.58	$\frac{1}{170}$	$\frac{1}{355}$
2		5	2.41	$\frac{1}{182}$	$\frac{1}{312}$	2		4	2.54	$\frac{1}{173}$	$\frac{1}{343}$
3		5	2.42	$\frac{1}{182}$	$\frac{1}{312}$	3		4	2.57	$\frac{1}{171}$	$\frac{1}{351}$
4		5	2.16	$\frac{1}{203}$	$\frac{1}{265}$						

251. On voit par cette table, que ces déterminations ne diffèrent pas beaucoup entre elles ; car si on en excepte la quatrieme qui, étant faite sur des observations peu distantes l'une de l'autre, est un peu plus différente, elles se rapprochent assez, surtout pour la premiere hypothese. Prenant donc un milieu entre ces déterminations, sans avoir égard à la quatrieme, on aura pour différence moyenne 2.49 ; ce qui donne pour l'ellipticité de la seconde hypothese $\frac{1}{176}$, & pour celle de la premiere $\frac{1}{355}$.

252. Mais dans le cas d'homogénéité, la différence totale, suivant le n. 218, devroit être $\frac{3}{4} n$, c'est-à-dire $\frac{1}{230}$ du tout ; d'où il suit que les observations sont contraires à cette hypothese : & comme les observations donnent une plus grande différence de gravité, il est aisé de conclure que si la Terre est composée de couches sphériques homogênes, sa densité, suivant le n. 226, doit surpasser celle de nos mers.

253. Or on pourra déterminer la densité moyenne par la formule du n. 225, connoissant la longueur du pendule sous l'équateur, & sa différence à un pendule placé dans un lieu quelconque plus voisin du pôle. Mais il sera mieux de se servir de la différence moyenne qu'on a trouvée de 2.49 lignes, ou plutôt du rapport de cette différence à la gravité totale, lequel est $\frac{1}{176}$. Alors il suffira de substituer cette valeur dans

la formule du n. 225, dans laquelle $\dfrac{t}{p} = \dfrac{20\,nl - 10\,mh}{15\,nl - 6\,mh}$, ou

$$\frac{20 - 10 \times \dfrac{mh}{nl}}{15 - 6 \times \dfrac{mh}{nl}}.$$ Car $\dfrac{n}{m} = \dfrac{1}{289}$, $\dfrac{h}{l} = \dfrac{1}{176}$. Donc $\dfrac{mh}{nl} = \dfrac{289}{176}$, &

l'on aura par la substitution $\dfrac{2520 - 1890}{2640 - 1734} = \dfrac{630}{906} = \dfrac{105}{151}$, qui fait environ $\frac{2}{3}$. C'est-à-dire que la densité de la mer est à la moyenne densité de la Terre, comme 105 est à 151, ou comme 2 à 3.

254. Dans ma seconde hypothese, la mer seroit au con- traire plus dense que la Terre : car alors la différence de la gravité, divisée par la gravité, suivant les n. 219 & 222, est

$$\frac{n}{2\,m\left(1 - \dfrac{3t}{5p}\right)},$$ qui étant supposé égal à $\dfrac{h}{l}$, donne $\dfrac{t}{p} = \frac{5}{3}$

$$\frac{5nl}{6mh} = \frac{5}{3} - \frac{880}{1734} = \frac{1005}{867},$$ qui fait à peu près $\frac{7}{6}$. Mais nous aurons encore lieu de parler de ceci à la fin du chapitre suivant.

CHAPITRE II.

De la figure de la Terre, déterminée par la mesure des dégrés.

Du dégré: en particulier de celui de la sphere.

255. ON appelle dégré terreftre l'intervalle de deux points de la furface de la Terre, tel qu'ayant mené par ces points des perpendiculaires à la furface, elles forment entre elles un angle d'un dégré. Si la Terre eft fphérique, toutes les perpendiculaires à la furface fe rencontrent au centre; d'où il fuit que fi on la coupe par un plan quelconque, les normales qui font dans ce plan, lefquelles ne font point paralleles entre elles, fe rencontreront quelque part; & fi les points de la fection d'où elles partent font à une diftance fuffifante, elles formeront un angle d'un dégré. Ainfi une fphere a des dégrés en tous fens, & tous les dégrés des fections qui paffent par le centre, ou des grands cercles, font égaux.

Dégré du méridien dans d'autres folides.

256. Si le folide n'eft pas fphérique, les perpendiculaires à la furface ne fe rencontreront pas toujours. S'il eft engendré par la circonvolution d'une courbe autour de fon axe, & qu'on le coupe par un plan qui paffe par l'axe, cette fection, qui dans le globe terreftre s'appelle méridien, fera toujours égale à la courbe génératrice, & toutes les perpendiculaires à la fuperficie, tirées des points d'une pareille fection, feront dans le plan de la fection; d'où il fuit que fi elles ne font point paralleles, elles fe rencontreront quelque part, & formeront un angle au point de rencontre; & fi cet angle eft d'un dégré, l'arc de la fection intercepté par les perpendiculaires eft appellé dégré du méridien.

Dégré du parallele. Comparaifon des dégrés.

257. Si ce folide eft coupé par des plans perpendiculaires à l'axe, il eft clair que toutes les fections font des cercles paralleles entre eux: auffi les appelle-t-on *cercles paralleles*, ou fimplement *paralleles*. Si des lignes tirées des extrémités

de l'arc d'un parallele forment, au point de l'axe où elles se
rencontrent, un angle d'un dégré, cet arc est appellé dégré
du parallele. On voit que dans la supposition tous les dégrés
d'un parallele quelconque sont égaux, & que les dégrés de
différens paralleles sont comme leurs rayons, ou comme les
ordonnées de la courbe génératrice perpendiculaires à l'axe,
qui sont les rayons de ces cercles paralleles. On voit encore
que les dégrés de tous les méridiens, pris au même parallele,
sont égaux entre eux, puisque la même courbe par sa circonvolution se confond successivement avec tous les méridiens.

258. Mais les dégrés du même méridien ne sont point
égaux. Si on vouloit avoir leur rapport exact, dans les courbes
même les plus connues, le problême ne seroit pas d'une petite difficulté. Mais un arc de méridien qui ne passe pas deux
dégrés, peut être pris pour un arc de cercle; & on regarde
un degré du méridien comme le dégré d'un cercle d'une courbure égale à la courbure moyenne de cet arc du méridien,
laquelle se trouve vers le milieu de cet arc. En général la
courbure d'une ligne dans un de ces points quelconques, est
celle du cercle qui la touche en ce point sans la couper. Or on
appelle cercle osculateur d'une courbe non celui dont l'arc se
confondroit exactement avec l'arc de la courbe; ce qui n'arrive
jamais, quelque petit qu'on suppose cet arc, mais celui qui
en approche plus qu'aucun autre cercle, de sorte qu'on ne
puisse pas faire passer un autre cercle dans l'angle formé par
la courbe & le cercle osculateur au point de contact, comme
Euclide a démontré qu'entre le cercle & sa tangente on ne
peut tirer par le point de contact aucune autre ligne droite.

259. Or on peut démontrer fort exactement par la Géométrie, comme je me propose de le faire au quatrieme tome
de mes Elémens, qu'il n'y a aucun arc continu, de quelque
courbe que ce soit, dans lequel on ne puisse trouver une infinité de points qui ont chacun leur cercle osculateur; &
quoique dans les courbes d'ordre supérieur il se trouve quelquefois de ces points que j'appelle irréguliers (*puncta ano-*
mala), lesquels n'ont point de cercle osculateur, la courbure
y étant plus grande ou moindre que toute courbure circulaire, ces points ne peuvent occuper toute la longueur d'un

Du cercle
osculateur.

Propriétés
des arcs des
courbes par
rapport au
rayon de cour-
bure.

arc continu, quelque petit qu'il foit, mais ils doivent laisser entre eux quelque intervalle, de forte que chaque point de l'intervalle ait un cercle ofculateur; & fi l'on imagine dans cet arc un point quelconque, qui s'approche par un mouvement continu de l'un des points irréguliers, le rayon du cercle ofculateur, qu'on appelle aussi rayon ofculateur, change continuellement, & le point mobile tombant sur le point irrégulier, le rayon devient nul ou infini.

Du centre du cercle ofculateur. 260. C'eft encore une vérité connue, que dans toute courbe le centre du cercle ofculateur eft dans la ligne perpendiculaire à la courbe & menée par le point de contact; de plus, que tous les centres des cercles ofculateurs d'une courbe quelconque fe trouvent dans fa développée, c'eft-à-dire dans une courbe telle, que l'ayant d'abord entourée ou enveloppée d'un fil d'une jufte longueur, on puisse enfuite en la développant continuellement, décrire par l'extrémité du fil la premiere courbe; & qu'au contraire fi une courbe eft décrite par le développement d'une autre courbe quelconque, toutes les tangentes de la développée feront perpendiculaires à la courbe décrite, & que la partie de la tangente interceptée par la courbe décrite & la développée, fera toujours le rayon du cercle qui touche en ce point la courbe décrite, & dont le centre eft le point où ce rayon touche la développée.

De quelques propriétés de ce cercle. 261. Or fi deux lignes perpendiculaires à une courbe quelconque passent par deux de fes points infiniment proches l'un de l'autre, & qu'elles fe rencontrent quelque part, il eft démontré que leur point de concours eft le centre du cercle ofculateur. Il peut encore fe faire qu'un arc d'un dégré differe notablement d'un dégré du cercle ofculateur de cet arc; ce qui peut arriver lorfque d'une extrémité de l'arc à l'autre la courbure va d'abord en augmentant, puis en diminuant, ou au contraire; mais lorfque la courbure augmente ou diminue dans toute la longueur de l'arc, un dégré de la courbe, dans le fens que nous avons dit, fera toujours égal à celui d'un cercle qui le touche dans un point intermédiaire, quoiqu'il puisse être fort différent du dégré du cercle qui touche la courbe au milieu de cet arc.

262. Tout ceci peut fe démontrer exactement par la fimple

Géométrie,

Géométrie, & fans le fecours d'aucune autre méthode; mais lorfque la courbure eft à peu près la même, le dégré de la courbe ne differe pas fenfiblement de celui du cercle qui la touche vers le milieu de l'arc; d'où il fuit qu'ayant la mefure du dégré, on aura par-là même le rayon du cercle qui touche la courbe vers le milieu du dégré, que l'on trouvera aifément en multipliant le dégré par 180, & en formant cette proportion : comme 355 eft à 113, ainfi ce produit eft au rayon.

En quel cas on peut prendre un dégré de la courbe pour celui du cercle.

263. Il fuit de là que dans un pareil folide, connoiffant un dégré d'un parallele, on a l'ordonnée à la courbe génératrice, qu'on trouve par la même méthode ; & qu'étant donné un dégré du méridien, on a le rayon du cercle qui touche la courbe vers le milieu de cet arc; de même que connoiffant l'ordonnée, on connoîtra le dégré du parallele, & qu'ayant le rayon du cercle ofculateur, on aura le dégré du méridien pris de part & d'autre du point touchant. On les trouvera, dis-je, par cette analogie: comme 113 eft à 355; ainfi cette ordonnée, ou ce rayon, eft à un quatrieme terme qui, étant divifé par 180, donnera le dégré que l'on cherche.

Rapports de l'ordonnée & du rayon de courbure aux dégrés.

264. De plus, fi le folide eft un fphéroïde, dont la courbe génératrice foit de figure ovale, par exemple une ellipfe, le parallele dont le plan paffe par le centre, eft appellé équateur de ce folide. Et fi d'un autre point quelconque de la furface on tire une perpendiculaire qui, étant dans le plan du méridien de ce point, doit rencontrer quelque part l'axe du folide & le diametre de l'équateur, l'angle droit, ou moindre qu'un droit formé par cette ligne & le rayon de l'équateur, s'appelle la latitude de ce point du méridien ; d'où il arrive que l'angle que fait cette ligne avec l'axe, eft le complément de la latitude. Il n'eft cependant pas néceffaire de connoître la figure du méridien pour déterminer les latitudes terreftres; il n'eft befoin pour cela que des obfervations aftronomiques. On peut encore déterminer, pour une latitude donnée, un dégré du méridien par la méthode que j'ai indiquée dans le premier Livre, & que j'ai expliquée au long dans le quatrieme. Enfin il y a une autre méthode pour connoître le dégré d'un parallele ; mais elle n'a aucun rapport à la matiere préfente.

Ce que c'eft que diametre, latitude dans un fphéroïde.

O o o

Connoître la figure par les dégrés ;

265. Or pour connoître un cercle, il fuffit d'en connoître un dégré. De même étant donné un dégré de la fphere, foit que ce foit un dégré du méridien ou d'un parallele quelconque, dont on connoît la latitude, on aura le rayon de la fphere, & la fphere même. Dans l'ellipfe d'*Apollonius*, fi l'on a la mefure de deux dégrés, dont ont connoiffe les latitudes, on aura par-là même les deux rayons ofculateurs, au moyen defquels on décrira l'ellipfe ; & dans le fphéroïde engendré par la circonvolution de cette ellipfe autour de l'un de fes axes, connoiffant deux dégrés de deux paralleles, ou deux dégrés d'un même méridien, ou un dégré du méridien & un dégré d'un parallele, pour des latitudes données, foit que dans ce dernier cas le dégré du parallele & celui du méridien foient dans la même latitude, ou en des latitudes différentes, on peut trouver l'ellipfe génératrice & le fphéroïde même. Quant aux courbes des dégrés plus élevés, on a befoin pour les déterminer de connoître un plus grand nombre de cercles ofculateurs, par la même raifon que deux points fuffifent pour déterminer une ligne droite, qu'il en faut trois qui ne foient point dans la même direction pour déterminer un cercle, cinq pour une fection conique, & ainfi de fuite.

Par les rayons de courbure.

266. En général, de même qu'étant donné un certain nombre de points, on peut trouver une infinité de courbes d'efpeces fort différentes qui paffent par ces points, & que ce n'eft qu'une fuite continue de points qui détermine une courbe ; ainfi étant donné un nombre quelconque de rayons de courbure pour des latitudes données, on peut trouver une infinité de courbes qui leur conviennent. Il faudroit donc l'expreffion générale du rayon ofculateur par la latitude pour déterminer la courbe. Il pourroit fe faire auffi que le fphéroïde étant applati, le rayon ofculateur fût néanmoins plus court au pôle qu'à l'équateur, la courbure étant plus petite à l'équateur qu'au pôle, fi la courbe génératrice n'eft pas une ellipfe, mais une autre efpece d'ovale.

Des irrégularités de la Terre.

267. Comme la théorie de la gravité univerfelle donne une ellipfe du premier genre pour la courbe génératrice, foit dans l'hypothefe qui fait la terre entierement homogène, & d'une denfité égale à celle de la mer, foit dans celle où l'on fe

contente de la faire homogêne à égales diſtances du centre ; on a d'abord cru qu'étant donnés deux dégrés, pourvu qu'ils fuſſent à une diſtance ſuffiſante l'un de l'autre, on pouvoit connoître la figure de la Terre. Mais comme après en avoir meſuré plus de deux, on a trouvé qu'il en réſultoit des figures différentes, on a commencé à ſoupçonner de l'irrégularité dans la figure ou dans la denſité du noyau ; & ce ſoupçon reçoit un nouveau dégré de vraiſemblance de la comparaiſon de notre meſure avec celle du dégré le plus méridional de France.

268. Voilà donc à quoi ſe réduit tout le ſujet de ce dernier chapitre. On y trouve pluſieurs problêmes qui ont rapport à la matiere préſente, avec leurs ſolutions purement géométriques ; j'en donnai quelques-unes, il y a pluſieurs années, dans ma premiere Diſſertation ſur la figure de la Terre ; mais je les propoſe toutes ici par ordre & avec plus d'étendue.

Sujet de ce chapitre.

269. Premierement pour ce qui regarde les cercles oſculateurs dans les ſections coniques, j'en ai traité fort au long dans le troiſieme tome de mes Elémens, ſans employer d'autre méthode que celle de la Géométrie ordinaire ; & j'ai démontré dans les corollaires de la neuvieme propoſition pluſieurs théorèmes qui y ont rapport, & dont nous ferons uſage. De ce nombre eſt celui du n. 520 : *les rayons des cercles oſculateurs ſont en raiſon inverſe des cubes des perpendiculaires tirées du centre ſur les tangentes, & en raiſon directe des cubes des normales terminées à l'un des axes ;* d'où l'on tire celui-ci du n. 523 : *le rayon du cercle oſculateur eſt le quatrieme terme d'une proportion continue, dont le premier eſt la moitié du parametre du grand axe, & le ſecond, la normale tirée du point touchant ſur cet axe.* On auroit pu également en tirer ce théorème encore plus général, que *le rayon du cercle oſculateur eſt le quatrieme terme d'une proportion continue dont le premier eſt la moitié du parametre de l'un des axes indifféremment, & le ſecond, la normale à la courbe, terminée par cet axe.*

Théorème ſur les cercles oſculateurs dans l'ellipſe.

270. De plus, étant donnée la latitude du lieu, on a le rapport qui ſe trouve entre l'ordonnée à l'axe & la normale, ou la ſous-normale, qui eſt celui du co-ſinus de la latitude au rayon ou au ſinus, ou celui du rayon à la ſécante de la

Propriétés de l'ellipſe. Pl. IV. fig. 2.

latitude, ou à sa tangente. Car si l'on suppose (fig. 23) que CB soit le demi-diametre de l'équateur, E*e* l'axe, HI l'ordonnée perpendiculaire à l'axe, IF la normale, HF la sous-normale ; la latitude du lieu I sera mesurée par l'angle HIF, puisqu'à mesure que l'ordonnée HI, parallele à CB, devient plus grande, elle se rapproche de l'équateur, & la normale FI du zénith. Or en prenant la normale FI pour le rayon, HI est le co-sinus, HF le sinus de l'angle HIF ; & si l'on prend pour rayon la perpendiculaire HI, IF devient la sécante, & HF la tangente de cet angle.

Autres propriétés. 271. Or il y a deux propriétés de l'ellipse qui nous feront ici d'un très grand usage. La premiere connue de tout le monde, que si sur le diametre E*e* on décrit un demi-cercle qui rencontre l'ordonnée HI en A, & le demi axe CB en D, HI sera à HA dans le rapport constant de CB à CD, ou CE ; la seconde, que la sous-normale HF est à l'abscisse HC, dont l'origine est au centre, comme CB^2 à CD^2, ou CE^2, comme il est démontré au troisieme tome de mes Elémens, n°. 462. Cela supposé, nous n'aurons pas de peine à résoudre les problêmes qui se présentent ici. J'en donnerai même des solutions différentes de celles qu'on lit dans ma Dissertation de la figure de la Terre, quoique celles-ci soient aussi très simples, très faciles, & également géométriques.

Problême préparatoire. 272. Je commence par ce problême: *étant connue l'ordonnée dans une latitude donnée, & l'espece de l'ellipse, trouver l'axe & le diametre de l'équateur.* Puisqu'on a la latitude, on connoîtra le rapport de la ligne donnée HI à HF, ou du rayon à la tangente de la latitude. On aura donc HF. Or on connoît aussi le rapport de CB à CE, qui est celui de HI à HA, & par conséquent le rapport de CB^2 à CE^2, qui est celui de HF à HC. Donc on aura HA & HC, qui sont les côtés d'un triangle rectangle, dont on trouvera encore l'hypoténuse CA, & par conséquent CE ; & parceque le rapport de CE à CB est connu, on aura aussi CB.

Construction. 273. Soit le rapport du demi-diametre de l'équateur au demi-axe exprimé par la fraction $\frac{m}{n}$; menez l'ordonnée HI qui est donnée, faites l'angle HIF égal à la latitude donnée,

& l'angle IHF de 90°, enſuite vous aurez ces proportions $m : n :: HI : HA$, & $m^2 : n^2 :: HF : HC$; & ayant pris ſur CH prolongée la ligne $CE = CA$, & tiré CB perpendiculaire à CE de telle grandeur que CE ſoit à CB dans la raiſon de n à m, vous aurez les demi-axes cherchés.

274. Or par le n. 263 étant donné un dégré d'un parallele, on a l'ordonnée HI. Donc connoiſſant ce dégré & l'eſpece de l'ellipſe, on connoîtra les axes. Mais nous aurons encore beſoin du lemme ſuivant : *dans l'ellipſe la différence des quarrés de deux ordonnées quelconques à celui des axes qu'on voudra, eſt à la différence des quarrés des ſous-normales correſpondantes, comme le quarré de ce demi-axe au quarré de la moitié de ſon conjugué.*

275. Car puiſqu'on a, par le n. 271, $HI^2 : HA^2 :: CB^2 : CE^2$, & $hi^2 : ha^2 :: CB^2 : CE^2$; on aura $hi^2 - HI^2 : ha^2 - HA^2 :: CB^2 : CE^2$. Or à cauſe que $CA = Ca$, la différence des quarrés de ha & HA ſera la même que celle de HC^2 à hC^2; & comme par le même n. 271, $HC^2 : HF^2 :: EC^4 : CB^4$, & $hC^2 : hf^2 :: CE^4 : CB^4$; on aura auſſi $HC^2 - hC^2 : HF^2 - hf^2 :: CE^4 :: CB^4$. Donc $hi^2 - HI^2$ eſt à $HF^2 - hf^2$ en raiſon compoſée de celle de CB^2 à CE^2, & de celle de CE^4 à CB^4, ou en raiſon de CE^2 à CB^2. C. Q. F. D.

276. De ce lemme coule comme de ſource la ſolution du problême qui ſuit : *étant donnés dans un ſphéroïde elliptique deux dégrés de deux paralleles, dont on connoît les latitudes, trouver l'eſpece & la grandeur de l'ellipſe génératrice.* Car puiſqu'on a ces deux dégrés, on aura, par le n. 263, les ordonnées HI, hi; & puiſqu'on connoît les latitudes, on connoîtra, par le n. 270, les ſous-normales HF & hf. On aura donc le rapport de la différence des quarrés des ordonnées, à la différence des quarrés des ſous-normales, rapport qui fera connoître celui du quarré de CE au quarré de CB, & par conſéquent la raiſon ſous-doublée de ce rapport, qui eſt celle de CE à CB, d'où l'on déduira l'eſpece de l'ellipſe. Or, par par le n. 271, connoiſſant l'eſpece de l'ellipſe & l'une de ces ordonnées, on connoîtra la grandeur des demi-axe CE, CB.

Solution.
Autre lemme.

Démonſtration.

Trouver l'el-
lipſe généra-
trice par deux
dégrés de pa-
ralleles.

Conftruction
pour l'efpece.
Pl. IV. fig. 23.
24.

277. S'il étoit uniquement queftion de trouver l'efpece de l'ellipfe, on pourroit exprimer les ordonnées HI, *h i* par les mêmes nombres qui expriment les dégrés; & le problême pourroit fe conftruire géométriquement en cette forte: fur l'un des côtés de l'angle droit IHF (fig. 24), ayant pris à difcrétion le fegment HI, puis H*i* de telle grandeur qu'elle foit à HI dans la même raifon que le dégré le plus grand au plus petit, je fais les angles HIF, H*if* égaux aux latitudes correfpondantes, & des points I & *f* comme centres, & avec les rayons H*i*, HF, je cherche fur les côtés de cet angle droit prolongés, les points B, E. Le demi-diametre de l'équateur fera au demi-axe, comme HB à HE. Car les lignes HI, H*i* de la figure 24 exprimeront les ordonnées de la figure 23 ; HF H*f* les fous-normales ; & le rapport de HE^2 à HB^2 celui de la différence des quarrés des ordonnées à la différence des quarrés des fous-normales. Donc, par le n. 274, le rapport de HE à HB fera celui des demi-axes.

Par deux dégrés, l'un du parallele, l'autre du méridien dans la même latitude.
Pl. IV. fig. 23.

278. Si l'on cherche l'efpece & la grandeur de l'ellipfe par deux dégrés connus, l'un du parallele, l'autre du méridien, dans la même latitude, la folution du problême eft beaucoup plus fimple. Mais il faut auparavant démontrer cette propriété des fections coniques. Si du point F (fig. 23), où l'axe eft rencontré par la normale, on mene jufqu'à l'ordonnée une ligne FL parallele au rayon CA, elle fera égale à la moitié du parametre de l'axe E*e*, & les lignes HL, HI, HA feront en proportion continue. Car FL eft à CA ou CE, comme FH à CH, ou bien, par le n. 271, comme le quarré de CB au quarré de CE, ou comme la moitié du parametre de l'axe E*e* à la même ligne CE. Donc FL eft égale à la moitié du parametre de cet axe. Mais puifque HI^2 : HA^2 :: CB^2 : CE^2 :: HF : HC :: HL : HA; il eft clair que HL, HI, HA font en proportion continue.

Solution.

279. Or étant donné un dégré du parallele en I, on a, par le n. 263, l'ordonnée IH; & comme on a la latitude HIF, on connoît IF. De plus, connoiffant un dégré du méridien dans la même latitude, on a le rayon ofculateur de l'ellipfe en I, & par conféquent le rapport de ce rayon à la normale FI qui eft connue. Or par le n. 269 ce rapport eft la raifon

doublée de FI à la moitié du parametre de l'axe E e, puifque ce rayon eft le quatrieme terme d'une proportion continue dont les premiers termes font la moitié du parametre de l'axe & la normale. On aura donc le parametre de l'axe; & du point F comme centre, & à la diftance de la moitié de ce parametre, on trouvera le point L. Enfuite ayant pris HA, troifieme proportionnelle à HL & HI, on aura le point A, d'où ayant mené AC parallele à LF, cette ligne déterminera le centre C, & le demi axe CE égal à AC. L'autre demi-axe CB fera moyen proportionnel entre CE, & cette moitié du parametre. Ainfi l'on connoîtra l'efpece & la grandeur de l'ellipfe.

280. Mais fi les dégrés connus du méridien & du parallele ne font pas dans la même latitude, le problême eft d'une toute autre difficulté, & l'on a befoin pour le réfoudre de recourir à des courbes de genres beaucoup plus élévés (1). Je me contenterai d'indiquer la maniere de le réfoudre par le calcul ordinaire, fur les mêmes principes que ci-deffus. Soit la moitié du parametre de l'axe E$e=x$, CE$=y$, le rayon ofculateur en i, qu'on connoîtra par le dégré donné du méridien dans cette latitude, $=a$, l'ordonnée HI$=b$, le finus de la latitude en $i=s$, fon co-finus$=c$, pour un rayon$=1$, la tangente de la latitude en I$=t$. Puifqu'on a le quatrieme terme d'une proportion continue, dont les premiers font x,

Dans diffé-
rentes latitu-
des.
Pl. IV. fig. 23.

& la normale if, on aura $if = \sqrt[3]{ax^2}$. Donc $hi = c\sqrt[3]{ax^2}$,

& $hf = s\sqrt[3]{ax^2}$.

281. Or à caufe que HI$=b$, on a HF$=bt$. De plus, $x : y :: \mathrm{HI}^2 : \mathrm{HA}^2 :: hi^2 : ha^2 :: \mathrm{HF} : \mathrm{HC} :: hf : h\mathrm{C}$. On aura donc des expreffions analytiques des quarrés de HA, HC, ha, hC; & comme la fomme des deux premiers eft y^2, & que pareillement la fomme des deux derniers eft y^2, on a autant d'équation que d'inconnues; mais l'équation qui en

On a une
équation d'un
dégré fort é-
levé.

---

(1) Voyez le n. 331 où l'Auteur donne une folution très fimple de ce problême.

réfulte eſt d'un dégré ſi élevé, que je n'ai pas jugé à propos de donner une ſolution géométrique de ce problême qui, ne pouvant ſe conſtruire qu'au moyen d'une courbe fort compoſée, ne préſenteroit rien moins qu'une ſolution ſimple & facile. Il pourroit ſe faire qu'on en eût donné une ſolution plus aiſée, qui ne fût point parvenue à ma connoiſſance; mais en tout cas elle ne peut être d'un grand uſage, vu le peu de préciſion qu'on peut ſe promettre dans la meſure d'un dégré d'un parallele.

Connoître l'eſpece de l'ellipſe par deux dégrés du méridien. Pl. IV. fig. 23,

282. Un autre problême bien plus utile, c'eſt celui où avec deux dégrés du méridien, à diverſes latitudes, on cherche l'eſpece & la grandeur de l'ellipſe. Ce problême ſe réſoud avec beaucoup plus de facilité, & il revient à peu près au même que le premier des trois précédens. On le propoſe en ces termes : *connoiſſant deux dégrés du méridien en des latitudes différentes trouver l'eſpece & la grandeur de l'ellipſe.* Puiſqu'on a ces dégrés, on aura leur rapport & la raiſon ſoustriplée de ce rapport, & par conſéquent, par le n°. 269, le rapport qu'ont entre elles les normales IF, *if*. Donc puiſqu'on a auſſi les latitudes, & par-là même, ſuivant le n°. 270, les rapports de ces normales aux ordonnées HI, *hi*, & aux ſous-normales HF, *hf*; on aura pareillement le rapport de HI & *hi*, à HF & *hf*, & le rapport de la différence des quarrés des premieres lignes, à la différence des quarrés des dernieres, qui, par le n°. 276, déterminera l'eſpece de l'ellipſe.

Lemme pour la grandeur de l'ellipſe.

283. Connoiſſant l'eſpece de l'ellipſe, on en connoîtra aiſément la grandeur par le lemme ſuivant qui eſt tiré du traité des ſections coniques : la tangente de l'angle HAC eſt à la tangente de l'angle HIF, comme CE à CB. Car la premiere tangente eſt à la ſeconde, en raiſon compoſée de la raiſon directe de CH à FH, & de la raiſon inverſe de HA à HI; c'eſt-à-dire en raiſon compoſée de la raiſon directe doublée de CE à CB, & de la raiſon ſimple & directe de CB à CE, ou ſeulement en raiſon ſimple & directe de CE à CB.

Connoître ſa grandeur.

284. Ce lemme ſuppoſé, puiſqu'on connoît l'eſpece de l'ellipſe & la latitude HIF avec ſa tangente, on connoîtra auſſi la tangente de l'angle HAC, & par conſéquent cet angle même. Donc on aura encore le rapport de CA ou CE à FI,

puiſqu'il

puisqu'il est composé de la raison de CA à AH, ou du rayon
au co-sinus de l'angle CAH, de la raison de AH à HI, ou
de CE à CB, qui est donnée à cause qu'on connoît l'espece
de l'ellipse, enfin de la raison de HI à IF, ou du co-sinus
de l'angle HIF au rayon, lesquelles, sans parler du rayon,
se réduisent à deux raisons, savoir celle du demi-diametre
de l'équateur au demi-axe, & celle du co-sinus de la latitude
au co-sinus de l'angle, dont la tangente est à la tangente de
la latitude, comme le demi-axe au demi-diametre de l'équateur. Or on a le rapport de la moitié du parametre de l'axe
E*e* à CE, qui est doublé de la raison de CB à CE. Donc
on aura le rapport de la moitié de ce parametre à IF, & la
raison doublée de ce rapport sera celle de la normale IF au
rayon du cercle osculateur, ce rayon étant le quatrieme
terme d'une proportion continue, dont les premiers sont ce
demi-parametre, & cette normale, par le n. 269. Donc connoissant ce rapport & le rayon osculateur, on aura IF; d'où
l'on pourra remonter à la connoissance de CA ou CE, ensuite de CE à CB, qui prises ensemble détermineront la grandeur de l'ellipse.

285. Nous allons maintenant déterminer par une construction l'espece de l'ellipse. Soient (fig. 24) les angles HIF,
HIO placés du même côté, & égaux aux latitudes données,
le premier à la plus grande, le second à la plus petite. Pro-
longez OI jusqu'en *o*, de sorte que O*o* soit à IF en raison
sous-triplée de celle du dégré qui répond à la latitude HIO
au dégré correspondant à la latitude HIF. Menez *oi* parallele à HO, qui rencontrera HI en *i*; puis *if* parallele à
*o*O; & des points I & *f* comme centres, & avec les rayons
H*i*, HF, cherchez, comme ci-dessus, les points E, B; le
rapport de HE à HB sera celui du demi-axe au demi-diametre de l'équateur. Car IF est à *if*, ou *o*O, comme dans
la figure 23 IF à *if*. Or les angles HIF & H*if*, ou HIO de
la figure 24, sont égaux aux angles HIF, *hif* de la figure 23.
Donc les rapports de FI, *fi* (fig. 24) à HI, H*i*, & HF,
H*f* sont les mêmes que ceux de FI, *fi* (fig. 23) à HI, *hi*,
& HF, *hf*. Ainsi comme les différences des quarrés dans la
figure 23 sont entre elles comme CE² à CB², elles seront

Construction
pour l'espece.
Pl. IV, fig. 24.

dans la figure 24 comme HE^2 à HB^2.

Construction pour la grandeur.
Pl. IV. fig. 23.

286. A l'égard de la construction pour la grandeur de l'ellipse, soit décrit (fig. 23) un demi-cercle EDe, dans lequel on prendra un angle ECA dont la tangente soit à la tangente de la latitude, comme dans l'ellipse dont on vient de trouver l'espece, CE est à CB. Menez AH, & faites HI de telle longueur, qu'elle ait à AH le rapport qu'on a trouvé entre CB & CE ; ensuite ayant fait l'angle HIF égal à la latitude donnée, vous prendrez une troisieme proportionnelle à CE prise à volonté, & à CB déterminée par l'espece de l'ellipse qu'on suppose connue, puis une quatrieme proportionnelle en proportion continue, dont les deux premiers termes soient celle-ci (1) & IF. Enfin vous ferez cette analogie : comme cette quatrieme proportionnelle est à CE, ainsi le rayon osculateur qu'on trouvera par le dégré, est au demi-axe ; & connoissant le demi-axe, vous aurez par l'espece de l'ellipse le demi-diametre de l'équateur.

Formule pour l'espece de l'ellipse.

287. Comme nous ferons souvent usage de ce dernier cas, il ne sera pas hors de propos d'en dresser une formule algébrique. Soit $CE = 1$, $CB = x$, le dégré le plus proche de l'équateur $= g$, le plus éloigné $= G$; soit encore $g^{\frac{1}{3}} = a$, $G^{\frac{1}{3}} = A$; on aura les normales if, $IF = g^{\frac{1}{3}}$, $G^{\frac{1}{3}}$ ou a, A. Si l'on suppose le sinus de la premiere latitude $= s$, pour le rayon 1, celui de la seconde latitude $= S$, le co sinus du premier $= c$, celui du second $= C$; on aura $hi = ac$, $HI = AC$, $hf = as$, avec cette analogie $a^2 c^2 - A^2 C^2 : A^2 S^2 - a^2 s^2 :: 1 :$

$$xx = \frac{A^2 S^2 - a^2 s^2}{a^2 c^2 - A^2 C^2},$$

& parceque $c^2 = 1 - ss$, $C^2 = 1 - SS$, on aura

$$xx = \frac{A^2 S^2 - a^2 s^2}{a^2 - a^2 s^2 - A^2 + A^2 S^2}.$$

Donc

$$\frac{1}{xx} = \frac{A^2 S^2 - a^2 s^2 + a^2 - A^2}{A^2 S^2 - a^2 s^2} = 1 \frac{- A^2 + a^2}{A^2 S^2 - a^2 s^2}.$$

Pour l'excentricité.

288. Cette équation donne la proportion suivante, $xx : 1 :: 1 : 1 - \dfrac{A^2 + a^2}{A^2 S^2 - a^2 s^2}$. Donc $xx : xx - 1 :: 1 : \dfrac{A^2 - a^2}{A^2 S^2 - a^2 s^2}$

---

(2) C'est la moitié du parametre de l'axe, puisqu'elle est troisieme proportionnelle à CE & CD.

$:: A^2 S^2 - a^2 s^2 : A^2 - a^2$. Et parceque que $x^2 - 1$ est le quarré de la distance du foyer au centre, ou de l'excentricité, l'excentricité sera au demi-axe conjugué en raison sous-doublée de $A^2 - a^2$, à $A^2 S^2 - a^2 s^2$.

289. Si l'excentricité est petite, il sera aisé d'avoir une formule beaucoup plus simple pour la différence du demi-diametre de l'équateur au demi-axe. Car on aura à très peu près $x = 1$. Donc $xx - 1 = \frac{A^2 - a^2}{A^2 S^2 - a^2 s^2}$. Or $xx - 1 = CB^2$ $- CD^2 = DB \times Bd$ (en faisant $Cd = CD$), ou bien à très peu près $= 2 CD \times BD$, ou, à cause que $CD = CE = 1$, à peu près $= 2 BD = \frac{A^2 - a^2}{A^2 S^2 - a^2 s^2}$. Mais parceque $AA = G^{\frac{2}{3}}$, & $aa = g^{\frac{2}{3}}$, & que G est peu différent de g, on aura à peu de choses près $A^2 - a^2 = \frac{2}{3} \times G^{-\frac{1}{3}} \times (G - g)$, ou $\frac{2}{3} \times g^{-\frac{1}{3}} \times (G - g)$. Donc $BD = \frac{1}{3} \times \frac{G - g}{G S S - g s s}$, même formule que celle qu'a trouvée M. *de Maupertuis* par une méthode fort différente, & qui se voit dans les Mémoires de l'Académie royale des Sciences à l'année 1737, exprimée en ces termes $\frac{E - F}{3 (E S S - F s s)}$; car les valeurs E, F, S, s sont les mêmes dans cette formule que G, g, S, s dans la mienne.

290. Lorsque le point i tombe sur l'équateur en B, s s'évanouit, & la formule se réduit à $\frac{1}{3} \times \frac{G - g}{G S S}$. Si de plus le point I tombe sur le pôle en E, où l'on a le sinus $S = 1$, la formule se change en $\frac{G - g}{3 G}$, d'où l'on tire ce théorème : *le demi-diametre de l'équateur est à très peu près à sa différence au demi-axe, comme le dégré du méridien sous l'équateur au tiers de la différence des dégrés sous l'équateur & le pôle.*

291. On peut tirer du n. 269, pour ce dernier cas qui est le plus simple, & pour une ellipticité quelconque, quelque grande qu'elle puisse être, un théorème beaucoup plus beau, savoir : *le demi-diametre de l'équateur est au demi-axe en rai-*

*fon fous-triplée de celle du dégré fous l'axe au dégré fous l'é-
quateur.* Car les dégrés font en raifon inverfe des cubes des
perpendiculaires abaiffées du centre fur les tangentes; & dans
le cas où le point de contact eft à l'extrémité des axes, ces
perpendiculaires font ces demi-axes eux-mêmes terminés au
point de contact. Mais parceque dans les quantités qui different peu entre elles, le cube eft à la différence des cubes
à très peu près, comme la quantité fimple eft au triple de
la différence de ces quantités fimples; il s'enfuit que fi l'ellipticité eft petite, on pourra de ce dernier théorème déduire
le précédent.

Augmenta-
tion ou dimi-
nution des dé-
grés.

291. De ce que les dégrés font en raifon inverfe des cubes
des perpendiculaires abaiffées du centre fur la tangente, il eft
encore aifé de conclure que l'augmentation des dégrés depuis
l'équateur jufqu'au pôle, fera à peu près dans la même raifon
que le quarré du finus de la latitude, ou que le finus verfe
d'une latitude double; même rapport que celui de la diminution de la diftance à l'augmentation de la gravité de l'équateur au pôle. Car dès que les différences des quarrés, des
cubes & des puiffances quelconques, font fort petites, elles
font en même raifon que les différences des côtés ou des
racines. Ainfi les augmentations des dégrés feront en même
raifon que les diminutions des perpendiculaires fur les tangentes. Or dans une ellipfe peu différente d'un cercle, la
diftance du centre au point de contact peut être prife pour
la perpendiculaire tirée du centre fur la tangente, même
lorfqu'il s'agit de la différence d'une perpendiculaire à une
autre; car la perpendiculaire eft le côté d'un triangle rectangle dont cette diftance eft l'hypothénufe, & ces deux lignes
forment un angle qui répond à l'ellipticité; d'où il eft aifé
de démontrer par une méthode femblable à celle dont nous
nous fommes fervis plus haut (n. 232), que la différence de
la perpendiculaire à la bafe, ou l'erreur que l'on pourroit
commettre, eft un infiniment petit du fecond ordre, & de
nulle conféquence. Donc la diminution de la perpendiculaire,
& par conféquent l'augmentation du dégré, eft à très peu
près comme la diminution de la diftance, ou dans le même
rapport que nous avons dit.

293. De là on tire une proportion pour la diminution du dégré, qui a lieu auffi dans l'augmentation de la diftance, & la diminution de la gravité depuis le pôle jufqu'à l'équateur, comme nous l'avons démontré (n. 174), favoir que toutes ces diminutions & augmentations font à très peu près comme le quarré du co-finus de la latitude, ou comme le finus verfe du double du complément de la latitude. Car les quarrés du finus & du co-finus font enfemble égaux au quarré du rayon, quantité conftante ; de même que la différence par excès d'un dégré quelconque fur un dégré pris fous l'équateur, jointe à fa différence par défaut au dégré du pôle, eft égale à la différence totale & conftante de la gravité fous le pôle & l'équateur. Ainfi le quarré du rayon étant au quarré du finus, comme la différence totale eft à la différence par excès ; le même quarré du rayon fera au quarré du co-finus, comme la différence totale à la différence par défaut, qui fera par conféquent en raifon du quarré du co-finus. Or ce quarré eft en raifon du finus verfe d'un arc double, ou du finus verfe du double du complément ; & c'eft la même démonftration pour la diftance & la gravité.

En quel rapport ils diminuent.

294. On peut tirer de ce théorème, ou du théorème précédent d'où celui-ci eft déduit, une méthode affez facile pour déterminer l'efpece de l'ellipfe par deux dégrés quelconques du méridien, pourvu qu'ils foient pris en des latitudes différentes, comme nous l'avons déterminé à la fin du chapitre précédent par deux longueurs du pendule, obfervées en des lieux qui different en latitude. Car on aura d'abord cette proportion : comme la moitié de la différence des finus verfes des latitudes doubles eft au rayon, ainfi la différence des dégrés dont on a la mefure, eft à un quatrieme terme, qui fera la différence des dégrés fous l'équateur & le pôle : puis celle-ci : comme le tiers de cette différence eft à l'un ou l'autre de ces dégrés indifféremment, pris pour le dégré moyen ; ainfi la différence du demi-diametre de l'équateur au demi-axe, ou, ce qui revient au même, ainfi l'applatiffement eft à un demi-diametre moyen de la Terre. Cette feconde analogie eft une fuite du n. 291 ; la première fe démontre ainfi : puifque les diminutions des dégrés font comme

Déterminer l'efpece de l'ellipfe par deux dégrés.

les finus verfes des latitudes doubles, la différence des diminutions de ces dégrés comparés au dégré du pôle, qui fera la même que la différence de ces dégrés entre eux, fera à la diminution qui convient au quart-de-cercle entier, comme la différence des finus verfes des latitudes doubles, correfpondantes à ces dégrés, eft à la différence des finus verfes d'une latitude double, & d'un double quart-de-cercle, dont le premier finus $= o$, le fecond eft le diametre ou le double du rayon. Donc la différence de ces finus verfes eft au double du rayon, ou bien la moitié de cette différence eft au rayon, comme la différence de ces dégrés eft à la différence de deux autres dégrés du méridien, pris l'un à l'équateur, l'autre au pôle.

Déterminer l'ellipticité.

295. A l'égard de l'ellipticité qui eft le rapport de la différence des demi-axes de l'ellipfe génératrice, à l'un de ces demi-axes, on la trouvera fans peine, en divifant le tiers de la différence qu'on vient de trouver entre les dégrés fous l'équateur & le pôle par un dégré entier. Dès qu'on aura l'ellipticité qui réfulte de deux dégrés, il fera aifé d'avoir celle qui eft déterminée par deux autres, puifque cette ellipticité eft en raifon directe de la différence des dégrés, & en raifon inverfe de la différence des finus verfes des latitudes doubles.

Gravité newtonienne & denfité de la Terre comparées à la mefure des dégrés.

297. De là on peut aifément connoître fi la gravité newtonienne, jointe à une denfité égale à égales diftances du centre, s'accorde avec la mefure des dégrés, de même que fur la fin du chapitre premier nous avons examiné fi elle pouvoit fe concilier avec les obfervations du pendule à fecondes. Les dégrés dont nous avons une mefure exacte fe réduifent à ceux-ci : celui que M. *de Maupertuis* avec trois autres Académiciens, a mefuré dans la Laponie; ceux qui ont été mefurés en France par MM. *Caffini* & *de la Caille*, & dont la longueur, après quatre changemens faits au dégré de M. *Picart*, eft enfin affurée; celui que MM. *Bouguer* & *de la Condamine* ont déterminé au Pérou; celui que M. l'Abbé *de la Caille* vient de mefurer au *Cap* de Bonne Efpérance; auxquels on me permettra d'ajouter celui que nous avons mefuré dans les Etats du Pape. Toutes ces opérations ont été faites avec beaucoup d'exactitude, & avec des mefures prifes toutes

fur la même toife. On y a eu égard à tous les mouvemens des étoiles fixes ; on s'y eft fervi d'excellens fecteurs ; on y a apporté toutes les précautions néceffaires pour en affurer le fuccès. Il y a encore des dégrés qui ont été mefurés en d'autres lieux, comme celui de *Norwood* en Angleterre, celui que *Snellius* mefura autrefois en Hollande, & qui a été réformé d'abord par *Mufchembroek*, enfuite par M. *Caffini*. Mais il n'y a aucun doute qu'on ne doive faire beaucoup moins de fonds fur ces opérations que fur les précédentes. Celle de *Norwoode* n'eft pas à beaucoup près affez précife, & l'on ne connoît point affez exactement la longueur de la mefure dont il s'eft fervi ; d'ailleurs l'Aftronomie pratique n'étoit pas encore affez parfaite pour qu'on puiffe comparer fon dégré avec les nôtres.

298. A la vérité le dégré de *Snellius*, réformé par M. *Caffini de Thury*, eft plus exact. On le trouvera avec les divers changemens qui y ont été faits, dans l'écrit de M. *de Thury*, inféré dans les Mémoires de l'Académie royale des Sciences de l'année 1747. Ce dégré répond à une latitude de 50°, 4', 17". Suivant la méthode de *Snellius*, il feroit de 55020 toifes. *Mufchembroek* a retenu les obfervations aftronomiques de *Snellius*, & après avoir corrigé les triangles, il l'a trouvé de 57033 toifes. M. *Caffini* le fils répéta en 1701 les obfervations aftronomiques, & le réduifit à 56496 toifes. Enfin M. *de Thury*, fils de ce dernier, ayant mefuré une nouvelle bafe, s'eft fervi des obfervations aftronomiques de fon pere, & a trouvé le dégré de 57145 toifes. Je crois qu'on peut fans témérité foupçonner des erreurs de quelques fecondes dans ces opérations aftronomiques, vu que la pratique de l'Aftronomie & les inftrumens qui font à fon ufage, n'étoient pas alors au point de perfection où nous les voyons aujourd'hui.

Dégré de Snellius.

299. Nous allons donner une lifte des dégrés fur lefquels on ne peut former aucun doute raifonnable. Les chiffres de la premiere colonne marquent le rang de chaque dégré en particulier, afin qu'on puiffe les défigner chacun par fon rang ; ceux de la feconde marquent les latitudes des dégrés correfpondans ; & ceux de la troifieme, la grandeur des dégrés, exprimée en toifes. Le premier dégré eft celui qui a été me-

Autres dégrés.

suré dans la Laponie. Je l'ai tiré de l'ouvrage que M. *de Maupertuis* a publié à ce sujet ; mais comme on n'y avoit point eu d'égard à la réfraction, j'en ai retranché 16 toises, selon qu'il se pratique aujourd'hui à l'égard de ce dégré. Les onze dégrés qui suivent sont tirés du Livre de M. *Cassini de Thury*, intitulé *Méridienne vérifiée* ; le treizieme est celui que nous avons mesuré ; le quatorzieme est tiré des ouvrages de M. *Bouguer* & de M. *de la Condamine*, en prenant un milieu ; le quinzieme, d'un petit écrit de M. l'Abbé *de la Caille* qui l'a mesuré.

	Latitudes.	Dégrés en toises.		Latitudes.	Dégrés en toises.
1	66°. 20′	57422	9	45°. 45′	57050
2	49 . 56	57084	10	45 . 43	57040
3	49 . 23	57074	11	44 . 53	57042
4	49 . 3	57069	12	43 . 31	57048
5	47 . 58	57071	13	43 . 1	56979
6	47 . 41	57057	14	0 . 0	56753
7	46 . 51	57055	15	—33 . 18	57037
8	46 . 35	57049			

A ces dégrés du méridien on peut ajouter le dégré du parallele que M. *Cassini de Thury* & M. l'Abbé *de la Caille* ont trouvé de 41618 toises, dans la latitude de 43°, 31′ (1).

---

(1) On peut aujourd'hui ajouter encore d'autres nombres qui ont rapport à de nouvelles mesures faites les unes en Italie par le P. *Beccaria*, les autres en Allemagne par le P. *Liesganig*, & qui sont tirés des manuscrits envoyés de *Turin* & de *Vienne*. Les mesures du P. *Liesganig* s'impriment actuellement ; celles du P. *Beccaria* paroîtront à la fin de la collection de ses ouvrages qui sont également sous presse.

La latitude de *Mondovi* est de 44°, 23′, 33″ ; celle de *Turin* de 45°, 4′, 14″ ; celle d'*Andrate* de 45°, 31′, 18″.

On a trouvé en toises de *Paris*, entre *Mondovi* & *Turin*, 38680 ; entre *Turin* & *Andrate* 26140. *Andrate* est situé au pied d'une montagne fort élevée, & qui de ce côté est le commencement d'une des plus grosses & des plus hautes montagnes des Alpes, située vers le nord. De ces mesures & de ces latitudes on tire la table suivante.

Cinq dégrés choiſis.

300. Ceci donneroit déja le moyen de faire quantité de comparaiſons, puiſque des dégrés quelconques du méridien, pris deux à deux, déterminent l'applatiſſement de la Terre dans l'hypotheſe de l'ellipſe de *Newton*. Mais on ne doit point comparer enſemble deux dégrés trop proches l'un de l'autre, parceque les différences étant alors trop petites, une erreur fort légere dans les obſervations en produiroit une fort conſidérable dans le réſultat. Si donc de tous les dégrés de France on ne prend que le troiſieme, qui eſt celui de M. *Picart*, pour une latitude de 49°, 23′, dégré ſur lequel on a repaſſé tant de fois, & avec une exactitude ſi ſcrupuleuſe; il reſtera cinq dégrés, ſavoir le premier qui eſt celui de la Laponie, le troiſieme qui eſt un dégré de France, & les trois derniers qui ſont ceux d'Italie, de la Province de *Quito* & du *Cap* de Bonne Eſpérance. On peut d'abord examiner, ainſi que nous l'avons fait pour le pendule à la fin du premier chapitre, ſi les différences du premier dégré du méridien, qui eſt le plus proche de l'équateur aux quatre autres dégrés,

ENTRE	Amplitude de l'arc.	Meſure de l'arc en toiſes de *Paris*.	Valeur du dégré en toiſes de *Paris*.
MONDOVI & TURIN . . .	40′41″	38680	57075
TURIN & ANDRATE . . .	27. 4	26140	57990
MONDOVI & ANDRATE .	1°. 7.45	64820	57405

La latitude de *Vienne* en Autriche eſt de 48°, 12′. La toiſe de *Vienne* eſt à celle de *Paris*, comme 100000 à 102764. De ce rapport, & des meſures, & des arcs interceptés, on tire la table ſuivante.

ENTRE	Amplitude de l'arc.	Meſure de l'arc en toiſes de *Vienne*	Valeur du dégré en toiſes de *Paris*.
VIENNE & SOBJESCHIZ . .	1°. 2′ . 29″0	61092.5	57082.3
VIENNE & BRUNN	0 . 58 . 53.5	57585.0	57090.8
VIENNE & GRATZ	1 . 8 . 24.8	66682.9	56909.6
GRATZ & VARADIN . . .	0 . 45 . 49.9	45019.3	57351.3
VIENNE & VARADIN . . .	1 . 54 . 16.5	111701.2	57717.7
SOBJESCHIZ & VARADIN .	2 . 56 . 45.5	172794.7	57076.9

répondent aux finus verfes des latitudes doubles, ou de combien elles s'en écartent. Je l'ai fait, & j'ai cherché en-fuite la différence que donne la comparaifon des dégrés pris deux à deux, dans cette hypothefe de proportionnalité avec les finus verfes: différence qui feroit par-tout la même, fi les différences des dégrés fuivoient toujours cette proportion. Or le tiers de cette différence, divifé par le dégré le plus proche de l'équateur, détermine l'ellipticité, & je réduis cette fraction, fans en changer la valeur, à une fraction dont le numérateur eft l'unité.

Explication des deux ta-bles fuivan-tes.

301. Je propoferai donc deux tables: la première a fept colonnes, dont la première contient par ordre les noms des dégrés; la feconde, leur latitude; la troifième, la moitié du finus verfe d'une latitude double; la quatrième, le nombre

---

On voit de part & d'autre l'action des montagnes fur le fil à plomb du fecteur (nous en avons déja fait mention dans la note du n 65, Liv. I.). Si l'on compare les deux premiers dégrés du P. *Beccaria*, qui fe touchent, le différence eft de 915 toifes; différence qui furpaffe celle des dégrés mefurés fous l'équateur & le cercle polaire, au lieu qu'elle ne devroit être que d'un très petit nombre de toifes. Le fil à plomb, attiré vers le nord par les montagnes des Alpes, a changé de direction, & renvoyé du côté oppofé le zénith qu'il indiquoit, en le rapprochant de celui de *Turin*: d'où il eft arrivé que l'arc intercepté par les deux zéniths, s'eft trouvé trop petit & le dégré trop grand. Pour évaluer l'action de ces montagnes, nous fuppoferons en ce lieu un dégré qui répond à peu près à cette latitude, déduit du précédent, & d'autres dégrés mefurés ail-leurs, favoir de 57095 toifes: c'eft le plus qu'on puiffe lui donner, & il devroit plutôt être moindre. On en déduit l'arc par cette analogie: 57095 eft à 57990, comme l'arc qu'on a trouvé de 17′ 4″, = 1624″, eft à 1649″ qu'on auroit du avoir. La différence eft 25″, & c'eft auffi la différence par excès de l'attraction des montagnes vers le nord à *An-drate*, fur leur attraction à *Turin*. Elle eft plus grande que celle de la montagne de *Chimboraço* en Amérique; mais c'eft encore peu de chofe, eu égard à la grandeur de ces montagnes: ce qui prouve, ou qu'il y a dans ces montagnes mêmes de grandes cavernes, ou que la Terre eft beaucoup plus denfe vers le centre que vers la furface.

Des montagnes plus petites ont une action moindre à la vérité, mais qui ne laiffe pourtant pas d'être affez confidérable. C'eft ce qui fe voit dans deux dégrés du P. *Liefganig*, l'un entre *Gratz* & *Vienne*, l'autre entre *Gratz* & *Varadin*. Ces dégrés, quoique contigus, different de 442 toifes.

de toifes de chaque dégré ; la cinquieme , leur excès fur le premier dégré dont la latitude = 0 ; la fixieme., ce même excès calculé dans l'hypothefe de la proportionalité avec les finus verfes ; la feptieme, l'erreur ou la différence de l'excès calculé à l'excès obfervé. Cette premiere table nous donnera le moyen de conftruire la feconde, qui n'a que trois colonnes; dont la premiere contient les rangs des dégrés combinés ; la feconde , l'excès qu'on en conclut pour un dégré fous le pôle fur un dégré proche l'équateur ; la troifieme, la fraction que donne le tiers de cet excès divifé par le premier dégré, c'eft- à-dire l'ellipticité. L'excès du dégré de M. l'Abbé *de la Caille* fur le nôtre , prouve l'allongement de la figure. C'eft pour cela que dans la feconde table j'ai marqué du figne négatif fa différence & fon ellipticité comparée à celle de notre

---

Il nous eft encore venu depuis peu un autre dégré , mefuré dans l'A- mérique feptentrionale par MM. *Maffon* & *Dixon* , dans la latitude de 39°, 12′, & qui s'eft trouvé de 56888 toifes de *Paris*. On le voit dans les Tranfactions philofophiques , *année* 1768, *tome* 58 , *page* 327. Il y a en cet endroit une table de plufieurs dégrés , du nombre defquels font le premier dégré du P. *Beccaria* , & un dégré moyen du P. *Liefganig* , tels qu'ils les ont eux-mêmes envoyés à la Société royale , avec une ré- duction d'un petit nombre de toifes. On y voit auffi deux dégrés choifis fur tous ceux qui ont été mefurés en France. Les deux dernieres colonnes font connoître les Auteurs de la mefure , & l'année où elle a été faite. Nous propofons ici cette table dont nous ferons ufage dans les notes fuivantes.

Dégrés en voises.	Latitude moyenne.	Année de la mefure.	Auteurs de la mefure.
57422	66°. 20′ fept.	1736 & 1737	M. *de Maupertuis.*
57074	49 . 23	1739 & 1740	MM. *de Maupertuis* & *Caffini.*
57091	47 . 40	1768	Le P. *Liefganig.*
57028	45 . 0	1739 & 1740	M. *Caffini.*
57069	44°. 44	1763	Le P. *Beccaria.*
56979	43 . 0	1752	Les PP. *Bofcovich* & *Maire.*
56888	39 . 12	1764 & 1768	MM. *Maffon* & *Dixon.*
56750	00 . 00	1736 & 1743	MM. *de la Condamine* & *Bouguer.*
57037	33 . 18 métid.	1752	M. l'Abbé *de la Caille.*

dégré, & que j'ai donné le même figne à fon erreur dans la premiere table que voici.

D é g r é.	Latitude.	$\frac{1}{2}$ fin. verf. pour un ray. de 10000.	Nombre de toifes.	Différence au premier dégré.	Différence calculée.	Erreur.
De Quito . . .	0°. 0′	0	56751	0	0	0
Du Cap de B. E.	33 . 18	2987	57037	286	240	— 46
De Rome . . .	42 . 59	4648	56979	228	372	144
De Paris . . .	49 . 23	5762	57074	323	461	138
De Lapponie .	66 . 19	8386	57422	671	671	0 (1)

<table>
<tr><td>Irrégularité de la premie-re.</td><td>302. **D**ans la derniere colonne de cette table on voit de combien les dégrés intermédiaires s'écartent de la raifon dou-blée des finus des latitudes, ou de la raifon des finus verfes des latitudes doubles, fuppofé que le premier & le dernier</td></tr>
</table>

---

(1) A cette table nous en fubftituerons une plus grande, tirée des 9 dégrés de la note précédente, n°. 199, & nous mettrons ici le dégré de M. *de la Caille* dans le rang que requiert fa latitude, comme fi cette lati-tude étoit feptentrionale. L'ordre des dégrés eft indiqué par les nombres naturels, en commençant par le dégré de l'écuateur. Nous ferons ufage de cette table dans la note fur le n°. 303.

Ordre des dégrés.	Valeur des dégrés.	Latitude.	$\frac{1}{2}$ du finus verfe d'une latit. double pour le ra y. 0000.	Différence obfervée au premier dégré.	Différence calculée.	Erreur.
1	56750	00°. 00′	0000	000	000	00
	57037	33 . 18	3015	287	242	—45
3	56888	39 . 12	3995	138	320	192
4	56979	43 . 0	4651	219	373	144
5	57069	44 . 44	4954	319	397	78
6	57018	45 . 0	5000	278	401	123
7	57091	47 . 40	5465	341	438	97
8	57074	49 . 23	5762	324	461	138
9	57422	66 . 20	8389	672	672	0

foient juftes. La différence calculée du troifieme & du quatrieme dégré étant pofitive, celle du fecond eft négative.
Quand même il arriveroit quelque léger changement dans le
premier & le dernier dégré, le fecond ne s'éloigneroit pas
fenfiblement de ce rapport. Il n'en eft pas ainfi du troifieme
& du quatrieme : la différence eft déja trop fenfible pour
qu'on puiffe les concilier avec la raifon doublée. Voyons
maintenant dans la feconde table l'excès du dernier dégré fur
le premier provenant de la comparaifon des dégrés pris deux
à deux, & l'ellipticité qui en réfulte.

Dégrés comparés.	Excès du dégré au pôle fur le dégré à l'équateur.	Ellipticité.	Dégrés comparés.	Excès du dégré au pôle fur le dégré à l'équateur.	Ellipticité.
1 . 5	800	$\frac{1}{213}$	2 . 4	133	$\frac{1}{118}$
2 . 5	713	$\frac{1}{239}$	3 . 4	853	$\frac{1}{200}$
3 . 5	1185	$\frac{1}{144}$	1 . 3	491	$\frac{1}{347}$
4 . 5	1327	$\frac{1}{128}$	2 . 3	—350	—$\frac{1}{486}$
1 . 4	542	$\frac{1}{314}$	1 . 2	957	$\frac{1}{78}$

303. On pourroit auffi comparer le dégré du parallele mefuré par MM. *Caffini de Thury* & *de la Caille* avec ceux qu'on
voudroit de ces dégrés, par le problême du n. 280. Mais un
dégré du parallele ne peut fe mefurer avec une précifion fuffifante. Or on voit par cette table quelle eft l'irrégularité des

Irrégularité de la feconde.

Cette fuite, comme on voit, n'eft point réguliere ; ce qui vient de
l'irrégularité de tiffure des parties internes de la Terre, & des inégalités
de fa furface. Les erreurs ci deffus ne font affurément point légeres,
quoi qu'en difent quelques Auteurs qui les attribuent à des obfervations
dont ils ne connoiffent pas le dégré de certitude, n'en ayant jamais fait de
femblables. Il eft aifé de fe convaincre par la lecture de ce Livre, que
pour peu qu'un Obfervateur foit attentif, les erreurs commifes dans fes
obfervations ne produiront pas dans le dégré une différence de 20 toifes.
Nous pourrions ajouter auffi à la table du n°. fuivant un fupplément pour
en tirer une ellipticité moyenne ; mais ce fupplément même fe trouvera
beaucoup mieux placé dans la note fur le n°. 303.

dégrés, puisqu'ils donnent des combinaisons si différentes. Si l'on prend un milieu entre ces dix combinaisons, le tiers de l'excès moyen sera 222, qui donne pour l'ellipticité $\frac{1}{155}$. Mais si l'on rejette la sixieme & la neuvieme qui sont si différentes des autres, & dont les dégrés sont peu éloignés entre eux, le milieu sera 186, & l'ellipticité $\frac{1}{198}$. Mais ce milieu même differe encore beaucoup de plusieurs d'entre ces huit déterminations (1).

Que ces dégrés ne sont point ceux d'une ellipse.

304. Ainsi il est évident que les déterminations de ces dégrés ne peuvent se concilier avec l'ellipse de *Newton*, ni avec aucune ellipse plus ou moins applatie. Car cinq dégrés pris à volonté devroient toujours donner la même ellipse; or l'on voit par le peu d'accord qu'ils ont entre eux, que les différences observées ne sont point proportionnelles aux sinus verses des latitudes doubles. Si elles l'étoient, chaque combinaison de dégré, ainsi que nous l'avons dit, donneroit la même ellipticité.

M. *Euler* tâche de les concilier.

305. Il y en a qui pour concilier toutes choses font violence aux observations; comme a fait récemment le célebre M. *Euler* dans un Mémoire dont M. *de la Condamine*, actuellement à *Rome*, m'a fait l'honneur de me communiquer le précis. L'Auteur retranche 19 toises à chacun des dégrés de Lapponie, d'Afrique & de *Quito*; & moyennant cette diminution, il les concilie avec l'ellipse newtonienne. Mais il ne lui faut pas moins qu'une correction de 169 toises pour le dégré de M. *Picart*, qu'il dit pour cela même lui être fort suspect, de sorte qu'il desire qu'on fasse de nouvelles opérations en France. Mais il n'est pas vraisemblable qu'il puisse se trouver une si grande erreur dans des opérations faites avec tant de soins, & par de si habiles Astronomes. On a déterminé en France tant de dégrés par le moyen de plusieurs bases si souvent vérifiées, & de tant d'observations réitérées, qui s'écartent unanimement de la mesure que deman-

---

(1) La note relative à ce n°. est trop longue pour pouvoir être insérée ici : on a jugé plus à propos de la mettre à la fin de ce Livre en forme d'appendix.

deroit M. *Euler*, qu'il ne paroît pas qu'on puiſſe faire avec fondement un changement ſi conſidérable au dégré de France. D'ailleurs la différence qui ſe trouve entre ces dégrés comparés entre eux, & à celui de M. *Picart*, eſt trop inférieure à celle qu'il faudroit ſuppoſer pour cette erreur prétendue. Enfin notre dégré d'Italie s'accorde trop bien avec celui de M. *Picart* (puiſqu'il en differe de 95 toiſes pour une différence de 6°, 23′ en latitude; ce qui revient à 15 toiſes, ou environ, pour chaque dégré, comme cela doit être) pour que le ſentiment de M. *Euler* ait de la vraiſemblance. Ceci paroîtra encore plus évident, ſi l'on ſe rappelle ce que j'ai expoſé dans le quatrième Livre touchant les limites où doivent être renfermées les erreurs que l'on pourroit craindre aujourd'hui dans de pareilles opérations (1).

306. Il y en a qui ont recours à d'autres hypotheſes: telle eſt celle de M. *Bouguer*, ſuivant laquelle les augmentations des dégrés ſont, non plus comme les quarrés, mais comme les quarrés de quarrés des ſinus de la latitude. Mais cette hypotheſe, qui d'ailleurs s'accorde aſſez bien avec les dégrés de Lapponie, de France, du Pérou & d'Italie, eſt détruite par celui que M. l'Abbé *de la Caille* a meſuré au *Cap* de Bonne Eſpérance (2). Ajoutez qu'il n'y a aucune cauſe phyſique ſur laquelle on puiſſe appuyer cette proportion plutôt qu'une autre. Au reſte M. *Bouguer* réſoud généralement par le calcul infinitéſimal, le problême dans lequel étant donnée la ſuite des dégrés, on cherche la courbe; & de cette ſolution générale il déduit quelques cas particuliers, nommément celui dont nous venons de parler, & dont l'hypotheſe lui réuſſit pour lors, mais qui ne peut plus abſolument ſubſiſter, comme

Hypotheſe de M. *Bouguer*. Déterminer la courbe par les dégrés.

---

(1) Depuis l'impreſſion de cet ouvrage on a vérifié encore ce dégré, & l'on n'y a trouvé aucune différence.

(2) M. *de la Condamine* l'avoit prédit. *N'y a-t-il pas lieu de craindre, dit-il, que la meſure d'un nouveau dégré, que j'oſe prévoir que nous aurons bientôt & de bonne main, ne nous oblige à chercher un nouveau rapport qui ne conviendroit peut-être pas mieux aux différences obſervées entre les longueurs du pendule à différentes latitudes?* Meſ. des trois prem. dég. du mérid. art. 30.

je l'ai dit, depuis les opérations de M. l'Abbé *de la Caille.*
Comme ce problême eſt curieux, j'en vais donner une conſtruction, ſans autre ſecours que celui de la Géométrie pure
dont je me ſuis juſqu'ici contenté; & après que j'aurai comparé quelques dégrés, je propoſerai mon ſentiment dont j'ai
déja inſinué quelque choſe dans le premier Livre ſur la figure
de la Terre.

Par le déve-
loppement
d'une courbe.
Pl. IV. fig. 25.

307. Pour trouver le méridien par les dégrés, conſidérez
dans la figure 25 le quart FHG de la circonférence d'une
courbe qui par ſon développement produit le quart ADB
d'un méridien. Soit une tangente quelconque HD de cette
développée, qui rencontre le demi-diametre AC de l'équateur au point M, & le méridien en D, & qui doit être égale
au rayon du cercle oſculateur de la courbe en D, & à l'arc
HF ajouté au premier rayon FA. Soit une partie de cet arc
infiniment petit H*h*, qu'on pourra prendre pour une partie
de la tangente continuée; menez HL, *hl*, DE perpendiculaires à AC, & *h*I parallele à la même ligne AC.

Trouver la
développée.

308. L'angle EMD exprime la latitude du lieu, puiſque
MA prolongée aboutit à l'équateur, & MD au zénith. Ainſi
l'angle H*h*I, qui eſt égal à l'angle interne & oppoſé *h*M*l*,
& par conſéquent à l'angle EMD, ſera égal à la latitude du
lieu. Donc H*h* eſt à HI, comme le rayon au ſinus de la latitude; & H*h* eſt à *h*I ou *l*L, comme le rayon au co-ſinus
de cette latitude. Or H*h* eſt l'augmentation de l'arc FH, &
par conſéquent du rayon du cercle oſculateur, qui eſt donné
par-là même qu'on connoît le dégré pour une latitude quelconque. On aura donc un moyen très facile de conſtruire le
problême par la quadrature des courbes. Car de l'analogie
précédente, il ſuit que le rectangle ſous H*h*, & le ſinus de
la latitude, eſt égal au rectangle ſous le rayon, & l'augmentation HI de l'ordonnée LH; & que le rectangle ſous H*h*,
& le co-ſinus de la latitude, eſt égal au rectangle ſous le
rayon, & *h*I ou L*l*, qui eſt l'augmentation de l'abſciſſe FL.
D'où il ſuit que l'ordonnée entiere LH eſt égale à la ſomme
des premiers rectangles, diviſée par le rayon, & que l'abſciſſe
entiere FL eſt égale à la ſomme des derniers, diviſée de
même par le rayon; c'eſt-à-dire que l'une & l'autre eſt égale

à une aire donnée, (puifqu'on connoît tous les rayons des cercles ofculateurs qui répondent à toutes les latitudes), divifée par une ligne donnée.

309. Soit par exemple (fig. 26) A D A′ un quart-de-cercle, dont le rayon F A foit égal au rayon F A de la figure 25, qui eft le rayon du cercle ofculateur en A fous l'équateur, & déterminé par le premier dégré pris fous l'équateur même. Ayant coupé fur A F, A′F prolongées un rayon ofculateur A H, A′H′, pour une latitude quelconque exprimée dans la figure 26 par l'arc A D; menez D I, H I paralleles à A F, F′A′, & qui fe rencontreront en I, & D I′, H′I′ paralleles à A′F, F A, & qui fe rencontreront en I′. Si par tous les points I, I′ on trace les courbes F I L, A I′M′, ces courbes feront données, puifqu'on aura par les latitudes tous les rayons de courbure. Prenons maintenant dans la figure 25 une abfciffe F L égale à l'aire A F H′I′ de la figure 26, divifée par F A; & dans la même figure 25 une ordonnée L H égale à l'aire F H I (fig. 26), pareillement divifée par F A; le point H (fig. 25) fera à la courbe F H G, qui eft la développée de la courbe cherchée A D B, de forte que fi on l'entoure en G H F d'un fil augmenté de la longueur F A égale à F A de la figure 26, on pourra décrire par fon développement cette courbe cherchée.

310. Car H h & H′h′ (fig. 26) doivent être égales à H h de la figure 25; de plus fi les lignes D I, d i, D I′, d i′ rencontrent les rayons F A, F A′ en E, e, E′, e′, les finus & co-finus de la latitude feront D E & D E′, ou H I & H′I′; & par conféquent les petites aires I′H′h′i′, I H h i doivent être égales aux produits du rayon F A par les petites lignes H I, h I (fig. 25). D'où il fuit que les aires entieres A F H′I′, F H I (fig. 26) font égales aux produits de F A par les lignes entieres F L, H L (fig. 25); c'eft-à-dire que F L, H L doivent être égales à ces aires divifées par F A. Or on les a pris précifément de cette longueur.

311. Ceci revient à la folution générale de M. *Bouguer* qui difcute avec une très grande fagacité plufieurs points qui fervent à l'éclaircir, & qui examine plufieurs hypothefes particulieres. Il s'attache principalement à deux: la premiere eft celle dans laquelle les accroiffemens des dégrés, ou des lignes

telles que FH (fig. 26) font comme les quarrés des finus de la latitude; & la feconde celle où ils font comme les quarrés-quarrés de ces finus. Il avoit trouvé que la premiere hypothefe, qui eft la même que celle qui a lieu dans la théoric de *Newton*, fuppofé que la Terre foit de figure elliptique, s'accordoit avec tous les dégrés qu'on avoit jufqu'alors mefurés, celui de la Lapponie, celui de *Quito*, & même celui de France mefuré par M. *Picart*, & réformé par les obfervations aftronomiques des Académiciens qui étoient revenus du cercle polaire, & qui lui avoient affigné 57183 toifes. Ce dégré ainfi corrigé s'accordoit affez bien avec cette hypothefe; & ce qui confirmoit le plus M. *Bouguer* dans fon fentiment, c'eft qu'en déterminant par-là la grandeur du fphéroïde, le dégré même du parallele, mefuré par MM. *de Thury* & *de la Caille*, s'accordoit à 11 toifes près avec celui que donne le calcul.

Seconde hypothefe du même Auteur.

312. Mais on découvrit peu après que M. *Picart* ne s'étoit pas feulement trompé dans les obfervations aftronomiques, mais encore dans les mefures géodéfiques qu'on a répétées pour cette raifon plufieurs fois, & avec toute l'exactitude poffible; d'où l'on a connu enfin que les erreurs de M. *Picart* s'étoient, par le plus grand bonheur du monde, compenfées mutuellement, & que le dégré qu'il avoit trouvé de 57060 toifes, étoit de 57074. Pour lors il fallut abandonner cette hypothefe & en chercher une nouvelle. Or M. *Bouguer* a trouvé que les différences du dégré de *Quito* à ceux de Lapponie & de France, fuivoient à peu près le rapport des quarrés-quarrés, ou quatriemes puiffances des finus des latitudes. Il a donc embraffé cette hypothefe, & il a donné une folution du problême pour ce cas particulier.

Elle eft déterminée par le dégré de M. l'Abbé de la Caille.

313. Notre dégré même d'Italie ne s'écarte pas beaucoup de la nouvelle hypothefe; car dans la feconde table de l'Auteur, page 305, on trouve que pour une latitude de 43°, le dégré du méridien eft de 56961 toifes; & le nôtre qui eft fitué dans la même latitude, eft de 56979; ce qui ne donne qu'une différence de 18 toifes. Le dégré du parallele ne s'en écarte pas non plus de beaucoup : fuivant la table de M. *Bouguer* il devroit être de 41633 toifes; on l'a trouvé de 41618;

la différence n'eft que de 15 toifes. Mais le dernier dégré
de MM. *Caffini* & *de la Caille* s'en éloigne bien plus ; car il
eft de 57048 toifes pour une latitude de 43°, 31′, tandis que
fuivant la table de M. *Bouguer* il ne devroit être que de
56969, c'eft-à-dire moindre de 79 toifes. Néanmoins M.
Bouguer ne s'en inquiétoit pas beaucoup, puifqu'il n'a fait
aucune mention de cette différence, quoique *la Méridienne
de France vérifiée* de M. *Caffini* eût déja paru cinq ans auparavant. Mais le dégré que vient de mefurer M. l'Abbé *de la
Caille* au *Cap* de Bonne Efpérance contrarie bien davantage
la nouvelle hypothefe : il ne devroit être, fuivant la table de
M. *Bouguer*, que de 56841 toifes dans une latitude de 33°,
18′ ; M. *de la Caille* l'a trouvé de 57037, ou de près de 200
toifes plus long ; ce qui renverfe totalement l'hypothefe dont
nous parlons.

314. Ce dégré de M. l'Abbé *de la Caille* eft bien plus conforme à la premiere hypothefe, dans laquelle les accroiffemens des dégrés font proportionnels aux quarrés des finus de
la latitude. Car dans la premiere table de M. *Bouguer*, il eft
de 56986 toifes, & ne differe par conféquent que de 51
toifes de la mefure de M. l'Abbé *de la Caille ;* différence qui
feroit encore bien moindre fi l'on faifoit quelque petit changement aux dégrés de *Quito* & de Lapponie ; mais, comme
nous l'avons vu, ceux de France & d'Italie y répugnent fi
fort, & s'accordent tellement entre eux, qu'on ne peut abfolument *fufpecter* les obfervations. De quelque côté qu'on
fe tourne, on ne voit rien de régulier, rien de fixe ni de
conftant.

Ce dégré
s'accorde avec
la premiere
hypothefe ;
au contraire
des autres dé-
grés.

315. A ces hypothefes défectueufes on pourroit en fubftituer fucceffivement plufieurs autres qui s'accordaffent avec un
plus grand nombre de dégrés, ou déduire de toutes les opérations qui ont été faites jufqu'ici la courbe décrite par la développée de la figure 25, en ne prenant que ceux de fes points
qui font déterminés par les dégrés dont nous avons la mefure,
lefquels ne feroient pas en fi petit nombre, fi l'on vouloit
faire ufage de tous les dégrés du n. 299 ; enfuite on pourroit
trouver les rayons ofculateurs des courbes déterminées par
une gravité dirigée à un centre donné. Dans le chapitre

Inutilité de
plufieurs au-
tres hypothe-
fes.

précédent nous avons recherché la nature de ces courbes pour déterminer la loi de gravité qui donne ces fortes de dé-grés ; mais l'application de la méthode donneroit ici lieu à plufieurs difficultés ; & il eft très probable que la loi de gra-vité qui donneroit ces dégrés, ne s'accorderoit pas avec l'aug-mentation de la gravité depuis l'équateur jufqu'au pôle, qui peut feule aujourd'hui déterminer cette loi.

Irrégularité de la figure prouvée par celle des dé-grés.

316. La plus grande fource d'irrégularité, c'eft que les dé-grés fe trouvent quelquefois moindres à une plus grande dif-tance de l'équateur ; ce qui n'arrive pas feulement dans une petite étendue de pays comme en France, où, fuivant le n. 299, le dégré qui eft à 45°, 45′ de latitude, eft plus grand que celui qui eft dans la latitude de 46°, 35′ ; mais à une diftance bien plus grande, puifque le dégré de M. l'Abbé *de la Caille* au *Cap* de Bonne Efpérance dans la latitude de 33°, 18′, eft plus grand que notre dégré d'Italie qui eft par les 43°, 1′ de latitude ; d'où il faut conclure, ou que l'hé-mifphere auftral eft bien différent du feptentrional, ou que la courbe décrite par la développée de la figure 25 eft bien irréguliere, puifque fi elle alloit toujours en fe courbant vers le centre **C**, comme il eft repréfenté dans la figure, les dé-grés devroient toujours augmenter de l'équateur au pôle.

Hypothefes détruites par le dégré de Rome.

317. Indépendamment de tout cela, notre dégré comparé à celui de M. *Caffini* dans la partie méridionale de France, & prefque dans la même latitude, détruit toutes ces hypo-thefes de gravité dirigée à un centre unique. Ces dégrés dif-ferent entre eux de 69 toifes, au lieu qu'ils devroient être à 7 ou 8 toifes près de la même longueur, puifqu'en cette hy-pothefe la courbe génératrice doit, comme nous l'avons vu, dans fa révolution autour de l'axe, être toujours égale & fem-blable à elle - même. Pour fe défabufer de toutes ces hypo-thefes, il fuffiroit de faire attention à ce que j'ai indiqué dans le chapitre précédent, favoir qu'on ne doit point faire pour chaque effet naturel autant d'hypothefes différentes, & que tous les phénomenes céleftes qui prouvent la gravitation ré-ciproque, font trop oppofés à l'hypothefe d'une gravité diri-gée à un centre unique.

319. De là il fuit que notre dégré prouve l'exiftence d'une

loi de gravité dépendante de la difposition diverfe des parties de la matiere à laquelle cette gravité fe dirige, puifqu'on ne voit pas que l'inégalité des dégrés du méridien fous le même parallele puiffe être attribuée à d'autre caufe qu'au changement occafionné par les différentes difpofitions de la matiere dans la direction des graves, & en même tems dans la courbure indiquée par l'équilibre. Notre dégré d'Italie eft donc très favorable à la théorie de la gravité newtonienne: de plus, il en exclut toute homogénéité de la matiere, & toute progreffion réguliere de denfité depuis le centre à la fuperficie, ou plutôt proche la fuperficie même, depuis l'équateur jufqu'au pôle, & prouve par-là même de l'irrégularité dans le tiffu des parties. Si l'on compare entre eux les dégrés de France dont on voit la fuite au n. 299, ils prouvent la même chofe, puifque dans une fi petite différence de latitude, leurs différences font affez irrégulieres, comme on pourra s'en convaincre au premier coup d'œil, cette irrégularité étant trop grande pour pouvoir être attribuée au défaut de méthode ou d'exactitude dans les obfervations, dans un tems furtout où l'Aftronomie eft portée à un fi haut point de perfection. On en trouve encore une preuve, ou pour mieux dire une démonftration, dans la comparaifon de notre dégré avec celui du *Cap de Bonne Efpérance* plus grand que le nôtre, quoiqu'il foit de dix dégrés plus proche de l'équateur ; & ce qui acheve de nous convaincre de cette irrégularité, c'eft l'exemple que j'ai apporté vers la fin du premier Livre des changemens qui arrivent dans les ouvrages de la nature, auffi fimple dans tous fes élémens que variée dans leur affemblage.

320. Voici donc ce que je penfe en général fur tout ceci. Je fuis perfuadé en premier lieu que l'entreprife formée de déterminer la grandeur & la figure de la Terre par la mefure des dégrés, loin d'être finie eft à peine commencée. M. *de Maupertuis* crut d'abord pouvoir avec deux dégrés, celui de Lapponie & celui de France, terminer toute la queftion; & fans attendre davantage, il voulut fatisfaire l'empreffement du public fur un point qui tenoit toute l'Europe en fufpens, en publiant fa détermination de la figure de la Terre : mais il a changé depuis de fentiment. Quelque tems après M.

Bouguer , fur les mêmes principes , mais avec des dégrés différens, à favoir le fien & celui de Lapponie, crut également d'abord avoir fini la difpute , vu furtout que fa détermination s'accordoit avec les autres mefures qu'on avoit pour lors : mais il fut obligé enfuite de changer d'avis. Le dégré de M. *Picart* corrigé , M. *Bouguer* imagina une nouvelle hypothefe, par laquelle il expliquoit tout, quoiqu'on ne pût en rendre aucune raifon ni phyfique, ni méchanique. Enfin eft venu le dégré de M. l'Abbé *de la Caille* qui a renverfé cette hypothefe de fond en comble. Le nôtre détruit encore plus efficacement quantité de points qu'on avoit regardés jufqu'ici comme indubitables , par exemple que tous les méridiens fuffent égaux. Jufqu'à préfent plus on a mefuré de dégré , plus la figure de la Terre eft devenue incertaine.

Avantages de la mefure des dégrés.

321. On a cependant retiré de grands avantages de ces opérations multipliées. Le premier eft qu'on doit exclure toutes les hypothefes d'une gravité tendante à un centre donné, dont notre dégré prouve l'infuffifance. Le fecond , que cette irrégularité de courbure dans la courbe déterminée par l'équilibre, & fur laquelle fe prend la longueur des dégrés, rend beaucoup plus probable la gravitation réciproque des parties de la matiere : le troifieme, que des dégrés mefurés jufqu'ici, on peut déja conclure très vraifemblablement, que la Terre eft applatie vers fes pôles, puifque tous les dégrés intermédiaires, je veux dire notre dégré d'Italie, celui de M. l'Abbé *de la Caille* en Afrique, & tous les dégrés de France, font plus petits que celui de la Lapponie, & plus grands que celui de *Quito*.

Ce qu'il y a encore d'incertain.

322. Mais jufqu'à quel point la Terre eft elle applatie ? Quelle eft la forme de chaque méridien? Quelle eft la progreffion de la denfité depuis le centre à la fuperficie? Autant de queftions que nous ne pouvons réfoudre par la feule mefure des dégrés, non plus que la fuivante : fi dans les entrailles de la Terre il y a une grande irrégularité dans le tiffu des parties de la matiere, ou fi toutes ces inégalités & irrégularités de dégrés font l'effet de ces moindres inégalités que nous voyons à la fuperficie. Bien plus, puifque la mefure des dégrés détermine le dégré de courbure de la courbe de l'équilibre,

nous ne favons pas même au jufte fi la courbe de l'équilibre
rentre en elle-même, ou fi elle tourne toujours en fpirale,
fans jamais fe rencontrer, comme il pourroit abfolument fe
faire. Car fi l'on fait paffer par la direction des graves, dans
un lieu pris à volonté, & par le pôle, un plan quelconque,
dans lequel on imagine une courbe qui parte de ce point,
& qui foit dans tous fes points perpendiculaire aux directions
des graves, il eft évident que dans la théorie de la gravitation univerfelle & réciproque, fa courbure doit être irréguliere à caufe des inégalités que forment les montagnes & les
vallées, & du tiffu irrégulier des parties de la Terre qui font
proches de la fuperficie; & cette irrégularité pourroit être fi
grande, que la ligne fe courbât dans un fens contraire, le
cercle ofculateur devenant infini ou nul, ou même négatif,
quoique cette courbe ne fût pas fort différente, ou même ne
différât pas fenfiblement d'un cercle ou d'une ellipfe; à moins
peut-être que dans la fuppofition où la maffe intérieure de la
Terre feroit bien moins irréguliere, la pefanteur vers la maffe
totale ne prévalût au point de diminuer l'effet des irrégularités qui font proche la fuperficie. Or l'irrégularité de la courbure eft prouvée par celle des dégrés, quoique ces dégrés
nous donnent auffi lieu de croire que l'effet de ces inégalités
eft arrêté fenfiblement par une force prépondérante de la
maffe, puifque cette irrégularité même des dégrés eft très
peu de chofe, comparée à la grandeur des dégrés. Avec tout
cela néanmoins il pourroit fe faire que la courbe de l'équilibre, par un changement continuel dans fa courbure, qui
pour être petit, ne feroit pas tout à fait infenfible, après avoir
fait un tour entier fur ce plan, ne rentrât point en elle-même,
mais que paffant au-deffus ou au-deffous de ce point, elle fe
développât ou fe repliât à l'infini. Nous ignorons abfolument
fi un pareil effet a lieu dans la nature.

323. En général il n'y a rien de certain fur la figure de la
Terre, fi l'on ne fait attention qu'aux mefures des dégrés;
mais fi on leur ajoute les longueurs des pendules ifochrones,
que nous avons déja par des obfervations affez exactes, nous
pouvons conjecturer fort vraifemblablement que les irrégularités dans le tiffu des parties font plus grandes à la furface,

Que les irré-
gularités de la
Terre font
fort près de fa
furface.

& près de la furface, que dans les entrailles de la Terre; car celles de la furface, comme nous l'avons vu (n. 243), caufent beaucoup plus d'irrégularité dans la grandeur des dégrés que dans l'allongement du pendule , tout au contraire des autres ; & nous avons déja vu que les longueurs du pendule s'accordent affez bien avec une figure réguliere & elliptique de la Terre, mais que les longueurs des dégrés font fort irrégulieres.

D'une gra-
vité égale à
égales diftan-
ces.

324. On peut encore conclure que les obfervations faites jufqu'ici ne font pas, comme quelques-uns le croient, contraires à l'hypothefe d'un noyau d'une denfité égale, à égales diftances du centre. M. *Clairaut* a démontré, & on peut le déduire de nos démonftrations du n. 221 & fuivans, que fi la différence de la gravité fous l'équateur & le pôle, divifée par le total de la gravité, donne une fraction qui furpaffe $\frac{1}{230}$ du tout, comme il devroit arriver dans le cas d'homogénéité, & que le noyau foit également denfe à égales diftances du centre, & dans l'hypothefe de la gravité newtonienne ; la denfité moyenne du noyau furpaffera celle des mers, mais que l'ellipticité fera moindre que $\frac{1}{230}$, quantité qui a lieu dans l'hypothefe d'homogénéité. Or il a trouvé que cette fraction étoit réellement plus grande, & il affure d'autre part que la mefure des dégrés donne une ellipticité plus petite ; d'où il conclut qu'on ne peut concilier ces deux chofes qu'en fuppofant un certain dégré d'ellipticité dans le noyau. Nous avons auffi trouvé cette fraction plus grande (n. 251), à favoir $\frac{1}{176}$; mais en prenant un milieu entre les dix combinaifons du n. 302, nous en avons tiré une ellipticité qui eft non pas plus grande que $\frac{1}{230}$, mais plus petite, favoir $\frac{1}{255}$. Il eft vrai que fuivant le n. 251 , la premiere fraction $\frac{1}{176}$ donneroit pour l'ellipticité de la premiere hypothefe $\frac{1}{337}$, moindre encore que $\frac{1}{255}$; mais fans recourir à cette hypothefe, il eft certain premierement que fi on prend un milieu entre toutes les combinaifons des cinq dégrés, comme cela doit fe faire, on aura une fraction moindre que $\frac{1}{230}$; en fecond lieu, que fi l'on fuppofe de légeres différences dans la direction des graves, & dans la force de la gravité, occafionnées par les irrégularités qui font proche la fuperficie de la Terre, il pourra aifément

arriver

arriver qu’en diminuant d’un côté la premiere fraction déterminée par les longueurs du pendule, ce qui augmentera l’ellipticité; & diminuant d’autre part l’ellipticité moyenne provenante des combinaisons des dégrés, on trouve le moyen de concilier le tout, & de ramener les chofes à l’égalité.

325. Mais nous n’avons encore que cinq obfervations exactes fur la longueur du pendule, & autant de dégrés mefurés avec précifion; il eft à fouhaiter qu’on augmente de beaucoup le nombre des uns & des autres; & pour ce qui regarde la mefure des dégrés, il y a moyen de leur fauver l’erreur caufée par les irrégularités qui font proche la fuperficie; c’eft premierement de faire les obfervations aftronomiques au fommet des montagnes plutôt que dans les plaines; car alors tout ce qu’il pourroit y avoir de matiere plus denfe, ou de vuides fouterreins proche la fuperficie, agiffant plus obliquement fur un poids placé fur une hauteur, cauferoit beaucoup moins de déviation dans le fil à plomb des inftrumens aftronomiques. Si de plus on fait des obfervations aftronomiques dans toutes les ftations, du moins dans plufieurs des plus élevées, il arrivera que ces irrégularités agiffant en fens contraires, on pourra, en prenant un milieu, déterminer avec beaucoup plus de certitude la longueur précife de chaque dégré. Je n’ignore pas que ceci engage à bien plus de travail & de dépenfe; car il faudroit bâtir fur ces montagnes autant de petits obfervatoires de bois; il faudroit y faire de longues ftations; mais il n’y a rien dont ne puiffe venir à bout la patience des Aftronomes & la magnificence des Rois.

326. Que fi après un grand nombre d’obfervations de cette efpece on trouvoit que la fraction moyenne, tirée des longueurs du pendule, & l’ellipticité moyenne des dégrés excédaffent $\frac{1}{230}$, ce ne feroit pas encore une preuve qu’on dût néceffairement recourir à l’ellipticité du noyau. Ma feconde hypothefe, dans laquelle la maffe du centre agit en raifon directe des diftances, demande une ellipticité qui, fuivant le n. 224, eft toujours égale à une fraction déterminée par la gravité. D’ailleurs fi des dix combinaifons de dégrés on rejette la fixieme & la neuvieme, par les raifons que nous avons dites au n. 303, & qu’on rende par-là l’ellipticité égale à $\frac{1}{195}$;

comme celle qu'on tire des pendules ifochrones, eft, fuivant le n. 251, égale à $\frac{1}{176}$, ces valeurs n'ont pas entre elles beaucoup de différence. Je fais que cette hypothefe d'une maffe agiffante ainfi du centre, eft une hypothefe arbitraire, & qu'elle n'a aucune liaifon avec les autres phénomenes de la nature; mais l'ellipticité du noyau, qui doit tout concilier, n'eft pas moins arbitraire, puifqu'on pourroit tirer le même avantage de plufieurs autres figures. D'un autre côté je ne crois pas même qu'il foit fort sûr qu'à une fi grande proximité de la furface de la Terre, la loi de la gravité fuive d'affez près la raifon inverfe des quarrés des diftances. Dans l'opinion où je fuis, que les forces mutuelles de tous les points de la matiere font toutes exprimées par une courbe que j'ai propofée dans quelques Differtations, je crois que dans les plus grandes diftances, comme celles des planettes au Soleil, ou de la Lune à la Terre, elle fuit à très peu près ce rapport, & qu'elle s'en écarte extrêmement dans les plus petites. Il pourroit fe faire que dans ces diftances moyennes qui nous féparent des autres parties de la Terre, nous qui fommes placés à fa furface, elle s'en écartât affez pour que le total des forces égalât l'action d'un noyau fphérique homogêne à égales diftances du centre, joint à une maffe placée au centre, & agiffant en raifon directe des diftances. S'il en étoit ainfi, les chofes fe concilieroient d'elles-mêmes.

Effet d'une augmenta-tion de den-fité de l'équa-teur au pôle.

327. De plus, fi la denfité augmentoit continuellement, & fuivant une progreffion réguliere de l'équateur au pôle, dans une couche de terre d'une certaine épaiffeur, & placée auprès de la furface, elle pourroit augmenter confidérable-ment l'inégalité du pendule, fans changer fenfiblement celle des dégrés. Car, comme nous l'avons vu (n. 233), une maffe équivalente à une fphere de huit mille de rayon, augmente-roit d'une ligne la longueur du pendule, & une couche con-tinue l'augmenteroit beaucoup plus; mais fi cette couche aug-mente dans une certaine proportion de l'équateur au pôle, à peine caufera-t-elle quelque déviation dans le pendule, puifque cette déviation dépend de la feule différence qui fe trouve entre la denfité de la partie méridionale de la couche, & celle de fa partie feptentrionale. Or elle changera encore

incomparablement moins la mesure des dégrés, puisque ce changement n'est occasionné que par la différence qui se trouve entre les déviations du pendule, d'une extrémité de l'arc à l'autre, lesquelles font déja par elles-mêmes si petites.

328. Or ces deux causes, à savoir dans la gravité le changement de la raison inverse des quarrés des distances, & dans la densité une augmentation proche la superficie de la Terre, suivant une progression réguliere & simple, ou irréguliere, mais compliquée à proportion, ces causes, dis-je, pourront servir à expliquer les phénomenes qu'on pourra découvrir dans la suite par un plus grand nombre d'observations, tant sur les pendules isochrones que sur les dégrés, supposé que les uns & les autres soient tels que leurs différences soient dans la raison des quarrés des sinus de la latitude, mais ne donnent pas les mêmes valeurs pour l'ellipticité de la Terre, ou qu'elles ne soient pas même dans la raison des quarrés de ces sinus.

Deux causes qui serviront à expliquer les phénomenes.

329. Reprenons en peu de mots. Je suis convaincu que suivant les observations faites jusqu'ici, il est très probable que la Terre est applatie vers les pôles; qu'à la distance où nous sommes du centre de la Terre, il est très certain que la courbure de la surface, perpendiculaire à la direction des graves, est irréguliere; & que pour ce qui est de la véritable figure d'une surface réguliere, à laquelle on réduiroit celle de la Terre, en ôtant toutes les inégalités des montagnes & des vallées, elle est encore très incertaine, & qu'on ne sait pas mieux jusqu'à quel point la Terre est applatie vers les pôles.

Conclusion.

330. La connoissance exacte de la vraie ellipticité de la Terre sera un jour le fruit d'un long travail & d'un grand nombre d'observations & de savantes méditations. Pour la déterminer il ne faudra pas se borner à comparer entre eux, comme nous l'avons fait, les pendules isochrones & les mesures des dégrés; il faudra comparer encore les phénomenes du flux & du reflux de la mer, de la précession des équinoxes, & des parallaxes de la Lune, qui dépendent tous de la même cause. Cependant pour ce qui est des parallaxes de la Lune, je n'en espere que très peu, vu que l'augmentation d'un mille

Ce qui a rapport à l'ellipticité de la Terre.

dans l'élévation de la furface, ne produiroit dans la parallaxe horizontale de la Lune qu'une différence d'une feconde, de forte que l'ellipticité entiere, qui, fuivant *Newton*, ne paffe pas 17 milles, changeroit à peine de 8 à 10 fecondes cette parallaxe dans le méridien. Or quand il eft queftion d'un phénomene tel que cette parallaxe, qui ne peut prefque jamais s'obferver immédiatement, mais qui fe doit déterminer en grande partie par les mouvemens de la Lune, j'ai peine à croire qu'on puiffe jamais l'évaluer à quelques fecondes près; mais tout cela demanderoit une trop longue difcuffion.

Solution plus fimple du problême propofé n. 280.

331. Je finis par une folution très facile du problême que j'ai repréfenté au n. 280 comme extrêmement difficile, & dont j'ai indiqué une folution analytique dans le même endroit; c'eft celui où étant donné un dégré d'un parallele dans une latitude, & un dégré du méridien dans une autre, on demande l'efpece & la grandeur de l'ellipfe génératrice. S'il s'agit de le réfoudre univerfellement pour une ellipticité quelconque, quelque grande qu'elle foit, on ne peut difconvenir que le problême ne foit très compliqué; mais s'il n'eft queftion que d'une petite ellipticité, telle qu'il nous la faut ici, on peut en donner une folution très fimple, qui ne s'eft préfentée à moi qu'après que le refte de l'ouvrage a été imprimé. Cette folution dépend du théorème fuivant: *fi l'ellipticité eft petite, la différence de la moitié du parametre de l'un des axes à la moitié de l'axe conjugué, eft à la différence de cette moitié de parametre à la perpendiculaire terminée au premier axe, à très peu près dans la raifon doublée du rayon au co-finus de la latitude.*

Démonftration, Pl. IV, fig. 23.

332. Ce théorème fe démontre aifément par ce qui a déja été démontré (n. 278), favoir que fi F I (fig. 23) eft perpendiculaire à la courbe, la ligne F L parallele à C A fera égale à la moitié du parametre de l'axe E *e*, & que H A, H I, H L feront en progreffion géométrique. Car fi fur C B prolongée on prend C *l* égal à F L moitié du parametre, C D, C B, C *l* feront en progreffion géométrique, & dans la même raifon. Donc B *l* eft à I L, comme C *l* ou F L eft à L H, ou à peu près comme F I eft à I H, c'eft-à-dire comme le rayon eft au co-finus de la latitude H I F. De plus, fi F L rencontre l'ellipfe

en O, comme FI est perpendiculaire à l'arc IO, & que cet arc est très petit, l'angle IOL pourra se prendre aussi pour un angle droit; & comme à cause que LO, IF font presque parallèles, les angles ILO, HIF peuvent être censés égaux, les triangles rectangles LOI, IHF font semblables. Donc LI est à LO dans la raison de FI à IH, ou du rayon au co-sinus de la latitude. Ainsi la ligne Bl, ou la différence de la moitié du paramètre de l'axe Ee au demi-axe conjugué CB, est à LO (qui, à cause que l'angle FIO est droit, peut être pris pour la différence de la moitié FL du paramètre à la normale FI) en raison doublée de FI à IH.

D'où l'on tire la solution du problême.

333. Soit maintenant le demi-paramètre FL $= 1$, sa diffé-rence avec CB, savoir B$l = x$, le co-sinus de la latitude du point I, pour le rayon 1, $= C$, celui du point $i = c$; on aura $1 : CC :: x : LO = CCx$. Donc la normale FI $= 1$ $- CCx$. De là on tire premierement la valeur de IH par cette proportion, $1 : C :: FI (1 - CCx) : HI (C - C^3 x)$; en second lieu, le rayon du cercle osculateur de l'ellipse en I, qui, par le n. 269, étant le quatrieme terme d'une propor-tion continue, dont les deux premiers font FL & FI, diffé-rera de FL à peu près du triple de LO, & sera par consé-quent $= 1 - 3 CCx$. Ainsi le rayon osculateur en i sera $= 1$ $- 3 ccx$. Donc le rayon du parallele en I sera au rayon os-culateur en i, comme $C - C^3 x$ à $1 - 3 ccx$. Or ces rayons font entre eux, comme le dégré du parallele en I, que nous appellerons G, est au dégré du méridien, que nous appelle-rons g. On aura donc $C - C^3 x : 1 - 3 ccx :: G : g$; d'où l'on tire $Cg - C^3 gx = G - 3 ccGx$, & $3 ccGx - C^3 gx = G$ $- Cg$, enfin $x = \dfrac{G - Cg}{3 ccG - C^3 g}$. Or cette fraction donne le rap-port de x à 1, ou de Bl à Cl, ou de BD à CB, c'est-à-dire l'ellipticité.

Application à trois autres cas, & à d'au-tres problê-mes.

334. Si les dégrés font dans la même latitude, on a $C = c$, & la formule $x = \dfrac{G - cg}{cc(3 G - cg)}$. On peut encore résoudre par cette méthode le problême où font donnés deux dégrés de deux parallèles, ou deux dégrés du méridien. Dans le premier cas, si l'on suppose les dégrés en I, & $i = G$ & g, on aura

$C — C^3 x : c — c^3 x :: G : g$. Donc $x = \frac{cG — Cg}{c^3 G — C^3 g}$. Dans le second on a $1 — 3CCx : 1 — 3ccx :: G : g$, & $x = \frac{G — g}{3(ccG — CCg)}$; & parceque G diffère peu de g, & que $cc — CC = SS — ss$, cette formule est très peu différente de celle que nous avons trouvée (n. 289), savoir $\frac{1}{3} \times \frac{G — g}{GSS — gss}$. De là encore étant donnée l'ellipse, & par conséquent Cl, lB; si l'on suppose le rapport du dégré au rayon, ou la fraction $\frac{355}{180 \times 113} = n$, le dégré du méridien pour une latitude quelconque, dont le co-sinus est C, $= n(1 — 3CCx)$, & le dégré du parallele $= n(C — C^3 x)$; on pourra aisément construire une table des dégrés de l'une & de l'autre espece pour l'ellipsoïde. On verra de plus que la différence des dégrés du méridien à celui du pôle est $= 3CCx$, c'est-à-dire en raison du quarré CC du co-sinus de la latitude; & que le dégré du méridien sera égal à celui de l'équateur, lorsque $n(1 — 3CCx) = n(1 — x)$, ou lorsque $3CC = 1$); c'est-à-dire lorsque le quarré du co-sinus de la latitude sera égal au tiers du quarré du rayon; ce qui arrive dans la latitude de 54° 44'.

Solution du second problème.

335. Or étant donnée l'espece de l'ellipse, & le rayon osculateur dans une latitude donnée, on trouve la grandeur de l'ellipse de la même maniere qu'au n. 284. Si donc on substitue à la place de G la valeur du dégré du parallele de France, qu'on a trouvé, ainsi que nous l'avons dit (n. 299) de 41618 toises, dans une latitude de 43° 32', & à la place de g celle des dégrés du méridien, qu'on trouve au n. 301; la formule du n. 333 donnera pour l'ellipticité les fractions suivantes : $\frac{1}{217}$, $\frac{1}{244}$, $\frac{1}{146}$, $\frac{1}{119}$, $\frac{1}{154}$; & prenant un milieu, on aura pour l'ellipticité moyenne $\frac{1}{167}$. Il seroit seulement à souhaiter qu'on eût le moyen de mesurer avec plus de précision le dégré d'un parallele, pour diminuer l'incertitude de ces derniers résultats.

F I N.

N O T E

ON doit tirer une certaine ellipticité moyenne de tous les dégrés connus par les obfervations, comparés entre eux, en ayant égard au rapport que doivent avoir leurs différences, & aux regles de la probabilité touchant la correction qu'il convient de leur faire pour les réduire à ce rapport. Le P. *Bofcovich* l'a fait dans un autre ouvrage au moyen d'une méthode très curieufe, & qui peut fervir en plufieurs autres cas. Il en a expofé le réfultat dans un extrait inféré dans les actes de l'Inftitut de *Boulogne*. Il la développe dans fes Supplémens de la Philofophie en vers latins, compofée depuis peu par M. Benoit *Stay*, *tome 2*, *page 420*. Nous inférerons ici cet article en entier. Le P. *Bofcovich* y emploie les nombres pris de la table qui eft à la fin de la page 407 de ces Supplémens : c'eft la même que celle qu'il a mife dans ce Livre V, n°. 301, & à laquelle nous en avons fubftitué une plus ample dans la note fur ce même numéro. Nous appliquerons enfuite fa méthode à cette nouvelle table. Voici l'endroit en queftion.

   » 385. Mais pour prendre ce milieu, tel qu'il ne foit point fimplement
» un milieu arithmétique, mais qu'il foit plié par une certaine loi aux
» regles des combinaifons fortuites & du calcul des probabilités ; nous
» nous fervirons ici d'un problême que j'ai indiqué vers la fin d'une Dif-
» fertation inférée dans les actes de l'inftitut de *Boulogne*, *tome 4*, & où
» je me fuis contenté de donner le réfultat de fa folution. Voici le pro-
» blême : *étant donné un certain nombre de dégrés, trouver la correction*
» *qu'il faut faire à chacun d'eux, en obfervant ces trois conditions : la*
» *premiere, que leurs différences foient proportionnelles aux différences des*
» *finus verfes d'une latitude double : la feconde, que la fomme des corrections*
» *pofitives foit égale à la fomme des négatives : la troifieme, que la fomme*
» *de toutes les corrections, tant pofitives que négatives, foit la moindre*
» *poffible, pour le cas où les deux premieres conditions foient remplies.* La
» premiere condition eft requife par la loi de l'équilibre, qui demande
» une figure elliptique : la feconde, par un même dégré de probabilité,
» pour les déviations du pendule & les erreurs des Obfervateurs, dans
» l'augmentation & la diminution des dégrés : la troifieme eft néceffaire
» pour fe rapprocher autant qu'il fe pourra des obfervations ; vu furtout
» qu'il eft très probable que les déviations font fort petites, comme nous
» l'avons vu plus haut ; & que l'exactitude fcrupuleufe des Obfervateurs
» ne permet pas de foupçonner des erreurs tant foit peu confidérables
» dans leurs obfervations.

   » 386. Ce problême a rapport à la méthode *de maximis & minimis ;*
» mais on ne peut le réfoudre par la méthode ordinaire de l'analyfe.

N O T E.

» Car l'expreſſion algébrique ne diſtingue point les quantités poſitives des
» négatives, mais elle les déſigne par une même valeur générale. On aura
» aiſément la valeur des corrections qu'il faut faire pour remplir la pre-
» miere condition, en nommant deux quantités quelconques, l'une x,
» l'autre y, au moyen deſquelles, & de la valeur des dégrés & des ſinus
» verſes, on trouvera un autre dégré quelconque corrigé, dont la diffé-
» rence au dégré donné, donnera en x & y, & autres valeurs connues,
» la valeur analytique de la correction, & l'équation ſera toujours du
» premier dégré. Pour remplir la ſeconde condition, il faut égaler la
» ſomme de toutes les valeurs à zéro: c'eſt la ſeule poſition qui puiſſe
» rendre la ſomme des poſitives égale à celles des négatives. On tirera
» de cette équation en x la valeur de y; & la ſubſtitution donnera en x
» la ſomme de toutes les corrections. Mais cette ſomme même, exprimée
» par l'analyſe, ſera un mélange de quantités poſitives & négatives, &
» ne ſera point variable; ce qui ſeroit néceſſaire pour pouvoir être portée
» à un *maximum*; mais elle ſera toujours $= 0$. Ainſi ſuppoſant $dx = 0$,
» on n'aura rien: toute la formule s'évanouira avec l'eſpérance du calcu-
» lateur. Mais au moyen de la ſimple Géométrie, ſecondée par la mé-
» chanique, on en vient aiſément à bout, comme on va le voir.

Pl. I. fig. 7. » 387. Soit (fig. 7. pl. I.) A F le diametre d'un cercle, & A E, A D,
» A C, A B les ſinus verſes des latitudes doubles, relatives aux dégrés
» obſervés: menez, des points E, D, C, B, comme ſi chaque dégré avoit
» été obſervé ſous l'équateur, comme auſſi du point A, qui eſt en effet
» le lieu du dégré ſous l'équateur, les droites indéfinies E E', D D', &c.
» perpendiculaires à A F, & dont les ſegmens Ee, Dd, Cc, Bb, Aa,
» pris du même côté, repréſentent les dégrés, afin qu'on puiſſe remar-
» quer leurs extrémités e, d, c, b, a.

» 388. On voit d'abord que ſi l'on tire une droite quelconque, comme
» A'H, qui rencontre ces droites en M, L, K, I, A', elle déterminera
» des dégrés où la premiere condition ſera remplie. Car ayant mené A'F'
» parallele à A F, & qui rencontre ces droites en E', D', C', B', les diffé-
» rences par excès des dégrés ſur celui de l'équateur, ſavoir E'M, D'L,
» C'K, B'I, zéro, ſeront proportionnelles aux droites A'E', A'D', A'C',
» A'B', zéro, c'eſt-à-dire aux ſinus verſes A E, A D, A C, A B, zéro.
» Mais le problème eſt encore indéterminé par deux endroits, puiſque
» cette droite peut être tirée à une diſtance quelconque, & qu'on peut
» lui donner telle inclinaiſon qu'on voudra. Deux dégrés pourront déja
» en quelque ſorte la déterminer; après quoi elle déterminera elle-même,
» par ſon interſection avec une des droites paralleles, qui a rapport à une
» latitude quelconque donnée, le dégré qui lui répond, ſuivant la mé-
» thode propoſée ci-deſſus (n°. 292 de ce Livre V); & cette détermina-
» tion donnera en x & y les valeurs indiquées n°. 386.

» 389. La ſeconde condition déterminera un point de cette droite. Les
» corrections ſeront eM, dL, cK, bI, aA', poſitives ou négatives,

» ſelon

» selon que les points *e, d, c, b, a* seront en deçà ou en-delà de A'H
» par rapport à AF. Il faudra donc, eu égard à la seconde condition,
» que la somme des corrections qui sont en-deçà, soit égale à la somme
» de celles qui sont au delà; & c'est ce qu'on aura, si la droite passe par
» le centre commun G de gravité des points *e, d, c, b, a*, puisque
» par une propriété fort connue du centre de gravité, la somme des
» distances de tous les points placés d'un côté, selon une direction quel-
» conque, est égale à la somme de toutes celles qui sont au côté opposé.
» Or ces points étant donnés, on a aussi leur centre commun de gravité G.
» On a donc un point de la droite cherchée, déterminé par la seconde
» condition. Cette détermination équivaut à cette valeur de *y*, qu'on
» doit trouver, suivant le nᵒ. 386, par l'équation qui suppose la somme
» de toutes les corrections $= 0$.

» 390. Le problème reste encore indéterminé, puisqu'on peut mener
» par ce point une infinité de droites qui satisferont toutes aux deux con-
» ditions précédentes. La ligne ne détermine donc encore qu'un dégré;
» c'est celui qui sera représenté par GS perpendiculaire à AF, & qui ré-
» pondra à une latitude dont le sinus verse sera exprimé par AS. Tout
» autre dégré pris à volonté détermineroit cette droite, & par-là même
» les autres dégrés. Mais elle doit être déterminée par la troisieme condi-
» tion, ensorte que la somme de toutes les corrections (car de part &
» d'autre elles sont toujours égales) soit la moindre possible. Pour cela
» imaginons une droite A'GH, qui parte de la position SGT, en tour-
» nant à droite ou à gauche autour du point G. D'abord, & tant que
» l'angle qu'elle formera avec elle sera fort petit, toutes les corrections
» *a*A, *b*I, *c*K, *d*L, *e*M seront énormes; ensuite elles iront toujours
» en diminuant, jusqu'à ce que la droite atteigne quelqu'un des points
» *a, b, c, d, e:* mais dès qu'elle l'aura passé, la correction qui répond à
» ce point changera directement de position, & commencera à croître, &
» elle ira toujours en croissant, tandis que celles qui ont rapport aux
» points non encore atteints par la droite mobile, continueront de dé-
» croître. Or la somme de toutes les corrections diminuera jusqu'à ce que
» la somme des différences relatives aux corrections croissantes, soit plus
» grande que celle des différences des décroissantes; & elle sera la moindre
» possible, dès que celle-là cessera d'être moindre que celle-ci. Mais aussi-
» tôt que la somme de toutes les corrections sera la moindre possible, la
» somme des seules corrections positives sera aussi la moindre possible, de
» même que la somme des seules négatives, puisque ces sommes doivent
» être chacune la moitié de la somme totale, à cause qu'elles sont toujours
» égales entre elles.

» 391. Or les différences ou changemens de chaque correction, ré-
» pondant aux divers changemens de position de la droite mobile, seront
» proportionnels aux distances AS, BS, CS, DS, ES, soit qu'ils soient
» des accroissemens ou des diminutions. Car ces différences ou changemens

» feront des bafes de triangles femblables , & dont le fommet fera en G ,
» & ces bafes feront comprifes entre deux pofitions des droites GA′,
» GI, GK, GL, GM; par conféquent elles feront en raifon de ces
» droites ; c'eft-à-dire , par la propriété des paralleles , en raifon de AS,
» BS, CS, DS, ES. C'eft pourquoi fi l'on obferve en quel ordre la
» droite mobile doit atteindre les points a , b , c , d , e , & qu'on
» ajoute enfemble dans le même ordre celles des droites AS, BS, CS,
» DS, ES qui répondent à ces points ; tandis que cette fomme fera
» moindre que la moitié de la fomme de toutes ces droites prifes enfemble,
» ou moindre que la fomme de celles qui font de part ou d'autre du point
» S (car les deux fommes prifes l'une à droite , l'autre à gauche de ce
» point , font égales entre elles) ; la fomme des différences relatives aux
» corrections croiffantes , fera encore moindre que celle des décroiffantes ;
» la fomme de toutes les corrections ira encore en diminuant , & cette
» fomme fera la moindre poffible , quand la fomme de celles des droites
» AS, BS, CS, DS, ES qui ont rapport aux points déja rencontrés
» par la droite mobile , ceffera d'être moindre que la moitié de la fomme
» de toutes ces droites , ou que la fomme de celles qui font de part ou
» d'autre du point S.

　　» 392. Or on trouvera aifément le centre de gravité G , & l'ordre
» dans lequel la ligne mobile rencontre chaque point , & cela par un
» calcul numérique qui n'eft rien moins que pénible. Ce calcul confifte à
» ajouter enfemble les finus verfes AE, AD, AC, AB, zéro, & de
» divifer le total par le nombre des points pour avoir AS, puifque la
» diftance du centre de gravité à un plan quelconque Aa, eft égal à la
» fomme de la diftance de tous les points, divifée par leur nombre. De
» même fi l'on divife la fomme de tous les dégrés Ee, Dd, &c. par leur
» nombre , on aura SG. Il fuffira même de prendre les différences par
» excès des dégrés fur le premier, d'en faire une fomme qu'on divifera de
» même par leur nombre , & d'ajouter le quotient au premier dégré. Car
» fi af eft parallele à AF, & qu'elle coupe les droites EE′, DD′, CC′,
» SG, BB′, AA′ en R, Q, P, N, O; NG fera la fomme des excès Re,
» Qd, &c. divifée par le nombre des points.

　　» 393. Maintenant pour trouver l'ordre dans lequel les points font
» rencontrés par la droite mobile , on ménera par le point G une droite
» parallele à AF, qui rencontrera les droites IF′, EE′, DD′, CC′, BB′,
» AA′ en Y, r, q, p, o, X; & l on verra d'abord dans lequel des angles
» SGY, YGT, TGX, XGS fe trouve chaque point. Car un point quel-
» conque doit être à gauche ou à droite de SGT , fuivant que fon finus
» verfe eft moindre ou plus grand que AS; & au deffous ou au-deffus de
» XGY, felon que fon dégré fera plus petit ou plus grand que SG. On
» n'aura pas de peine non plus à trouver la tangente de l'angle formé par
» GS ou GT avec la droite mobile paffant par un point quelconque.
» Qu'elle paffe par exemple par le point e , on aura cette analogie :

» *re* eſt à G *r*, comme le rayon eſt à la tangente de l'angle *re* G, ou *e* G T,

» laquelle ſera par conféquent en raiſon de $\frac{Gr}{re}$: il en eſt ainſi des autres.

» Les tangentes des petits angles ſont les plus petites ; & les points qui
» répondent à de petits angles ſont plutôt rencontrés par la droite mobile
» dans les angles S G X, Y G T ; tout au contraire de ce qui arrive dans
» les angles T G X, Y G S. Donc puiſque G *r* eſt la différence du ſinus
» verſe du point *e* au ſinus verſe A S, & que *re* eſt la différence du dé-
» gré E *e* au degré S G ; on aura la regle ſuivante : *diviſez pour chaque*
» *point la différence de ſon ſinus verſe au ſinus verſe A S par la différence du*
» *degré qui y répond, au degré S G ; & que les quotients des points qui ſe*
» *trouvent dans deux angles oppoſés au ſommet, conſidérés enſemble, ſoient*
» *rangés par ordre, en commençant par les plus petits ; qu'enſuite on range*
» *auſſi les quotients des autres points, placés dans les deux autres angles,*
» *en commençant par les plus grands. C'eſt dans cet ordre que la droite mo-*
» *bile atteindra tous ces points, ſi elle commence à ſe mouvoir dans les deux*
» *premiers angles ; & ce ſeroit le contraire ſi elle commençoit à ſe mouvoir*
» *dans les deux derniers.* Mais ſans qu'il ſoit beſoin de recourir au calcul,
» la conſtruction ſeule, pourvu qu'elle ſoit exacte, ſuffira d'ordinaire
» pour connoître avec beaucoup plus de facilité l'ordre dans lequel les
» points ſont rencontrés par la droite mobile.

» 394. Par ce moyen on a tout ce qui eſt requis pour les corrections
» cherchées, & pour avoir, même ſans leur ſecours, l'ellipticité. Car le
» degré ſur lequel repoſe la droite mobile reſte ſans correction, comme
» on voit ; par conféquent au moyen de ce degré & du degré S G, on
» aura par le n°. 348 (& par le n°. 301 de ce Livre V), tous les autres
» degrés, & par là même leur différence aux degrés obſervés, c'eſt-à-dire
» la correction, & la différence totale qui donnera l'ellipticité qu'on cher-
» che.

» 395. Or on voit que la méthode eſt générale pour la correction de
» tous les termes qui doivent ſuivre une raiſon donnée ; car en ſubſtituant
» cette raiſon à celle des ſinus verſes, tout revient au même. Mais il faut
» appliquer ici la méthode aux degrés. Nous nous ſervirons des valeurs
» de la premiere table, n°. 355 (& n. 301 de ce Livre), & pour faciliter
» davantage le calcul, nous prendrons la moitié des ſinus verſes pour les
» ſinus verſes entiers. Les valeurs A B, A C, A D, A E ſont ici les
» mêmes que dans la troiſieme colonne de cette table, & en diviſant leur
» ſomme par 5, on a A S ou *a* N $=$ 4356.6. O *b*, P *c*, Q *d*, R *e* ſont les
» mêmes valeurs que celles de la cinquieme colonne, dont la ſomme di-
» viſée par 5 donne N G $=$ 301.6, d'où l'on tire le degré S G $=$ 5675 1
» $+$ 301.6 $=$ 5705 2.6, pour une latitude telle, que la moitié du ſinus
» verſe d'une latitude double ſoit 4356.6 pour le rayon 10000, c'eſt-à-
» dire pour la latitude de 41° 15′ : mais nous ne ferons ici aucun uſage
» de ce calcul. Les diſtances *a* N, O N, P N, Q N, R N des points

» *a*, *b*, *c*, *d*, *e* à la droite SGT feront les différences du premier nombre
» 4356.6 $=$ *a*N, aux nombres de la troifieme colonne ; & par confé-
» quent 4356.6, 1369.6, — 291.4, — 1405.4, — 4029.4, la fomme
» tant des pofitives que des négatives, étant 5726.2 : & les diftances *a*X,
» *b o*, *c p*, *d q*, *e r* à la droite XY feront les différences du fecond
» 301.6 $=$ NG aux nombres de la cinquieme colonne ; & par conféquent
» 301.6, 15.6, 73.6, — 21.4, — 369.4. Les diftances qui ont des
» fignes femblables, fe rapportent aux angles SGX, TGY ; & celles
» qui ont des fignes différens appartiennent aux autres angles TGX,
» SGY. Ainfi les premieres font celles des points *a*, *b*, *d*, *e* ; le point *c*
» eft le feul de la feconde efpece. Or fi l'on divife les termes de la pre-
» miere fuite par ceux de la feconde, on aura, pour les tangentes des
» angles avec la droite SGT, 14, 88, 4, 66, 11. Ainfi les quatre points
» qui fe trouvent dans les premiers angles, favoir *a*, *b*, *d*, *e*, fuivent
» en commençant par les moindres angles l'ordre des nombres 11, 14,
» 66, 88, c'eft-à-dire *e*, *a*, *d*, *b* ; auxquels ajoutant le point *c*, la
» droite rencontrera les points dans cet ordre *e*, *a*, *d*, *b*, *c*. La premiere
» diftance du premier point *e*, favoir 4029.4 eft moindre que la fomme
» 5726.2 des deux pofitives, ou des trois négatives ; mais fi on lui ajoute
» la diftance du point fuivant, *a* $=$ 4356.6, on aura 8386, qui furpaffe
» déja cette fomme. Ainfi on aura le *minimum* qu'on cherche, lorfque la
» droite atteindra le point *a*, & la pofition de cette droite *a*GV corrigera
» tous les dégrés, à l'exception du feul dégré A*a* de l'équateur, qui
» reftera fans correction.

» 396. Si la droite fe meut dans un fens contraire, elle rencontrera les
» points dans un ordre contraire *c*, *b*, *d*, *a*, *e*, & l'on voit que pour
» avoir une fomme qui furpaffe 5726.2, il faudra ajouter enfemble les
» premieres diftances des quatre premiers points, à favoir 291.4, 1369.6,
» 1405.4, 4356.6 ; enforte que ce mouvement contraire donnera encore
» le *minimum* à la rencontre du même point *a*.

» 397. Ayant trouvé la pofition requife pour le *minimum* cherché, on
» aura d'abord l'ellipticité. Car la pofition de la droite fera ici *a*GV, le
» dégré de l'équateur reftant le même, ce qui fe rencontre heureufement
» pour trouver tout d'un coup la différence totale & l'ellipticité. Car on
» aura cette analogie : *a*N $=$ 4356.6 eft à NG $=$ 301.6, comme *a f*
» $=$ 10000 à la différence totale *f* V $=$ 692 : on divifera le dégré 5675
» par le tiers de cette différence, & on ajoutera 2 au quotient, fuivant
» le n°. 350 (on en donnera plus bas la démonftration), pour avoir l'el-
» lipticité $\frac{1}{248}$. Le calcul donne pour les cinq dégrés *a*, *b*, *c*, *d*, *e* les
» corrections fuivantes : 0, — 79.2, + 9.8, + 75.9, — 90.5.

Appliquons cette méthode aux nombres de la grande table propofée
dans la précédente note fur le n°. 301, en retenant A*a* pour le dégré de
l'équateur, B*b* pour un dégré quelconque antérieur à S, D*d* pour un
dégré quelconque poftérieur. On trouvera les valeurs fuivantes. Divifez

par 9, c'est-à dire par le nombre des dégrés, les sommes de la quatrieme & cinquieme colonne, vous aurez $AS = aN = 4581.2$, $NG = 287.6$: de là le dégré $SG = SN + NG = Aa + NG = 57037.6$; & puisque la moitié du sinus verse d'une latitude double est $AS = 4581.2$, la latitude de ce dégré sera de $42° 36'$.

Si l'on compare le nombre $4581.2 = AS$, avec tous les nombres de la quatrieme colonne qui représentent les droites AB, AD, en le soustrayant de ces nombres, on aura la premiere suite de toutes les SB négatives, & de toutes les SD positives. De même si l'on compare le nombre $287.6 = NG$ avec tous les nombres de la cinquieme colonne qui représentent les droites Ob, Qd, on aura la seconde suite de toutes les ob négatives, & de toutes les qd positives. Nous nommerons la premiere suite A, & la seconde B. Si l'on divise chaque terme de la suite A par celui qui lui répond dans la suite B, on aura une nouvelle suite C, qui représentera les tangentes des angles formés par les droites Gb, Gd, avec GS, GT ; & les angles qui répondent à ces tangentes, seront aigus ou obtus, selon que la valeur de la tangente sera positive ou négative. Du reste il n'est point nécessaire de déterminer exactement ces valeurs ; & à moins que les dégrés ne fussent trop voisins, un à-peu-près suffit, puisqu'il n'est question que de leur grandeur relative pour connoître l'ordre où elles doivent être placées.

	1	2	3	4	5	6	7	8	9
A	—4581.2	—1566.2	—386.2	69.8	372.8	418.8	883.8	1180.8	3807.8
B	—287.6	—0.6	—149.6	—58.6	31.4	—9.6	53.4	36.4	384.4
C	15.9	:610.	3.9	—1.	12.	—4.6	16,6	32.	10.

Les nombres C font connoître l'ordre dans lequel la droite mobile écartée de la position SGT, & passant par les positions $A'GH$, après une demi révolution autour du point G, arrive aux extrémités b, d des dégrés. On doit commencer par les quantités positives, dès les plus petites jusqu'aux plus grandes ; & continuer ensuite par les négatives, dès les plus grandes jusqu'aux plus petites ; & l'on trouvera l'ordre dans lequel les points sont rencontrés par la droite mobile, exprimé par les nombres suivans : 3, 9. 5, 1, 7, 8, 2, 6, 4.

On prendra dans cet ordre la somme des nombres A, sans avoir égard aux signes, jusqu'à ce qu'on parvienne à un nombre égal, ou plus grand que la moitié de la somme de tous ces nombres, laquelle moitié est égale & à la somme des positives, & à celle des négatives prises séparément, puisque par la nature du centre de gravité elles doivent être égales. Or la premiere est 6733.8, & la seconde 6733.6 : elles ne different pas notablement de la moitié de la somme, savoir 6733.7 ; & cette différence insensible vient de ce qu'on a négligé quelques petites fractions. Si l'on prend dans la fuite A les nombres 3 , 9 , 5 , on ne parvient point encore à cette moitié ; mais fi on leur ajoute le nombre qui répond à 1 , on aura 9348.0 qui la furpaffe : par conféquent la fomme de toutes les corrections fera la moindre poffible , lorfque la droite mobile atteindra l'extrémité du premier dégré , qui par-là même reftera fans correction.

Par ce moyen on a déja deux dégrés qui doivent paffer pour exacts , favoir 56750 valeur obfervée pour la latitude $= 0$, & 57037.6 pour la latitude de $42^\circ\ 36'$. De ces dégrés on peut déja déduire par la formule du n°. 289 , Liv. V , l'ellipticité ; mais comme on a ici le premier dégré A a , on la trouvera encore , & avec plus de facilité , par cette analogie : A N $= 4581.2$: N G $= 287.6$ :: $af = 10000$: $fV = 627.8$. Ce quatrieme terme fera la différence des dégrés au pôle & à l'équateur ; & fi on divife celui-ci par le tiers de cette différence , & qu'on ajoute 2 au quotient , on aura 273 pour le dénominateur de l'ellipticité cherchée , qui fe trouve $\frac{1}{273}$ fuivant le théorème démontré par notre Auteur dans ces mêmes Supplémens , n°. 350 , que nous venons de citer dans le paffage tiré de ces Supplémens.

Cette ellipticité eft encore au-deffous de $\frac{1}{249}$ qui eft celle qu'avoient d'abord donnée les cinq dégrés : mais elle approche davantage de $\frac{1}{335}$, ellipticité requife dans l'hypothefe d'un noyau fphérique par la fraction $\frac{1}{176}$ (Liv. V. n. 251).

Pour corriger tous les dégrés , il fuffira de chercher la différence par excès de chaque dégré au dégré fous l'équateur , requife par cette détermination ; & de comparer chacune de ces différences avec celles de la cinquieme colonne , dans la note fur le n°. 301. Puifque $af = 10000$ doit être à chaque ligne comme a O , exprimée par les nombres de la quatrieme colonne ; comme $fV = 627.8$ à O i , dont la différence à O b , exprimée par les nombres de la cinquieme colonne , donne la correction cherchée ; il fuffira de multiplier les nombres de la quatrieme colonne par 627.8 , & de divifer le produit par 10000 ; enfin de retrancher du quotient les nombres de la cinquieme colonne : par ce moyen on aura les corrections fuivantes 0 , $- 97.7$, $+ 112.8$, $+ 63.0$, $- 8.0$, $+ 35.9$, $+ 2.1$, $+ 37.7$, $- 145.3$. La fomme des pofitives eft 251.5 ; celle des négatives 251.0 , ce qui fait à peu près des fommes égales ; & la moitié de la fomme totale eft environ 251.2. Or la fomme de ces corrections , dans l'hypothefe qu'on obferve les deux premieres conditions , eft un *minimum* ; ce qui eft évident par cette méthode même dont on s'eft fervi pour les trouver : & l'on pourra encore s'en convaincre , en effayant de faire telle autre fubftitution qu'on voudra ; car elle donnera toujours une fomme plus forte : c'eft ce qu'on fera aifément , en faifant une correction arbitraire au premier dégré , & en déterminant par ce dégré ainfi corrigé , & par celui qu'on trouvera pour la latitude de $42^\circ\ 36'$, tous les autres dégrés , au moyen des nombres de la quatrieme colonne , puifque les différences par excès de chaque dégré fur le premier , doivent être dans le rapport de ces nombres.

Il suffit de jetter les yeux sur la table de la note sur le n. 301 , pour s'appercevoir que le dégré de M. l'Abbé *de la Caille* trouble beaucoup l'ordre des dégrés , puisqu'il surpasse les deux suivans qui sont dans une plus grande latitude. Mais d'autre part , ce dégré est dans l'hémisphere austral, au lieu que les autres dégrés sont dans notre hémisphere : ce qui donne lieu de soupçonner que les deux hémispheres ne se ressemblent pas pour la figure. Ainsi il sera à propos de n'avoir égard dans le calcul qu'aux 8 autres dégrés de cette table.

Par ce moyen on trouvera les sommes des nombres de la quatrieme & de la cinquieme colonne, qui, divisées par 8 , donneront a N $= 4777.0$, N G $= 287.6$; d'où l'on tire pour la latitude de 43° 43′ le dégré de $56750 + 287.6 = 57037.6$. Ensuite on aura par la méthode proposée les nombres A , B , C , & la nouvelle suite C fera connoître l'ordre dans lequel la droite mobile atteint les extrémités de ces 8 dégrés , savoir 3 , 2 , 4 , 9 , 7 , 1 , 8 , 6 : & si on prend dans ce même ordre les valeurs de la nouvelle suite A , on ne parvient à la moitié de la somme totale qu'après l'addition du sixieme terme , lequel répond au premier dégré , c'est à-dire au dégré sous l'équateur, qui doit rester également ici sans correction. De là on a pour la différence des dégrés sous l'équateur & le pôle 602.1 , & pour l'ellipticité $\frac{1}{285}$, qui approche encore davantage de la fraction $\frac{1}{335}$ requise par celle de la gravité dans l'hypothese d'un noyau sphérique. Or pour les corrections à faire à ces 8 dégrés, on trouvera 0 , $+ 102.5$, $+ 51.0$, $- 20.7$, $+ 23.0$, $- 12.0$, $+ 22.9$, $- 166.9$. La somme des positives est 199.4 ; celle des négatives , 199.6 : elles sont à peu près égales. La moitié de la somme totale est 199.5 , beaucoup moindre que la précédente , savoir 251.2 , parcequ'on n'y tient pas compte de la correction du dégré de M. l'Abbé *de la Caille* ; & que les autres corrections different très peu des précédentes : l'avant derniere est augmentée de 20 toises ; les autres ne changent que de 10 à 13 toises.

De ces huit dégrés le second & le sixieme ont des corrections beaucoup plus fortes que les autres. Si on omet encore ces deux dégrés, & que par la même méthode on prenne un milieu pour les 6 dégrés restans, on aura toujours le premier dégré sans correction ; le dégré 56998.5 pour la latitude de 41°0′; la différence totale des dégrés sous l'équateur & le pôle 577.2; l'ellipticité $\frac{1}{297}$, qui approche encore plus de la fraction $\frac{1}{335}$ requise par celle de la gravité ; enfin pour les corrections on aura 0 , $+ 40.6$, $- 23.1$, $+ 10.6$, $- 15.6$, $- 9.6$, corrections moindres que les premieres.

Les quantités qu'on a trouvées serviront à faire connoître les valeurs absolues de l'axe & du diametre de l'équateur : car dans l'ellipse les demi-axes sont moyens proportionnels géométriques entre les rayons de courbure pris alternativement à leurs extrémités ; & par conséquent les dégrés des premiers entre ceux des seconds : & lorsque les termes different peu entre eux, on peut substituer la progression arithmétique à la géométrique. Donc si au dégré sous l'équateur (56750) on ajoute le tiers de sa différence au dégré sous le pôle, ou $\frac{1}{3} \times 577.2 = 192.4$, on aura pour le dégré du demi axe 56942.4 , & si on ajoute encore un autre tiers, on aura pour celui du demi-diametre de l'équateur 57134.6. C'est pour cela qu'après avoir divisé le dégré du méridien sous l'équateur par le tiers de cette différence , on ajoute 2 au quotient pour avoir le dénominateur de l'ellipticité, ou de la différence des demi-axes de l'ellipse divisée par le grand axe. Or ayant les dégrés , on connoîtra aisément les rayons des cercles qui leur répondent : on trouvera le demi-axe $= 3262560$; le demi-diametre de l'équateur $= 3273572$; leur différence $= 11012$, différence très petite.

On se servira de la valeur qu'on vient de trouver du dégré de l'équateur, pour réformer celle qui exprime le rapport de la force centrifuge à la gravité primitive sous l'équateur (n. 71. Liv. V.), savoir $\frac{753}{216741}$, à laquelle on a substitué la fraction $\frac{1}{188}$ qui en approche beaucoup. Mais ces nombres ont été tirés du dégré de l'équateur que M. *Bouguer* avoit déduit de sa théorie , savoir 57264 (n. 69) ; & dès-là que ce dégré est plus petit , on doit diminuer la force centrifuge en raison doublée de ce dégré. Ainsi ce

$$\text{rapport corrigé sera} = \frac{753}{216741} \times \left(\frac{57134}{57264}\right)^2 = \frac{1}{289} \text{ à très peu près.}$$

Toutes les combinaisons ci-dessus donnent une ellipticité moindre que celle qui est requise par l'homogénéité du fluide au noyau ; d'où il suit que le noyau , supposé qu'il soit sphérique , doit être plus dense que le fluide. Le rapport de leur densité peut se tirer de la formule du n°. 199 , Liv. **V** ,

$$\text{dans laquelle } x = \frac{n\,r}{2\,m\left(1 - \frac{3\,t}{5\,P}\right)} \text{ ; d'où il suit que } \frac{t}{p} = \frac{5}{3}\left(1 - \frac{n\,r}{2\,m\,x}\right). \text{ Or}$$

$\frac{t}{p}$ est , là-même , le rapport cherché de la densité du fluide à celle du noyau ; & $\frac{n}{m}$ le rapport de la force centrifuge à la gravité , que nous venons de trouver $= \frac{1}{289}$; $\frac{x}{r}$ le rapport de la différence du demi-diametre de l'équateur au demi-axe ; & par conséquent $\frac{r}{x}$ le dénominateur de l'ellipticité , diminué de l'unité , savoir 296. Si l'on aime mieux prendre un milieu entre ce dénominateur 297 , & 335 qui est le dénominateur requis par la gravité , savoir 316 , on aura $\frac{t}{p} = \frac{5}{3}\left(1 - \frac{315}{578}\right) = \frac{100}{131}$; c'est à-dire que la densité du fluide sera à celle du noyau à peu près dans la raison de 3 à 4.

Comme l'ellipticité qu'on en tire est beaucoup plus petite que celle qu'on suppose communément , il y aura plusieurs calculs à réformer ; par

exemple

exemple ceux qui font fondés fur le renflement des terres à l'équateur pour déterminer la précession des équinoxes & la nutation de l'axe ; ceux qui ont rapport aux parallaxes de la Lune , qui dépendent de l'ellipticité , & aux diſtances géographiques des lieux , lefquelles en dépendent auſſi. Pour avoir tout cela avec encore beaucoup plus d'exactitude , il eſt à fou-haiter qu'on nous donne beaucoup d'autres meſures de dégrés , afin d'a-chever de compenfer & effacer totalement l'irrégularité des inégalités for-tuites par le nombre des meſures.

Ceci étoit près d'être mis fous preſſe, lorſqu'on a reçu un extrait de la me-fure d'un nouveau dégré , faite en Hongrie par le P. *Liefganig* qui a achevé au commencement de Février de cette année (1770) d'en déterminer la valeur par le calcul, & qui le fera bientôt imprimer. Cette meſure eſt une confirmation de l'irrégularité des dégrés : & fi on l'ajoute aux autres pour prendre un milieu , l'on aura une ellipticité prefque entierement conforme à celle que requiert la gravité dans l'hypothefe d'un noyau fphérique. L'am-plitude de l'arc , déterminée par les obſervations de deux étoiles fixes, s'eſt trouvée de 1°, 1′, 34″.7 , avec un fi grand accord, que l'un des réſultats n'a été plus grand, l'autre plus petit, que de la dixieme partie d'une feconde. A l'égard des deux bafes meſurées aux deux extrémités de la mé-ridienne , l'une a été déduite de l'autre & de la chaîne des triangles par le calcul ; & la bafe calculée ne differe que d'une demi-toife de la meſure actuelle : d'où il s'enfuit qu'on ne doit pas craindre qu'il fe foit même gliſſé une erreur de 10 toifes dans la meſure du dégré : & cependant ce dégré s'eſt trouvé de 56882.0 toifes de *Paris* ; & fi on le réduit à la furface de la mer, on doit encore en ôter une toife. Or fa latitude moyenne eſt de 45°, 57′, & fa longitude eſt de près de 4 dégrés plus grande que celle de *Gratz*. Il a été meſuré dans une plaine immenfe , qui n'étoit interrom-pue que par de petites inégalités , telles que des vagues fur une mer calme : & il s'accorde aſſez avec celui qui a été meſuré entre *Vienne* & *Gratz* (n. 299 , note), & qui pour une latitude moyenne un peu plus grande , favoir 47° 38′, s'eſt trouvé de 56909.6 , ou de 29 toifes plus grand que celui de Hongrie. Celui-ci s'accorde auſſi à 7 toifes près avec celui de l'Amérique feptentrionale (n. 299 note), qui a été également meſuré avec une très grande exactitude dans une vaſte plaine , quoiqu'il ait près de 6 dégrés de plus en latitude : les trois dégrés moyens dans la premiere table de cette note, furpaſſent l'un & l'autre de plus de 100 toifes. Tout cela femble indiquer une irrégularité de tiſſure dans la Terre, même au-deſſous de fa furface, & une figure d'équilibre pour ainfi dire ondoyante, comme notre Auteur s'en étoit déja autrefois douté ; ce qui prouve que deux dégrés ne peuvent fuffire pour déterminer la figure de la Terre : il faut au contraire un grand nombre de dégrés meſurés en divers pays , avec cette exactitude & ces inſtrumens qui font aujourd'hui en uſage : & l'on doit en tirer un certain milieu par une méthode fûre, & non pas fur de fimples préjugés faire aux obfervations des corrections arbitraires , & plus grandes

V v v

à plusieurs égards que ne le comportent les méthodes inventées de nos jours.

Pour trouver ce milieu , nous substituerons dans la table précédente, au dégré unique du P. *Liefganig ,* c'est-à-dire au dégré moyen de l'arc qui s'étend dans la Moravie , l'Autriche & la Stirie , trois autres dégrés , savoir celui de Hongrie , celui est qui est entre *Vienne* & *Gratz ,* & celui qui est entre *Vienne* & *Sobjefchiz :* leurs latitudes moyennes sont 45° 57′, 47° 38′, 49° 13′; leurs valeurs en toises 56881 , 56910 , 57082 : de cette sorte on aura 11 dégrés. La méthode ci-dessus donnera pour l'ellipticité $\frac{1}{311}$; & si l'on omettoit le seul dégré de Lapponie qui diffère trop des autres , surtout du dégré de l'Amérique septentrionale & de celui de Boheme , mesurés le premier par les Anglois, le second par le P. *Liefganig,* on auroit $\frac{1}{341}$. Ces deux fractions ne s'éloignent pas beaucoup de $\frac{1}{335}$ que requiert la gravité. Il est démontré dans cet ouvrage même , que les inégalités qui font proche de la surface troublent beaucoup plus la mesure des dégrés, que la longueur des pendules isochrones. Ainsi puisque ces longueurs suivent presque exactement la loi de proportionalité avec les sinus verses d'une latitude double , & que ce milieu revient au même ; on pourra prendre pour l'ellipticité cette même fraction $\frac{1}{335}$, & en tirer le rapport des densités au moyen de la formule

$$\frac{t}{p} = \frac{5}{3}\left(1 - \frac{nr}{2mx}\right) = \frac{5}{3}\left(1 - \frac{334}{578}\right) = \frac{1220}{1734} = \frac{100}{142} ;$$

ce qui fait à peu près $\frac{2}{3}$. Ainsi la densité du fluide sera à celle du noyau à peu près dans la raison de 2 à 3.

CARTE DE L'ÉTAT DE L'EGLISE

Avertissement.

Cette Carte a été copiée sur celle des PP. Maire et Boscovich en réduisant l'Echelle à un tiers. La Carte originale a été dessinée par le P. Christophe Maire d'après ses propres observations et celles du P. Roger Boscovich l'un et l'autre Jésuites pendant le cours de leur voyage astronomique, entrepris en 1750 par ordre et sous les auspices de Benoit XIV. et sous la protection du Cardinal Valenti son principal Ministre; pour la mesure du méridien depuis Rome jusqu'à Rimini.

Les auteurs n'ont pas prétendu donner une carte Topographique; elle eut exigé un grand nombre d'observateurs et plusieurs années de travail. Mais les Villes, les Bourgs et les lieux principaux ont été déterminés géométriquement dans celle ci, et ceux qui n'ont pu l'être que par des moyens moins surs ont été distingués par un petit ∾. La partie la plus exacte de la Carte est celle qui comprend le Latium, le Patrimoine de St. Pierre, la Sabine et la Marche d'Ancône. En général la Carte a plus de précision que le P. Boscovich lui même n'eut osé s'en flater puisque M. Le Baron d'St. Odil ministre de Toscane à Rome, lequel a une connoissance particulière de l'État ecclésiastique assure que dans ses divers voyages il n'a remarqué aucune erreur sensible dans la position des lieux qu'il a parcourus.

La Longitude a été comptée à l'ordinaire de l'Isle de Fer, et d'Occident en Orient. La direction du méridien a été prise avec la plus grande exactitude. Le Dégré moyen du méridien entre Rome et Rimini a été trouvé par les observations de 56979. Toises.

MODENOIS
ÉTAT DE VENISE
GOLFE DE VENISE
BOLOGNOIS
ROMAGNE
TOSCANE
Ravenne
Cervia
Rimini
Pesaro
Pano
Fano del Metauro
Fossombrone
Sinigaglia
Ancone
Urbino
Borgo S. Sepolcro
Cortona
MONTE FELTRE
Monte Pulciano
Recanati
Loreto
Torre de Recanati
Macerata
ANCONE
MARCHE
UMBRIE
TERRE D'ORVIETE
Lac de Bolsena
Orbitello
PATRIMOINE DE ST. PIERRE
Toscanella
Corneto
Civita Vecchia
ROYAUME DE NAPLES
Rieti
Terni
Sora
MER MÉDITERRANÉE
Terracine
Punte Corvo

ECHELLES
Milles d'Italie de soixante au Dégré
10 15 20 25 30
Lieue commune de France de 25 au Dégré
1 2 3 4 5 6 7 8 9 10
Lieue de 20 au Dégré
1 2 3 4 5
M.L.

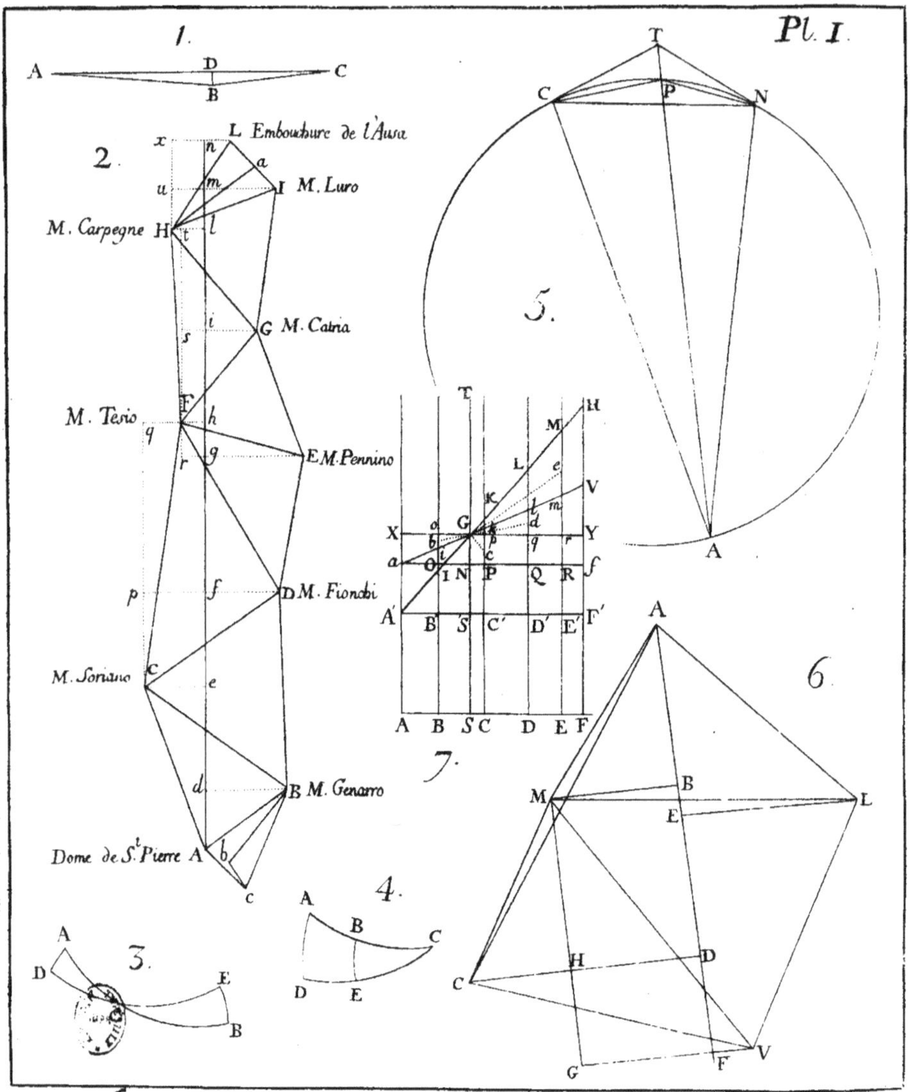

Pl. I.

1.

A   D   C
     B

2.

x   n   L Embouchure de l'Ausa
          a
u   m   I M. Luro
M. Carpegne H t l
          s
          i   G M. Catria
M. Tesio F h
q   r g   E M. Pennino
p   f   D M. Fiondi
M. Soriano C e
          d   B M. Genarro
Dome de St Pierre A b
               c

3.

A
D   E
          B

4.

A B
      C
D E

5.

T
C   P   N
          A

6.

A
M   B   L
     E
C H   D
G   F   V

7.

T   M   H
          L   e
          K   V
X   G   d m   Y
  b   k p
a   O t c   q   r   f
   N P   Q R
A'   B' S' C'   D' E' F'

A   B S C   D   E F

De Bellay Sculp.

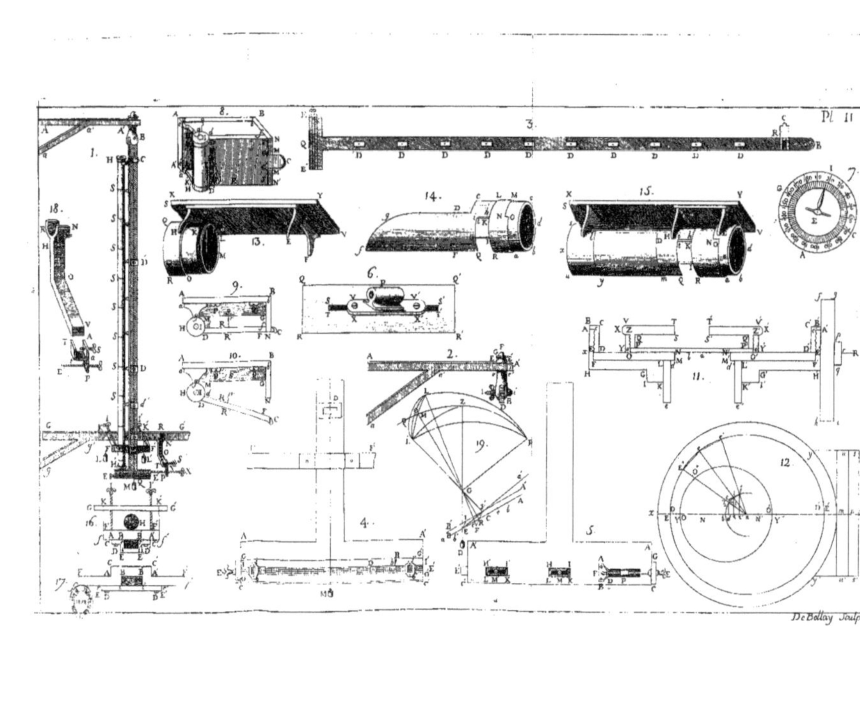

Pl. 11.
DeBellay Sculp.

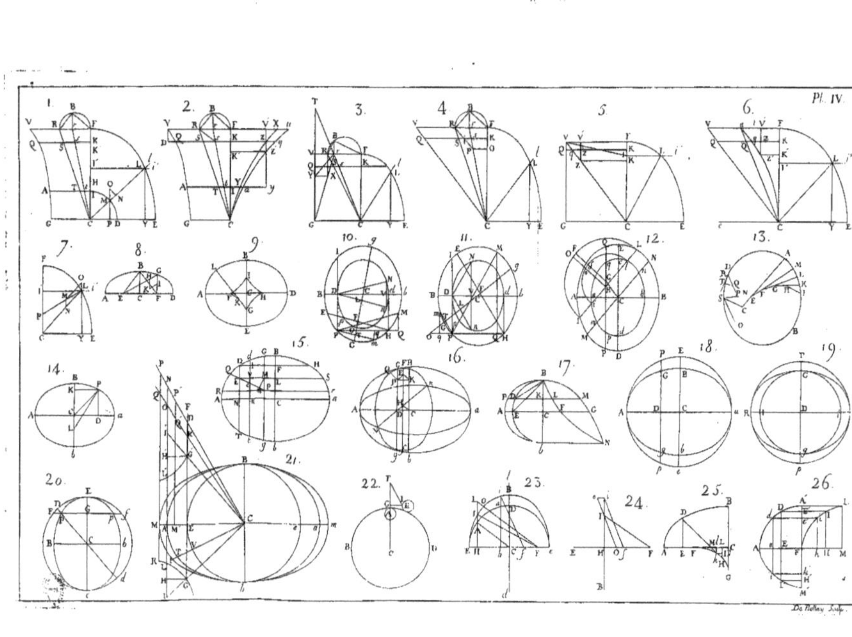
Pl. IV.
Da Nelau Sculp.

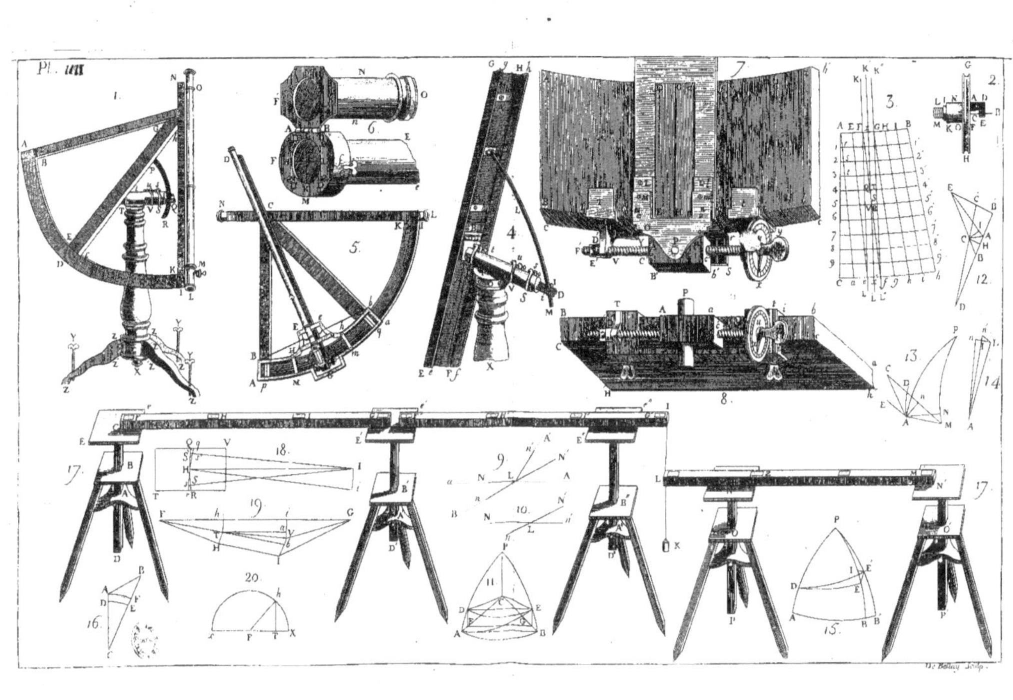
Pl. LIII

TABLE ALPHABÉTIQUE
DES MATIERES.

A

C

sentimens divers sur cette matiere : effets de cette nutation : qu'il ne peut résulter aucune erreur dans cette mesure, p. 258 & 259.

O

Observation. Qu'il est difficile d'observer les objets qui sont dans la même direction que le Soleil, p. 55. Observations faites de dessus un arbre, p. 76. Observations astronomiques pour la mesure du dégré : qu'elles doivent être des plus exactes, p. 38, 39. Maniere d'observer les étoiles voisines du zénith, p. 89. Des observations simultanées, p. 254, 255. Observations géodésiques. Erreurs qu'on y peut craindre ; moyen de les corriger, p. 303 & suiv. Recueil d'observations perdu, p 95. Cette perte est réparée, *ibid.* Observations géographiques. Méthodes pour les observations géographiques, p 171, 337, 365, voyez carte. Observations de Physique sur la formation & la structure des montagnes, p. 107, 108 Observations pour la position du polygone, p. 115, 145 & suiv Observations du pendule, *voyez* pendule.

Observatoire établi à *Rimini*, p 81. On y fait les observations, p. 90, 94. Observatoire établi à *Rome*, p. 87 : observations qu'on y a faites, p. 89, 114.

Obstacles aux observations des PP. *Maire* & *Boschavich* de la part des deux Curés, p. 56, 57 ; de la part des soldats Toscans, p. 79 ; de la part des gens de la campagne, p. 48.

Saint Odil (M. le Baron de), *voyez* la seconde note sur la préface.

Olivieri (M. Annibal), p. 96, 97.

Optique. Phénomenes singuliers d'optique, p. 94, 95, 96.

Orte ou *Orti*, *Ortanum*, Ville du patrimoine de *Saint Pierre* près du *Tibre*.

Orviete, *Urbiventum*, ancienne Ville dans le patrimoine de *Saint Pierre*.

Osimo, *Auximum*, Ville de la Marche d'*Ancone*, à 3 lieues de *Lorette*. On détermine à *Osimo* la position d'*Ancone* par la fumée du canon de la Citadelle d'*Ancone*, p. 110.

Ostie, *Ostia*, ancienne Ville d'Italie dans la Campagne de *Rome* à l'embouchure du *Tibre*.

Longitude & latitude de ces Villes, p. 179.

P

Palme romain. Rapport du palme & du pas romain au pied & à la toise de *Paris*. *Voyez* la table qui est à la fin de l'avertissement ; *voyez aussi* p. 355 & suiv.

Palombara, petite Ville de la Province de Sabine, p. 45.

Parallaxes de la Lune : de leur usage pour déterminer la figure de la Terre, p 33 & 34 Parallaxe des fils, p. 297.

Paralleles à l'équateur. On prouve par le dégré de *Rome* qu'ils ne sont point circulaires, p 32.

Parallélisme de la lunette au plan du secteur, p. 88, 227 & suiv Méthode de MM. *de la Condamine* & *Bouguer* pour trouver ce parallélisme, p. 231. Méthode de l'Auteur par le retournement du secteur, p. 232 & suiv. Parallélisme des axes des lunettes entre eux & au plan du quart decercle ; moyen de corriger le défaut de ce parallélisme, p. 278, 298 & suiv.

Pas romain, *voyez* palme.

Pendule. Ce que c'est que pendule simple à secondes, p. 5, note 3 : usage de ses observations, p. 457 : ellipticité qu'on en tire, *ibid.* on en tire aussi une formule pour le rapport des densités, p 458. Déviation du pendule comparée à l'accroissement de la gravité, p 462. Observations du pendule, p. 466 & suiv : on en tire le rapport de la densité de la Terre à la densité des mers, p. 469.

Pennino ou *Apennino*, très haute montagne près d'*Assise*. On y choisit une station, p. 50. On y va faire des observations, p. 77 & 78.

Perches pour mesurer des bases, p 42. Description des perches, p 341 Examen de la courbure des perches, p 85, 346. Effet de l'humidité sur les perches, p 86, 343 & suiv. Variations bizarres, p. 345.

Perouse, *Perusia*, capitale du Perugin.

Pesaro, *Pisaurum*, Ville du Duché d'*Urbin*.

Leur longit. & leur latit. p. 179.

Phénomenes singuliers d'optique, p. 94, 95, 96. Phénomene surprenant, p 97.

Philosophes anciens. Les plus célebres ont reconnu la sphéricité de la Terre, p. 2 & suiv.

Physique Observations de Physique sur la formation & la structure des montagnes, p. 107, 108.

Fin de la Table.

APPROBATION.

J'ai lu, par ordre de Monseigneur le Chancelier, un ouvrage intitulé *Voyage astronomique & géographique dans l'Etat de l'Eglise pour mesurer deux dégrés du méridien & corriger la carte géographique*, par les R. PP. *Maire* & *Boscovich* de la Compagnie de Jesus, traduit du latin avec des notes ; & il m'a paru que non seulement il n'y avoit rien qui pût en empêcher l'impression, mais qu'on devoit savoir gré au Traducteur d'avoir mis dans notre langue l'ouvrage de ces deux savans Astronomes. A Paris le 30 Août 1769. MONTUCLA.

PRIVILEGE DU ROI.

LOUIS, par la grace de Dieu, Roi de France et de Navarre : A nos amés & féaux Conseillers, les Gens tenant nos Cours de Parlement, Maîtres des Requêtes ordinaires de notre Hôtel, Grand Conseil, Prevôt de Paris, Baillis, Sénéchaux, leurs Lieutenans civils, & autres, nos Justiciers qu'il appartiendra : SALUT, notre amé le sieur Jacques Lacombe Libraire, Nous a fait exposer qu'il desireroit faire imprimer & donner au public un ouvrage intitulé *Voyage astronomique & géographique pour la mesure des dégrés du méridien & la correction de la carte de l'Etat ecclésiastique*, traduit du latin avec des corrections & des additions de l'Auteur. S'il Nous plaisoit lui accorder nos Lettres de Privilege pour ce nécessaires. A CES CAUSES, voulant favorablement traiter l'Exposant, Nous lui avons permis & permettons par ces Présentes, de faire imprimer ledit ouvrage autant de fois que bon lui semblera, & de le vendre, faire vendre & débiter par-tout notre Royaume pendant le tems de six années consécutives, à compter du jour de la date des Présentes. FAISONS défenses à tous Imprimeurs, Libraires & autres personnes, de quelque qualité & condition qu'elles soient, d'en introduire d'impression étrangere dans aucun lieu de notre obéissance : comme aussi d'imprimer, ou faire imprimer, vendre, faire vendre, débiter, ni contrefaire ledit ouvrage, ni d'en faire aucun extrait sous quelque prétexte que ce puisse être, sans la permission expresse & par écrit dudit Exposant, ou de ceux qui auront droit de lui, à peine de confiscation des Exemplaires contrefaits, de trois mille livres d'amende contre chacun des contrevenans, dont un tiers à Nous, un tiers à l'Hôtel-Dieu de Paris, & l'autre tiers audit Exposant, ou à celui qui aura droit de lui, & de tous dépens, dommages & intérêts, à la charge que ces Présentes seront enregistrées tout au long sur le registre de la Communauté des Imprimeurs & Libraires de Paris, dans trois mois de la date d'icelles ; que l'impression dudit ouvrage sera faite dans notre Royaume, & non ailleurs, en beau papier & beaux caractères, conformément aux Réglemens de la Librairie, & notamment à celui du dix Avril mil sept cent vingt-cinq, à peine de déchéance du présent Privilege ; qu'avant de l'exposer en vente, le manuscrit qui aura servi de copie à l'impression dudit ouvrage, sera remis dans le même état où l'Approbation y aura été donnée, ès mains de notre très cher & féal Chevalier, Chancelier Garde des Sceaux de France, le sieur DE MAUPEOU ; qu'il en sera ensuite remis deux Exemplaires dans notre Bibliotheque publique, un dans celle de notre Château du Louvre, & un dans celle dudit sieur DE MAUPEOU : le tout à peine de nullité des Présentes ; du contenu desquelles vous MANDONS & enjoignons de faire jouir ledit Exposant & ses ayant causes, pleinement & paisiblement, sans souffrir qu'il leur soit fait aucun trouble ou empêchement. VOULONS que la copie des Présentes, qui sera imprimée tout au long, au commencement ou à la fin dudit ouvrage, soit tenue pour duement signifiée, & qu'aux copies collationnées par l'un de nos amés &

féaux Confeillers, Secrétaires, foi foit ajoutée comme à l'original. COMMANDONS au premier notre Huiffier ou Sergent fur ce requis, de faire pour l'exécution d'icelles, tous actes requis & néceffaires, fans demander autre permiffion, & nonobftant clameur de haro, chatte normande & lettres à ce contraires ; car tel eft notre plaifir. DONNÉ à Paris le mercredi quatrieme jour du mois de Septembre l'an de grace mil fept cent foixante neuf, & de notre regne le cinquante-cinquieme. PAR LE ROI EN SON CONSEIL. LIBEGUE.

Regiftré fur le Regiftre XVIII de la Chambre royale & fyndicale des Libraires & Imprimeurs de Paris, N°. 775, fol. 11, conformément au Réglement de 1723. A Paris ce 10 Octobre 1769. BRIASSON Syndic.

Je cede le préfent Privilege à Monfieur Tilliard, fuivant les conventions faites entre nous. A Paris ce 26 Avril 1770. LACOMBE.

Regiftré la préfente ceffion fur le Regiftre XVIII de la Chambre royale & fyndicale des Libraires & Imprimeurs de Paris, N°. 219, conformément aux anciens Réglemens confirmés par celui du 28 Fevrier 1723. A Paris ce 19 Mai 1770. BRIASSON Syndic.

E R R A T A.

PAGE VI, *lig.* 11 hiftoire, *lifez*, hiftoire
   Lig. 18, très utiles *ajoutez* Le quatrieme apprend à mefurer un dégré.
VIII, *derniere ligne*, 14 *lifez* 114.

13, *lig.* 10. Maiman *lifez* Maimon
18, *note*, philofophiques *ajoutez* 1728
23, *note*, Dom....Lieutenant *lifez* Don....Lieutenans
35, *lig.* 7, l'obfervation *ajoutez* d'une étoile
36, *note*, *lig.* pénult. plus à raifon *lifez* plus de raifon
46, *lig.* 15, & ne préfente *lifez* fans préfenter
63, *lig.* 2, équarrées *lifez* équarries
66, *lig.* 19, ces *lifez* fes
   Derniere ligne, Genarro *lifez* Gennaro
89, *lig.* 15, figne *lifez* cygne
128, *lig.* pénult. fuffit *lifez* fuffi
132, *lig.* 23, aux plus *lifez* au plus
173, *lig.* 5, 45' *lifez* 43'
175, *effacez* la note, parcequ'on n'a pas pu avoir la carte du Duché d'Urbin.
186, *lig.* 16, A A *lifez* A A'
249, *lig.* 19, 45° *lifez* 45°,
255, *lig.* 5, de réitérer *ajoutez* encore
257, *lig.* 33, au bout de trois mois *lifez* dans l'intervalle de trois mois
263, *lig.* 35, T t g *lifez* T t Q
269, *lig.* 1, de 1 minutes *lifez* de 10 minutes
313, *lig.* 20, à deux droits *lifez* à angles droits
375, *lig.* 1, F V *lifez* F V'
420, *lig.* 10, BK $\frac{1}{4}$ *lifez* BK $\frac{1}{2}$

426, *lig.* 22, extétieur *lisez* extérieure
436, *lig.* 2, à près *lisez* à peu près

439, *lig.* 20, $\dfrac{1}{1057000}$ *lisez* $\dfrac{1}{1075000}$

440, *lig.* 21, $\frac{1}{2}\,cqr$ *lisez* $\frac{2}{3}\,cqr$
464, *lig.* 25, de pieds *lisez* de toises
469, *lig.* 26, 2520 *lisez* 3520
471, *Ce numéro* 471, *& ceux des neuf pages suivantes, sont répétés ; & c'est pour cela que ces endroits sont désignés par le numéro du texte.*
471, (n°. 258), *lig.* 19, ces points *lisez* ses points
471, (n°. 284), *lig.* 5, sans parler du rayon *lisez* en omettant le rayon
    Ligne 8, de l'angle *lisez* d'un angle
472, (n°. 186), *lig.* 26, $hf = as$ *ajoutez* $HF = AS$

    Ligne 29 & 31, $1 - \dfrac{A^2 + a^2}{A^2 S^2 - a^2 s^2}$ *lisez* $1 + \dfrac{-A^2 + a^2}{A^2 S^2 - a^2 s^2}$

    Note, CD *lisez* CB.
478, (n°. 299), *note*, *lig.* 7, 3,″ *lisez* 33″
484, *lig.* 3, $\frac{1}{133}$ *lisez* $\frac{1}{233}$
486, *lig.* 16, petit *lisez* petite
494, *lig.* 31, $\frac{1}{337}$ *lisez* $\frac{1}{335}$
497, *lig.* 3, du pendule *lisez* du fil à plomb
Item. pag. 501, *lig.* 33
507, *lig.* 22, —386.2 *lisez* —586.2
    Ligne 14, —4.6 *lisez* —43.6
508, *lig.* 10, AN *lisez* aN
516, *lig.* 4, 57134.6 *lisez* 57134.8

F I N.

www.ingramcontent.com/pod-product-compliance
Lightning Source LLC
LaVergne TN
LVHW011943170726
843503LV00001B/31